多旋翼無人機系統與應用

彭誠，白越，田彥濤　著

崧燁文化

智慧製造

前言

多旋翼無人機作為一個具有巨大市場潛力的新興產品，得到了中國內外研究者的廣泛重視。作者所在研究團隊自 2007 年成立以來，進行了一系列多旋翼無人機相關關鍵技術突破和整機的研發工作，經過 11 年的研究積累，研製了具有完全自主知識產權的 H6、CQ8、CH12、CQ16、CQH36 系列 10 餘款的工業無人機產品，完成了實驗室技術研發及批量試用，目前正在農牧業、公安、電力、應急搶險等領域進行產業化推廣。本書是作者在多旋翼無人機研究工作的基礎上，結合所在團隊的研究成果及中國內外研究進展編著而成的，系統地介紹了多旋翼無人機系統基本理論、設計方法與應用示範。

本書在介紹多旋翼無人機基礎知識的基礎上，對當前多旋翼無人機相關領域的研究前沿、熱點問題進行了分析。第 1 章主要介紹了多旋翼無人機的基本概念、發展歷程、研究概況與應用。第 2 章主要介紹了多旋翼無人機的飛行原理與動力學建模, 給出了多旋翼無人機穩定飛行的基本條件。第 3 章主要介紹了多旋翼無人機系統構成與實現，針對多旋翼無人機系統中的執行單元、飛行控制系統、地面站系統、導航系統、測控鏈路及其自主控制體系結構分別加以闡述。第 4 章主要討論了多旋翼無人機的空氣動力學，分別分析了在低雷諾數條件下的共軸雙旋翼單元氣動特性與非平面式雙旋翼單元氣動特性。第 5 章主要研究了多旋翼無人機導航信息融合，設計了多旋翼無人機的姿態信息融合算法與位置、速度信息融合算法。考慮到多旋翼無人機的低成本化趨勢，進一步設計了低成本組合導航系統及具有主動容錯能力的數據融合算法。最後簡要介紹了多旋翼無人機的狀態感知理論。第 6 章主要研究了多旋翼無人機的姿態穩定與航跡跟蹤控制，為保證無人機達到姿態穩定，設計了姿態穩定控制器。在執行器飽和情況下，設計了姿態抗飽和控制器。進一步為實現精確航跡跟蹤目標，設計了航跡跟蹤控制器。第 7 章主要介紹了多旋翼無人機故障容錯控制。針對十二旋翼無人機與六旋翼無人機分別設計了增益型故障的容錯控制策略與執行單元失效故障容錯控制策略。 第 8 章主要介紹了多旋翼無人機載荷系統。 重點介紹了作者團隊自主研發的機載光電載荷裝置、機載雲臺及其穩像控制、生物製劑投放載荷裝置以及農藥噴灑載荷裝置。 第 9 章主要介紹了作者團隊自主研發的多旋翼無人機相關應用示範，重點介紹了在生物防治與精準農業上的應用。

本書的研究內容總結了作者團隊的研究成果，特別感謝與作者共同研究並對這些研究成果做出貢獻的研究人員：宮勛、雷瑶、趙常均、張欣、王日俊、徐東甫、裴信彪、王純陽、裴彦華。

近年來，多旋翼無人機研究發展迅速，不斷取得新的進展。 作者雖然力圖在本書中能夠體現多旋翼無人機的主要進展，但由於多旋翼無人機技術不斷發展，再加之作者水平有限，難以全面、完整地對當前研究前沿及熱點問題一一探討。 書中存在的不妥之處，敬請讀者批評指正，在此不勝感激。

著　者

說明：為了方便讀者學習，書中部分圖片提供電子版（提供電子版的圖，在圖上有「電子版」標識文字），在 www. cip. com. cn/資源下載/配書資源中查找書名或者書號，即可下載。

目錄

第1章

緒論

無人飛行器（Unmanned Aerial Vehicle，UAV）簡稱無人機，是指機上不裝載飛行員，利用機上的自主控制系統或地面遙控人員控制飛行器進行自主飛行或遙控飛行，能夠攜帶殺傷性或非殺傷性載荷，能夠完成高品質、近實時、全天候的偵察、監視、目標捕獲、攔截和戰損評估等任務，甚至可以直接攻擊重要目標的一種飛行器類型。

無人飛行器目前主要包括固定翼無人機與旋翼式無人機。其中固定翼無人機在技術上已經非常成熟，可垂直起降（Vertical Take-off and Landing，VTOL）的旋翼式無人機發展比較緩慢，這是因為旋翼式飛行器系統比固定翼飛行器系統更加複雜，對其自主控制設計的要求較高，而早期的技術水平既無法設計高精度的控制系統，也不能提供足夠運行能力的電子元件實現控制算法在飛行器上的應用。但是旋翼式無人機具有固定翼無人機難以比擬的優點：能夠適應各種環境；具備自主起飛和著陸能力；飛行方式更為機動靈活，能以各種姿態飛行，如懸停、前飛、側飛和倒飛等；能夠完成固定翼無人機無法完成的慢速任務。這些優點決定了在某些特定場合只有旋翼式無人機纔可以滿足任務的要求而固定翼無人機卻無法勝任。

當前，旋翼式無人機主要包括常規型無人直升機和多旋翼無人機。其中常規型無人直升機由常規的載人直升機演化而來，當前具有自主能力且滿足軍事上使用要求的無人直升機有美國的「火線偵察兵」、德國的「西莫」、英國的「斯普賴特」以及俄羅斯的「卡 137」等有限的幾款。四旋翼無人機是最早出現的多旋翼無人機，它比常規單旋翼直升機具有結構簡單、體積小、成本低、驅動能力強等優勢。

多旋翼無人機具有良好的環境適應性，能夠實現多種姿態飛行，具有自主巡航飛行能力和自主起降能力，這些是固定翼無人機所不具備的優點，使得多旋翼無人機在軍用領域與民用領域有著更為廣闊的應用前景。

在軍用領域内的應用：多旋翼無人機可以應用到軍事衛星難以覆蓋的小範圍的軍事盲區，獲取目標信息，監視目標以及對目標進行評估；可以實現對如導彈發射井等敏感目標的全天候自動偵察；在複雜作戰環境下還可以用作局部作戰的偵察和攻擊平臺。此外，多旋翼無人機的應用提高了戰場中信息獲取的快速性和準確性，並通過共享這些信息，來提高集群戰鬥力。多旋翼無人機的便攜性和模塊化還可供單兵使用，提高單兵的作戰能力，而且有效地減少了直接的人員傷亡。

在民用領域中的應用：在警用領域、農業領域、災害監測與救援領域、消防領域、線路巡檢領域、新聞報導領域等都有廣泛應用前景。

在警用方面：發生人質劫持、恐怖襲擊等突發狀況時，無人機可以替代警力第一時間接近事發現場，利用可見光相機、熱成像觀測等機載設備，將第一現場的情況實時地回傳指揮部，為有效行動方案的制定提供決策依據。發生群體性事件時，多旋翼無人機可以從空中機動靈活、實時地追蹤事態的發展，協助應急處理工作的實施。無人機還能在加裝空投設備後進行特定物品的投放，如催淚瓦斯，控制事態進一步惡化；播撒傳單和空中喊話，向地面人員傳遞相關信息。此外，無人機還可用在對特定人員、特定目標區域的搜索行動中。

在農業方面：多旋翼無人機搭載可見光、近紅外光等設備作為檢測手段對土壤進行溼度監測，通過對比機載視頻圖像的各種空間分析特性，得到提供土壤溼度與包含信息的相關係數，實現土壤溼度的監測，而且具有時效性好、成本低、攜帶方便等優點。對農田進行農藥噴灑作業，降低了農藥噴灑過程中對操作者的傷害，提高了作業效率。對農業進行現代化管理，通過無人機搭載的攝像系統與地面站系統組成的低空監測系統，成本低、監測面積更大、全面性更強。

在災害監測與救援方面：在災害發生後的惡劣地理環境下，可以快速抵達受災現場，實時監測災情，為災害的救援工作提供決策依據，提高了災害的監測能力和救援工作的時效性。根據地面站監測系統獲取的災害現場視頻圖像，客觀地提供災情數據，對災害的損失程度進行正確評估和判斷，制定合理的救援方案，避免了災害救援工作的盲目性。使用多旋翼無人機進行災害監測，利用其相關數據建立災害預警系統，提高預防災害的準確性。無人機可以彌補航空或衛星遙感等在監測災害精度上的不足，是對災害監測系統的重要補充。

此外，多旋翼無人機在消防救援、電力線路巡檢、新聞報導等方面，都已經有成功應用案例，這裡不再舉例，總之，多旋翼無人機正在應用於更廣泛的領域。

參考文獻

[1] HOW J P, BETHKE B, FRANK A, et al. Real-time indoor autonomous vehicle test environment[J]. Control Systems, IEEE, 2008, 28(2): 51-64.

[2] 肖永利，張探．微型飛行器的研究現狀與關鍵技術[J]. 宇航學報，2001，22(5)：26-32.

[3] 鄭攀．小型無人機在公共安全領域的應用前景展望[J]. 警察技術，2013，4：3-55.

[4] 李繼宇，張鐵民，彭孝東，等．小型無人機在農田信息監測系統中的應用[J]. 農機化研究，2010，5：183-186.

[5] 何勇，張艷超．農用無人機現狀及發展趨勢[J]. 現代農機，2014，1：1-5.

[6] 雷添杰，李長春，何孝瑩．無人機航空遙感系統在災害應急救援中的應用[J]. 自然災害學報，2011，20(1)：178-183.

第2章

多旋翼無人機的飛行原理與動力學建模

2.1 多旋翼無人機的飛行原理

由於傳統四旋翼無人機的飛行原理介紹及動力學建模較為常見，本書便不再介紹，這裡針對十二旋翼無人機的飛行原理展開闡述。十二旋翼原型機如圖 2-1 所示，其機械結構採用碳纖維材質，處於同一平面内的六個等長輕質連桿圍繞無人機中心點均勻分布構成無人機的機體平面。由電機與旋翼構成的十二個驅動單元兩兩一組依次垂直安裝於六個連桿的末端，如圖 2-2 所示，每組上下兩個旋翼轉速相反，並且相鄰兩個旋翼轉速也相反，即旋翼 1、3、5、8、10、12 逆時針旋轉，旋翼 2、4、6、7、9、11 順時針旋轉，各個旋翼轉軸與機體平面間成 γ（$0° < \gamma < 90°$）角，相鄰的兩個旋翼轉軸指向相反。十二旋翼無人機通過改變旋翼的轉速實現無人機的水平運動以及姿態轉動，與傳統四旋翼無人機不同，其每個旋翼產生的升力與力矩不再只作用於一個狀態通道。電機轉軸所在平面與機體平面存在夾角，使得升力在偏航方向的分量增大，顯著增強偏航控制力矩，彌補了常規多旋翼無人機採用旋翼反扭力矩控制偏航通道導致偏航力矩不足的本質缺陷。共軸結構設計保證了十二旋翼無人機帶載能力顯著增強，系統的冗餘度與可靠性得到明顯提升。

圖 2-1　十二旋翼原型機

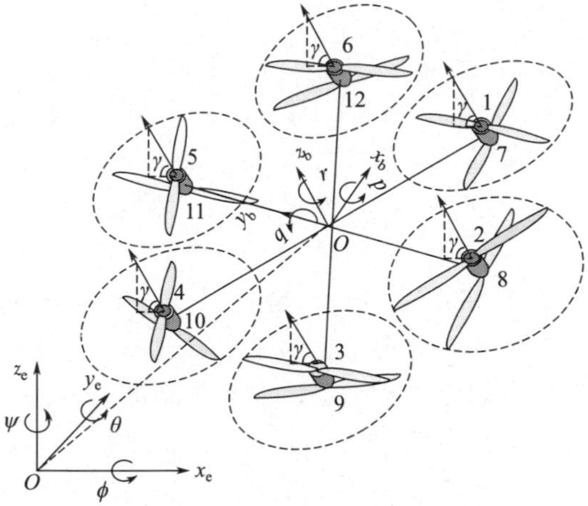

圖 2-2　十二旋翼無人機結構示意圖

2.2 多旋翼無人機的動力學建模

2.2.1 座標及座標轉換關係

座標系是為了描述無人機位置和運動規律而選取的參考基準。為建立無人機的數學模型，首先需要定義一些相關的座標系，並建立座標系之間相互轉換的轉換矩陣。選取的座標系不同，建立的動力學模型的繁簡程度與形式也就不同。本書選擇地面座標系、速度座標系、與無人機整機固連的機體座標系以及與各個驅動單元固連的旋翼座標系作為建模的參考基準。以下將逐個介紹各個座標系的定義及其相互之間的轉換關係。

(1) 參考座標系定義

① 機體座標系　機體座標系 $O_b x_b y_b z_b$ 的原點 O_b 取在無人機的質心上(由十二旋翼無人機的對稱性可以認為其質心與機體的幾何中心重合)；$O_b x_b$ 軸與無人機的縱軸重合，指向前為正；$O_b z_b$ 與無人機機體水平面垂直，指向上為正；$O_b y_b$ 垂直於 $O_b x_b z_b$ 平面，方向由右手直角座標系確定。機體座標系與無人機固連，屬於一個動座標系。

② 地面座標系　地面座標系 $O_g x_g y_g z_g$ 的原點 O_g 與機體座標系的原點 O_b 重合；$O_g x_g$ 軸在水平面內，指向地理北極為正；$O_g z_g$ 軸垂直於水平面，指向

上為正；$O_g y_g$ 軸也在水平面內，指向西為正。因此，地面座標系也稱為「北西天」座標系。

③ 速度座標系　速度座標系 $O_a x_a y_a z_a$ 也被稱為氣流座標系。座標系的原點 O_a 與以上兩個座標系的選取相同，而 $O_a x_a$ 軸選擇與飛行速度 $\boldsymbol{V}$ 的方向一致，一般情況下 $\boldsymbol{V}$ 不一定在無人機的對稱平面內；$O_a z_a$ 軸在無人機的對稱面內垂直於 $O_a x_a$ 軸，指向機腹為正；$O_a y_a$ 軸與 $O_a x_a$ 軸、$O_a z_a$ 軸構成右手正交座標系。

④ 旋翼座標系　旋翼座標系 $Axyz$ 是為了利用其與無人機機體座標系的轉換關係，將各個旋翼提供的升力與反扭力矩投影到機體座標系上。十二個旋翼座標系的指向均不同，但定義方式相似。以旋翼 1 座標系 $A_1 x_1 y_1 z_1$ 為例，選擇旋翼平面與電機轉軸的交點作為座標系的原點 A_1；$A_1 x_1$ 軸在旋翼平面內與連接桿平行，指向外為正方向；$A_1 z_1$ 沿電機轉軸，指向上為正方向；$A_1 y_1$ 軸與其餘兩軸成右手直角座標系。

(2) 各個座標系間的轉換關係

① 地面座標系與機體座標系間的轉換關係　機體座標系與地面座標系間的關係可由以下姿態角（又稱歐拉角）表示：

滾轉角 ϕ：機體座標系 $O_b z_b$ 軸與通過機體座標系 $O_b x_b$ 軸的鉛垂面間的夾角。

俯仰角 θ：機體座標系 $O_b x_b$ 軸與水平面間的夾角。

偏航角 ψ：機體座標系 $O_b x_b$ 軸在水平面上的投影與地面座標系 $O_g x_g$ 軸間的夾角。

從地面座標系到機體座標系的轉換矩陣為

$$\boldsymbol{R}_{g-b}=\begin{bmatrix}\cos\theta\cos\psi & \sin\psi\cos\theta & -\sin\theta \\ \sin\theta\cos\psi\sin\phi-\sin\psi\cos\phi & \sin\theta\sin\psi\sin\phi+\cos\psi\cos\phi & \cos\theta\sin\phi \\ \sin\theta\cos\psi\cos\phi+\sin\psi\sin\phi & \sin\theta\sin\psi\cos\phi-\cos\psi\sin\phi & \cos\theta\cos\phi\end{bmatrix}$$

而從機體座標系到地面座標系的轉換矩陣為

$$\boldsymbol{R}_{b-g}=\begin{bmatrix}\cos\psi\cos\theta & \cos\psi\sin\theta\sin\phi-\sin\psi\cos\phi & \cos\psi\sin\theta\cos\phi+\sin\psi\sin\phi \\ \sin\psi\cos\theta & \sin\psi\sin\theta\sin\phi+\cos\psi\cos\phi & \sin\psi\sin\theta\cos\phi-\cos\psi\sin\phi \\ -\sin\theta & \cos\theta\sin\phi & \cos\theta\cos\phi\end{bmatrix}$$

② 機體座標系與速度座標系間的轉換關係　由方向餘弦矩陣表示：

$$\boldsymbol{R}_{b-a}=\begin{bmatrix}\cos\alpha\cos\beta & \sin\beta & \sin\alpha\cos\beta \\ -\cos\alpha\sin\beta & \cos\beta & -\sin\alpha\cos\beta \\ -\sin\alpha & 0 & \cos\alpha\end{bmatrix}$$

其中 α 與 β 分別被稱為攻角與側滑角。

③ 各個旋翼座標系與無人機機體座標系間的轉換關係　為了模型構建簡便，

首先作如下簡化：共軸十二旋翼工作時，每個機臂上執行機構的運行接收同一轉速命令，因此理論上同一軸向的兩部電機轉速相同，實際工作時受氣動干擾的影響，上下兩個旋翼轉速會有差別，為了清晰地構建動力學模型，將每組共軸旋翼簡化為一個整體進行分析。

定義電機的轉軸與十二旋翼無人機機體平面間的夾角為 γ。從旋翼 1 座標系到機體座標系的轉換步驟可表示為：繞 X_1 順時針旋轉（$90°-\gamma$）角，再繞 $O_b z_b$ 軸逆時針旋轉 30°角，則旋翼 1 座標系和機體座標系重合，由此可得從旋翼 1 到機體座標系的轉換矩陣為

$$\boldsymbol{D}_1=\begin{bmatrix}\cos(\pi/6) & \sin(\pi/6) & 0\\ -\sin(\pi/6) & \cos(\pi/6) & 0\\ 0 & 0 & 1\end{bmatrix}\begin{bmatrix}1 & 0 & 0\\ 0 & \sin\gamma & -\cos\gamma\\ 0 & \cos\gamma & \sin\gamma\end{bmatrix}$$

$$=\begin{bmatrix}\sqrt{3}/2 & \sin\gamma/2 & -\cos\gamma/2\\ -1/2 & \sqrt{3}\sin\gamma/2 & -\sqrt{3}\cos\gamma/2\\ 0 & \cos\gamma & \sin\gamma\end{bmatrix}$$

相似地，旋翼 2 與旋翼 3 機體座標系的轉換矩陣為

$$\boldsymbol{D}_2=\begin{bmatrix}-\sqrt{3}/2 & \sin\gamma/2 & -\cos\gamma/2\\ -1/2 & -\sqrt{3}\sin\gamma/2 & \sqrt{3}\cos\gamma/2\\ 0 & \cos\gamma & \sin\gamma\end{bmatrix},\boldsymbol{D}_3=\begin{bmatrix}0 & -\sin\gamma & \cos\gamma\\ 1 & 0 & 0\\ 0 & \cos\gamma & \sin\gamma\end{bmatrix}$$

由無人機的對稱特性可得 $\boldsymbol{D}_4=\boldsymbol{D}_1$，$\boldsymbol{D}_5=\boldsymbol{D}_2$ 以及 $\boldsymbol{D}_6=\boldsymbol{D}_3$。

2.2.2 多旋翼無人機動力學方程

多旋翼無人機的運動模型是描述作用於無人機上的力、力矩與無人機的飛行狀態參數（包括加速度、速度、位置以及姿態等）之間關係的方程組，一般由動力學方程、運動學方程、幾何關係方程以及控制關係方程等組成。

由經典力學原理可知，多旋翼無人機在空間的任意運動，都可以被視為無人機質心的平移運動與無人機繞質心的轉動運動的合成運動，即無人機在空間的瞬時狀態由決定質心位置的三個自由度與決定無人機姿態的三個自由度共同表示。若選擇 m 表示多旋翼無人機的質量，$\boldsymbol{V}$ 表示無人機的速度矢量，$\boldsymbol{H}$ 表示無人機相對於質心（O_b 點）的動量矩矢量，則描述無人機質心的平移運動與無人機繞質心的轉動運動的動力學基本方程的矢量表達式為

$$m\frac{\mathrm{d}\boldsymbol{V}}{\mathrm{d}t}=\boldsymbol{F},\frac{\mathrm{d}\boldsymbol{H}}{\mathrm{d}t}=\boldsymbol{M} \tag{2-1}$$

式中，$\boldsymbol{F}$ 為作用於多旋翼無人機上的外力總和；$\boldsymbol{M}$ 為外力對無人機質心的主矩。

多旋翼無人機在空間的運動一般看成可控制的具有空間六個自由度的運動。

通常將無人機動力學基本方程式(2-1)中的兩個矢量方程投影到地面座標系或者機體座標系上，寫成描述無人機質心在三個方向上平動特性的動力學標量方程和描述無人機繞質心轉動在機體三個座標軸上投影的動力學標量方程。

(1) 多旋翼無人機質心運動的動力學方程

由相關無人機工程實踐經驗可以知道，把矢量方程式(2-1)投影在機體座標系上的標量形式，方程最為簡單，又便於分析無人機的運動特性。由於機體座標系屬於動座標系，它相對於地面座標系（慣性座標系）既有相對的位置運動，又有轉動運動。其中，位移運動用速度 $\boldsymbol{V}$ 表示，姿態轉動用角速度 $\boldsymbol{\omega}$ 表示。

建立在動座標系中的動力學方程由牛頓-歐拉公式可得

$$\frac{\mathrm{d}\boldsymbol{V}}{\mathrm{d}t}=\frac{\delta \boldsymbol{V}}{\delta t}+\boldsymbol{\omega}\times\boldsymbol{V} \tag{2-2}$$

式中，$\frac{\mathrm{d}\boldsymbol{V}}{\mathrm{d}t}$為慣性座標系中速度矢量 $\boldsymbol{V}$ 的絕對導數；$\frac{\delta \boldsymbol{V}}{\delta t}$為動座標系（機體座標系）中矢量 $\boldsymbol{V}$ 的相對導數。於是，式(2-1)可改寫為

$$m\left(\frac{\delta \boldsymbol{V}}{\delta t}+\boldsymbol{\omega}\times\boldsymbol{V}\right)=\boldsymbol{F} \tag{2-3}$$

式中，$\boldsymbol{F}=[F_x,F_y,F_z]^{\mathrm{T}}$，包括旋翼升力、重力以及空氣阻力等全部外力在機體座標系下的投影；$\boldsymbol{V}=[u,v,w]^{\mathrm{T}}$ 為無人機質心速度矢量；$\boldsymbol{\omega}=[p,q,r]^{\mathrm{T}}$ 為機體座標系相對地面座標系的轉動速度在機體座標系 $O_{\mathrm{b}}x_{\mathrm{b}}y_{\mathrm{b}}z_{\mathrm{b}}$ 各軸上的投影。於是可以得到

$$\boldsymbol{\omega}\times\boldsymbol{V}=\begin{vmatrix}\boldsymbol{i}_{\mathrm{b}} & \boldsymbol{j}_{\mathrm{b}} & \boldsymbol{k}_{\mathrm{b}}\\ p & q & r\\ u & v & w\end{vmatrix}=\boldsymbol{S}(\boldsymbol{\omega})\boldsymbol{V} \tag{2-4}$$

式中，$\boldsymbol{S}(\boldsymbol{\omega})=\begin{bmatrix}0 & -r & q\\ r & 0 & -p\\ -q & p & 0\end{bmatrix}$，為 $\boldsymbol{\omega}$ 的斜對稱算子，且對由機體座標系到地面座標系的轉換矩陣有 $\dot{\boldsymbol{R}}_{\mathrm{b-g}}=\boldsymbol{R}_{\mathrm{b-g}}\boldsymbol{S}(\boldsymbol{\omega})$。將式(2-4)代入式(2-3)就可以得到

$$\begin{bmatrix}\dot{u}\\ \dot{v}\\ \dot{w}\end{bmatrix}=\begin{bmatrix}rv-qw\\ pw-ru\\ qu-pv\end{bmatrix}+\frac{1}{m}\begin{bmatrix}F_x\\ F_y\\ F_z\end{bmatrix}=-\boldsymbol{S}(\boldsymbol{\omega})\boldsymbol{V}+\frac{1}{m}\begin{bmatrix}F_x\\ F_y\\ F_z\end{bmatrix} \tag{2-5}$$

(2) 多旋翼無人機繞質心轉動的動力學方程

同樣將表示無人機繞質心轉動的矢量方程投影到無人機機體座標系上進行研究，則在動座標系（機體座標系）上建立的無人機繞質心轉動的動力學標量方程

可寫成

$$\frac{\mathrm{d}\boldsymbol{H}}{\mathrm{d}t}=\frac{\delta\boldsymbol{H}}{\delta t}+\boldsymbol{\omega}\times\boldsymbol{H}=\boldsymbol{M} \tag{2-6}$$

式中，$\boldsymbol{M}$ 為無人機受到的合力矩在機體座標系上的投影；$\boldsymbol{H}$ 為無人機動量矩在機體座標系各軸上的投影，可以表示為

$$\boldsymbol{H}=\boldsymbol{J\omega} \tag{2-7}$$

式中，$\boldsymbol{J}$ 為無人機的慣性張量。則動量矩在機體座標系各軸上的分量可具體表示為

$$\boldsymbol{H}=\begin{bmatrix}H_{\mathrm{b}x}\\H_{\mathrm{b}y}\\H_{\mathrm{b}z}\end{bmatrix}=\begin{bmatrix}I_x & -I_{xy} & -I_{xz}\\-I_{yx} & I_y & -I_{yz}\\-I_{zx} & -I_{zy} & I_z\end{bmatrix}\begin{bmatrix}p\\q\\r\end{bmatrix} \tag{2-8}$$

式中，I_x, I_y, I_z 為無人機對機體各軸的轉動慣量；$I_{xy}, I_{xz}, \cdots, I_{yz}$ 為無人機對機體各軸的慣量積。由於無人機具有中心對稱的外形，可以認為機體座標系就是無人機的慣性主軸。在此條件下，無人機對機體座標系各軸的慣量積為零，即有 $\boldsymbol{J}=\mathrm{diag}(I_x, I_y, I_z)$，則式(2-8) 可以簡化為

$$\begin{bmatrix}H_{\mathrm{b}x}\\H_{\mathrm{b}y}\\H_{\mathrm{b}z}\end{bmatrix}=\begin{bmatrix}I_x & 0 & 0\\0 & I_y & 0\\0 & 0 & I_z\end{bmatrix}\begin{bmatrix}p\\q\\r\end{bmatrix}=\begin{bmatrix}I_x p\\I_y q\\I_z r\end{bmatrix} \tag{2-9}$$

進一步可以得到

$$\boldsymbol{\omega}\times\boldsymbol{H}=\begin{vmatrix}\boldsymbol{i}_{\mathrm{b}} & \boldsymbol{j}_{\mathrm{b}} & \boldsymbol{k}_{\mathrm{b}}\\p & q & r\\H_x & H_y & H_z\end{vmatrix}=\begin{vmatrix}\boldsymbol{i}_{\mathrm{b}} & \boldsymbol{j}_{\mathrm{b}} & \boldsymbol{k}_{\mathrm{b}}\\p & q & r\\I_x p & I_y q & I_z r\end{vmatrix}=\begin{bmatrix}(I_z-I_y)rq\\(I_x-I_z)pr\\(I_y-I_x)qp\end{bmatrix} \tag{2-10}$$

將式(2-9)、式(2-10) 代入式 (2-6) 中，得到無人機繞質心轉動的動力學標量方程為

$$\begin{cases}I_x\dot{p}=M_x-(I_z-I_y)rq\\I_y\dot{q}=M_y-(I_x-I_z)pr\\I_z\dot{r}=M_z-(I_y-I_z)qp\end{cases} \tag{2-11}$$

其中，$\boldsymbol{M}=[M_x, M_y, M_z]^{\mathrm{T}}$ 為作用在無人機上的所有外力對無人機質心的力矩在機體座標系各軸上的投影。

2.2.3 多旋翼無人機運動學方程

多旋翼無人機的運動模型還包括描述各運動參數之間關係的運動學方程。它

主要包括描述無人機質心與慣性地面之間相對位置變化的 3 個運動學方程以及描述無人機相對慣性空間姿態變化的 3 個運動學方程。

（1）多旋翼無人機質心運動的運動學方程

要確定無人機質心相對於地面座標系的運動軌跡，需要建立無人機質心相對於地面座標系運動的運動學方程。首先定義變量 $\boldsymbol{P}=[x,y,z]^{\mathrm{T}}$ 表示無人機質心在地面座標系下的空間位置，然後利用從機體座標系到地面座標系的轉換矩陣 $\boldsymbol{R}_{\mathrm{b-g}}$ 得到無人機質心運動的運動學方程為

$$\dot{\boldsymbol{P}}=\boldsymbol{R}_{\mathrm{b-g}}\boldsymbol{V} \tag{2-12}$$

進一步有

$$\ddot{\boldsymbol{P}}=\dot{\boldsymbol{R}}_{\mathrm{b-g}}\boldsymbol{V}+\boldsymbol{R}_{\mathrm{b-g}}\dot{\boldsymbol{V}} \tag{2-13}$$

將式(2-5) 代入式(2-13)，並根據 $\dot{\boldsymbol{R}}_{\mathrm{b-g}}=\boldsymbol{R}_{\mathrm{b-g}}\boldsymbol{S}(\boldsymbol{\omega})$ 得到

$$\begin{cases}\ddot{x}=\dfrac{1}{m}[F_x\cos\psi\cos\theta+F_y(\cos\psi\sin\theta\sin\phi-\sin\psi\cos\phi)+F_z(\cos\psi\sin\theta\cos\phi+\sin\psi\sin\phi)]\\ \ddot{y}=\dfrac{1}{m}[F_x\sin\psi\cos\theta+F_y(\sin\psi\sin\theta\sin\phi+\cos\psi\cos\phi)+F_z(\sin\psi\sin\theta\cos\phi-\cos\psi\sin\phi)]\\ \ddot{z}=\dfrac{1}{m}(-F_x\sin\theta+F_y\cos\theta\sin\phi+F_z\cos\theta\cos\phi)\end{cases} \tag{2-14}$$

（2）多旋翼無人機繞質心轉動的運動學方程

要確定無人機在空間的姿態，就要建立描述無人機相對於地面座標系姿態變化的運動學方程。根據歐拉角的定義及建立姿態歐拉角 $\boldsymbol{\eta}=[\phi,\theta,\psi]^{\mathrm{T}}$ 的變化速率與 $\boldsymbol{\omega}=[\omega_x,\omega_y,\omega_z]^{\mathrm{T}}$ 之間的關係，可以得到

$$\begin{bmatrix}\dot{\phi}\\ \dot{\theta}\\ \dot{\psi}\end{bmatrix}=\begin{bmatrix}1 & \sin\phi\tan\theta & \cos\phi\tan\theta\\ 0 & \cos\phi & -\sin\phi\\ 0 & \dfrac{\sin\phi}{\cos\theta} & \dfrac{\cos\phi}{\cos\theta}\end{bmatrix}\begin{bmatrix}p\\ q\\ r\end{bmatrix} \tag{2-15}$$

2.2.4 多旋翼無人機控制關係方程

（1）旋翼驅動單元提供的升力

根據旋翼的氣動力學知識，對於無人機上安裝的小型旋翼，可以假設其產生的升力與其轉速的平方成正比，且比例係數可取為常值 k_1，稱為升力係數，則得到六個旋翼產生的升力在各個旋翼體座標系下的投影為

$$\boldsymbol{f}_i=\begin{bmatrix}0\\0\\k_1\Omega_i^2\end{bmatrix},i=1,2,\cdots,6 \tag{2-16}$$

利用從旋翼座標系到機體座標系的轉換矩陣 $\boldsymbol{D}_1 \sim \boldsymbol{D}_6$，便得到旋翼的總升力在機體座標系下的投影為

$$\boldsymbol{f}=\sum_{i=1}^{6}\boldsymbol{D}_i\boldsymbol{f}_i=\begin{bmatrix}f_x\\f_y\\f_z\end{bmatrix}=\begin{bmatrix}\frac{1}{2}k_1\cos\gamma(-\Omega_1^2-\Omega_2^2+2\Omega_3^2-\Omega_4^2-\Omega_5^2+2\Omega_6^2)\\ \frac{\sqrt{3}}{2}k_1\cos\gamma(-\Omega_1^2+\Omega_2^2-\Omega_4^2+\Omega_5^2)\\ k_1\sin\gamma(\Omega_1^2+\Omega_2^2+\Omega_3^2+\Omega_4^2+\Omega_5^2+\Omega_6^2)\end{bmatrix} \tag{2-17}$$

(2) 旋翼升力產生的力矩

每個旋翼提供的升力產生的力矩在各旋翼座標系上的投影表示為

$$\boldsymbol{M}_i=\boldsymbol{r}_i\times\boldsymbol{f}_i,i=1,2,\cdots,6 \tag{2-18}$$

式中，$\boldsymbol{r}_i$ 為旋翼座標系中心在機體座標系上的座標。進一步得到

$$\boldsymbol{M}_{1i}=\begin{bmatrix}0\\(-1)^i lk_i\Omega_i^2\\0\end{bmatrix},i=1,2,\cdots,6 \tag{2-19}$$

除了產生升力以外，旋翼的旋轉還會產生反扭力矩，其大小同樣與旋翼轉速的平方成正比。則六個旋翼的反扭力矩在各自的旋翼座標系中表示為

$$\boldsymbol{M}_{2i}=\begin{bmatrix}0\\0\\(-1)^i k_2\Omega_i^2\end{bmatrix},i=1,2,\cdots,6 \tag{2-20}$$

作用於機體座標系下的合力矩表示為

$$\boldsymbol{M}=\sum_{i=1}^{6}\boldsymbol{D}_i(\boldsymbol{M}_{1i}+\boldsymbol{M}_{2i})=\begin{bmatrix}\frac{1}{2}(k_1l\sin\gamma-k_2\cos\gamma)(-\Omega_1^2+\Omega_2^2+2\Omega_3^2+\Omega_4^2-\Omega_5^2-2\Omega_6^2)\\ \frac{\sqrt{3}}{2}(-k_1l\sin\gamma+k_2\cos\gamma)(\Omega_1^2+\Omega_2^2-\Omega_4^2-\Omega_5^2)\\ (-k_1l\cos\gamma-k_2\sin\gamma)(\Omega_1^2-\Omega_2^2+\Omega_3^2-\Omega_4^2+\Omega_5^2-\Omega_6^2)\end{bmatrix} \tag{2-21}$$

(3) 空氣阻力與阻力矩

空氣阻力 $F_{\mathrm{A}}=-C_{\mathrm{d}}V_{\mathrm{k}}^2$，其中 C_{d} 受迎角 α、側滑角 β、飛行高度 H 以及大氣密度 ρ 等因素影響，V_k 為無人機的速度在速度座標系上的投影的大小，則空氣阻力在機體座標系下的投影為

$$\boldsymbol{F}_f=\boldsymbol{R}_{\mathrm{a-b}}F_{\mathrm{A}}=\begin{bmatrix}-C_{\mathrm{d}}V_{\mathrm{k}}^2\cos\alpha\cos\beta\\ C_{\mathrm{d}}V_{\mathrm{k}}^2\sin\beta\\ C_{\mathrm{d}}V_{\mathrm{k}}^2\sin\alpha\cos\beta\end{bmatrix}\tag{2-22}$$

式中，$\boldsymbol{R}_{\mathrm{a-b}}$ 為速度座標系到機體座標系的轉換矩陣。

考慮到多旋翼無人機具有中心對稱的氣動外形，假設空氣阻力作用點與無人機的中心重合，則可以認為空氣阻力不產生阻力矩。

（4）旋翼陀螺效應

當多旋翼無人機姿態發生轉動時，其安裝的繞各自旋轉軸高速旋轉的旋翼會對姿態變化產生抗阻力矩，通常被稱為陀螺力矩。各旋翼轉速在機體座標系內的投影表示為

$$\boldsymbol{V}_i=-D_i\begin{bmatrix}0\\0\\(-1)^i\Omega_i\end{bmatrix},i=1,2,\cdots,6\tag{2-23}$$

則總的陀螺效應力矩在機體座標系中表示為

$$\boldsymbol{M}_{\mathrm{tl}}=\sum_{i=1}^{6}\boldsymbol{\omega}\times\boldsymbol{V}_iI_{\mathrm{r}}\tag{2-24}$$

式中，I_{r} 為旋翼以及電動機轉子的轉動慣量。

（5）重力在機體座標系上的投影

$$\boldsymbol{G}_{\mathrm{b}}=\boldsymbol{R}_{\mathrm{g-b}}\begin{bmatrix}0\\0\\-G\end{bmatrix}=\begin{bmatrix}G\sin\theta\\-G\cos\theta\sin\phi\\-G\cos\theta\cos\phi\end{bmatrix}\tag{2-25}$$

2.2.5 多旋翼無人機運動方程組

綜合上述多旋翼無人機動力學與運動學相關方程及相關力與力矩的表達式，即組成描述多旋翼無人機的空間運動方程組：

$$\begin{bmatrix}\dot{\boldsymbol{P}}\\ \dot{\boldsymbol{\eta}}\end{bmatrix}=\begin{bmatrix}\boldsymbol{R}_{\mathrm{b-g}} & \boldsymbol{O}_{3\times3}\\ \boldsymbol{O}_{3\times3} & \boldsymbol{T}\end{bmatrix}\begin{bmatrix}\boldsymbol{V}\\ \boldsymbol{\omega}\end{bmatrix}\tag{2-26}$$

$$\begin{bmatrix}\dot{\boldsymbol{V}}\\ \dot{\boldsymbol{\omega}}\end{bmatrix}=\begin{bmatrix}-\boldsymbol{S}(\boldsymbol{\omega})\boldsymbol{V}\\ -\boldsymbol{J}^{-1}\boldsymbol{S}(\boldsymbol{\omega})\boldsymbol{J}\boldsymbol{\omega}\end{bmatrix}+\begin{bmatrix}\mathrm{diag}\left(\frac{1}{m},\frac{1}{m},\frac{1}{m}\right) & \boldsymbol{O}_{3\times3}\\ \boldsymbol{O}_{3\times3} & \boldsymbol{J}^{-1}\end{bmatrix}\begin{bmatrix}\boldsymbol{F}\\ \boldsymbol{M}\end{bmatrix}\tag{2-27}$$

式中，$\boldsymbol{P}=[x,y,z]^{\mathrm{T}}$ 為無人機在慣性座標系下的位置；$\boldsymbol{\eta}=[\phi,\theta,\psi]^{\mathrm{T}}$ 為姿態角；$\boldsymbol{V}=[u,v,w]^{\mathrm{T}}$ 為飛行速度在機體座標系上的投影；$\boldsymbol{\omega}=[p,q,r]^{\mathrm{T}}$ 為角速

度在機體座標系上的投影；矩陣 $\boldsymbol{R}_{b-g}$ 為從機體座標系到地面座標系的轉換矩陣；$\boldsymbol{J}$ 為無人機的轉動慣量，矩陣 $\boldsymbol{T}$ 表示為

$$\boldsymbol{T}=\begin{bmatrix} 1 & \sin\phi\tan\theta & \cos\phi\tan\theta \\ 0 & \cos\phi & -\sin\phi \\ 0 & \dfrac{\sin\phi}{\cos\theta} & \dfrac{\cos\phi}{\cos\theta} \end{bmatrix} \tag{2-28}$$

$\boldsymbol{M}$ 為合力矩在機體座標系上的投影；變量 $\boldsymbol{F}$ 為無人機受到的合力在機體座標系上的投影，表示為

$$\boldsymbol{M}=\begin{bmatrix} \dfrac{1}{2}(k_1 l\sin\gamma-k_2\cos\gamma)(-\Omega_1^2+\Omega_2^2+2\Omega_3^2+\Omega_4^2-\Omega_5^2-2\Omega_6^2) \\ \dfrac{\sqrt{3}}{2}(-k_1 l\sin\gamma+k_2\cos\gamma)(\Omega_1^2+\Omega_2^2-\Omega_4^2-\Omega_5^2) \\ (-k_1 l\cos\gamma-k_2\sin\gamma)(\Omega_1^2-\Omega_2^2+\Omega_3^2-\Omega_4^2+\Omega_5^2-\Omega_6^2) \end{bmatrix}$$

$$+\begin{bmatrix} I_r\begin{pmatrix} q\sin\gamma(-\Omega_1+\Omega_2-\Omega_3+\Omega_4-\Omega_5+\Omega_6) \\ +\dfrac{\sqrt{3}}{2}r\cos\gamma(-\Omega_1-\Omega_2+\Omega_4+\Omega_5) \end{pmatrix} \\ I_r\begin{pmatrix} p\sin\gamma(\Omega_1-\Omega_2+\Omega_3-\Omega_4+\Omega_5-\Omega_6) \\ +\dfrac{1}{2}r\cos\gamma(\Omega_1-\Omega_2-2\Omega_3-\Omega_4+\Omega_5+2\Omega_6) \end{pmatrix} \\ I_r\begin{bmatrix} \dfrac{\sqrt{3}}{2}p\cos\gamma(\Omega_1+\Omega_2-\Omega_4-\Omega_5) \\ -\dfrac{1}{2}q\cos\gamma(\Omega_1-\Omega_2-2\Omega_3-\Omega_4+\Omega_5+2\Omega_6) \end{bmatrix} \end{bmatrix} \tag{2-29}$$

$$\boldsymbol{F}=\begin{bmatrix} \dfrac{k_1}{2}\cos\gamma(\Omega_1^2+\Omega_2^2-2\Omega_3^2+\Omega_4^2+\Omega_5^2-2\Omega_6^2)+C_dV^2\cos\alpha\cos\beta+G\sin\theta \\ \dfrac{\sqrt{3}k_1}{2}\cos\gamma(\Omega_1^2-\Omega_2^2+\Omega_4^2-\Omega_5^2)+C_dV^2\sin\alpha\cos\beta-G\cos\theta\sin\phi \\ k_1\sin\gamma(\Omega_1^2+\Omega_2^2+\Omega_3^2+\Omega_4^2+\Omega_5^2+\Omega_6^2)+C_dV^2\sin\beta-G\cos\theta\cos\phi \end{bmatrix} \tag{2-30}$$

2.2.6 多旋翼無人機的機動性能分析

無人機的機動性是指其可能迅速地改變飛行速度大小和方向的能力，是評價其飛行性能的重要指標之一。無人機的機動性一般用切向加速度與法向加速度來表示，它們分別表示無人機能改變飛行速度大小和方向的迅速程度。為進行多旋

翼無人機的機動能力的研究，還需加入彈道座標系（航跡固連座標系）$Ox_{k}y_{k}z_{k}$，其與地面座標系之間的夾角 θ_{V} 稱為彈道傾角，ψ_{V} 稱為彈道偏角。可以得到由地面座標系到彈道座標系的轉換關係為

$$\begin{bmatrix} x_{k} \\ y_{k} \\ z_{k} \end{bmatrix} = \boldsymbol{L}(\boldsymbol{\theta}_{V},\boldsymbol{\psi}_{V}) \begin{bmatrix} x \\ y \\ z \end{bmatrix} = \boldsymbol{L}(\boldsymbol{\theta}_{V}) \times \boldsymbol{L}(\boldsymbol{\psi}_{V}) \begin{bmatrix} x \\ y \\ z \end{bmatrix} \tag{2-31}$$

式中，$\boldsymbol{L}(\boldsymbol{\psi}_{V}) = \begin{bmatrix} \cos\psi_{V} & \sin\psi_{V} & 0 \\ -\sin\psi_{V} & \cos\psi_{V} & 0 \\ 0 & 0 & 1 \end{bmatrix}$，$\boldsymbol{L}(\boldsymbol{\theta}_{V}) = \begin{bmatrix} \cos\theta_{V} & 0 & -\sin\theta_{V} \\ 0 & 1 & 0 \\ \sin\theta_{V} & 0 & \cos\theta_{V} \end{bmatrix}$，

$\boldsymbol{L}(\boldsymbol{\theta}_{V},\boldsymbol{\psi}_{V}) = \begin{bmatrix} \cos\theta_{V}\cos\psi_{V} & \cos\theta_{V}\sin\psi_{V} & -\sin\theta_{V} \\ -\sin\psi_{V} & \cos\psi_{V} & 0 \\ \sin\theta_{V}\cos\psi_{V} & \sin\theta_{V}\sin\psi_{V} & \cos\theta_{V} \end{bmatrix}$。

由牛頓-歐拉公式可得

$$m\frac{\mathrm{d}\boldsymbol{V}}{\mathrm{d}t} = m\left(\frac{\delta \boldsymbol{V}_{k}}{\delta t} + \boldsymbol{\omega}_{k} \times \boldsymbol{V}_{k}\right) = \boldsymbol{F}_{k} \tag{2-32}$$

式中，$\boldsymbol{V}_{k}$、$\boldsymbol{\omega}_{k}$ 為無人機質心速度與轉動角速度在彈道座標系上的投影。由

$\boldsymbol{V}_{k} = [V,0,0]^{T}$、$\boldsymbol{\omega}_{k} = \begin{bmatrix} \omega_{kx} \\ \omega_{ky} \\ \omega_{kz} \end{bmatrix} = \begin{bmatrix} -\dot{\psi}_{V}\sin\theta_{V} \\ \dot{\theta}_{V} \\ \dot{\psi}_{V}\cos\theta_{V} \end{bmatrix}$ 可以得到

$$\begin{cases} m\dfrac{\mathrm{d}V}{\mathrm{d}t} = F_{kx} \\ mV\cos\theta_{V}\dfrac{\mathrm{d}\psi_{V}}{\mathrm{d}t} = F_{ky} \\ -mV\dfrac{\mathrm{d}\theta_{V}}{\mathrm{d}t} = F_{kz} \end{cases} \tag{2-33}$$

式中，$\begin{bmatrix} F_{kx} \\ F_{ky} \\ F_{kz} \end{bmatrix} = \boldsymbol{L}\ (\boldsymbol{\theta}_{V},\ \boldsymbol{\psi}_{V}) \left(\boldsymbol{R}_{b-g}\begin{bmatrix} \boldsymbol{F}_{x} \\ \boldsymbol{F}_{y} \\ \boldsymbol{F}_{z} \end{bmatrix} + \begin{bmatrix} 0 \\ 0 \\ -mg \end{bmatrix}\right)$。

可以此為基礎分析無人機的機動過載能力。由十二旋翼無人機自身的結構特點可知其具有多種轉彎機動方式。為簡化分析首先只考慮無人機在水平面内進行機動轉彎，即保持彈道傾角 $\theta_{V}=0$，同時也假設俯仰角 $\theta=0$。

(1) 側滑轉彎模式

此種轉彎模式的特點為：保持滾轉角 $\phi=0$，機體側向力 $F_y=0$，利用改變偏航角度實現側向機動。在此情況下，無人機平動的動力學模型可以簡化為

$$\begin{cases} \ddot{x}=\dfrac{1}{m}F_x\cos\psi \\ \ddot{y}=\dfrac{1}{m}F_y\sin\psi \\ \ddot{z}=\dfrac{1}{m}F_z-g \end{cases} \tag{2-34}$$

可以得到 $P_z=mg$。切向加速度可表示為

$$m\frac{\mathrm{d}V}{\mathrm{d}t}=F_x\cos(\psi-\psi_{\mathrm{V}}) \tag{2-35}$$

法向加速度為

$$mV\cos\theta_{\mathrm{V}}\frac{\mathrm{d}\psi_{\mathrm{V}}}{\mathrm{d}t}=F_x\sin(\psi-\psi_{\mathrm{V}}) \tag{2-36}$$

其中

$$\begin{bmatrix} F_x \\ F_y \\ F_z \end{bmatrix}=\begin{bmatrix} \dfrac{1}{2}k_1\cos\gamma(-\Omega_1^2-\Omega_2^2+2\Omega_3^2-\Omega_4^2-\Omega_5^2+2\Omega_6^2) \\ \dfrac{\sqrt{3}}{2}k_1\cos\gamma(-\Omega_1^2+\Omega_2^2-\Omega_4^2+\Omega_5^2) \\ k_1\sin\gamma(\Omega_1^2+\Omega_2^2+\Omega_3^2+\Omega_4^2+\Omega_5^2+\Omega_6^2) \end{bmatrix}$$

(2) 平動轉彎模式

在此種機動模式下，保持無人機的滾轉角 $\phi=0$ 並同時保持偏航角指向不變，依靠機體自身提供的側向力 F_y 實現轉彎機動。此時模型可以簡化為

$$\begin{cases} \ddot{x}=\dfrac{1}{m}F_x \\ \ddot{y}=\dfrac{1}{m}F_y \\ \ddot{z}=\dfrac{1}{m}F_z-g \end{cases} \tag{2-37}$$

切向加速度可表示為

$$m\frac{\mathrm{d}V}{\mathrm{d}t}=F_x\cos\psi_{\mathrm{V}}+F_y\sin\psi_{\mathrm{V}} \tag{2-38}$$

法向加速度為

$$mV\cos\theta_{\mathrm{V}}\frac{\mathrm{d}\psi_{\mathrm{V}}}{\mathrm{d}t}=-F_x\sin\psi_{\mathrm{V}}+F_y\cos\psi_{\mathrm{V}} \tag{2-39}$$

(3) 平滑轉彎模式

結合之前兩種模式的特點，同時利用側向力 F_y 以及偏航角 ψ 來實現側向機動。此時無人機的動力學模型可簡化為

$$\begin{cases}\ddot{x}=\dfrac{1}{m}(F_x\cos\psi-F_y\sin\psi)\\ \ddot{y}=\dfrac{1}{m}(F_x\sin\psi+F_y\cos\psi)\\ \ddot{z}=\dfrac{1}{m}F_z-g\end{cases} \tag{2-40}$$

切向加速度可表示為

$$m\frac{\mathrm{d}V}{\mathrm{d}t}=F_x\cos(\psi-\psi_{\mathrm{V}})-F_y\sin(\psi-\psi_{\mathrm{V}}) \tag{2-41}$$

法向加速度為

$$mV\cos\theta_{\mathrm{V}}\frac{\mathrm{d}\psi_{\mathrm{V}}}{\mathrm{d}t}=\sin(\psi-\psi_{\mathrm{V}})F_x+\cos(\psi-\psi_{\mathrm{V}})F_y \tag{2-42}$$

(4) 傾斜轉彎模式

與之前三種模式中保持滾轉角與俯仰角為零不同，在傾斜轉彎模式中改變滾轉角 ϕ、俯仰角 θ，使得升力在水平側向方向產生分量，實現無人機的側向機動。為簡化控制過程，可在轉彎機動時保持 $P_y=0$、$P_x=0$。此種模式下，無人機的動力學模型可以轉化為

$$\begin{cases}\ddot{x}=\dfrac{1}{m}F_z(\cos\psi\sin\theta\cos\phi+\sin\psi\sin\phi)\\ \ddot{y}=\dfrac{1}{m}F_z(\sin\psi\sin\theta\cos\phi-\cos\psi\sin\phi)\\ \ddot{z}=\dfrac{1}{m}F_z\cos\theta\cos\phi-g\end{cases} \tag{2-43}$$

切向加速度可表示為

$$m\frac{\mathrm{d}V}{\mathrm{d}t}=F_z[\cos(\psi-\psi_{\mathrm{V}})\sin\theta\cos\phi+\sin(\psi-\psi_{\mathrm{V}})\sin\phi] \tag{2-44}$$

法向加速度為

$$mV\cos\theta_{\mathrm{V}}\frac{\mathrm{d}\psi_{\mathrm{V}}}{\mathrm{d}t}=F_z[\sin(\psi-\psi_{\mathrm{V}})\sin\theta\cos\phi-\cos(\psi-\psi_{\mathrm{V}})\sin\phi] \tag{2-45}$$

2.3 多旋翼無人機穩定飛行基本條件

多旋翼無人機穩定飛行的基本條件是軟硬件的可靠性。軟硬件可靠性的提升必須綜合考慮無人機使用環境、自身特點等客觀條件，從電路設計、元器件選擇等方面入手。本書中多旋翼原型機架構包括運算層、通信層與任務層，如圖 2-3 所示。其中，運算層是多旋翼無人機的核心，該層由高性能的微控制器（TMS320F28335）構成，協調控制整個多旋翼無人機；通信層主要負責運算層與任務層的數據交互；任務層負責實現具體的任務，該層由執行單元、多傳感器導航單元、電源管理單元、無線數據通信單元、載荷單元等帶有不同功能的單元模塊組成。

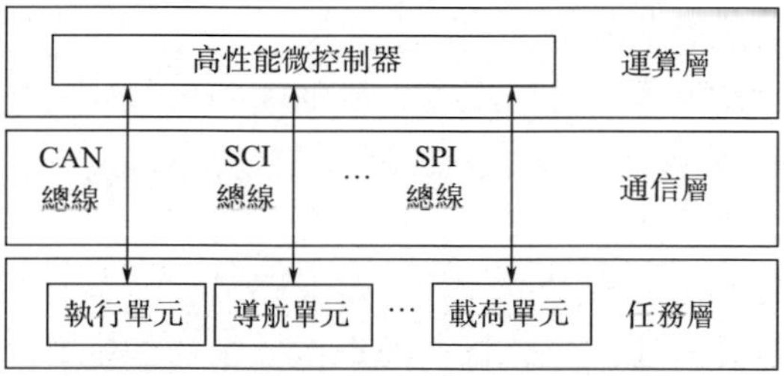

圖 2-3 多旋翼原型機架構

2.3.1 無人機硬件可靠性

硬件可靠性是指在給定的操作環境與條件下，硬件在一段規定的時間內正確執行要求功能的能力。考慮到多旋翼無人機使用環境、自身特點等客觀條件，對原型機硬件可靠性設計有以下依據。

① 多旋翼無人機推重比係數較低（通常為 2：1）、結構非常緊湊、裝載空間有限，故而在保證功能的前提下應盡可能選擇貼片封裝的元器件。

② 由於無人機在室外使用，空氣中的腐蝕性物質、黴菌會逐漸腐蝕電路板，室外的環境溫度會影響元器件參數。因此在組裝工藝上採用防潮溼、防霉霧和防鹽霧的三防技術，在元器件選型時考慮參數裕量（0.5～0.7），根據額定工作條件（如電流、電壓、頻率以及環境溫度等）選擇工業級的元器件。

③ 通過提高各個單元的電磁兼容性，防止其他電子設備與本系統各個單元之間的相互干擾，具體的方法包括：低通濾波電路、去耦電容、印製線路板布局

以及共模扼流圈等。

④ 印製線路板布局上各模塊依據功能分塊擺放，盡量均勻有規律。各層導線應該相互交叉、避免平行，減少線與線、線與地之間的等效電容。微控制運行頻率高，採用多點接地，並做好數字地和模擬地的分離，減小電源環路。

⑤ 因為飛行過程中多旋翼無人機的機體振動，印製線路板間傳輸電信號的連接器便成為系統的薄弱環節，空氣中的腐蝕性物質、黴菌也會逐漸氧化連接器的接線端子。對此，一方面減少印製線路板間連接器的數量，另一方面根據工作條件（如機械參數、屏蔽性以及環境溫度等）選擇連接器型號，最後採用鍍金的接線端子保證接觸電阻長時間內變化小。

⑥ 加裝阻尼減振材料減小執行單元振動對慣導測量數據的影響。另外，磁力計所處位置的局部地磁場很容易被周邊環境中的鐵磁、電磁影響，磁力計自身無法區分地磁場與周邊環境磁場，導致測量數據的偏差，所以布局上應當遠離執行單元、電源管理單元等干擾源。

通過以上措施，從根本上提高了無人機的硬件可靠性。但是，對執行單元的硬件電路來說上述措施並不足夠，這是因為在飛行過程中執行單元電路的負荷大、工作溫度高、元器件老化快（98%以上的電能被執行單元消耗），導致執行單元故障率偏高，對無人機的安全飛行有重大隱患。本書將在後續章節中對執行單元硬件電路的故障展開進一步分析，並根據分析的結論改進設計。

2.3.2 無人機軟件可靠性

軟件可靠性是指程序在規定的條件下和規定的時間區間內完成規定功能的能力。在多旋翼無人機中提高軟件可靠性的途徑如下。

① 將多旋翼無人機的計算任務合理分配到各個單元中，再通過通信層的數據總線將計算結果匯總到運算層中，保證程序的實時性與高效性。

② 在程序中增加對輸入變量與輸出變量的校驗，加強程序對錯誤輸入的容錯能力。

③ 通過軟件算法補償慣性測量模塊的傳感器，提高其測量精度，補償措施包括：陀螺儀加速度計傳感器溫漂補償、陀螺儀零偏補償、磁力計校正等。

④ 通信層主要負責運算層與任務層的數據交互，由串口通信模塊（Serial Communication Interface，SCI）、控制器局域網模塊（Controller Area Network，CAN）等總線構成。SCI 總線負責與多傳感器導航單元交互數據，CAN 總線負責與執行單元交互數據。本文設計它們的握手協議並加入循環冗餘碼 CRC 檢驗技術，保證數據交互的正確性。

以上方法在多旋翼無人機原型機硬件沒有發生故障的情況下，能夠保障無人機軟件可靠性。但是原型機硬件的可靠性不可能達到100%，因此需要研究主動容錯控制技術在硬件故障時保障無人機的安全飛行，相關內容將在後續章節中詳細介紹。

參考文獻

[1] MOFID O, MOBAYEN S. Adaptive sliding mode control for finite-time stability of quad-rotor UAVs with parametric uncertainties [J]. ISA Transactions, 2018, 72: 1-14.

[2] PAN F, LIU L, XUE D Y, et al. Optimal PID controller design with Kalman filter for Qball-X4 quad-rotor unmanned aerial vehicle [J]. Transactions of the Institute of Measurement and Control, 2017, 39 (12): 1785-1797.

[3] ZUO Z. Trajectory tracking control design with command- filtered compensation for a quadrotor [J]. IET Control Theory Appl, 2010, 4 (11): 2343-2355.

[4] ABAUNZA H, CASTILLO P, VICTORINO A. Dual quaternion modeling and control of a quad rotor aerial manipulator [J]. Journal of Intelligent&Robotic Systems, 2017, 88 (2-4): 267-283.

第3章

多旋翼無人機系統構成與實現

3.1 執行單元

多旋翼無人機的執行單元主要包括螺旋槳、電機與電調系統。

3.1.1 螺旋槳

螺旋槳主要由槳葉和槳轂組成，是產生無人機上升、懸停以及前進動力的部件，是電推進系統中最重要的組成部分之一。自主研發的多旋翼無人機採用 3K 碳纖維材質的可摺疊螺旋槳，如圖 3-1 所示，螺旋槳長度為 17in（1in＝0.0254m），螺距為 17.67in，能夠自由拆卸，便於儲存與運輸。

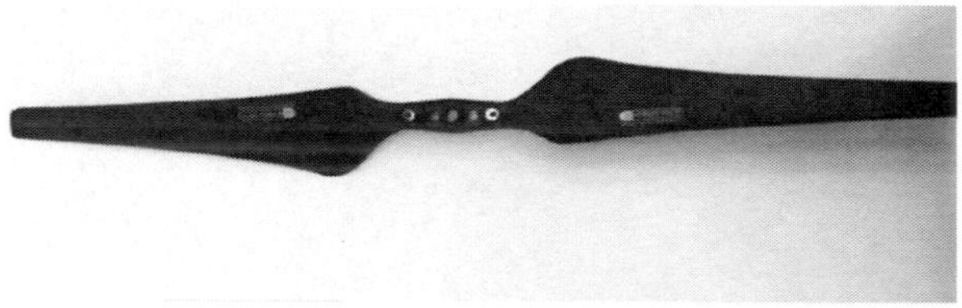

圖 3-1　螺旋槳示意圖

3.1.2 電機與電調

多旋翼無人機採用高性能盤式電機，易於轉換電機輸出軸方向；使用進口軸承，更安靜、更輕巧、效率更高。電機如圖 3-2 所示，其技術參數如下：

空載電流：1.1A/7.4V　　工作電流：＜21A

產品淨重：154g　　最大功率：650W

支持鋰電：6S　　內阻：0.088Ω

最大電流：29A

圖 3-2 電機示意圖

電機驅動系統（電調系統）是控制多旋翼無人機系統的伺服結構。電調性能的好壞直接關係飛行系統的可靠性和穩定性。電調的工作原理是把收到的飛行控制命令轉換為電信號，控制電機輸出不同轉速，產生不同方向的力，從而改變飛行軌姿態與航跡。

自主研發的電調系統採用分立式設計，各元器件採用集成化設計，具有體積小、重量輕、引出線和焊接點少、散熱性能好、壽命長、可靠性高、穩定性強等優點。電調系統技術參數：

輸出能力：持續電流 30A，短時電流 60A

電源輸入：6S 鋰電池組

功率峰值：800W

最高轉速：8000r/min

參數編程方式：利用遙控器油門搖桿進行設置或 C2 調試下載

尺寸：ϕ55mm（直徑）

質量：13g

3.2 飛行控制系統

飛行控制系統是多旋翼無人機的核心。全自主設計的 RP100 飛行控制系統如圖 3-3 所示，其具有高可靠性的軟、硬件構架。結合智能數據融合和控制算法，RP100 功能強大、使用方便、安全性和可靠性高，適用於 CH12、CQ8、CQ16 等多種構型的多旋翼無人機，可在極寒（－40℃）環境下可靠工作。具體功能特點如下。

① 在使用航向鎖定功能時，飛行前向和主控記錄的某一時刻的機頭朝向

圖 3-3 RP100 飛行控制系統示意圖

一致。

② 在使用返航點鎖定功能時，飛行前向為返航點到無人機的方向。

③ 支持自定義搖桿控制：可選擇操作桿來控制無人機的上升、下降、轉彎和姿態。

④ 具有三種運動模式：GPS 姿態模式、姿態模式和手動模式。可以在三種模式間自由快速切換，以適應各種飛行環境。

⑤ 精確懸停功能：鎖定經緯度和高度精確懸停，在風力較大的情況下，同樣可以在很小範圍內穩定懸停。精度可以達到水平精度≤2m，垂直精度≤0.5m。

⑥ 具有智能失控保護：設置智能的失控保護，以確保多旋翼無人機在失去遥控信號等極端情況下也能自動懸停或自動返航，使用户搭載於無人機的機載設備有更好的安全保障。

⑦ 内置電機定速功能：内置電機定速功能實現的是參數調節的簡易性，整體系統的協調性。

⑧ 主控與電機間採用雙向通信方式，主控系統實時監控電機狀態，提高系統的可靠性和容錯能力。

⑨ 實時飛行過程中能隨時編輯或改變航線：遇到特殊情況，能暫停飛行任務，編輯或改變航線任務，與此同時無人機自動懸空等待二次指令。

⑩ 可實時記錄並下傳到地面站，顯示各分系統工作狀態、飛行航跡等信息，並可回放和導出。

⑪ 内置硬盤：攝錄圖像信息和紅外影像可在機載設備和地面站進行存儲。

⑫ 具有飛行日誌數據下載和分析工具。

⑬ 具有電池低電壓報警保護功能，電壓低時控制終端聲音報警，飛行器智能判斷電量後選擇自動返航和降落。

⑭ 具備失去鏈路信號後的自動返航功能。只要遥測遥控信號出現中斷，多旋翼無人機巡檢系統應按預先設定的策略返航。

⑮ 具有斷槳保護功能：在姿態或 GPS 姿態模式下，無人機意外缺失某一螺旋槳動力輸出時，可以採用共軸對應槳迅速補償方法，繼續保持所需升力。此時無人機可以繼續被操控，並安全返航。這一設計大大降低了墜機的風險。

⑯ 支持一鍵返航：當多旋翼無人機與遥控器之間，因為控制距離太遠或者

信號干擾失去聯繫時，系統將觸發失控保護功能，在 GPS 信號良好的情況下，自動觸發自動返航安全著陸功能。

⑰ 顯示高度模式：顯示航點與無人機當前高度的相對值，使高度顯示更加直觀。

⑱ 具有實時下載地圖功能，通過網絡進行更新。

相關的技術規格參數如下：

工作電壓：DC4.8～5.5V

功耗≤4.5W

工作溫度－40～＋80℃

內置功能：定點懸停、軌跡飛行

懸停精度：±2m

高度方向：±0.5m

抗風能力：＜10m/s

滾轉、俯仰最大旋轉角度 25°（可調）；偏航 360°（連續）

垂直方向速度：±5m/s

3.3 地面站系統

自主開發的專用地面站系統具有接收高清圖像、顯示無人機狀態等功能，攜帶方便；配備的筆記本具有防眩光功能，其內置自主開發的地面站軟件可在地圖上規劃航點和編輯任務，無人機可按規劃的航線自主飛行並執行任務。地面站系統如圖 3-4 所示。

圖 3-4 地面站系統

地面站軟件系統採用功能模塊化設計思想，分為飛行監控模塊、導航電子地圖模塊、飛行任務管理模塊、數據庫模塊四個模塊，如圖 3-5 所示，每個模塊獨立設計，具有針對性，並且方便軟件系統的調試與測試，更為靈活、高效。

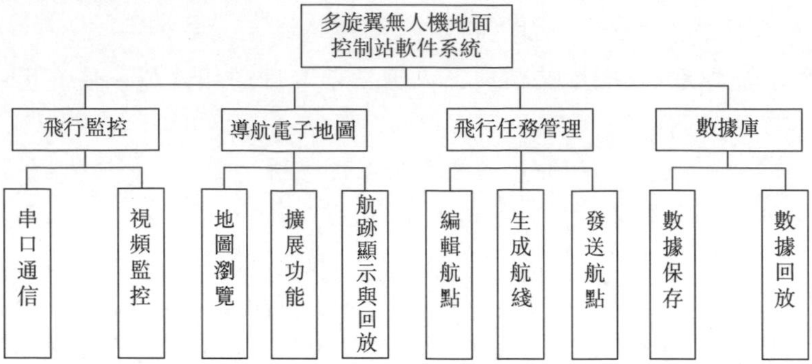

圖 3-5　地面站軟件系統的總體結構圖

自主設計的地面站用户主界面包括三個主界面：視頻界面、二維電子地圖界面和三維電子地圖界面。每個主界面均包括菜單欄、工具欄、狀態欄，通過工具欄的切換按鈕進行界面切換。

圖 3-6 為視頻主界面，劃分為多旋翼無人機的飛行狀態信息區域、通信狀態區域、兩個視頻窗口區域。其中，無人機狀態信息用於圖形化與數字化地顯示無人機的實時狀態數據，包括無人機的位置（經度、緯度、高度）、速度、姿態角（俯仰、滾轉、航向）、飛行器電壓、地面站電壓、測控鏈路質量等參數。通信狀態區域主要是串口通信的設置與連接。兩個視頻窗口可以滿足多個視頻設備的顯示與監控，較大窗口為視頻主窗口，同時接收和顯示兩路視頻圖像（可見、紅外）。另外，還包括視頻錄制與壓縮等視頻操作。

圖 3-6　地面站軟件系統的視頻主界面

二維電子地圖主界面主要包括無人機的飛行狀態信息以及二維電子地圖顯示區域，每個主界面都包含無人機的飛行狀態信息部分，以便地面操作員在任何一個主界面都能實時監控飛行器的飛行狀況。二維電子地圖部分除了基於 MapX 的 gst 格式地圖外，還包括狀態欄上的地圖擴展操作。

圖 3-7 表示三維電子地圖主界面，包括無人機狀態信息以及 Google Earth 電子地圖，增加了高程信息。Google Earth 地圖能通過網絡進行更新。在電子地圖上能夠規劃航點與航線，無人機實現任務飛行。

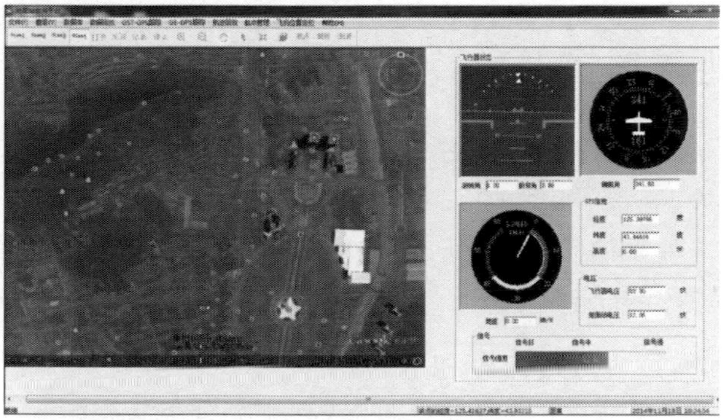

圖 3-7　地面站軟件系統的三維電子地圖主界面

3.4 導航系統

導航系統採用的高精度 GPS 系統，如圖 3-8 所示，碳纖維機身穩定耐用，安裝便捷，是工業級產品。在發生墜機等意外事故時，可自動向地面控制站或遙控手柄等設備發送位置信息，最長 100 天持續發送位置。GPS 靈敏度超高，採用超低功耗 GPS 衛星定位芯片支持 A-GPS。外置長饋線設計，信號接收能力強。

圖 3-8　GPS 系統

相關技術參數如下：

電源電流：125mA

定位精度：圓概率誤差±2.5m

工作溫度：−40～+85℃

時間精度：0.1μs

刷新頻率：0.25s

GPS：1575.42MHz

GPS 冷啓動時間：26s
速度精度：0.1m/s

3.5 測控鏈路

3.5.1 長距離遥控遥測裝置

長距離遥控遥測裝置有藍光顯示屏，如圖 3-9 所示，能實時顯示姿態角、經緯度、速度、油門量、信號強度、電池耗電量等實用參數；模型種類設定一步完成；高靈敏度；帶滾珠軸承的萬向接頭；能夠兼容 AFHSS 2.4GHz/PPM/PCM；可定製菜單；可轉換的控制開關、按鈕、操作桿及數字修正；具有報警功能。

圖 3-9 長距離遥控遥測裝置

相關技術參數如下：

頻率：900MHz
可轉換通道：8 個
測控距離：11km（空域、可擴展至 32km）

3.5.2 高清無線數字視頻發射機

高清無線數字視頻發射機外形小巧，如圖 3-10 所示，可搭配高清鏡頭、高清攝像機，集 H264 低延時視頻壓縮、COFDM 無線調制及功率放大器於一體，整機質量小於 300g（不含電池），完全適應於多旋翼無人機機載設備要求。其 HD1080 高清視頻傳輸和 300ms 低延時的性能特點也是為無人機量身定製的，傳輸距離最遠可達 15km。相關技術參數詳見表 3-1。

圖 3-10 高清無線數字視頻發射機

表 3-1 視頻發射機相關技術參數

工作電壓與工作電流	工作電壓/V	DC7～16.8
	工作電流/A	≤0.6@DC12.5V
射頻	工作頻率範圍/MHz	328～2500
	信道中心頻率/MHz	可設置
	中心頻率偏移/Hz	±20
	射頻帶寬/MHz	1.5/2,4,6/7/8
	輸出功率/dBm	≥22
	功率可調範圍/dB	15
	載噪比 C/N	≥28dB @ 22dBm
	雜散發射	≤−36dBm(在載波中心頻率 f_c+5MHz 範圍之外)
	調制方式	COFDM
	星座調制	QPSK,16QAM,64QAM 可選
	前向糾錯碼率	1/2,2/3,3/4,5/6,7/8 可選
	保護間隔	1/4,1/8,1/16,1/32 可選
CVBS	視頻編碼	H.264
	輸入視頻幅度	1～1.2Vp-p@75Ω
	輸入視頻制式	PAL/NTSC
	視頻白條幅度/mV	650～720
	視頻同步幅度/mV	260～275
	輸入音頻	左右聲道,立體聲
HDMI	版本	HDMI 1.4a
	HDCP 協議	支持

3.5.3 手持高清無線視頻接收機

手持高清無線視頻接收機如圖 3-11 所示，可以在有建築物遮擋的環境中或高速移動中接收、傳輸高品質全高清 1080P 的圖像與聲音，通視條件下傳輸距離可達 10km 以上。其具有體積小、重量輕、攜帶方便、覆蓋範圍廣、靈敏度高、移動性好、抗干擾和抗衰落能力強、傳輸數據率高、穩定性和可靠性突出等顯著優點，為指揮、搶險、偵察、野外作戰等應急通信提供遠距離、高質量、高速率、無線實時傳輸的理想解決方案，廣泛應用於公安、武警、消防、野戰部隊等軍事部門和交通、海關、油田、礦山、水利、電力、金融等國家重要部門。相關技術參數如表 3-2 所示。

圖 3-11 手持高清無線視頻接收機

表 3-2 手持高清無線視頻接收機相關技術參數

<table>
<tr><td colspan="2">視頻射頻</td><td>電源接口</td><td>DCφ5mm/2.1mm 充電接口</td></tr>
<tr><td>解調方式</td><td>COFDM</td><td colspan="2">其他</td></tr>
<tr><td>星座解調</td><td>QPSK,16 QAM,64 QAM</td><td>屏幕尺寸</td><td>5in(可配摺疊式遮光罩)</td></tr>
<tr><td>前向糾錯碼率</td><td>1/2,2/3,3/4,5/6,7/8</td><td>屏幕亮度</td><td>500cd/m^2</td></tr>
<tr><td>載波模式</td><td>2K</td><td>工作電流</td><td>≤1.3A@DC7.4V</td></tr>
<tr><td>保護間隔</td><td>1/4,1/8,1/16,1/32</td><td>充電電流</td><td>≤1.5A@CC-CV</td></tr>
<tr><td>視頻圖像</td><td>1920×1080×60i/50i(MAX)</td><td>輸入電壓</td><td>DC8.4V</td></tr>
<tr><td rowspan="2">視頻解碼標準</td><td rowspan="2">ISO/IEC13818-2 MPEG-2 MP@ML 或 H.264</td><td>環境溫度</td><td>0～+45℃</td></tr>
<tr><td>質量</td><td>480g(裸機,不含配件)</td></tr>
<tr><td colspan="2">接口</td><td>電池容量</td><td>3400mA・h@7.4V</td></tr>
<tr><td>視頻輸出</td><td>HDMI A Type 支持 1.3</td><td rowspan="3">整機尺寸</td><td rowspan="2">145mm×94mm×35mm
(裸機,不含配件)</td></tr>
<tr><td>錄像及回放</td><td>TF CARD</td></tr>
<tr><td>接收天線</td><td>SMA@50Ω(可選配低噪放)</td><td>145mm×94mm×50mm(配遮光罩)</td></tr>
<tr><td>天線饋電</td><td>5V@300mA</td><td>工作時間</td><td>>2h@25℃</td></tr>
</table>

3.6 多旋翼無人機系統自主控制體系結構

自主是指無人機系統擁有感知、觀察、分析、交流、計劃、制定決策和行動的能力，並且完成人類通過人機交互布置給它的任務。全自主意味著人的不可參與性，但是這難以滿足無人機的諸多任務要求，如戰略限制與戰術意圖，因此，不考慮人參與的全自主飛行並非最理想，而應該具有開放式的自主飛行體系，即不僅具有良好的自主飛行能力，並且對人開放，實現無人機自主控制與人在迴路監控的結合，具有靈活的人機交互機制，同時為無人機自主執行任務提供了擴展能力。

基於遞階智能控制結構的思想，本節把多旋翼無人機系統進行層階分解，建立了三層的自主控制體系，如圖 3-12 所示。

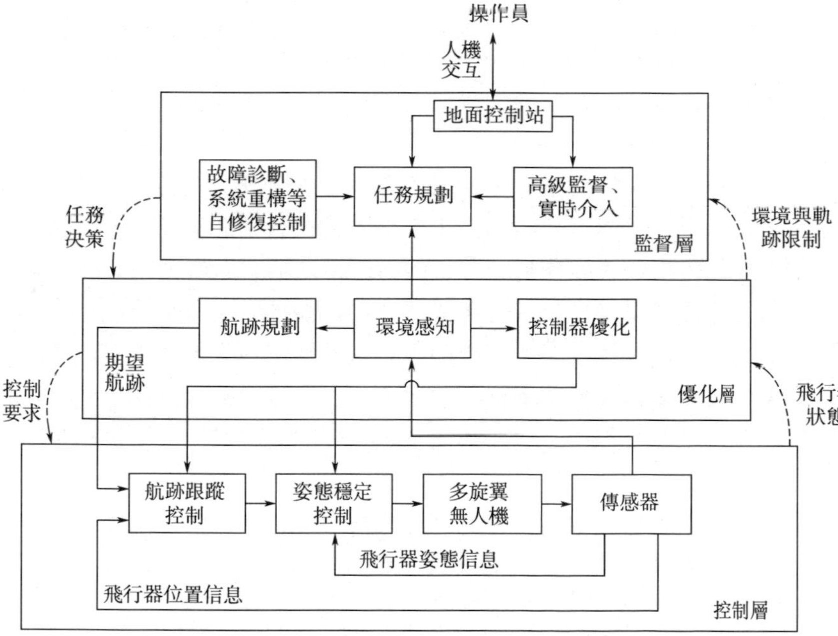

圖 3-12　多旋翼無人機系統自主控制體系結構圖

最底層是控制層，是多旋翼無人機最基本的飛行和運動控制迴路。在遵守無人機的物理性能（空氣動力學約束等）的前提下，主要包括無人機的姿態穩定控制和航跡跟蹤控制，不需要學習與決策等功能。由於多旋翼無人機存在姿態和平動的耦合特性，可組成內外環的控制。根據高層體系指定的期望航跡命令，航跡跟蹤控制為外環，姿態穩定控制為內環。另外，傳感器測得多旋翼無人機的狀態信息實時傳送給本層的控制器，形成閉環路。同時，狀態信息被傳遞給上一級，為高層體系提供相關決策依據。控制層主要依賴於無人機系統的自主行為，智能程度最低，控制精度最高。

中間層是優化層，是遞階智能控制的次高層，表示為了完成任務約束必須實現的智能體的動作。任務約束是最高層傳遞的指令與當前環境的限制，包括航跡必須經過導航點、及時達到目標、繞過障礙物、避免穿越禁飛區等。依據任務約束，通過 GPS、視覺傳感器等途徑獲取環境信息，完成航跡規劃。規劃出的航跡即為控制層的控制指令。當無人機處於多變的環境或突發情況時，機上的實時重規劃、在線環境感知是非常必要的。環境感知是對無人機當前所處的環境、地形、威脅的分布以及無人機的當前狀態等信息進行實時獲取，以達到飛行環境的自適應。一般需要根據先驗知識庫建立環境模型，並且環境信息同時傳遞給最高層，作為決策依據。此外，優化層對控制層的各個控制器可以進行參數整定與性能優化。

最高層是監督層，具有一定的學習能力和較高的智能程度。監督層主要包括任務規劃，實時的故障診斷、預測、隔離以及系統重構等自修復控制，操作員的高級監督與實時介入。其中，任務規劃是通過環境感知的評估，無人機進行任務分配與自主決策，但是像這樣的完全自主的無人機尚未研製成功，目前，高自主級別的無人機往往是通過操作員進行任務的管理，無人機進行輔助決策。多旋翼無人機系統健康狀態的監督可以通過操作員、無人機自動系統或者兩者共同實施，從而保證無人機系統的可靠性和安全性。一旦有必要，操作員可以完全掌握監督主導，通過地面控制站實時介入飛行控制，重新規劃飛行任務甚至切換遙控飛行模式保證必要的安全。地面控制站作為一個人機交互的平臺，能夠實時顯示與保存飛行器的狀態數據、飛行航跡以及飛行視頻，為操作員提供了良好的監督環境。操作員通過地面控制站來控制飛機的自主飛行，向無人機發送任務命令、切換飛行模式、一鍵返航等。由此可見，人實時在環的監督控制為無人機自主控制體系提供了極大的安全性與靈活性，實現了人類智能與人工智能的完美融合。

參考文獻

[1] MICHAEL N, MELLINGER D, LINDSEY Q, et al. The grasp multiple micro-uav testbed[J]. IEEE Robotics & Automation Magazine, 2010, 17 (3): 56-65.

[2] 陳聲麒，焦俊．旋翼無人機螺旋槳靜拉力性能的計算與試驗驗證[J]．電子機械工程，2017，33(5)：60-64.

[3] 周超，張美紅，高琳杰．八旋翼無人機系統設計及性能分析[J]．電子測試，2017，24-25.

[4] 張利國，謝朝輝．電動多旋翼無人機螺旋槳的性能計算與分析[J]．科技創新與應用，2016(1)：17-18.

[5] JIANG M，LUO Y，YANG S. Stochastic convergence analysis and parameter selection of the standard particle swarm optimization algorithm [J]. Information Processing Letters，2007，102 (1)：8-16.

[6] 鮑帆．無人機自主飛行控制與管理決策技術研究[D]．南京：南京航空航天大學，2008.

第4章

多旋翼無人機空氣動力學

4.1 概述

作為多旋翼無人機設計過程中必須考慮的問題，氣動布局對整機氣動性能產生的影響一直是空氣動力學和飛行力學中的重點研究內容。目前，多旋翼系統常見氣動布局主要有：雙旋翼氣動布局、周向三旋翼氣動布局、周向四旋翼氣動布局、六旋翼氣動布局、八旋翼氣動布局。多旋翼無人機中涉及的低雷諾數工作環境使得旋翼所具有的獨特氣動特性和愈加明顯的翼間干擾引起了眾多研究者的關注。其中傳統控制理論中忽略旋翼低雷諾數空氣黏度的影響和翼間的氣動干擾對控制模型精度帶來的影響逐漸成為制約多旋翼無人機繼續發展的最為關鍵的技術瓶頸。由於中國對多旋翼無人機研製的迫切需求，建立一套適用於多旋翼無人機氣動特性分析方法具有重要的實用價值。目前，有黏低雷諾數下旋翼的空氣動力學特徵研究主要採用理論分析和實驗研究兩種不同的研究手段。在理論計算時，多採用較為成熟的動量法、葉素法以及渦流理論等方法在低雷諾數下將空氣黏性影響考慮進去進行分析。實驗方面，常規旋翼氣動特性的多種測量技術主要集中在旋翼升阻比相關的拉力和功耗。微小型旋翼實驗臺的關鍵技術主要集中在多參數可調的傳動系統和測量系統，通過對旋翼轉速及旋翼產生的拉力和轉矩的測量來完成基本的氣動測試。

首先，本章通過分析自主研發的非平面六旋翼無人機低雷諾數的空氣動力學特徵，利用修正的動量葉素法計算了計入空氣黏度的旋翼拉力。考慮雙旋翼翼間氣動干擾對六旋翼無人機旋翼系統拉力的影響，通過非平面雙旋翼單元的提出，定性分析了氣動干擾對控制理論中動力學模型的影響。然後，結合雙旋翼數值模擬和實驗研究初步完成旋翼傾轉角度、旋翼間距、旋翼轉速等氣動參數對平面式雙旋翼系統氣動特性的影響。針對非平面雙旋翼系統，在不同設計參數條件下測量了拉力和功耗的變化，並分別與單旋翼和平面雙旋翼進行了對比，定性分析了非平面雙旋翼單元的相互作用和「增升」機理。最後，為了更加深入地研究多旋翼系統不同氣動布局下的抗風擾性能，結合雙旋翼氣動測試實驗臺和風洞實驗針對懸停狀態的雙旋翼單元開展了來流實驗研究。

4.2 低雷諾數下的多旋翼系統

4.2.1 考慮空氣黏度的旋翼氣動理論計算

對於微小型無人機的旋翼，由於飛行環境與常規旋翼有明顯不同，需要基於常用旋翼的空氣動力學理論建立工程實用的、適合微小型旋翼氣動性能的理論計算方法。目前研究旋翼氣動特性的方法主要包括動量理論、葉素理論、渦流理論等。

(1) 常用的旋翼空氣動力理論計算方法

由於旋翼工作環境的雷諾數範圍在 1×10^5 左右，需要考慮空氣黏性的影響，此時旋翼的升阻比會有所減小並影響整體拉力效率，因此需要對低雷諾數下的旋翼氣動力進行合理計算。

① 動量理論　動量理論中假設空氣是理想氣體，旋轉的旋翼為均勻無限薄的圓盤（槳盤），流過槳盤的氣流速度為常數且沒有扭轉。由於槳盤產生的拉力均勻分布，此時可以由動量守恆算出氣流的作用力為單位時間通過槳盤空氣動量的增量，結合伯努利方程可以知道在槳盤處的速度增量 Δv_1 是滑流區速度增量 Δv_2 的一半。但是動量理論沒有考慮旋翼幾何形狀等細節，認為誘導速度分布均勻，所以整個計算模型簡單，只能用於初步的旋翼氣動設計中。

② 葉素理論　葉素理論是假定旋翼氣流無滑流收縮，將旋翼槳葉分成很多很小的小段，即葉素，根據旋翼翼型可以對每個葉素上的氣動力進行計算，然後沿徑向進行積分求得旋翼的總的氣動力。葉素理論考慮了旋翼的幾何特性和運動特性，但是不能計算徑向誘導速度的分布和旋翼下洗流效應，所以也有一定的局限性。

③ 渦流理論　渦流理論考慮槳葉間的干擾，利用 Biot-savart 定理、Kelvin 定理和 Helmholtz 定理可以計算旋翼流場中任一點的誘導速度，進而得到計算旋翼周圍的速度場。同樣地，還可以構建旋翼拉力、功耗與氣流之間的關係，最終來計算旋翼氣動性能。另外，在渦流理論的基礎上，還發展了片條理論，可以根據有限翼展理論，將氣流經過機翼引起的下洗流考慮進來，並進一步由動量定律就可計算翼間干擾問題。

④ 自由尾跡分析方法　旋翼尾跡分析模型主要有固定尾跡、預定尾跡、自由尾跡和約束尾跡四種，其中自由尾跡法考慮了尾跡本身的作用和槳葉與尾跡之間的干擾，可以更接近實際尾跡形狀的變化，但是在求解中數值處理比較複雜，

工作量很大。

(2) 旋翼空氣動力學模型

常規旋翼空氣動力特性分析方法由於忽略空氣黏度作用，因此不再完全適用，本章首先通過對理論分析方法進行修正，嘗試對低雷諾數下考慮黏性作用的方法建立旋翼空氣動力學模型。

① 修正的動量法和葉素法　結合動量法和葉素法的優點，既可以在工程實際中簡化計算過程，又可以得到可靠的旋翼氣動力和力矩的近似理論結果。如圖 4-1 所示，根據動量守恆定律可知，槳盤環帶 dr 處的拉力 ΔT 和阻力轉矩 ΔM 分別為

$$\Delta T = 2\rho v^2 (2\pi r)\mathrm{d}r \tag{4-1}$$

$$\Delta M = 2\rho u v (2\pi r) r\,\mathrm{d}r \tag{4-2}$$

式中，ρ 為空氣密度；v 為下洗流效應引起的槳盤軸向干涉速度；u 為旋轉誘導效應引起的槳盤環向干涉速度；r 為距離槳盤中心的距離，有 $r \ll R$（R 為旋翼半徑最大值）；dr 為槳盤在半徑方向上的微元。

葉素法理論分析圖如圖 4-2 所示，葉素的升力和阻力分別為：

$$\Delta L = qC_L(b\,\mathrm{d}r) \tag{4-3}$$

$$\Delta D = qC_D(b\,\mathrm{d}r) \tag{4-4}$$

式中，b 為弦長；C_L 為升力係數；C_D 為阻力係數；$q = \frac{1}{2}\rho W^2$，為動壓；W 為合成速度，從圖 4-2 中可知其表達式為：

$$W = \sqrt{v^2 + (\omega r - u)^2} \tag{4-5}$$

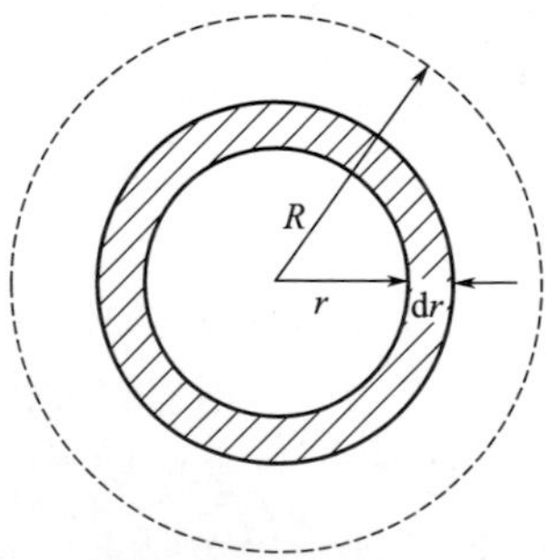

圖 4-1　槳盤環帶示意圖

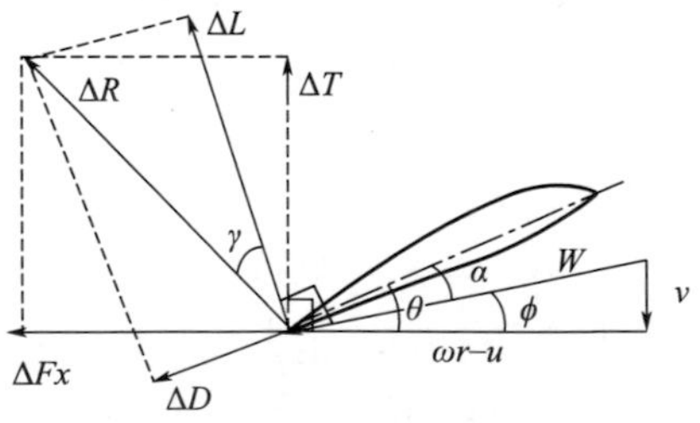

圖 4-2　葉素法理論分析圖

則作用在葉素上的氣動合力 ΔR 為：

$$\Delta R = \sqrt{\Delta L^2 + \Delta D^2} \tag{4-6}$$

設槳葉個數為 N，即可代入得到葉素上的拉力 ΔT 和阻力轉矩 ΔM 為

$$\Delta T = N\Delta R\cos(\phi+\gamma) = N(\Delta L\cos\phi - \Delta D\sin\phi) \tag{4-7}$$

$$\Delta M = Nr\Delta R\sin(\phi+\gamma) = Nr(\Delta L\sin\phi + \Delta D\sin\phi) \tag{4-8}$$

式中，ϕ 為誘導角，其表達式為 $\phi=\arctan\dfrac{v}{\omega r-u}$；$\gamma$ 為阻升角，其表達式為

$$\gamma = \arctan\frac{C_D}{C_L} \tag{4-9}$$

因此，本章設計的修正算法步驟如下。

首先，由於動量法中假定槳葉有無限多個，這與實際情況有較大出入，所以在有限槳葉數 N 下考慮翼型阻力造成的影響可以將式(4-1) 和式(4-2) 改寫為：

$$\Delta T = 2\rho v^2(2\pi r)\mathrm{d}r - N\Delta D\sin\phi \tag{4-10}$$

$$\Delta M = 2\rho uv(2\pi r)r\,\mathrm{d}r + Nr\Delta D\cos\phi \tag{4-11}$$

其次，需要對兩種方法涉及的槳尖損失作出修正，此時可以通過引入 Prandtl 因子來修正理論計算的誤差，這種方法與實際情況比較吻合，其中 Prandtl 因子定義為

$$\lambda_{\mathrm{p}} = \frac{2}{\pi}\mathrm{arccose}^{f} \tag{4-12}$$

式中，$f=\dfrac{N}{2}\left(1-\dfrac{r}{R}\right)\dfrac{1}{\sin\phi_{\mathrm{tip}}}$；$\phi_{\mathrm{tip}}$ 為槳尖渦螺旋線速度。

因此，對兩種方法修正後的公式分別為：

動量法：

$$\Delta T = 2\rho v^2(2\pi r)\lambda_{\mathrm{p}}\mathrm{d}r - N\Delta D\sin\phi \tag{4-13}$$

$$\Delta M = 2\rho uv(2\pi r)r\lambda_{\mathrm{p}}\mathrm{d}r + Nr\Delta D\cos\phi \tag{4-14}$$

葉素法：

$$\Delta T = N\left[\frac{1}{2}\rho(v^2+(\omega r-u)^2)\right]C_L b\lambda_{\mathrm{p}}\cos\phi\,\mathrm{d}r - N\Delta D\sin\phi \tag{4-15}$$

$$\Delta M = N\left[\frac{1}{2}\rho(v^2+(\omega r-u)^2)\right]C_L br\lambda_{\mathrm{p}}\sin\phi\,\mathrm{d}r - Nr\Delta D\cos\phi \tag{4-16}$$

此時對修正後的兩組方程聯立求解可以得到 v 和 u：

$$v = \sqrt{u(\omega r-u)} \tag{4-17}$$

$$u = \frac{1}{2}\left(-\omega r b_1^2 + \omega r b_1\sqrt{b_1^2+4}\right) \tag{4-18}$$

式中，$b_1=\left(\dfrac{N}{8\pi R}\right)C_L b$。

接下來利用已知的安裝角 θ 求出誘導速度 u 為

$$u = \frac{\omega[1+2\theta(\theta+b_2)] - \omega r\sqrt{1+4b_2\theta}}{2[1+(b_2+\theta)^2]} \tag{4-19}$$

式中，$b_2 = \frac{8\pi r}{Nb\alpha}$。

將 u 代入式(4-17）即可得到 v，根據修正後的公式就可以進行拉力和轉矩的計算了。

② 計入黏度的拉力和轉矩修正模型　由於存在空氣黏度，因此存在黏性力會引起水平誘導速度 u_v，此時合成速度 W 為

$$W = \sqrt{v^2 + (\omega r - u - u_v)^2} \tag{4-20}$$

因此，誘導速度 u 和 v 的計算公式分別變為

$$v = \sqrt{u(b_3 - u)} \tag{4-21}$$

$$u = \frac{1}{2}\left(-b_3 b_1^2 + \omega r b_3 b_1 \sqrt{b_1^2 + 4}\right) \tag{4-22}$$

式中，$b_3 = \omega r - u_v$。

由於 u_v 的計算相對複雜，可以採用計算公式近似求解：

$$u_v = c_1 A_L^{c_2} \tag{4-23}$$

式中，A_L 為上一個槳葉的後緣與下一個槳葉後緣之間的弧長；$c_1 = -3.0\times10^{-10} Re_{\omega r}^2 - 2.0\times10^{-6} Re_{\omega r} + 0.241$；$c_2 = 3.0\times10^{-9} Re_{\omega r}^2 - 7.0\times10^{-5} Re_{\omega r} - 0.372$。

接下來就可以通過修正的動量葉素法的公式計算考慮黏性的旋翼拉力和轉矩了。

從理論計算上看，給定相對較大的安裝角或者相對較高的轉速可以增加拉力，但是轉矩也有所增加，所以在考慮盡可能增加旋翼拉力的同時，應該要注重功率消耗。

4.2.2 考慮旋翼間干擾的多旋翼系統

本節以自主研發的六旋翼無人機為對象，進行旋翼間干擾的多旋翼系統分析。六旋翼無人機的原理樣機及結構簡圖如圖 4-3 所示。六旋翼無人機採用碳纖維材料，六個旋翼沿著圓周周向均布，旋翼支撐臂等長且夾角為 60°，機體中心為載荷平臺，相鄰旋翼旋轉方向兩兩相反。另外，每個旋翼旋轉平面與機體平面存在傾轉角度，傾轉角度的不同可以產生不同方向的力和力矩。該無人機具有固定的螺距，既不用像傾轉旋翼機一樣需要改變旋轉平面的裝置，又不用像傳統的直升機或者共軸無人機一樣需要傾轉斜盤來調整螺距，因此六旋翼無人機保持了機體結構上的簡潔性，避免了複雜的機械結構帶來的額外重量。六旋翼無人機通過調節旋翼的轉速來實現飛行運動，六個旋翼具有產生獨立力和力矩的能力。

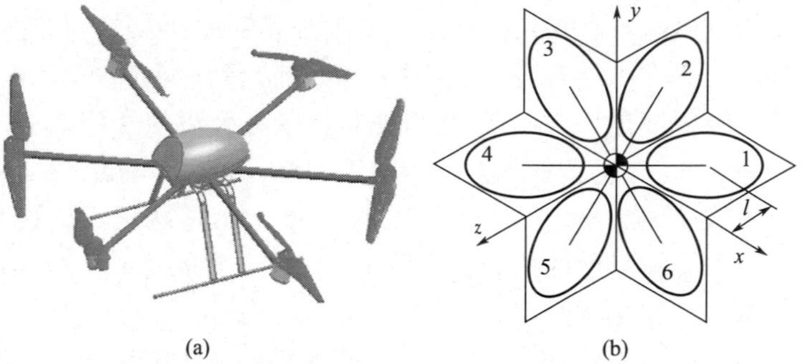

圖 4-3　六旋翼無人機原理樣機及結構簡圖

由於旋翼轉向兩兩相反，為方便分析，我們定義 1 號、3 號和 5 號旋翼逆時針旋轉，2 號、4 號和 6 號旋翼順時針旋轉；定義旋轉平面與機體平面之間的夾角，即傾轉角度為 ϕ；定義相鄰兩個旋翼產生拉力的夾角為 α；定義相鄰兩個旋翼的力矩夾角為 β，則可知這三個角度之間的關係為

$$\alpha=\arccos\left(-\frac{1}{2}\sin^2\phi+\cos^2\phi\right) \tag{4-24}$$

$$\beta=\pi-\arccos\left(\frac{1}{2}\cos^2\phi-\sin^2\phi\right) \tag{4-25}$$

當旋翼力和力矩夾角分別為 90°時，旋翼產生的力和轉矩是正交的，此時要達到給定的力或轉矩所需要的能量最少。當 α 和 β 與 90°相差較大時，有可能需要消耗很大的能量來抵消力或者轉矩分量，使得在補償時可能會導致控制能力下降。式(4-24) 和式(4-25) 之間的關係還可以用圖 4-4 來表示。

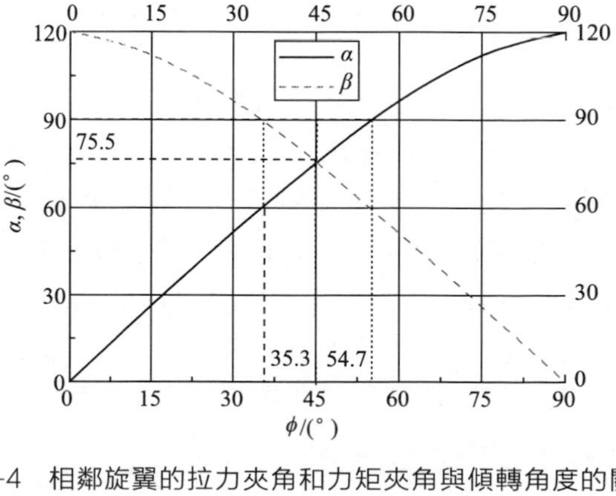

圖 4-4　相鄰旋翼的拉力夾角和力矩夾角與傾轉角度的關係

為了達到懸停狀態的效率，傾轉角度應該趨於 0°，使得所有的旋翼產生的力都在一個方向，但此時旋翼拉力只能在機體參考平面的法線方向產生，失去了六旋翼無人機在任意方向上產生力和力矩的優勢。當傾轉角度 $\phi=45°$時，旋翼產生的力和力矩夾角都是 75.5°，這使得飛行器既有合理的懸停效率，又比較接近懸停效率最理想的 90°。儘管如此，對於達到最大拉力產生最少能量的理想情況應該在 $\alpha=90°$的時候，此時 $\phi=54.7°$，$\beta=60°$。這種狀況下旋翼產生的拉力相互垂直，即三對旋翼產生的拉力在空間正交，可分別對單軸進行控制，不影響另外兩軸，無耦合，簡化了控制。

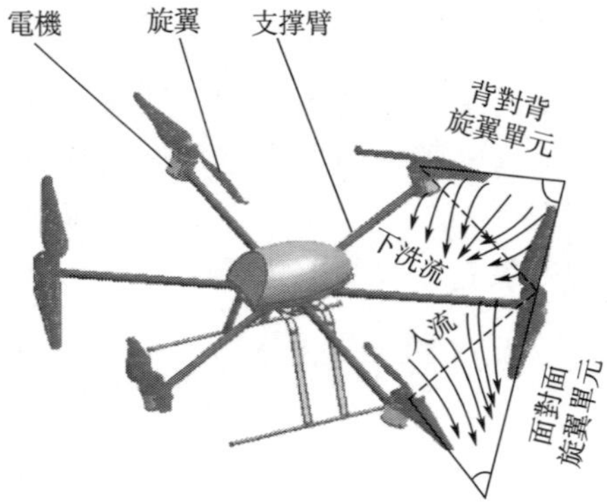

圖 4-5　六旋翼無人機非平面單元示意圖

為了考察六旋翼無人機相鄰旋翼間的氣動影響，以任一孤立旋翼為中心，將該旋翼和與它相鄰的旋翼分別作為研究單元來分析，組成的面對面和背對背這兩種非平面雙旋翼研究單元，如圖 4-5 所示。對周向分布的六個旋翼，對任意旋翼中心，面對面和背對背雙旋翼單元都將同時作用在這個旋翼上。因此，要分析六旋翼無人機的升阻力產生機制，就必須深入研究這兩種非平面旋翼單元間氣流是如何運動的。

因此，本節將著重分析影響雙旋翼性能的入流和下洗流變化規律。面對面雙旋翼單元流場示意圖如圖 4-6 所示。影響面對面雙旋翼單元流場的主要是入流，這樣的傾斜配置不僅減小了氣流對槳盤的衝擊，在轉速較大時還可以增加吸入的氣流，使得氣流對旋翼的反作用力也隨之增加，起到了減小阻力的作用。此外，越靠近旋翼下方的流場重疊區域，氣動干擾變得明顯。但是，增加的入流使得氣流軸向速度也隨之增大，也使得這種翼間干擾有減小的趨勢。

背對背雙旋翼單元流場示意圖如圖 4-7 所示。從圖中可以看出，影響背對背旋翼單元流場的主要是下洗流，此時旋翼單元下方的氣流是兩個旋翼共同作用的。相較於平面配置的旋翼單元，下洗流集中對稱分布時有可能增加湍流強度使得氣動干擾更加強烈，最終影響旋翼系統的整體拉力。這樣的氣動干擾在特定間距和傾轉角度的配合下，有可能對無人機旋翼載荷朝著有利的方向發展。同時，由於上方間距較小，兩個旋翼所排氣流會在流場相交干擾區域相互作用，使得旋轉平面的上半平面和下半平面處於不同的氣動環境，可能會導致旋翼工作時的穩定性降低。

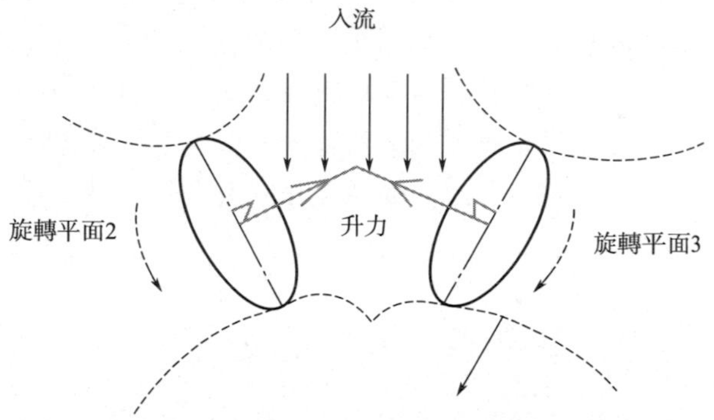

圖 4-6　面對面雙旋翼單元流場示意圖

綜合非平面配置的這兩種雙旋翼單元可以發現，任意相鄰的面對面和背對背狀態同時作用時，由於傾轉角度帶來的旋翼傾轉平面間距不一致有可能得到改善。而此時軸向的入流和出流由於變得更加集中，相比於傳統平面配置的旋翼，其拉力藉助干擾氣流將會進一步增加。

在此，對共軸雙旋翼單元流場進行擴展研究，其示意圖如圖 4-8 所示。在共軸旋翼單元中，上旋翼向下排出的氣流大部分直接作用在下旋翼，而下旋翼的大部分旋翼面積是在上旋翼尾渦中運轉，這樣形成的完全重疊區域使得雙旋翼單元的氣動干擾變得強烈，再加上共軸配置的間距一般小於旋翼半徑，此時軸向流動受到限制，強烈的干擾還有可能對兩個旋翼造成衝擊，最終導致整體拉力下降。

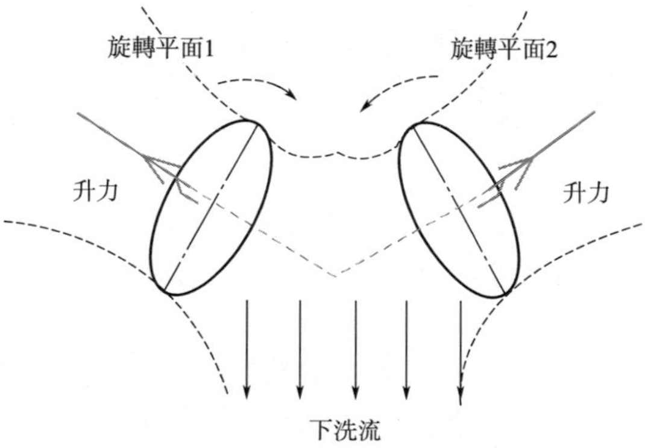

圖 4-7　背對背雙旋翼單元流場示意圖

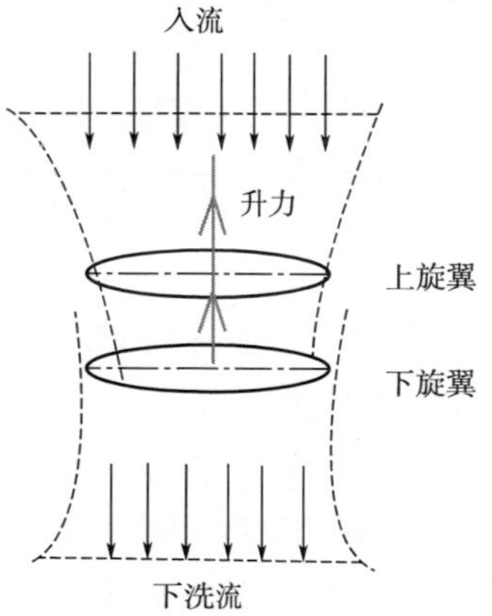

圖 4-8　共軸雙旋翼單元流場示意圖

對於這三種雙旋翼單元，翼間間距直接決定氣動干擾作用的大小，因此成為氣動布局設計時需要考慮的重要參數，在保證翼尖不相碰的條件下，間距越小，翼間干擾越強烈，然而間距過大雖然可以減小氣動干擾，但又會導致整機重量的增加。對非平面雙旋翼單元而言，旋轉平面與機體平面之間的夾角使得翼間間距可以小於一個旋翼直徑，這是非平面雙旋翼單元對整機小型化的一個貢獻。而傾轉角度不僅決定了兩個旋轉平面間的氣流流動，還對兩個旋轉平面在固定間距時可作用的範圍也產生了影響，因此，傾轉角度也作為另一個重要的氣動參數計入整機旋翼系統氣動布局設計中去。

4.2.3 黏性效應和翼間干擾的影響

根據雷諾數定義，由於沿著槳葉展向有不同的線速度，使得旋翼在不同半徑處於不同的雷諾數範圍，由此導致旋翼沿半徑方向有不同的升阻特性。傳統動力學建模中的無黏假設對具有小尺度特徵的旋翼計算產生影響，並且可能會導致整個控制模型產生較大偏差，最終引起結果可信度不高且不利於飛行控制。

鑒於這種特殊構型的無人機較平面配置的翼間干擾程度要強烈得多，此時傳統動力學建模多未考慮翼間干擾，通常將拉力和阻力分別與轉速平方關係用常數代替，對六旋翼無人機來講，較常規飛行器需要提高控制模型的精度，就需要引入空氣黏度以及翼間干擾對旋翼拉力的影響進行詳細分析和研究，進而對控制模型進行修正和完善。

對於本章涉及的黏性效應，可以根據翼型通過理論計算和數值模擬方法進行計算，而非平面式雙旋翼間的氣動干擾由於沒有相關的理論基礎作為支撐，有必要針對反映旋翼基本氣動性能的拉力和功耗進行實驗，並通過適合低雷諾數雙旋翼單元的數值模擬方法對非平面雙旋翼的流場細節進行分析。

4.3 數值模擬方法及驗證

自主研發的六旋翼無人機空氣動力學問題的特殊性在於非平面配置的兩個旋翼間由於傾轉角度和間距的變化存在不同程度的氣動干擾，這具體表現在以下兩個方面。

① 兩個旋翼的尾跡相互誘導，並隨著非平面狀態（面對面狀態和背對背狀態）的改變，旋翼間的入流和下洗流也在隨著相交干擾面積的變化而變化。

② 受空氣黏性作用和速度梯度較大的氣流作用，在相交干擾的重疊區域將會產生氣流與旋翼以及氣流與氣流之間的撞擊，並形成渦流，使得此時的干擾作用變得非常複雜。

基於上述表現，要觀察非平面雙旋翼單元流場的變化細節，就有必要從數值模擬方法入手。本書嘗試引入可以對存在多個相對運動域的複雜流場進行三維計算求解的數值模擬方法，從考慮黏性影響的 N-S 方程入手，對模擬過程涉及的理論知識進行詳細闡述，最後通過單旋翼的數值模擬與實驗研究互相對比驗證模擬方法的有效性。

4.3.1 旋翼數值模擬方法

在對流體進行分析的過程中，要用到兩類物理模型和三條基本定理。其中兩個物理模型分別為有限控制體和流體微元，三條基本定律分別為質量守恆定理、牛頓第二定律和能量守恆定律。基於這三條基本定律，N-S 方程就包括以下三個方程：

連續方程：

$$\frac{\partial \rho}{\partial t}+\nabla \cdot (\rho \boldsymbol{V})=0 \tag{4-26}$$

動量方程：

$$\rho \left[\frac{\partial}{\partial t}\boldsymbol{V}+(\boldsymbol{V} \cdot \nabla)\boldsymbol{V}\right]=\rho \boldsymbol{f}-\nabla \boldsymbol{p}+\boldsymbol{F}_{\text{viscosity}} \tag{4-27}$$

能量方程：

$$\begin{aligned}&\frac{\mathrm{d}}{\mathrm{d}t}\iiint_{\tau}\rho(e+\boldsymbol{V}^2/2)\mathrm{d}\tau \\ &=\iiint_{\tau}\rho q\mathrm{d}\tau+\oiint_{\tau}k(\nabla\cdot \boldsymbol{n})\mathrm{d}A+\iiint_{\tau}\rho(\boldsymbol{f}\cdot \boldsymbol{V})\mathrm{d}\tau-\oiint_{A}(\boldsymbol{V}\cdot \boldsymbol{n})\mathrm{d}A+\boldsymbol{W}_{\text{viscosity}}\end{aligned} \tag{4-28}$$

式中，ρ 為空氣密度；$\boldsymbol{V}$ 為速度；$\boldsymbol{f}$ 為單位質量的體積力；e 為單位體積的總能量；q 為動壓；A 為控制面的面積；$\boldsymbol{n}$ 為控制面的法線方向；$W_{\text{viscosity}}$ 為黏性力所做的功；k 為流體的熱傳導係數。

本書中涉及的流場是指多旋翼系統在懸停狀態下的空氣流場。旋翼的懸停狀態是多旋翼無人機最常見也是研究最多的飛行狀態，由於懸停狀態下需要考慮流場的定常變化過程，因此，在數值模擬時需要捕獲旋翼域周邊細節的流場信息。另外，針對雙旋翼單元，由於存在兩個旋翼的相對運動，因此本章利用多重參考座標系模型 MRF 採用有限體積法對雷諾平均 N-S 方程進行數值求解。

計算過程中，整個計算域含有兩個旋轉運動區域以及一個靜止區域，兩個旋翼轉速相同、轉向相反，可以在各自計算域內通過旋轉座標系進行獨立參數控制，外部空氣流體域通過靜止座標系進行設置，區域間的流場信息轉換由相鄰的交接面通過網格節點的插值計算來完成。

由於三維情形下的數值模擬相對於二維有更多的困難，增加了模擬的難度，因此這裡對本章數值模擬方法涉及的基本控制方程、方程求解方式、邊界條件和湍流模型等方面進行簡單概述。

（1）流體主控方程

要研究低雷諾數下旋翼單元的氣動性能，可以通過求解 N-S 方程得到速度和壓力場以及相應的流跡。在連續介質假設的前提下，可以認為，流體質點連續地占據了整個流體空間。為了描述流體的運動，必須把流體的幾何位置和時間聯繫起來，可以有兩種基本不同的方法。第一種方法稱為拉格朗日法。它研究個別流體質點的運動與它們的軌跡，及它們在各自軌跡的各點上的速度和加速度等。這便要求追隨著每個流體質點進行觀察和研究，因而一般是困難的，沒有太大的實用價值。第二種方法也是最常用的方法，稱為歐拉法。它研究任一時刻 t，在個別空間點處流體質點的運動。場的概念便是根據這種局部的觀察方法引出來的。任意拉格朗日歐拉方法將描述流體運動的這兩種方法結合起來，絕對座標系下，該方法表示的可壓縮 N-S 方程的積分形式為：

$$\frac{\partial \boldsymbol{W}}{\partial t}+\nabla \cdot (F(\boldsymbol{W})-\boldsymbol{F}_v)=0 \tag{4-29}$$

式中，$\boldsymbol{W}$ 為守恆變量；$F(\boldsymbol{W})$ 為對流通量；$\boldsymbol{F}_v$ 為黏性通量。

對任意控制體 $\Omega(t)$ 進行積分，可以得到

$$\int_{\Omega(t)} \frac{\partial \boldsymbol{W}}{\partial t}\mathrm{d}V+\oint_{\partial\Omega(t)} \boldsymbol{F}(\boldsymbol{W})\mathrm{d}S=\oint_{\partial\Omega(t)} \boldsymbol{F}_v \mathrm{d}S \tag{4-30}$$

可以進一步變換為

$$\frac{\partial}{\partial t}\int_{\Omega(t)} \boldsymbol{W}\mathrm{d}V=\int_{\Omega(t)} \frac{\partial \boldsymbol{W}}{\partial t}\mathrm{d}V+\oint_{\partial\Omega(t)} (\dot{\boldsymbol{x}}\boldsymbol{n})\boldsymbol{W}\mathrm{d}S \tag{4-31}$$

式中，$\dot{\boldsymbol{x}}$ 和 $\boldsymbol{n}$ 為控制體邊界 $\partial\Omega(t)$ 的運動速度和法向矢量，如果定義 $v_{\mathrm{gn}}=\dot{\boldsymbol{x}}\boldsymbol{n}$，則有

$$\frac{\partial}{\partial t}\int_{\Omega(t)} \boldsymbol{W}\mathrm{d}V+\oint_{\partial\Omega(t)} (\boldsymbol{F}(\boldsymbol{W})-v_{\mathrm{gn}}\boldsymbol{W})\mathrm{d}S=\oint_{\partial\Omega(t)} \boldsymbol{F}_v \mathrm{d}S \tag{4-32}$$

式中，v_{gn} 任意給定；$\dot{\boldsymbol{x}}$ 和 $\boldsymbol{n}$ 隨時間變化。

在數值積分前將上式變量分別進行無量綱化，則式(4-32)的變量表達式分別變為

$$\boldsymbol{W}=\begin{bmatrix}\rho\\ \rho u\\ \rho v\\ \rho w\\ \rho e\end{bmatrix} \tag{4-33}$$

式中，$\rho e=\frac{p}{\gamma-1}+\frac{1}{2}\rho(u^2+v^2+w^2)$。

$$(\boldsymbol{F}(\boldsymbol{W})-v_{\mathrm{gn}}\boldsymbol{W})=\begin{bmatrix}\rho(\theta-v_{\mathrm{gn}})\\ \rho u(\theta-v_{\mathrm{gn}})+n_x p\\ \rho v(\theta-v_{\mathrm{gn}})+n_y p\\ \rho w(\theta-v_{\mathrm{gn}})+n_z p\\ \rho h(\theta-v_{\mathrm{gn}})+v_{\mathrm{gn}} p\end{bmatrix} \tag{4-34}$$

式中，$\theta=un_x+vn_y+wn_z$；$\rho h=\rho e+p$。

$$\boldsymbol{F}_v=\begin{bmatrix}0\\ T_x\\ T_y\\ T_z\\ uT_x+vT_y+wT_z-Q_n\end{bmatrix} \tag{4-35}$$

式中，$T_x=n_x\tau_{xx}+n_y\tau_{xy}+n_z\tau_{xz}$；$T_y=n_x\tau_{xy}+n_y\tau_{yy}+n_z\tau_{yz}$；$T_z=n_x\tau_{zx}+n_y\tau_{zy}+n_z\tau_{zz}$；$\tau_{xx}=\frac{2}{3}\frac{Ma_\infty}{Re}(\mu+\mu_t)\left(2\frac{\partial u}{\partial x}-\frac{\partial v}{\partial y}-\frac{\partial w}{\partial z}\right)$；$\tau_{xy}=\tau_{yx}=\frac{Ma_\infty}{Re}(\mu+\mu_t)\left(\frac{\partial u}{\partial y}+\frac{\partial v}{\partial x}\right)$；$\tau_{yy}=\frac{2}{3}\frac{Ma_\infty}{Re}(\mu+\mu_t)\left(2\frac{\partial v}{\partial y}-\frac{\partial u}{\partial x}-\frac{\partial w}{\partial z}\right)$；$\tau_{xz}=\tau_{zx}=\frac{Ma_\infty}{Re}(\mu+\mu_t)\left(\frac{\partial u}{\partial z}+\frac{\partial w}{\partial x}\right)$；$\tau_{zz}=\frac{2}{3}\frac{Ma_\infty}{Re}(\mu+\mu_t)\left(2\frac{\partial w}{\partial z}-\frac{\partial u}{\partial x}-\frac{\partial v}{\partial y}\right)$；$\tau_{yz}=\tau_{zy}=\frac{Ma_\infty}{Re}(\mu+\mu_t)\left(\frac{\partial v}{\partial z}+\frac{\partial w}{\partial y}\right)$；$Q_{\mathrm{n}}=n_xq_x+n_yq_y+n_zq_z$，$q_x=-\frac{Ma_\infty}{(\gamma-1)Re}\left(\frac{\mu}{pr}+\frac{\mu_t}{pr_t}\right)\frac{\partial T}{\partial x}$；$q_y=-\frac{Ma_\infty}{(\gamma-1)Re}\left(\frac{\mu}{pr}+\frac{\mu_t}{pr_t}\right)\frac{\partial T}{\partial y}$；$q_z=-\frac{Ma_\infty}{(\gamma-1)Re}\left(\frac{\mu}{pr}+\frac{\mu_t}{pr_t}\right)\frac{\partial T}{\partial z}$；$Ma_\infty$為來流馬赫數；$\mu$ 為層流黏性係數；μ_t 為湍流黏性係數。

對理想氣體，滿足：

$$T=\frac{\gamma p}{\rho} \tag{4-36}$$

對上述方程，黏性係數由薩德蘭公式（Surtherland's Law）得到：

$$\tilde{\mu}=\tilde{\mu}_0\left(\frac{\tilde{T}}{\tilde{T}_0}\right)^{1.5}\frac{\tilde{T}_0+C}{\tilde{T}+C} \tag{4-37}$$

式中，$\tilde{\mu}$ 為黏性係數；$\tilde{T}$ 為溫度；$\tilde{T}_0=288.15\mathrm{K}$ 為海平面上的標準溫度；

$\widetilde{\mu}_0=1.7894\times10^{-5}\mathrm{N\cdot s/m^2}$ 為海平面標準溫度下的空氣黏性係數；$C=110.4\mathrm{K}$。

(2) 方程的離散和求解

方程求解之前需要將流體控制方程轉化到計算域中各節點的代數方程組上，即實現控制方程的離散，對計算域生成網格。常用的離散方法有有限差分法、有限元法以及有限體積法這三種。其中有限體積法計算量較小，應用最廣泛。

對任意控制體 V 進行積分得到的方程可以表示為：

$$\oint\rho\phi\boldsymbol{v}\,\mathrm{d}\boldsymbol{A}=\oint\Gamma_\phi\ \nabla\phi\,\mathrm{d}\boldsymbol{A}+\int_v S_\phi\,\mathrm{d}V \tag{4-38}$$

式中，ρ 為密度；$\boldsymbol{v}$ 為速度矢量；$\boldsymbol{A}$ 為曲面面積矢量；Γ_ϕ 為 ϕ 的擴散係數；$\nabla\phi$ 為 ϕ 的梯度；S_ϕ 為每一單位體積 ϕ 的源項。

將上式應用於整個區域内，對於三角形單元，該方程為

$$\sum_f^{N_f}\rho_f v_f A_f\phi_f=\sum_f^{N_f}\Gamma_\phi(\nabla\phi)_x A_f+S_\phi V \tag{4-39}$$

式中，N_f 為封閉區域的面的個數；ϕ_f 為通過面的值；$\rho_f v_f A_f$ 為通過體積的質量流量；A_f 為表面的面積。

表面值 ϕ_f 可以使用迎風格式進行插值計算。本章使用二階迎風格式，使用多維線性重建方法來計算單元表面處的值。此時表面值 ϕ_f 可以從下式計算出來：

$$\phi_f=\phi+\nabla\phi\Delta\boldsymbol{S} \tag{4-40}$$

式中，ϕ 為單元中心值；$\nabla\phi$ 為迎風單元的梯度值；$\Delta\boldsymbol{S}$ 為由迎風單元中心到表面中心的位移矢量。

梯度$\nabla\phi$ 的離散格式可以寫為

$$\nabla\phi=\frac{1}{V}\sum_f^{N_f}\phi_f\boldsymbol{A} \tag{4-41}$$

式中，ϕ_f 可以由相鄰兩個單元 ϕ 求平均值來確定。

對於標量輸運方程的離散格式也可以通過設定 $\phi=u$ 用於離散動量方程，以此得到 x 向的動量方程為

$$a_p u=\sum_{nb}a_{nb}u_{nb}+\sum P_f\hat{\boldsymbol{l}}\boldsymbol{A}+S \tag{4-42}$$

式中，P_f 為表面 f 的壓力；$\hat{\boldsymbol{l}}$ 為通過面距離矢量。

對於已知的壓力場和表面質量流量而言，直接求解上式就可以獲得速度場。

將質量連續方程在三角體上積分，就可以得到離散方程為

$$\sum_f^{N_f}J_f A_f=0 \tag{4-43}$$

式中，J_f 為表面 f 的質量流量。

在基於壓力基求解的時候，可以選擇 SIMPLE 算法。一旦開始方程的求解，就可以在離散的網格上獲得每個時間步的相應的速度和壓力元，最後通過對每個時間步的壓力黏性元進行積分，就獲得了每個時刻相應的氣動力。

(3) 邊界條件

① 遠場特徵邊界　在懸停狀態，對於遠場入流和出流邊界，假設物體對遠場影響很小，就需要該計算邊界取得足夠遠，否則會限制旋翼尾跡的變化，從而導致計算收斂緩慢。基於動量理論的遠場邊界速度分布方法將出流速度 W_e 和拉力係數 C_T 的關係式表示為

$$W_e = -M_{tip}\sqrt{2C_T} \tag{4-44}$$

$$C_T = T/\rho\pi R_{tip}^2 M_{tip}^2 \tag{4-45}$$

$$R_{out} = R_{tip}/\sqrt{2} \tag{4-46}$$

式中，M_{tip} 為槳尖馬赫數；R_{tip} 為槳尖半徑；R_{out} 為出流半徑。因此出流平面的面積為旋翼面積的一半。

遠場邊界上的入流速度 W_r 指定為

$$W_r = -\frac{M_{tip}}{4}\sqrt{\frac{C_T}{2}}\left(\frac{R_{tip}}{r}\right)^2 \tag{4-47}$$

這樣在指定了邊界速度後，就比較接近實際的流動情況。

② 物面邊界　物面邊界對 N-S 方程來說，假定邊界法向為 ξ 向，對於場內第一個格心點的法向速度為

$$\boldsymbol{U}_1 = u_1\hat{\boldsymbol{\xi}}_x + v_1\hat{\boldsymbol{\xi}}_y + w_1\hat{\boldsymbol{\xi}}_z + \hat{\boldsymbol{\xi}}_t \tag{4-48}$$

式中，$\hat{\boldsymbol{\xi}}_x$、$\hat{\boldsymbol{\xi}}_y$、$\hat{\boldsymbol{\xi}}_z$ 為單位化的方向矢量；$\hat{\boldsymbol{\xi}}_t$ 為 $\boldsymbol{\xi}$ 的矢量。

邊界速度滿足無滑移條件，壁面速度等於網格運動速度時有

$$u_0 = u_{mesh}, v_0 = v_{mesh}, w_0 = w_{mesh} \tag{4-49}$$

③ 週期邊界　對於旋翼的懸停流場，由於具有旋轉對稱性，因此對周向上劃分的每份 $1/N$ 的區域流場是相同的，因此只需要計算其中一個的流場。週期邊界需要網格點一一對應，可以對壓力、速度和能量直接給定，其速度矢量可以通過下式得到：

$$\boldsymbol{u}_{jmax} = C(2\pi/n)\boldsymbol{u}_1 \tag{4-50}$$

$$\boldsymbol{C}(\boldsymbol{\omega t}) = \begin{bmatrix} \cos(\omega t) & -\sin(\omega t) & 0 \\ \sin(\omega t) & \cos(\omega t) & 0 \\ 0 & 0 & 1 \end{bmatrix} \tag{4-51}$$

式中，$\boldsymbol{u}_{jmax}$ 為速度矢量$\boldsymbol{u}_1$ 繞 Z 軸旋轉 $2\pi/n$ 後的新矢量。

(4) Spalart-Allmaras 湍流模型

Spalart-Allmaras 模型（簡稱 S-A 模型）屬於一方程模型，與 k-ε 模型和 k-

ω 模型相比，不需要非常密的網格，可以針對低雷諾數特性應用壁面函數，計算快，常用在飛行器、翼型等繞流流場分析，更適合小型旋翼流場的仿真計算中。導出的與黏性相關的 $\tilde{v}$ 的輸運方程的無量綱形式為

$$\frac{\partial \tilde{v}}{\partial t}+\frac{\partial}{\partial x_{\mathrm{j}}}(\tilde{v}V_{\mathrm{j}})=C_{\mathrm{b1}}(1-f_{\mathrm{t2}})\tilde{S}\tilde{v}+\frac{1}{\sigma}\left\{\frac{\partial}{\partial x_{\mathrm{j}}}\left[(v_L+\tilde{v})\frac{\partial \tilde{v}}{\partial x_{\mathrm{j}}}\right]+C_{\mathrm{b2}}\frac{\partial \tilde{v}}{\partial x_{\mathrm{j}}}\times\frac{\partial \tilde{v}}{\partial x_{\mathrm{j}}}\right\}$$
$$-\left[C_{\omega 1}f_{\omega}-\frac{C_{\mathrm{b1}}}{\kappa^2}f_{\mathrm{t2}}\right]\left(\frac{\tilde{v}}{d}\right)^2 \tag{4-52}$$

方程右邊分別稱為湍流渦黏性的產生項、耗散項和毀滅項。

另外，湍流黏性係數表示為

$$\mu_{\mathrm{t}}=f_{v1}\rho\tilde{v} \tag{4-53}$$

式中，$\tilde{v}$ 為與黏性相關的應變量；$\tilde{S}=\frac{\tilde{v}fv_2}{\kappa^2 d^2}$；$f_{v2}=1-\frac{\chi}{1+\chi f_{v1}}$；$f_{v1}=\frac{\chi^3}{\chi^3+C_{v1}^3}$；$\chi=\frac{\tilde{v}}{v_L}$；$f_{\omega}=g\left(\frac{1+C_{\omega3}^6}{g^6+C_{\omega3}^6}\right)^{\frac{1}{6}}$；$g=r+C_{\omega2}(r^6-r)$；$r=\frac{\tilde{v}}{\tilde{S}\kappa^2 d^2}$；$f_{\mathrm{t2}}=C_{\mathrm{t3}}\exp(-C_{\mathrm{t4}}\chi^2)$；$C_{\mathrm{b1}}=0.1355$；$C_{\mathrm{b2}}=0.622$；$C_{v1}=7.1$；$C_{v2}=5$；$\sigma=2/3$；$\kappa=0.4187$；$C_{\omega1}=C_{\mathrm{b1}}/\kappa^2+(1+C_{\mathrm{b2}})/\sigma=3.2059$；$C_{\omega2}=0.3$；$C_{\omega3}=2.0$；$C_{\mathrm{t1}}=1.3$；$C_{\mathrm{t4}}=0.5$。

4.3.2 單旋翼數值模擬

(1) 計算流程

如前文所述，按照對整機輕量化的要求，旋翼材料為碳纖維，旋翼流場計算的基本參數如表 4-1 所示。

表 4-1 旋翼基本參數

半徑/mm	200	弦長/mm	35
葉片數	2	流體體積/mm	1400
額定轉速/(r/min)	2200	迎角/(°)	$-2\sim12$
雷諾數 $Re_{\mathrm{tip}}/\times10^5$	1	典型雷諾數 $Re/\times10^5$	0.49,0.74,0.94,1.18
馬赫數 M_{tip}	0.14		

由於孤立旋翼在旋轉過程中，槳葉尾跡強烈收縮會產生槳尖渦，並向周圍發散，直至下游很遠處才耗散，因此需要確定的計算域尺寸足夠大。為了全面分析單旋翼的氣動特性，我們取了$-2°\sim12°$這個迎角範圍來計算旋翼的升阻力係數，並為充分對比低雷諾數下的升阻係數特點，分別針對旋翼工作範圍内的 0.49×10^5、0.74×10^5、0.84×10^5 和 1.18×10^5 這幾個典型雷諾數下的升阻力係數的變化。在計算前還需要通過網格歪斜檢查網格質量，盡量將旋翼附近的網格劃分得細緻些，

這樣既能較好地保證計算精度，又可以節約計算時間。

由於旋翼尺寸小，多旋翼無人機飛行的雷諾數範圍小於 10^5，已接近黏性流動的雷諾數範圍，由於槳尖馬赫數遠小於 1，因此流體按不可壓流處理。設遠場的流體速度為零，遠場邊界速度為旋轉速度，另外，N-S 方程滿足無滑移條件，物面邊界速度同樣等於旋翼旋轉速度。初始條件為靜止流場，採用二階迎風格式計算無黏通量，採用一階迎風格式計算黏性通量，速度場和壓力場的耦合採取 SIMPLE 法。在旋轉座標系下計算定常流場，流場的收斂通過殘差和升力係數的收斂曲線判斷，收斂過程涉及的升力係數 C_L、阻力係數 C_D 分別定義為

$$C_L = \frac{F_y}{0.5\rho U_{\text{ref}}^2 S_{\text{ref}}} \tag{4-54}$$

$$C_D = \frac{F_x}{0.5\rho U_{\text{ref}}^2 S_{\text{ref}}} \tag{4-55}$$

式中，U_{ref} 為參考速度，一般情況取來流速度或邊界運動的平均速度；S_{ref} 為參考面積，一般取旋翼旋轉的投影面積。

（2）升阻特性

為了描述旋翼工作範圍內的低雷諾數的影響，我們選取了幾個典型的雷諾數範圍對比了升力係數和阻力係數隨迎角的變化，結果如圖 4-9 所示。

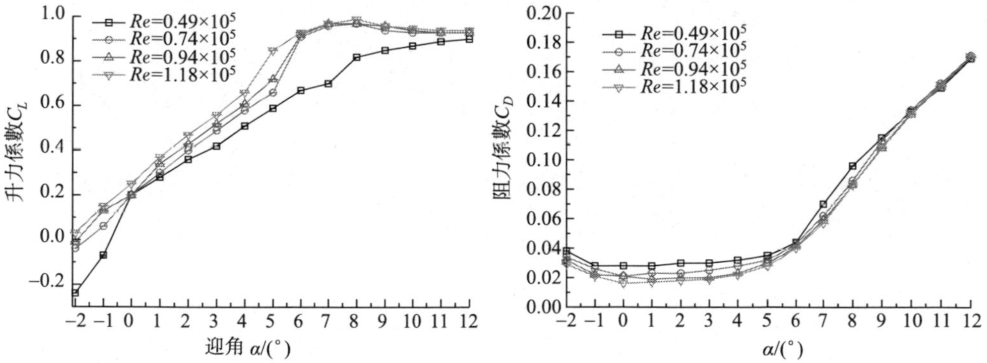

(a) 升力係數　　(b) 阻力係數

圖 4-9　典型雷諾數下的旋翼升阻特性曲線

從圖 4-9 中可以看出，對轉速範圍內的不同雷諾數，整體升力係數隨著迎角增加而增加，當迎角增大到 7°時升力係數達到最大，此時隨著雷諾數的增加，同一迎角升力係數也稍有增加，達到最大值後，較低雷諾數 $Re=0.49\times10^5$ 的升力係數的增加相比於高雷諾數開始呈下降趨勢，兩者升力係數最大相差 0.35。隨著迎角的繼續增加，整體升力係數變化較小，並開始趨於穩定。相比較而言，

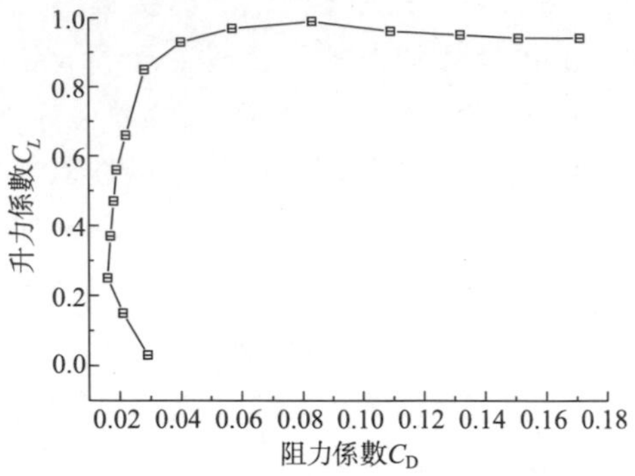

圖 4-10 旋翼升阻特性曲線

較低雷諾數 $Re=0.49\times10^5$ 的阻力係數也偏高，其阻力係數隨迎角增加而增大。相比較而言，隨著雷諾數的降低，旋翼升阻比下降，說明此時旋翼氣動性能也有所下降。

根據 CFD 方法模擬得出了所用旋翼的升阻特性變化曲線如圖 4-10 所示。從圖中可以看出該翼型具有較好的升阻比。

(3) 流場分析

為了深入對比旋翼在各典型雷諾數範圍流場分布特性，圖 4-11 給出了額定轉速下旋翼截面上的壓強分布。

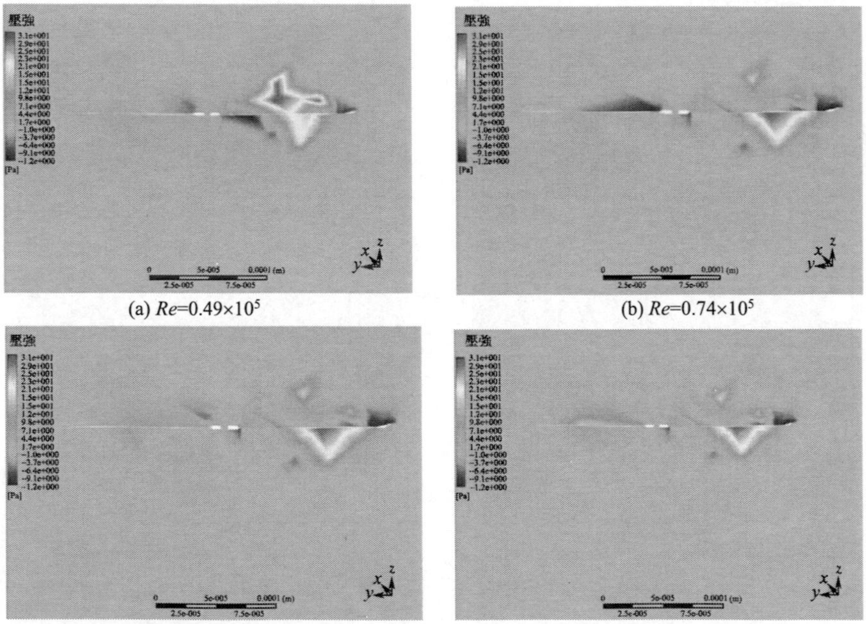

(a) $Re=0.49\times10^5$ (b) $Re=0.74\times10^5$

(c) $Re=0.94\times10^5$ (d) $Re=1.18\times10^5$

圖 4-11 額定轉速時典型雷諾數下旋翼壓強分布圖（電子版❶）

❶ 為了方便讀者學習，書中部分圖片提供電子版（提供電子版的圖，在圖上有「電子版」標識文字），在 www. cip. com. cn/資源下載/配書資源中查找書名或者書號，即可下載。

旋翼在固定轉速下，壓差變化最大發生在靠近槳尖的位置，並伴隨有明顯的負壓區。在較低雷諾數 $Re=0.49\times10^5$ 下，旋翼上、下表面的壓強差較大，隨著雷諾數的增加，旋翼上、下表面的壓強差有所減小，負壓區域也開始變得狹窄。當 Re 為 0.74×10^5、0.94×10^5 和 1.18×10^5 時，整體壓強分布變化不大。

圖 4-12 給出了單旋翼額定轉速下流線的變化。從圖中可以看出，旋翼徑向流線分布均勻，軸向分布的流線清晰呈螺旋狀，為後續雙旋翼單元的流線分布提供了對比。

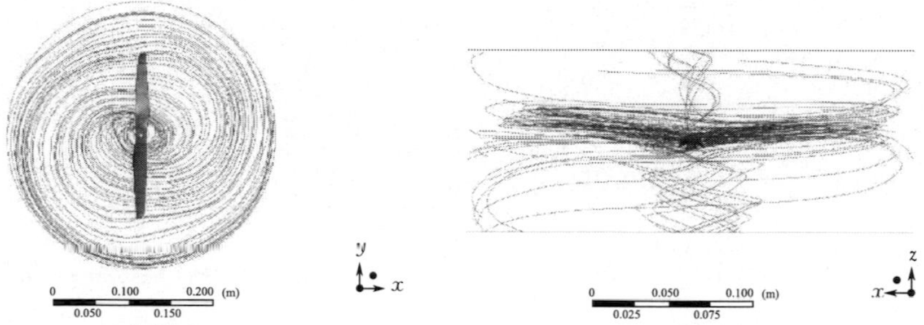

(a) z向視圖　　(b) y向視圖

圖 4-12　旋翼流線分布

4.3.3 單旋翼實驗驗證

（1）實驗裝置

針對旋翼尺寸小、旋翼產生的拉力有限的特點，建立小型孤立旋翼氣動測試實驗臺對單旋翼懸停時的氣動特性進行實驗測定。整套實驗設備如圖 4-13 所示。

主要包括以下四部分。

① 旋翼動力系統　動力系統由直流電源、直流無刷電機及調速系統組成，負責為旋翼和力傳感器提供動力。電源選用型號為 WYJ-2015 的 15V 大容量電源，電機為自製內轉子無刷電機。

② 旋翼操作系統　操縱系統對旋翼轉速採用由遙控器給出的 PWM 信號進行調節。通過改變 PWM 控制脈衝的占空比來調節輸入無刷直流電動機的平均直流電壓（線電壓），以達到調速的目的。

③ 測量系統　測量系統對實驗各參數進行實時數據採集、顯示。主要包括對旋翼轉速的測量和對旋翼產生的拉力及功耗的測量。

轉速測量採用非接觸式測量的手持光電測速儀在旋翼上安裝反光紙後進行測量。拉力測量採用支撐臂安裝力傳感器進行測量，該傳感器可以將重量變化轉化成電壓信號顯示，傳感器供電電源型號為 SK1731SL5A。功耗的測量可以分別通過電壓和電流的記錄來進行數據後處理。

④ 支座　用於安裝支架，支撐整套旋翼傳動系統。在實際測量時，為了盡量避免地面效應對旋翼氣動特性測定的影響，底座高度為 1.5m。

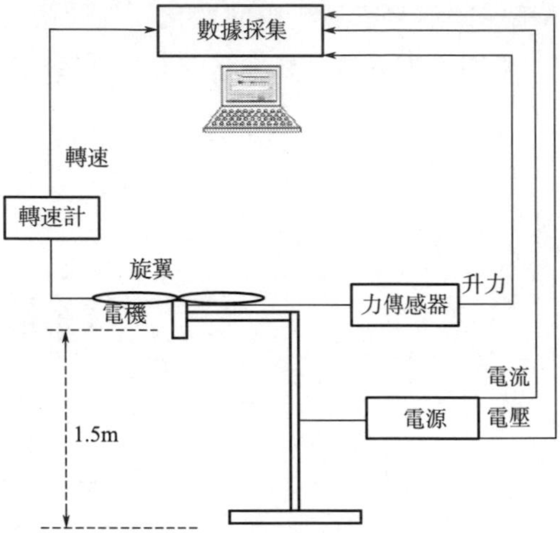

圖 4-13　單旋翼實驗原理圖

(2) 實驗方法

① 傳感器精度測試　傳感器精度測試擬合曲線如圖 4-14 所示。從圖中可以確定傳感器精度為－0.017V/10g，且在 250g 之後具有較好的一致性。

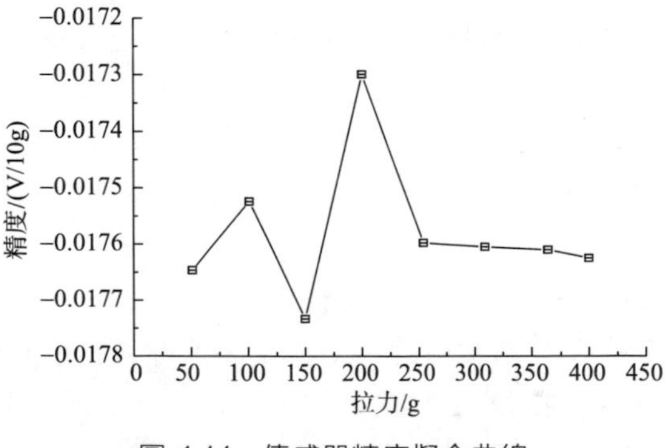

圖 4-14　傳感器精度擬合曲線

② 機械損耗測試　不裝旋翼，測出不同轉速下電機空載時的機械損耗 P，表示如下：

$$P=UI_i-I_i^2R \tag{4-56}$$

式中，U 為給定電壓值；R 為電機和導線的等效電阻，0.9925Ω；I_i 為不同轉速條件下測量的電流值。

③ 旋翼拉力和功耗測試　安裝旋翼，測出旋翼的拉力和功耗，並進行實時採集。

(3) 實驗結果分析

① 電機空載的機械功耗　電機空載的機械損耗隨轉速變化的擬合曲線如圖 4-15 所示。機械損耗隨轉速增加而增大，在額定轉速 2200r/min 下可達 3.6W，該部分損耗對無人機來講是不可忽略的。

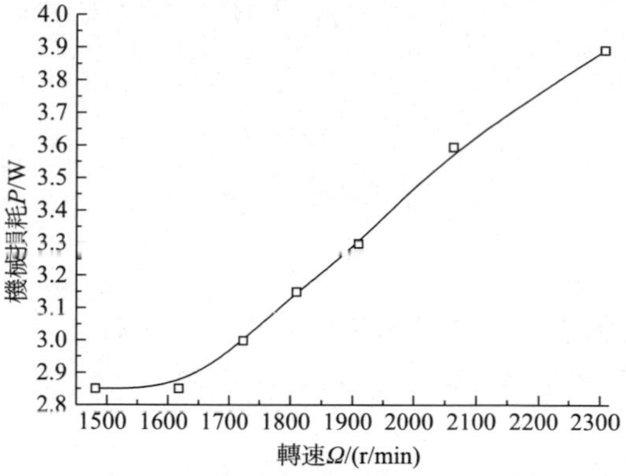

圖 4-15　機械損耗隨轉速變化的擬合曲線

② 旋翼拉力和功耗　旋翼在 1500～2500r/min 工作範圍內的拉力、功耗以及功率載荷 (Power Loading) 的變化如圖 4-16 所示。

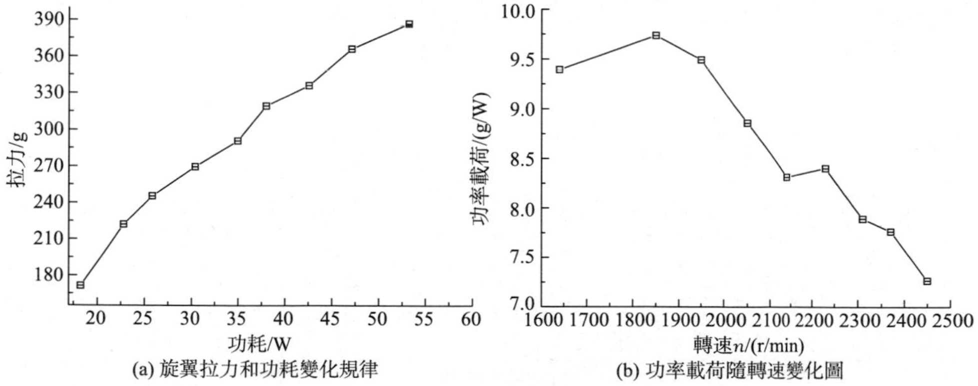

圖 4-16　單旋翼氣動性能實驗結果

伴隨轉速的增加，拉力和功耗隨之增大，最大值分別可以達到 386g 和

53W。在轉速低於 1900r/min 時，功率載荷小幅增加，並達到最大值 9.7g/W，隨後由於功耗繼續增加，功率載荷隨轉速增加呈降低趨勢，轉速越大，下降越快。因此，對於旋翼氣動性能，在關注拉力增加的同時，還應該注重功耗的變化。

③ 懸停性能　我們將拉力與功率無因次化，採用與旋翼轉速無關的拉力係數和功率係數表示的單旋翼氣動懸停性能。拉力係數、功率係數以及旋翼的懸停效率表達式為

$$C_T = \frac{T}{\rho A \Omega^2 R^2} \tag{4-57}$$

$$C_P = \frac{P}{\rho A \Omega^3 R^3} \tag{4-58}$$

$$\eta = \frac{C_T^{3/2}}{\sqrt{2} C_P} = \frac{T^{3/2}}{P \sqrt{2\rho A}} \tag{4-59}$$

式中，ρ 為空氣密度；A 為槳盤面積；Ω 為旋翼轉速；R 為旋翼半徑。

旋翼懸停性能變化規律如圖 4-17 所示。從圖中可以看出，旋翼最大拉力係數可達 0.021，而最大功率係數不到 0.004，在拉力係數 0.0165 處的懸停效率達到最大值 0.576，再次說明該旋翼具有較好的懸停性能。

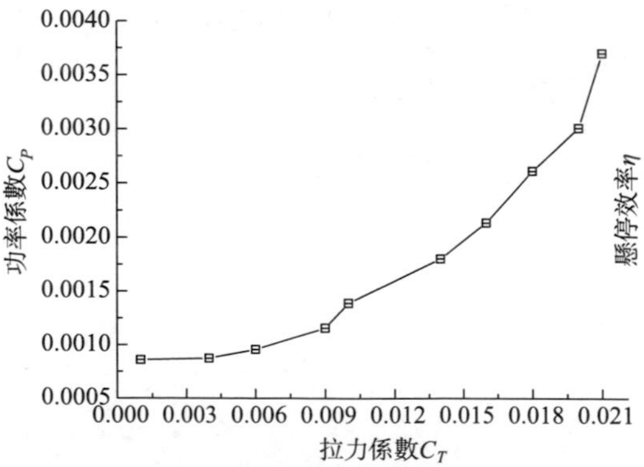

(a) 功率係數隨拉力係數變化

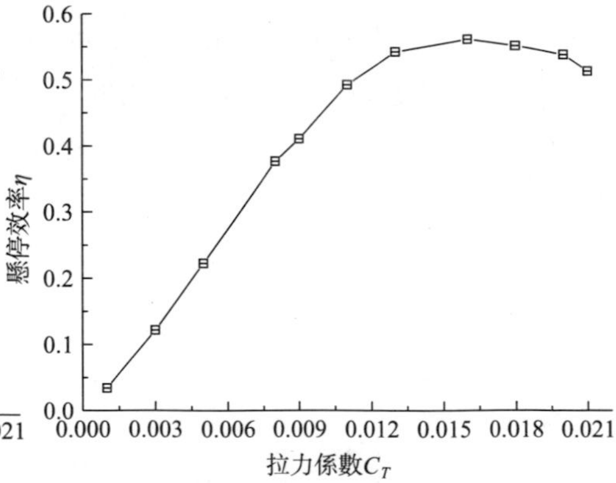

(b) 懸停效率隨拉力係數變化

圖 4-17　旋翼懸停性能變化規律

(4) 驗證分析

根據升力和阻力公式，可以得到如圖 4-18 所示的實驗狀態下的旋翼升阻特性曲線與數值模擬結果相比較的結果。從圖中可以看出，數值模擬結果與實驗結

果吻合較好，它們的升力和阻力係數隨迎角變化的總體趨勢也是一致的，這驗證了本文數值計算方法的有效性。

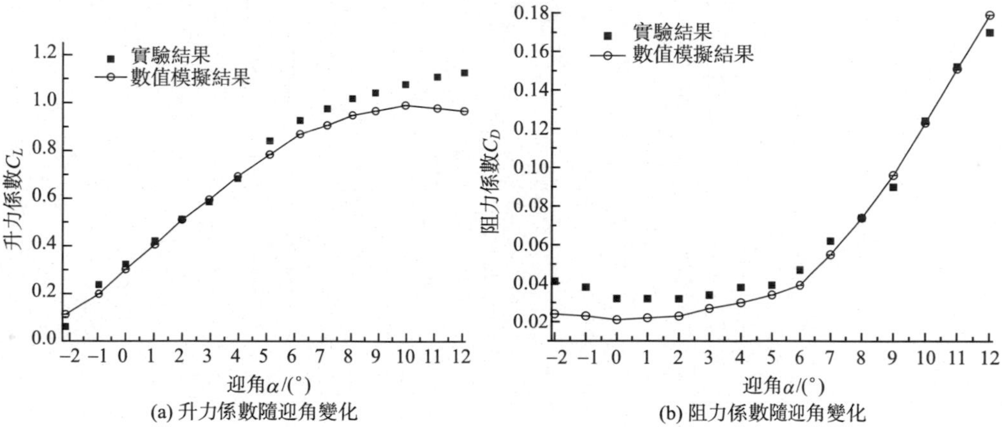

圖 4-18 實驗結果與數值模擬結果對比

對升力係數，實驗結果在迎角大於 5°之後略高於數值模擬結果，同時阻力係數在迎角低於 7°時的實驗結果也略高於數值模擬結果。造成這種誤差的原因可能是實驗穩定轉速和升力理論計算值所用轉速之間存在誤差，另外，數值模擬時的初始化給定的參考面積也可能使計算結果出現一定誤差，從實驗值與計算值誤差的比率上看，均在合理的範圍內。

4.4 共軸雙旋翼單元氣動特性分析

目前，中國內外對共軸雙旋翼單元氣動干擾的研究主要集中在對雙旋翼構型的大型直升機進行的旋翼的拉力和功率測量，近幾年才開始陸續出現小型共軸雙旋翼氣動特性測試實驗臺。由於共軸雙旋翼單元氣動布局涉及多個氣動參數，測試過程需要反覆迭代測量，本節重點研究氣動干擾對雙旋翼拉力、功耗及氣動性能的影響。實驗臺的搭建主要涉及旋翼操縱系統對氣動參數的調節、實驗臺動態的拉力和功耗測試以及實時結果存儲和分析。

共軸雙旋翼測試原理如圖 4-19 所示。實驗裝置具有布局緊湊、無支架干擾的特點，另外，支撐方式簡單使得實驗臺具有規則的外形。同時，自行研製的小體積旋翼電機保證了實驗臺整體布局的優化。

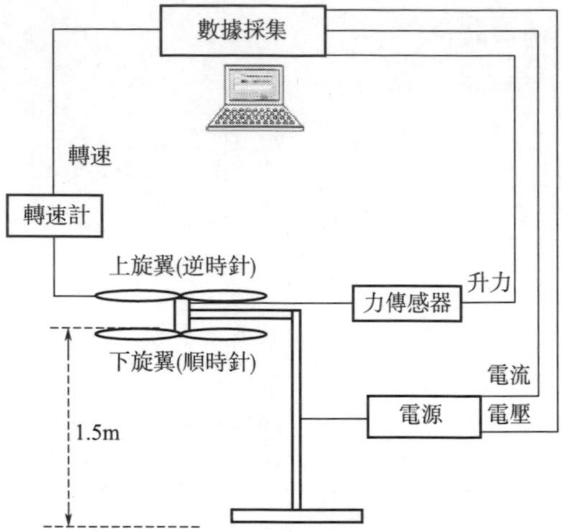

圖 4-19 共軸雙旋翼氣動測試原理圖

(1) 實驗參數的設定

① 在共軸雙旋翼單元實驗過程中，假定上下旋翼的轉速相同，以保證共軸雙旋翼系統轉矩為零，並以上旋翼轉速為統一轉速，忽略下旋翼對上旋翼的氣動干擾。

② 由於共軸間距 S 的特徵尺寸小於一個旋翼半徑 R，因此我們取 S/R 作為間距比來簡化旋翼尺寸帶來的影響。在既不增加整機尺寸又不會讓兩個旋翼發生相互碰撞的狀態下，分別取間距比 S/R 為 0.32、0.39、0.45、0.52、0.58、0.65、0.75 這七個狀態進行了測量。選擇的間距間隔小、測量範圍大，有利於進一步的深入研究。

③ 旋翼電機轉速測量範圍為 1500～2400r/min，旋翼額定轉速為 2200r/min，此時實驗設計狀態如表 4-2 所示。

表 4-2 共軸雙旋翼實驗設計狀態

構型	半徑/mm	槳葉	V_{tip}/(m/s)	Re_{tip}/$\times 10^5$	S/R
單旋翼(上旋翼)	200	2	33.30～49.43	0.74～1.19	0
單旋翼(下旋翼)	200	2	34.35～51.31	0.74～1.19	0
共軸雙旋翼		4	28.27～53.40	0.74～1.19	0.32～0.75

(2) 實驗步驟

① 為了對比兩個旋翼單獨工作與共軸配置時氣動特性的區別，實驗首先分別測量了無干擾的單獨上、下旋翼的拉力和功耗值。

測試中用遙控器通過 PWM 設定預定轉速，旋翼轉速穩定後記錄實驗值。數據記錄部分由計算機實時給定和採集，採樣週期為 5s，部分由人工記錄，如旋翼穩定轉速。

② 安裝共軸雙旋翼，測量不同間距下共軸雙旋翼的拉力和功耗值。

記錄的實驗結果包括：

a. 實時給定各間距狀態的旋翼轉速數據；

b. 實時記錄的包括力傳感器電壓值、兩個旋翼工作電壓值和電流值。

最後，通過數據處理得到拉力和功耗值。

(3) 實驗結果分析

① 間距對共軸拉力的影響　單獨的上、下旋翼拉力和功耗如圖 4-20 所示。在轉速範圍內，功耗隨拉力增加而增加，單獨最大拉力可達 400g，相應功率也隨之增加到 53.2W；相同轉速下，上、下旋翼拉力相差在 3.6%以內，轉速範圍內兩個旋翼具有較好的一致性。

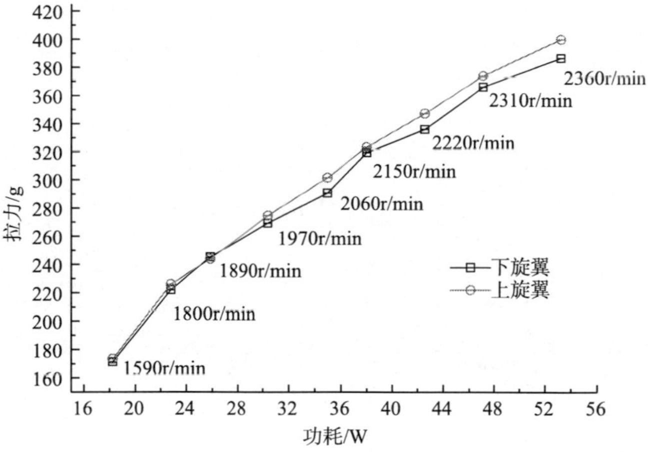

圖 4-20　單獨上旋翼和單獨下旋翼的拉力和功耗

不同間距下共軸雙旋翼的平均拉力和功耗變化如圖 4-21 所示。在 1580～1960r/min 轉速範圍內，間距比 S/R＝0.32、0.39、0.65 較其他間距比，拉力增加了 12g 左右，增量穩定在 3.9%以內。隨著轉速的增加，S/R＝0.32 和 0.39 的總體拉力有了明顯增加，並大大超過了其他間距比，其中 S/R＝0.32 增加了 5.5%，S/R＝0.39 增加了約 11.5%，此時，這兩種間距比下的共軸雙旋翼單元具有較高的懸停效率，而此區間 S/R＝0.65 的拉力卻開始呈下降趨勢，該間距比拉力下降了約 5%，其他間距比相差不大。由於間距比在 0.45、0.52、0.58、0.75 時變化趨勢相似，取 0.45 作為典型間距比，將整個間距比具有的拉力和功耗變化規律在圖 4-22 中給出。

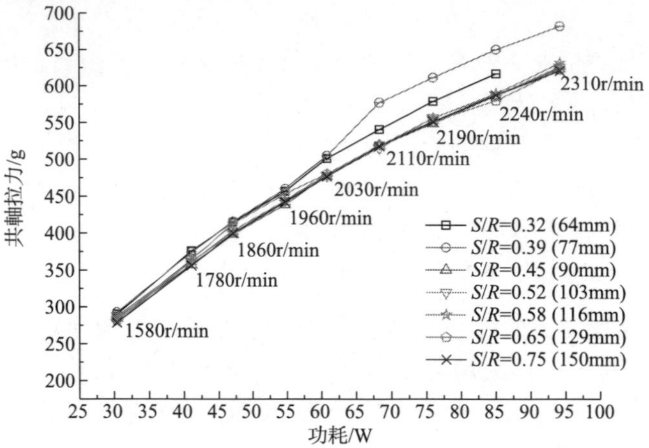

圖 4-21　共軸雙旋翼的平均拉力和功耗

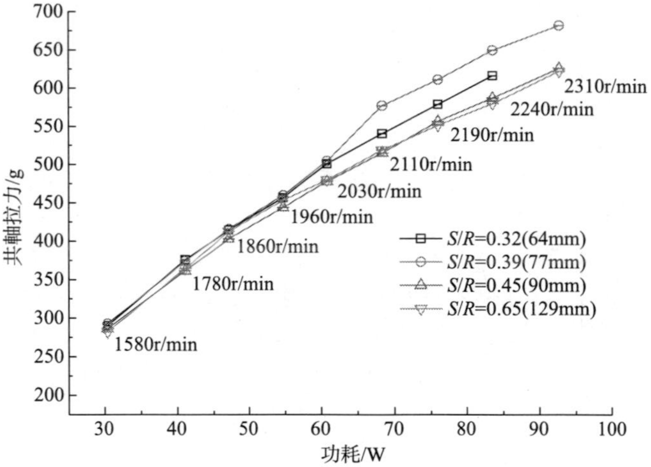

圖 4-22　典型間距的平均拉力和功耗

從圖 4-22 中可以看出，對於這種尺寸下的小型旋翼，小間距比下的共軸拉力表現出了明顯的優勢，此時由於旋翼距離較近，上、下旋翼間氣流的作用和反作用力比較強烈，這種作用朝著有利的方向減小了雙旋翼的氣動干擾，在功耗增加不大的情況下，迅速提高了系統氣動特性，而隨著間距的增加，上旋翼排出的氣流受到下旋翼的吸力增強，使得上旋翼對受壓氣流的作用力減小，說明此時上旋翼尾跡作用在下旋翼的面積增大，使得干擾直接影響了共軸雙旋翼的氣動載荷。

② 轉速對懸停效率的影響　各典型轉速時拉力隨間距的變化規律如圖 4-23 所示。在轉速範圍內，分別取典型的 1580r/min、2000r/min 和 2400r/min 來對比共軸拉力隨間距的變化。從圖 4-23 中可以看出，各間距拉力浮動較小，整體趨勢一致，但在 2000r/min 間距比 $S/R=0.39$(77mm）外共軸拉力呈現大幅增加趨勢，約增加了 25%，使得這一間距的優勢非常明顯。

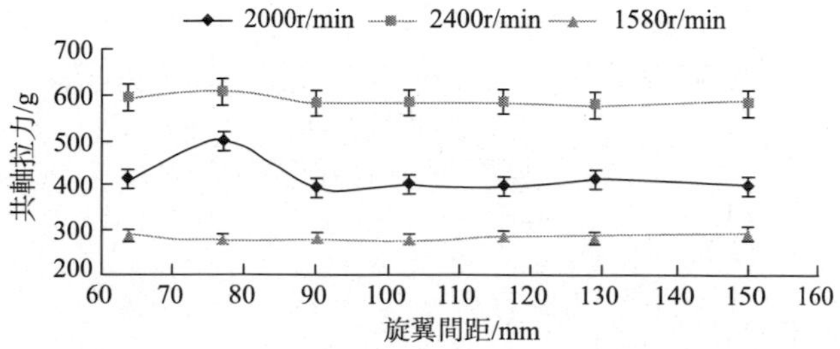

圖 4-23　典型轉速下共軸單元拉力隨間距變化規律

為了詳細分析間距比 $S/R=0.39$(77mm）的氣動特性，圖 4-24 給出了間距比 $S/R=0.39$(77mm）下共軸單元平均拉力、轉矩以及功率載荷隨轉速的變化。從圖 4-24 中可以看出，該間距比下拉力穩定增加，最大值可達 611.3g，拉力值的均方差也隨之增加；轉矩值 Q 及其均方差也呈一定趨勢穩定增加，轉矩最大可達 0.37N・m；功率載荷在 1950r/min 之前下降緩慢，之後下降速度增加，說明該間距比在低速範圍具有較好的懸停效率性能，高速範圍下隨功率增加懸停效率有所減小。

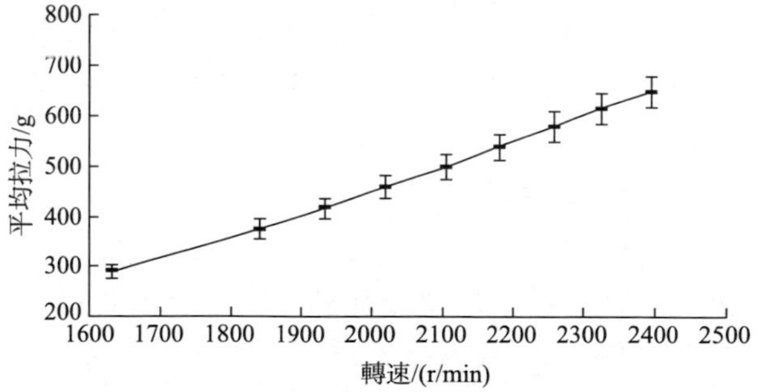

(a) 平均拉力及其均方差的變化趨勢

圖 4-24

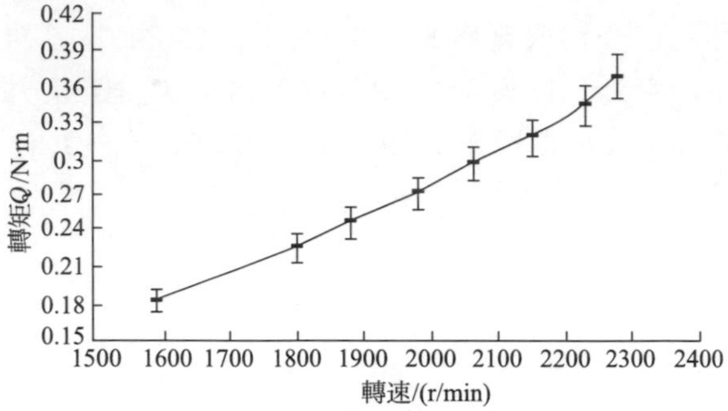

(b) 轉矩及其均方差的變化趨勢

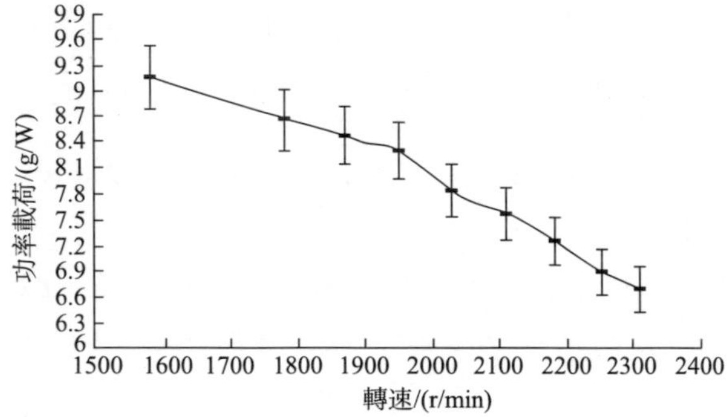

(c) 功率載荷及其均方差的變化趨勢

圖 4-24 間距比為 $S/R=0.39$（77mm）的氣動特性

轉速對共軸雙旋翼單元的拉力產生的影響可表示為

$$\frac{\Delta C_T}{C_T}=\sqrt{\left(\frac{\Delta T}{T}\right)^2+4\left(\frac{\Delta \Omega}{\Omega}\right)^2} \tag{4-60}$$

可以得出的共軸拉力誤差變化以及上、下旋翼轉速誤差如圖 4-25 所示。轉速範圍内，共軸拉力誤差不超過 2%，2000r/min 時誤差達到最大；上、下旋翼轉速誤差在低轉速範圍達到最大約 4.6%，隨轉速增加，轉速誤差趨於平衡，約為 2%，都在可接受的誤差範圍内。

③ 氣動干擾作用分析　對於共軸雙旋翼，除了旋翼自身的誘導作用外，還有另一個旋翼産生的影響，為了定性分析翼間氣動干擾的影響到底有多大，需要對比無干擾的單旋翼氣動特性來對共軸雙旋翼存在的重疊區域帶來的影響進行分析。同時，為得出雙旋翼單元總體的氣動性能變化，分别定義拉力干擾因子 K_T 和功率干擾因子 K_P 來進行説明。

$$K_T=(T_{\text{twin}}-T_{\text{isolated}}^{\text{upper}+\text{lower}})/T_{\text{isolated}}^{\text{upper}+\text{lower}} \tag{4-61}$$

$$K_P=(P_{\text{twin}}-P_{\text{isolated}}^{\text{upper}+\text{lower}})/P_{\text{isolated}}^{\text{upper}+\text{lower}} \tag{4-62}$$

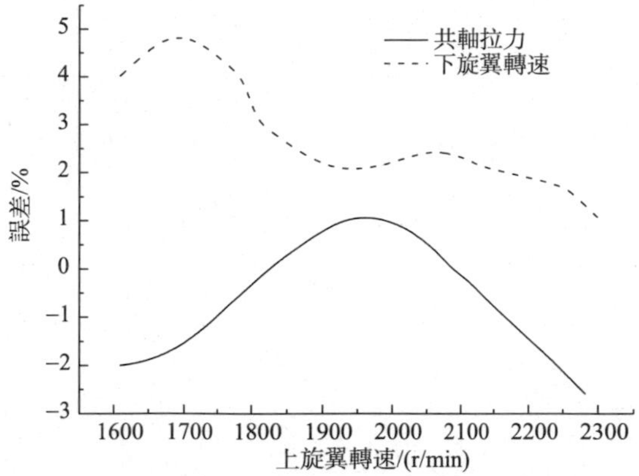

圖 4-25 共軸拉力和上、下旋翼轉速誤差

式中，T_{twin} 為共軸雙旋翼單元產生的拉力；$T_{isolated}^{upper+lower}$ 為未受干擾的單獨上旋翼拉力與單獨下旋翼拉力之和；P_{twin} 為共軸雙旋翼單元產生的功耗；$P_{isolated}^{upper+lower}$ 為未受干擾的單獨上旋翼功耗與單獨下旋翼功耗之和。

圖 4-26 給出了不同雷諾數下共軸雙旋翼單元拉力干擾因子和功率干擾因子隨間距的變化規律。總體來看，相比於無干擾狀態，共軸雙旋翼的 K_T 和 K_P 都有所下降，而 K_T 下降幅度較大。與兩個獨立的單旋翼相比，在較低雷諾數 $Re=0.79\times10^5$ 時，共軸雙旋翼單元的拉力干擾因子和功耗干擾因子分別在 -0.14 和 -0.18 之間浮動，此時共軸拉力相對減小，功耗也相對減小，隨著間距的增加，K_P 變化不敏感，K_T 增量隨間距增加而減小，說明翼間氣動干擾對雙旋翼整體氣動載荷產生了不利影響，但是該雷諾數下的功耗大大減小，使得雙旋翼系統維持了相對較好的懸停性能。

當雷諾數 Re 增加到 0.99×10^5 時，K_T 依然保持在 -0.17 左右，而 K_P 減小的速率卻有所減少，此時對共軸雙旋翼而言，總功耗相對增大，說明隨雷諾數增加，共軸雙旋翼單元的懸停性能同低雷諾數相比有所下降。隨著共軸間距的增加，K_T 和 K_P 變量在 0.02 左右，說明間距對該雷諾數下雙旋翼單元的拉力和功耗影響差不多。

當雷諾數繼續增加到 1.09×10^5 和 1.19×10^5 時，兩個因子呈現的趨勢一致，並且 K_P 和 K_T 都在間距比 S/R 小於 0.45 的範圍內出現了大幅波動，尤其在 $Re=1.09\times10^5$ 時，K_P 和 K_T 最大值分別達到了 0.08 和 -0.04，即共軸拉力相對減小，而功耗卻開始有小幅增加。$Re=1.19\times10^5$ 時，由於 K_T 大幅下降，此時相比於無干擾的兩個旋翼，其懸停性能開始下降。隨著間距的進一步增加，K_T 和 K_P 趨於平衡，由於共軸功耗的減小，懸停性能隨間距進一步增加的趨勢得到了控制。

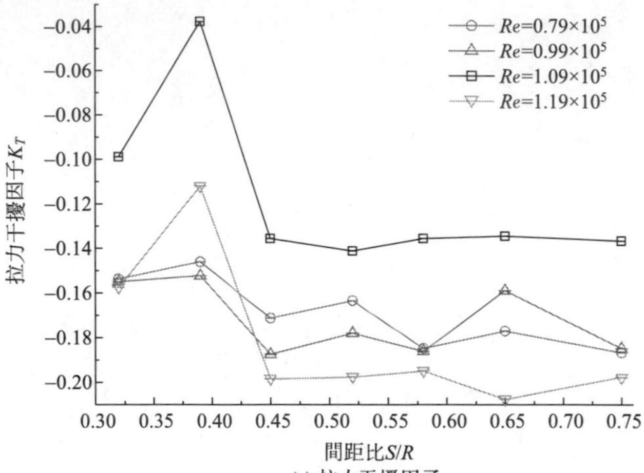

(a) 拉力干擾因子

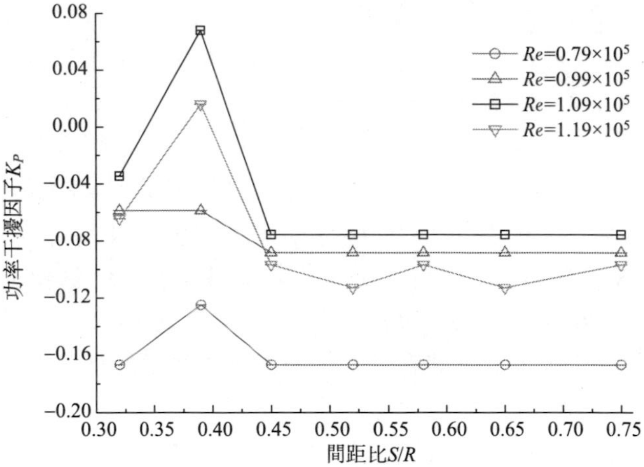

(b) 功率干擾因子

圖 4-26　不同雷諾數下共軸雙旋翼單元拉力干擾因子和功耗干擾因子隨間距的變化規律

總體而言，雖然共軸配置的拉力和功耗都有所減小，但整體懸停效率並未因此降低，尤其對低雷諾數範圍在 0.79×10^5 時的共軸懸停性能反而有所改善。隨著間距的增加，間距對共軸拉力和功耗的影響趨於平衡。

(4) 數值模擬結果分析

為了能直觀地從流場結構等細節來觀察共軸雙旋翼周圍及重疊區域的流場特點，本小節從數值模擬角度來對比實驗結果並對共軸雙旋翼系統上、下旋翼間的氣動干擾進行分析介紹。

① 流線分布　流線的定義為流場中某一瞬時的一條空間曲線，在此曲線上各點，流體質點的速度方向與曲線在該點的切線方向一致，因此，流線可以表徵同一瞬時空間中不同點的速度方向的圖案。流線上各點的切線與該點的流向一致，則流線上的切線的三個方向餘弦 dx/ds、dy/ds、dz/ds 和流速的三個分量 u、v、w 與流速 V 所夾的三個角度餘弦相同，表示為微分形式有

$$\frac{dx}{u}=\frac{dy}{v}=\frac{dz}{w} \tag{4-63}$$

圖 4-27 給出了額定轉速 2200r/min 時雙旋翼單元在典型間距比下旋翼附近的流場流線分布 z 向視圖。從圖 4-27 中可以清楚地看到旋翼在旋轉過程中由於上、下旋翼轉向相反，各自引起的周向流線隨著翼間干擾伴有明顯的槳渦出現，螺旋狀分布的流線開始糾纏變形。間距比 $S/R=0.32$ 時，在離旋翼較近的位置開始出現小的旋渦，而在較遠的邊界處兩個旋翼的流線開始出現了明顯的邊界。隨著間距的增加，兩個旋翼的流線開始互相纏繞，形成的旋渦開始向四周散去，當間距比增加到 0.45 時，旋渦與旋渦之間開始互相影響，伴隨更多小的旋渦出現，形成了沒有規則的流線分布。當間距比達到 0.65 時，流線表現出的區域性越來越不明顯，由於間距增加，干擾作用有所減弱。

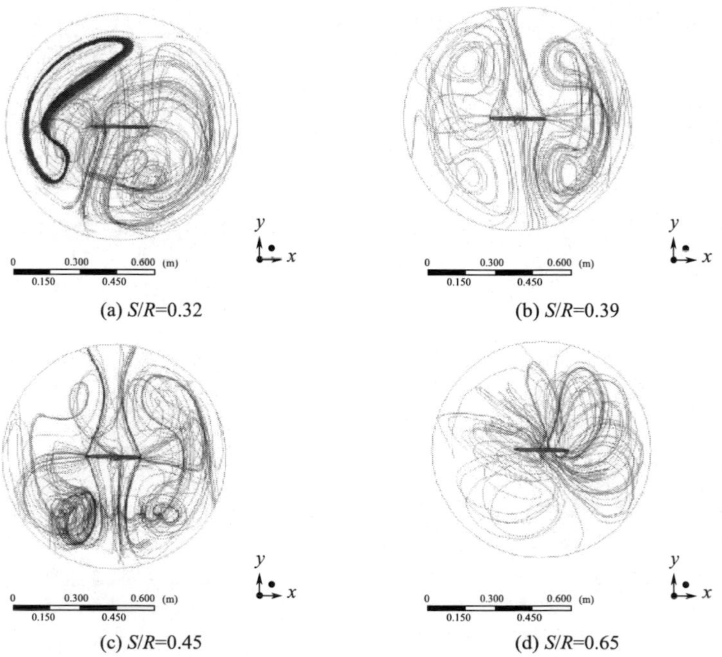

(a) S/R=0.32　(b) S/R=0.39　(c) S/R=0.45　(d) S/R=0.65

圖 4-27　額定轉速 2200r/min 時典型間距比下的共軸雙旋翼流場流線分布 z 向視圖

為觀察共軸雙旋翼軸向氣流分布，圖 4-28 給出了額定轉速 2200r/min 時典型間距比下雙旋翼單元在 y 向的流場流線分布。在 $S/R=0.32$ 處，由於距離較近，形成的旋翼軸向流作用強烈，螺旋線在發散過程中發生干擾，旋翼流線邊界不明確。間距比達到 0.39 時，由於靠近旋翼槳尖部分的氣流速度大，加上上、下旋翼的相互誘導，旋翼氣流開始向周向發散，此時干擾作用有所減小。當間距比增加到 0.45 時，由於下洗流作用加大，氣流邊界繼續發散使得周向各氣流開始再次相互纏繞，有明顯的槳渦出現，並沿著旋翼旋轉的周向移動。當間距比增加到 0.65 時，各個槳渦混合在一起，並開始朝軸向發展，此時翼間的軸向流開始發揮作用，使得整體流線開始由周向變為軸向流動，此時翼間干擾依然強烈，但是比較穩定。共軸中的下旋翼由於上旋翼下洗流的干擾其流場變得混亂而難以捕捉。在流場重疊區域，干擾比較明顯，整個流場位置和形狀變得很不相同，整個區域邊界有明顯拉伸。

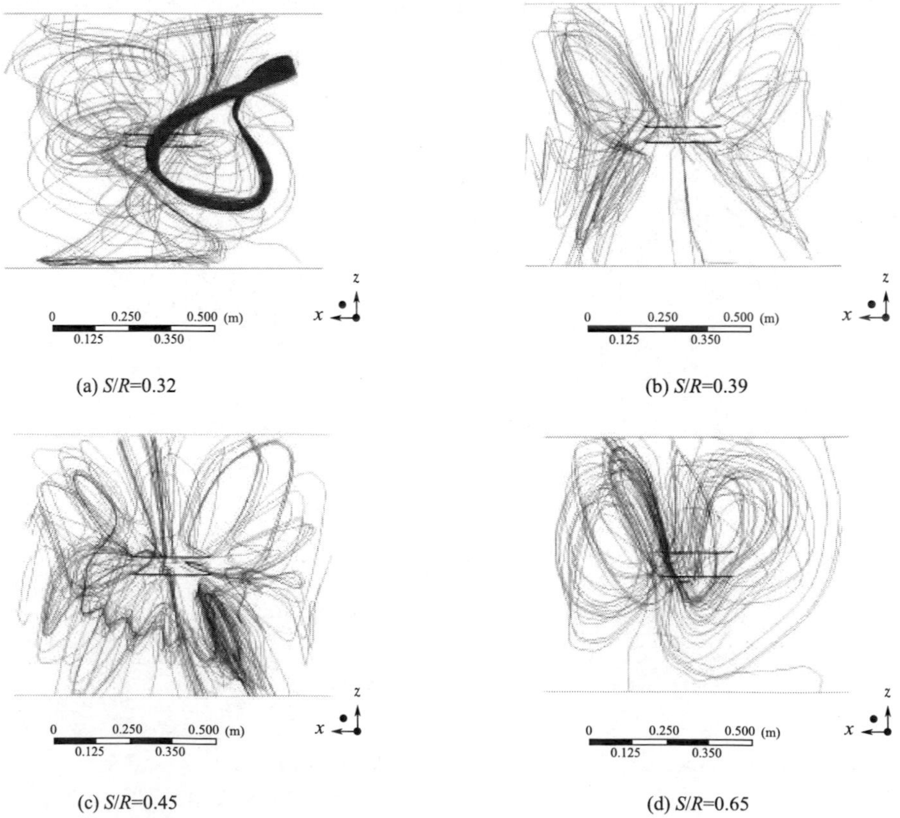

(a) S/R=0.32　(b) S/R=0.39　(c) S/R=0.45　(d) S/R=0.65

圖 4-28　額定轉速 2200r/min 時典型間距比下的共軸雙旋翼流場流線分布 y 向視圖

② 壓強分布　取旋翼中心所在平面，額定轉速時各典型間距下在雙旋翼 y 向的流場靜態壓強分布如圖 4-29 所示。從表面壓強分布可以看出，$S/R=0.32$ 時，上、下旋翼表現出了不同的氣動環境，此時上旋翼表面壓差明顯大於下旋翼表面壓差，且上旋翼表面具有相對較大的壓強區域面積，說明此時上旋翼產生的拉力較大，下旋翼受上旋翼下洗流作用影響明顯，這種影響使得上、下旋翼的需用功耗也跟著變化。當 $S/R=0.39$ 和 0.45 時，下旋翼槳尖位置開始產生較大區域的負壓，說明此時拉力有明顯增加，隨著間距進一步的增加，負壓區域有所減少，導致拉力也有所減小，但總體來說變化不是很大。當 $S/R=0.45$ 時，下旋翼壓差有所增加，尤其在 $S/R=0.65$ 時，下旋翼表面負壓區域明顯減小使得拉力變小，伴隨最大壓差位置隨間距增加逐漸向槳尖位置靠攏，旋翼間尾跡收縮也跟著發生改變，表明此時下旋翼受上旋翼尾跡的影響開始變得明顯。

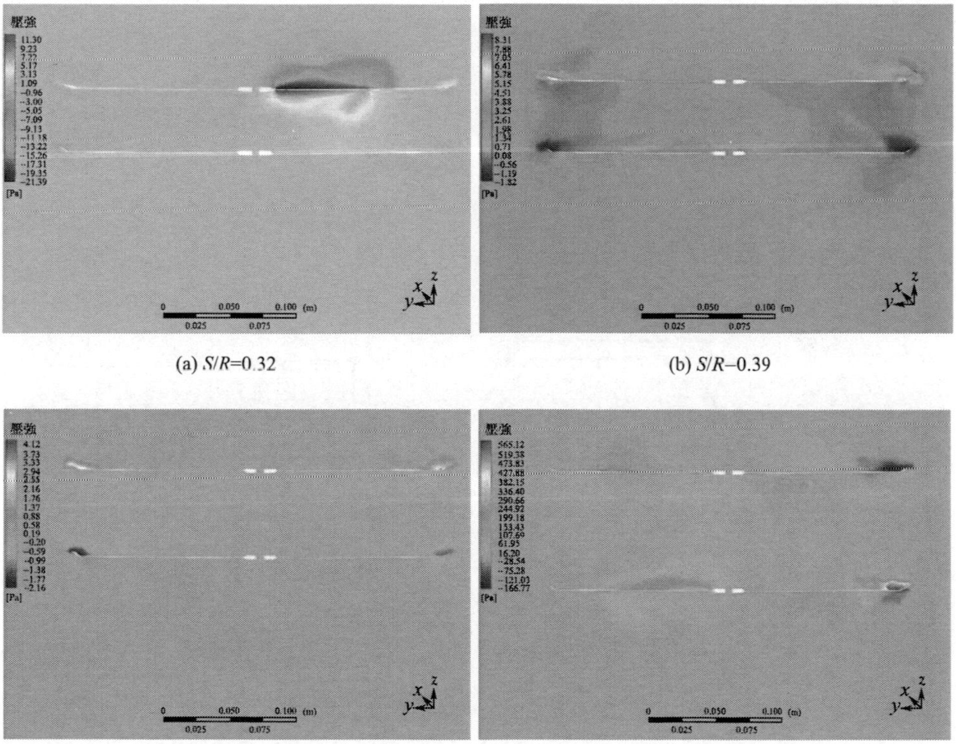

(a) S/R=0.32　(b) S/R–0.39

(c) S/R=0.45　(d) S/R=0.65

圖 4-29　額定轉速時各典型間距比下的雙旋翼流場靜態壓強分布 y 向視圖（電子版）

4.5 非平面式雙旋翼單元氣動特性分析

4.5.1 非平面雙旋翼實驗研究

為了對非平面雙旋翼進行氣動測試，本實驗在共軸旋翼實驗臺的基礎上進行了一些改造：通過兩根碳纖維支撐臂分別放置兩個旋翼來調節旋翼狀態，由於六旋翼周向均布，所以兩個支撐臂夾角為 60°；通過兩個單獨的力傳感器以及單獨的電流、電壓的測量實現了懸停狀態下可分別對上旋翼和下旋翼的拉力和功率進行記錄；間距 l 由兩旋翼中心點手動測得；傾轉角度使用數顯式傾角儀進行測量，測量時，將傾角儀放置在旋翼軸套圓周表面，就可讀出傾轉角度，並定義按水平放置時逆時針旋轉的角度為正。

非平面雙旋翼單元氣動測試實驗臺結構如圖 4-30 所示。該實驗裝置布局緊湊，操作簡便，轉速、旋翼間距和傾轉角度等氣動參數的調整十分方便。該實驗數據處理中，穩定後的轉速依然需要手工通過測速計進行轉速實測並記錄。

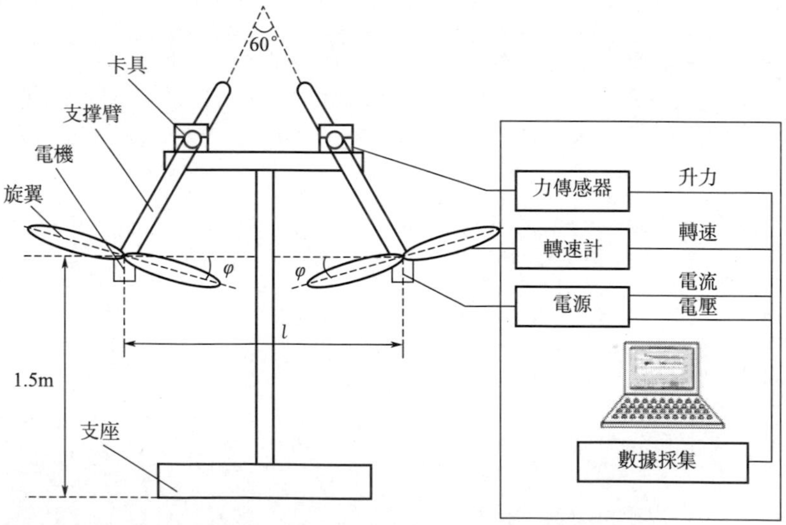

圖 4-30 非平面雙旋翼單元氣動測試實驗臺結構圖

(1) 實驗方法

在實驗中，兩旋翼之間重疊區域的大小通過改變兩旋翼的水平間距和傾轉角度來調整，最終以此來研究兩旋翼的相互干擾的影響並確定最佳氣動布局。

由於涉及雙旋翼不同狀態、不同間距、不同傾轉角度以及不同轉速下的拉力和功耗，並需要對比相同條件下平面狀態的雙旋翼的拉力和功耗，因此每次只改變一個氣動參數，並保持其他氣動參數不變，將整個實驗過程分為不同的設計狀態進行一一測量。實驗時，旋翼間距取兩旋翼中心點之間的距離。由於非平面的兩個旋翼間距 l 的特徵尺寸大於一個旋翼直徑 D，所以取 l/D 作為間距比來簡化旋翼尺寸帶來的影響。因此，旋翼間距比選取從 $l/D=1.0$ 至 2.0 取每間隔 0.2 的六個不同旋翼間距比，傾轉角度選取從 0 至 50°間隔 10°的六個不同傾轉角度，轉速測量範圍 1500～2300r/min。實驗涉及的幾個設計狀態如表 4-3 所示。

表 4-3　非平面雙旋翼單元實驗設計狀態

參數	數值
D/mm	400
轉速/(r/min)	1500～2300
$Re_{tip}/10^5$	0.71～1.10
M_{tip}	0.09～0.14
φ/(°)	(0,0),(−10,10),(−20,20),(−30,30),(−40,40),(−50,50)
l/D	2.0,1.8,1.6,1.4,1.2,1.0
狀態	F F(Face to face rotor type) B B(Back to Back rotor type)

實驗涉及的面對面和背對背的兩種旋翼狀態如圖 4-31 所示。

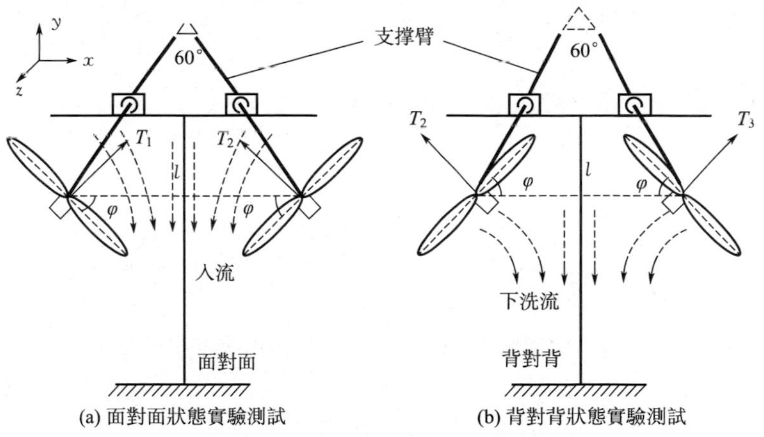

圖 4-31　兩種旋翼狀態實驗測試圖

(2) 實驗結果分析

① 傾轉角度的影響　在保持翼間距 l 不變的情況下，測量各傾轉角度在不

同轉速下的拉力和功耗就可以得到傾轉角度對非平面旋翼單元性能的影響。為方便比較，對同一參數的座標顯示範圍進行了統一。另外，為方便闡述，將旋翼間距和傾轉角度的配合寫成間距比-傾轉角度（l/D-φ），下文中所述拉力為雙旋翼單元在垂直旋轉平面上的合力，功耗為旋翼單元的總功耗值。

a. 額定轉速下傾轉角度對拉力的影響。圖 4-32 所示為在額定轉速 2200r/min 時旋翼的拉力隨不同傾轉角度的變化曲線，其中 0°（虛線部分）表示旋翼狀態為平面配置。總體上看，隨著傾轉角度的增大，兩個狀態下的平均拉力都有不同程度的增加；面對面狀態較背對背狀態拉力增加更加穩定。

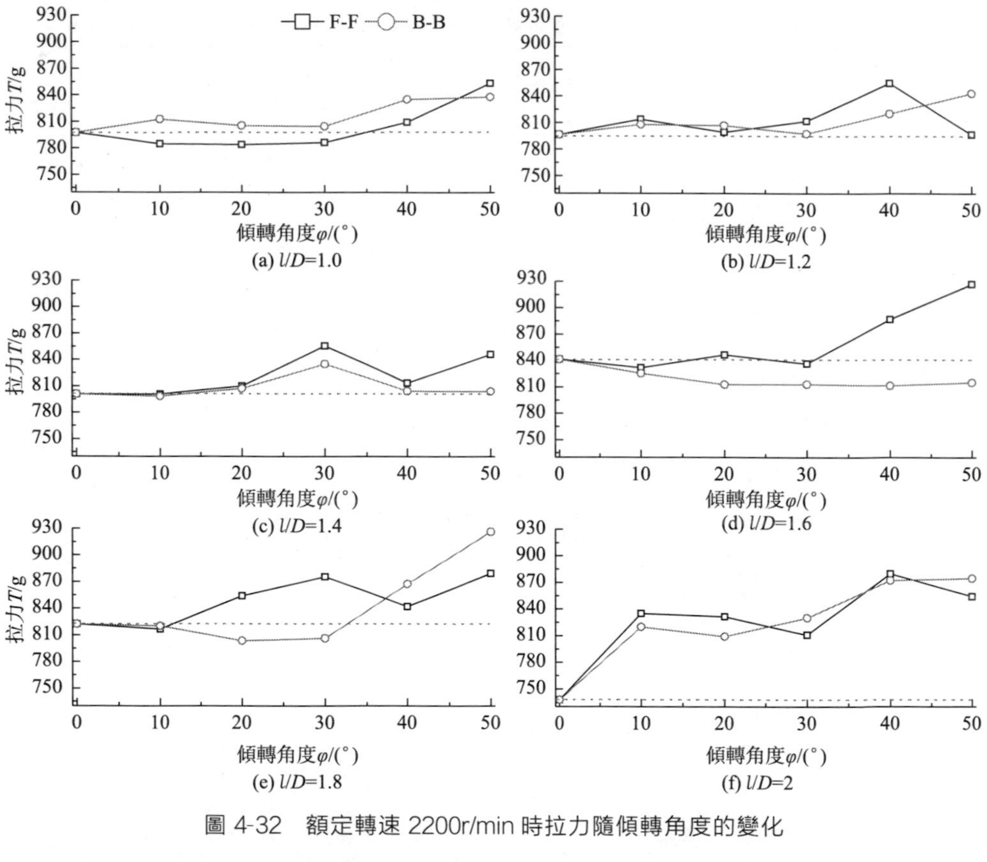

圖 4-32　額定轉速 2200r/min 時拉力隨傾轉角度的變化

$l/D=1.0$ 時，背對背狀態下拉力隨傾轉角度的增大而穩定增加，在 50°達到最大，比平面配置增加了 5.1％。而面對面狀態下拉力一直低於平面配置的拉力（傾轉角度小於 35°），降低了約 1.5％，但是整體呈現增長趨勢，當傾轉角度 $\varphi>35°$時拉力開始大於平面配置的拉力，依然在 50°達到最大，比平面配置增加了 7％。

$l/D=1.2$ 時，兩個旋翼狀態都表現出了良好的拉力特性，當 $\varphi<30°$ 時，兩者平均拉力穩定增長在 2%左右；當角度增加到 40°時面對面拉力達到最大，增加了 7.3%，隨後在 50°拉力降低並與平面配置的拉力持平；而背對背在 50°時拉力增加達到最大，相應增加了約 5.9%。

$l/D=1.4$ 時，兩個旋翼狀態在 $0°<\varphi<20°$ 時稍有增加，隨後面對面狀態在 30°和 50°得到大幅增加，分別增加了 6.9%和 5.7%；而背對背拉力在 30°增加到 835g 之後隨後減小到與平面配置持平。

$l/D=1.6$ 時，面對面狀態在傾轉角度大於 30°之後開始大幅增加，並在 50°達到了 927g；背對背狀態一直處於低於平面配置狀態，拉力下降了約 4%。

$l/D=1.8$ 時，面對面狀態呈增加趨勢，並在 30°達到最大，增加了 6.6%；而背對背狀態在 22°之後才開始有所增加，並在 50°達到最大，增加了約 12.7%。

$l/D=2$ 時，平均拉力隨傾轉角度的增大得到大幅增加，此時面對面和背對背狀態下的拉力在 $40°<\varphi<50°$ 時達到了最大，比平面配置的拉力增加了近 20.5%。

綜合來看，在給定間距條件下，兩種狀態的拉力都有所增加，傾轉角度對於背對背狀態下拉力的影響比面對面狀態的影響要大。總體拉力有所下降主要集中在面對面狀態 $\varphi<40°$ 的 $l/D=1.0$、背對背狀態下的 $l/D=1.6$ 以及 $\varphi<30°$ 的 $l/D=1.8$。

b. 額定轉速下傾轉角度對功耗的影響。圖 4-33 分別給出了額定轉速時面對面狀態和背對背狀態下雙旋翼單元功耗隨傾轉角度的變化。功耗作為另一個重要指標，直接決定了旋翼單元的氣動性能。隨著傾轉角度的增加，與平面狀態相比，功耗總體呈增加趨勢。對於面對面狀態，$l/D=1.8$ 和 2.0 時，功耗隨角度增加的增量最大，分別為 11.4%和 21.6%；其他增量保持在 2%左右，其中 $l/D=1.0$ 的功耗最大，約 96W。

對於背對背狀態，由於下洗干擾強烈使得 $l/D=1.0$ 的功耗隨角度的增加而快速增長，在 50°時已達 116W，增加了約 23.4%。$l/D=1.2$ 的功耗也隨傾轉角度增加而增加，在 50°時達到了 96W，比平面配置的功耗增加了約 9%。另外，$l/D=2.0$ 在 10°的功耗較平面狀態也增加了 19%，但隨著角度增加變化很小；其他間距下功耗增量維持在 4%左右。

綜合來看，傾轉角度對功耗的影響較小，功耗較平面配置大幅增加的情形主要集中在小間距背對背狀態的 $l/D=1.0$、面對面狀態 $\varphi>10°$ 的 $l/D=1.8$ 以及兩種狀態下的 $l/D=2.0$，此時雙旋翼單元由於功耗增加使得懸停性能有所下降。

② 旋翼間距的影響

a. 旋翼間距對拉力的影響。額定轉速 2200r/min 時，旋翼間距對旋翼單元拉力的影響如圖 4-34 所示。

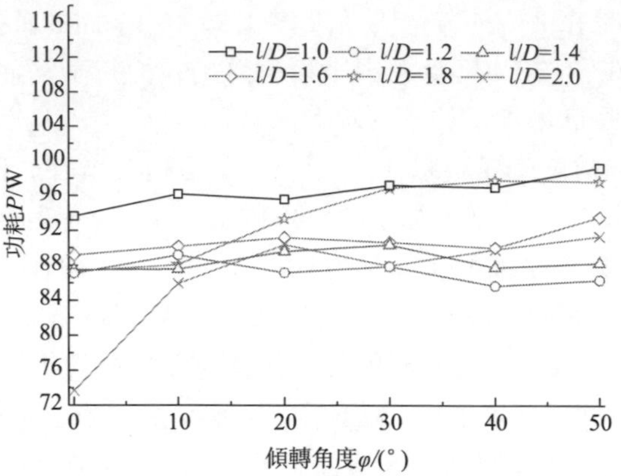

(a) 面對面狀態

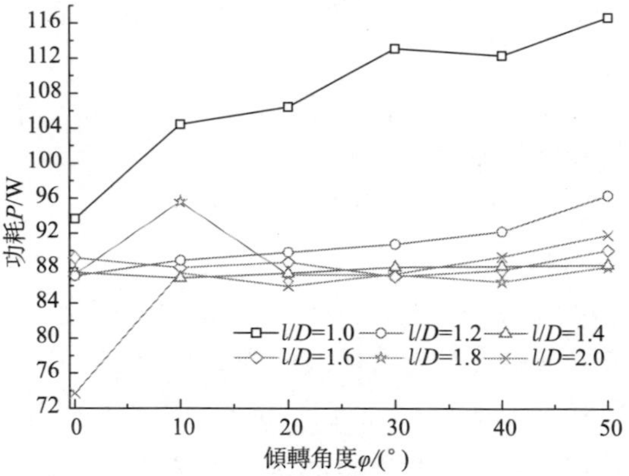

(b) 背對背狀態

圖 4-33　額定轉速時雙旋翼單元功耗隨傾轉角度的變化圖

$\varphi=10°$時，與平面狀態相比，面對面和背對背狀態拉力相差不大，說明此時干擾相對較小，除了 $1.4<l/D<1.8$ 範圍內兩種狀態拉力有稍微減少外，其他間距比範圍內拉力都有不同程度的增加，尤其在 $l/D=1.2$ 時，面對面和背對背拉力分別增加了 2%和 1.5%；另外在 $l/D=2$ 時，面對面拉力增加了 2.5%，在 $l/D=1.0$ 時背對背狀態拉力增加了 1.9%。

$\varphi=20°$時，面對面狀態表現出了良好的拉力特性，拉力穩定增加，在 $l/D=1.8$ 時增加了約 3.9%；而背對背狀態，整體拉力穩定，與平面狀態相比，在 $l/D>1.4$ 時拉力大幅下降，最大下降了 3.6%。

$\varphi=30°$時，面對面狀態依然表現出了較好的拉力特性，與平面狀態相比，拉力在 $l/D=1.8$ 時達到了 880g；而背對背狀態在 $1.4<l/D<2.0$ 時拉力有所下降。

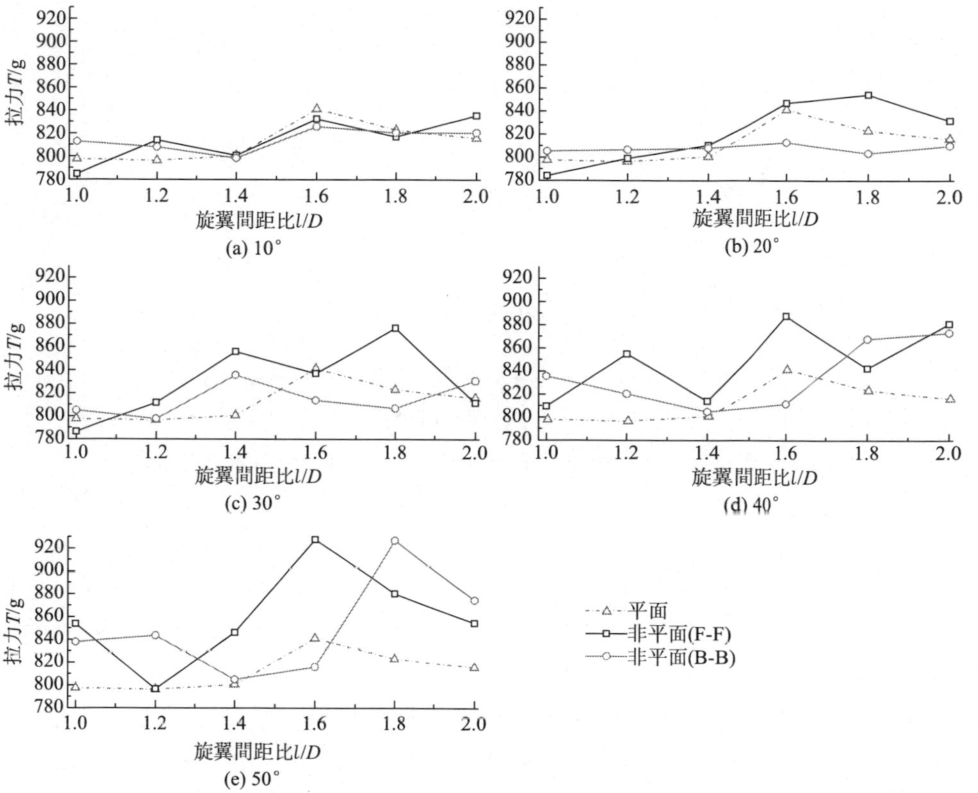

圖 4-34 額定轉速 2200r/min 時拉力隨旋翼間距的變化總圖

φ＝40°時，與 30°相似，面對面狀態拉力持續走高，背對背狀態僅在 l/D＝1.6 時下降了約 2.5％。

φ＝50°時，兩種狀態拉力開始大幅增加，尤其在 l/D＝1.0 時，拉力特性有了明顯改善，它們在 l/D＝1.6 和 1.8 分別達到峰值 926g，增加了約 12.7％。

綜合來看，拉力隨間距增加而增大，間距影響對面對面狀態的拉力影響較小，由於背對背狀態的拉力有所改善使得間距比 l/D＝1.2、1.4 和 2.0 在各傾轉角度的拉力都有所增加。

b. 旋翼間距對功耗的影響。對於同一間距比，各個角度的功率變化趨勢一致且相差很小。圖 4-35 給出了額定轉速下 φ＝0°時平均功耗隨旋翼間距的變化規律。

從圖 4-35 中可以看出，小間距 l/D＝1.0 時消耗的功率最大，可達 94W 左右，該部分功率的明顯增加有可能是小間距下旋翼間較為強烈的氣動干擾帶來的額外功耗。隨著間距的增加，功耗穩定在 88W 左右，變化範圍在 2％波動，說明間距對功耗的影響不是很明顯。

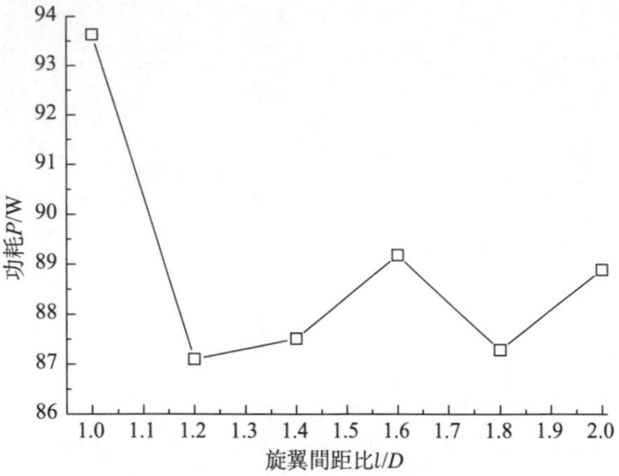

圖 4-35 額定轉速下 φ= 0°時平均功耗隨旋翼間距的變化規律

③ 雷諾數的影響

a. 雷諾數對拉力增量的影響。取兩種旋翼狀態都具有較好拉力特性的典型間距比 l/D＝1.2 和 l/D＝1.4 分別進行分析，其拉力增量隨雷諾數增加的變化分別如圖 4-36 和圖 4-37 所示。隨著雷諾數的增加，兩種狀態下的拉力都有不同程度的增加，整體趨勢變化平緩，增量變化穩定在 5％以內。同時在間距比 l/D＝1.2 情況下，大角度為 40°和 50°時的拉力增量相對較大。在該雷諾數範圍內，面對面狀態的拉力增量變化不大，但背對背狀態下拉力增量狀況得到改善。

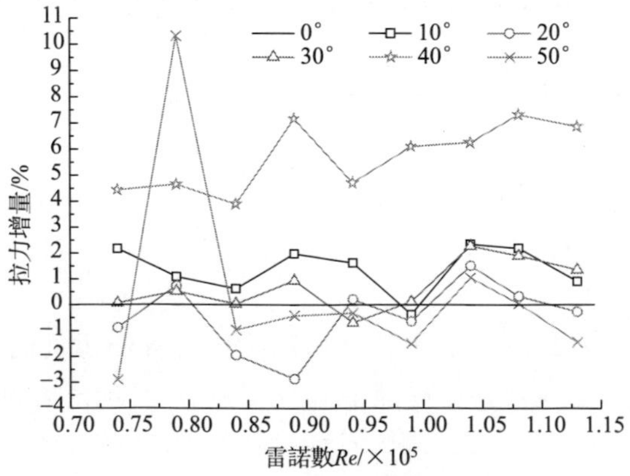

(a) 面對面旋翼狀態

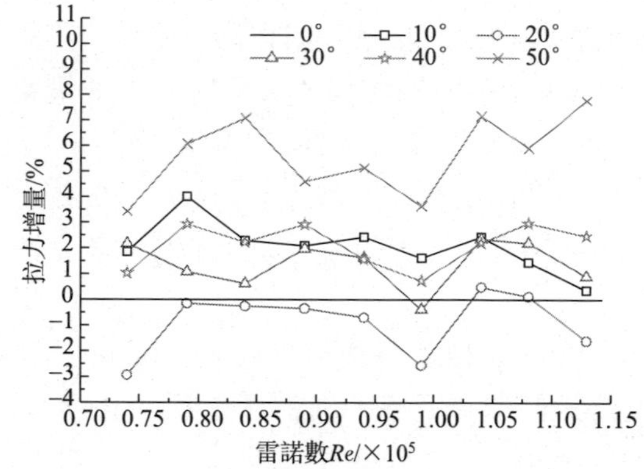

(b) 背對背旋翼狀態

圖 4-36　拉力增量隨 Re 的變化圖（l/D= 1.2）

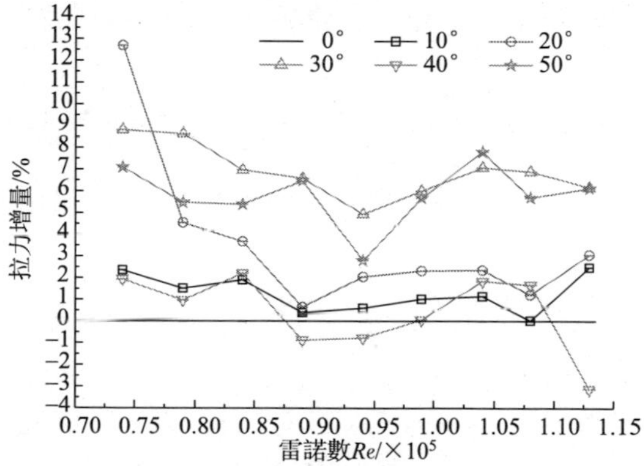

(a) 面對面旋翼狀態

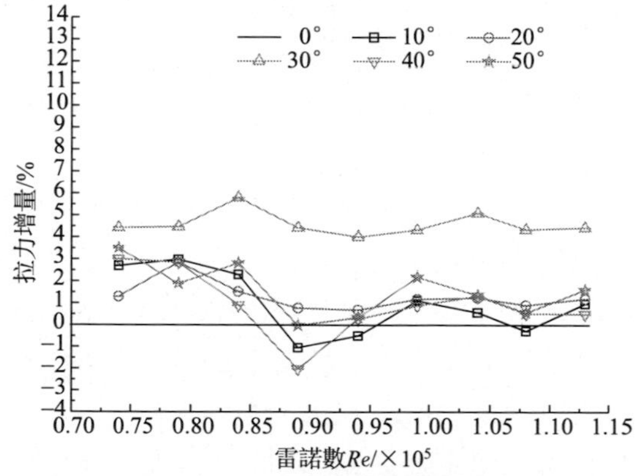

(b) 背對背旋翼狀態

圖 4-37　拉力增量隨 Re 的變化圖（l/D= 1.4）

在間距比 $l/D=1.4$ 的情況下，與平面配置相比，除了 40°的拉力增量在某個範圍有所降低，其他角度的拉力增量分別在兩種狀態下都表現良好。最大增幅依然出現在角度較大的 50°，在面對面和背對背狀態下的增量分別達到了 9%和 6%。隨著雷諾數的增加，拉力增量整體呈現下降趨勢。

總體來看，這兩個典型間距在較大角度（$\varphi>30°$）的拉力增量在雷諾數範圍內增加最大，但是旋翼狀態的變化使得這些角度的拉力增量隨雷諾數變化而變得不穩定。

b. 雷諾數對功率的影響。由於每個角度在相同間距下隨雷諾數變化規律相似，且相差很小，因此我們主要觀察不同間距下的功耗增量隨雷諾數增加的變化，變化規律如圖 4-38 所示。

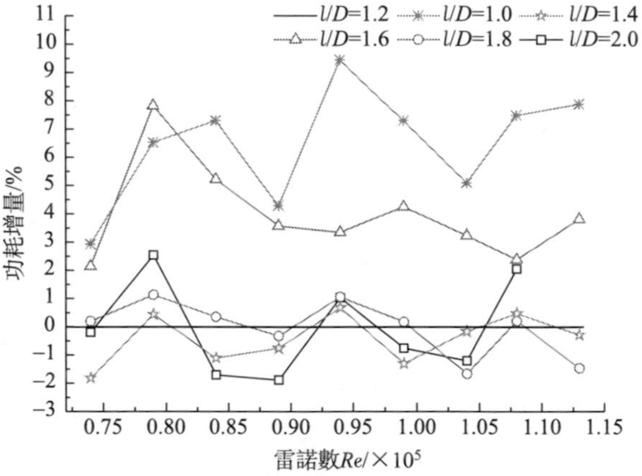

圖 4-38 功耗增量隨 Re 的變化規律

從圖 4-38 中可以看出，小間距 $l/D=1.0$ 由於旋翼距離較近，干擾帶來的額外功耗使得旋翼單元的整體功耗相對增加，穩定在 4%。隨著間距進一步增加，干擾減小，相對整體功耗也有所減小，但當 $l/D=1.6$ 時的功耗增量再次增大為 7%左右，說明此時兩個旋翼氣流的相互交替作用增大，該間距可以看作間距影響的臨界值，造成這種情形的原因有可能是該間距下，兩個旋翼的相交干擾面積達到最大，引起的干擾增加了額外的功率消耗。隨著雷諾數的增加，整體功耗增量趨於平衡，功耗增量區域穩定並在 4%內浮動。

④ 氣動干擾作用分析　額定轉速為 2200r/min 時，非平面雙旋翼單元各傾轉角度下的拉力干擾因子和功率干擾因子隨間距變化分別如圖 4-39 和圖 4-40 所示。

從圖 4-39 中可以看出，非平面配置的兩種雙旋翼單元拉力合力明顯比無干擾狀態的兩個獨立旋翼產生的拉力要大。面對面狀態的 K_T 隨間距增加呈現增加的趨勢，而背對背狀態的 K_T 則變化比較平穩，說明面對面狀態產生拉力的能力比背對背狀態要好。對比無干擾狀態，各間距的 K_T 隨傾轉角度的增加而增加。另外，還可以看出，$\varphi>40°$的 K_T 隨間距增加變化起伏很大，而小角度（$\varphi<40°$）的 K_T 變化就相對穩定，特別地，傾轉角度為 20°時，兩個狀態下的 K_T 都隨間距增加而穩定增加。

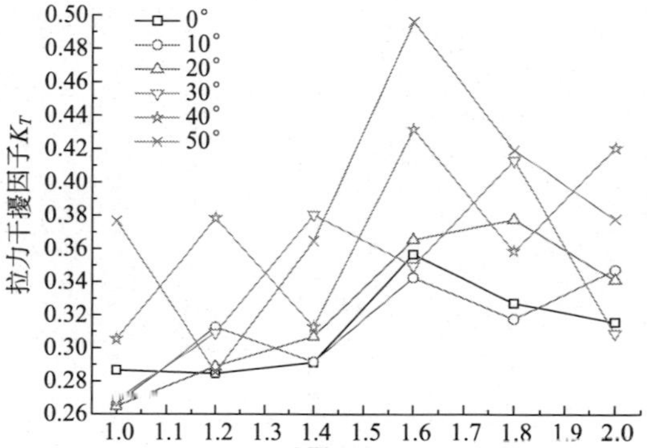

(a) 面對面狀態

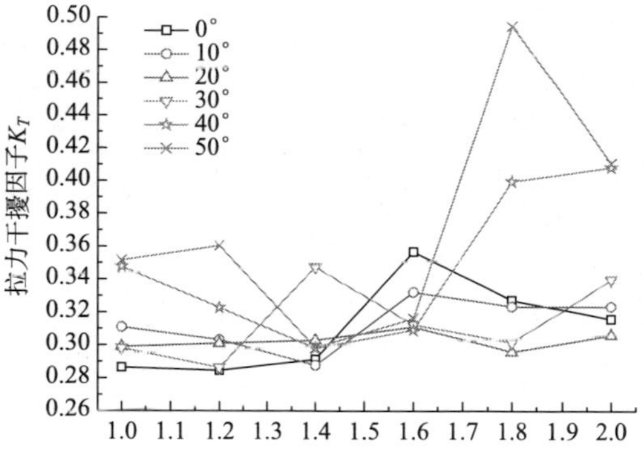

(b) 背對背狀態

圖 4-39　非平面狀態雙旋翼額定轉速下各傾轉角度拉力干擾因子隨間距變化圖

伴隨 K_T 的增加，K_P 在兩種狀態下隨間距都有不同程度的增加，這對提高雙旋翼單元懸停性能帶來了不利影響。面對面狀態下，各傾轉角度的 K_P 在 $l/D=1$ 時都處於最大值，說明該間距下由於氣動干擾帶來的額外功耗此時達到最大。隨間距增加，K_P 開始有所減小，但是較大傾轉角度（$\varphi>30°$）的 K_P 在 $l/D=1.8$ 處又開始增加，其中 40°和 50°重新回到最大值 0.28 處，說明此時氣流干擾消耗了額外的功率。背對背狀態下，各傾轉角度的 K_P 值在 $l/D=1$ 處依然處於最高點，並隨角度增加，K_P 值逐漸增大，其中在較大傾轉角度（30°、40°和 50°）的 K_P 值達到了 0.5，遠高於面對面狀態，說明此間距下的背對背狀態的氣動性能較差。隨著間距增加，K_P 值趨於穩定，各個傾轉角度的差距變得很小，此時都集中在 0.15～0.2 之間，說明間距比大於 1 時，背對背狀態的氣動性能得到了較大的提升。

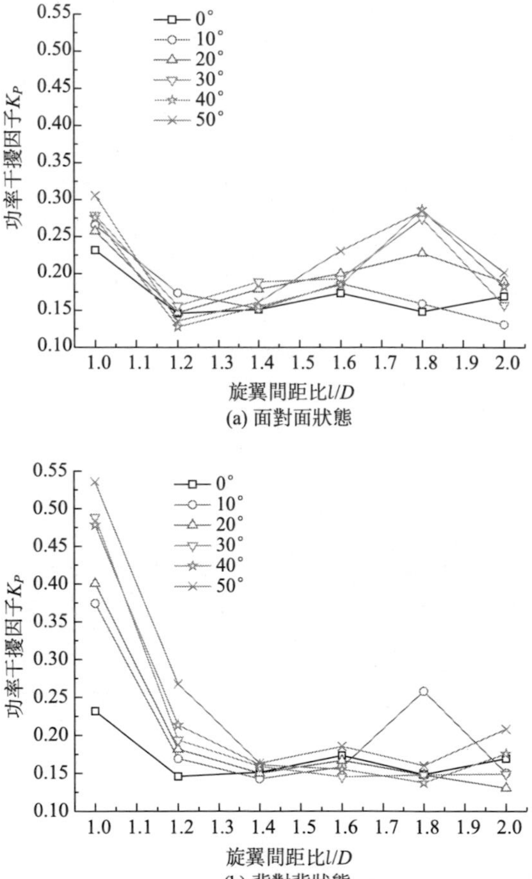

(a) 面對面狀態

(b) 背對背狀態

圖 4-40 非平面狀態雙旋翼額定轉速下各傾轉角度功率干擾因子隨間距變化圖

與共軸雙旋翼通過同時減小 K_T 和 K_P 來獲得較好的懸停性能的情況不同，非平面雙旋翼單元的 K_T 和 K_P 都有不同程度的增加，特別地，K_T 比 K_P 大，且 K_P 的變化很小，因此，非平面雙旋翼單元的懸停性能要優於共軸雙旋翼單元，並且翼間的這種相交干擾是朝著有利於改善懸停性能的方向發展的。

4.5.2 非平面雙旋翼氣動特性數值模擬

(1) 面對面狀態流線分布

由於在額定轉速下，間距比 $l/D=1.2$ 在各個傾轉角度下都具有較好的懸停性能，因此，圖 4-41 和圖 4-42 分別給出了該間距下各個傾轉角度的 z 向和 y 向流線圖。可以看到，由於兩個旋翼轉向相反，此時由於干擾形成的旋渦主要集中在下半平面靠近槳尖的一段區域內，隨著角度的增加，旋渦區域有明顯向內收縮的趨勢，並逐漸向旋翼靠攏。此時兩個旋翼流場流線不再像單旋翼那樣規則分布。

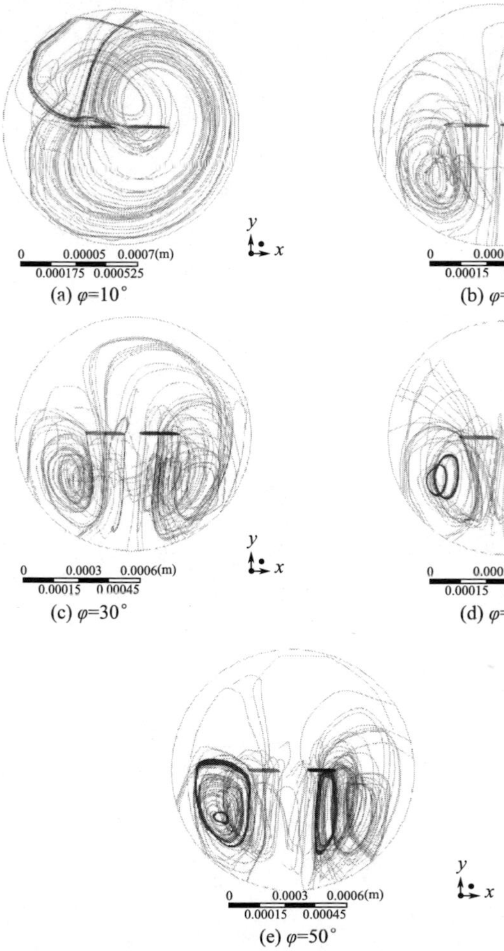

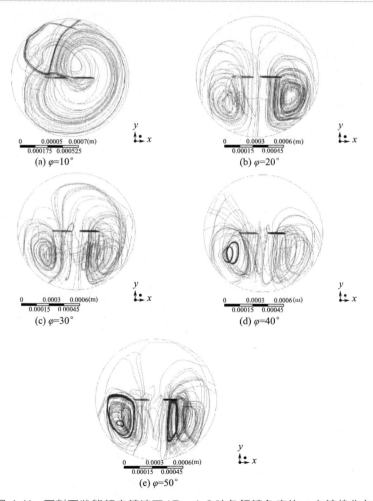

圖 4-41　面對面狀態額定轉速下 l/D= 1. 2 時各傾轉角度的 z 向流線分布

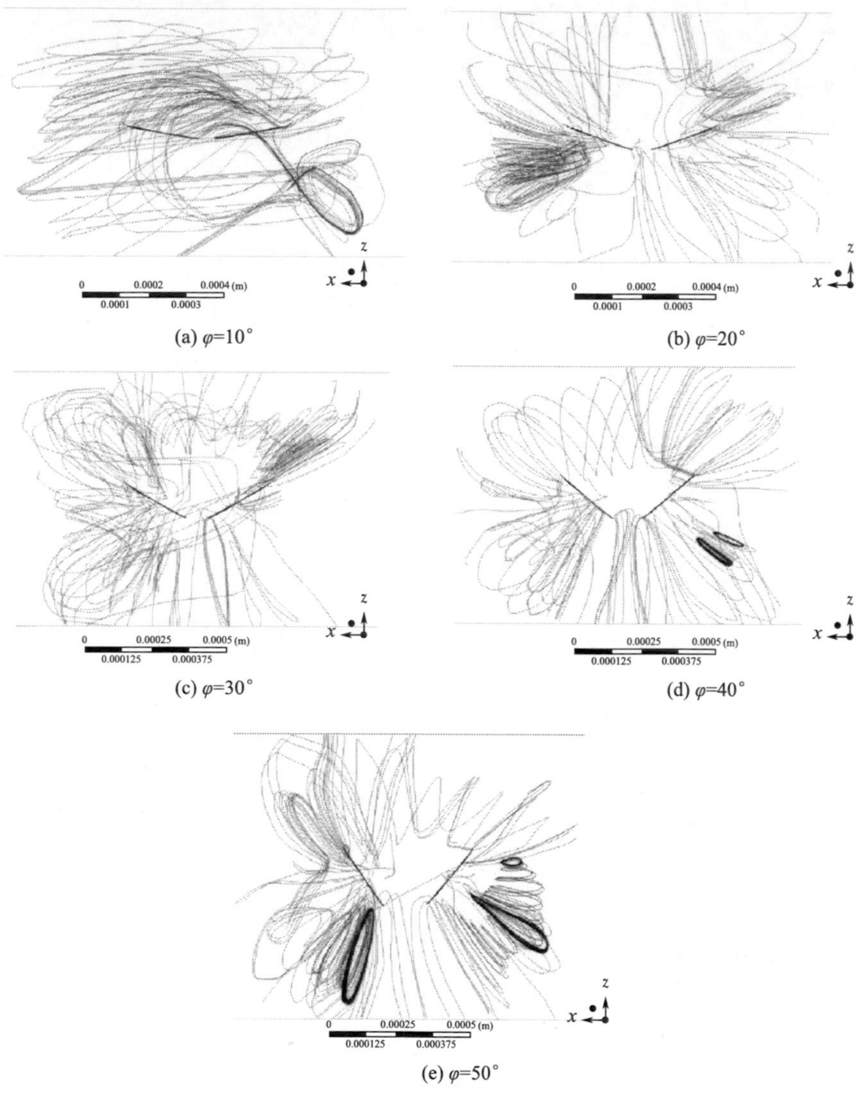

(a) $\varphi=10°$　　　　(b) $\varphi=20°$

(c) $\varphi=30°$　　　　(d) $\varphi=40°$

(e) $\varphi=50°$

圖 4-42　面對面狀態額定轉速下 $I/D = 1.2$ 時各傾轉角度的 y 向流線分布

　　對於面對面狀態 z 向流線分布（圖 4-41），由於傾轉角度的存在，沿旋翼表面的入流干擾隨著角度增加而逐漸增加。對於固定間距，在較小傾轉角度 10°時，兩個旋翼流線呈現出與單旋翼相似的單個較大的渦流。隨著角度的增加，與共軸雙旋翼的流線有所不同，面對面狀態的旋翼周圍流線開始出現幾何對稱的渦流並產生分離，角度增加到 50°時，流線越來越密集，形成的兩個旋渦開始收攏變小，並聚集在槳尖外側，此時，由傾轉角度引起的干擾達到最大。

總體來看，面對面狀態下的雙旋翼流場開始變得複雜，與單旋翼相比，由於干擾作用，隨傾轉角度激烈變化，旋翼下方氣流隨著相交面積增加，流線波動變得更為明顯，這樣的變化直接影響旋翼的流場特性。

整體來看，隨角度增加，y 向流線（圖 4-42）開始由周向的螺旋線流動逐漸轉變為軸向旋渦式流動，傾轉角度為 10°時，流線分層明顯，與單旋翼流線分布相比，此時雙旋翼單元在旋翼下方開始出現流線變形。另外，軸向的流動隨角度的增加而變得集中，整體開始大範圍向四周發散，到 40°時開始在下洗流中出現小的渦流，達到 50°時趨於穩定，但增加的小的旋渦可能會給旋翼氣動載荷帶來擾動。整個氣流基本呈發散流動，軸向收縮也隨角度增加而加快，下洗流隨相交干擾的重疊區域面積的增加而變得劇烈，並向下偏斜，整體變化規律比共軸雙旋翼單元要好。此時，這些靠近旋轉平面的旋渦可能會使旋翼載荷和穩定性下降。

對比實驗結果，我們對各典型配合下的 1.0－50°、2.0－10°、1.4－30°以及 1.8－50°也分別進行了分析，其面對面狀態的 z 向和 y 向視圖如圖 4-43 和圖 4-44 所示。

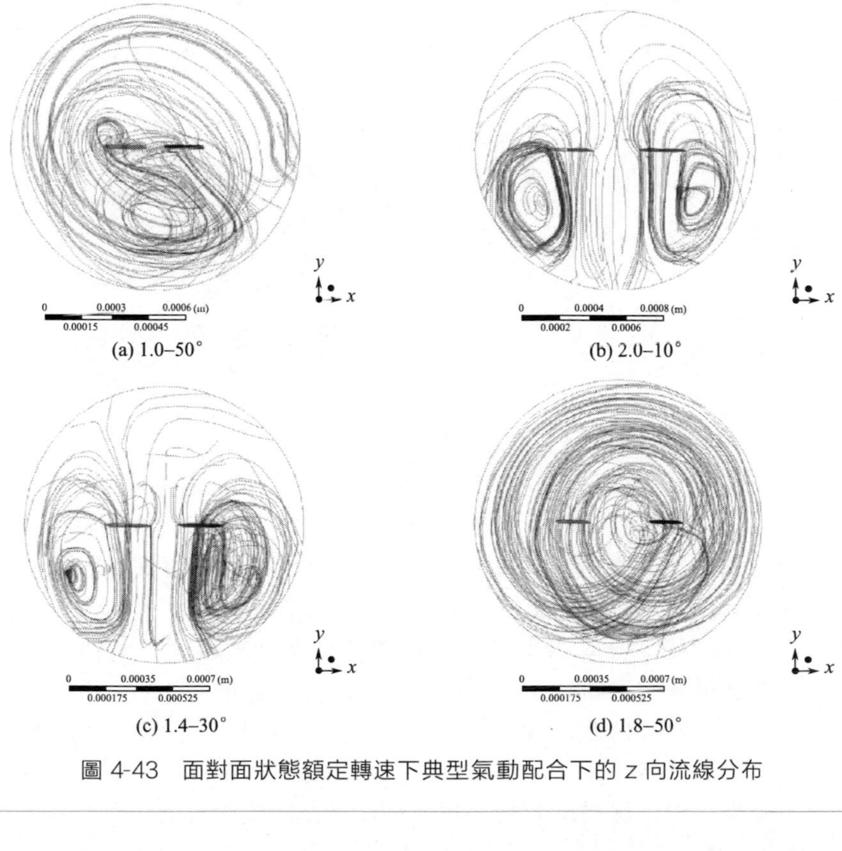

圖 4-43　面對面狀態額定轉速下典型氣動配合下的 z 向流線分布

對小間距配合大角度的 1.0－50°，由於兩個旋翼轉向相反，整個 z 向流線（圖 4-43）在距離較近的槳尖處靠近下方的位置開始形成較小渦流。對大間距配合小角度的 2.0－10°形成的渦線分離明顯。而對於 1.4－30°，此時渦流分離開始形成，但伴隨流線糾纏，渦線邊界不如 2.0－10°的明顯。另外對於 1.8－50°，兩個旋翼流線開始在上方和下方分別發散，此時間距和傾轉角度都較大，使得入流變大並形成了兩個互為中心的旋渦，兩個旋翼被流線完全包裹，相比小間距 1.0－50°，此時由於重疊面積增加使得這種趨勢更加顯著。

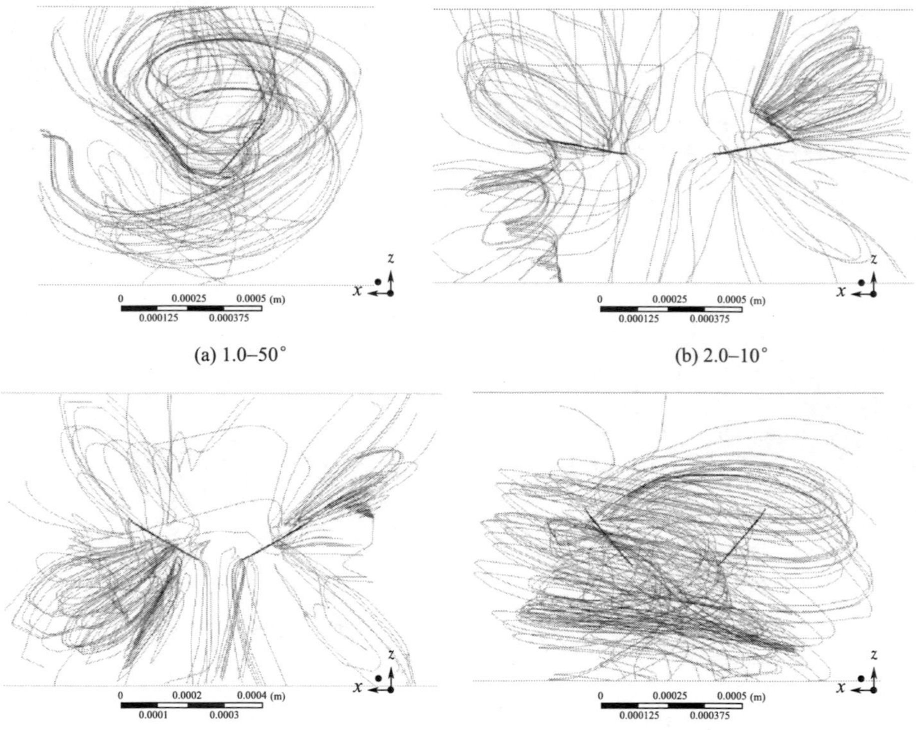

(a) 1.0–50°　(b) 2.0–10°

(c) 1.4–30°　(d) 1.8–50°

圖 4-44　面對面狀態額定轉速下典型氣動配合下的 y 向流線分布

從 y 向流線分布（圖 4-44）來看，1.0－50°的流線在下方槳尖距離較近時顯得密集，而在槳尖距離較遠的旋翼上方，整個渦線開始包圍整個區域，上方氣流開始被吸入下方區域。對於 2.0－10°，由於傾轉角度較小，間距較大，兩個旋翼的相交干擾使得軸向流動較少，整個流線集中在干擾較弱的外側區域。相比較而言，對於 1.4－30°，間距的減小和角度的增加使得整個旋翼下方區域的干擾有所增加。而對於 1.8－50°，流線包圍了整個流場，氣流由上往下開始收縮，在旋翼下方變得集中，旋渦捲起趨勢不明顯使得雙旋翼間的槳尖渦相互耗散以至於尾跡變得混亂而難以捕捉和觀測。

(2) 背對背狀態流線分布

額定轉速下，典型間距比 $l/D=1.2$ 在各角度下的 z 向和 y 向的流線分布分別在圖 4-45 和圖 4-46 中給出。

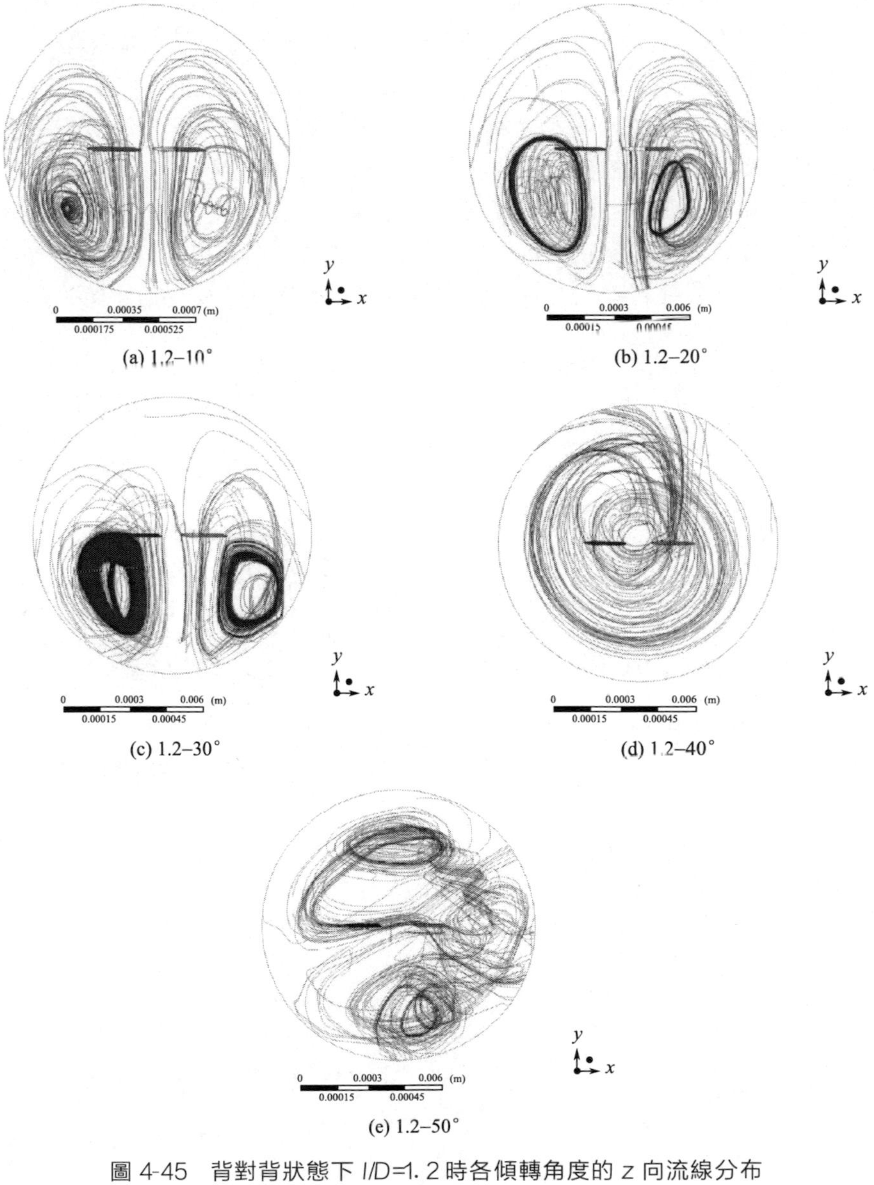

圖 4-45　背對背狀態下 $l/D=1.2$ 時各傾轉角度的 z 向流線分布

從圖 4-45 中可以明顯看出，背對背狀態的 z 向流線分布明顯比面對面狀態的複雜，由於兩個旋翼下洗流強烈且存在相互誘導，處於旋翼下方相交區域的流線由於氣流相互撞擊開始糾纏，此時干擾較面對面狀態明顯變強，尤其是在角度增加到一定程度後，流線開始伴有渦的出現，並隨角度增加收縮半徑減小，逐漸向旋翼靠攏。傾轉角度達到 40°時整個雙旋翼流線開始作用為一體，呈現出環向流動趨勢，此時下洗流的吸附作用開始變強。當角度進一步增加到 50°時，流線開始呈不規則狀態，更加混亂而難以辨認，此時相交干擾面積增加，擾動可能會增加旋翼的需用功率。

總體而言，在 y 向軸流顯示區域（圖 4-46），背對背狀態下洗流明顯隨角度的增加而加大，小角度時，各處流線分區明確，當角度增加到 40°以上時最終在整個流場內開始不規則分布。由於背對背狀態下方的軸流速度與面對面狀態相比較小，因此上方入流處的流線較為密集，出現明顯的反流區。同時，每個旋渦軸向位置會越來越往上移動，收縮比較快，背對背狀態的雙旋翼性能比面對面狀態的差。

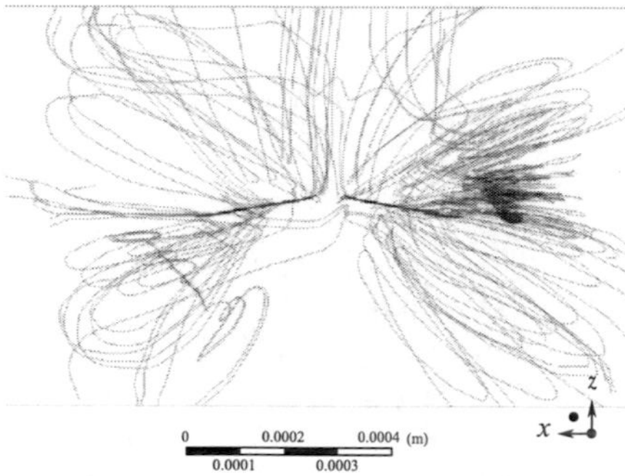

(a) 1.2–10°

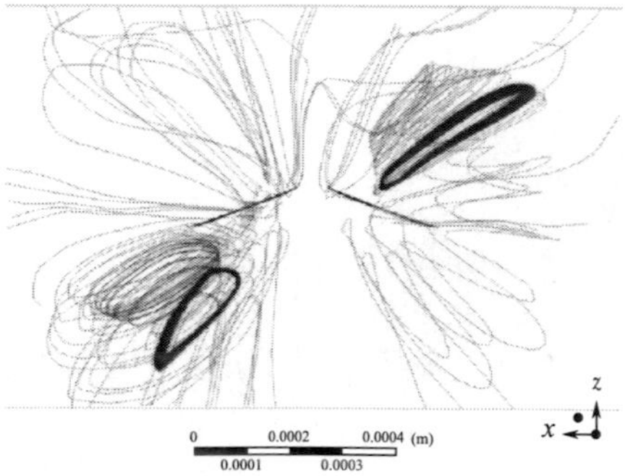

(b) 1.2–20°

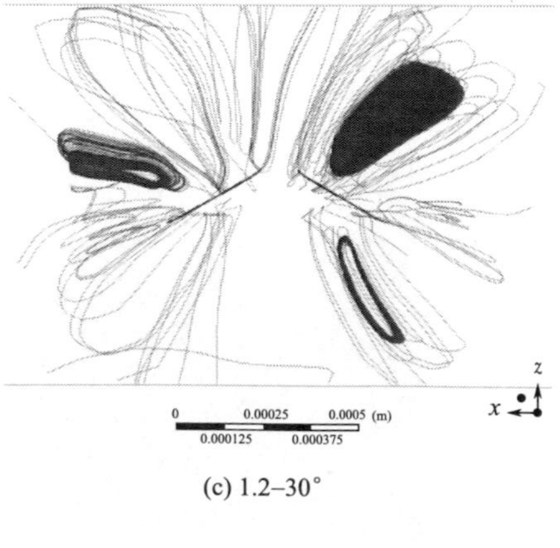

(c) 1.2–30°

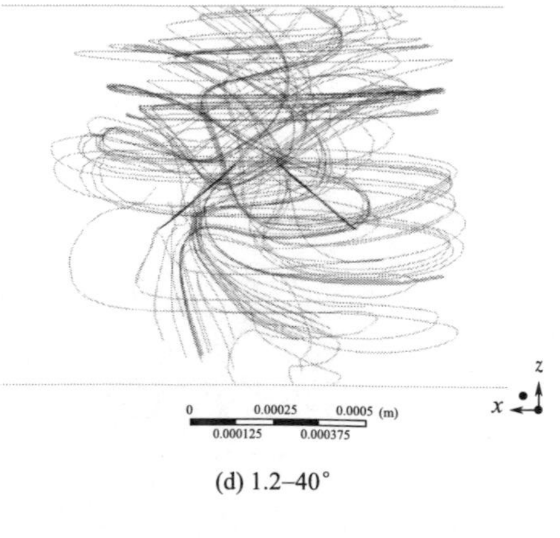

(d) 1.2–40°

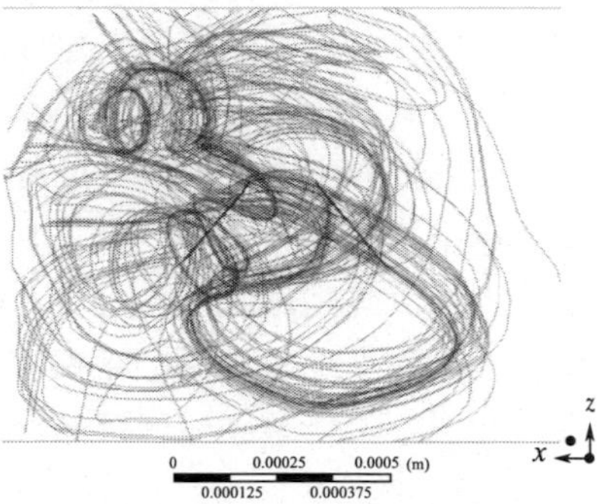

(e) 1.2–50°

圖 4-46　背對背狀態下 l/D= 1. 2 時各傾轉角度的 y 向流線分布

額定轉速下，對典型配合 1. 0－50°、2. 0－10°、1. 4－30°以及 1. 8－50°也分別進行了分析，其背對背狀態的 z 向和 x 向視圖如圖 4-47 和圖 4-48 所示。

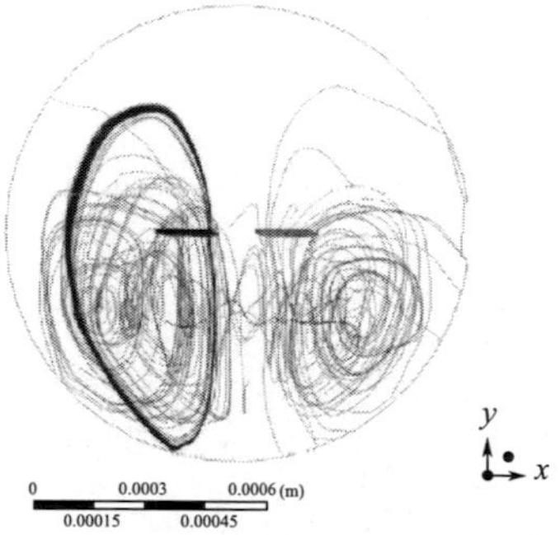

(a) 1.0–50°

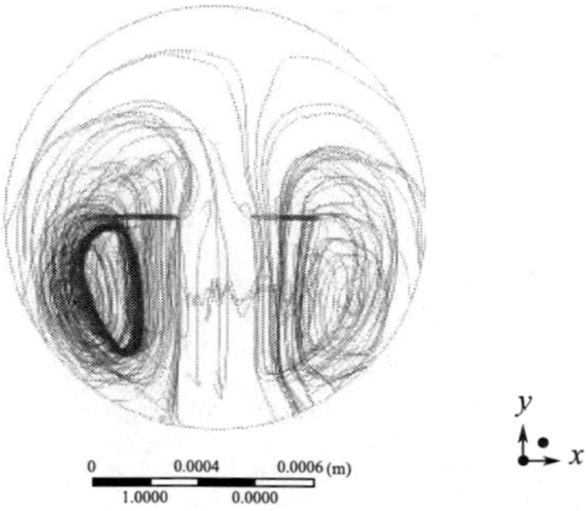

(b) 2.0–10°

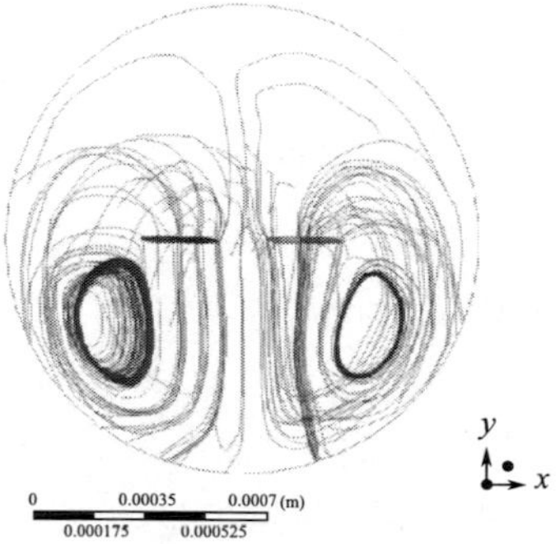

(c) 1.4–30°

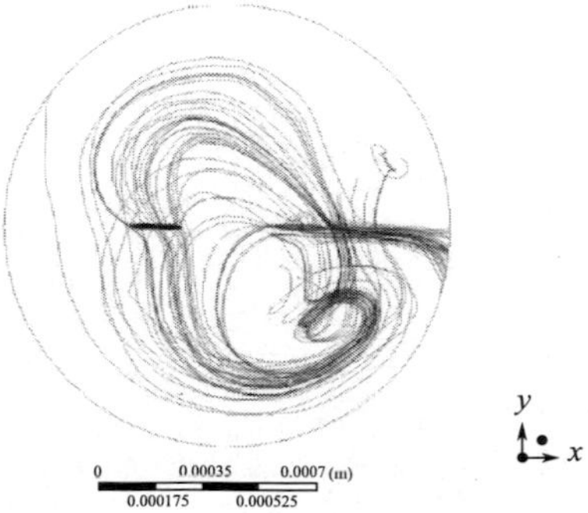

(d) 1.8–50°

圖 4-47　背對背狀態下幾個典型配合下的 z 向流線分布

背對背狀態的各典型配合下的 z 向流線分布（圖 4-47）出現了不同程度較密集的旋渦，小間距大角度的 1.0－50°時，兩個旋渦流線分布不規則，旋渦邊界將旋翼包圍，此時的氣動干擾可能會對旋翼載荷產生不利影響。相對而言，大間距小角度的 2.0－10°時旋渦邊界明顯收縮，並出現在槳尖附近靠流場的外側區域，此時相交干擾較小。而在 1.4－30°時，兩個旋渦分布在旋翼兩側基本對稱，處於遠離槳尖靠流場外側區域，翼間流線使得旋渦收縮產生的邊界並不明顯。在 1.8－50°時，由於間距和角度同時增加，使得下洗流場開始交會，此時並未出現明顯的旋渦現象，間距的增加使得干擾程度有所減弱，但對整體影響較小。

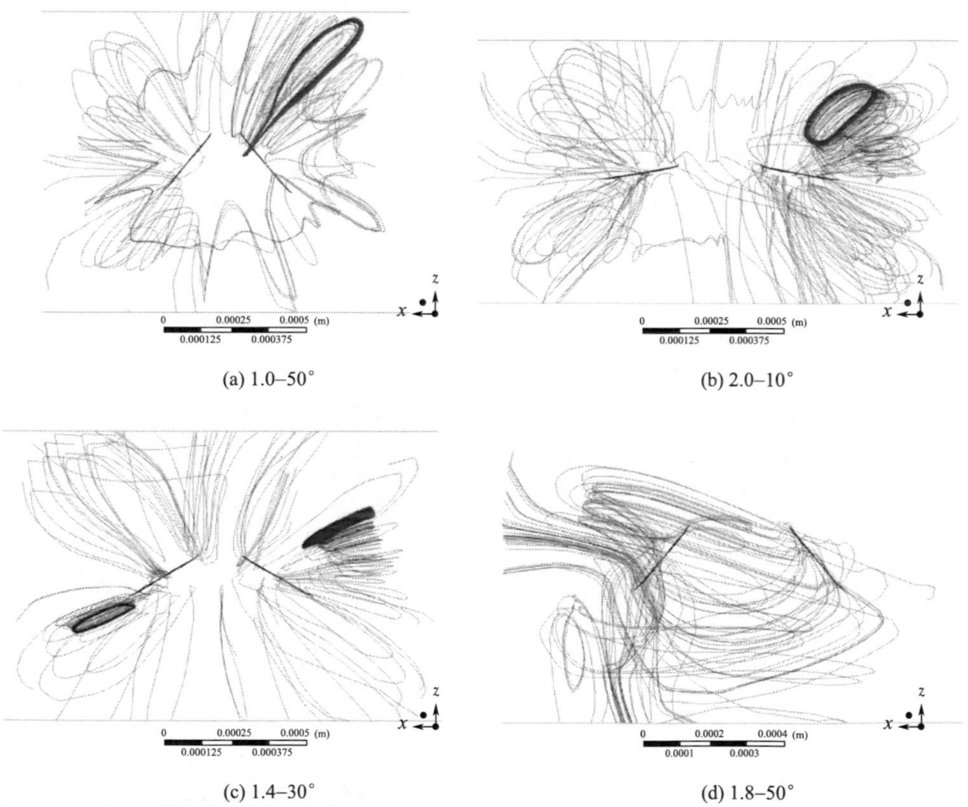

(a) 1.0–50°　(b) 2.0–10°　(c) 1.4–30°　(d) 1.8–50°

圖 4-48　背對背狀態下幾個典型配合下的 y 向流線分布

從 y 向流線分布（圖 4-48）可以看出，背對背狀態在 1.0－50°時由於干擾作用強烈，流線呈現波浪狀向旋翼四周發散，在槳尖距離較近的地方流線密集開始有旋渦出現，這可能會導致旋翼旋轉時的穩定性變差。相比較而言，2.0－10°時由於間距變大，旋翼軸流間的作用減小，流線密集區主要集中在區域兩側。對於 1.4－30°，角度的增加使得旋翼上方氣流加強，逐漸向周圍發散，並在各自旋翼附近出現明顯收縮變小的旋渦。而 1.8－50°時下洗流干擾使得整個流場開始在旋翼周圍相互纏繞，此時流線邊界分布不清晰。

(3) 典型狀態壓強分布

圖 4-49 分別給出了額定轉速下面對面狀態和背對背狀態在兩種典型配合下旋翼周圍的壓強分布。

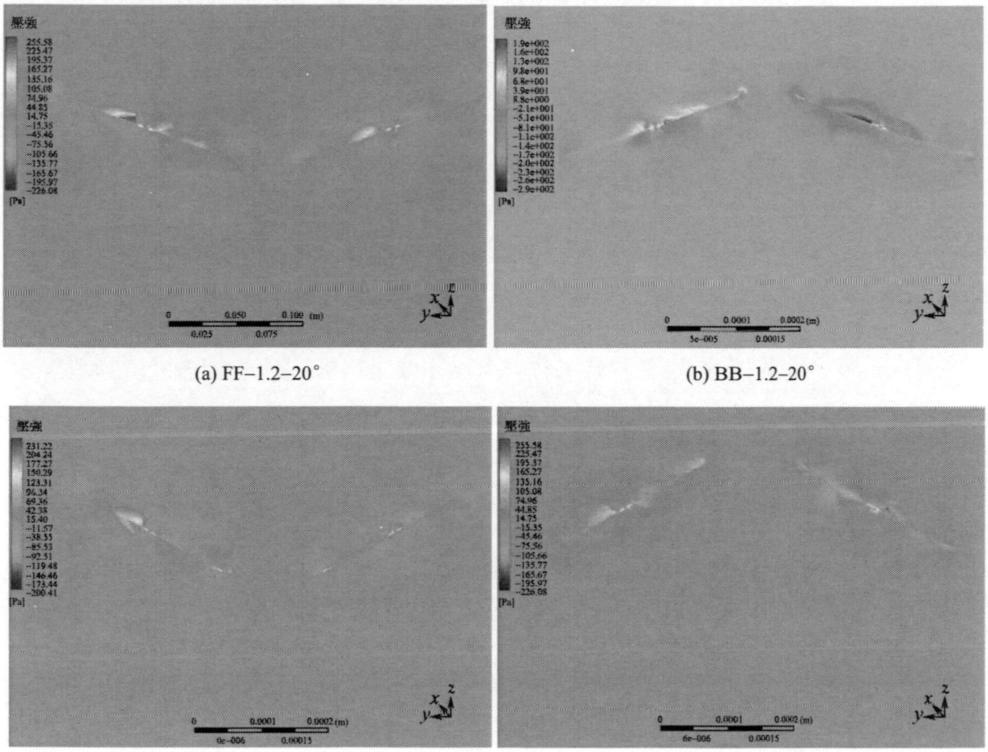

(a) FF–1.2–20°　(b) BB–1.2–20°

(c) FF–1.4–30°　(d) BB–1.4–30°

圖 4-49　典型配合下旋翼周圍的壓強分布（電子版）

相對於共軸雙旋翼而言，非平面雙旋翼單元的負壓區域明顯變大。對於 1.2－20°的氣動布局，兩個狀態的旋翼上表面的壓強明顯大於下表面，而且旋翼槳葉外側由於旋轉速度大，出現了明顯的負壓區域，該部分產生的拉力最大。相比於面對面狀態的左側旋翼，背對背狀態左側旋翼的壓差有所減小。而背對背狀態的右側旋翼相比於面對面狀態的右側旋翼開始有較大面積的負壓區域出現，說明背對背狀態右側旋翼的拉力相對較大，該狀態的氣動環境得到了改善。此時也反映了流場對兩個旋翼的影響是不一樣的，並進一步表明了非平面配置的流場分布的複雜程度。隨著間距和角度的增加，在 1.4－30°氣動配置下，背對背狀態下旋翼的上下表面壓差比面對面狀態的壓差大，而面對面狀態壓強分布較均勻，與 1.2－20°的面對面狀態相比，整體旋翼表面壓差有所減小，說明增大間距和角度使得下洗流作用有所減弱。

4.6 非平面式雙旋翼單元來流實驗研究

為了測試非平面六旋翼無人機旋翼系統在自然環境中飛行時的抗風擾性能，本節針對自然來流常見的二級風（1.6～3.3m/s）和三級風（3.4～5.4m/s）的典型值進行了非平面雙旋翼的來流抗風性實驗。

4.6.1 實驗設計

（1）實驗裝置

① 風洞　風洞用來模擬來流工作環境，由於自然環境的來流速度通常不大於三級風，約 5m/s 以下，所以實驗選擇低速風洞進行實驗。此風洞為開口式回流低速風洞，實驗段截面形模為 1.5m×1m。

② 雙旋翼氣動特性測試實驗臺　由於對氣動參數調整操作的特殊性，依然採用上一節的非平面雙旋翼實驗臺，並選取二級風中的 2.5m/s 和三級風中的 4m/s 來進行來流實驗。

（2）實驗方法

為了確定具有良好抗風性能的最佳氣動布局，非平面雙旋翼單元的來流實驗也對比無來流狀態 0m/s 測量來流風速 2.5m/s 和 4m/s 時的拉力和功耗；間距比和傾轉角度設置同上一節。

為保證測量結果的精度，風洞實驗要求對實驗狀態的相關參數進行測量，具體參數和設計狀態分別在表 4-4 中給出。

表 4-4　實驗狀態和測量參數

參數		符號	單位	精度	取值範圍
記錄參數	密度	ρ	kg/m³		
	溫度	t	℃		
	壓力	P	hPa		
	轉速	n	r/min	±5	1500～2400
	風速	V	m/s	±1%	2.5,4

續表

參數		符號	單位	精度	取值範圍
記錄參數	傾轉角度	φ	(°)	±0.1	(−50,50),(−40,40),(−30,30),(−20,20),(−10,10),(0,0)
	旋翼間距比	l/D		±0.01	1.0,1.2,1.4,1.6,1.8
測量參數	拉力	T	g	±1%	
	功耗	P	W	±1%	

雙旋翼單元測量實驗臺在風洞中的放置如圖 4-50 所示。由於雙旋翼實驗臺存在特殊參數的調整，為保證實驗過程的安全進行，需要對旋翼拉力、功率和轉速等信號以及電源燈進行實時監控。

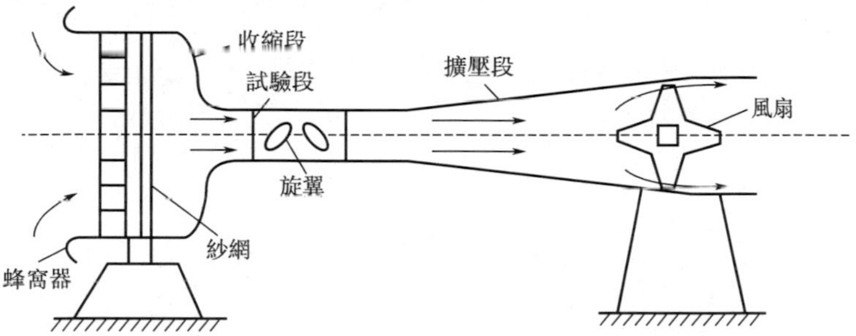

圖 4-50　雙旋翼單元測量實驗臺在風洞中的放置

4.6.2 非平面旋翼實驗結果分析

(1) 傾轉角度的影響

工作轉速下，來流狀態面對面雙旋翼單元的拉力和功耗隨傾轉角度的變化規律如圖 4-51 所示。為方便對比，各座標顯示範圍一致。

對於 $l/D=1.0$，總體上，來流狀態下的拉力和功耗隨傾轉角度明顯高於無來流狀態。由於此時兩旋翼距離較近，此時旋翼附近氣流干擾強烈，在 $\varphi=10°$ 和 50°時拉力隨風速增加而增大，相比於無來流狀態拉力分別增加了 1.9%和 3.2%，說明增加的來流同時增加了原本強烈的翼間氣流在旋翼上的拉力分量，使得拉力有所上升；在 $\varphi=20°$和 30°時，來流風速下的拉力相差不大；但當傾轉角度增加到 40°時，4m/s 時的拉力與無來流時的相差不大，而 2.5m/s 時的拉力卻增加了近 2%；伴隨拉力的增加此時功耗也隨之增加，兩個來流風速下的功耗分別增加了 2%和 3%，隨傾轉角度的增加，功耗整體浮動很小。

l/D=1.2 時，隨傾轉角度的增加，拉力和功耗總體變化趨勢一致且與無來流時相差較小，說明整體抗風性較好；當 φ=50°時，拉力開始大幅下降，來流風速在 2.5m/s 和 4m/s 時拉力分別下降了 3.8%和 2.2%，這可能是因為該角度下入流達到最大，易受來流影響，使得氣流與旋翼表面的撞擊增加影響整體拉力。

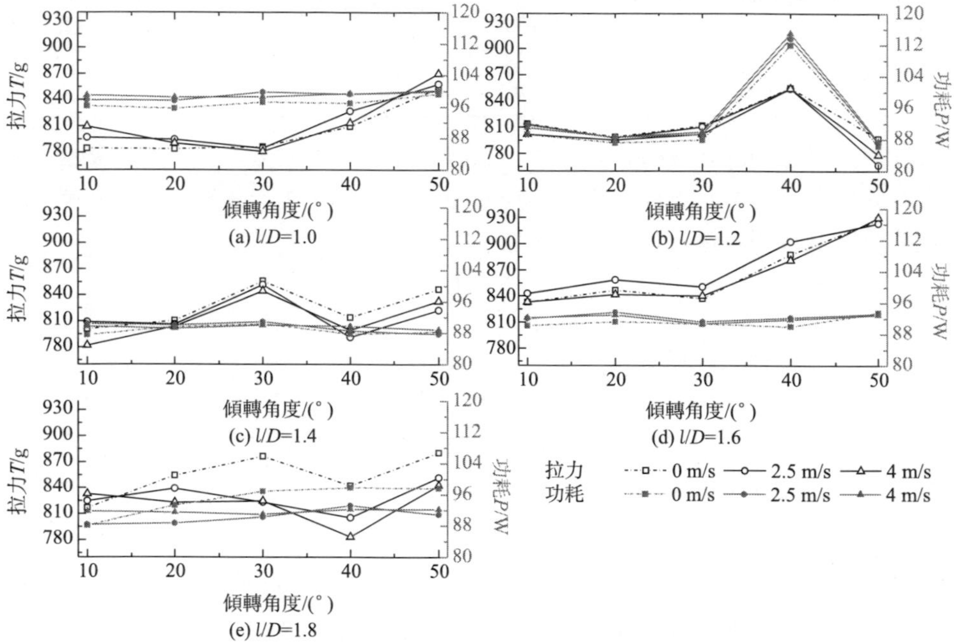

圖 4-51　來流狀態面對面雙旋翼單元拉力和功耗隨傾轉角度的變化規律

l/D=1.4 時，來流風速下拉力有所減小，功耗變化不大。尤其當傾轉角度增加到 40°和 50°時，風速越大，拉力下降得越快，這是由於當兩旋翼間距增加時，傾轉角度的增大使得氣流變得發散，拉力作用減小。

l/D=1.6 時，來流功耗較 0m/s 時在 2%上下浮動；來流 4m/s 較無來流的拉力相差小，而來流 2.5m/s 時的整體拉力卻提高了約 1.7%，產生這種現象的原因可能是因為在該間距下，隨著來流風速的增加，2.5m/s 作為一個臨界值使得在低於 2.5m/s 時來流對旋翼間氣流在拉力方向上的作用加強，大於 2.5m/s 之後該作用就會減弱。

l/D=1.8 時，來流拉力和功耗大大低於無來流狀態，拉力在 30°和 40°時分別下降近 6.4%和 7%，而功耗雖然受傾轉角度影響很小，但是總體下降了約 6.2%。由於旋翼間距足夠大使得兩個旋翼相對獨立，集中入流變小，受風擾影響大，拉力會減小。

總體來看，面對面狀態具有較好的抗風擾能力，來流下拉力變化不大，與無來流相比，在大間距比 $l/D=1.8$ 下的抗風性能最差；另外，來流狀態的功耗隨傾轉角度變化很小。對於面對面狀態的非平面雙旋翼，在來流風速下，傾轉角度在 20°、30°、40°時表現出了較好的抗風擾性能。

工作轉速下，來流狀態背對背雙旋翼單元的拉力和功耗隨傾轉角度的變化規律如圖 4-52 所示。

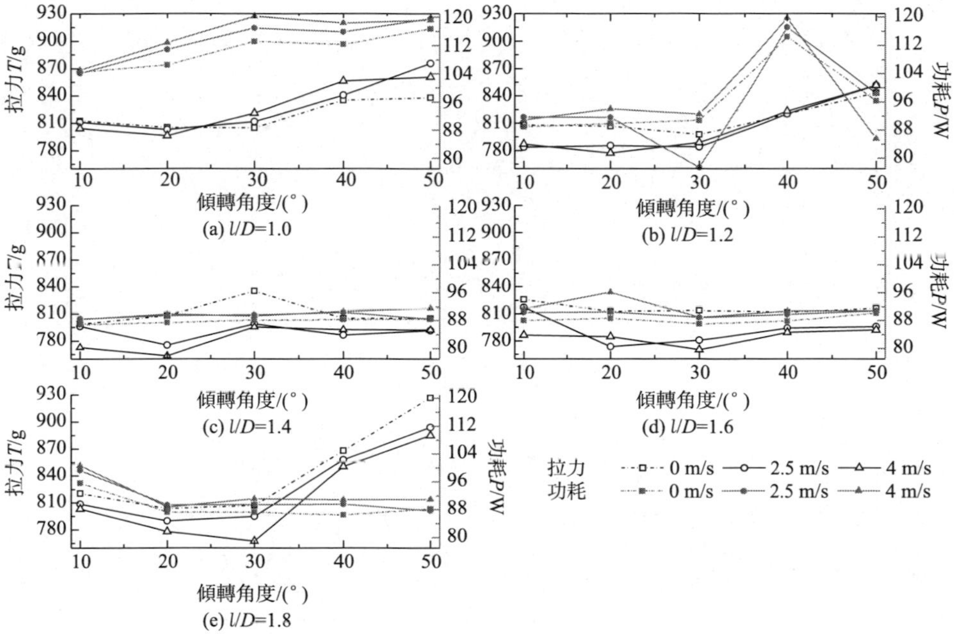

圖 4-52　來流狀態背對背雙旋翼單元拉力和功耗隨傾轉角度的變化規律

對於 $l/D=1.0$，$\varphi>30°$時拉力開始較無來流狀態有所升高，在 50°時達到最大，此時來流風速拉力分別增加了 4.5%和 2.7%；而功耗較無來流狀態一直有所增加，到 30°時達到最大，來流風速下分別增加了 2.7%和 6%。由於旋翼間距小，背對背狀態的下洗流作用隨傾轉角度的增加變得更加強烈，使得來流風速的影響減小，拉力有所升高。

對於 $l/D=1.2$，整體拉力比無來流狀態拉力小，且兩種狀態下的拉力差隨傾轉角度的增加而減小，拉力差最大可達 3%；相比於無來流狀態，2.5m/s 的功耗在 30°和 4m/s 的功耗在 50°分別減小了 14%和 11.5%。

對於 $l/D=1.4$，來流狀態拉力依然呈減小趨勢，並在 20°時達到最低，分別減小了 4%和 5.5%；功耗對來流不敏感，在 2.2%內浮動。

對於 $l/D=1.6$，來流狀態拉力遠低於無來流狀態，抗風擾能力差；20°時功耗增加了約 9%。

對於 $l/D=1.8$，整體抗風性能較差，在 30°時來流狀態拉力在兩個風速下分別減小了 1.9%和 4.8%；功耗增加了約 5%。

綜合來看，背對背狀態的抗風擾性能較差，背對背狀態直接決定了旋翼系統的整體性能，另外，來流下的功耗基本不受傾轉角度的影響。結合表現性能較好的 $l/D=1.0$ 和 1.2 可以進一步確定旋翼系統的氣動布局。

(2) 旋翼間距的影響

來流風速下，面對面雙旋翼單元拉力和功耗隨旋翼間距的變化規律如圖 4-53 所示。

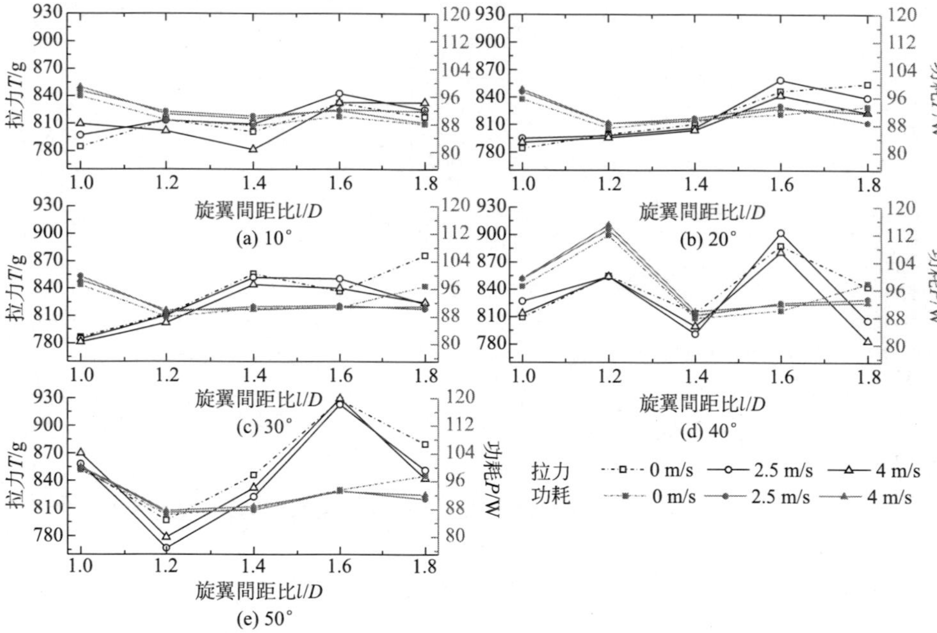

圖 4-53 來流風速下面對面雙旋翼單元拉力和功耗隨旋翼間距的變化規律

$\varphi=10°$時，面對面狀態在 2.5m/s 時具有較好的抗風擾性能，當風速增加到 4m/s 時，$1.2<l/D<1.6$ 的拉力開始下降，最大降了 2.3%；功耗穩定增加在 3%左右。

$\varphi=20°$時，來流下的拉力與無來流狀態持平，直到 $l/D=1.8$ 時來流風速下的拉力分別下降了 1.8%和 3.7%；功耗穩定增長在 5%左右。

$\varphi=30°$時，2.5m/s 時的拉力與無來流狀態持平，當風速增加到 4m/s 時，拉力略下降了 1.3%；在 $l/D=1.8$ 時兩個風速來流下的拉力和功耗都下降了約

6%，其他間距下功耗增長穩定在2%左右。

$\varphi=40°$時，整個間距的功耗穩定增加了約2%；l/D在1.4和1.8時來流拉力有所下降，在$l/D=1.8$時拉力最大下降了4.4%和7%，相比於小間距，功耗下降了5%。

$\varphi=50°$時，功耗增加了1%；l/D在1.2、1.4和1.8時來流拉力都有所下降，在$l/D=1.8$時拉力最大下降了3.3%和4.3%，同時功耗也下降了7%。

總體來看，面對面狀態在兩個典型風速影響下，隨著旋翼間距的增加，抗風擾性能會下降，尤其在大間距$l/D=1.8$時抗風擾性能降到最低。在來流風速下，間距比l/D在1.0、1.2和1.6時表現出了較好的抗風擾性能。

來流風速下，背對背雙旋翼單元拉力和功耗隨旋翼間距的變化規律如圖4-54所示。

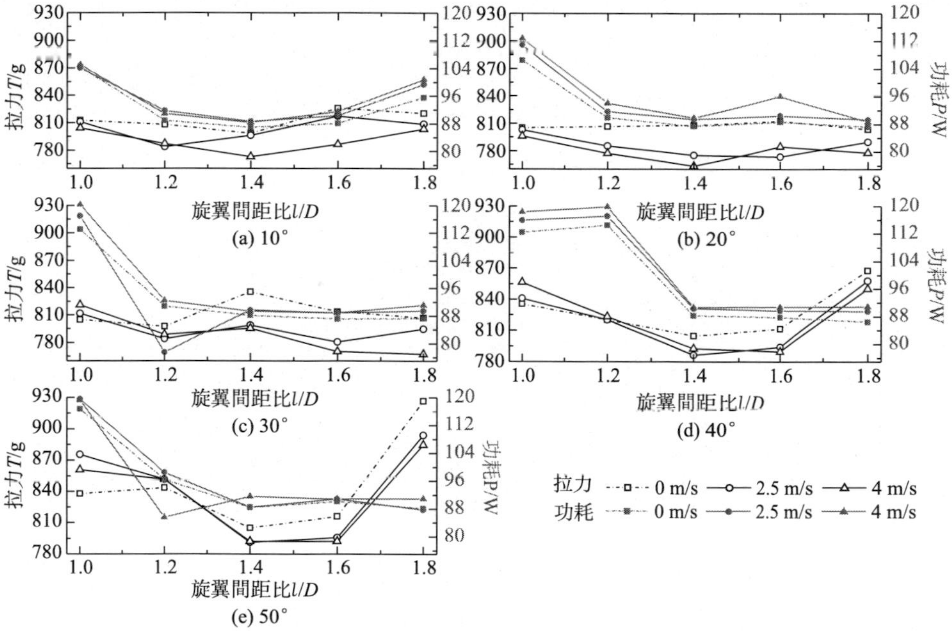

圖4-54 來流風速下背對背雙旋翼單元拉力和功耗隨旋翼間距的變化規律

$\varphi=10°$和20°時，來流拉力低於無來流狀態，另外，拉力隨風速增加而減小，這兩個角度的功耗分別穩定增加了5%和9%。

$\varphi=30°$、40°和50°時，$l/D<1.2$時來流拉力有所增加，抗風擾性能較好，當$l/D>1.2$時，來流拉力迅速減小；另外，$l/D=1.2$時，2.5m/s在$\varphi=30°$和4m/s在$\varphi=50°$的功耗大幅度減小，分別減小了25%和11%。

綜合來看，背對背狀態在小角度下的抗風擾能力較好，這是由於小角度下的背對背下洗流較弱，受到外界風速的干擾較小。

(3) 雷諾數的影響

來流風速下，非平面雙旋翼單元在幾個典型角度和間距組合下的拉力增量和功耗增量隨雷諾數的變化規律如圖 4-55～圖 4-58 所示。

對小間距配合大角度的氣動布局，圖 4-55 給出了 $l/D=1.0$、$\varphi=50°$時的拉力增量和功耗增量隨雷諾數 Re 的變化規律。

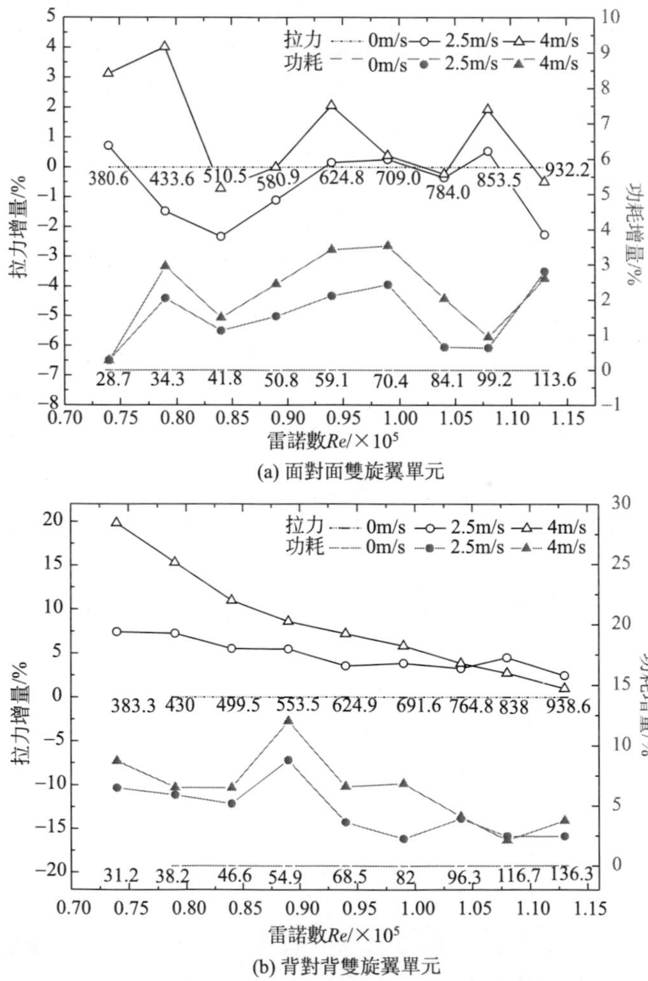

圖 4-55 來流風速下拉力增量和功耗增量隨雷諾數 Re 的變化規律（$l/D=1.0$，$\varphi=50°$）

面對面狀態下，隨著來流風速的增加，來流拉力增量逐漸變大；低雷諾數範圍（$0.72\times10^5<Re<0.82\times10^5$）內來流拉力增量變化較大，其中 4m/s 的拉力

增量增加到了 4.5%；來流狀態功耗增量在 3%範圍內變化，該雷諾數範圍的雙旋翼單元具有較好的懸停性能，隨著 *Re* 進一步增加，功耗增量的增加使得氣動性能隨之下降。

背對背狀態下，來流拉力增量隨 *Re* 增大呈線性減小，低雷諾數下 $Re=0.73\times10^5$ 時拉力增量達到了 20%；功耗增量隨 *Re* 總體上也呈減小的趨勢，當 $Re>0.9\times10^5$ 時，拉力增量明顯低於功耗增量，此時懸停性能開始變差。

對大間距配合小角度的氣動布局，圖 4-56 給出了 $l/D=1.8$、$\varphi=10°$時的拉力增量和功耗增量隨雷諾數 *Re* 的變化規律。

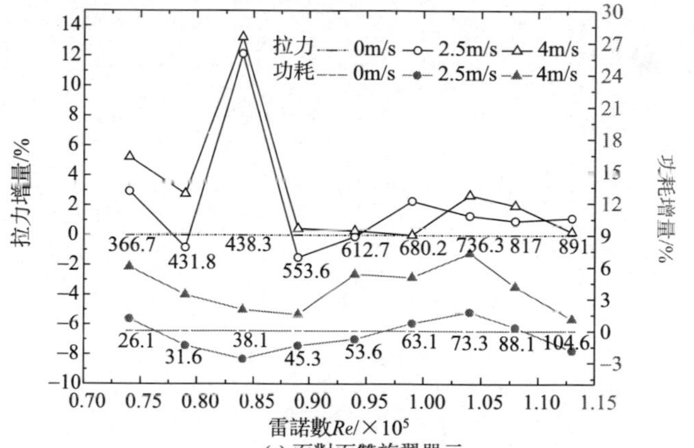

(a) 面對面雙旋翼單元

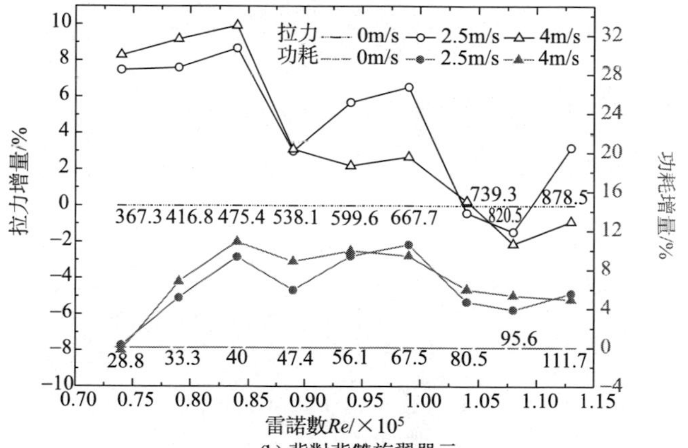

(b) 背對背雙旋翼單元

圖 4-56 來流風速下拉力增量和功耗增量隨雷諾數 Re 的變化規律（$l/D=1.8$，$\varphi=10°$）

面對面狀態下，拉力增量隨 *Re* 增加逐漸趨於平衡，在 $Re<0.84\times10^5$ 時，拉力增量在 5%內波動，並在 0.84×10^5 時出現一次峰值，拉力增量達到了

13%；而雷諾數範圍内的來流狀態的功耗增量在 5%内波動，其中 2.5m/s 時的功耗增量開始出現負值，在低雷諾數範圍内顯示出了較好的懸停效率。

背對背狀態下，拉力增量隨 Re 增加開始大幅度減小，$Re<1\times10^5$ 時，該氣動布局的拉力增量最大達到了 10%，其中當 $0.74\times10^5<Re<0.87\times10^5$ 時，較高風速 4m/s 下的拉力增量較大，當 $0.87\times10^5<Re<1\times10^5$ 時，2.5m/s 下的拉力增量表現出了很大的優勢，比 4m/s 下的拉力增量大了 4%；此時，功耗增量隨 Re 增加先增大後減小，在 5%範圍内波動。

對中等間距配合中等角度的氣動布局，圖 4-57 給出了 $l/D=1.4$、$\varphi=30°$時的拉力增量和功耗增量隨雷諾數 Re 的變化規律。

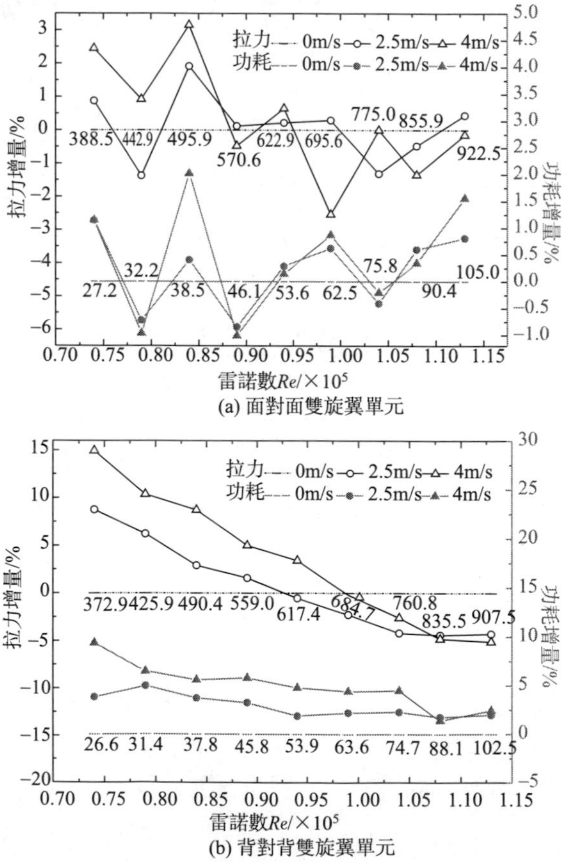

圖 4-57 來流風速下拉力增量和功耗增量隨雷諾數 Re 的變化規律（$l/D=1.4$，$\varphi=30°$）

面對面狀態的拉力增量隨 Re 增加出現振盪，尤其在低雷諾數範圍内比較明顯，在 3%範圍内波動，隨後振盪減小並逐漸向無來流狀態靠近。伴隨拉力的變化，功耗變化伴隨拉力變化趨勢在 3%範圍內波動。來流 4m/s 在 $Re<0.9\times10^5$ 時由於拉力增量大於功耗增量使得整體性能得到改善，隨著雷諾數進一步增加，氣動性能開始惡化。

背對背狀態來流拉力隨風速增加而增大，整體隨 Re 增加而線性減小，在 $Re=0.74\times10^5$ 時來流風速拉力增量分別達 8%和 15%。$Re>0.94\times10^5$ 時，拉力增量開始變為負值。此時的功耗增量也呈相似變化趨勢在 5%範圍內波動，該狀態的氣動性能開始下降。

對中等間距配合中等角度的氣動布局，圖 4-58 給出了 $l/D=1.2$、$\varphi=20°$時的拉力增量和功耗增量隨雷諾數 Re 的變化規律。

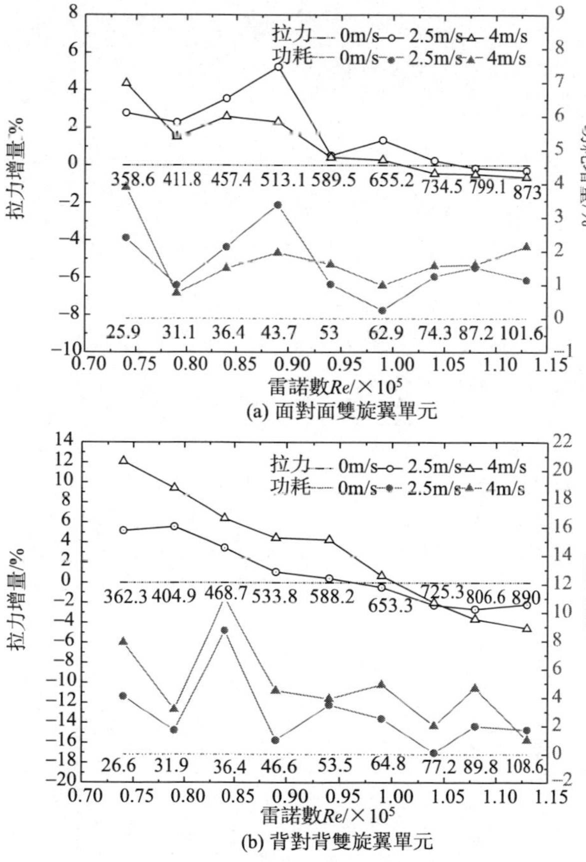

圖 4-58 來流風速下拉力增量和功耗增量隨雷諾數 Re 的變化規律（$l/D=1.2$，$\varphi=20°$）

該布局配置下，面對面狀態的拉力增量為正，隨雷諾數增加呈下降趨勢，而功耗增量範圍保持在 4%以內，拉力增量大於功耗增量，具有較好的氣動性能。

同時，隨雷諾數增加，來流 2.5m/s 時的拉力增量明顯比 4m/s 大了 1～3 個百分點，而來流 2.5m/s 的功耗增量在 $0.95\times10^5<Re<1\times10^5$ 範圍内卻明顯比 4m/s 低，說明該雷諾數範圍内，面對面狀態的懸停性能達到最優。說明此時來流 2.5m/s 在較低雷諾數範圍内對整體氣動性能産生了有利影響。

相對而言，背對背狀態的拉力增量和功耗增量整體大幅度增加，隨雷諾數增加，拉力增量整體呈現下降趨勢，且來流風速越大，拉力增量越大。而此時的功耗增量也隨著來流風速的增加而小幅度增加，當 $Re>0.9\times10^5$ 時，拉力增量開始小於功耗增量，此時背對背狀態的懸停性能開始下降。

總體上看，這幾個典型氣動布局中背對背狀態的氣動性能得到了很大改善，使得非平面雙旋翼單元整體抗風擾能力增加，另外，低雷諾數範圍 $Re<0.8\times10^5$ 時，各個典型具有較好的懸停性能，隨著雷諾數的增加，典型布局配置 1.2－20°開始表現出較好的抗風擾性能。

(4) 氣動干擾作用分析

為了對比來流狀態下非平面雙旋翼單元的氣動干擾特點，本小節對無干擾下的單旋翼進行了來流實驗。水平來流下單旋翼在不同風速下的拉力和功耗變化規律如圖 4-59 所示。從圖中可以看出，旋翼在來流狀況下的拉力明顯比無來流時的拉力大，具有良好的抗風擾性能，且隨著風速的增加，拉力也隨之增加；來流 2.5m/s 時最大增加了 5.4%，來流 4m/s 時最大增加了 10%。功耗隨拉力增加而增大，各來流風速下功耗相差很小。

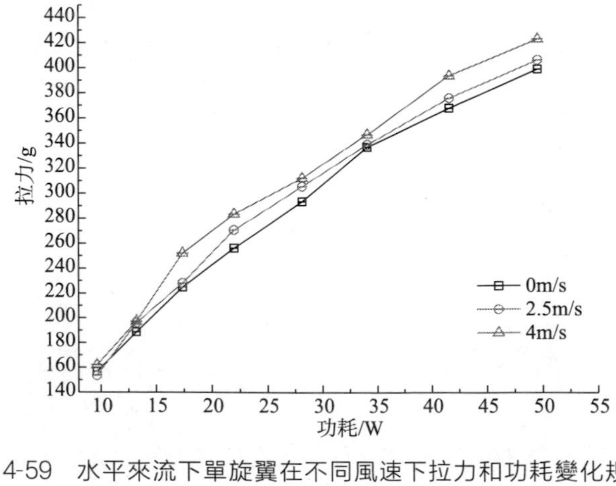

圖 4-59 水平來流下單旋翼在不同風速下拉力和功耗變化規律

額定轉速下，面對面狀態和背對背狀態分別在 2.5m/s 和 4m/s 來流時的拉力干擾因子 K_T 和功率干擾因子 K_P，如圖 4-60～圖 4-63 所示，為方便比較，同一變量座標範圍一致，K_T 為 0.1～0.39，K_P 為 0.1～0.8。

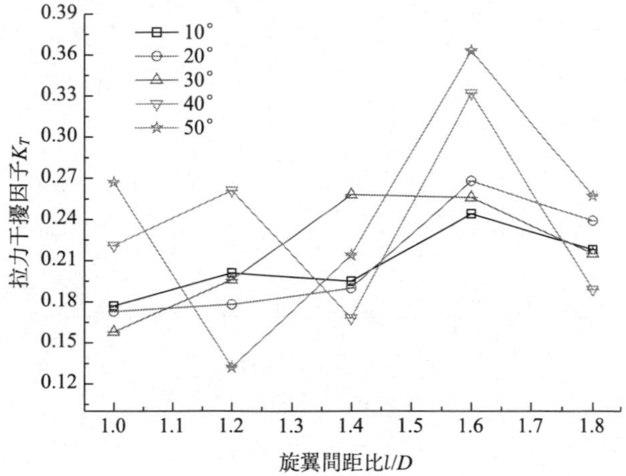

(a) 各角度K_T隨間距變化規律

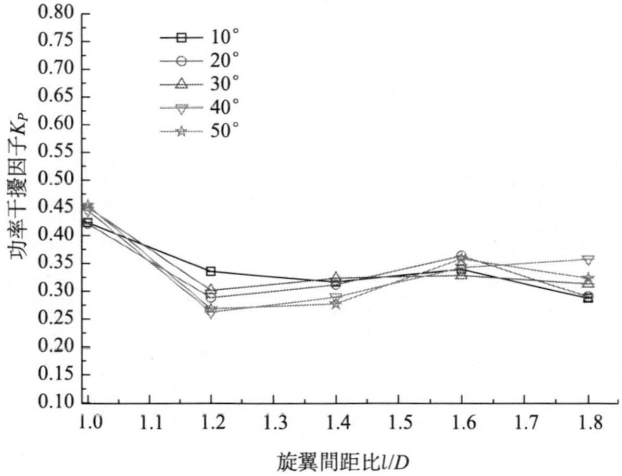

(b) 各角度K_P隨間距變化規律

圖 4-60　面對面狀態在 2.5m/s 來流時各角度的 K_T 和 K_P 隨間距的變化規律

從圖 4-60 中可以看出，面對面狀態在 2.5m/s 來流時的 K_T 在小角度（$\varphi<30°$）時隨間距增加而小幅增長，而較大角度的變化幅度較大，而各角度功率干擾因子 K_P 隨間距增加波動很小，最大值出現在小間距比 $l/D=1.0$ 處，整體穩定在 0.25～0.45 之間。總體來看，該狀態下在 2.5m/s 來流時的懸停性能有所減小，但隨間距增加，干擾作用變小，懸停性能有所提高。

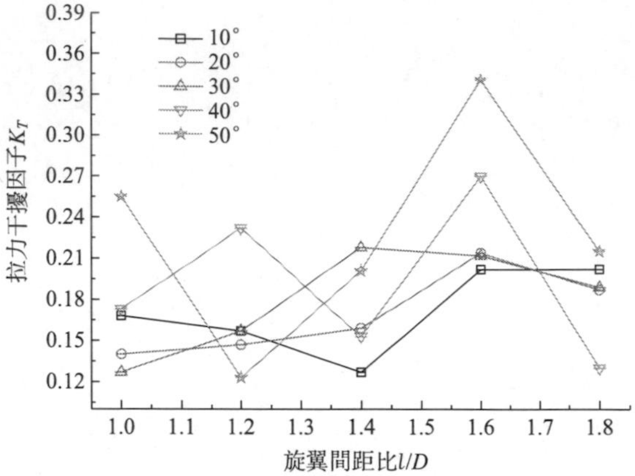

(a) 各角度K_T隨間距變化規律

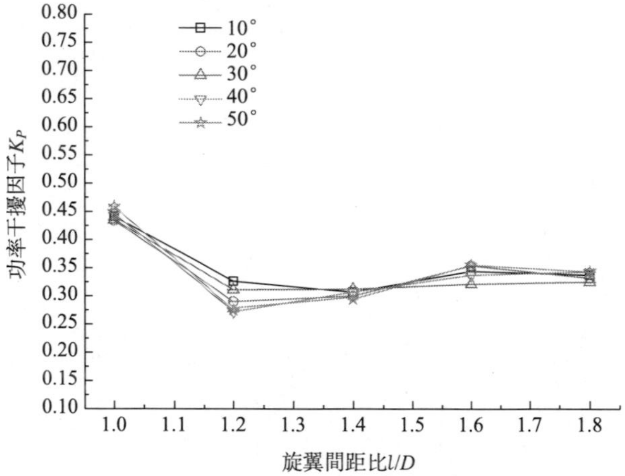

(b) 各角度K_P隨間距變化規律

圖 4-61　面對面狀態在 4m/s 來流時各角度的 K_T 和 K_P 隨間距的變化規律

從圖 4-61 中可以看出，面對面狀態在 4m/s 來流時的拉力干擾因子在較小角度 20°和 30°時隨間距增加變化穩定，較大角度（$\varphi>40°$）時依然有大幅變動，說明來流狀態下大角度的干擾開始變得不穩定。相比於 2.5m/s 來流，4m/s 時各角度的 K_P 相差非常小，總體依然穩定在 0.25～0.45 之間，此時總體懸停性能有所下降，較大角度的懸停性能相對有所改善。

從圖 4-62 中可以看出，相比於面對面狀態，背對背狀態 2.5m/s 的 K_T 在小角度（$\varphi<30°$）時隨間距增加開始有小幅下降趨勢，而大角度（$\varphi>40°$）在較小間距和較大間距開始有大幅增加趨勢。同時功率干擾因子 K_P 在 $l/D<1.4$ 時明顯高於面對面狀態，另外，隨間距增加 K_P 開始大幅下降，增加到 $l/D>1.4$ 時

各角度 K_P 開始穩定在 0.33 左右。此時，雖然整體懸停性能有所下降，但是在大間距 $l/D>1.4$ 時的懸停性能由於 K_P 趨於穩定而有所提高。

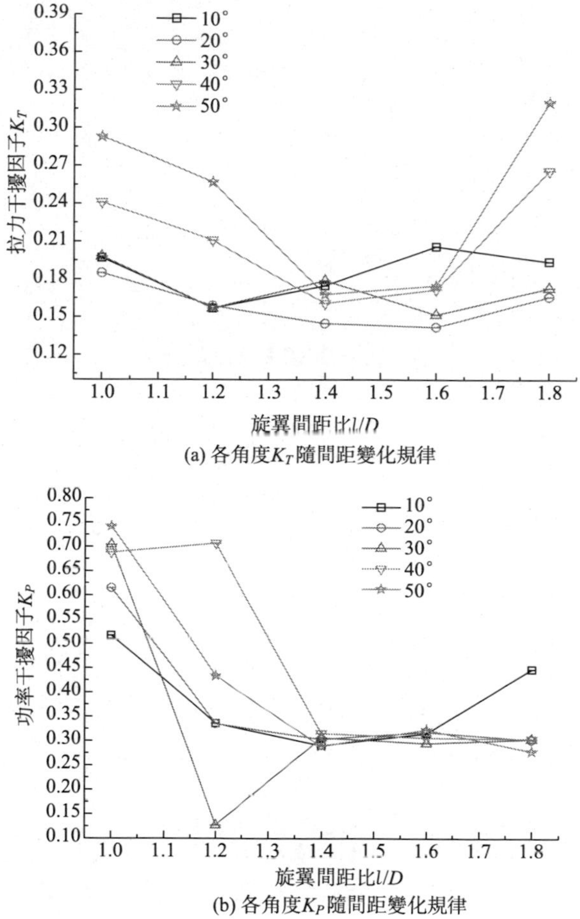

圖 4-62 背對背狀態 2.5m/s 來流時各角度的 K_T 和 K_P 隨間距的變化規律

從圖 4-63 中可以看出，相對於 2.5m/s 的背對背狀態，4m/s 的 K_T 隨來流風速增加整體趨勢有所下降，而此時的 K_P 卻有所增加，說明較大風速 4m/s 來流使得整體懸停性能變差。K_T 和 K_P 總體走勢與較大間距相比，在 $l/D<1.4$ 時由於干擾作用增強而下降很快。

總體而言，相對於無來流狀態，非平面雙旋翼單元在來流風速下的 K_T 相對下降了 0.13，同時 K_P 卻相對增加了 0.15，說明來流作用降低了雙旋翼單元的懸停性能。

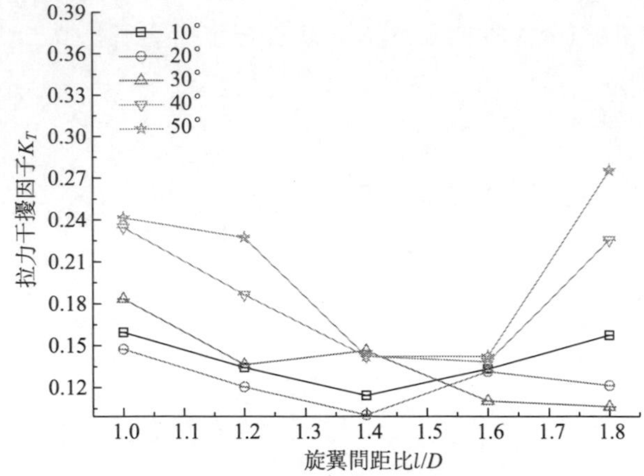

(a) 各角度K_T隨間距變化規律

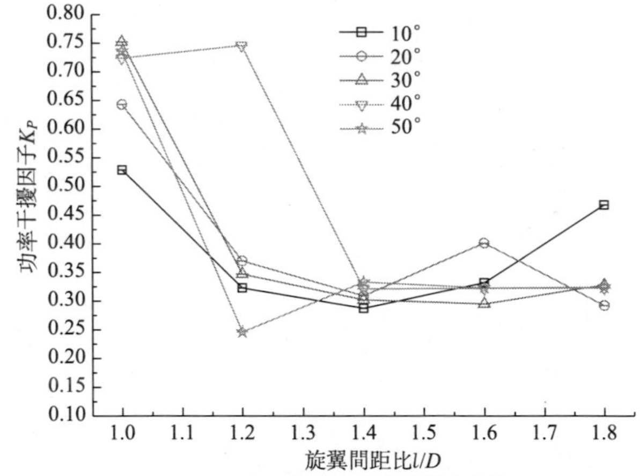

(b) 各角度K_P隨間距變化規律

圖 4-63 背對背狀態 4m/s 來流時各角度的 K_T 和 K_P 隨間距的變化規律

參考文獻

[1] 李春華．旋翼流場氣動干擾計算與分析[D]．南京：南京航空航天大學，2004.

[2] BENEDICT M. Fundermental understanding of the cycloidal-rotor concept for micro air vehicle applications [D]. Maryland: Department of Aerospace Engineering, University of Maryland, 2010.

[3] 代剛．MEMS-IMU 誤差分析補償與實驗研究 [D]. 北京：清華大學，2011.

[4] 王暢．微型旋翼氣動特性分析方法與實驗研究[D]. 南京：南京航空航天大學，2010.

[5] 朱雨．直升機旋翼與機身氣動干擾的計算[D]. 南京：南京航空航天大學，2007.

[6] 錢翼稷．空氣動力學[M]. 北京：北京航空航天大學出版社，2004：34-50.

[7] POUNDS P，MAHONY R，CORKE P I. Design of a static thruster for micro air vehicle rotorcraft [J]. Journal of Aerospace Engineering，2009，22(1)：85-94.

[8] JOHNSON W. Helicopter theory [M]. Princeton：1st ed，Princeton Univercity Press，1980：320-338.

[9] SINGH A P. A computational study on airfoils at low Reynolds numbers [C]. Proceedings of the ASME Fluids Engineering Division，Boston，MA，2000.

[10] 白越，曹萍，高慶嘉，等．六轉子微型飛行器及其低雷諾數下的旋翼氣動性能仿真[J]. 空氣動力學學報，2011，29(3)：325-329.

[11] 左德參．仿生微型飛行器若干關鍵問題的研究[D]. 上海：上海交通大學，2007.

[12] BENEDICT M. Fundermental understanding of the cycloidal-rotor concept for micro air vehicle applications [D]. Maryland：Department of Aerospace Engineering，University of Maryland，2010.

[13] BOUABDALLAH S，SIEGWART R. Design and control of a miniature quadrotor [J]. Intelligent Systems，Control and Automation：Science and Engineering，2012，1(33)：171-210.

[14] BELL J，BRAZINSKAS M，PRIOR S. Optimizing performance variables for small unmanned aerial vehicle co-axial rotor systems [J]. Engineering Psychology and Cognitive Ergonomics，2011 (6781)：494-503.

[15] SCHAFROTH D，BERMES C，BOUABDALLAH S，et al. Modeling and system identification of the muFly micro helicopter [J]. J Intell Robot Syst，2010 (57)：27-47.

第5章

多旋翼無人機導航信息融合

5.1 引言

信息融合技術（Multi-sensor Information Fusion）提出於 1973 年，經過 40 多年的研究，已經成為了一個廣泛應用於工業控制、車輛、航天航空等多個領域的熱門技術。它通過對多源數據進行檢測、校正與估計，提高狀態和信息估計的精度。多傳感器組合導航系統以多傳感器的數據為融合對象，以信息融合算法為融合核心，以輸出高精度的導航信息為融合目的，信息融合算法直接關係到最終的結果。基於無人機的多傳感器組合導航系統可以充分利用機載多個不同傳感器的數據，通過無人機的姿態、速度、位置等信息，依據各個狀態信息間的解析關係把多個傳感器之間相互冗餘或互補的測量信息進行重新組合和推導，以獲得無人機狀態信息更為精確的反饋信息。和簡單的系統冗餘不同，通過信息融合技術結合多個傳感器的特性，當導航系統中的某個傳感器出現數據故障時，與其相關的傳感器可以繼續提供準確信息，因此基於信息融合技術設計的組合導航系統具有很強的容錯性。

穩定、準確的導航信息是多旋翼無人機實現自主飛行的基礎。本章為適應多旋翼無人機的使用環境，提高導航信息精度，針對多旋翼無人機導航信息融合展開闡述。首先，本章為了獲得準確有效的導航信息，首先對傳感器展開誤差分析與數據預處理。進而，探討多旋翼無人機的姿態信息融合，針對無人機振動大、加速度計信息誤差較大的特殊使用環境導致普通的自適應卡爾曼（Kalman）濾波算法極易發散的問題，引入互補濾波思想，在線調整低通和高通濾波比重，獲取精確系統噪聲方差，保證濾波算法的準確性和穩定性。接下來，針對速度和位置信息融合進行設計。在水平方向使用 GNSS 模塊和加速度計進行數據融合，針對低空飛行對高度信息高精度的要求，高度方向加入激光測距模塊，同時設計一套高度信息融合結構以自適應切換融合傳感器，最終獲取準確、穩定的速度、位置信息。考慮到多旋翼無人機向低成本化發展，接下來，本章採用低成本的 MEMS（Micro Electro Mechanical System）慣性測量元件、磁場測量元件與全球定位系統（GNSS）組成的組合導航系統，進行特性分析及預處理，並且進一步設計了 EKF-CPF 組合導航信息融合算法，針對 EKF 易發散的特點，提出了 EKF-CPF 主動容錯方法，顯著提高低成本組合導航的可靠性。通過仿真驗證了導航算法的穩定性與可行性，通過實測，對比驗證了本章的低成本組合導航算法輸出精度高、實時性良好的優點。最後針對多旋翼無人機狀態感知展開敘述，在 GNSS、磁力計信號較弱的飛行區域，引入 SLAM（Simultaneous Localization and Mapping）技術解決多旋翼無人機在未知環境中的自主導航問題，並簡單介紹了基於 SLAM 的飛行環境建模。SLAM 不僅能夠生成高質量的三維場景認知地圖，而且能夠利用環境信息準確更新無人機自身位置，實現無人機狀態感知。

5.2 傳感器特性分析與數據預處理

傳感器導航信息融合以獲取準確的導航信息為目的。傳感器的輸出精度決定導航信息精度。在介紹導航信息融合之前，有必要對傳感器特性進行詳細分析。同時，由於多旋翼無人機複雜的飛行環境，傳感器的輸出會受到較強干擾，輸出數據有較大誤差，直接使用會嚴重影響導航信息的準確性，因此必須對傳感器進行誤差分析與數據預處理。

5.2.1 傳感器介紹與特性分析

本節採用 AHRS/GNSS 組合導航系統，其中 AHRS 系統包括多種 MEMS 傳感器，MEMS 傳感器具有成本低、體積小、重量輕、自主性能好等優點，被廣泛地應用在微小型無人機的研製上。同時 MEMS 測量元件也存在著測量精度低、性能穩定性差、誤差隨時間的增長而迅速積累等缺點，因此需要另一種誤差不隨時間積累的導航系統對其進行輔助。GNSS 是一種高精度的全球三維實時衛星導航系統，導航精度比較高且定位誤差不隨時間積累，十分適合用來對慣性測量系統的導航信息進行校正，但是絕對精度較低，且易被遮擋。因此，在自主研製的多旋翼無人機中選擇 AHRS/GNSS 組合導航系統以克服兩者單獨工作的缺點，完成較高精度的長期導航任務。其中，AHRS 系統為 AD 公司的 ADIS16488 模塊。該模塊採用 MEMS 技術，內置了一個三軸陀螺儀、一個三軸加速度計、一個三軸磁力計以及一個氣壓高度計，提供較精確的傳感器測量。

（1）數字陀螺儀

ADIS16488 集成了三軸 MEMS 數字陀螺儀，可以測量多旋翼無人機運動狀態下的三軸角速率。該陀螺儀具有動態響應速度較快、短時精度較高的優點。表 5-1 給出了三軸 MEMS 數字陀螺儀的主要技術參數。但由於陀螺儀對角速率積分存在靜差，長期使用時姿態數據會隨著時間出現漂移，因此陀螺儀無法在多旋翼無人機自主導航中單獨使用。

表 5-1 ADIS16488 陀螺儀主要技術參數

參數	數據	參數	數據
動態範圍靈敏度	±1000(°)/s	偏置電源靈敏度	0.2(°)/(s·V)
溫度係數	$\pm 40\times 10^{-6}$℃	輸出噪聲(無濾波)	0.27(°)/s rms
線性加速度對偏置的影響	0.015(°)/(s·g)	傳感器諧振頻率	17.5kHz
初值偏置誤差	0.5(°)/s	非線性質	0.01%
運動中偏置穩定度	14.5(°)/h	正交誤差	0.05%
角度隨機遊動	0.66(°)/$\sqrt{\text{h}}$		

(2) 加速度計

MEMS三軸加速度計可以輸出三軸線加速度信息 $\boldsymbol{V}_E$、$\boldsymbol{V}_N$、$\boldsymbol{V}_U$，其本身是一種穩定的慣性器件，長期輸出性能穩定。在計算姿態信息時，加速度計的輸出不通過積分直接解算，沒有靜差，長期性能穩定；在計算速度和位置信息時，加速度計的輸出需要通過積分獲得，長期精度較差。在解算姿態角時不存在積分過程，但在解算速度、位置信息時存在積分過程。表 5-2 給出了 ADIS16488 內置三軸加速度計的主要技術參數。

表 5-2 ADIS16488 加速度計主要技術參數

參數	數據	參數	數據
動態範圍	±18g	傳感器諧振頻率	5.5kHz
溫度係數	$\pm 40\times 10^{-6}$℃	非線性質	0.1%
偏置電源靈敏度	5mg/V	正交誤差	0.04%
輸出噪聲(無濾波)	5.1mg rms		

(3) 數字磁力計

地球是一個大磁體，地磁場強度在同一區域大致不變，三軸磁力計通過磁敏器件，獲取地磁場在機體座標系下的三維投影，即三個磁場分量 $\boldsymbol{m}_{\text{b}}=[m_x, m_y, m_z]^{\text{T}}$。在已知俯仰角和滾轉角的前提下，利用這三個磁場分量就可以計算出機體座標系縱軸相對於磁北的航向角，最終獲得偏航角信息。磁力計在解算姿態角時不存在積分過程，是一種長期穩定的器件。表 5-3 給出了三軸磁力計的主要技術參數。

表 5-3 磁力計的主要技術參數典型值

磁力計參數	ADIS16488 典型值	磁力計參數	ADIS16488 典型值
動態範圍	±2.5G①	初始偏置誤差	±15mG
初始靈敏度	0.1mG/LSB	非線性度	0.5%

① $1G=10^{-4}T$。

加速度計和磁力計解算的姿態信息沒有漂移，但是精度較差，加速度計解算的速度信息漂移嚴重，加速度計和磁力計都無法在多旋翼無人機自主導航中單獨使用。

(4) 氣壓高度計

ADIS16488 模塊集成了氣壓高度計，可以獲得高度信息。空氣隨著高度的上升而稀薄，氣壓也隨之降低，通常情況下高度和氣壓是一一對應的。氣壓高度計通過測量所在高度的大氣壓值確定無人機所處的高度。在標準大氣條件下，氣壓和高度的關係為：

$$h=\frac{T_b}{\beta}\left[\left(\frac{P_h}{P_b}\right)^{-\beta R/g_n}-1\right]+h_b \tag{5-1}$$

式中，R 為空氣氣體常數；g_n 為自由落體加速度；β 為溫度垂直變化率；T_b、P_b、h_b 為相應大氣層的大氣溫度下限值、大氣壓力和重力勢高度；P_h 為當前高度測量到的大氣靜壓。

將起飛位置的氣壓計所測高度作為基準高度，與當前氣壓高度計所測值做差，即為導航所需要的高度信息。表 5-4 給出了 ADIS16488 內置氣壓高度計的主要技術參數。

表 5-4 氣壓高度計主要技術參數典型值

氣壓高度計參數	ADIS16488 典型值	氣壓高度計參數	ADIS16488 典型值
壓力範圍	300～1100mbar①	相對誤差	2.5mbar
初始靈敏度	0.6×10^{-7}mbar/LSB	線性度	0.1%
總誤差	4.5mbar		

① $1bar=10^5Pa$。

(5) 激光測距模塊

考慮安全因素，多旋翼無人機的高度精度要求很高，在組合導航系統應用於無人機的同時引入了激光測距模塊，如圖 5-1 所示，該模塊的量程為 0.1～0.125m，有效的輸出頻率為 100Hz。

圖 5-1 激光測距模塊

5.2.2 傳感器誤差分析與校正

傳感器存在誤差，為了獲得更準確的輸出信息，有必要對傳感器的誤差進行分析。由於自主研製的多旋翼無人機所採用的傳感器大部分都是 MEMS 器件，其誤差主要分為確定性誤差和隨機誤差。本節將對這兩種誤差進行詳細分析。

(1) 確定性誤差

對 MEMS 器件來說確定性誤差從誤差來源可分為自身誤差和外界誤差兩種，自身誤差是指在製造過程中，由於結構和模型參數不準確導致的誤差，例如零偏誤差，非對準、非正交誤差和刻度因數誤差等；外界誤差是指因外部環境的變換導致的誤差，例如運動相關誤差（運動漂移）、溫度相關誤差（溫度漂移）。MEMS 器件的確定性誤差的輸入和輸出有確定的數學關係，可以通過數學建模的方法進行誤差修正。

① 確定性誤差建模　對三軸 MEMS 器件（包括三軸陀螺儀，三軸加速度計和三軸磁力計），其主要確定性誤差可表示為

$$\boldsymbol{\sigma}=\boldsymbol{\sigma}_0+\boldsymbol{\sigma}_T+\boldsymbol{\sigma}_{\mathrm{e}}+\boldsymbol{\sigma}_{\mathrm{S}}+\boldsymbol{\sigma}_{\mathrm{C}}+\boldsymbol{\sigma}_{\mathrm{A,G}} \tag{5-2}$$

式中，$\boldsymbol{\sigma}$ 為總的確定性誤差；$\boldsymbol{\sigma}_0$ 為零偏誤差；$\boldsymbol{\sigma}_T$ 為溫度相關誤差；$\boldsymbol{\sigma}_{\mathrm{S}}$ 為刻度因數誤差；$\boldsymbol{\sigma}_{\mathrm{C}}$ 為非對準、非正交誤差；$\boldsymbol{\sigma}_{\mathrm{e}}$ 為外部環境固定干擾帶來的誤差；$\boldsymbol{\sigma}_{\mathrm{A,G}}$ 為陀螺儀和加速度計之間互相的影響誤差，該誤差數值很小，可以忽略不計。

確定誤差的輸入輸出可表示為

$$\widetilde{\boldsymbol{O}}=\boldsymbol{b}_0+\boldsymbol{b}_T+\boldsymbol{SMO}+\boldsymbol{\sigma}_{\mathrm{e}} \tag{5-3}$$

式中，$\widetilde{\boldsymbol{O}}$ 為實際輸出；$\boldsymbol{O}$ 為理想輸入；$\boldsymbol{b}_0$ 為零偏校正矩陣；$\boldsymbol{b}_T$ 為溫偏校正矩陣；$\boldsymbol{S}$ 為刻度因數矩陣；$\boldsymbol{M}$ 為交差耦合矩陣；$\boldsymbol{\sigma}_{\mathrm{e}}$ 為外部固定誤差。

對於加速度計有：

$$\begin{bmatrix}\widetilde{O}_{\mathrm{A}x}\\ \widetilde{O}_{\mathrm{A}y}\\ \widetilde{O}_{\mathrm{A}z}\end{bmatrix}=\begin{bmatrix}b_{0\mathrm{A},x}\\ b_{0\mathrm{A},y}\\ b_{0\mathrm{A},z}\end{bmatrix}+\begin{bmatrix}b_{T\mathrm{A},x}\\ b_{T\mathrm{A},y}\\ b_{T\mathrm{A},z}\end{bmatrix}+$$

$$\begin{bmatrix}S_{\mathrm{A}x} & 0 & 0\\ 0 & S_{\mathrm{A}y} & 0\\ 0 & 0 & S_{\mathrm{A}z}\end{bmatrix}\begin{bmatrix}\cos\alpha_{\mathrm{A}} & 0 & \sin\alpha_{\mathrm{A}}\\ \sin\beta_{\mathrm{A}}\cos\gamma_{\mathrm{A}} & \cos\beta_{\mathrm{A}}\cos\gamma_{\mathrm{A}} & \sin\gamma_{\mathrm{A}}\\ 0 & 0 & 1\end{bmatrix}\begin{bmatrix}O_{\mathrm{A}x}\\ O_{\mathrm{A}y}\\ O_{\mathrm{A}z}\end{bmatrix}+\begin{bmatrix}\sigma_{\mathrm{eA},x}\\ \sigma_{\mathrm{eA},y}\\ \sigma_{\mathrm{eA},z}\end{bmatrix} \tag{5-4}$$

對於陀螺儀有：

$$\begin{bmatrix}\widetilde{O}_{\mathrm{G}x}\\ \widetilde{O}_{\mathrm{G}y}\\ \widetilde{O}_{\mathrm{G}z}\end{bmatrix}=\begin{bmatrix}b_{0\mathrm{G},x}\\ b_{0\mathrm{G},y}\\ b_{0\mathrm{G},z}\end{bmatrix}+\begin{bmatrix}b_{T\mathrm{G},x}\\ b_{T\mathrm{G},y}\\ b_{T\mathrm{G},z}\end{bmatrix}+$$

$$\begin{bmatrix}S_{\mathrm{G}x} & 0 & 0\\ 0 & S_{\mathrm{G}y} & 0\\ 0 & 0 & S_{\mathrm{G}z}\end{bmatrix}\begin{bmatrix}\cos\alpha_{\mathrm{G}} & 0 & \sin\alpha_{\mathrm{G}}\\ \sin\beta_{\mathrm{G}}\cos\gamma_{\mathrm{G}} & \cos\beta_{\mathrm{G}}\cos\gamma_{\mathrm{G}} & \sin\gamma_{\mathrm{G}}\\ 0 & 0 & 1\end{bmatrix}\begin{bmatrix}O_{\mathrm{G}x}\\ O_{\mathrm{G}y}\\ O_{\mathrm{G}z}\end{bmatrix}+\begin{bmatrix}\sigma_{\mathrm{eG},x}\\ \sigma_{\mathrm{eG},y}\\ \sigma_{\mathrm{eG},z}\end{bmatrix}$$

(5-5)

對於磁力計有：

$$\begin{bmatrix}\widetilde{O}_{\mathrm{M}x}\\ \widetilde{O}_{\mathrm{M}y}\\ O_{\mathrm{M}z}\end{bmatrix}=\begin{bmatrix}b_{0\mathrm{M},x}\\ b_{0\mathrm{M},y}\\ b_{0\mathrm{M},z}\end{bmatrix}+\begin{bmatrix}b_{T\mathrm{M},x}\\ b_{T\mathrm{M},y}\\ b_{T\mathrm{M},z}\end{bmatrix}+$$

$$\begin{bmatrix}S_{\mathrm{M}x} & 0 & 0\\ 0 & S_{\mathrm{M}y} & 0\\ 0 & 0 & S_{\mathrm{M}z}\end{bmatrix}\begin{bmatrix}\cos\alpha_{\mathrm{M}} & 0 & \sin\alpha_{\mathrm{M}}\\ \sin\beta_{\mathrm{M}}\cos\gamma_{\mathrm{M}} & \cos\beta_{\mathrm{M}}\cos\gamma_{\mathrm{M}} & \sin\gamma_{\mathrm{M}}\\ 0 & 0 & 1\end{bmatrix}\begin{bmatrix}O_{\mathrm{M}x}\\ O_{\mathrm{M}y}\\ O_{\mathrm{M}z}\end{bmatrix}+\begin{bmatrix}\sigma_{\mathrm{eM},x}\\ \sigma_{\mathrm{eM},y}\\ \sigma_{\mathrm{eM},z}\end{bmatrix}$$

(5-6)

在模型中待校正的參數為：加速度計、陀螺儀和磁力計的零偏校正矩陣、溫偏校正矩陣、刻度因數矩陣、交叉耦合矩陣。以下將針對上述待標定的參數設計校正實驗，對模型參數進行標定。

② 確定性誤差橢球擬合校正　在三軸 MEMS 器件中，零偏誤差、刻度因數誤差和交叉耦合誤差都來源於製造過程，通常使用 6 位置法進行校正，但是 6 位置法需要將傳感器固定在轉臺上，通過測量 6 個位置的誤差，獲取標定參數。

本書使用橢球擬合的方法，將陀螺儀、加速度計和磁力計的零偏誤差、刻度因數誤差和交叉耦合誤差通過橢球擬合的方法一次校正，節省了大量的時間和工作量，同時不需要轉臺等外部設備，簡化了校正的成本和步驟，降低了校正成本。

當三軸 MEMS 器件沒有零偏誤差、刻度因數誤差和交差耦合誤差等誤差時，將其旋轉一周，輸出數據的模值 $\|\boldsymbol{O}\|=\sqrt{O_x^2+O_y^2+O_z^2}$ 應為一個常值。當旋轉覆蓋所有空間，三軸 MEMS 器件的輸出應為一個中心在原點的球面。但是 MEMS 器件存在確定性誤差時，標準的球面會變形，具體表現為：當有零偏誤差存在時，球面的球心會偏移原點；當有刻度因數誤差和交叉耦合誤差存在時，球面會拉伸，變成橢球面。因此，橢球擬合校正的核心，就是在空間內採集足夠

的採樣點，進行橢球面擬合，通過擬合出的橢球面，確定橢球面參數，從而對MEMS器件進行標定。進行橢球面擬合的具體步驟如下：

a. 首先，確認橢球面的參數方程。橢球面是二次曲面的一種，其參數方程為：

$$F(\boldsymbol{\zeta},\boldsymbol{v})=\boldsymbol{\zeta}^{\mathrm{T}}\boldsymbol{v}=ax^2+by^2+cz^2+2dxy+2exz+2fyz+2px+2qy+2rz+g=0 \tag{5-7}$$

式中，$\boldsymbol{\zeta}=[a,b,c,d,e,f,p,q,r,g]^{\mathrm{T}}$ 為橢球面的參數；$\boldsymbol{v}=[x^2,y^2,z^2,2xy,2xz,2yz,2x,2y,2z,1]^{\mathrm{T}}$ 為計算係數；$F(\boldsymbol{\zeta},\boldsymbol{v})$ 為 MEMS 器件的輸出 $[x,y,z]$ 到橢球面的距離和。

b. 距離最小時，即為擬合所需參數，應滿足：

$$\min_{\boldsymbol{\zeta}\in\boldsymbol{R}^2}=\|F(\boldsymbol{\zeta},\boldsymbol{v})\|^2=\min_{\boldsymbol{\zeta}\in\boldsymbol{R}^2}\boldsymbol{\zeta}^{\mathrm{T}}\boldsymbol{D}^{\mathrm{T}}\boldsymbol{D}\boldsymbol{\zeta} \tag{5-8}$$

式中：

$$\boldsymbol{D}=\begin{bmatrix} x_1^2 & y_1^2 & z_1^2 & 2x_1y_1 & 2x_1z_1 & 2y_1z_1 & 2x_1 & 2y_1 & 2z_1 & 1 \\ x_2^2 & y_2^2 & z_2^2 & 2x_2y_2 & 2x_2z_2 & 2y_2z_2 & 2x_2 & 2y_2 & 2z_2 & 1 \\ \vdots & \vdots & \vdots & \vdots & \vdots & \vdots & \vdots & \vdots & \vdots & \vdots \\ \vdots & \vdots & \vdots & \vdots & \vdots & \vdots & \vdots & \vdots & \vdots & \vdots \\ x_{10}^2 & y_{10}^2 & z_{10}^2 & 2x_{10}y_{10} & 2x_{10}z_{10} & 2y_{10}z_{10} & 2x_{10} & 2y_{10} & 2z_{10} & 1 \end{bmatrix} \tag{5-9}$$

c. 通過橢球面的約束條件，確定擬合橢球面，令

$$\begin{cases} I=a+b+c \\ J=ab+bc+ac \end{cases} \tag{5-10}$$

橢球的約束條件為

$$kJ^2-I^2=1(k=4) \tag{5-11}$$

令

$$\boldsymbol{Q}_1=\begin{bmatrix} -1 & 1 & 1 \\ 1 & -1 & 1 \\ 1 & 1 & -1 \end{bmatrix},\boldsymbol{Q}=\begin{bmatrix} \boldsymbol{Q}_1 & 0 \\ 0 & 0 \end{bmatrix} \tag{5-12}$$

由約束條件定義得到：

$$\begin{cases} \boldsymbol{v}^{\mathrm{T}}\boldsymbol{Q}\boldsymbol{v}=1 \\ \boldsymbol{D}\boldsymbol{D}^{\mathrm{T}}\boldsymbol{v}=\boldsymbol{\lambda}\boldsymbol{Q}\boldsymbol{v} \end{cases} \tag{5-13}$$

式中，$\boldsymbol{\lambda}$ 為橢球面係數矩陣。

令

$$\boldsymbol{D}\boldsymbol{D}^{\mathrm{T}}=\begin{bmatrix} \boldsymbol{W}_{11} & \boldsymbol{W}_{12} \\ \boldsymbol{W}_{12}^{\mathrm{T}} & \boldsymbol{W}_{22} \end{bmatrix},\boldsymbol{v}=\begin{bmatrix} \boldsymbol{v}_1 \\ \boldsymbol{v}_2 \end{bmatrix} \tag{5-14}$$

解方程組可得橢球面參數：

$$\begin{cases}(\boldsymbol{W}_{11}-\lambda\boldsymbol{Q}_1)\boldsymbol{v}_1+\boldsymbol{W}_{12}\boldsymbol{v}_2=0\\ \boldsymbol{W}_{12}^{\mathrm{T}}\boldsymbol{v}_1+\boldsymbol{W}_{22}\boldsymbol{v}_2=0\end{cases} \tag{5-15}$$

d. 求取標定係數，擬合的橢球面整理如下：

$$(\boldsymbol{X}-\boldsymbol{X}_0)^{\mathrm{T}}\boldsymbol{A}(\boldsymbol{X}-\boldsymbol{X}_0)=1 \tag{5-16}$$

式中，$\boldsymbol{X}$ 為橢球面點；$\boldsymbol{X}_0$ 為橢球圓心；$\boldsymbol{A}=\begin{bmatrix}a & d & e\\ d & b & f\\ e & f & c\end{bmatrix}$，$\boldsymbol{A}^{-1}=\begin{bmatrix}a' & d' & e'\\ d' & b' & f'\\ e' & f' & c'\end{bmatrix}$。

通過計算得到標定參數，零偏誤差：$\boldsymbol{b}_0=\left[-\frac{p}{a},-\frac{q}{b},-\frac{f}{c}\right]^{\mathrm{T}}$；刻度因數誤差：$\boldsymbol{S}=\mathrm{diag}\left[\frac{\sqrt{a'}}{\|\boldsymbol{O}\|},\frac{\sqrt{b'}}{\|\boldsymbol{O}\|},\frac{\sqrt{c'}}{\|\boldsymbol{O}\|}\right]^{\mathrm{T}}$；對準、正交誤差（其屬於交叉耦合誤差）：$[\hat{\alpha},\hat{\beta},\hat{\gamma}]^{\mathrm{T}}=\left[\arcsin(\frac{e'}{\sqrt{a'c'}}),\arcsin[\frac{d'c'-e'f'}{(a'c'-e'^2)(b'c'-f'^2)}],\arcsin\left(\frac{f'}{\sqrt{b'c'}}\right)\right]^{\mathrm{T}}$。

將 MEMS 器件通過橢球擬合法，一次校正，得到加速度計、陀螺儀和磁力計的標定參數如表 5-5 所示。

表 5-5　確定性誤差標定參數

參數	加速度計			陀螺儀			磁力計		
	X 軸	Y 軸	Z 軸	X 軸	Y 軸	Z 軸	X 軸	Y 軸	Z 軸
零偏誤差	8.6 °/h	7.3 °/h	9.8 °/h	25.4653 mg	24.1246 mg	29.6835 mg	14.6 mG	10.8 mG	11.9 mG
刻度因數 $/\times10^{-6}$	100	150	100	50	60	40	150	150	100
不正交角/(″)	30	25	28	32	41	40	87	106	95

③ 三點校正法溫度相關誤差校正　和確定性誤差相似，溫度相關誤差也可以通過建模校正，其輸出的數據表示為

$$\boldsymbol{O}=(\boldsymbol{O}_{\mathrm{G}}-d_0(\mathrm{Temp}))/s(\mathrm{Temp}) \tag{5-17}$$

式中，$\boldsymbol{O}_{\mathrm{G}}$ 為陀螺儀傳感器的直接測量值；$d_0(\mathrm{Temp})$ 為溫度補償中的加性補償；求取公式為

$$d_0(\mathrm{Temp})=d_0+a_{\mathrm{null}}(T_{\mathrm{temp}}-T_{\mathrm{temp0}})+b_{\mathrm{null}}(T_{\mathrm{temp}}-T_{\mathrm{temp0}})^2 \tag{5-18}$$

令 d_0 和 T_{temp0} 為 25℃時的零位輸出和溫度輸出，d_1 和 T_{temp1} 為傳感器在 −20℃時的輸出和溫度輸出，d_2 和 T_{temp2} 為在 55℃時傳感器的輸出和溫度輸

出，s_0 為 25℃時陀螺儀的比例因子。係數 a_{null}、b_{null} 可計算如下：

$$\begin{cases} b_{null}=\dfrac{[(d_1-d_0)/(T_{temp1}-T_{temp0})-(d_2-d_0)/(T_{temp2}-T_{temp0})]}{(T_{temp1}-T_{temp0})} \\ a_{null}=(d_1-d_0)/(T_{temp1}-T_{temp0})-b_{null}(T_{temp1}-T_{temp0}) \end{cases} \tag{5-19}$$

溫度補償中的乘性補償表示為

$$s(\text{Temp})=s_0+a_{scale}(T_{temp}-T_{temp0})+b_{scale}(T_{temp}-T_{temp0})^2 \tag{5-20}$$

式中，係數 a_{scale}、b_{scale} 表示為

$$\begin{cases} b_{scale}=\dfrac{[(s_1-s_0)/(T_{temp1}-T_{temp0})-(s_2-s_0)/(T_{temp2}-T_{temp0})]}{(T_{temp1}-T_{temp0})} \\ a_{scale}=(s_1-s_0)/(T_{temp1}-T_{temp0})-b_{scale}(T_{temp1}-T_{temp0}) \end{cases} \tag{5-21}$$

式中，s_1 為－20℃時陀螺儀的比例因子；s_2 為 55℃時陀螺儀的比例因子。同理可以用上述方法對加速度計進行溫度補償。

④ 三點外部固定干擾誤差校正　傳感器在使用中，環境的一些因素也會給傳感器帶來確定性誤差。對於陀螺儀，在線性加速度下，陀螺儀的輸出會發生偏置，但是影響很小，量級只有 $0.01°/(s \cdot g)$，多旋翼無人機的線性加速度對陀螺儀帶來的影響可以忽略不計。對於加速度計。不同地點的重力加速度 g 也會不同，如果不進行修正，在姿態修正時就會出現誤差，使 MEMS 加速度計處於靜止狀態，此時加速度計只受重力加速度 g 的影響，加速度計的輸出數據為白噪聲和慢變隨機函數的疊加，慢變隨機函數噪聲較小，忽略不計。在一段時間內對加速度計進行採樣並累加，求取平均作為當地的標準重力加速度 g。對於磁力計，在某些場地，由於外部環境中的鐵磁材料的影響，會對磁力計的輸出帶來不良影響，是造成偏航誤差的主要來源。外部磁場誤差又稱羅差，羅差分為硬磁誤差和軟磁誤差，其誤差校正表示如下：

$$\begin{bmatrix} m'_x \\ m'_y \\ m'_z \end{bmatrix}=\begin{bmatrix} S_{11} & S_{12} & S_{13} \\ S_{21} & S_{22} & S_{23} \\ S_{31} & S_{32} & S_{33} \end{bmatrix}\begin{bmatrix} m_x \\ m_y \\ m_z \end{bmatrix}+\begin{bmatrix} B_X \\ B_Y \\ B_Z \end{bmatrix} \tag{5-22}$$

式中，$\begin{bmatrix} m_x \\ m_y \\ m_z \end{bmatrix}$ 為磁力計的測量值；$\begin{bmatrix} m'_x \\ m'_y \\ m'_z \end{bmatrix}$ 為磁力計的校正值；軟磁校正參數

$\begin{bmatrix} S_{11} & S_{12} & S_{13} \\ S_{21} & S_{22} & S_{23} \\ S_{31} & S_{32} & S_{33} \end{bmatrix}$ 和硬磁校正參數 $\begin{bmatrix} B_X \\ B_Y \\ B_Z \end{bmatrix}$ 通過橢球擬合法在地面完成，具體參照前文的橢球擬合方法。

(2) 隨機誤差

① 陀螺儀與加速度計的隨機性誤差　在 MEMS 器件中，除確定性誤差外，還存在著隨機誤差。隨機誤差是由不確定因素帶來的隨機變化，比如角度隨機游走、零偏不穩定性等。對於陀螺儀和加速度計，隨機誤差的輸入和輸出很難有一一對應的關係，通常使用自迴歸平均模型進行建模和校正。

考慮到實際應用中的計算量限制和精度要求，建立 1 階自迴歸模型表示為

$$\boldsymbol{x}_n = -a_1 \boldsymbol{x}_{n-1} + \boldsymbol{\varepsilon}_n \tag{5-23}$$

式中，$\boldsymbol{x}_n$ 是 n 時刻的狀態矩陣；a_1 為自迴歸係數，$\boldsymbol{\varepsilon}_n$ 為 n 時刻的隨機誤差。

即某一時刻的輸出數據只和前一時刻的數據相關。使用卡爾曼濾波方法對傳感器的隨機誤差進行校正。

建立狀態空間模型為

$$\begin{cases} \boldsymbol{X}_n = \boldsymbol{\Phi}_n \boldsymbol{X} + \boldsymbol{\Gamma}_n \boldsymbol{\omega}_n \\ \boldsymbol{Y}_n = \boldsymbol{H}_n \boldsymbol{X}_n + \boldsymbol{v}_n \end{cases} \tag{5-24}$$

式中，$\boldsymbol{X}_n$ 為狀態矩陣；$\boldsymbol{\Phi}_n$ 為狀態轉移矩陣；$\boldsymbol{\Gamma}_n$ 為噪聲驅動矩陣；$\boldsymbol{\omega}_n$ 為觀測噪聲；$\boldsymbol{H}_n$ 為量測矩陣；$\boldsymbol{v}_n$ 為量測噪聲，方差分別為 Q_n 和 R_n，構造如下卡爾曼濾波器：

$$\begin{cases} \boldsymbol{P}_{k+1,k} = \boldsymbol{\Phi}_k \boldsymbol{P}_{k,k} \boldsymbol{\Phi}_k^{\mathrm{T}} + \boldsymbol{\Gamma}_k \boldsymbol{Q}_k \boldsymbol{\Gamma}_k^{\mathrm{T}} \\ \boldsymbol{G}_{k+1} = \boldsymbol{P}_{k+1,k} \boldsymbol{H}_{k+1}^{\mathrm{T}} (\boldsymbol{H}_{k+1} \boldsymbol{P}_{k+1,k} \boldsymbol{H}_{k+1}^{\mathrm{T}} + \boldsymbol{R}_k)^{-1} \\ \boldsymbol{P}_{k+1,k+1} = [\boldsymbol{I} - \boldsymbol{\Gamma}_{k+1} \boldsymbol{H}_{k+1}] \boldsymbol{P}_{k+1,k} \\ \widehat{\boldsymbol{X}}_{k+1,k} = \boldsymbol{\Phi}_k \widehat{\boldsymbol{X}}_{k,k} \\ \widehat{\boldsymbol{X}}_{k+1,k+1} = \widehat{\boldsymbol{X}}_{k+1,k} + \boldsymbol{\Gamma}_{k+1} (\boldsymbol{Y}_{k+1} - \boldsymbol{H}_{k+1} \widehat{\boldsymbol{X}}_{k+1,k}) \end{cases} \tag{5-25}$$

式中，$\boldsymbol{P}_k$ 為協方差矩陣；$\boldsymbol{P}_{k+1,k}$ 為 $k+1$ 時刻的預測值；$\boldsymbol{Q}_k$ 為過程噪聲方差矩陣；$\boldsymbol{R}_k$ 為量測噪聲方差矩陣；$\boldsymbol{I}$ 為單位矩陣；$\widehat{\boldsymbol{X}}_{k+1,k}$ 為 $k+1$ 時刻的預測值。

通過濾波，可以很好地減少隨機誤差，對傳感器的確定性誤差和隨機誤差進行校正後的數據如圖 5-2、圖 5-3 所示。

② 磁力計的不確定性誤差　對於磁力計的不確定性誤差，以上方法並不完

全可行，本書使用的中間電子元件部分直徑 290mm，電流較大（最大電流近 100A），控制量的微小變化就會使電流發生 10A 級別的變化，從而在機體上產生一個隨控制量變化的磁場，這樣在實際使用中硬磁誤差就會隨著控制量的變化而變化，忽視這個問題會嚴重影響數據精度。

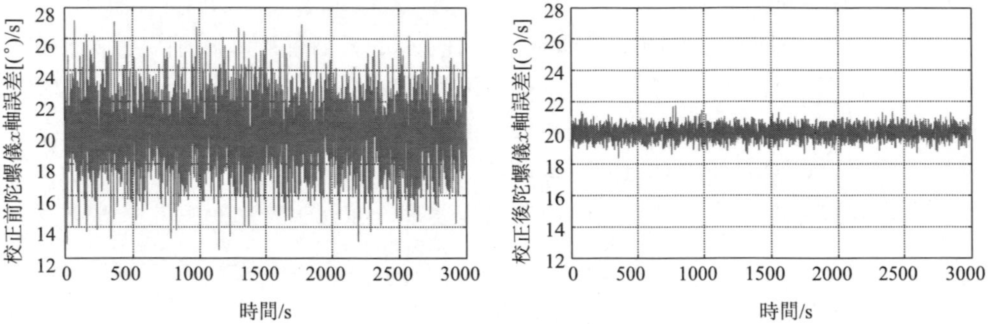

(a) 陀螺儀x軸誤差校正前後數據

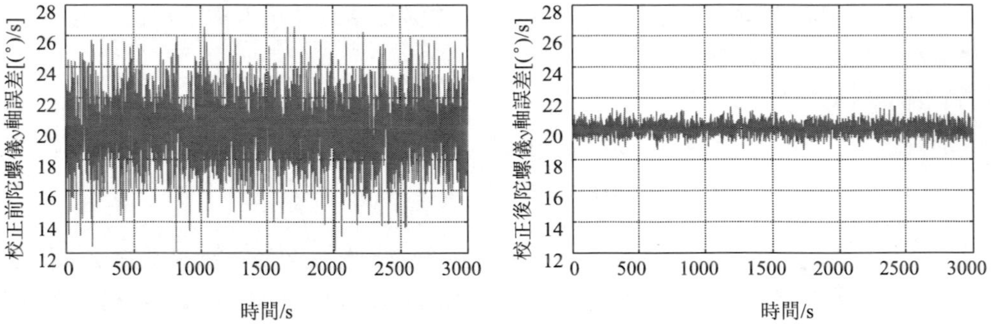

(b) 陀螺儀y軸誤差校正前後數據

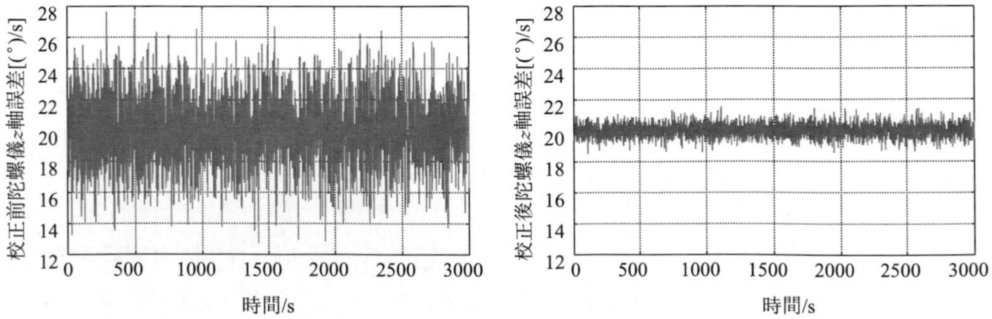

(c) 陀螺儀z軸誤差校正前後數據

圖 5-2　陀螺儀數據濾波前後對比

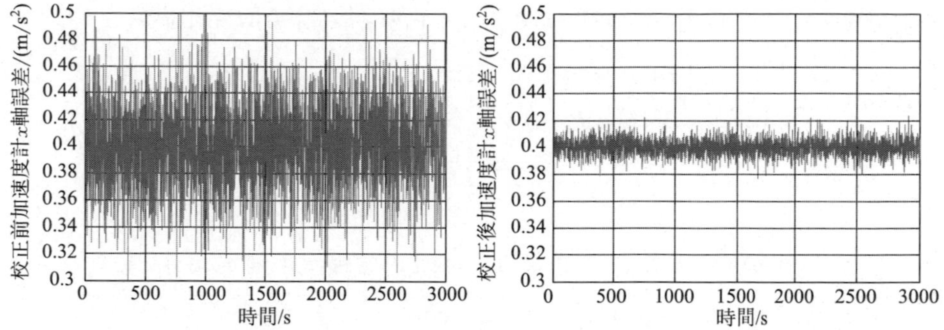

(a) 加速度計x軸誤差校正前後數據

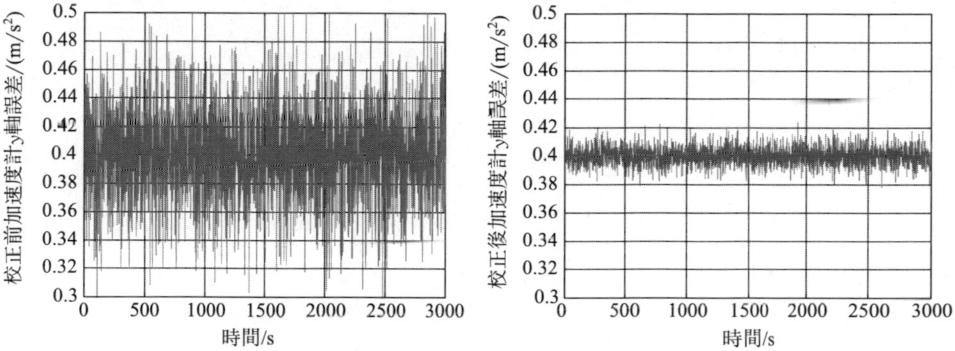

(b) 加速度計y軸誤差校正前後數據

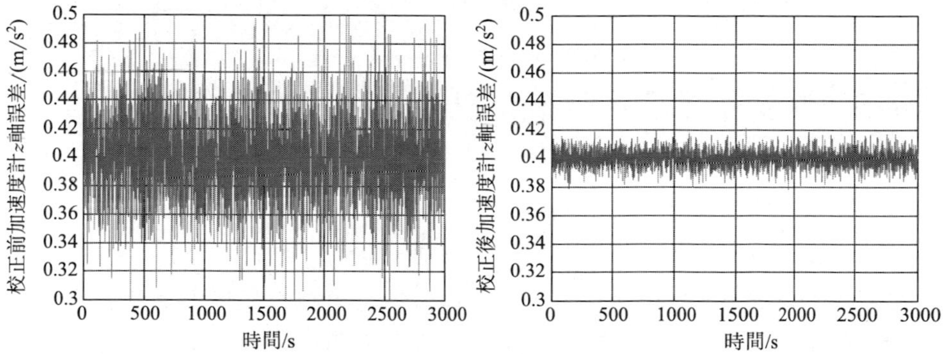

(c) 加速度計z軸誤差校正前後數據

圖 5-3　加速度計數據濾波前後對比

當無人機在垂直方向上機動或載荷發生變化時，其所需控制量發生變化，電流隨之改變；又因電氣布局保持不變，各電氣元件產生的磁場的方向是不變的，由此可假設各電氣元件在機體平面上產生的總磁場矢量 $\boldsymbol{m}_{\mathrm{b}}$ 隨控制量大小改變而方向基本不變。根據二元函數的全微分計算方法，當磁場分別在機體座標系 x、y、z 三軸分量有一 Δm_x、Δm_y、Δm_z 的變化時，偏航角的變化量為

$$\begin{cases}\Delta X_h = \Delta m_x \cos\phi + \Delta m_y \sin\phi\cos\theta + \Delta m_z \sin\phi\cos\theta \\ \Delta Y_h = \Delta m_y \cos\theta - \Delta m_z \sin\theta\end{cases}$$

$$\Delta\varphi = \frac{Y_h \Delta X_h - X_h \Delta Y_h}{X_h^2 + Y_h^2} \tag{5-26}$$

令 m_H 為地磁場強度，σ 為地磁傾角，根據地磁傾角的定義有

$$\begin{cases}\sqrt{X_h^2 + Y_h^2} = m_H \cos\sigma \\ Y_h = -\sqrt{X_h^2 + Y_h^2}\sin\varphi, X_h = \sqrt{X_h^2 + Y_h^2}\cos\varphi\end{cases} \tag{5-27}$$

式中，φ 為偏航角。

將式(5-27) 代入式(5-26) 得到羅差：

$$\Delta\varphi = -\frac{1}{m_H \cos\sigma}[\Delta Y_h \cos\varphi + \Delta X_h \sin\varphi] \tag{5-28}$$

由於控制量變化在機體座標系上產生的總磁場矢量 $\boldsymbol{m}_{\mathrm{c}}$ 大小改變而方向基本不變。設該磁場強度為 m_{c}，其與 xy 平面夾角為 α_m，其在 xy 平面的投影與 x 軸夾角為 β_m。因此，電氣元件在機體座標系下的磁場分量為

$$\begin{cases}\Delta m_x = m_{\mathrm{c}} \cos\alpha_m \cos\beta_m \\ \Delta m_y = m_{\mathrm{c}} \cos\alpha_m \sin\beta_m \\ \Delta m_z = m_{\mathrm{c}} \sin\alpha_m\end{cases} \tag{5-29}$$

將式(5-29) 和式(5-26) 代入式(5-28) 得

$$\Delta\varphi = -\frac{m_{\mathrm{c}}}{m_H \cos\sigma}[\Delta m_b, \Delta m_b, \Delta m_b][\cos\varphi\sin\varphi, \cos\theta\cos\varphi + \sin\varphi\cos\theta\sin\varphi, \sin\varphi\cos\theta\sin\varphi - \sin\theta\cos\varphi]^{\mathrm{T}} \tag{5-30}$$

在理想的情況下 $\Delta\varphi$ 正比於 m_{c}，又因為 m_{c} 隨著控制量變化而變化，即在姿態角不變的情況下，羅差（這裡主要是硬磁誤差）隨控制量變化而變化。

保持多旋翼無人機各個執行機構的控制量不變，通過轉臺分別在 $x-y$、$y-z$、$x-z$ 平面旋轉多旋翼無人機，對圓周上的各點磁場強度採樣記錄，進行橢球擬合。然後增加控制量，重複上述實驗過程，最終得到多旋翼無人機在不同控制量時的磁場採樣擬合曲線，如圖 5-4 所示。

由圖 5-4 可見，無人機的執行單元、導線等電氣元件，在機體座標系上產生了一個大小隨控制量增大而增大的磁場分量，且其變化方向在三維空間內基本保

持一條直線，這在本質上是硬磁誤差的變化，因此實驗結果符合上文結論：隨著控制量的變化，多旋翼無人機的硬磁誤差也隨之變化。

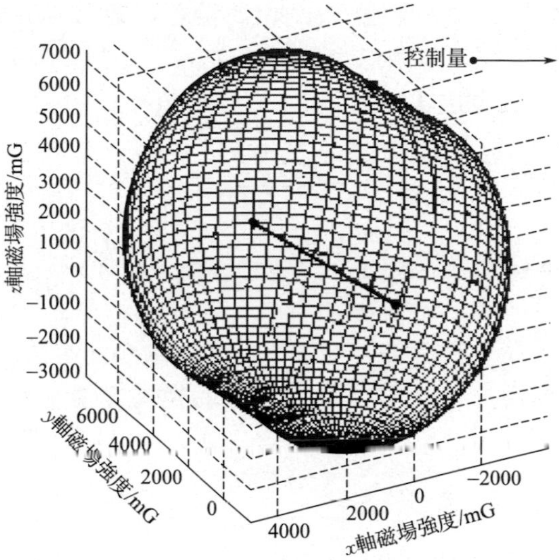

圖 5-4 磁羅盤採樣擬合

羅差不是恆定不變的，通常的橢球擬合的方法不能滿足變化控制量的使用要求。為補償隨著控制量變化帶來的硬磁誤差，採用整體最小二乘法進行離線擬合，結合傳統的橢球擬合方法，設計了磁羅盤自適應校正算法，如圖 5-5 所示。

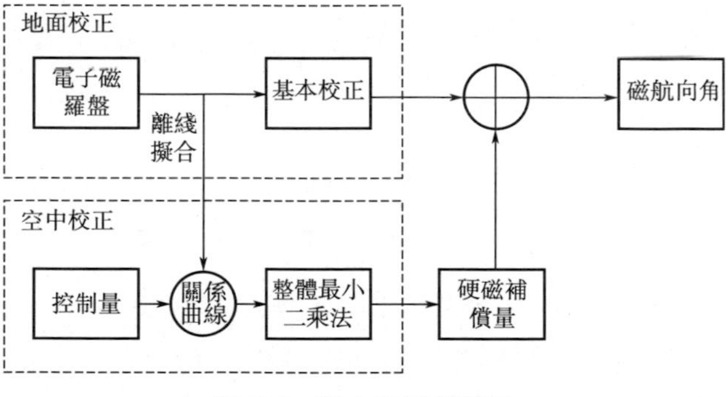

圖 5-5 磁力計補償算法

對磁力計的補償分為地面校正和空中校正兩部分。在地面時，通過橢球擬合對磁羅盤進行經典硬磁校正和軟磁校正，完成電子磁羅盤的初步校正；同時通過整體最小二乘法進行離線的空間直線擬合，找到控制量與磁場變化量的對應關係；在空中時，主控芯片得到飛行器的控制量，通過控制量與磁場變化量的關係，實時地調整磁場補償量，抵消因控制量變化帶來的磁場影響，得到準確的磁力計數據。

在工程中，離線擬合出控制量和磁場的關係，通常使用最小二乘法（LS）進行擬合，但是在擬合控制量和磁場的關係時，有以下兩個重要問題：

a. 空間直線的一般表達式為

$$\frac{x-x_0}{l}=\frac{y-y_0}{m}=\frac{z-z_0}{n} \tag{5-31}$$

是具有 6 個參數的連等式，並不是簡單的線性關係，所以最小二乘法並不能直接擬合。

b. 對磁場的測量值本身存在測量誤差，普通最小二乘法擬合效果不佳。

本章針對以上問題，首先將標準型方程轉換為總體最小二乘法（TLS）模型，並用 TLS 法對數據進行空間直線擬合。式(5-31）等價為

$$\begin{cases}x=\dfrac{l}{n}(z-z_0)+x_0\\ y=\dfrac{m}{n}(z-z_0)+y_0\end{cases} \tag{5-32}$$

令 $a=\frac{l}{n}$，$b=x_0-\frac{l}{n}z_0$，$c=\frac{m}{n}$，$d=y_0-\frac{m}{n}z_0$，則式(5-32）改寫為

$$\begin{cases}x=az+b\\ y=cz+d\end{cases} \tag{5-33}$$

即 $\begin{bmatrix}x\\y\end{bmatrix}=\begin{bmatrix}z & 1 & 0 & 0\\0 & 0 & z & 1\end{bmatrix}[a,b,c,d]^{\mathrm{T}}$，其誤差模式可以寫成

$$\boldsymbol{W}=\boldsymbol{B}\boldsymbol{\xi}_m-\boldsymbol{L} \tag{5-34}$$

式中，$\boldsymbol{B}=\begin{bmatrix}z & 1 & 0 & 0\\0 & 0 & 1 & z\end{bmatrix}$，$\boldsymbol{L}=\begin{bmatrix}x\\y\end{bmatrix}$，$\boldsymbol{\xi}_m=[\hat{a},\hat{b},\hat{c},\hat{d}]$。因 $\boldsymbol{B}$ 和 $\boldsymbol{L}$ 都含有誤差，式(5-34）便構成了一個典型的 EIV 模型，可以使用 TLS 迭解法求取 $\boldsymbol{\xi}_m$，最後求出空間直線的參數，完成空間直線的擬合。平差準則為

$$\min=\sum_{i=1}^{n}(\hat{L}_i-L_i)^2+\sum_{j=1,i=1}^{j=t,i=n}(\hat{B}_{ij}-B_{ij})^2 \tag{5-35}$$

對矩陣 $\boldsymbol{B}$ 和參數矢量 $\boldsymbol{\xi}_m$ 中的各個元素求導，得到迭代方程式：

$$\hat{\boldsymbol{B}}^{\mathrm{T}}\hat{\boldsymbol{B}}\boldsymbol{\xi}_m=\hat{\boldsymbol{B}}^{\mathrm{T}}\boldsymbol{L} \tag{5-36}$$

$$(\boldsymbol{E}+\boldsymbol{\xi}_m\boldsymbol{\xi}_m^{\mathrm{T}})\hat{\boldsymbol{B}}^{\mathrm{T}}=\boldsymbol{B}^{\mathrm{T}}+\xi_m\boldsymbol{L}^{\mathrm{T}} \tag{5-37}$$

迭代的具體解算步驟可概括為：

a. 獲取未知參數的初值 $\boldsymbol{\xi}_m(0)$；

b. 根據觀測值信息以及未知參數初值 $\boldsymbol{\xi}_m(0)$，取 $\hat{B}(0)=B$，由式(5-36) 求取未知參數的平差值 $\xi_m(1)$；

c. 更新 $\boldsymbol{E}\boldsymbol{\xi}_m(1)\boldsymbol{\xi}_m(1)^{\mathrm{T}}$，未知參數的平差值和觀測值信息，由式(5-37) 求取設計矩陣平差值 $\hat{B}(1)$；

d. 重複步驟 b、c，直到兩次計算的參數值之差小於一定的閾值，退出迭代，輸出結果。在離線情況下，通過已有的無人機磁場採樣數據，擬合各個橢球心的連線即得到控制量和磁場變化量的關係，如圖 5-6 所示。

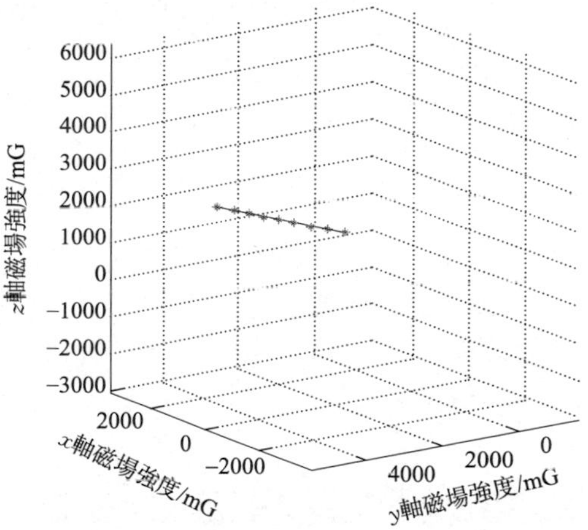

圖 5-6　空間最小二乘法擬合曲線

通過整體最小二乘法離線擬合出控制量與磁場變化量的關係，實時地調整磁場補償量，抵消因控制量變化帶來的磁場影響，得到準確的磁力計數據。

將多旋翼無人機固定在無磁轉臺上，然後在轉臺上旋轉一周，每 20°進行一次採樣，分別用傳統的橢球擬合法和本章設計的方法對磁羅盤進行羅差補償，通過對比無人機處在靜止、起飛和加速 3 種狀態下的磁航向角剩餘誤差 $\Delta\psi$，驗證本章方法的有效性。如圖 5-7 所示，無人機的控制量分別為 0、200 和 300（對應電流為 0A、32A、53A)，φ_1 為校正前的磁航向角剩餘誤差，φ_2 為只進行傳統橢圓擬合校正後的磁航向角誤差，φ_3 為進行本章方法校正後的磁航向角剩餘誤差。

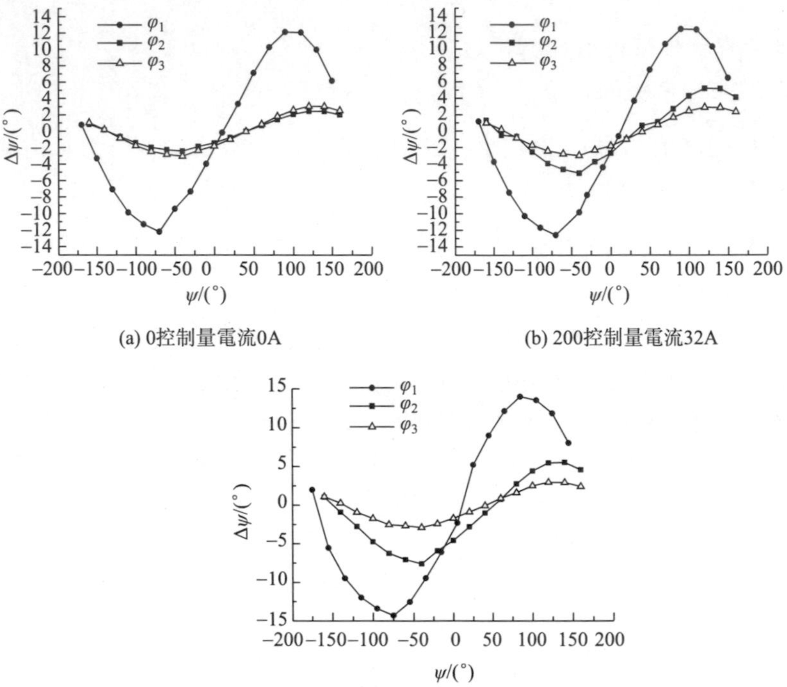

(a) 0控制量電流0A　(b) 200控制量電流32A

(c) 300控制量電流53A

圖 5-7　磁航向剩餘誤差

5.3 多旋翼無人機姿態信息融合

多旋翼無人機進行自主飛行時，需要姿態、速度和位置的導航信息，其中速度和位置信息又以姿態信息為基礎，換言之，姿態信息的數據融合是組合導航系統的關鍵技術，本章設計的姿態信息融合結構如圖 5-8 所示。雖然三軸陀螺儀的動態性能好，但是由於積分環節和自身的漂移特性，陀螺儀解算的姿態信息存在靜差和漂移，三軸加速度計和三軸磁力計的靜態性能穩定，沒有靜差和漂移，但是易受到干擾，且精確度不高。選取陀螺儀的輸出數據經過數據預處理和姿態結算，得到姿態角的觀測值，加速度計和磁力計的輸出數據經過數據預處理和姿態結算，得到姿態角的測量值，然後通過卡爾曼濾波算法進行數據融合，充分發揮各個傳感器的優點，達到「性能互補」的目的，最終得到準確、穩定的姿態角信息。

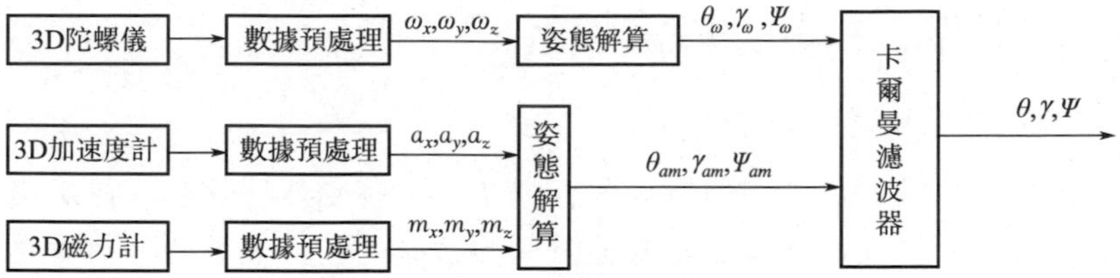

圖 5-8 姿態信息融合結構示意圖

5.3.1 非線性姿態角信息融合系統建模

在實際應用中，多旋翼無人飛行器的組合導航系統為非線性系統，姿態角信息融合系統的離散狀態方程和量測方程為

$$\begin{cases}\boldsymbol{X}_k=f(\boldsymbol{X}_{k-1})+\boldsymbol{W}_{k-1}\\ \boldsymbol{Z}_k=\boldsymbol{H}_k\boldsymbol{X}_k+\boldsymbol{V}_k\end{cases}\tag{5-38}$$

式中，$\boldsymbol{X}_k=[\phi_k,\theta_k,\psi_k]^{\mathrm{T}}$ 為俯仰角、滾轉角及偏航角的狀態矢量；$\boldsymbol{W}_k=[w_{\phi k},w_{\theta k},w_{\psi k}]^{\mathrm{T}}$ 為系統噪聲矢量；$\boldsymbol{Z}_k=[z_{\phi k},z_{\theta k},z_{\psi k}]^{\mathrm{T}}$ 為量測矢量；$\boldsymbol{V}_k=[v_{\phi k},v_{\theta k},v_{\psi k}]^{\mathrm{T}}$ 為量測噪聲矢量；$\boldsymbol{H}_k$ 為 3×3 維量測矩陣。

首先，使用雅可比（Jacobian）矩陣將非線性狀態方程進行線性化處理如下：

$$\boldsymbol{\Phi}_{k/k-1}=\frac{\partial f(\boldsymbol{X}_{k-1})}{\partial \boldsymbol{X}_{k-1}}$$

$$=\begin{bmatrix}1+\dfrac{\cos\gamma_{k-1}\sin\theta_{k-1}}{\cos\theta_{k-1}}\omega_{yk}T_s-\dfrac{\sin\gamma_{k-1}\sin\theta_{k-1}}{\cos\theta_{k-1}}\omega_{zk}T_s & \dfrac{\sin\gamma_{k-1}}{\cos^2\theta_{k-1}}\omega_{yk}T_s+\dfrac{\cos\gamma_{k-1}}{\cos^2\theta_{k-1}}\omega_{zk}T_s & 0\\ -\sin\gamma_{k-1}\omega_{yk}T_s-\cos\gamma_{k-1}\omega_{zk}T_s & 1 & 0\\ \dfrac{\cos\gamma_{k-1}}{\cos\theta_{k-1}}\omega_{yk}T_s-\dfrac{\sin\gamma_{k-1}}{\cos\theta_{k-1}}\omega_{zk}T_s & \dfrac{\sin\gamma_{k-1}\sin\theta_{k-1}}{\cos^2\theta_{k-1}}\omega_{yk}T_s+\dfrac{\cos\gamma_{k-1}\sin\theta_{k-1}}{\cos^2\theta_{k-1}}\omega_{zk}T_s & 1\end{bmatrix}\tag{5-39}$$

雅可比矩陣是由非線性函數對每一個自變量求一階偏導數而獲得的矩陣，將狀態方程線性化得到

$$\boldsymbol{X}_k=\boldsymbol{\Phi}_{k/k-1}\boldsymbol{X}_{k-1}+\boldsymbol{W}_{k-1}\tag{5-40}$$

三軸加速度計與三軸磁力計解算的姿態角信息作為姿態角信息的量測信息，因此，量測方程列為

$$\begin{bmatrix}z_{\phi k}\\ z_{\theta k}\\ z_{\psi k}\end{bmatrix}=\begin{bmatrix}1&0&0\\0&1&0\\0&0&1\end{bmatrix}\begin{bmatrix}\gamma_k\\ \theta_k\\ \psi_k\end{bmatrix}+\begin{bmatrix}v_{\gamma k}\\ v_{\theta k}\\ v_{\psi k}\end{bmatrix}\tag{5-41}$$

5.3.2 姿態信息融合算法設計

(1) 自適應卡爾曼濾波算法分析

在組合導航領域，最常用的信息融合方法是卡爾曼濾波算法，在使用常規卡爾曼濾波算法進行信息融合時，需要提前已知系統的觀測噪聲和量測噪聲統計特性。然而在多旋翼無人機多傳感器信息融合中，由於氣動系統的複雜性和外界擾動的不確定性，模型參數不完全準確，同時系統噪聲與量測噪聲統計特性未知，這導致常規卡爾曼濾波算法失去最優性，融合的數據精度降低，甚至出現濾波發散，無法滿足多旋翼無人機自主飛行的需要。

通過自適應卡爾曼濾波（AKF）可以在一定程度上解決這個問題，具體算法過程如下，已知離散系統模型為：

$$\begin{cases} \boldsymbol{X}_k = \boldsymbol{\Phi}_{k/k-1}\boldsymbol{X}_{k-1} + \boldsymbol{W}_{k-1} \\ \boldsymbol{Z}_k = \boldsymbol{H}_k\boldsymbol{X}_k + \boldsymbol{V}_k \end{cases} \tag{5-42}$$

式中，$\boldsymbol{X}_k$ 為狀態矢量；$\boldsymbol{Z}_k$ 為量測矢量；$\boldsymbol{\Phi}_{k/k-1}$ 為狀態轉移矩陣；$\boldsymbol{H}_k$ 為量測矩陣；$\boldsymbol{V}_k$ 為系統觀測噪聲；$\boldsymbol{W}_{k-1}$ 為量測噪聲。$\boldsymbol{W}_k$ 和 $\boldsymbol{V}_k$ 是兩個互不相關的高斯白噪聲序列，且同時滿足：

$$\begin{cases} E[\boldsymbol{W}_k] = q_k, \quad Cov(\boldsymbol{W}_j, \boldsymbol{W}_k) = \boldsymbol{Q}_k\delta_{jk} \\ E[\boldsymbol{V}_k] = r_k, \quad Cov(\boldsymbol{V}_j, \boldsymbol{V}_k) = \boldsymbol{R}_k\delta_{jk} \\ Cov(\boldsymbol{W}_j, \boldsymbol{V}_k) = 0 \end{cases} \tag{5-43}$$

當系統的觀測噪聲和量測噪聲的均值和方差都未知時，使用 AKF 算法在線實時估計，具體解算步驟為

$$\begin{cases} \hat{\boldsymbol{X}}_{k/k-1} = \boldsymbol{\Phi}_{k/k-1}\hat{\boldsymbol{X}}_{k-1} \\ \boldsymbol{v}_k = \boldsymbol{Z}_k - \boldsymbol{H}_k\hat{\boldsymbol{X}}_{k/k-1} \\ \boldsymbol{P}_{k/k-1} = \boldsymbol{\Phi}_{k/k-1}\boldsymbol{P}_{k-1}\boldsymbol{\Phi}_{k/k-1}^{\mathrm{T}} + \hat{\boldsymbol{Q}}_{k-1} \\ \hat{\boldsymbol{R}}_k = \left(1-\dfrac{1}{k}\right)\hat{\boldsymbol{R}}_{k-1} + \dfrac{1}{k}[\boldsymbol{v}_k\boldsymbol{v}_k^{\mathrm{T}} - \boldsymbol{H}_k\boldsymbol{P}_{k/k-1}\boldsymbol{H}_k^{\mathrm{T}}] \\ \boldsymbol{K}_k = \dfrac{\boldsymbol{P}_{k/k-1}\boldsymbol{H}_k^{\mathrm{T}}}{\boldsymbol{H}_k\boldsymbol{P}_{k/k-1}\boldsymbol{H}_k^{\mathrm{T}} + \hat{\boldsymbol{R}}_k} \\ \hat{\boldsymbol{X}}_k = \hat{\boldsymbol{X}}_{k/k-1} + \boldsymbol{K}_k\boldsymbol{v}_k \\ \boldsymbol{P}_k = (\boldsymbol{I} - \boldsymbol{K}_k\boldsymbol{H}_k)\boldsymbol{P}_{k/k-1}(\boldsymbol{I} - \boldsymbol{K}_k\boldsymbol{H}_k)^{\mathrm{T}} + \boldsymbol{K}_k\boldsymbol{R}_k\boldsymbol{K}_k^{\mathrm{T}} \\ \hat{\boldsymbol{Q}}_k = \left(1-\dfrac{1}{k}\right)\hat{\boldsymbol{Q}}_{k-1} + \dfrac{1}{k}[\boldsymbol{K}_k\boldsymbol{v}_k\boldsymbol{v}_k^{\mathrm{T}}\boldsymbol{K}_k^{\mathrm{T}} + \boldsymbol{P}_k - \boldsymbol{\Phi}_{k/k-1}\boldsymbol{P}_k\boldsymbol{\Phi}_{k/k-1}^{\mathrm{T}}] \end{cases} \tag{5-44}$$

式中，$\boldsymbol{v}_k$ 為殘差，即為量測值與預測值的差值；$\boldsymbol{K}_k$ 為最優濾波增益，$\boldsymbol{P}_k$ 為估計均方誤差矩陣，代表了狀態估計的可靠性；$\hat{\boldsymbol{Q}}_k$ 為系統噪聲估計。該算法只需給定初值 X_0、P_0、Q_0，就可通過遞推計算得到 k 時刻的狀態估計。從而根據量測信息對系統部分參數進行重新估計，實現了在線自適應估計觀測噪聲和量測噪聲統計特性的功能，保證了融合數據的精度。

但是在實際應用於多旋翼無人機組合導航信息融合時，發現了下面的問題。

① 在多旋翼無人機姿態信息融合的實際應用中，系統噪聲和量測噪聲統計特性都是未知的，AKF 算法無法在兩者同時未知的情況下準確估計出二者的統計特性。

② 實際應用中，AKF 算法所估計出的噪聲方差與真實噪聲方差之間有一個常值誤差，致使算法在定量識別預測值時出現誤判斷：估計姿態角時對加速度計信息的利用權重過高，由於多旋翼無人機在高速運動時，三軸加速度計的數據準確性降低，導致姿態角狀態估計精度很低，無法滿足無人機自主飛行的需要。

③ AKF 算法在計算$\hat{\boldsymbol{R}}_k$ 時，沒有考慮運算範圍，可能會使$\hat{\boldsymbol{R}}_k$ 失去正定性，導致濾波發散。

(2) 自適應卡爾曼濾波算法改進設計

本章針對上一小節所述的問題，提出了一種改進的自適應濾波算法，在多旋翼無人機高振動、大角度飛行等特殊條件下，能夠保證姿態角信息融合的精度與穩定性。改進算法引入互補濾波思想，通過設定加速度計數據可信度，調整互補濾波參數，更加準確地估計陀螺儀解算的姿態角方差作為觀測噪聲方差，結合量測噪聲估計公式估計量測噪聲方差統計特性。在改進的算法中，使用互補濾波估計觀測噪聲，自適應濾波估計噪聲參數的數目從兩個降為一個，有利於保證濾波的穩定性。

改進的 AKF 算法完整解算步驟如下：

① 狀態一步預測：

$$\hat{\boldsymbol{X}}_{k/k-1}=f(\hat{\boldsymbol{X}}_{k-1}) \tag{5-45}$$

② 新息序列更新：

$$\boldsymbol{v}_k=\boldsymbol{Z}_k-\boldsymbol{H}_k\hat{\boldsymbol{X}}_{k/k-1} \tag{5-46}$$

③ 狀態一步預測均方誤差矩陣更新：

$$\boldsymbol{P}_{k/k-1}=\boldsymbol{\Phi}_{k/k-1}\boldsymbol{P}_{k-1}\boldsymbol{\Phi}_{k/k-1}^{\mathrm{T}}+\hat{\boldsymbol{Q}}_{k-1} \tag{5-47}$$

④ 量測噪聲估計：

$$\hat{\boldsymbol{R}}_k=(\boldsymbol{I}-\boldsymbol{\beta}_k)\hat{\boldsymbol{R}}_{k-1}+\boldsymbol{\beta}_k[(\boldsymbol{I}-\boldsymbol{H}_k\boldsymbol{K}_{k-1})\boldsymbol{v}_k\boldsymbol{v}_k^{\mathrm{T}}(\boldsymbol{I}-\boldsymbol{H}_k\boldsymbol{K}_{k-1})^{\mathrm{T}}+\boldsymbol{H}_k\boldsymbol{P}_{k-1}\boldsymbol{H}_k^{\mathrm{T}}] \tag{5-48}$$

⑤ 濾波器收斂性判據：

$$\begin{aligned}\boldsymbol{v}_k\boldsymbol{v}_k^{\mathrm{T}} &\leqslant \gamma \mathrm{tr}(E[\boldsymbol{v}_k\boldsymbol{v}_k^{\mathrm{T}}]) \\ &= \gamma \mathrm{tr}(\boldsymbol{H}_k\boldsymbol{P}_{k/k-1}\boldsymbol{H}_k^{\mathrm{T}}+\boldsymbol{R}_k)\end{aligned} \tag{5-49}$$

式中，γ 為儲備係數。

如式(5-49）成立即濾波收斂，則保持步驟③中 $\boldsymbol{P}_{k/k-1}$ 不變；否則採用強跟蹤卡爾曼濾波算法更新 $\boldsymbol{P}_{k/k-1}$：

$$\boldsymbol{P}_{k/k-1}=\boldsymbol{\lambda}_k\boldsymbol{\Phi}_{k/k-1}\boldsymbol{P}_{k-1}\boldsymbol{\Phi}_{k/k-1}^{\mathrm{T}}+\hat{\boldsymbol{Q}}_{k-1} \tag{5-50}$$

⑥ 濾波增益更新：

$$\boldsymbol{K}_k=\frac{\boldsymbol{P}_{k/k-1}\boldsymbol{H}_k^{\mathrm{T}}}{\boldsymbol{H}_k\boldsymbol{P}_{k/k-1}\boldsymbol{H}_k^{\mathrm{T}}+\hat{\boldsymbol{R}}_k} \tag{5-51}$$

⑦ 姿態角狀態估計：

$$\hat{\boldsymbol{X}}_k=\hat{\boldsymbol{X}}_{k/k-1}+\boldsymbol{K}_k\boldsymbol{v}_k \tag{5-52}$$

⑧ 狀態估計均方誤差矩陣更新：

$$\boldsymbol{P}_k=(\boldsymbol{I}-\boldsymbol{K}_k\boldsymbol{H}_k)\boldsymbol{P}_{k/k-1}(\boldsymbol{I}-\boldsymbol{K}_k\boldsymbol{H}_k)^{\mathrm{T}}+\boldsymbol{K}_k\boldsymbol{R}_k\boldsymbol{K}_k^{\mathrm{T}} \tag{5-53}$$

⑨ 系統噪聲估計，首先定義加速度計可靠性參數：

$$\boldsymbol{\tau}=(\sqrt{(\dot{\boldsymbol{V}}_E)^2+(\dot{\boldsymbol{V}}_N)^2+(\dot{\boldsymbol{V}}_U)^2}\,g\,\mathrm{sign}(-\dot{\boldsymbol{V}}_U)-g)/u \tag{5-54}$$

式中，$\dot{\boldsymbol{V}}_E$、$\dot{\boldsymbol{V}}_N$、$\dot{\boldsymbol{V}}_U$ 為三軸加速度計輸出的加速度；g 為重力加速度；u 為閾值，具體大小為實驗測得；$\mathrm{sign}(-\dot{\boldsymbol{V}}_U)$ 為 Z 軸上重力分量的相對方向。

$$\begin{gathered}\hat{\boldsymbol{Q}}_k=\boldsymbol{Q}_{K-1}f_1(s)+\hat{\boldsymbol{X}}_k s f_2(s) \\ \begin{cases} f_1(s)=\dfrac{s}{s+\xi} \\ f_2(s)=\dfrac{\xi}{s+\xi}\end{cases}\end{gathered} \tag{5-55}$$

式中，s 為微分符號；$f_1(s)$ 為高通濾波器；$f_2(s)$ 為低通濾波器，且 $f_1(s)+f_2(s)=1$，構成互補濾波器。

由此，改進的 AKF 算法有以下優勢。

a. 對加速度計數據的判斷和互補濾波。引入可靠性參數和互補濾波，在多旋翼無人機處於大角度、高速度飛行時，通過觀察加速度可靠性參數，動態調節互補濾波器的參數大小，從而完成對系統噪聲的估計，即當加速度計數據不可信時，系統噪聲估計值變小，加大陀螺儀的融合參與比重，從而避免在加速度計數據可靠性低時，對加速計數據過分利用的情況發生。

b. 系統噪聲和量測噪聲統計特性的估計。對於多旋翼無人機姿態信息融合系統，系統噪聲主要由 MEMS 陀螺儀決定，通過互補濾波算法首先對陀螺儀態解算的姿態角方差來進行估計，解決了系統噪聲方差的估計問題，在系統噪聲已知的情況下，可以更好地估計量測噪聲，進而實現系統噪聲和量測噪聲的準確估計。

c. 指數漸消記憶法。在無人機處於飛行狀態時，姿態信息更新速率很快，採用指數漸消記憶法，減少舊數據在融合中的參與權重，提高姿態融合精度。

$$\boldsymbol{\beta}_k=\frac{\boldsymbol{\beta}_{k-1}}{\boldsymbol{\beta}_{k-1}+\boldsymbol{b}}$$
$$\boldsymbol{\beta}_k=\mathrm{diag}([\beta_k^{\gamma},\beta_k^{\theta},\beta_k^{\psi}])$$
$$\boldsymbol{\beta}_1=\boldsymbol{I} \tag{5-56}$$

式中，$\boldsymbol{b}=\mathrm{diag}([b_{\gamma},b_{\theta},b_{\psi}])$為漸消記憶因子，$0<b_i<1(i=\gamma,\theta,\psi)$，通常取 $b_i=0.9\sim0.999$。

d. 抑制量測噪聲失去正定性。改進的 AKF 算法保證上一次的濾波增益估計值小於 1，及當前 R_k 估計值正定，從而提高了信息融合的穩定性。

5.3.3 姿態信息融合實驗與分析

將組合導航模塊固定於實驗轉臺，轉動轉臺從而改變姿態角大小，參考給定姿態角度如圖 5-9 所示。先後使用自適應卡爾曼濾波算法和改進後的自適應卡爾曼濾波算法對多傳感器數據進行數據融合。

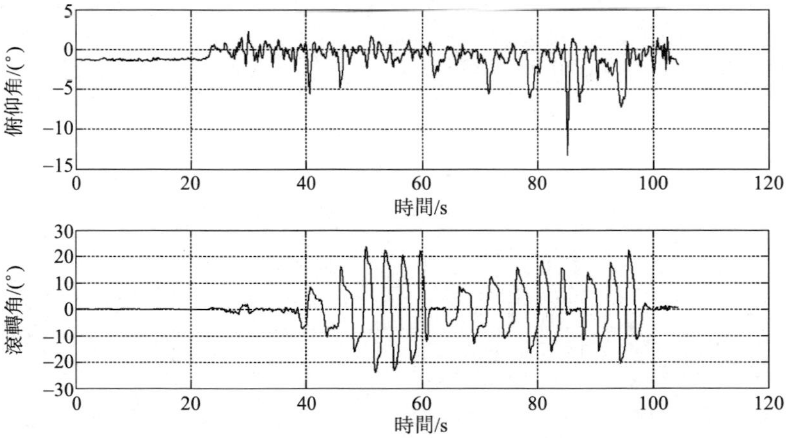

圖 5-9 姿態角參考曲線

通過無線數傳裝置將融合時的主要參數和最終的導航信息傳送回來，主要參數如圖 5-10 所示，分別為俯仰角和滾轉角的 $R_{k/k-1}$、$P_{k/k-1}$ 和 K_k。融合後的導航信息如圖 5-11 所示，為俯仰角和滾轉角融合信息。對於 AKF 算法，系統噪聲和量測噪聲無法正確估計，會導致在估計時失調，如圖 5-10(a) 所示，系統噪聲均方差 $P_{k/k-1}$ 估計異常變大，致使濾波增益值迅速趨近於 1，導致最後的融合失效。而改進的 AKF 算法很好地解決了這個問題，如圖 5-10(b) 所示，計算的濾波增益值始終在 0.2°範圍內變化。最終的姿態融合信息如圖 5-11(b) 所示，與改進前的融合信息相比，改進後的融合信息更加平順、精度更高、和給定一致，達到了使用要求。

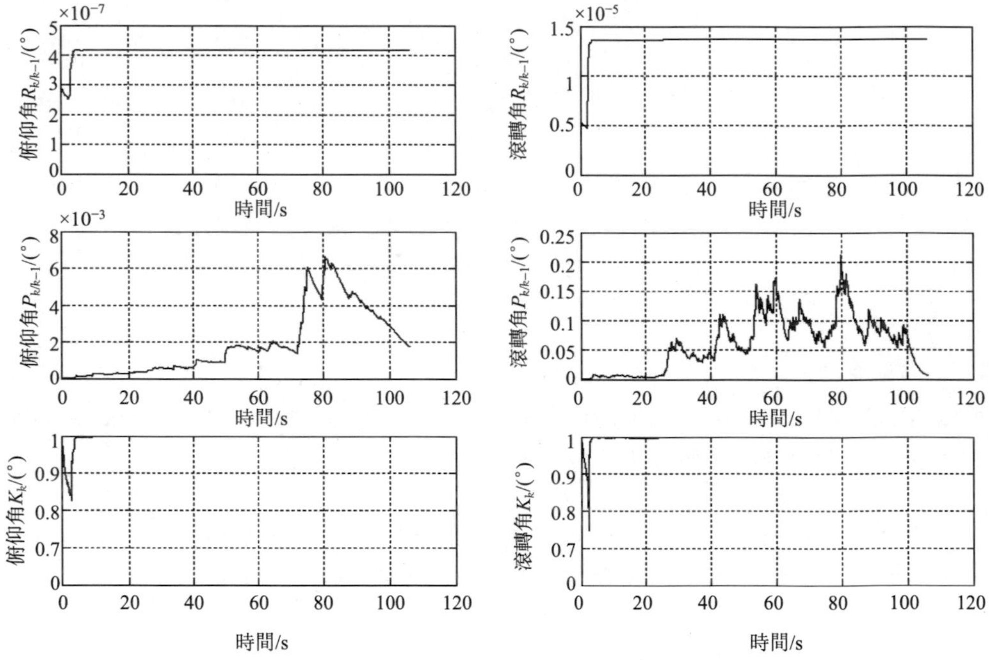

(a) AKF算法

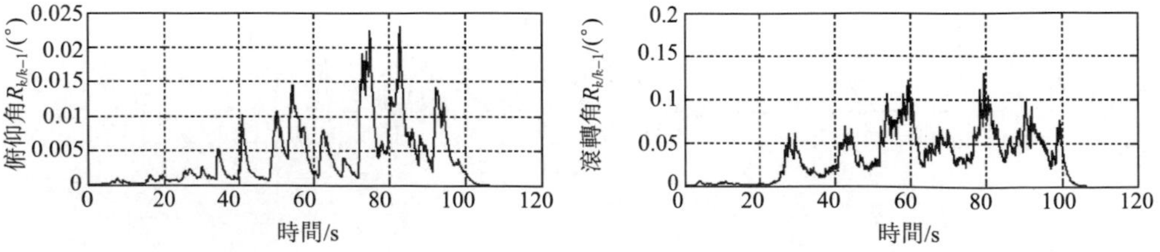

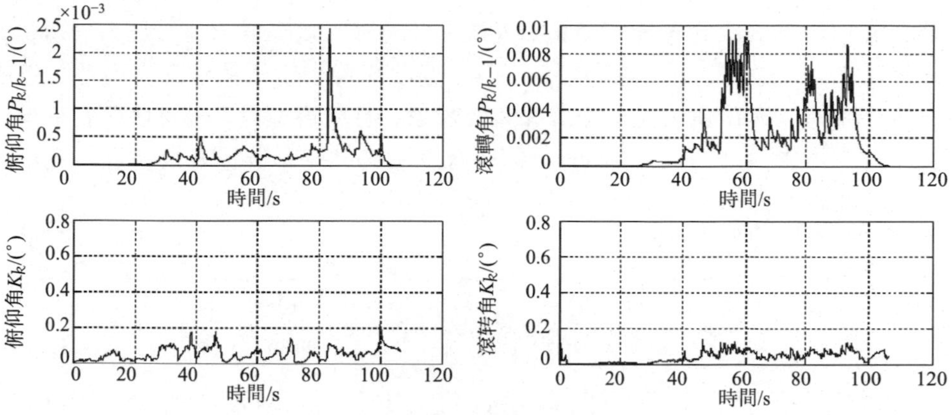

(b) 改進的AKF算法

圖 5-10　改進前後算法主要參數對比

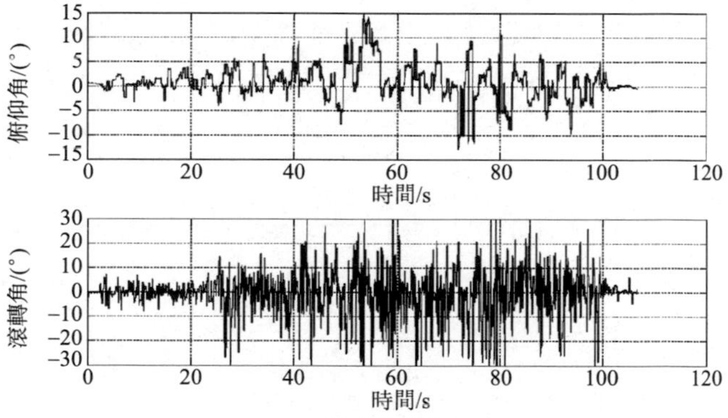

(a) AKF算法

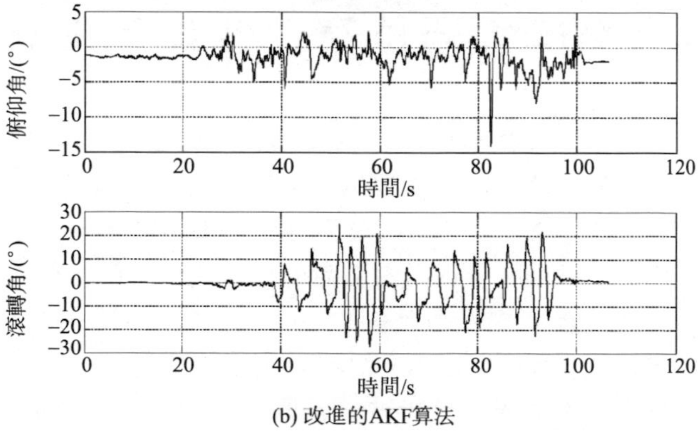

(b) 改進的AKF算法

圖 5-11　改進前後算法融合的俯仰角與滾轉角曲線對比

但是實驗室環境和實際飛行環境是不同的，所以，本章接下來進行了原型機實驗。將組合導航模塊置於多旋翼無人機上，通過改變姿態角進行飛行實驗。融合的結果如圖 5-12 所示，為俯仰、滾轉、偏航 3 個姿態角的信息。由此可以看出，姿態信息沒有出現大量的毛刺和發散現象，且精度較高，和實際飛行效果相符。因此，本章設計的改進 AKF 姿態融合算法具有高準確性及快速性，完全能夠滿足實際應用需求。

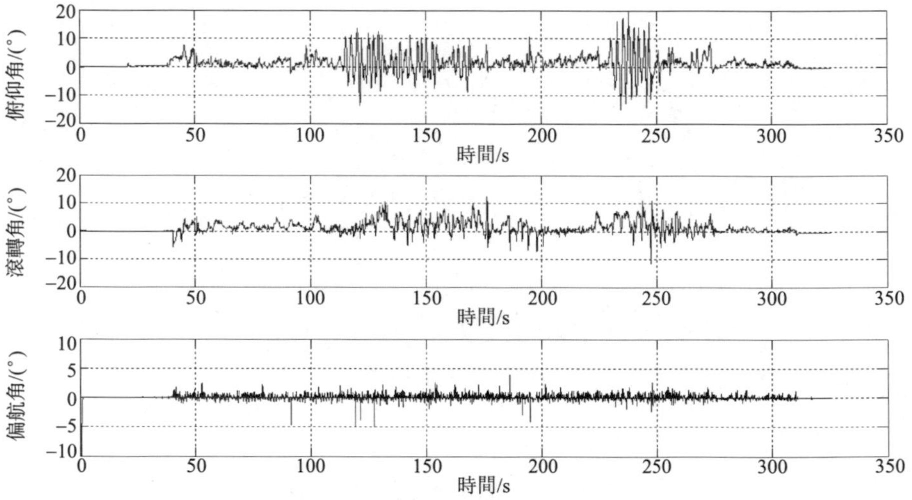

圖 5-12　原型機實驗中的姿態角融合結果

5.4 多旋翼無人機位置、速度信息融合

在多旋翼無人機組合導航系統中，速度和位置信息包括 x 軸（東）的位置與速度 P_E、V_E，y 軸（北）的位置與速度 P_N、V_N，z 軸（天）的位置與速度 P_U、V_U，共 6 個導航參數，上一節已經獲得了姿態導航信息，在此基礎上，通過加速度計和 GNSS，可以融合得出水平面的導航信息，即 x 軸（東）的位置與速度 P_E、V_E，y 軸（北）的位置與速度 P_N、V_N。

多旋翼無人機在空中飛行，高度方向導航信息 P_U、V_U 的準確與否關係到無人機的懸停和自主導航效果。針對多旋翼無人機自主飛行時高度測量信息不穩定、易受干擾的問題，增加了氣壓高度計和激光測距模塊，對高度信息進行數據融合，同時提出了一種基於模糊卡爾曼濾波數據的自適應高度信息融合方法來提高無人機高度與測量信息的精度和可信度。

5.4.1 水平方向速度和位置信息融合

(1) 水平方向融合結構

水平方向速度和位置信息融合結構如圖 5-13 所示，在水平方向的速度和位置導航信息融合中，通過加速度計解算的速度和位置信息作為卡爾曼濾波的觀測值，GNSS 模塊輸出的位置信息作為卡爾曼濾波的測量值。

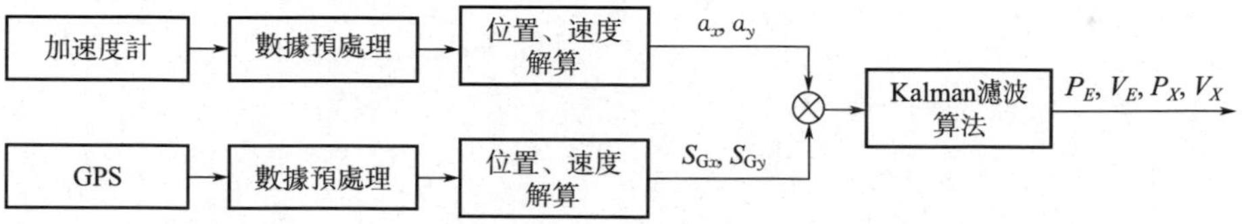

圖 5-13　水平方向速度、位置導航信息融合結構

(2) 水平方向速度、位置信息融合系統建模

由第 2 章中多旋翼無人機運動學方程可知，多旋翼無人機的水平運動的狀態方程為

$$\dot{\boldsymbol{x}}=\boldsymbol{A x}+\boldsymbol{B u} \tag{5-57}$$

建立離散線性狀態方程和量測方程：

$$\begin{cases}\boldsymbol{X}_k=\boldsymbol{\Phi}\boldsymbol{X}_{k-1}+\boldsymbol{B}\boldsymbol{u}_{k-1}+\boldsymbol{\Gamma}\boldsymbol{W}_{k-1}\\ \boldsymbol{Z}_k=\boldsymbol{H}\boldsymbol{X}_k+\boldsymbol{V}_k\end{cases} \tag{5-58}$$

式中，$\boldsymbol{\Phi}=\begin{bmatrix}1&0&T_s&0\\0&1&0&T_s\\0&0&1&0\\0&0&0&1\end{bmatrix}$；$\boldsymbol{B}=\begin{bmatrix}\frac{1}{2}T_s^2&0\\0&\frac{1}{2}T_s^2\\T_s&0\\0&T_s\end{bmatrix}$，$\boldsymbol{H}=\begin{bmatrix}1&0&0&0\\0&1&0&0\end{bmatrix}$；

$\boldsymbol{X}_k=[s_{ex.k},s_{ey.k},v_{ex.k},v_{ey.k}]^{\mathrm{T}}$ 為狀態矢量；T_s 為信息融合週期；$\boldsymbol{\Gamma}$ 為噪聲驅動方程；$\boldsymbol{Z}_k=[S_{Gxk}^n,S_{Gyk}^n]^{\mathrm{T}}$ 為量測矢量，是 GNSS 解算的地面座標系下的水平位置信息；$\boldsymbol{W}_k$ 為系統噪聲，$\boldsymbol{V}_k$ 為量測噪聲，二者皆可認為是未知的。

(3) 水平方向速度、位置信息融合算法

水平方向的信息融合和姿態信息融合相似，系統噪聲和量測噪聲是未知的，因此可以使用姿態信息融合的算法進行信息融合。該算法只需給定初值，就可通過遞推計算得到水平方向的速度、位置導航信息。具體過程如下：

$$
\begin{aligned}
&\hat{\boldsymbol{X}}_{k/k-1}=\boldsymbol{\Phi}\hat{\boldsymbol{X}}_{k-1}+\boldsymbol{B}\boldsymbol{u}_{k-1}\\
&\boldsymbol{v}_k=\boldsymbol{Z}_k-\boldsymbol{H}\hat{\boldsymbol{X}}_{k/k-1}\\
&\boldsymbol{P}_{k/k-1}=\boldsymbol{\Phi}\boldsymbol{P}_{k-1}\boldsymbol{\Phi}^{\mathrm{T}}+\boldsymbol{\Gamma}\hat{\boldsymbol{Q}}_{k-1}\boldsymbol{\Gamma}^{\mathrm{T}}\\
&\hat{\boldsymbol{R}}_k=(\boldsymbol{I}-\boldsymbol{\beta}_k)\hat{\boldsymbol{R}}_{k-1}+\boldsymbol{\beta}_k[(\boldsymbol{I}-\boldsymbol{H}\boldsymbol{K}_{k-1})\boldsymbol{v}_k\boldsymbol{v}_k^{\mathrm{T}}(\boldsymbol{I}-\boldsymbol{H}\boldsymbol{K}_{k-1})^{\mathrm{T}}+\boldsymbol{H}\boldsymbol{P}_{k-1}\boldsymbol{H}^{\mathrm{T}}]\\
&\boldsymbol{v}_k\boldsymbol{v}_k^{\mathrm{T}}\leqslant\gamma\operatorname{tr}(E[\boldsymbol{v}_k\boldsymbol{v}_k^{\mathrm{T}}])=\gamma\operatorname{tr}(\boldsymbol{H}\boldsymbol{P}_{k/k-1}\boldsymbol{H}^{\mathrm{T}}+\boldsymbol{R}_k)\begin{cases}\text{若收斂,進入下一步}\\ \text{否則 }\boldsymbol{P}_{k/k-1}=\boldsymbol{\lambda}_k\boldsymbol{\Phi}\boldsymbol{P}_{k-1}\boldsymbol{\Phi}^{\mathrm{T}}+\boldsymbol{\Gamma}\hat{\boldsymbol{Q}}_{k-1}\boldsymbol{\Gamma}^{\mathrm{T}}\end{cases}\\
&\boldsymbol{K}_k=\frac{\boldsymbol{P}_{k/k-1}\boldsymbol{H}^{\mathrm{T}}}{\boldsymbol{H}\boldsymbol{P}_{k/k-1}\boldsymbol{H}^{\mathrm{T}}+\hat{\boldsymbol{R}}_k}\\
&\hat{\boldsymbol{X}}_k=\hat{\boldsymbol{X}}_{k/k-1}+\boldsymbol{K}_k\boldsymbol{v}_k\\
&\boldsymbol{P}_k=(\boldsymbol{I}-\boldsymbol{K}_k\boldsymbol{H})\boldsymbol{P}_{k/k-1}(\boldsymbol{I}-\boldsymbol{K}_k\boldsymbol{H})^{\mathrm{T}}+\boldsymbol{K}_k\boldsymbol{R}_k\boldsymbol{K}_k^{\mathrm{T}}\\
&\boldsymbol{\xi}=[\sqrt{(\dot{\boldsymbol{u}})^2+(\dot{\boldsymbol{v}})^2+(\dot{\boldsymbol{w}})^2}\,\boldsymbol{g}\operatorname{sign}(-\dot{\boldsymbol{w}})-\boldsymbol{g}]/\boldsymbol{u}\\
&\hat{\boldsymbol{Q}}_k=\boldsymbol{Q}_{k-1}\frac{\boldsymbol{s}}{\boldsymbol{s}+\boldsymbol{\xi}}+\hat{\boldsymbol{X}}_k\boldsymbol{s}\frac{\boldsymbol{\xi}}{\boldsymbol{s}+\boldsymbol{\xi}}
\end{aligned}
\tag{5-59}
$$

(4) 水平方向速度、位置信息融合實驗

為驗證改進後的融合算法有效，仿真結果如圖 5-14、圖 5-15 所示，圖中紅色曲線為未改進算法輸出結果，藍色曲線為改進後算法輸出結果。從圖中可以明顯看出，通過使用改良的數據融合算法，融合後水平方向速度、位置信息精度有了較好的提升。

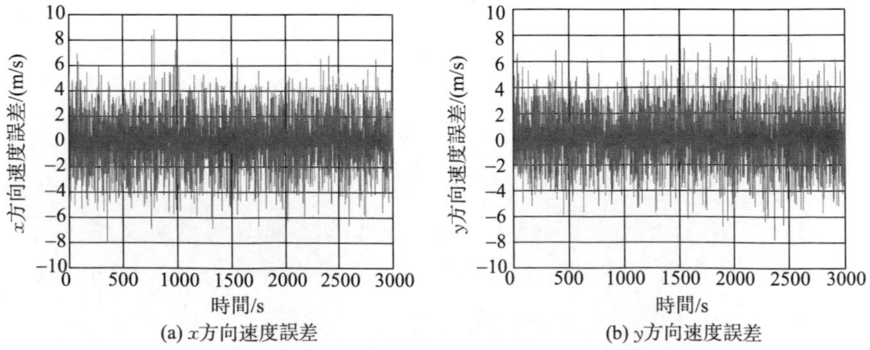

圖 5-14 速度誤差濾波前後對比（電子版）

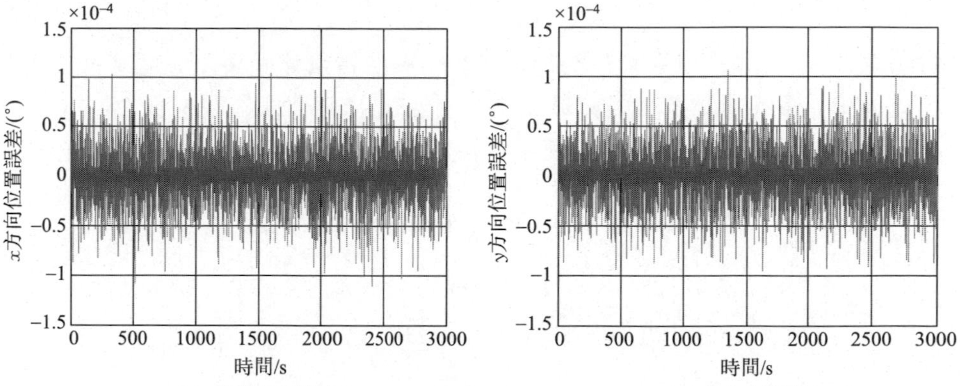

(a) x方向位置誤差 (b) y方向位置誤差

圖 5-15 位置誤差濾波前後對比（電子版）

5.4.2 垂直方向速度和位置信息融合

多旋翼無人機在空中飛行，如果垂直方向上的信息不準確，將產生災難性後果，所以對垂直方向的速度和位置信息要求較高。相比於水平速度、位置信息，在垂直方向速度、位置信息融合時，增加了高度氣壓計和激光測距模塊，以獲得更加準確的高度融合信息。

（1）垂直方向融合結構

通過加速度計解算得到的高度信息，因為兩次積分，誤差會隨時間逐漸積累，氣壓高度計測量的高度信息具有低頻零位漂移和溫度漂移等特點，數據波動較大，而且誤差會隨時間積累。GNSS 輸出的高度誤差不會隨時間積累，但是會受到搜星數量的影響，且存在被遮擋無法正常輸出數據的可能。激光測距模塊雖然輸出的高度信息精確度較高，但是適用範圍受限，且有數據跳變的風險。

由此，基於各個傳感器的特性，設計如圖 5-16 所示的濾波方法來抑制噪聲干擾，通過數據診斷模塊、選擇模塊和改進的卡爾曼算法三個部分，數據融合系統可以應對不同的情況，提高高度融合信息的可靠性。

（2）垂直方向速度、位置信息融合建模

與水平方向的建模相似，垂直方向速度、位置導航信息建模如下：

$$\begin{cases} \boldsymbol{X}_k = \boldsymbol{\Phi X}_{k-1} + \boldsymbol{B u}_{k-1} + \boldsymbol{\Gamma W}_{k-1} \\ \boldsymbol{Z}_k = \boldsymbol{H X}_k + \boldsymbol{V}_k \end{cases} \tag{5-60}$$

式中，$\boldsymbol{\Phi}=[1,T_s]$；$\boldsymbol{H}=\begin{bmatrix}1 & 1\\1 & 0\end{bmatrix}^T$；$\boldsymbol{X}_k=[\boldsymbol{h}_k \quad \boldsymbol{ve}_{zk}]^T$ 為狀態矢量；T_s 為融合週期；$\boldsymbol{W}_{k-1}$ 為系統噪聲；$\boldsymbol{Z}_k$ 為量測量，$\boldsymbol{V}_k$ 為量測噪聲量，二者統計特性未知。其中，激光測距模塊的測量範圍只有 25m，融合結構設定為在 25m 以下使用激光測距模塊和在 25m 以上使用氣壓計模塊，即

$$\begin{cases}\boldsymbol{h}_k=[1 \quad \boldsymbol{T}]\boldsymbol{h}_{k-1}+\left[\frac{1}{2}\boldsymbol{T}_s^2\right](\boldsymbol{a}_{z(k-1)}+\boldsymbol{W}_{k-1})\\ \boldsymbol{Z}_k=\begin{cases}\begin{bmatrix}1 & 1\\1 & 0\\1 & 0\end{bmatrix}\begin{bmatrix}\boldsymbol{h}_0\\ \boldsymbol{\varepsilon}_b\end{bmatrix}+\begin{bmatrix}\boldsymbol{\omega}_b\\ \boldsymbol{\omega}_g\\ \boldsymbol{\omega}_m\end{bmatrix} & \boldsymbol{h}_k\geqslant 25\mathrm{m}\\ \begin{bmatrix}1 & 0\\1 & 0\\1 & 0\end{bmatrix}\boldsymbol{h}_0+\begin{bmatrix}\boldsymbol{\omega}_l\\ \boldsymbol{\omega}_g\\ \boldsymbol{\omega}_m\end{bmatrix} & \boldsymbol{h}_k\leqslant 25\mathrm{m}\end{cases}\end{cases} \tag{5-61}$$

式中，$\boldsymbol{a}_{z(k-1)}$ 是 $k-1$ 時刻加速度計 $\boldsymbol{Z}$ 軸分量；$\boldsymbol{T}$ 為傳感器週期；$\boldsymbol{h}_k$ 為 k 時刻的高度狀態量；$\boldsymbol{h}_0$ 為高度初始狀態；$\boldsymbol{\varepsilon}_b$ 氣壓高度計誤差；$\boldsymbol{\omega}_b$ 為氣壓高度計的加權矩陣；$\boldsymbol{\omega}_g$ 為 *GPS* 的加權矩陣；$\boldsymbol{\omega}_l$ 為激光測距的加權矩陣；$\boldsymbol{\omega}_m$ 為 MEMS 的加權矩陣。

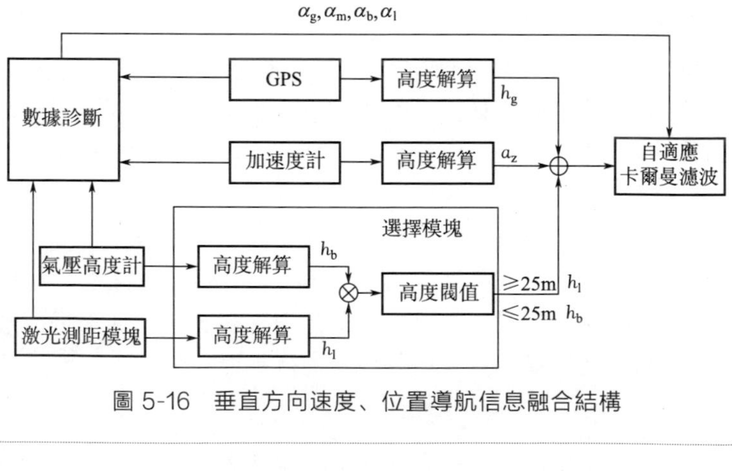

圖 5-16 垂直方向速度、位置導航信息融合結構

(3) 垂直方向速度、位置信息融合算法

在進行卡爾曼濾波進行數據融合前，解算的垂直高度信息存在誤差，在不同的環境中不同的傳感誤差不同，本書增加數據診斷環節，通過模糊卡爾曼算法，計算新息值序列的方差實際值與理論值，對傳感器的輸出數據進行辨識，確定融

合時各傳感器的權重因子。

新息序列方差實際值由 N 個採樣數據計算的新息方差的平均值作為其近似值：

$$\hat{\boldsymbol{C}}_k = \frac{1}{N}\sum_{i=i_0}^{k} \boldsymbol{v}_k \boldsymbol{v}_k^{\mathrm{T}}, i_0 = k - N + 1 \tag{5-62}$$

將一次融合輸出高度信息作為預測值，傳感器輸出高度信息作為量測值，$\boldsymbol{v}_k$ 為量測值與預測值的差值，即新息值。N 的取值需要通過試驗設置確定，由於各個傳感器的輸出信息更新頻率不同，N 的數值也不同，且每次新更新的傳感器數據與之前的 $N-1$ 個數據構成新序列，這樣不會降低融合頻率。新息值序列的方差理論值定義為

$$\boldsymbol{C}_k = E[\boldsymbol{v}_k \boldsymbol{v}_k^{\mathrm{T}}] = \boldsymbol{H}_k \boldsymbol{P}_{k/k-1} \boldsymbol{H}_k^{\mathrm{T}} + \boldsymbol{R}_k \tag{5-63}$$

如果新息值序列的實際方差與理論方差之間的差接近於 0，則表示方差匹配。要使用模糊邏輯法實現方差匹配，需要定義一個變量來檢測實際值與理論值的差值，令

$$\alpha_{Cx} = \frac{\sqrt{\hat{\boldsymbol{C}}_{kx}}}{\sqrt{\boldsymbol{C}_{kx}}}, x = \mathrm{g}, \mathrm{b}, \mathrm{m}, \mathrm{l} \tag{5-64}$$

如果解算的高度信息變化穩定，則實際值與理論值標準差的比值 α_{Cx} 應該越接近於 1，否則如果存在瞬間跳變誤差或持久的故障，則 α_{Cx} 會突然變大。觀測 α_{Cx} 的數值變化，則可以得到如下模糊規則：

$$\boldsymbol{\alpha} = \boldsymbol{\beta} \times \begin{bmatrix} \alpha_{C\mathrm{g}} \\ \alpha_{C\mathrm{b}} \\ \alpha_{C\mathrm{m}} \\ \alpha_{C\mathrm{l}} \end{bmatrix} \tag{5-65}$$

式中，$\boldsymbol{\beta} = [\beta_{\mathrm{g}}, \beta_{\mathrm{b}}, \beta_{\mathrm{m}}, \beta_{\mathrm{l}}]$ 為試驗測得的調節權重因子；$\boldsymbol{\alpha} = [\alpha_{\mathrm{g}}, \alpha_{\mathrm{b}}, \alpha_{\mathrm{m}}, \alpha_{\mathrm{l}}]$ 為融合權重因子。通過調整權重因子，完成數據融合中各個傳感器的使用權重的自動調節，使融合算法可以在環境變換時，適應性更強，輸出的高度信息準確性和可靠性更高。完整的垂直信息融合算法為

$$\hat{\boldsymbol{X}}_{k/k-1} = \boldsymbol{\Phi} \hat{\boldsymbol{X}}_{k-1} + \boldsymbol{B} \boldsymbol{u}_{k-1}$$

$$\boldsymbol{v}_k = \boldsymbol{Z}_k - \boldsymbol{H} \hat{\boldsymbol{X}}_{k/k-1}$$

$$\boldsymbol{P}_{k/k-1} = \boldsymbol{\Phi} \boldsymbol{P}_{k-1} \boldsymbol{\Phi}^{\mathrm{T}} + \boldsymbol{\Gamma} \hat{\boldsymbol{Q}}_{k-1} \boldsymbol{\Gamma}^{\mathrm{T}}$$

$$\hat{\boldsymbol{R}}_k=(\boldsymbol{I}-\boldsymbol{\beta}_k)\hat{\boldsymbol{R}}_{k-1}+\boldsymbol{\beta}_k[(\boldsymbol{I}-\boldsymbol{HK}_{k-1})\boldsymbol{v}_k\boldsymbol{v}_k^{\mathrm{T}}(\boldsymbol{I}-\boldsymbol{HK}_{k-1})^{\mathrm{T}}+\boldsymbol{HP}_{k-1}\boldsymbol{H}^{\mathrm{T}}]$$

$$\boldsymbol{v}_k\boldsymbol{v}_k^{\mathrm{T}}\leqslant\gamma\mathrm{tr}(E[\boldsymbol{v}_k\boldsymbol{v}_k^{\mathrm{T}}])=\gamma\mathrm{tr}(\boldsymbol{HP}_{k/k-1}\boldsymbol{H}^{\mathrm{T}}+\boldsymbol{R}_k)\begin{cases}\text{如收斂,進入下一步}\\ \text{否則 }\boldsymbol{P}_{k/k-1}=\boldsymbol{\lambda}_k\boldsymbol{\Phi P}_{k-1}\boldsymbol{\Phi}^{\mathrm{T}}+\boldsymbol{\Gamma}\hat{\boldsymbol{Q}}_{k-1}\boldsymbol{\Gamma}^{\mathrm{T}}\end{cases}$$

$$\boldsymbol{K}_k=\frac{\boldsymbol{P}_{k/k-1}\boldsymbol{H}^{\mathrm{T}}}{\boldsymbol{HP}_{k/k-1}\boldsymbol{H}^{\mathrm{T}}+\hat{\boldsymbol{R}}_k}$$

$$\hat{\boldsymbol{X}}_k=\hat{\boldsymbol{X}}_{k/k-1}+\alpha\boldsymbol{K}_k\boldsymbol{v}_k$$

$$\boldsymbol{P}_k=(\boldsymbol{I}-\boldsymbol{K}_k\boldsymbol{H})\boldsymbol{P}_{k/k-1}(\boldsymbol{I}-\boldsymbol{K}_k\boldsymbol{H})^{\mathrm{T}}+\boldsymbol{K}_k\boldsymbol{R}_k\boldsymbol{K}_k^{\mathrm{T}}$$

$$\boldsymbol{\xi}=[\sqrt{(\dot{\boldsymbol{u}})^2+(\dot{\boldsymbol{v}})^2+(\dot{\boldsymbol{w}})^2}\,\mathrm{sign}(-\dot{\boldsymbol{w}})-\boldsymbol{g}]/\boldsymbol{u}$$

$$\hat{\boldsymbol{Q}}_k=\boldsymbol{Q}_{k-1}\frac{\boldsymbol{s}}{\boldsymbol{s}+\boldsymbol{\xi}}+\hat{X}_k\boldsymbol{s}\frac{\boldsymbol{\xi}}{\boldsymbol{s}+\boldsymbol{\xi}}\tag{5-66}$$

(4) 垂直方向速度、位置信息融合實驗

為驗證算法有效性，仿真如圖 5-17 所示，明顯看出，經過改進的融合算法更為準確、有效。

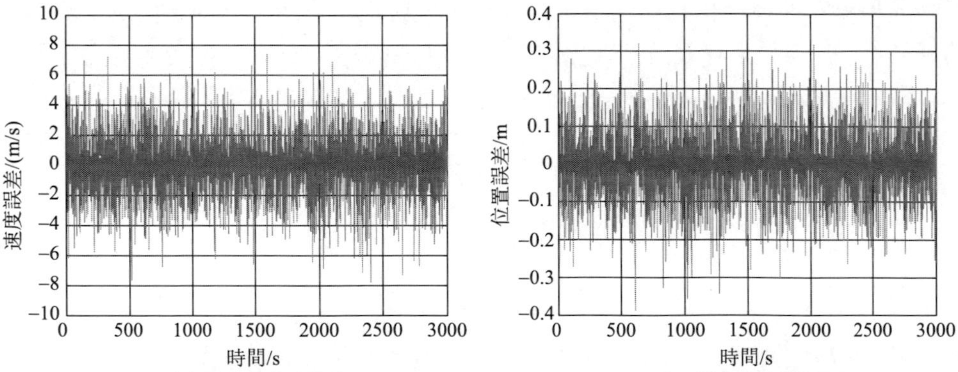

(a) 速度誤差濾波前後對比 (b) 位置誤差濾波前後對比

圖 5-17 改進算法前後垂直方向速度誤差和位置誤差對比（電子版）

同時為了更好地驗證算法的有效性，將組合導航模塊置於多旋翼原型機上，在多個不同的高度進行懸停飛行，測試的結果如圖 5-18 所示。從圖 5-18 中可以看到，在懸停的整個過程中，多旋翼原型機的高度誤差均小於 1.2m，達到了滿意效果。

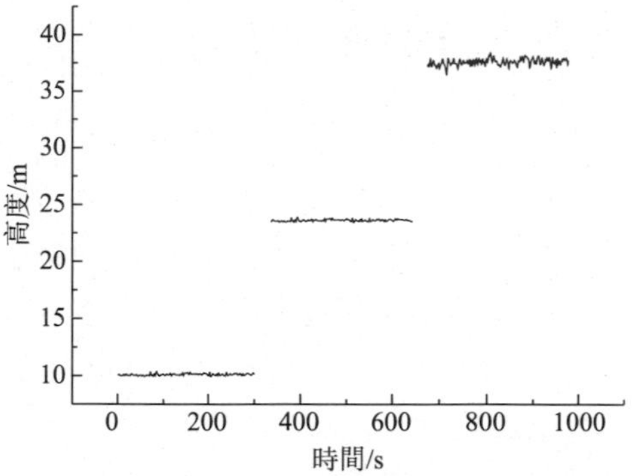

圖 5-18 多旋翼原型機多點懸停實驗結果

5.5 低成本組合導航傳感器特性分析與預處理

目前，多旋翼無人機的發展趨勢就是降低成本、優化性能。高精度的慣性測量單元（INS）模塊雖然能夠提高導航系統的輸出精度，但是其高昂成本嚴重限制了多旋翼無人機的推廣。價格高昂的差分 GNSS 定位系統，使得多旋翼無人機難以普及，低成本的 GNSS 接收機速度、位置輸出精度較低且更新速率較慢，在實際使用中同樣面臨著挑戰，這對低成本組合導航算法提出了更高的要求，也成為中國內外的研究熱點。

本節立足於多旋翼無人機的低成本化，採用低成本的 MEMS 慣性測量元件、磁場測量元件與 GNSS 組成的鬆組合導航系統，研究在低成本的基礎上提高導航系統的性能。

通常多傳感器數據融合的效果取決以下幾個方面：一是組合導航傳感器的精度，二是傳感器的數據預處理能最大限度地進行誤差去除與補償，三是組合導航算法的設計能輸出高精度和高可靠性的導航信息。其中傳感器輸出的原始數據精度對數據融合的準確性與可靠性影響很大，因此在進行數據融合前，必須對組合導航系統所使用的傳感器的特性進行深入研究，特別是採用低成本導航元件時，輸出的數據如果不進行誤差的分析與補償，導航精度會明顯降低，並會降低導航輸出的穩定性，因此對傳感器的誤差分析與預處理非常重要。本節首先分析了組合導航模塊所使用的各傳感器特性，然後對各傳感器的誤差來源進行建模分析，針對性地提出了每個傳感器適用的誤差在線快速標定方法，準確與高效的傳感器數據預處理將為後面的組合導航算法提供更準確的原始數據。

5.5.1 組合導航傳感器特性分析

（1）慣性測量單元特性分析

慣性測量單元（INS）選取低成本的 MPU6000 元件，如圖 5-19 所示。慣性測量單元一般由陀螺儀和加速度計構成，本節選取的元件也集成了這兩項。通常價格高昂的激光陀螺儀與光纖陀螺儀等導航精度高，在低成本小型無人機的推廣上並不適用。MEMS 器件成本低且其尺寸與重量很小，在對體積與成本有要求的旋翼無人機上獲得了廣泛應用。

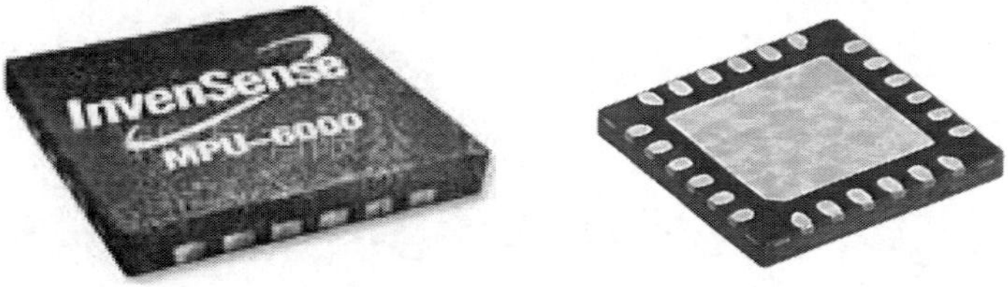

圖 5-19　MPU6000 元件

① 陀螺儀　陀螺儀是組合導航系統的重要組成單元，通常與機體固連的陀螺儀輸出的角速度通過積分可以推算載體姿態且具有短時間內推算精度較高的特點。但是由於陀螺儀存在累積誤差，長期工作會導致解算得到的姿態嚴重偏離真實值，特別是對於低成本的陀螺儀，其累計誤差增長得非常迅速，因此組合導航設計中陀螺儀會與其他傳感器組合進行姿態解算。表 5-6 給出了本節採用的 MPU6000 集成的三軸陀螺儀的主要技術參數，與表 5-1 描述的 INS 模塊 ADIS 16488 陀螺儀主要技術參數相比較可知，低成本陀螺儀與高精度陀螺儀性能相差很大，低成本陀螺儀非線性誤差、正交誤差均遠大於高成本元件，其中表徵陀螺儀重要特性的運動偏置穩定度、角度隨機游走、溫度係數等，低成本元件並沒有給出具體數值，其每次通電受工作環境影響變化較大。本節後續導航數據融合算法針對性解決陀螺漂移估計的難題。

表 5-6　MPU6000 陀螺儀主要技術參數

性能指標	數據	性能指標	數據
動態範圍靈敏度	±2000(°)/s	均方根噪聲	0.05(°)/s rms
非線性度	0.2%	噪聲譜密度	0.005(°)/(s · $\sqrt{Hz}$)
正交誤差	±2%	輸出頻率	8000Hz(最大)
線性加速度靈敏度	0.1(°)/(s · *g*)		

② 加速度計　加速度計也是組合導航系統的重要組成單元，與機體固連的加速度計通過各方向分量可以直接推算載體的姿態。如果機體振動較小，加速度計解算的姿態信息精度會比較高，然而旋翼無人機通常處於機動運行狀態，加速度計對振動非常敏感，從而使得解算的姿態誤差很大。組合導航中加速度計經常與陀螺儀組合進行姿態推算。在速度和位置的推算中，加速度計輸出的加速度值先轉換至慣性係下，通過一次積分推算機體運行速度，通過二次積分推算位置。由此得到的位置與速度信息受振動干擾與真值偏離較多，通常會配合定位模塊進行修正。表 5-7 給出了 MPU6000 集成的三軸加速度計的主要技術參數，與表 5-2 描述的 INS 模塊 ADIS16488 加速度計性能參數相比較可知，低成本加速度計與高精度加速度計性能相差很大，低成本加速度計非線性誤差、正交誤差均遠大於高成本元件，可在後續的導航數據融合算法中進行修正。

表 5-7　MPU6000 加速度計主要技術參數

性能指標	數據	性能指標	數據
動態範圍	$\pm 16g$	初始偏置誤差(x、y、z 軸)	±50mg，±50mg，±80mg
非線性度	0.5%	噪聲譜密度	$400\mu g/\sqrt{Hz}$
正交誤差	±2%	輸出頻率	1000Hz(最大)

(2) 磁力計特性分析

基於低成本化要求，磁力計（Compass）選取 LSM303D，如圖 5-20 所示。磁力計輸出地球磁場在機體座標系下的投影，通過測量值可獲取機體運行的航向信息。地球磁場強度只有 0.5～0.6G，磁力計的輸出受工作環境影響嚴重。通常其干擾來源於軟磁與硬磁兩方面。小範圍測量時硬磁干擾不隨載體位置的改變而產生顯著變化，一般由機體周圍的磁性物質產生一個近似常值的誤差量，而軟磁干擾會隨著工作環境周圍磁場的變化而發生明顯改變。磁力計的數據在導航解算前的誤差處理非常重要，在無人機低速運行時航向的推算和修正很大程度上依賴其準確性。表 5-8 給出了三軸磁力計 LSM303D 的主要技術參數。

圖 5-20　LSM303D

表 5-8 LSM303D 磁力計主要技術參數

性能指標	數據	性能指標	數據
動態範圍	±12G	溫度靈敏度	±0.05%/℃
非線性度	0.5%	均方根噪聲(±2G 量程)	5mG rms
正交誤差	1%/G	輸出頻率	MAX 100Hz

(3) 定位模塊特性分析

全球定位系統（GNSS）選取較低成本的 NEO-M8N 模塊，如圖 5-21 所示。通常 GNSS 輸出的導航信息具有長期穩定性，但是由於其更新頻率很慢、輸出的速度位置信息存在跳變誤差，且精度受環境遮擋影響較大等缺點，獨立應用於無人機導航時效果不佳。實際工程中可以將 GNSS 的導航信息與慣性測量單元和磁力計等推算的導航信息進行數據融合以克服上述缺點。表 5-9 給出了 GNSS 模塊 NEO-M8N 磁力計的主要技術參數。水平定位精度、數據更新速率表徵了其性能，NEO-M8N 可以根據製造商 U-blox 自帶協議解析出三軸位置和三軸速度，另外還可以解析三軸位置精度和三軸速度精度，這為組合導航數據融合帶來了更全面的量測數據。

表 5-9 NEO-M8N 磁力計主要技術參數

性能指標	數據	性能指標	數據
水平位置精度	±2.5m	啓動時間(冷啓動)	26s
數據更新速率	10Hz(最大)	靈敏度	−148dBm

圖 5-21 NEO-M8N 正面

圖 5-22 MS5611 氣壓高度計

(4) 氣壓高度計特性分析

氣壓高度計（Baro）選取低成本且精度較高的 MS5611，如圖 5-22 所示。氣壓高度計是測量環境大氣壓力的設備。環境大氣壓力隨高度的增大而減小。氣壓高度計輸出的氣壓經過溫度補償後，根據氣壓—高度轉換公式可得到海拔高度，根據氣壓對應高度的變化，可以獲取機體垂直方向的位置變化。表 5-10 給出了氣壓高度計 MS5611 的主要技術參數。相比於 GNSS 模塊輸出的高度信息，由氣壓高度計推算的高度受遮擋影響較小，推算的高度精度比 GNSS 高很多，但受風擾影響較大。

表 5-10 MS5611 氣壓高度計主要技術參數

性能指標	數據	性能指標	數據
動態範圍	10～1200mbar	總誤差範圍	±2.5mbar
準確度(25℃,750mbar)	±1.5mbar	響應時間	0.5ms(最小)

(5) 空速計特性分析

空速計（Tas）選取低成本的 MPXV7002 模組，如圖 5-23 所示。空速計輸出值推算的速度不是機體相對於地面運行的真實速度，而是機體相對於大氣的運動速度。如果無人機運行時存在較強風擾，順風飛行時將空速疊加風速得到相對於大地的運動速度，逆風飛行時減去風速得到相對於大地的運動速度。表 5-11 給出了空速計 MPXV7002 的主要技術參數。

圖 5-23 MPXV7002 空速計模塊

表 5-11 MPXV7002 空速計模塊主要技術參數

性能指標	數據	性能指標	數據
動態範圍	±2kPa	靈敏度	±1V/kPa
準確度	±2.5%Vfss	響應時間	1ms

5.5.2 INS 誤差源分析及預處理

通常 MEMS 器件的確定性誤差可以通過數學建模的方法進行分析，並採取相應處理方法進行誤差補償。對於低成本的 MEMS 器件，其數據進入組合導航信息融合的誤差補償非常重要，本節將分別對低成本化的 INS 中加速度計、陀螺儀的誤差源進行分析，設計現場快速標定方法並進行相應的預處理。

(1) 加速度計誤差建模和快速標定

① 加速度計的誤差模型　加速度計的誤差模型定義如下：

$$\boldsymbol{A}_a=(\boldsymbol{I}+\boldsymbol{S}_1+\boldsymbol{S}_2)\boldsymbol{f}+\boldsymbol{b}_a+\boldsymbol{\varepsilon}_a \tag{5-67}$$

式中，$\boldsymbol{A}_a$ 為加速度計輸出的三軸加速度值；$\boldsymbol{S}_1$ 為尺度係數誤差矩陣；$\boldsymbol{S}_2$ 為非正交誤差矩陣；$\boldsymbol{f}$ 為比力真值；$\boldsymbol{b}_a$ 為加速度零偏；$\boldsymbol{\varepsilon}_a$ 為滿足高斯分布的隨機噪聲。

本節採用的低成本加速度計，實際工作中尺度係數誤差$\boldsymbol{S}_1$ 和加速度零偏$\boldsymbol{b}_a$ 遠大於非正交誤差$\boldsymbol{S}_2$，因此將誤差模型簡化為

$$\boldsymbol{A}_a=(\boldsymbol{I}+\boldsymbol{S}_a)\boldsymbol{f}+\boldsymbol{b}_a+\boldsymbol{\varepsilon}_a \tag{5-68}$$

重點處理加速度零偏 $\boldsymbol{b}_a$ 與尺度係數誤差 $\boldsymbol{S}_a$。

a. 加速度零偏 $\boldsymbol{b}_a$。加速度計的零偏與導航的速度精度關於 t 成正比，與導航的位置精度關於 t^2 成正比，可以通過一重、二重積分得到。當加速度計某一軸向沒有動作時，理想情況輸出值應只有均值為 0 的隨機噪聲，然而實際的輸出受通電雜散磁場、溫度變化、殘留力矩等的影響，存在一定量級的零偏誤差，且零偏誤差包括兩部分：

$$\boldsymbol{b}_a=\boldsymbol{b}_0+\boldsymbol{b}_t \tag{5-69}$$

式中，$\boldsymbol{b}_0$ 為常值零偏；$\boldsymbol{b}_t$ 為時變零偏，且 $\boldsymbol{b}_t$ 滿足 Gauss-Markov 過程，其自相關函數具有指數形式：

$$\boldsymbol{R}_x=\boldsymbol{\sigma}^2\boldsymbol{e}^{-\beta|\tau|} \tag{5-70}$$

式中，$\boldsymbol{\sigma}$ 為噪聲方差；τ 為時間常數；$1/\beta$ 為過程時間常數，相關時間與傳感器的精度有緊密聯繫，傳感器的精度越高其相關時間越長。低成本加速度計的相關時間非常小，在此忽略不計，也即時變零偏即使存在 Gauss-Markov 過程，但短時間內也被幅值較大的噪聲所覆蓋。

b. 加速度尺度係數誤差 $\boldsymbol{S}_a$。加速度計工作時其量測輸出信號與加速度變化量的比值並非線性，尺度係數誤差為這種實際輸出時的比值與其出場標注的比值之間存在的誤差。尺度係數誤差與導航推算的速度、位置誤差的關係如下：

$$\begin{aligned}
\boldsymbol{s}_v&=\int(\boldsymbol{I}+\boldsymbol{S}_a)\boldsymbol{f}\,\mathrm{d}t=\boldsymbol{f}\int(\boldsymbol{I}+\boldsymbol{S}_a)\,\mathrm{d}t\\
\boldsymbol{\varepsilon}_v&=\boldsymbol{f}\int\boldsymbol{S}_a\,\mathrm{d}t=\boldsymbol{f}\boldsymbol{S}_a t\\
\boldsymbol{\varepsilon}_p&=\int\boldsymbol{\varepsilon}_v\,\mathrm{d}t=\iint\boldsymbol{f}\boldsymbol{S}_a\,\mathrm{d}t=\frac{1}{2}\boldsymbol{f}\boldsymbol{S}_a t^2
\end{aligned} \tag{5-71}$$

式中，$\boldsymbol{s}_v$ 為導航輸出的速度；$\boldsymbol{\varepsilon}_v$ 為速度誤差；$\boldsymbol{\varepsilon}_p$ 為位置誤差，尺度係數誤差對速度、位置的影響分別關於 t、t^2 成正比。

② 加速度計預處理　低成本的加速度計每次上電其誤差均不相同，為了較準確地估計加速度誤差，設計了基於最小二乘法的現場快速標定方法。

重力加速度在小範圍內可以近似為常值，因此加速度計工作時如果處於靜止狀態，其輸出的三軸加速度值的平方和應為 g，將重力加速度歸一化處理後表示為

$$\frac{A_{ax}-b_{ax}}{1+S_{ax}}+\frac{A_{ay}-b_{ay}}{1+S_{ay}}+\frac{A_{az}-b_{az}}{1+S_{az}}=\| f \|^2=1 \tag{5-72}$$

式(5-72) 中共有 6 個待定值，分別為加速度計三軸零偏$[b_{ax},b_{ay},b_{az}]$和尺度係數誤差$[S_{ax},S_{ay},S_{az}]$，誤差值最大時的位置即為最優標定點，此時，待定參數變化最為明顯，對式(5-72) 中各參數求偏導可得

$$\begin{cases}
\dfrac{\partial \left\| f \right\|^2}{\partial b_{ax}}=-2\dfrac{A_{ax}-b_{ax}}{1+S_{ax}}\\
\dfrac{\partial \left\| f \right\|^2}{\partial S_{ax}}=-2\dfrac{(A_{ax}-b_{ax})^2}{(1+S_{ax})^3}\\
\dfrac{\partial \left\| f \right\|^2}{\partial b_{ay}}=-2\dfrac{A_{ay}-b_{ay}}{1+S_{ay}}\\
\dfrac{\partial \left\| f \right\|^2}{\partial S_{ay}}=-2\dfrac{(A_{ay}-b_{ay})^2}{(1+S_{ay})^3}\\
\dfrac{\partial \left\| f \right\|^2}{\partial b_{az}}=-2\dfrac{A_{az}-b_{az}}{1+S_{az}}\\
\dfrac{\partial \left\| f \right\|^2}{\partial S_{az}}=-2\dfrac{(A_{az}-b_{az})^2}{(1+S_{az})^3}
\end{cases} \tag{5-73}$$

當$[|A_{ax}|,|A_{ay}|,|A_{az}|]$最大時，獲取誤差標定的最優位置，因此 3 個軸向垂直向下和向上都是最優標定位置，共計 6 個標定點。

以 x 軸為例，對式$\frac{A_{ax}-b_{ax}}{1+S_{ax}}+\frac{A_{ay}-b_{ay}}{1+S_{ay}}+\frac{A_{az}-b_{az}}{1+S_{az}}=\| f \|^2=1$ 化簡可到

$$
\begin{cases}
-A_{ax}^2=[-2A_{ax},A_{ay}^2,-2A_{ay},A_{az}^2,-2A_{az}^2,1]\begin{bmatrix} b_{ax} \\ C_1 \\ C_1 b_{ay} \\ C_2 \\ C_2 b_{az} \\ C_3 \end{bmatrix} \\
C_1=\dfrac{(1+S_{ax})^2}{(1+S_{ay})^2} \\
C_2=\dfrac{(1+S_{ax})^2}{(1+S_{az})^2} \\
C_3=(1+S_{ax})^2+b_{ax}^2+C_1 b_{ay}^2+C_2 b_{az}^2
\end{cases} \tag{5-74}
$$

對於 x 軸的 n 組採樣數據，可使用最小二乘法求解式中各參數，並最終確定 x 軸零偏 b_{ax} 和尺度係數誤差 S_{ax}，y 軸、z 軸求解方法相同。該校準方法不需要加速度計必須完全水平擺放，是一種簡便的現場快速標定方法。圖 5-24 給出了某次標定前和標定後的 z 軸加速度值。

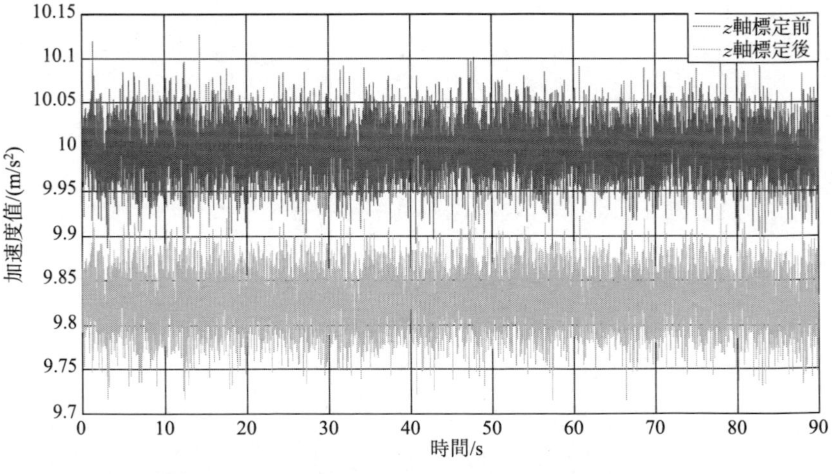

圖 5-24　加速度計現場快速標定效果（電子版）

(2) 陀螺儀誤差建模和快速標定

① 陀螺儀的誤差模型　陀螺儀的誤差模型定義如下：

$$\boldsymbol{A}_{\omega}=(\boldsymbol{I}+\boldsymbol{S}_1+\boldsymbol{S}_2)\boldsymbol{\omega}+\boldsymbol{b}_{\omega}+\boldsymbol{\varepsilon}_{\omega} \tag{5-75}$$

式中，$\boldsymbol{A}_{\omega}$ 為陀螺儀測量輸出的三軸角速度值；$\boldsymbol{S}_1$ 為尺度係數誤差矩陣；$\boldsymbol{S}_2$

為非正交誤差矩陣；$\boldsymbol{\omega}$ 為角速度真實值；$\boldsymbol{b}_\omega$ 為角速度零偏；$\boldsymbol{\varepsilon}_\omega$ 為滿足高斯分布的隨機噪聲。

本節採用低成本的加速度計，實際工作時尺度係數誤差$\boldsymbol{S}_1$ 與角速度零偏$\boldsymbol{b}_\omega$ 遠大於非正交誤差$\boldsymbol{S}_2$，因此將誤差模型簡化為

$$\boldsymbol{A}_\omega=(\boldsymbol{I}+\boldsymbol{S}_\omega)\boldsymbol{f}+\boldsymbol{b}_\omega+\boldsymbol{\varepsilon}_\omega \tag{5-76}$$

重點處理角速度零偏 $\boldsymbol{b}_\omega$ 與尺度係數誤差 $\boldsymbol{S}_\omega$。

a. 陀螺零偏 $\boldsymbol{b}_\omega$。當陀螺儀處於理想靜置條件時，其輸出值近似為地球自轉角速度並疊加了均值為 0 的隨機噪聲，然而實際輸出會表現一定量級的偏置，且零偏誤差包括兩部分：

$$\boldsymbol{b}_\omega=\boldsymbol{b}_0+\boldsymbol{b}_t \tag{5-77}$$

式中，$\boldsymbol{b}_0$ 為常值零偏；$\boldsymbol{b}_t$ 為時變零偏，且 $\boldsymbol{b}_t$ 滿足 Gauss-Markov 過程。與加速度計的分析類似，低成本的陀螺儀其相關時間非常小，即時變零偏即使存在 Gauss-Markov 過程，其幅值也被噪聲所覆蓋。

陀螺儀的零偏與導航的速度精度、位置精度的關係如下：

$$\begin{aligned}\boldsymbol{\varepsilon}_\theta&=\int\boldsymbol{b}_\omega\,\mathrm{d}t=\boldsymbol{b}_\omega t\\ \boldsymbol{\varepsilon}_v&=\iint\boldsymbol{b}_\omega t\,\mathrm{d}t=\frac{1}{2}\boldsymbol{b}_\omega t^2\\ \boldsymbol{\varepsilon}_p&=\iiint\frac{1}{2}\boldsymbol{b}_\omega \boldsymbol{t}^2\,\mathrm{d}t=\frac{1}{6}\boldsymbol{b}_\omega t^3\end{aligned} \tag{5-78}$$

陀螺儀的零偏與導航的速度精度關於 t^2 成正比，與導航的位置精度關於 t^3 成正比。

b. 陀螺尺度係數誤差 $\boldsymbol{S}_\omega$。工作時角速度輸出信號與角速度的變化量的比值並非線性，即產生尺度係數誤差。與陀螺零偏類似，陀螺尺度係數誤差與導航精度關於 t^2 成正比，與導航的位置精度關於 t^3 成正比。

② 陀螺儀預處理　陀螺儀的準確標定通常需要藉助高精度轉臺等，價格高昂且非常耗時。對於低成本的陀螺儀，每次通電時的零偏都存在較大差別，用一次準確標定的數據作為零偏，反而會增大陀螺儀的輸出誤差。低成本的陀螺零偏 $\boldsymbol{b}_\omega$ 對測量精度的影響遠大於尺度係數誤差 $\boldsymbol{S}_\omega$，因此本節針對陀螺零偏 $\boldsymbol{b}_\omega$ 設計了現場快速標定方法，並在後續設計的 EKF 中進行最優估計。

將陀螺儀靜止放置，採集 n 個三軸樣本值，篩選方式如下。

$$\begin{cases} \boldsymbol{\omega}_0 = \dfrac{1}{\boldsymbol{n}_1}\sum\limits_{i=1}^{n_1}\boldsymbol{\omega}_i \\ \boldsymbol{b}_\omega = \dfrac{1}{\boldsymbol{n}_2 - \boldsymbol{n}_1}\sum\limits_{i=n_1+1}^{n_2}\boldsymbol{\omega}_i \\ \boldsymbol{\omega}_i = \begin{cases} |\boldsymbol{\omega}_i - \boldsymbol{\omega}_0| < \boldsymbol{\eta} & \text{正常情況} \\ |\boldsymbol{\omega}_i - \boldsymbol{\omega}_0| \geqslant \boldsymbol{\eta} & \text{異常情況} \end{cases} \end{cases} \tag{5-79}$$

預處理分為兩個階段，第一階段保持陀螺儀靜止較長時間（>20s），獲取三軸靜止狀態下 n_1 個採樣點的角速度參考均值 $\boldsymbol{\omega}_0$，第二階段仍舊保持陀螺儀靜止一段時間（>10s），讀取的角速度分別與參考均值 $\boldsymbol{\omega}_0$ 進行比較，偏差超過閾值 η 時捨棄。第二階段的 n_2-n_1 個採樣點的角速度均值即為陀螺零偏 $\boldsymbol{b}_\omega$。圖 5-25 給出了某次標定前和標定後的陀螺儀角速度值。

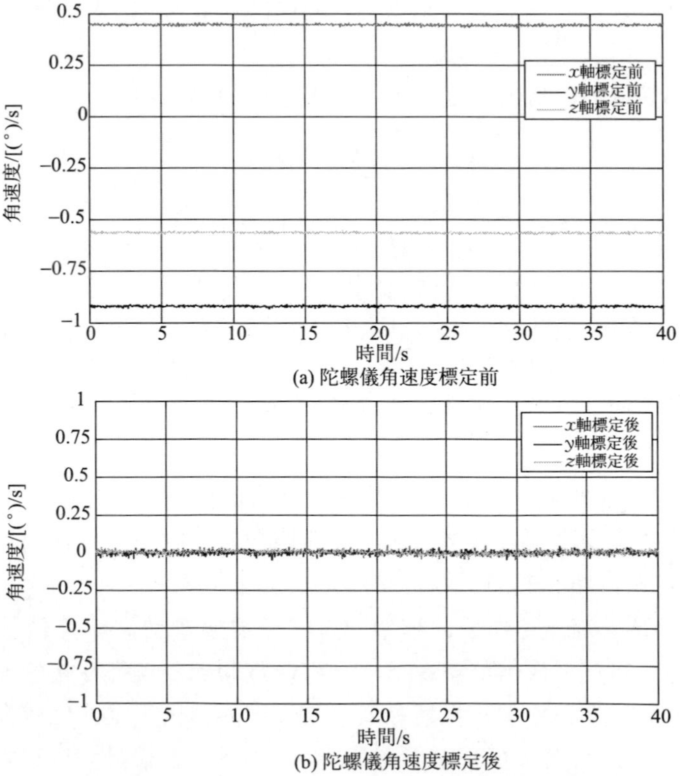

(a) 陀螺儀角速度標定前

(b) 陀螺儀角速度標定後

圖 5-25 陀螺標現場快速標定效果（電子版）

5.5.3 磁力計/氣壓高度計/GNSS誤差建模和預處理

（1）磁力計誤差建模和快速標定

① 磁力計的誤差模型　陀螺儀的誤差模型定義為

$$\boldsymbol{A}_m=\boldsymbol{S}_1\boldsymbol{S}_2(\boldsymbol{S}_3\boldsymbol{M}+\boldsymbol{S}_4)+\boldsymbol{B}_m+\boldsymbol{\varepsilon}_m \tag{5-80}$$

式中，$\boldsymbol{A}_m$ 為磁力計輸出的三軸磁場值；$\boldsymbol{S}_1$ 為尺度係數誤差矩陣；$\boldsymbol{S}_2$ 為非正交誤差矩陣；$\boldsymbol{S}_3$ 為軟磁干擾誤差矩陣；$\boldsymbol{S}_4$ 為硬磁干擾誤差矩陣；$\boldsymbol{M}$ 為磁場真實值；$\boldsymbol{B}_m$ 為磁場零偏；$\boldsymbol{\varepsilon}_m$ 為滿足高斯分布的隨機噪聲。

上式簡化可得

$$\boldsymbol{A}_m=\boldsymbol{S}\boldsymbol{M}+\boldsymbol{B}+\boldsymbol{\varepsilon}_m$$
$$\boldsymbol{S}=\boldsymbol{S}_1\boldsymbol{S}_2\boldsymbol{S}_3$$
$$\boldsymbol{B}=\boldsymbol{S}_1\boldsymbol{S}_2\boldsymbol{S}_4+\boldsymbol{B}_m \tag{5-81}$$

忽略隨機噪聲項，對第一個式子化簡為

$$\boldsymbol{M}=\boldsymbol{S}^{-1}(\boldsymbol{A}_m-\boldsymbol{B})$$
$$\boldsymbol{M}_0=(\boldsymbol{A}_m-\boldsymbol{B})^{\mathrm{T}}(\boldsymbol{S}^{-1})^{\mathrm{T}}\boldsymbol{S}^{-1}(\boldsymbol{A}_m-\boldsymbol{B}) \tag{5-82}$$

由於測量磁場強度，在環境不變的情況下，傳感器每個姿態感受磁場強度是相同的，所以不需要靜止狀態，磁力計測量的 x、y、z 軸值，在沒有偏差的情況下，在傳感器内部三軸相互垂直的情況下，在三維空間中組成一個圓球面，也即 $\boldsymbol{M}$ 為球面分布，然而在周圍軟磁和硬磁干擾導致的誤差影響下，磁力計的輸出數據位於一個橢球面上。$\boldsymbol{S}$ 與 $\boldsymbol{B}$ 的求解將從橢球分布的點中進行，這裡我們採用最小二乘法進行橢球擬合。

橢球面的參數方程表示為

$$a_1x^2+a_2y^2+a_3z^2+2a_4xy+2a_5xz+2a_6yz+2a_7x+2a_8y+2a_9z=1 \tag{5-83}$$

將上式變換為矩陣形式可得

$$[x^2,y^2,z^2,2xy,2xz,2yz,2x,2y,2z,1]\,[a_1,a_2,a_3,a_4,a_5,a_6,a_7,a_8,a_9,a_{10}]^{\mathrm{T}}=0 \tag{5-84}$$

通過 n 個採樣點數據可求取方程中各係數。將上式進行廣義形式的變化得到

$$\boldsymbol{A}_m^{\mathrm{T}}\boldsymbol{C}_1\boldsymbol{A}_m+2\boldsymbol{C}_2\boldsymbol{A}_m+\boldsymbol{C}_3=0 \tag{5-85}$$

$$\boldsymbol{C}_1=\begin{bmatrix}a_1 & a_4 & a_5\\ a_4 & a_2 & a_6\\ a_5 & a_6 & a_3\end{bmatrix}$$
$$\boldsymbol{C}_2=\begin{bmatrix}a_7 & a_8 & a_9\end{bmatrix}$$
$$\boldsymbol{C}_3=a_{10}$$

將上式與 $\boldsymbol{M}_0=(\boldsymbol{A}_m-\boldsymbol{B})^{\mathrm{T}}(\boldsymbol{S}^{-1})^{\mathrm{T}}\boldsymbol{S}^{-1}(\boldsymbol{A}_m-\boldsymbol{B})$ 對比變換，可得

$$\boldsymbol{B}=-\boldsymbol{C}_1^{-1}\boldsymbol{C}_2$$
$$(\boldsymbol{S}^{-1})^{\mathrm{T}}\boldsymbol{S}^{-1}=\frac{1}{\boldsymbol{B}^{\mathrm{T}}\boldsymbol{C}_1\boldsymbol{B}-\boldsymbol{C}_3} \tag{5-86}$$

至此，可求取誤差校正矩陣 $\boldsymbol{S}$ 和磁場偏置 $\boldsymbol{B}$。

② 磁力計預處理　基於磁力計現場快速標定方法對磁力計的誤差進行建模與分析。校正時將磁力計與機體固連轉動，分為兩個步驟：

a. 繞 z 軸，即 xy 平面轉動一周（>90°）獲取水平面的磁場值 A_{mx}，A_{my}。

b. 繞 x 或者 y 軸，即 yz 或者 xz 平面轉動一周（>90°），獲取 z 軸磁場值 A_{mz}。

繼而採用上一小節的最小二乘法橢球擬合獲取磁場偏置。表 5-12 為某次現場磁力計校正獲得的校正數據。

表 5-12　磁場偏置值

偏置	數據
x 軸偏置	165mG
y 軸偏置	70mG
z 軸偏置	−116mG

(2) 氣壓高度計誤差分析和預處理

① 氣壓高度計誤差分析　低成本的 MS5611 高度方向測量精度達到厘米級，首先給出其計算氣壓與溫度的方法，其中，片內 PROM 的出廠校準數據如表 5-13 所示。

表 5-13　MS5611 PROM 出廠校準數據

性能指標	典型值（以實際讀取為準）	性能指標	典型值（以實際讀取為準）
壓力靈敏度 C_1	40127	溫度係數的壓力抵消 C_4	23282
壓力抵消 C_2	36924	參考溫度 C_5	33464
溫度壓力靈敏度係數 C_3	23317	溫度係數 C_6	28312

氣壓與溫度的獲取公式如下：

$$T=2000+\frac{\Delta T C_6}{2^{23}}$$
$$P=\frac{\dfrac{D_1 S_{\text{sens}}}{2^{21}}-B_{\text{offset}}}{2^{15}} \tag{5-87}$$

式中，T 為實際溫度；P 為溫度補償後的實際氣壓；S_{sens} 為實際溫度靈敏度；B_{offset} 為實際溫度抵消量；ΔT 為實際溫度和參考溫度的差異。

$$\begin{aligned} S_{sens} &= C_1 \times 2^{15} + \frac{(C_3 \Delta T)}{2^8} \\ B_{offset} &= C_2 \times 2^{16} + \frac{(C_3 \Delta T)}{2^7} \\ \Delta T &= D_2 - C_5 \times 2^8 \end{aligned} \tag{5-88}$$

由此可以看出，氣壓值受溫度的影響非常明顯，即溫度的準確度對氣壓的準確度影響很大。

② 氣壓高度計預處理　考慮到溫度區間對氣壓的影響，將溫度分為三個區間，對氣壓進行階梯式補償，方法如下：

$$\begin{cases} \begin{cases} T_2 = 0 \\ B_{off2} = 0 \\ S_{sens2} = 0 \end{cases} & \mathrm{T} \geqslant 20^\circ \\ \begin{cases} T_2 = \dfrac{(\Delta T)^2}{2^{31}} \\ B_{off2} = 5(T-2000)^2/2 \\ S_{sens2} = 5(T-2000)^2/4 \end{cases} & -15^\circ < \mathrm{T} \leqslant 20^\circ \\ \begin{cases} T_2 = \dfrac{(\Delta T)^2}{2^{31}} \\ B_{off2} = B_{off2} + 7(T+1500)^2 \\ S_{sens2} = S_{sens2} + 11(T+1500)^2/2 \end{cases} & T \leqslant -15^\circ \end{cases} \tag{5-89}$$

式中，T_2 為數字溫度值；B_{off2} 為實際溫度抵消；S_{sens2} 為實際溫度靈敏度。通過階梯式的溫度補償，最終輸出的溫度如下：

$$\begin{cases} T_{k+1} = T_k - T_2 \\ B_{off(k+1)} = B_{off(k)} - B_{off2} \\ S_{sens(k+1)} = S_{sens(k)} - S_{sens2} \end{cases} \tag{5-90}$$

將輸出的補償後溫度代入氣壓 P 的求取公式，即獲取補償後的氣壓值。

在標準大氣條件下，測高公式表示為

$$H = 44330.8 \times \left[1 - \left(\frac{P}{1013.25}\right)^{0.19026}\right] \tag{5-91}$$

通常根據氣壓計推算的高度，取起始推算的高度作為基準高度，其後推算的高度與基準高度的差值即相對高度進入組合導航數據融合。

(3) GNSS誤差分析和預處理

① GNSS誤差分析　GNSS工作時的誤差源較為複雜，主要包括衛星誤差、傳播途徑誤差、接收機誤差。其中衛星誤差包括衛星星歷誤差、鐘差和SA干擾誤差等，傳播途徑誤差包括電離層折射、對流層折射和多路徑效應等，接收機誤差包括接收機鐘差、位置誤差和天線相位中心偏差等。這些誤差對於低成本組合導航的數據預處理過於複雜。實際應用中誤差多表現為接收機受遮擋時信號失鎖、數據異常跳變，此類誤差可以通過預處理有效避免。

② GNSS預處理　GNSS數據更新速率較慢，例如應用廣泛的U-blox公司的LEA-6系列定位模組，最高更新速率只有5Hz，本文使用的新一代GNSS模塊NEO-M8N，其定位精度和數據穩定性有了很大提高，更新速度達到10Hz。然而受到環境遮擋物等的影響，信號失鎖、跳變誤差等仍然存在。因此在GNSS數據預處理時，採用了滑動平均處理方式，對小範圍相鄰採樣值取平均值，對於跳變信息剔除異常值，表示為

$$\overline{\boldsymbol{D}}=\frac{1}{k_2-k_1-k_v}\sum_{i=k_1+1}^{k_2}\boldsymbol{D}_i$$

$$\boldsymbol{D}_i=\boldsymbol{D}_i\times\begin{cases}1 & |\boldsymbol{D}_i-\boldsymbol{D}_{i-1}|<\varepsilon\\0 & |\boldsymbol{D}_i-\boldsymbol{D}_{i-1}|\geqslant\varepsilon\end{cases} \tag{5-92}$$

式中，k_1為採樣開始樣點數；k_2為當前採樣點樣點數；k_v為採樣異常值；ε為跳變誤差的閾值。

5.6 低成本組合導航信息融合

上一節的數據融合基於低成本傳感器，這對於組合導航算法的準確性提出了更高要求，本節首先對各類導航信息融合方法進行對比，選定導航算法的基本方案，而後對算法的設計進行深入研究，給出算法的各設計步驟原理與實現方法。考慮到算法的穩定性與可靠性，設計新型的容錯方案，最後通過仿真設計與實測驗證算法的有效性與實用性。

首先，擴展卡爾曼濾波（Extended Kalman Filter，EKF）算法的總體設計框圖如圖5-26所示。

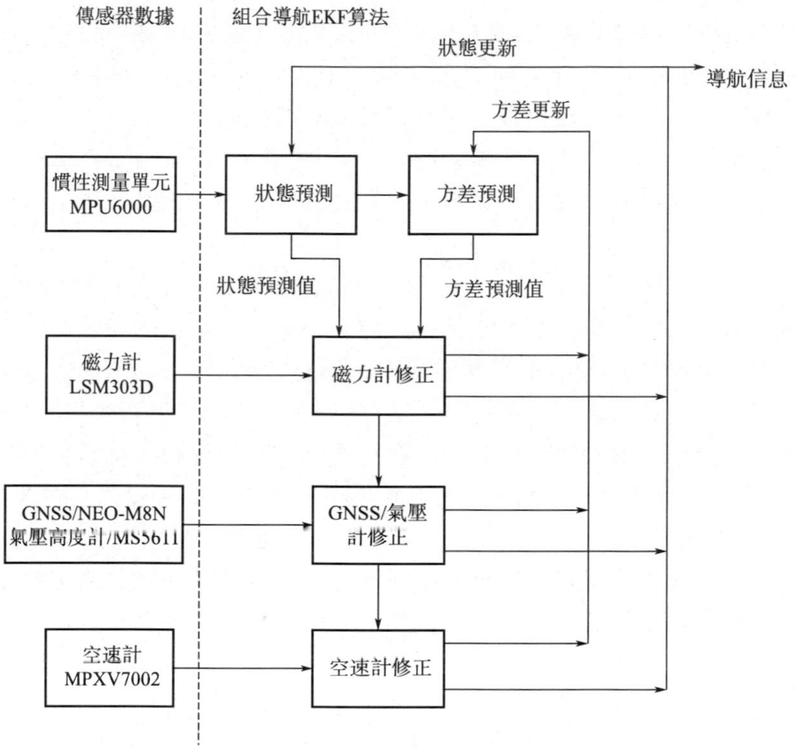

圖 5-26 EKF 算法總體設計框圖

5.6.1 組合導航信息算法選定

(1) 常用信息融合算法

組合導航數據融合的目標是將傳感器輸出的數據經過預處理後，經過座標轉換變換至同一導航座標系中，根據構建的系統狀態方程和量測方程，在設計的最優估計算法下，對狀態估計數據和量測數據進行擬合，及對模型中的狀態（姿態、速度、位置、偏差等）進行最優估計。常見的組合導航數據融合有以下幾個基本方法。

① 卡爾曼濾波（KF） 將狀態空間的理論引入隨機估計算法中，將數據傳遞的過程作為高斯白噪聲作用下的線性方式的輸出，根據構建的狀態轉移關係表徵系統輸入與輸出的形式。通過狀態預測方程、觀測方程、系統噪聲估計、量測噪聲估計構建濾波算法。其目前應用最廣泛，且為其他改進算法的基礎。卡爾曼濾波的前提是系統模型為線性，但實際工作中系統非線性較強，採用線性化的方式處理會產生很大誤差，因此很多研究人員提出了針對性的改進方法。

② 擴展卡爾曼濾波（EKF） 在KF的成熟理論上，將非線性系統模型線性化，對構建的非線性狀態估計方程在工作點附近進行一階線性化截斷並忽略高階項，通常採用雅可比矩陣求取。在滿足近似線性，噪聲為高斯白噪聲的情況下，其是最小方差準則下的次優濾波器，且其算法性能優劣取決於局部非線性程度。如果忽略的高階項帶來較大偏差時，EKF會迅速發散。EKF結構簡單，仿真驗證較方便且易於算法的工程化實現，因此在組合導航信息融合中獲得了廣泛應用。

③ 無損卡爾曼濾波（UKF） 針對EKF忽略高階項可能導致的算法性能下降的問題，研究人員提出了無損卡爾曼濾波，一種基於無損變換的非線性濾波方法。採用UT變換的形式對模型狀態的後驗值進行估計。UKF重點是非線性函數的概率分布的估計，而KF與EKF是對非線性函數本身進行推算。UKF沒有忽略模型的高階項，其輸出精度較高，在組合導航中也進行了推廣和應用。然而其計算量大大超過EKF，在低成本組合導航算法中，實時性受到了較大限制。

④ 粒子濾波（PF） KF、EKF、UKF在構建系統模型時，都需要系統的特性已知，比如噪聲為滿足高斯分布的白噪聲，而粒子濾波能打破噪聲分布特性的限制。通過狀態空間隨機粒子的權值估計狀態後驗的概率密度分布，通過樣本均值對狀態的最小方差進行估計，當系統具有強非線性特性時PF算法明顯優於上述幾種方法。但是最優估計的性能需要大量的樣本數據保證，數據較多時，算法的複雜度和實時性就成為了難題，這大大限制了其在低成本組合導航中的應用。

⑤ 自適應卡爾曼濾波（AKF） 當系統模型發生變化時，KF、EKF在濾波穩定性方面難以保證，實際工程實踐中系統噪聲的分布特性往往隨著環境的影響發生未知變化，研究人員針對這種情況設計了自適應卡爾曼算法，濾波器工作時不斷地修正系統的模型參數和噪聲特性的估計，這對濾波的穩定性和精準性有重要意義。其實際運用的難點在於如何估計時變的系統模型，不合理的估計方法反而會削弱濾波算法的性能，且自適應在工程實現上較為複雜、計算量大。

(2) 組合導航融合算法的選定

組合導航信息融合算法種類較多，每種算法都有其針對性解決的優勢，然而在低成本組合導航的應用中，其穩定性與實時性是主要存在的難題。對於強非線性系統UKF和PF具有更高的濾波精度，但實際計算量卻遠超EKF且工程實現非常複雜。對於旋翼無人機的低成本組合導航算法設計，EKF在線性化過程中引入的截斷誤差可近似忽略，但EKF的運算量依舊較大。由於提出的基於低成本的多旋翼無人機導航，研究如何在導航元件精度較低的情況下，進一步提高組合導航的精準性、穩定性與可靠性，在保證濾波精度的前提下如何進一步減小系統的運算量，因此選定EKF解算方式，設計高維數EKF算法模型，深入探討其狀態預測與修正的關鍵環節，給出工程實現的參數整定方法，並對算法的精準性、實時性進行驗證，為算法的可靠性設計容錯方法。

(3) 組合導航參考座標系

① 導航座標系　考慮到組合導航的各模塊硬件布局和數據處理的便捷性，首先給出導航座標系的定義並給出座標系之間的轉換關係。選擇地面座標系、機體座標系為組合導航建模的參考係基準。其中機體座標系仍定義為 $O_bx_by_bz_b$，但軸 O_bx_b 沿機體向前為正方向，軸 O_bz_b 垂直於機體平面向下為正方向，軸 O_bx_b 與 $O_bx_bz_b$ 平面垂直，通過右手定則確定。地面座標系仍定義為 $O_gx_gy_gz_g$，原點 O_g 與機體座標系原點 O_b 重合，軸 O_gx_g 沿地理北極為正方向，軸 O_gz_g 垂直於水平面向下為正方向，軸 O_gy_g 與 $O_gx_gz_g$ 平面垂直，沿東為正方向。

② 座標系轉換關係　由於 EKF 算法設計與推導過程將使用四元數表示姿態，這裡用四元數表示座標系間轉換關係，為設計各中間步驟進行鋪墊。

機體座標系轉地面座標系 $\boldsymbol{T}_{bn}$ 表示為

$$\boldsymbol{T}_{bn}=\begin{bmatrix}1-2(q_2^2+q_3^2) & 2(q_1q_2-q_0q_3) & 2(q_1q_3+q_0q_2)\\ 2(q_1q_2+q_0q_3) & 1-2(q_1^2+q_3^2) & 2(q_2q_3-q_0q_1)\\ 2(q_1q_3-q_0q_2) & 2(q_2q_3+q_0q_1) & 1-2(q_1^2+q_2^2)\end{bmatrix}$$

地面座標系轉機體座標系 $\boldsymbol{T}_{nb}$，可通過對 $\boldsymbol{T}_{bn}$ 求逆得到：

$$\boldsymbol{T}_{nb}=\begin{bmatrix}1-2(q_2^2+q_3^2) & 2(q_1q_2+q_0q_3) & 2(q_1q_3-q_0q_2)\\ 2(q_1q_2-q_0q_3) & 1-2(q_1^2+q_3^2) & 2(q_2q_3+q_0q_1)\\ 2(q_1q_3+q_0q_2) & 2(q_2q_3-q_0q_1) & 1-2(q_1^2+q_2^2)\end{bmatrix}$$

$\boldsymbol{T}_{bn}$ 也稱導航座標系中的方向餘弦矩陣（DCM）。

5.6.2 高維數 EKF 算法設計

基於 INS/GNSS/磁力計的組合導航系統採用鬆組合形式，估計方法通常有直接估計和間接估計。直接估計法根據 INS 慣性測量單元和 GNSS 速度位置測量單元的輸出直接作為狀態量，而間接估計法是將系統的誤差量作為狀態量。直接法所構建的系統模型一般具有強非線性，而採用間接法構建的模型非線性較弱。本節採用直接法與間接法相結合的組合導航模型，算法狀態估計項達到 24 個，狀態空間維數非常高，意在提高組合導航的輸出精度，但同時對算法的實時性也提出了較高要求。通常基於 EKF 算法構建模型時，非線性離散動態系統的狀態方程和量測方程表示為

$$\boldsymbol{X}_{k+1}=\boldsymbol{F}_{k+1|k}\boldsymbol{X}_k+\boldsymbol{G}_k\boldsymbol{W}_k$$
$$\boldsymbol{Z}_{k+1}=\boldsymbol{H}_{k+1}\boldsymbol{X}_{k+1}+\boldsymbol{V}_{k+1} \tag{5-93}$$

式中，$\boldsymbol{X}_k$ 為狀態矩陣；$\boldsymbol{W}_k$ 為系統噪聲矩陣；$\boldsymbol{F}_{k+1|k}$ 為狀態轉移矩陣；$\boldsymbol{G}_k$ 為噪聲驅動矩陣；$\boldsymbol{Z}_{k+1}$ 為量測值；$\boldsymbol{H}_{k+1}$ 為量測矩陣；$\boldsymbol{V}_{k+1}$ 為量測噪聲矩陣。

EKF 算法的濾波公式表示為

$$\begin{cases}\boldsymbol{X}_{k+1|k}=\boldsymbol{F}_{k+1|k}\boldsymbol{X}_k\\ \boldsymbol{P}_{k+1|k}=\boldsymbol{F}_{k+1|k}\boldsymbol{P}_k\boldsymbol{F}_{k+1|k}^{\mathrm{T}}+\boldsymbol{G}_k\boldsymbol{Q}_k\boldsymbol{G}_k^{\mathrm{T}}\\ \boldsymbol{X}_{k+1}=\boldsymbol{X}_{k+1|k}+\boldsymbol{K}_{k+1}(\boldsymbol{Z}_{k+1}-\boldsymbol{H}_{k+1}\boldsymbol{X}_{k+1|k})\\ \boldsymbol{K}_{k+1}=\boldsymbol{P}_{k+1}\boldsymbol{H}_{k+1}^{\mathrm{T}}(\boldsymbol{H}_{k+1}\boldsymbol{P}_{k+1|k}\boldsymbol{H}_k^{\mathrm{T}}+\boldsymbol{R}_k)^{-1}\\ \boldsymbol{P}_{k+1}=(\boldsymbol{I}-\boldsymbol{K}_{k+1}\boldsymbol{H}_{k+1})\boldsymbol{P}_{k+1/k}\end{cases} \tag{5-94}$$

式中，$\boldsymbol{P}_k$ 為協方差矩陣；$\boldsymbol{Q}_k$ 為過程噪聲方差矩陣；$\boldsymbol{R}_k$ 為量測噪聲方差矩陣。

(1) 高維數 EKF 狀態預測過程

狀態預測過程表示為

$$\boldsymbol{X}_{k+1|k}=\boldsymbol{F}_{k+1|k}\boldsymbol{X}_k \tag{5-95}$$

式中，$\boldsymbol{X}_k$ 為系統狀態量；$\boldsymbol{F}_{k+1|k}$ 為狀態轉移矩陣。選取 8 個主狀態項構建系統狀態變量，如表 5-14 所示。

表 5-14　8 個主狀態項

主狀態項名稱	主狀態項內容	主狀態項名稱	主狀態項內容
姿態四元數	$\boldsymbol{q}_k=[q_0,q_1,q_2,q_3]$	加速度偏差	$\boldsymbol{B}_{vk}=[b_{vx},b_{vy},b_{vz}]$
速度	$\boldsymbol{V}_k=[v_n,v_e,v_d]$	風速	$\boldsymbol{W}_k=[v_{wn},v_{we}]$
位置	$\boldsymbol{P}_k=[p_n,p_e,p_d]$	大地磁場	$\boldsymbol{M}_{nk}=[m_n,m_e,m_d]$
角速度偏差	$\boldsymbol{B}_{ak}=[b_{ax},b_{ay},b_{az}]$	機體磁場偏差	$\boldsymbol{M}_{bk}=[m_x,m_y,m_z]$

將表 5-14 中 8 個主狀態項中的內容展開，得到

$$\boldsymbol{X}_k=[\underbrace{q_0,q_1,q_2,q_3}_{\text{姿態四元數}},\underbrace{v_n,v_e,v_d}_{\text{速度}},\underbrace{p_n,p_e,p_d}_{\text{位置}},\underbrace{b_{ax},b_{ay},b_{az}}_{\text{角速度偏差}},\underbrace{b_{vx},b_{vy},b_{vz}}_{\text{加速度偏差}},$$
$$\underbrace{v_{wn},v_{we}}_{\text{風速}},\underbrace{m_n,m_e,m_d}_{\text{大地磁場}},\underbrace{m_x,m_y,m_z}_{\text{機體磁場偏差}}]$$

我們首先關注狀態轉移矩陣的求取，表示為

$$\boldsymbol{F}_{k+1}=\frac{\partial \boldsymbol{X}_{k+1}}{\partial \boldsymbol{X}_k} \tag{5-96}$$

為求取狀態轉移矩陣 $\boldsymbol{F}_{k+1}$，首先需要確定狀態預測方程中狀態量 $\boldsymbol{X}_k$ 中每一項的更新方程。

① 姿態四元數$\boldsymbol{q}_k$ 的狀態預測　採用龍格-庫塔（Runge-Kutta）公式：

$$\boldsymbol{q}_{k+1}=\boldsymbol{q}_k+\frac{\Delta t}{2}\boldsymbol{F}_q\boldsymbol{\omega}-\boldsymbol{F}_q\boldsymbol{B}_{ak} \tag{5-97}$$

式中，$\boldsymbol{\omega}$ 為當前採集到的角速度；$\boldsymbol{B}_{ak}$ 為 24 維狀態量中的角速度偏差（預測間隔時間 Δt 很小，式中角速度偏差近似角度偏差）；$\boldsymbol{F}_q$ 為龍格-庫塔公式轉換矩陣；Δt 為採樣間隔，展開得到

$$\begin{bmatrix} q_0 \\ q_1 \\ q_2 \\ q_3 \end{bmatrix}_{t+\Delta t}=\begin{bmatrix} q_0 \\ q_1 \\ q_2 \\ q_3 \end{bmatrix}_t+\frac{\Delta t}{2}\begin{bmatrix} -q_1 & -q_2 & -q_3 \\ q_0 & -q_3 & q_2 \\ q_3 & q_0 & -q_1 \\ -q_2 & q_1 & q_0 \end{bmatrix}\begin{bmatrix} \omega_x \\ \omega_y \\ \omega_z \end{bmatrix}-\begin{bmatrix} -q_1 & -q_2 & -q_3 \\ q_0 & -q_3 & q_2 \\ q_3 & q_0 & -q_1 \\ -q_2 & q_1 & q_0 \end{bmatrix}\begin{bmatrix} b_{ax} \\ b_{ay} \\ b_{az} \end{bmatrix} \tag{5-98}$$

根據當前姿態四元數、當前角速度、角速度偏差、時間間隔即可得到姿態四元數$\boldsymbol{q}_k$ 的更新方程。

② 速度$\boldsymbol{V}_k$ 的狀態預測　採用地面座標系下加速度的積分得到

$$\boldsymbol{V}_{k+1}=\boldsymbol{V}_k+\boldsymbol{T}_{\text{bn}}(\Delta t\boldsymbol{a}-\boldsymbol{B}_{vk})+\Delta t\boldsymbol{a}_0 \tag{5-99}$$

式中，$\boldsymbol{T}_{\text{bn}}$ 為機體座標系至地面座標系轉換矩陣；$\boldsymbol{a}$ 為加速度測量值；$\boldsymbol{a}_0$ 為標準重力加速度矢量；$\boldsymbol{B}_{vk}$ 為 24 維狀態量中的加速度偏差；Δt 為間隔時間。展開得到

$$\begin{bmatrix} v_n \\ v_e \\ v_d \end{bmatrix}_{t+\Delta t}=\begin{bmatrix} v_n \\ v_e \\ v_d \end{bmatrix}_t+\begin{bmatrix} 1-2(q_2^2+q_3^2) & 2(q_1q_2-q_0q_3) & 2(q_1q_3+q_0q_2) \\ 2(q_1q_2+q_0q_3) & 1-2(q_1^2+q_3^2) & 2(q_2q_3-q_0q_1) \\ 2(q_1q_3-q_0q_2) & 2(q_2q_3+q_0q_1) & 1-2(q_1^2+q_2^2) \end{bmatrix}\left(\Delta t\begin{bmatrix} a_x \\ a_y \\ a_z \end{bmatrix}-\begin{bmatrix} b_{vx} \\ b_{vy} \\ b_{vz} \end{bmatrix}\right)+\Delta t\begin{bmatrix} 0 \\ 0 \\ g \end{bmatrix} \tag{5-100}$$

根據當前速度、當前加速度、加速度偏差、時間間隔即可得到速度$\boldsymbol{V}_k$ 的更新方程。

③ 位置$\boldsymbol{P}_k$ 的狀態預測　採用地面座標系下速度的積分得到

$$\boldsymbol{P}_{k+1}=\boldsymbol{P}_k+\Delta t\boldsymbol{V}_k \tag{5-101}$$

展開得到位置的狀態更新方程：

$$\begin{bmatrix} p_n \\ p_e \\ p_d \end{bmatrix}_{t+\Delta t}=\begin{bmatrix} p_n \\ p_e \\ p_d \end{bmatrix}_t+\Delta t\begin{bmatrix} v_n \\ v_e \\ v_d \end{bmatrix} \tag{5-102}$$

④ 其他狀態量的更新方程　角度偏差的狀態更新如下：

$$\boldsymbol{B}_{ak+1}=\boldsymbol{B}_{ak}$$

$$\begin{bmatrix} b_{ax} \\ b_{ay} \\ b_{az} \end{bmatrix}_{t+\Delta t}=\begin{bmatrix} b_{ax} \\ b_{ay} \\ b_{az} \end{bmatrix}_{t} \tag{5-103}$$

速度偏差的狀態更新：

$$\boldsymbol{B}_{vk+1}=\boldsymbol{B}_{vk}$$

$$\begin{bmatrix} b_{vx} \\ b_{vy} \\ b_{vz} \end{bmatrix}_{t+\Delta t}=\begin{bmatrix} b_{vx} \\ b_{vy} \\ b_{vz} \end{bmatrix}_{t} \tag{5-104}$$

水平空速的狀態更新：

$$\boldsymbol{W}_{k+1}=\boldsymbol{W}_{k}$$

$$\begin{bmatrix} w_{wn} \\ w_{we} \end{bmatrix}_{t+\Delta t}=\begin{bmatrix} w_{wn} \\ w_{we} \end{bmatrix}_{t} \tag{5-105}$$

地面座標系下磁場的狀態更新：

$$\boldsymbol{M}_{\mathrm{n}k+1}=\boldsymbol{M}_{\mathrm{n}k}$$

$$\begin{bmatrix} m_{n} \\ m_{e} \\ m_{d} \end{bmatrix}_{t+\Delta t}=\begin{bmatrix} m_{n} \\ m_{e} \\ m_{d} \end{bmatrix}_{t} \tag{5-106}$$

機體座標系下磁場的狀態更新：

$$\boldsymbol{M}_{\mathrm{b}k+1}=\boldsymbol{M}_{\mathrm{b}k}$$

$$\begin{bmatrix} m_{x} \\ m_{y} \\ m_{z} \end{bmatrix}_{t+\Delta t}=\begin{bmatrix} m_{x} \\ m_{y} \\ m_{z} \end{bmatrix}_{t} \tag{5-107}$$

通過上述預測方程，根據$\boldsymbol{F}_{k+1}=\dfrac{\partial \boldsymbol{X}_{k+1}}{\partial \boldsymbol{X}_{k}}$求取狀態轉移矩陣。為了表示方便，將狀態更新變量中部分轉換過程進行替換：

$$\boldsymbol{d}_{a}=\frac{\Delta t}{2}\begin{bmatrix} \omega_{x} \\ \omega_{y} \\ \omega_{z} \end{bmatrix}=\begin{bmatrix} d_{ax} \\ d_{ay} \\ d_{az} \end{bmatrix}$$

$$\boldsymbol{d}_{v}=\frac{\Delta t}{2}\begin{bmatrix} a_{x} \\ a_{y} \\ a_{z} \end{bmatrix}=\begin{bmatrix} d_{vx} \\ d_{vy} \\ d_{vz} \end{bmatrix} \tag{5-108}$$

由於矩陣為 24×24 維矩陣，為了表示方便給出化簡後的$\boldsymbol{F}_{\mathrm{s}}$矩陣，其為狀態轉移矩陣$\boldsymbol{F}_{k+1}$的公共因式，$\boldsymbol{F}_{\mathrm{s}}$表示如下：

$$\boldsymbol{F}_{\mathrm{s}}=\begin{bmatrix} F_1=d_{vz}-b_{vz} \\ F_2=d_{vy}-b_{vy} \\ F_3=d_{vx}-b_{vx} \\ F_4=2q_1F_3+2q_2F_2+2q_3F_1 \\ F_5=2q_0F_2+2q_2F_1+2q_3F_3 \\ F_6=2q_0F_3+2q_2F_1+2q_3F_2 \\ F_7=d_{ay}/2-b_{ay}/2 \\ F_8=d_{az}/2-b_{az}/2 \\ F_9=d_{ax}/2-b_{ax}/2 \\ F_{10}=b_{ax}/2-d_{ax}/2 \\ F_{11}=b_{az}/2-d_{az}/2 \\ F_{12}=b_{ay}/2-d_{ay}/2 \\ F_{13}=2q_1F_2 \\ F_{14}=2q_0F_1 \\ F_{15}=q_1/2 \\ F_{16}=q_2/2 \\ F_{17}=q_3/2 \\ F_{18}=q_3^2 \\ F_{19}=q_2^2 \\ F_{20}=q_1^2 \\ F_{21}=q_0^2 \end{bmatrix} \tag{5-100}$$

根據上式可得狀態轉移矩陣的公共因式$\boldsymbol{F}_{\mathrm{s}}$。

(2) EKF 方差預測過程

方差預測的更新公式表示為

$$\boldsymbol{P}_{k+1|k}=\boldsymbol{F}_{k+1|k}\boldsymbol{P}_k\boldsymbol{F}_{k+1|k}^{\mathrm{T}}+\boldsymbol{G}_{k+1|k}\boldsymbol{Q}_k\boldsymbol{G}_{k+1|k}^{\mathrm{T}}+\boldsymbol{Q}_{\mathrm{s}} \tag{5-110}$$

式中，$\boldsymbol{P}_k$為預測協方差矩陣；$\boldsymbol{Q}_k$為控制量引起的過程噪聲方差矩陣；$\boldsymbol{Q}_{\mathrm{s}}$為使濾波器穩定附加的過程噪聲方差矩陣。

接下來，給出噪聲驅動矩陣$\boldsymbol{G}_{k+1}$的計算公式。噪聲的分布與控制量的輸入有關，表示為

$$\boldsymbol{G}_{k+1}=\frac{\partial \boldsymbol{X}_{k+1}}{\partial \boldsymbol{u}_k} \tag{5-111}$$

式中，$\boldsymbol{u}_k$ 為系統輸入的控制量，包括$\boldsymbol{d}_a$ 和$\boldsymbol{d}_v$。通過計算給出化簡後的$\boldsymbol{G}_\text{s}$矩陣，其為$\boldsymbol{G}_{k+1}$ 的公共因式，$\boldsymbol{G}_\text{s}$ 表示如下：

$$\boldsymbol{G}_\text{s}=\begin{bmatrix} G_1=q_0/2 \\ G_2=q_3^2 \\ G_3=q_2^2 \\ G_4=q_1^2 \\ G_5=q_0^2 \\ G_6=2q_2q_3 \\ G_7=2q_1q_3 \\ G_8=2q_1q_2 \end{bmatrix} \tag{5-112}$$

根據公共因式，給出噪聲驅動矩陣$\boldsymbol{G}_{k+1}$ 的詳細表達式如下：

$$\boldsymbol{G}_{k+1}=\begin{bmatrix} -q_1/2 & -q_2/2 & -q_3/2 & 0 & 0 & 0 \\ G_1 & -q_3/2 & q_2/2 & 0 & 0 & 0 \\ q_3/2 & G_2 & -q_1/2 & 0 & 0 & 0 \\ -q_2/2 & q_1/2 & G_1 & 0 & 0 & 0 \\ 0 & 0 & 0 & G_4-G_3-G_2+G_5 & G_8-2q_0q_3 & G_7+2q_0q_2 \\ 0 & 0 & 0 & G_8+2q_0q_3 & G_3-G_2-G_4+G_5 & G_6-2q_0q_1 \\ 0 & 0 & 0 & G_7-2q_0q_2 & G_6+2q_0q_1 & G_2-G_3-G_4+G_5 \end{bmatrix} \tag{5-113}$$

在得到噪聲驅動矩陣$\boldsymbol{G}_{k+1}$ 後，便可獲取過程噪聲協方差矩陣$\boldsymbol{G}_{k+1|k}\boldsymbol{Q}_k\boldsymbol{G}_{k+1|k}^\text{T}$，其中陀螺儀與加速度計驅動的過程噪聲方差矩陣$\boldsymbol{Q}_{kav}$ 表示為

$$\boldsymbol{Q}_{kav}=[C_{ax},C_{ay},C_{az},C_{vx},C_{vy},C_{vz}] \tag{5-114}$$

式中，$\boldsymbol{C}_a=[C_{ax},C_{ay},C_{az}]$為陀螺儀採樣值當前時間間隔內積分所對應的角度噪聲方差；$\boldsymbol{C}_v=[C_{vx},C_{vy},C_{vz}]$為加速度計採樣值當前時間間隔內積分所對應的速度噪聲方差。

(3) 磁力計數據融合

在磁力計數據融合的卡爾曼狀態量修正公式中，大地磁場狀態量 $\boldsymbol{M}_{\text{n}k}=[m_m,m_e,m_d]$處在地面座標系，磁力計測量值處在機體座標系，我們須先將大地磁場狀態量轉換至機體，並加入機體磁場偏差狀態量 $\boldsymbol{M}_{\text{b}k}=[m_x,m_y,m_z]$，得到機體座標下三軸磁場的量測估計值$\boldsymbol{m}_\text{p}$，表示為

$$\boldsymbol{m}_\text{p}=\boldsymbol{T}_\text{nb}\boldsymbol{M}_{\text{n}k}+\boldsymbol{M}_{\text{b}k}^\text{T} \tag{5-115}$$

進一步展開得到：

$$\begin{bmatrix} m_{px} \\ m_{py} \\ m_{pz} \end{bmatrix} = \begin{bmatrix} 1-2(q_2^2+q_3^2) & 2(q_1q_2+q_0q_3) & 2(q_1q_3-q_0q_2) \\ 2(q_1q_2-q_0q_3) & 1-2(q_1^2+q_3^2) & 2(q_2q_3+q_0q_1) \\ 2(q_1q_3+q_0q_2) & 2(q_2q_3-q_0q_1) & 1-2(q_1^2+q_2^2) \end{bmatrix} \begin{bmatrix} m_n \\ m_e \\ m_d \end{bmatrix} + \begin{bmatrix} m_x \\ m_y \\ m_z \end{bmatrix} \tag{5-116}$$

根據量測公式 $\boldsymbol{Z}_{k+1}=\boldsymbol{H}_{k+1}\boldsymbol{X}_{k+1}+\boldsymbol{V}_{k+1}$，量測矩陣 $\boldsymbol{H}_{k+1}$ 表示為

$$\boldsymbol{H}_{k+1}=\frac{\partial \boldsymbol{m}_{\mathrm{p}}}{\partial \boldsymbol{X}_k} \tag{5-117}$$

以 x 軸的量測矩陣為例，表示為

$$\boldsymbol{H}_x=\left[\frac{\partial m_{px}}{\partial q_0},\frac{\partial m_{px}}{\partial q_1},\frac{\partial m_{px}}{\partial q_2},\frac{\partial m_{px}}{\partial q_3},0,0,0,0,0,0,0,0,0,0,0,0,0,0,\frac{\partial m_{px}}{\partial m_n},\frac{\partial m_{px}}{\partial m_e},\frac{\partial m_{px}}{\partial m_d},1,0,0\right] \tag{5-118}$$

其中上式各元素的求解表示為

$$\begin{cases} \dfrac{\partial m_{px}}{\partial q_0}=2q_0m_n+2q_3m_e-2q_2m_d \\ \dfrac{\partial m_{px}}{\partial q_1}=2q_1m_n+2q_2m_e-2q_3m_d \\ \dfrac{\partial m_{px}}{\partial q_2}=-2q_2m_n+2q_1m_e-2q_0m_d \\ \dfrac{\partial m_{px}}{\partial q_3}=-2q_3m_n+2q_0m_e-2q_1m_d \\ \dfrac{\partial m_{px}}{\partial m_n}=q_0^2+q_1^2-q_2^2-q_3^2 \\ \dfrac{\partial m_{px}}{\partial m_e}=2(q_1q_2+q_0q_3) \\ \dfrac{\partial m_{px}}{\partial m_d}=2(q_1q_3-q_0q_2) \end{cases} \tag{5-119}$$

磁力計的觀測值 $\boldsymbol{M}=[m_{tx},m_{ty},m_{tz}]$ 由傳感器直接讀取，數據融合時的新息 $\boldsymbol{A}_{k+1}$ 可表示為

$$\begin{bmatrix} A_{kx} \\ A_{ky} \\ A_{kz} \end{bmatrix} = \begin{bmatrix} m_{px}-m_{tx} \\ m_{py}-m_{ty} \\ m_{pz}-m_{tz} \end{bmatrix} \tag{5-120}$$

卡爾曼濾波增益為

$$\boldsymbol{K}_m=\frac{\boldsymbol{P}_{k+1|k}\boldsymbol{H}_m^{\mathrm{T}}}{\boldsymbol{H}_m\boldsymbol{P}_{k+1|k}\boldsymbol{H}_m^{\mathrm{T}}+\boldsymbol{R}_m} \tag{5-121}$$

式中，$\boldsymbol{H}_m=[H_x,H_y,H_z]$為三軸的量測矩陣；$\boldsymbol{P}_{k+1|k}$為預測方差；$\boldsymbol{R}_m$為磁力計量測噪聲。

狀態量的最優估計值為

$$\boldsymbol{X}_{k+1|k+1}=\boldsymbol{X}_{k+1|k}+\boldsymbol{K}_m\boldsymbol{A}_{k+1} \tag{5-122}$$

協方差的最優估計值為

$$\boldsymbol{P}_{k+1|k}=(\boldsymbol{I}-\boldsymbol{K}_m\boldsymbol{H}_m)\boldsymbol{P}_{k+1|k} \tag{5-123}$$

(4) GNSS/氣壓高度計數據融合

首先，量測矩陣可表示為

$$\boldsymbol{H}_{VP}=\left[\frac{\partial v_n}{\partial X_k},\frac{\partial v_e}{\partial X_k},\frac{\partial v_d}{\partial X_k},\frac{\partial p_n}{\partial X_k},\frac{\partial p_e}{\partial X_k},\frac{\partial p_d}{\partial X_k}\right] \tag{5-124}$$

以速度北向N為例可得$\boldsymbol{H}_{vx}=[0,0,0,0,1,0,0,0,0,0,0,0,0,0,0,0,0,0,0,0,0,0,0,0]$；以位置北向N為例可得$\boldsymbol{H}_{px}=[0,0,0,0,0,0,0,1,0,0,0,0,0,0,0,0,0,0,0,0,0,0,0,0]$。速度位置的觀測值$\boldsymbol{VP}=[v_{\mathrm{tn}},v_{\mathrm{te}},v_{\mathrm{td}},p_{\mathrm{tn}},p_{\mathrm{te}},p_{\mathrm{td}}]$由傳感器直接讀取，數據融合時的新息$\boldsymbol{A}_{k+1}$表示為

$$\begin{bmatrix}A_{kvn}\\A_{kve}\\A_{kvd}\\A_{kpn}\\A_{kpe}\\A_{kpd}\end{bmatrix}=\begin{bmatrix}v_n-v_{\mathrm{tn}}\\v_e-v_{\mathrm{te}}\\v_d-v_{\mathrm{td}}\\p_n-p_{\mathrm{tn}}\\p_e-p_{\mathrm{te}}\\p_d-p_{\mathrm{td}}\end{bmatrix} \tag{5-125}$$

卡爾曼增益$\boldsymbol{K}_{vp}$為

$$\boldsymbol{K}_{vp}=\frac{\boldsymbol{P}_{k+1|k}}{\boldsymbol{P}_{k+1|k}+\boldsymbol{R}_{vp}} \tag{5-126}$$

式中，$\boldsymbol{P}_{k+1|k}$為預測方差；$\boldsymbol{R}_{vp}$為GNSS/氣壓高度計量測噪聲。

狀態量的最優估計值為

$$\boldsymbol{X}_{k+1|k+1}=\boldsymbol{X}_{k+1|k}+\boldsymbol{K}_{vp}\boldsymbol{A}_{k+1} \tag{5-127}$$

協方差的最優估計值為

$$\boldsymbol{P}_{k+1|k+1}=(\boldsymbol{I}-\boldsymbol{K}_{vp})\boldsymbol{P}_{k+1|k} \tag{5-128}$$

(5) 空速計數據融合

空速計能夠直接測量平臺飛行時的相對空氣速度，在固定翼上應用較多，多旋翼的組合導航中引入空速數據融合，當旋翼機高速運動時，可提供風速狀態量。同時在研究中引入完備的觀測量，能夠提高該組合導航算法的適用性，空速數據的融合可根據機體平臺的使用選擇性進入。空速的量測估計值表示為

$$\boldsymbol{V}_{\text{tas}}=\sqrt{[(v_n-v_{wn})^2+(v_n-v_{we})^2+v_d^2]} \tag{5-129}$$

量測矩陣表示為

$$\boldsymbol{H}_{\text{tas}}=\frac{\partial \boldsymbol{V}_{\text{tas}}}{\partial \boldsymbol{X}_k} \tag{5-130}$$

由於 $\boldsymbol{H}_{\text{tas}}$ 矩陣較大，為了表示方便先給出公共因式 $\boldsymbol{H}_s$：

$$\boldsymbol{H}_s=\begin{bmatrix} H_1=\dfrac{1}{\sqrt{[(v_n-v_{wn})^2+(v_n-v_{we})^2+v_d^2]}} \\ H_2=\dfrac{(2v_e-2v_{we})H_1}{2} \\ H_3=\dfrac{(2v_n-2v_{wn})H_1}{2} \end{bmatrix} \tag{5-131}$$

進而給出量測矩陣 $\boldsymbol{H}_{\text{tas}}$ 的詳細表達式：

$$\boldsymbol{H}_{\text{tas}}=[0,0,0,0,H_3,H_2,H_1,v_d,0,0,0,0,0,0,0,0,0,-H_3,-H_2,0,0,0,0,0,0] \tag{5-132}$$

空速的觀測值 $\boldsymbol{v}_{\text{ttas}}$ 由傳感器直接讀取，數據融合時的新息 $\boldsymbol{A}_{k+1}$ 表示為

$$\boldsymbol{A}_{k+1}=\boldsymbol{V}_{\text{tas}}-\boldsymbol{v}_{\text{ttas}} \tag{5-133}$$

卡爾曼增益 $\boldsymbol{K}_{\text{tas}}$：

$$\boldsymbol{K}_{\text{tas}}=\frac{\boldsymbol{P}_{k+1|k}\boldsymbol{H}_{\text{tas}}^{\mathrm{T}}}{\boldsymbol{H}_{\text{tas}}\boldsymbol{P}_{k+1|k}\boldsymbol{H}_{\text{tas}}^{\mathrm{T}}+\boldsymbol{R}_{\text{tas}}} \tag{5-134}$$

式中，$\boldsymbol{P}_{k+1|k}$ 為預測方差；$\boldsymbol{R}_{\text{tas}}$ 為空速量測噪聲。

狀態量的最優估計值為

$$\boldsymbol{X}_{k+1|k+1}=\boldsymbol{X}_{k+1|k}+\boldsymbol{K}_{\text{tas}}\boldsymbol{A}_{k+1} \tag{5-135}$$

協方差的最優估計值為

$$\boldsymbol{P}_{k+1|k+1}=(\boldsymbol{I}-\boldsymbol{K}_{\text{tas}}\boldsymbol{H}_{\text{tas}})\boldsymbol{P}_{k+1|k} \tag{5-136}$$

5.6.3 組合導航 EKF 初始對準及方差自適應整定

通常影響濾波的主要有 4 個因素：初始的狀態變量 $\boldsymbol{X}_0$；初始方差矩陣 $\boldsymbol{P}_0$；過程噪聲方差矩陣 $\boldsymbol{Q}_k$；量測噪聲方差 $\boldsymbol{R}_m$，$\boldsymbol{R}_{vp}$，$\boldsymbol{R}_{\text{tas}}$。本小節將對這 4 個主要因素進行分析，給出詳細的參數整定方法。

(1) 組合導航 EKF 初始參數對準

① 初始狀態量的對準　初始的狀態變量越準，濾波收斂的情況下會很快收斂，我們直接取 EKF 解算開始的測量值進行對準。

a. 對準初始四元數狀態量 $\boldsymbol{q}_0$。計算初始姿態角時，保持組合導航模塊處於

靜止條件下，根據加速度計可得初始俯仰角 θ_0、滾轉角 ϕ_0：

$$\begin{cases}\theta_0=\arcsin(a_x)\\ \phi_0=-\arcsin\left(\dfrac{a_y}{\cos(\theta_0)}\right)\end{cases} \tag{5-137}$$

將初始姿態角 $[\phi_0,\theta_0,0]$ 代入 Euler-DCM 轉換公式 $T_b^n(\phi,\theta,\psi)=\begin{bmatrix}\cos\psi\cos\theta & \cos\psi\sin\theta\sin\phi-\sin\psi\cos\phi & \cos\psi\sin\theta\cos\phi-\sin\psi\sin\phi\\ \sin\psi\cos\theta & \sin\psi\sin\theta\sin\phi-\cos\psi\cos\phi & \sin\psi\sin\theta\cos\phi-\cos\psi\sin\phi\\ -\sin\theta & \cos\theta\sin\phi & \cos\theta\cos\phi\end{bmatrix}$，可得座標轉換矩陣 $\boldsymbol{T}_{bn}$，將機體測得的磁場值 $\boldsymbol{M}$ 轉換至地面座標系下，可得大地磁場

$$\boldsymbol{M}_0=\boldsymbol{T}_{bn}\boldsymbol{M} \tag{5-138}$$

其中，地面座標系下磁場表示為 $\boldsymbol{M}_0=[M_{n0},M_{e0},M_{d0}]$，根據水平的磁場分量 M_{n0}、M_{e0} 即可解算得到初始偏航角 ψ_0：

$$\psi_0=M_d-\arctan\left(\frac{M_{e0}}{M_{n0}}\right) \tag{5-139}$$

式中，M_d 為磁力計元件所處緯度對應的磁偏角，可通過內嵌查找表對應得到。然後根據初始化姿態角 $[\phi_0,\theta_0,\psi_0]$，代入 Euler-DCM 公式，Euler-Quaternion 公式 $q=\begin{bmatrix}w\\x\\y\\z\end{bmatrix}=\begin{bmatrix}\cos(\phi/2)\cos(\theta/2)\cos(\psi/2)+\sin(\phi/2)\sin(\theta/2)\sin(\psi/2)\\ \sin(\phi/2)\cos(\theta/2)\cos(\psi/2)-\cos(\phi/2)\sin(\theta/2)\sin(\psi/2)\\ \cos(\phi/2)\sin(\theta/2)\cos(\psi/2)+\sin(\phi/2)\cos(\theta/2)\sin(\psi/2)\\ \cos(\phi/2)\cos(\theta/2)\sin(\psi/2)-\sin(\phi/2)\sin(\theta/2)\cos(\psi/2)\end{bmatrix}$,可以得到初始對準的 DCM 矩陣 $\boldsymbol{T}_{bn0}$ 與初始四元數 $\boldsymbol{q}_0$。

b. 對準初始速度、位置狀態量。初始速度、位置狀態量的對準在旋翼機靜置時進行。

$$\begin{aligned}\boldsymbol{V}_{k0}&=[v_n,v_e,v_d]=[0,0,0]\\ \boldsymbol{P}_{k0}&=[p_n,p_e,p_d]=[0,0,0]\end{aligned} \tag{5-140}$$

c. 對準初始大地磁場、機體磁場偏置。初始四元數對準過程中，已獲取初始座標轉換矩陣 $\boldsymbol{T}_{bn0}$，則根據座標轉換關係，可對準初始大地磁場：

$$\boldsymbol{M}_{nk0}=[m_{n0},m_{e0},m_{d0}]=\boldsymbol{T}_{bn}\boldsymbol{M} \tag{5-141}$$

初始磁場偏置可由磁力計校正獲取：

$$\boldsymbol{M}_{bk0}=[m_{x0},m_{y0},m_{z0}]=[M_{bx},M_{by},M_{bz}] \tag{5-142}$$

式中，$\boldsymbol{M}_b=[M_{bx},M_{by},M_{bz}]$為磁力計校正獲取的初始機體磁場偏置。

d. 對準其他剩餘狀態量。組合導航初始對準時，角速度偏差、加速度偏差、風速均從零值開始計算，表示為

$$\begin{aligned}\boldsymbol{B}_{ak0}&=[b_{ax},b_{ay},b_{az}]=[0,0,0]\\ \boldsymbol{B}_{vk0}&=[b_{vx},b_{vy},b_{vz}]=[0,0,0]\end{aligned}$$

$$\boldsymbol{W}_{k0}=[v_{wn},v_{we}]=[0,0] \tag{5-143}$$

② 對準初始方差矩陣 $\boldsymbol{P}_0$　初始方差矩陣的取值對濾波效果影響較小，但是初始給定的方差對系統的快速收斂具有重要作用，表示為

$$\boldsymbol{P}_0=\mathrm{diag}(P_{q0},P_{v0},P_{p0},P_{g0},P_{a0},P_{w0},P_{mn0},P_{mb0}) \tag{5-144}$$

其中，各方差均須根據物理意義和導航元件參數進行設置，並需要做相應閾值限定，在算法仿真驗證中將進行詳細描述。

(2) 過程噪聲方差矩陣 $\boldsymbol{Q}$ 的整定

過程激勵噪聲方差 $\boldsymbol{Q}$ 是卡爾曼濾波器用於估計離散時間過程的變量，對應於 $\boldsymbol{X}_k$ 中每個分量的噪聲，是期望為零值的高斯白噪聲。通常 $\boldsymbol{Q}$ 值的整定需要根據其是否能確定進行區分。

① $\boldsymbol{Q}$ 值能確定　對於已構建的算法模型，如果轉換過程穩定則認為 $\boldsymbol{Q}$ 值是確定的，此時只需通過離線測試的方法找出對於算法運行最優的 $\boldsymbol{Q}$ 值，以期保證濾波算法的穩定性與收斂性。通常當狀態轉換過程能夠確定時，$\boldsymbol{Q}$ 的取值越小越好，以增大預測過程的信任度，便於系統快速收斂；當取值逐漸增大時，濾波收斂變慢，系統更信任觀測量，且穩定性降低。

② $\boldsymbol{Q}$ 值不能確定　如果狀態轉換過程是時變的，則 $\boldsymbol{Q}$ 就不是確定範圍內的值，此時卡爾曼濾波需要採取自適應調節方式，對算法模型和系統參數進行實時調整，使濾波器輸出最優。

在方差預測過程中，陀螺儀與加速度計驅動的過程噪聲方差矩陣 $\boldsymbol{Q}_{kav}$ 表示為

$$\boldsymbol{Q}_{kav}=[C_{ax},C_{ay},C_{az},C_{vx},C_{vy},C_{vz}] \tag{5-145}$$

傳感器誤差引起的過程噪聲是研究的重點對象，根據陀螺儀與加速度計元件的均方根噪聲，我們得到初步的過程噪聲量級，但是轉換過程隨導航元件運動劇烈程度的提升，易引入更多量級的噪聲，此時過程噪聲協方差矩陣 $\boldsymbol{Q}_k$ 中相應元素須提高，以降低狀態預測過程的信任度，調節方式如下：

$$\boldsymbol{Q}_{ka}=\begin{bmatrix}C_{ax}\\C_{ay}\\C_{az}\end{bmatrix}=\begin{bmatrix}(N_g\Delta t)^2+(\omega_x\Delta t k_{1x})^2\\(N_g\Delta t)^2+(\omega_y\Delta t k_{1y})^2\\(N_g\Delta t)^2+(\omega_z\Delta t k_{1z})^2\end{bmatrix} \tag{5-146}$$

$$\boldsymbol{Q}_{kv}=\begin{bmatrix}C_{vx}\\C_{vy}\\C_{vz}\end{bmatrix}=\begin{bmatrix}(N_v\Delta t)^2+(a_x\Delta t k_{2x})^2\\(N_v\Delta t)^2+(a_y\Delta t k_{2y})^2\\(N_v\Delta t)^2+(a_z\Delta t k_{2z})^2\end{bmatrix} \tag{5-147}$$

式中，N_g 為根據陀螺儀元件獲取的白噪聲量值；N_v 為根據加速度計元件獲取的白噪聲量值；Δt 為方差預測間隔時間；$[\omega_x,\omega_y,\omega_z]$為陀螺儀角速度值；

$[a_x, a_y, a_z]$為加速度計加速度值；$[k_{1x}, k_{1y}, k_{1z}]$為陀螺儀噪聲方差調節係數；$[k_{2x}, k_{2y}, k_{2z}]$為加速度計噪聲方差調節係數。

(3) 量測噪聲方差矩陣 $\boldsymbol{R}$ 的整定

量測噪聲方差和量測器件特性有關，很多情況下在濾波前未必能夠準確獲得該值，即使獲取了其範圍也需要根據濾波器的性能進行調整。$\boldsymbol{R}$ 的不同取值對於濾波器的穩定性和收斂速度有著重要影響。通常情況下 $\boldsymbol{R}$ 取值過小或者過大都會造成濾波效果變差，$\boldsymbol{R}$ 取值越小收斂越快，系統對量測值的信任度越高，$\boldsymbol{R}$ 取值越大收斂越慢，系統對量測值的信任度越低。

通常我們根據導航元件的參數獲取觀測方差的量級，而後通過測試調節獲取合適的 $\boldsymbol{R}$ 值，採用調節後的 $\boldsymbol{R}$ 值進行實際濾波。根據量測元件參數，我們能夠得到白噪聲的量級，但是量測過程隨導航元件運動劇烈程度的提升，易引入更多量級的噪聲，此時量測噪聲方差矩陣 $\boldsymbol{R}$ 中相應元素須提高，以降低量測值在數據修正過程中的信任度。

① 磁力計量測噪聲方差：

$$R_m = N_m^2 + (\| g_x, g_y, g_z \| k_m)^2 \tag{5-148}$$

式中，N_m 為根據磁力計元件獲取的白噪聲量值；$[g_x, g_y, g_z]$為陀螺儀角速度值；k_m 為磁力計量測噪聲方差調節係數。

② GNSS/磁力計量測噪聲方差 R_{vp}　GNSS 數據融合時的速度量測方差：

$$\begin{cases} R_{vh} = N_h^2 + (\| a_x, a_y \| \Delta t k_h)^2 \\ R_{vz} = N_v^2 + (a_z \Delta t k_v)^2 \end{cases} \tag{5-149}$$

式中，R_{vh} 為 GNSS 水平方向速度量測方差；R_{vz} 為豎直方向速度量測方差；N_h 為 GNSS 量測實時獲取的水平速度精度因子 SA；N_v 為 GNSS 量測實時獲取的垂向速度精度因子 VA；Δt 為 GNSS 數據融合間隔時間；k_h 為 GNSS 水平速度量測方差調節係數；k_v 為 GNSS 豎直速度量測方差調節係數。

GNSS/磁力計數據融合時的位置量測方差：

$$\begin{cases} R_{ph} = N_{ph}^2 + (\| a_x, a_y \| \Delta t k_{ph})^2 \\ R_{pz} = N_{pv}^2 + (a_z \Delta t k_{pv})^2 \end{cases} \tag{5-150}$$

式中，R_{ph} 為 GNSS 水平方向位置量測方差；R_{pz} 為氣壓高度計豎直方向位置量測方差；N_{ph} 為 GNSS 量測實時獲取的位置精度因子 HDOP；N_{pv} 為根據氣壓高度計特性參數預設的高度精度因子；Δt 為 GNSS 數據融合間隔時間；k_{ph} 為 GNSS 水平位置量測方差調節係數；k_{pv} 為氣壓高度計高度量測方差調節係數。由於 GNSS 高度方向數據精度較低，因此在垂向位置的數據融合中，相關參數全部採用氣壓高度計關聯的數值。

③ 空速量測噪聲方差 R_{tas}　多旋翼無人機高速運動時，空速計的量測誤差仍然較大，採取預設的可調整量測方差：

$$R_{tas} = N_t^2 k_t \tag{5-151}$$

式中，R_{tas} 為空速計速度量測方差；N_t 為根據空速計特性參數預設的空速精度因子；k_t 為可調整的方差係數。

5.6.4 EKF-CPF 動態容錯算法

EKF 收斂判據採用下列不等式表示：

$$\boldsymbol{v}_k \boldsymbol{v}_k^{\mathrm{T}} \leqslant r tr(E[\boldsymbol{v}_k \boldsymbol{v}_k^{\mathrm{T}}]) \tag{5-152}$$

式中，r 為安全係數且 $r \geqslant 1$；tr 為矩陣的跡，當收斂判據滿足時，判定 EKF 收斂。此種判據具有諸多局限性，對於高維數 EKF 算法模型，收斂判據非常複雜且運算量較大，收斂情況下易誤判為發散、發散誤判為收斂。因此本章提出了簡單又精準的擴展卡爾曼與互補濾波（CPF）相結合的 EKF-CPF 動態容錯模塊。

(1) CPF 監測模塊設計

陀螺儀動態響應特性良好，可通過積分推算姿態角，但長期工作時會產生累積誤差，特別是低成本組合導航採用的陀螺儀，累積誤差較大。加速度計和磁力計在推算姿態角時沒有累積誤差，但動態響應較差，加速度計受振動影響較大，磁力計易受環境磁場干擾。三個器件在頻域上特性互補，採用互補濾波算法能快速穩定地推算精度較高的姿態信息。CPF 監測算法原理如圖 5-27 所示。

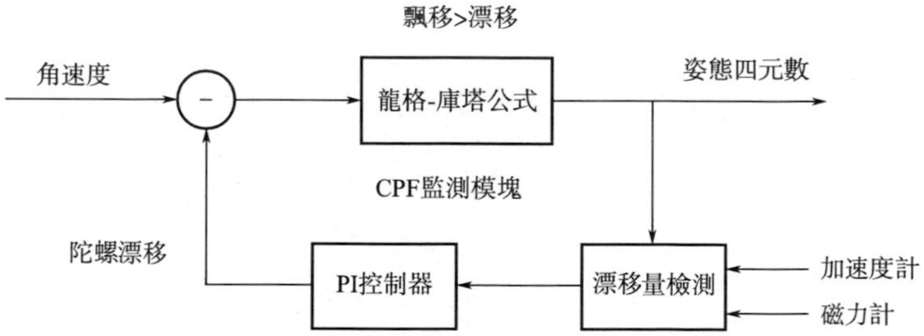

圖 5-27　CPF 監測算法原理

① 加速度計檢測漂移量　歸一化後的單位重力矢量根據姿態四元數，從大地座標轉換至機體座標，可得機體加速度分量：

$$\boldsymbol{a}=\boldsymbol{T}_{\mathrm{nb}}\boldsymbol{G} \tag{5-153}$$

式中，$\boldsymbol{T}_{\mathrm{nb}}$ 為 DCM 矩陣 $\boldsymbol{T}_{\mathrm{bn}}$ 的逆矩陣；$\boldsymbol{G}$ 為單位重力矢量。展開得到

$$\begin{bmatrix} a_x \\ a_y \\ a_z \end{bmatrix}=\begin{bmatrix} 1-2(q_2^2+q_3^2) & 2(q_1q_2+q_0q_3) & 2(q_1q_3-q_0q_2) \\ 2(q_1q_2-q_0q_3) & 1-2(q_1^2+q_3^2) & 2(q_2q_3+q_0q_1) \\ 2(q_1q_3+q_0q_2) & 2(q_2q_3-q_0q_1) & 1-2(q_1^2+q_2^2) \end{bmatrix}\begin{bmatrix} 0 \\ 0 \\ 1 \end{bmatrix} \tag{5-154}$$

加速度計測得的加速度與上述加速度分量叉乘，可得誤差 e_a，表示如下：

$$\begin{bmatrix} e_{ax} \\ e_{ay} \\ e_{az} \end{bmatrix}=\begin{bmatrix} a_x \\ a_y \\ a_z \end{bmatrix}\times\begin{bmatrix} a_{tx} \\ a_{ty} \\ a_{tz} \end{bmatrix} \tag{5-155}$$

式中，$[a_{tx},a_{ty},a_{tz}]$為加速度計實測的加速度歸一化後的數值。

② 磁力計檢測漂移量　歸一化後的單位磁場值根據姿態四元數，由機體座標系轉換至地面座標系下，便可得到大地磁場值，表示如下：

$$\boldsymbol{M}_{ned}=\boldsymbol{T}_{\mathrm{nb}}\boldsymbol{M}_t \tag{5-156}$$

式中，$\boldsymbol{M}_{ned}=[M_n,M_e,M_d]$為大地磁場值；$\boldsymbol{M}_t=[M_{tx},M_{ty},M_{tz}]$為傳感器測量得到的機體磁場值並經過歸一化處理，如果沒有姿態偏差，東向磁場分量 M_e 應為 0，而實際工作陀螺存在漂移。將 M_n、M_e 合併，從地面座標系轉換至機體座標系下，得到機體磁場分量：

$$\begin{bmatrix} M_x \\ M_y \\ M_z \end{bmatrix}=\begin{bmatrix} 1-2(q_2^2+q_3^2) & 2(q_1q_2+q_0q_3) & 2(q_1q_3-q_0q_2) \\ 2(q_1q_2-q_0q_3) & 1-2(q_1^2+q_3^2) & 2(q_2q_3+q_0q_1) \\ 2(q_1q_3+q_0q_2) & 2(q_2q_3-q_0q_1) & 1-2(q_1^2+q_2^2) \end{bmatrix}\begin{bmatrix} \| M_n+M_e \| \\ 0 \\ M_d \end{bmatrix} \tag{5-157}$$

磁力計測得的磁場值與上述加速度分量叉乘，可得誤差 e_m：

$$\begin{bmatrix} e_{mx} \\ e_{my} \\ e_{mz} \end{bmatrix}=\begin{bmatrix} M_x \\ M_y \\ M_z \end{bmatrix}\times\begin{bmatrix} M_{tx} \\ M_{ty} \\ M_{tz} \end{bmatrix} \tag{5-158}$$

③ PI 控制器　採用比例積分（PI）控制器計算陀螺漂移量，表示如下：

$$\begin{gathered} \varepsilon=K_{pa}e_a+K_{pm}e_m+K_{ia}\int e_a\,\mathrm{d}t+K_{im}\int e_m\,\mathrm{d}t \\ \omega=\omega_t+\varepsilon \end{gathered} \tag{5-159}$$

式中，K_{pa}、K_{pm} 為比例調節參數；K_{ia}、K_{im} 為積分調節參數；ω_t 為傳感器讀取的角速度；ε 為角速度漂移量；ω 為漂移去除後的角速度。

(2) EKF－CPF 動態容錯方法

CPF 監測模塊能夠實時解算當前姿態，具有穩定性強、不易發散的特性，但是解算姿態精度低，而 EKF 姿態解算精度高，但是存在容易發散的特性，EKF 發散時首要衝擊項為姿態四元數狀態量，並直接導致其餘狀態量迅速異常。我們採用 CPF 檢測模塊的姿態輸出作為標定值，引入偏差監測環節保證在沒有發散的情況下監測不會發出誤報。偏差監測環節可以表示為

$$\begin{cases} \| \phi_e-\phi_c, \theta_e-\theta_c, \psi_e-\psi_c \| < \bar{\varepsilon} & \text{正常情況} \\ \| \phi_e-\phi_c, \theta_e-\theta_c, \psi_e-\psi_c \| \geqslant \bar{\varepsilon} & \text{異常情況} \end{cases} \tag{5-160}$$

式中，$[\phi_e, \theta_e, \psi_e]$為組合導航 EKF 解算的姿態角；$[\phi_c, \theta_c, \psi_c]$為 CPF 解算的姿態角；$\bar{\varepsilon}$ 為動態姿態偏差閾值，需根據旋翼機結構參數和運行條件考量。通常較小的偏差閾值會導致判別條件苛刻，EKF 會頻繁進行復位處理，不利於除姿態四元數外其他狀態量的穩定，頻繁地復位初始化狀態量，跳變的組合導航解算輸出會導致飛行控制的參考輸入信號變化劇烈，影響無人機的穩定飛行。較大的偏差閾值也會導致判別條件寬泛，EKF 出現發散情況時，容錯算法不能及時進行復位處理以保證輸出值正常，錯誤的組合導航解算輸出會嚴重影響飛行控制的參考輸入。因此合理地進行偏差閾值的選定，對於 EKF 的運行和飛行控制的穩定具有重要意義。

5.6.5 組合導航 EKF-CPF 仿真設計與驗證

經過上述 EKF 算法模型的設計，確定了狀態預測過程、方差預測過程、各觀測量數據修正過程，通過各模型參數的分析，確定了過程噪聲方差，量測噪聲方差調節方式。下面對高維數 EKF 算法進行仿真設計與實測分析。

(1) 基於 Simulink 的算法仿真設計

通過 Simulink 可視化仿真工具進行 EKF 算法的仿真設計，採用模塊化方式，將模型分為 3 個主模塊，即 EKF 運算模塊、數據記錄模塊、EKF-CPF 檢測模塊，如圖 5-28 所示。主體模塊中的 InertialNavFilter 負責 EKF 模型中各步驟運算，WatchDog 負責 EKF-CPF 檢測機制的實現，LogData 負責存儲運算中 24 維狀態量以及方差矩陣的記錄，以便對仿真中各時間點的數據進行分析。

① 初始狀態對準過程　初始狀態對準模塊如圖 5-29 所示，設計步驟如下：

a. 通過當前加速度計、磁力計量測值，解算初始四元數狀態量；

b. 初始速度、位置狀態量的設定；

c. 初始角速度偏差、加速度偏差的設定；
d. 風速狀態量的設定；
e. 大地磁場、機體磁場偏置的設定。

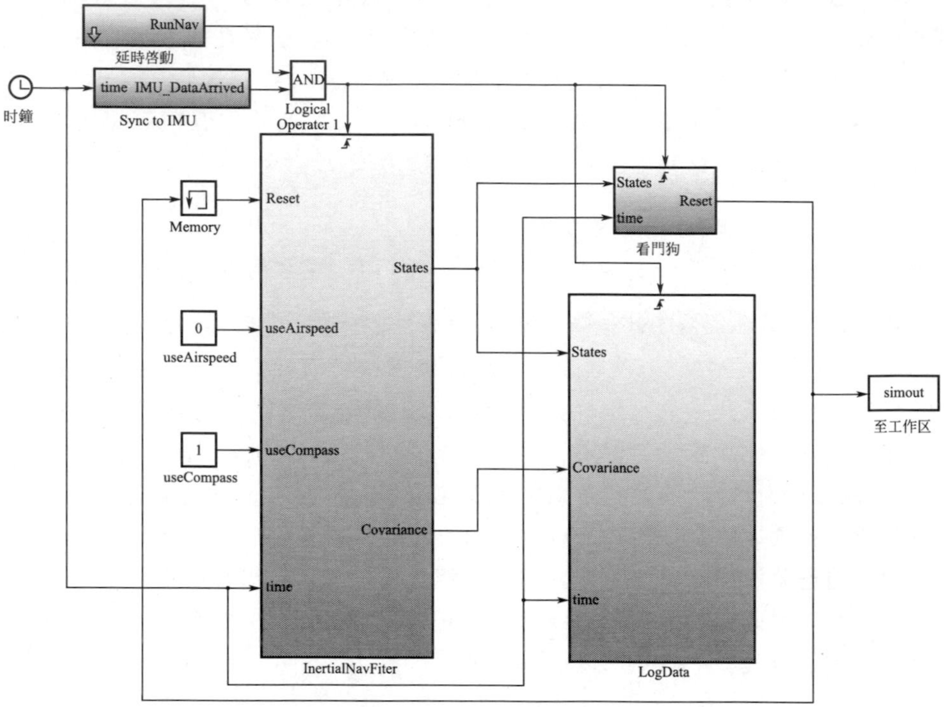

圖 5-28 Simulink 仿真主流程模塊

② 初始方差對準過程　初始對準階段，設置 $\boldsymbol{P}_0=\mathrm{diag}[P_{q0},P_{v0},P_{p0},P_{g0},P_{a0},P_{w0},P_{mn0},P_{mb0}]$ 中的各項，考慮到初始方差的上下界限定，根據 MPU6000、LSM303D、MS5611S、NEO-M8N 的參數特性，給出表 5-15 中初始化方差參數，Δt 為 EKF 運算週期。

表 5-15　方差初始化參數

方差	數值	方差	數值

續表

方差	數值	方差	數值
四元數方差 P_{q0}	10^{-9},$(0.5k_{rad})^2$,$(0.5k_{rad})^2$,$(0.5k_{rad})^2$	加速度偏差方差 P_{a0}	$(0.1\Delta t)^2$,$(0.1\Delta t)^2$,$(0.1\Delta t)^2$
速度方差 P_{v0}	0.7^2,0.7^2,0.7^2	風速方差 P_{w0}	0,0
位置方差 P_{p0}	15^2,15^2,5^2	大地磁場方差 P_{mn0}	20^2,20^2,20^2
角速度偏差方差 P_{g0}	$(0.1\Delta tk_{rad})^2$,$(0.1\Delta tk_{rad})^2$,$(0.1\Delta tk_{rad})^2$	機體磁場偏差方差 P_{mb0}	20^2,20^2,20^2

注：k_{rad} 為可調四元素係數。

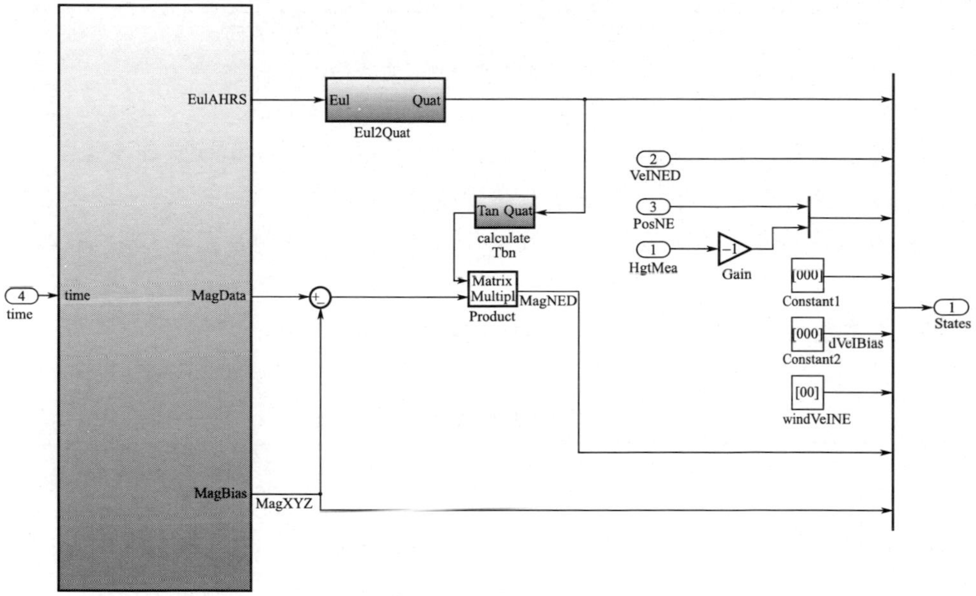

圖 5-29 Simulink 仿真初始對準模塊

③ 預測過程 24 維狀態矩陣 $\boldsymbol{X}_k$ 預測過程及 24×24 維方差 $\boldsymbol{P}_k$ 預測過程設計如圖 5-30 所示。步驟如下。

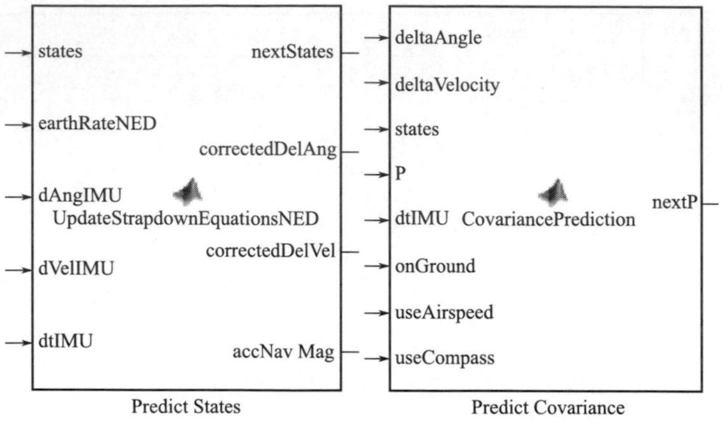

圖 5-30　Simulink 仿真狀態預測、方差預測過程設計

a. 首先進行狀態預測過程的仿真，模塊根據上一時刻最優估計狀態 $\boldsymbol{X}_{k-1}$ 計算當前時刻狀態預測值 $\boldsymbol{X}_k$，數據融合步驟時提取。

b. 其次進行方差預測過程的仿真，模塊根據上一時刻最優估計狀態 $\boldsymbol{X}_{k-1}$ 和上一時刻估計方差 $\boldsymbol{P}_{k-1}$ 計算當前時刻方差預測值 $\boldsymbol{P}_k$，數據融合步驟時提取。其中過程噪聲方差矩陣 $\boldsymbol{Q}_{kav}$ 與附加的過程噪聲方差矩陣 $\boldsymbol{Q}_s$ 的參數設置如表 5-16 所示。

表 5-16　過程噪聲方差初始化參數

方差	數值
陀螺儀噪聲方差 $\boldsymbol{C}_a$	$[25/(60\pi\times180\Delta t)]^2$
加速度計噪聲方差 C_v	$(0.5\Delta t)^2$
附加的過程噪聲方差 $Q_s(1)-Q_s(10)$	$(10^{-9})^2$
附加的角速度偏差噪聲方差 $Q_s(11)-Q_s(13)$	$[0.05/(3600\pi\times180\Delta t)]^2$
附加的加速度偏差噪聲方差 $Q_s(14)-Q_s(16)$	$(0.01/60\Delta t)^2$
附加的風速噪聲方差 $Q_s(17)-Q_s(18)$	$(0.1\Delta t)^2$
附加的大地磁場噪聲方差 $Q_s(19)-Q_s(21)$	$(10/60\Delta t)^2$
附加的機體磁場偏差噪聲方差 $Q_s(22)-Q_s(24)$	$(100/60\Delta t)^2$

④ 數據融合過程　磁力計、GNSS/氣壓高度計、空速計的數據融合過程如圖 5-31 所示，設計步驟如下。

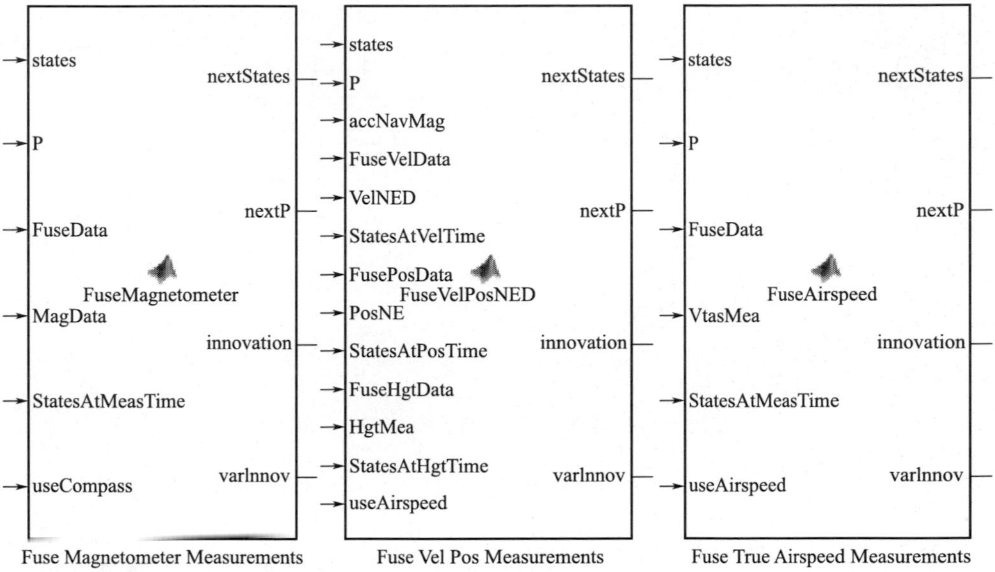

圖 5-31　Simulink 仿真數據融合模塊

a. 磁力計數據融合模塊根據當前時刻狀態預測值 $\boldsymbol{X}_k$、當前時刻方差預測值 $\boldsymbol{P}_k$、磁場量測值 $\boldsymbol{M}_t$ 進行狀態量的修正。

b. GNSS/氣壓高度計數據融合模塊根據當前時刻狀態預測值 $\boldsymbol{X}_k$、當前時刻方差預測值 $\boldsymbol{P}_k$、GNSS/氣壓高度計量測值進行狀態量的修正。

c. 空速計數據融合模塊根據當前時刻狀態預測值 $\boldsymbol{X}_k$、當前時刻方差預測值 $\boldsymbol{P}_k$、空速量測值進行狀態量的修正。

⑤ EKF-CPF 動態監測　EKF-CPF 動態監測中，EKF 解算的當前姿態最優估計值 $\boldsymbol{q}_k$ 與 CPF 解算的姿態四元數 $\boldsymbol{q}$ 標定值進行偏差比對，如果偏差達到設定的閾值，進行 EKF 狀態重置，檢測模塊如圖 5-32 所示。

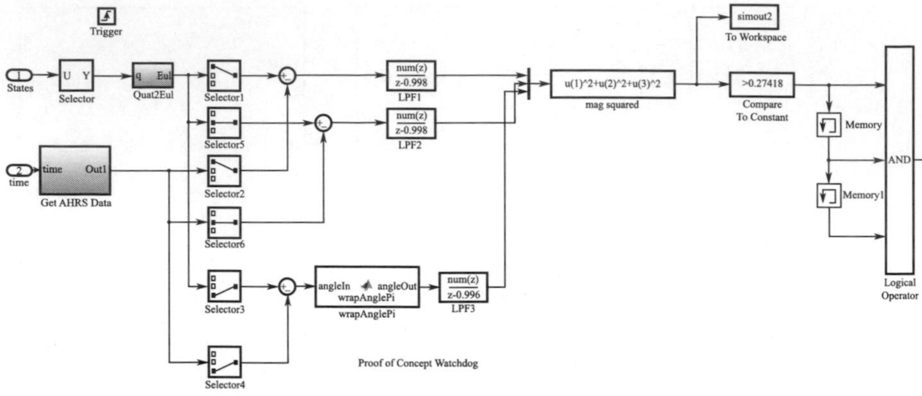

圖 5-32 Simulink 仿真 EKF-CPF 模塊

（2）EKF 算法仿真數據分析

Simulink 模型仿真時需導入飛行數據，包括 INS 模塊 MPU6000 採集的角速度、加速度值，磁力計元件 LSM303D 採集的磁場值，GNSS 模塊 NEO-M8N 採集的速度、位置值，氣壓高度計模塊 MS5611 採集的氣壓值，空速計不進行採集。圖 5-33 為組合導航搭載商業無人機飛行的軌跡，飛行數據經 SD 卡存儲，飛行結束後獲取並整理導入 Simulink 模型。Simulink 仿真結果如圖 5-34～圖 5-41 所示，對應 EKF 算法的 8 個主項狀態量，其中狀態量中的姿態四元數轉換為更直觀的姿態角。

圖 5-34 中紅色❶為 EKF 解算得到的姿態最優估計值，藍色為 CPF 輸出的參考姿態。由此可見，本書研究的 EKF 算法能夠給出精度較高的姿態角信息。

❶ 本書中有顏色區分的圖片均配有電子版，在 www.cip.com.cn/資源下載/配書資源中查找書名或者書號，即可下載。

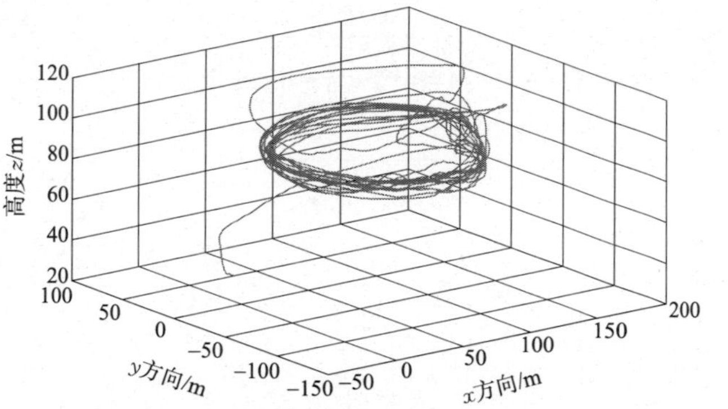

圖 5-33 組合導航搭載商業無人機飛行軌跡

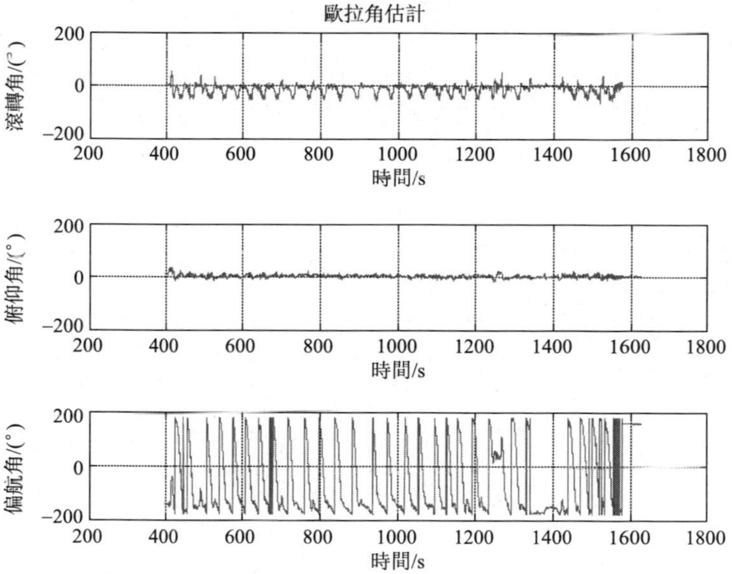

圖 5-34 EKF 姿態角與 CPF 姿態角對比（電子版）

圖 5-35 中紅色為 EKF 解算的速度最優估計值，綠色為 GNSS 輸出的參考速度，藍色為疊加標準差後的曲線。本書研究的 EKF 算法在速度估計中能夠給出精度較高的速度信息。

圖 5-36 中紅色為 EKF 輸出的位置最優估計值，綠色為 GNSS/Baro 輸出的參考位置，藍線為疊加標準差後的曲線。本書研究的 EKF 算法在位置估計中能夠給出精度較高的位置信息。

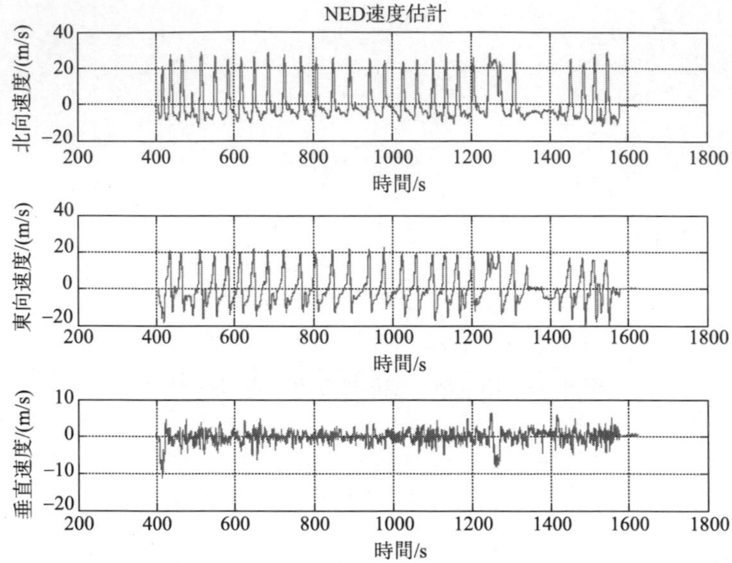

圖 5-35　EKF 速度與 GNSS 速度對比（電子版）

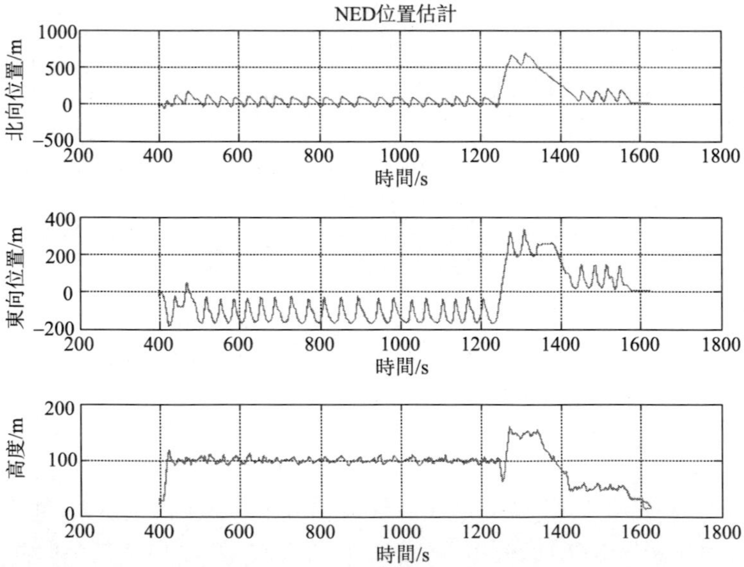

圖 5-36　EKF 位置與 GNSS/氣壓高度計位置對比（電子版）

圖 5-37 中藍色為 EKF 輸出的角速度偏差最優估計值，紅線為疊加標準差後的曲線。本書研究的 EKF 算法在角速度偏差估計中能夠給出精度較高的角速度偏差信息。

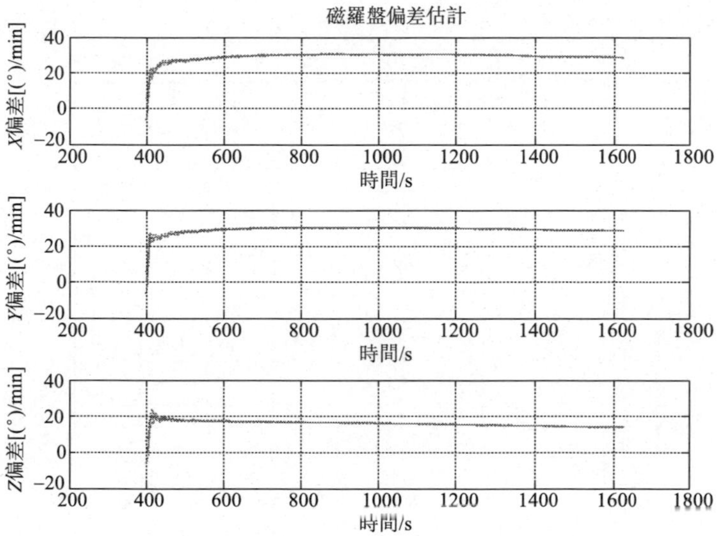

圖 5-37 EKF 角速度偏差與 CPF 角速度偏差對比（電子版）

圖 5-38 中藍色為 EKF 輸出的加速度偏差最優估計值，紅色為疊加標準差後的曲線。本書研究的 EKF 算法在加速度偏差估計中能夠給出精度較高的加速度偏差信息。

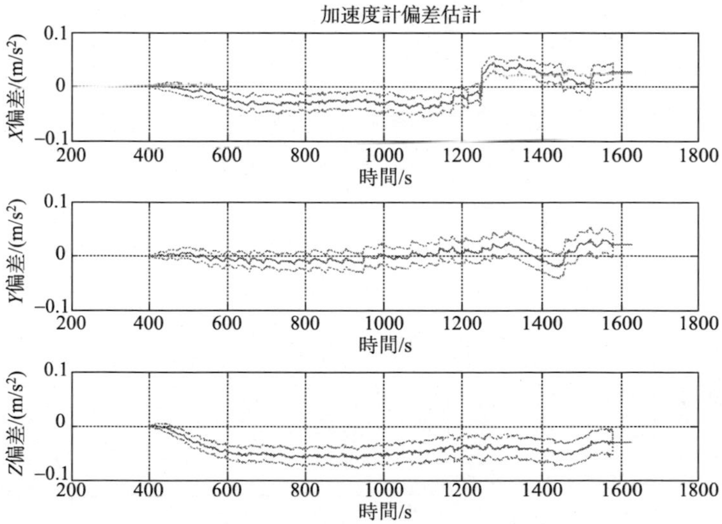

圖 5-38 EKF 加速度偏差與 CPF 加速度偏差對比（電子版）

圖 5-39 中，由於沒有加載風速計，輸出的風速估計值均為 0。

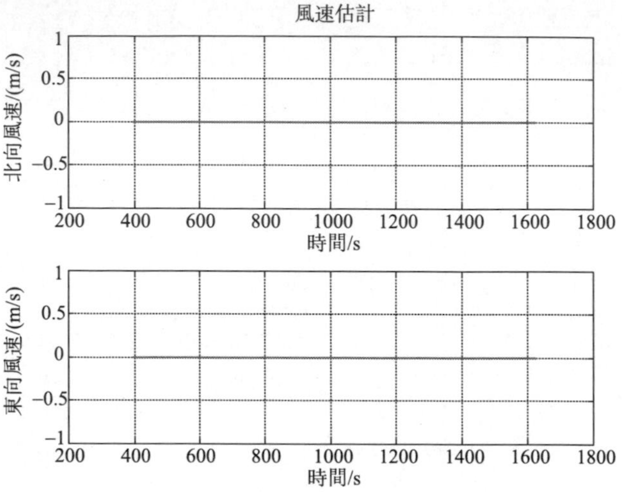

圖 5-39 EKF 風速輸出（電子版）

圖 5-40 中藍色為 EKF 輸出的地面座標系下磁場最優估計值，紅色為疊加標準差後的曲線。本書研究的 EKF 算法在磁場估計中能夠給出精度較高的地面座標系下磁場信息。

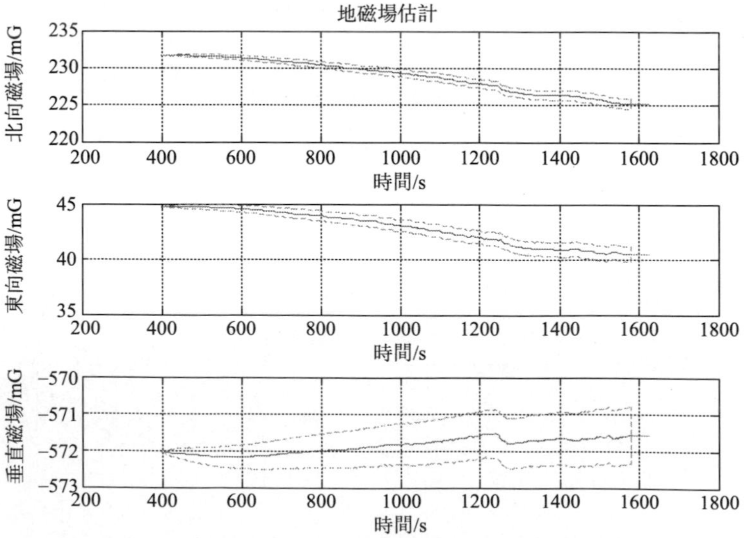

圖 5-40 EKF 大地磁場值（電子版）

圖 5-41 中藍色為 EKF 輸出的機體座標系下磁場偏差最優估計值，紅色為疊加標準差後的曲線。本書研究的 EKF 算法在磁場偏差估計中能夠給出精度較高的機體座標系下磁場偏差信息。

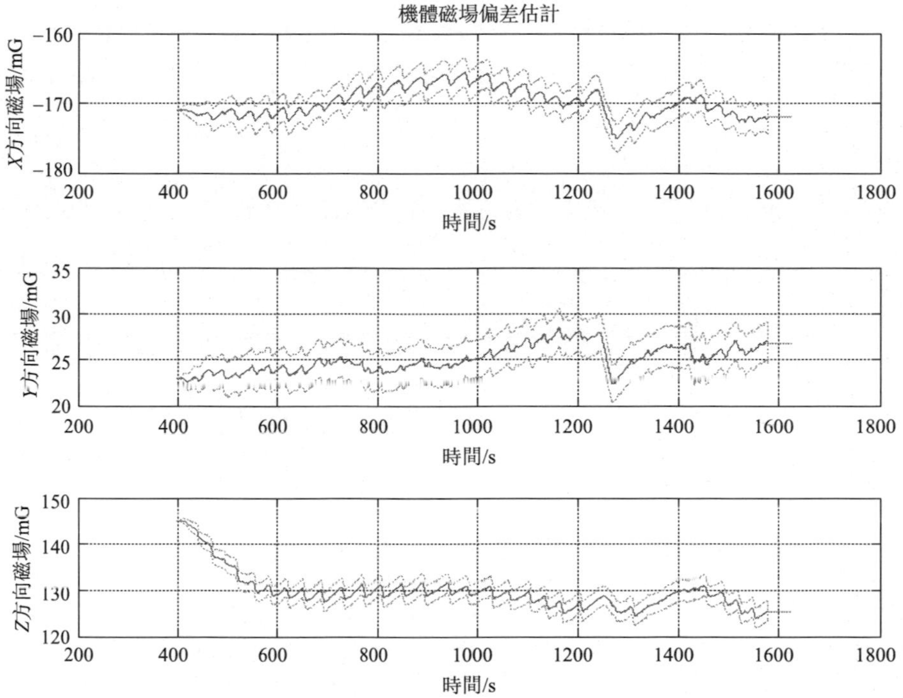

圖 5-41　EKF 機體磁場偏差（電子版）

(3) EKF-CPF 容錯算法仿真驗證

在仿真設計中，為驗證 EKF-CPF 算法的有效性，針對磁力計測量時易受到環境干擾的影響導致濾波發散的情況，將磁力計數據中引入一個較大的誤差量，以驗證 EKF-CPF 容錯處理方法是否能有效地保證濾波的穩定。其中偏差閾值設為 30°，圖 5-42 為 $t=300$s 時磁力計三軸分別疊加 100mG 異常磁場時的仿真測試結果。圖中藍色為 CPF 算法輸出的姿態角信息，紅色為 EKF-CPF 算法解算輸出的姿態數據，在 $t=300$s 時引入異常磁場值時，容錯處理模塊持續監測 EKF 輸出姿態與 CPF 輸出姿態的偏差，當偏差得到閾值 30°時判定出現異常值，見圖中 $t=320$s。EKF 進行復位，四元數狀態量復位為當前 CPF 輸出的姿態對應的四元數，其他狀態量根據容錯處理模塊進行相應處理。由此可見，異常值的存在共觸發 EKF 進行 9 次復位，並在復位後保證了姿態的穩定輸出。

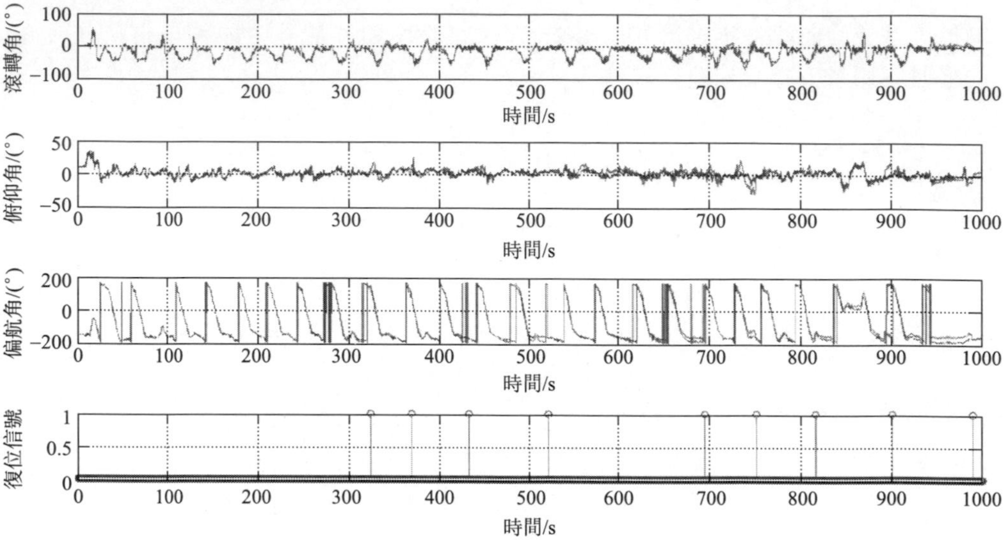

圖 5-42 EKF-CPF 容錯處理算法驗證（電子版）

5.6.6 組合導航 EKF-CPF 算法實測分析

組合導航 EKF 算法仿真後進行代碼上機實現，EKF 解算處理器採用 168MHz 的 STM32F429，分別進行靜置和動態條件下的解算精度測試，並對其解算週期進行測量。

(1) 靜置條件下組合導航 EKF 輸出精度與實時性測試

將低成本組合導航模塊靜置於多旋翼無人機的機體中心點，進行靜態輸出精度的測試，將四元數狀態量轉換為姿態歐拉角輸出，測試結果如圖 5-43～圖 5-45 所示。採樣時間為 $2.5\times10^4\times20$ms，即 500s 的數據，其中 INS 採樣週期為 20ms，EKF 調用週期與 INS 相同。實測結果顯示，EKF 運算時間小於 5.6ms，能夠滿足解算的實時性要求，姿態解算精度優異，EKF 算法靜態性能指標詳見表 5-17。

表 5-17 EKF 算法靜態性能指標

靜態精度	數據	靜態精度	數據
滾轉角	<0.16°	收斂穩定時間	<150s
俯仰角	<0.16°	實時性(EKF 週期)	<5.6ms
偏航角	<0.8°		

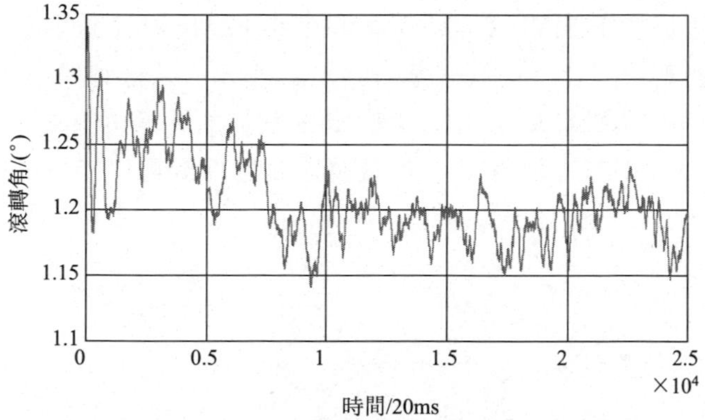

圖 5-43　靜置時滾轉角精度

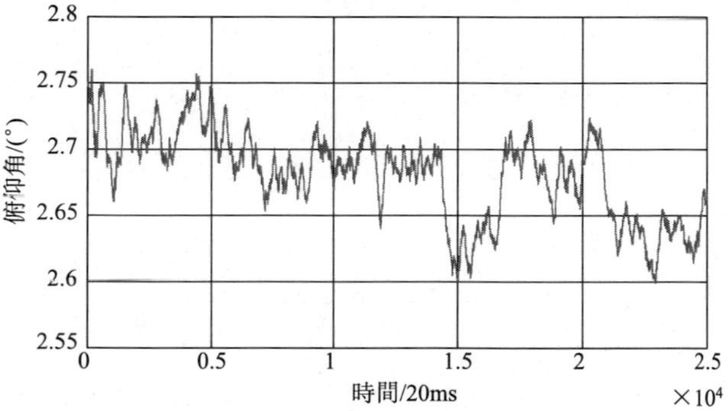

圖 5-44　靜置時俯仰角精度

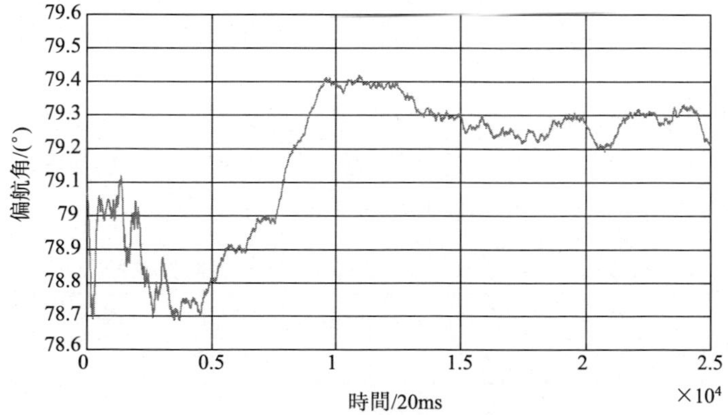

圖 5-45　靜置時偏航角精度

（2）動態條件下組合導航 EKF 輸出精度測試

將高精度導航模組 MTI-G、低成本組合導航模塊靜置於商業無人機的機體中心點同時進行測量對比，測試結果如圖 5-46 所示。採樣時間 40s，圖中藍色為 MTI-G 輸出的姿態角數據，綠色為本書 EKF 解算的姿態角數據，能夠看到低成本組合導航 EKF 算法姿態的解算精度較高，動態性能可以接近部分高品質導航模組水平。

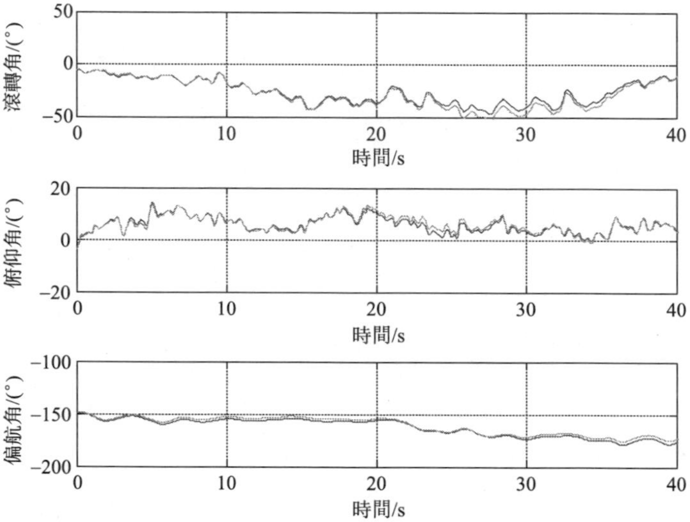

圖 5-46 本書 EKF 與 MTI-G 姿態解算對比（電子版）

表 5-18 給出了本書低成本組合導航與目前廣泛使用的價格昂貴的航姿參考系統 MTI-G-300 的性能參數對比。由此可見，本書 EKF 算法的靜態精度能夠達到 MTI-G 的精度水平，但是動態精度在大角度機動時與 MTI-G 有差距。分析原因是低成本導航元件與高品質導航模組在動態響應中仍然有差距，高品質模組的傳感器特性優異，且內嵌的高速 FIR 濾波器針對其傳感器元件能有效地進行原始數據的處理，兩者之間的差異有待作者進一步研究。

表 5-18 本文組合導航與 MTI-G-300 性能參數對比

	靜態		動態	
	低成本組合導航 EKF	MTI-G	低成本組合導航 EKF	MTI-G
滾轉角	<0.16°	<0.2°	<0.5°	<0.3°
俯仰角	<0.16°	<0.2°	<0.5°	<0.3°
偏航角	<0.8°	<1°	<2°	<1°

5.7 多旋翼無人機狀態感知

在 GNSS、磁力計信號薄弱地區，多旋翼無人機的姿態與位置信息融合往往出現偏差。近幾年，SLAM 技術發展迅速，可以解決多旋翼無人機在未知環境中的自主導航問題。SLAM 不僅能夠生成高質量的三維場景認知地圖，而且能夠利用環境信息準確更新無人機自身位置。圖 5-47 是基於 SLAM 的飛行環境建模框圖，利用機載相機得到 RGB 圖與深度圖，提取特徵點，經過換算公式構建點雲，通過前端視覺里程計估算無人機的運動和局部地圖，基於圖優化法進行後端非線性優化，最後利用校正過的數據實現環境地圖構建。

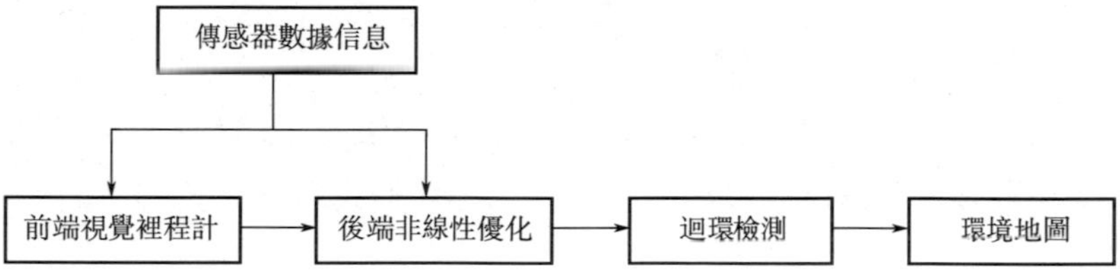

圖 5-47　基於 SLAM 的飛行環境建模框圖

（1）前端視覺里程計

① 傳感器數據獲取及提取 FAST 關鍵點　Kinect 相機能夠獲取 RGB 圖和深度圖像，由於每幀圖像都有成千上萬個像素點，一一進行處理則計算量過於龐大，需要對圖像進行關鍵點提取以減輕計算負擔。針對多旋翼無人機的運動特性，採用直接法來優化無人機的位姿數據，對圖像幀提取關鍵點。

FAST 是一種角點，用於檢測局部像素灰度變化明顯的區域，檢測速度較快。相比於其他角點檢測算法，FAST 只需比較像素的亮度大小即可，檢測過程如下：

a. 在圖像中選取像素 p，假設它的亮度為 I_p；

b. 設置一個亮度範圍閾值 T；

c. 以像素 p 為中心，選取半徑為 r 的圓上的 16 個像素點；

d. 假如選取的圓上有連續的 N 個點的亮度大於 I_p+T 或小於 I_p-T，那麼像素 p 可以被認為是特徵點（通常 N 為 12，即 FAST-12）；

e. 循環上面 4 步，對每個像素執行相同的操作。

② 圖像點雲　存在兩個相鄰圖像幀 I_1、I_2，p_1 像素座標(u,v,d)，則與之對應的空間點 P 的座標為(x,y,z)，去掉深度值太大或者無效的點，將圖像幀

中所有像素點進行計算轉化為點雲，表示如下：

$$\begin{cases} x=(u-c_x)z/f_x \\ y=(u-c_y)z/f_y \\ \quad z=d/s \end{cases} \tag{5-161}$$

式中，s 為深度圖的縮放因子；c_x、c_y 為相機光圈中心；f_x、f_y 為相機焦距。

③ 位姿初步優化　根據當前相機的位姿估計值來尋找 p_2 的位置。根據像素的亮度信息估計相機的運動，可以完全不用計算關鍵點和描述子（一個圖像的特徵點由關鍵點和描述子組成），避免了特徵的計算時間和特徵缺失的情況。當前的 AHRS 融合後得到的位姿作為位姿初步優化的初始值。

$$p_1=\frac{1}{d_1}K\boldsymbol{P} \tag{5-162}$$

$$p_2=\frac{1}{d_2}K(\boldsymbol{RP}+t)=\frac{1}{d_2}K(\exp(\boldsymbol{\xi}^{\wedge})\boldsymbol{P})_{1:3} \tag{5-163}$$

式中，d_1 為 I_1 圖像的深度數據；d_2 為 I_2 圖像的深度數據；$\boldsymbol{R}$ 為方向餘弦矩陣，t 為位移量，$\boldsymbol{\xi}$ 為無人機的三個姿態，即俯仰、滾轉、偏航；$\boldsymbol{\xi}^{\wedge}$ 為 $\boldsymbol{\xi}$ 的反對稱矩陣。若相機的位姿不夠好，p_2 的外觀與 p_1 相比會有明顯差別，為了減小這個差別，我們對無人機當前的位姿估計值進行優化，來尋找與 p_1 更為相似的 p_2，$\boldsymbol{P}$ 的兩個像素點的光度誤差 $e=I_1(p_1)-I_2(p_2)$，基於灰度不變假設，一個空間點在各個視角下成像的灰度值是不變的。存在 N 個空間點 p_i，整個相機的位姿 $\boldsymbol{\xi}$ 估計問題轉化為 $\min\boldsymbol{\xi} J(\boldsymbol{\xi})=\sum_{i=1}^{N}\boldsymbol{e}_i^{\mathrm{T}}\boldsymbol{e}_i, \boldsymbol{e}_i=I_1(p_1,i)-I_2(p_2,i)$。使用李代數上的擾動模型，給 $\exp(\boldsymbol{\xi})$ 左乘小擾動 $\exp(\delta\boldsymbol{\xi})$，可以轉換為

$$\begin{aligned} \exp(\boldsymbol{\xi}\oplus\delta\boldsymbol{\xi}) &= I_1\left(\frac{1}{Z_1}K\boldsymbol{P}\right)-I_2\left[\frac{1}{Z_2}K\exp(\delta\boldsymbol{\xi}^{\wedge})\exp(\boldsymbol{\xi}^{\wedge})\boldsymbol{P}\right] \\ &= I_1\left(\frac{1}{Z_1}K\boldsymbol{P}\right)-I_2\left[\frac{1}{Z_2}K\exp(\delta\boldsymbol{\xi}^{\wedge})\boldsymbol{P}+\frac{1}{Z_2}K\delta\boldsymbol{\xi}^{\wedge}\exp(\boldsymbol{\xi}^{\wedge})\boldsymbol{P}\right] \end{aligned} \tag{5-164}$$

令 $u=\frac{1}{Z_2}K\delta\boldsymbol{\xi}^{\wedge}\exp(\boldsymbol{\xi}^{\wedge})\boldsymbol{P}$，則有

$$\begin{aligned} \exp(\boldsymbol{\xi}\oplus\delta\boldsymbol{\xi}) &= I_1\left(\frac{1}{Z_1}K\boldsymbol{P}\right)-I_2\left[\frac{1}{Z_2}K\exp(\delta\boldsymbol{\xi}^{\wedge})\boldsymbol{P}+u\right] \\ &= e(\boldsymbol{\xi})-\frac{\partial I_2}{\partial u}\times\frac{\partial u}{\partial(\delta\boldsymbol{\xi})}\delta\boldsymbol{\xi} \end{aligned} \tag{5-165}$$

誤差相對於李代數之間的雅克比矩陣為 $\boldsymbol{J}=-\frac{\partial I_2}{\partial u}\times\frac{\partial u}{\partial(\delta\boldsymbol{\xi})}$，進而，可以利用卡爾曼濾波求出的位姿估計值作為當前時刻位姿估計值 $(\boldsymbol{R},t)$，基於列文伯

格-馬夸爾特方法計算增量來調整多旋翼無人機的位姿信息。

(2) 後端非線性優化

為了能夠獲得高精度的導航地圖信息，基於多旋翼無人機的視覺 SLAM 導航的後端非線性優化採用圖優化法。記一個圖為 $G=\{V,E\}$，其中 V 為頂點集，E 為邊集。頂點為優化變量，即多旋翼無人機的位姿，邊為約束，相機傳感器的觀測方程可以表示為

$$\boldsymbol{z}_k=h(\boldsymbol{x}_k)=\boldsymbol{C}(\boldsymbol{R}\boldsymbol{x}_k+t) \tag{5-166}$$

誤差表示為 $\boldsymbol{e}_k=\boldsymbol{z}_k-h(\boldsymbol{x}_k)$，則圖優化的目標函數描述為

$$\min F(\boldsymbol{x}_k)=\sum_{k=1}^{n}[\boldsymbol{z}_k-\boldsymbol{C}(\boldsymbol{R}\boldsymbol{x}_k+t)]\boldsymbol{\Omega}_k[\boldsymbol{z}_k-\boldsymbol{C}(\boldsymbol{R}\boldsymbol{x}_k+t)] \tag{5-167}$$

式中，$\boldsymbol{C}$ 為相機內參。

由於 $\boldsymbol{e}_k(\boldsymbol{x}_k+\Delta\boldsymbol{x})\approx\boldsymbol{e}_k(\widetilde{\boldsymbol{x}}_k)+\dfrac{\mathrm{d}\boldsymbol{e}_k}{\mathrm{d}\boldsymbol{x}_k}\Delta\boldsymbol{x}=\boldsymbol{e}_k+\boldsymbol{J}_k\Delta\boldsymbol{x}$，則可推導出：

$$\begin{aligned}F_k(\widetilde{\boldsymbol{x}}_k+\Delta\boldsymbol{x})&=\boldsymbol{e}_k(\widetilde{\boldsymbol{x}}_k+\Delta\boldsymbol{x})^{\mathrm{T}}\boldsymbol{\Omega}_k\boldsymbol{e}_k(\widetilde{\boldsymbol{x}}_k+\Delta\boldsymbol{x})\\&=\boldsymbol{e}_k^{\mathrm{T}}\boldsymbol{\Omega}_k\boldsymbol{e}_k+2\boldsymbol{e}_k^{\mathrm{T}}\boldsymbol{\Omega}_k\boldsymbol{J}_k\Delta\boldsymbol{x}+\Delta\boldsymbol{x}^{\mathrm{T}}\boldsymbol{J}_k^{\mathrm{T}}\boldsymbol{\Omega}_k\boldsymbol{J}_k\Delta\boldsymbol{x}\end{aligned} \tag{5-168}$$

另外有

$$\begin{gathered}\Delta F_k=2\boldsymbol{e}_k^{\mathrm{T}}\boldsymbol{\Omega}_k\boldsymbol{J}_k\Delta\boldsymbol{x}+\Delta\boldsymbol{x}^{\mathrm{T}}\boldsymbol{J}_k^{\mathrm{T}}\boldsymbol{\Omega}_k\boldsymbol{J}_k\Delta\boldsymbol{x}\\\frac{\mathrm{d}F_k}{\mathrm{d}x}=2\boldsymbol{e}_k^{\mathrm{T}}\boldsymbol{\Omega}_k\boldsymbol{J}_k+\boldsymbol{J}_k^{\mathrm{T}}\boldsymbol{\Omega}_k\boldsymbol{J}_k\Delta\boldsymbol{x}=0\\\boldsymbol{J}_k^{\mathrm{T}}\boldsymbol{\Omega}_k\boldsymbol{J}_k\Delta\boldsymbol{x}=-2\boldsymbol{e}_k^{\mathrm{T}}\boldsymbol{\Omega}_k\boldsymbol{J}_k\end{gathered} \tag{5-169}$$

令 $\boldsymbol{A}=\boldsymbol{J}_k^{\mathrm{T}}\boldsymbol{\Omega}_k\boldsymbol{J}_k$，$\boldsymbol{b}=2\boldsymbol{e}_k^{\mathrm{T}}\boldsymbol{\Omega}_k\boldsymbol{J}_k$，則可表示為

$$\boldsymbol{A}\Delta\boldsymbol{x}=-\boldsymbol{b} \tag{5-170}$$

那麼求解線性方程即可。

(3) 構建地圖

由於在複雜環境中，除了能夠定位多旋翼無人機的當前狀態和位置，更需要給無人機安上「眼睛」，使其看見當前的環境情況，從而使無人機實現避障或抓取物體等更多功能。在此，引入 SLAM 技術繪製當前環境地圖。

① 點雲拼接　前面已經獲得了特徵點雲和優化後的多旋翼無人機位姿狀態，將當前幀密集點雲的所有點 $\boldsymbol{P}(i)=(x,y,z,r,g,b)$變換到全局座標系下，進行點雲拼接從而獲得密集的三維點雲，表示如下：

$$\begin{bmatrix} x' \\ y' \\ z' \end{bmatrix} = \boldsymbol{R}_{3\times 3} \begin{bmatrix} x \\ y \\ z \end{bmatrix} + \boldsymbol{t}_{3\times 1} \tag{5-171}$$

利用體素濾波器對拼接的點雲圖進行降採樣，由於多個視角存在的視野重疊區域，對裡面存在大量的位置十分近似的點進行濾波。

② 構建高度約束地圖　多旋翼無人機飛行過程中生成的點雲圖是無法直接用於導航和避障的，需要在點雲的基礎上進行加工處理。因此，將密集的三維點雲圖保存為基於八叉樹的 OctoMap。它本質上是一種三維柵格地圖，基本組成單元是體素，可以通過改變體素的大小來調整該地圖的分辨率。把三維空間建模劃分為眾多小方塊，把每個小方塊的每個面平均切成兩片，不斷重複這個步驟直到最後的方塊大小達到建模的最高精度。八叉樹的節點存儲了它是否被占據的信息，如果選擇用概率形式來表達節點是否被占據，例如用 $x \in [0,1]$ 來表示被占據的概率，如果不斷觀測到該節點被占據，那麼 x 變大，反之變小。實際中我們不直接用概率來描述某節點被占據，而是用概率對數值來描述：

$$y = \ln it(x) = \ln\left(\frac{x}{1-x}\right) \tag{5-172}$$

其反變換為

$$x = \ln it^{-1}(y) = \frac{\exp(y)}{\exp(y)+1} \tag{5-173}$$

當不斷觀測到該節點被占據時，讓 y 增加一個值，否則讓 y 減小一個值。當查詢概率時，再用 $\ln it$ 的反變換，將 y 轉換至概率即可。假設某節點為 n，觀測數據為 z，從開始時刻到 t 時刻某節點的概率對數值為 $L(n \mid z_{1:t})$，那麼 $t+1$ 時刻表示為

$$L(n|z_{1:t+1}) = L(n|z_{1:t-1}) + L(n|z_{1:t}) \tag{5-174}$$

概率形式為

$$P(n|z_{1:T}) = \left[1 + \frac{1-P(n|z_T)}{P(n|z_T)} \times \frac{1-P(n|z_{1:T-1})}{P(n|z_{1:T-1})} \times \frac{P(n)}{1-P(n)}\right]^{-1} \tag{5-175}$$

有了對數概率，便可以根據相機數據更新整個八叉樹地圖，在深度數據的對應點上觀察到一個占據數據，從相機光心出發到這個點的線段上，便可判斷為無障礙物。

針對構建好了的局部地圖，可以引入多旋翼無人機高度數據約束。假設無人機為一個質點，構造一個高度約束濾波器，可以將障礙物最高點低於無人機質點對地高度，或者最低點高於無人機質點對地高度的障礙物目標濾除，減輕地圖存儲負擔和優化無人機當前局部地圖。

參考文獻

[1] PARK S, IM J, JANG E, et al. Drought assessment and monitoring through blending of multi-sensor indices using machine learning approaches for different climate regions[J]. Agricultural & Forest Meteorology, 2016, 216: 157-169.

[2] TIAN T, SUN S, LI N. Multi-sensor information fusion estimators for stochastic uncertain systems with correlated noises[J]. Information Fusion, 2016, 27: 126-137.

[3] 代剛．MEMS-IMU 誤差分析補償與實驗研究 [D]. 北京: 清華大學, 2011.

[4] SASANI S, ASGARI J, AMIRI-SIMKOOEIA R. Improving MEMS-IMU/GPS integrated systems for land vehicle navigation applications[J]. GPS Solutions, 2016, 20 (1): 89-100.

[5] IHAJEHZADEH S, LOH D, LEE M, et al. A cascaded Kalman filter-based GPS/MEMS-IMU integration for sports applications[J]. Measurement, 2015, 73: 200-210.

[6] 成怡，金海林，修春波，等．四軸飛行器組合導航非線性濾波算法[J]. 計算機應用，2014 (S1): 341-344.

[7] 王旭，王龍，劉文法，等．神經網絡輔助的組合導航系統仿真研究[J]. 系統仿真學報，2011，23 (2): 242-244.

[8] 孫章國，錢峰．一種基於指數漸消因子的自適應卡爾曼濾波算法[J]. 電子測量技術，2010，33 (1): 40-42.

[9] 熊敏君，盧惠民，熊丹，等．基於單目視覺與慣導融合的無人機位姿估計[J]. 計算機應用，2017，37 (S2): 127-133.

[10] 徐鐸．基於 visual SLAM 算法的四旋翼無人機室內定位研究[D]. 哈爾濱: 哈爾濱工業大學，2017.

[11] SETOODEH P, KHAYATIAN A, FRAJAH E. Attitude estimation by separate-bias Kalman filter-based data fusion [J]. Journal of Navigation, 2004, 57 (02): 261-273.

[12] PARK M. Error analysis and stochastic modeling of MEMS based inertial sensors for land vehicle navigation applications[M]. University of Calgary, Department of Geomatics Engineering, 2004: 52-107.

[13] KONG X. INS algorithm using quaternion model for low cost IMU[J]. Robotics and Autonomous Systems, 2004, 46 (4): 221-246.

[14] ALI A S, SIDDHARTH S, SYED Z, et al. An efficient and robust maneuvering mode to calibrate low cost magnetometer for improved heading estimation for pedestrian navigation[J]. Journal of Applied Geodesy, 2013, 7 (1): 65-73.

[15] SYED Z F, AGGARWAL P, GOODALL C, et al. A new multi-position calibration method for MEMS inertial navigation systems[J]. Measurement Science and Technology, 2007, 18 (7): 1897.

[16] NOURELDIN A, KARAMAT T B, EBERTS M D, et al. Performance enhancement of MEMS-based INS/GPS integration

for low-cost navigation applications [J]. IEEE Transactions on Vehicular Technology, 2009, 58(3): 1077-1096.

[17] WANG J, GARRATT M, LAMBERT A, et al. Integration of GPS/INS/vision sensors to navigate unmanned aerial vehicles [J]. IAPRSSIS, 2008, 37 (B1): 963-969.

[18] WENDEL J, MEISTER O, SCHLAILE C, et al. An integrated GPS/MEMS-IMU navigation system for an autonomous helicopter[J]. Aerospace Science and Technology, 2006, 10 (6): 527-533.

[19] WENDEL J, TROMMER G F. Tightly coupled GPS/INS integration for missile applications[J]. Aerospace Science and Technology, 2004, 8(7): 627-634.

[20] LI X, LI Z. A new calibration method for tri-axial field sensors in strap-down navigation systems [J]. Measurement Science and Technology, 2012, 23 (10): 105105.

第6章

多旋翼無人機姿態穩定與航迹跟踪控制

6.1 概述

多旋翼無人機的姿態穩定控制與航跡跟蹤控制是無人機實現自主飛行的基礎。受到加工工藝水平以及安裝過程的影響，實際的多旋翼無人機系統參數與理論計算的模型之間存在一定的偏差，尤其加入負載後，會出現質量的變化以及飛行器重心位置的偏移，這給建立精確的多旋翼無人機模型帶來了困難。另外，在執行飛行任務中，無人機往往處於一種複雜多變的飛行環境，這便需要強魯棒性的姿態穩定控制器與航跡跟蹤控制器才適合於實際工程應用。

本章以自主研發的十二旋翼無人機為研究對象，分別給出了姿態穩定控制器及航跡跟蹤控制器的設計方法，對飛行系統的穩定性進行了詳細分析，並且輔以姿態穩定控制器及航跡跟蹤控制器的仿真實例。針對平面四軸無人機，往往會出現偏航姿態陷入執行器飽和現象，本章進一步討論了偏航姿態飽和控制問題，以八旋翼無人機為實例，介紹了偏航抗飽和控制器的設計方法，並給出原型機飛行試驗的驗證。

6.2 多旋翼無人機姿態穩定控制器設計與實驗

姿態穩定控制器的任務是控制多旋翼無人機的三個姿態角穩定地跟蹤期望姿態信號，並保證閉環姿態系統具有期望的動態特性。特別是對於傳統的四旋翼無人機來說，由於其本身的欠驅動特性，需要利用姿態與平動間明顯的耦合關係實現空中位置的運動，設計一個具有期望動態特性的姿態穩定控制算法就成了一個非常重要的問題。本書介紹的十二旋翼無人機，雖在本質上實現了姿態與平動的獨立控制，但設計有效的姿態穩定控制算法依然是保證無人機平穩飛行並可以實現一定任務要求的基本保證。

本節首先根據十二旋翼無人機實際的工作特性及姿態穩定控制器的設計需要對系統的動力學模型進行了簡化，然後將反步法與滑模變結構控制相結合，針對姿態的三個通道（滾轉、俯仰以及偏航）分別設計反步滑模姿態穩定控制器，在每個姿態通道中，分別引入自適應徑向基神經網絡（RBFNN）觀測器估計並補償系統的不確定性。其中，反步法採用遞推設計，把非線性系統分解成小於系統階數的各個子系統，構造子系統的虛擬控制量得到穩定的控制律，充分保證了系統的穩定性，且在處理非線性時具有極大的靈活性。滑模變結構控制響應快速，算法簡單，易於實現。滑動模態對系統參數不確定性以及外界擾動非常不敏感，因此具有強魯棒性。

6.2.1 多旋翼無人機姿態穩定控制模型

考慮到十二旋翼無人機的設計特性和工作情況，進行如下簡化假設：

① 原型機的旋翼採用了碳纖維材料，可以認為旋翼質量很輕，不考慮其轉動慣量矩；

② 將外部環境擾動、空氣摩擦力與摩擦力矩等統一視為未建模擾動；

③ 考慮到由電機與旋翼組成的驅動單元相對於無人機自身具有更快速的響應特性，在研究無人機控制算法時可不考慮驅動部分動力學特性的影響，即直接將各個旋翼轉速當作無人機動力學模型的輸入。

根據以上假設，可以得到簡化後的無人機姿態轉動動力學模型如下：

$$\begin{cases} \dot{\boldsymbol{\eta}} = \boldsymbol{T\omega} \\ \boldsymbol{J}\dot{\boldsymbol{\omega}} = -\mathrm{sk}(\boldsymbol{\omega})\boldsymbol{J\omega} + \boldsymbol{M} + \Delta\boldsymbol{M} \end{cases} \tag{6-1}$$

式中，$\boldsymbol{\eta}=[\phi,\theta,\psi]^{\mathrm{T}}$ 為無人機姿態在慣性空間的投影的歐拉角；$\boldsymbol{J}$ 為無人機慣性張量；$\boldsymbol{\omega}=[p,q,r]^{\mathrm{T}}$ 為無人機姿態角速度在機體座標系上的投影，$\mathrm{sk}(\boldsymbol{\omega})=\begin{bmatrix} 0 & -r & q \\ r & 0 & -p \\ -q & p & 0 \end{bmatrix}$；$\Delta\boldsymbol{M}$ 為有界的未建模總擾動，滿足 $\|\Delta\boldsymbol{M}\|<\rho$；$\boldsymbol{M}$ 為無人機控制姿態力矩，且有

$$\boldsymbol{M}=\begin{bmatrix} M_x \\ M_y \\ M_z \end{bmatrix}=\begin{bmatrix} 1/2(k_1 l\sin\gamma-k_2\cos\gamma)(-\Omega_1^2+\Omega_2^2+2\Omega_3^2+\Omega_4^2-\Omega_5^2-2\Omega_6^2) \\ \sqrt{3}/2(-k_1 l\sin\gamma+k_2\cos\gamma)(\Omega_1^2+\Omega_2^2-\Omega_4^2-\Omega_5^2) \\ (-k_1 l\cos\gamma+k_2\sin\gamma)(\Omega_1^2-\Omega_2^2+\Omega_3^2-\Omega_4^2+\Omega_5^2-\Omega_6^2) \end{bmatrix} \tag{6-2}$$

式中，$\Omega_1 \sim \Omega_6$ 為無人機的六組旋翼的轉速；γ 為電機轉軸與飛行器機體平面的夾角；M_x 為滾轉姿態 ϕ 運動控制力矩；M_y 為俯仰姿態 θ 運動控制力矩；M_z 為偏航姿態 ψ 運動控制力矩。

6.2.2 自適應徑向基神經網絡的反步滑模姿態穩定控制器設計

姿態穩定控制的目的是多旋翼無人機的姿態角 $\boldsymbol{\eta}=[\phi,\theta,\psi]^{\mathrm{T}}$ 準確地跟蹤輸入的期望姿態信號 $\boldsymbol{\eta}_{\mathrm{d}}=[\phi_{\mathrm{d}},\theta_{\mathrm{d}},\psi_{\mathrm{d}}]^{\mathrm{T}}$。姿態穩定控制框圖如圖 6-1 所示，十二旋翼無人機的三個姿態分成三個獨立通道，分別進行控制。

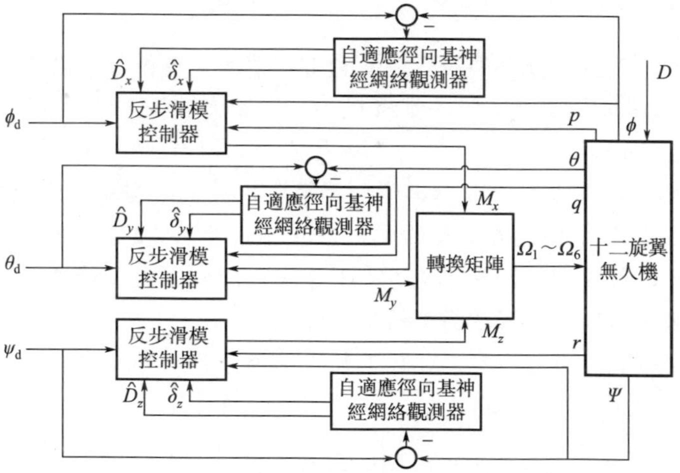

圖 6-1 十二旋翼無人機姿態穩定控制框圖

由於十二旋翼無人機的載荷變化會導致轉動慣量具有一定的不確定性，其主要是模型參數不精確性的主要緣由，未建模動態和外界干擾也考慮到姿態控制中。以滾轉姿態通道為例，狀態空間方程表示為

$$\dot{\phi}=p$$
$$\dot{p}=M_x/I_x+D_x \tag{6-3}$$

式中，ϕ 為滾轉角；p 為滾轉角速度；I_x 為機體 x 軸的轉動慣量；D_x 為滾轉通道的總不確定性，包括滾轉通道上的轉動慣量不確定性以及有界外部干擾。

滾轉姿態穩定控制器的設計步驟如下。

(1) 第一步

首先，定義滾轉角誤差為 $e_1=\phi_{\mathrm{d}}-\phi$，其中 ϕ_{d} 是輸入的期望滾轉角，則得到滾轉角誤差的導數：

$$\dot{e}_1=\dot{\phi}_{\mathrm{d}}-\dot{\phi}=\dot{\phi}_{\mathrm{d}}-e_2-v_1 \tag{6-4}$$

定義 $e_2=p-v_1$ 為角速度跟蹤誤差，v_1 表示第一步的虛擬控制量。選取第一步的李雅普諾夫（Lyapunov）函數：

$$V_1=\frac{1}{2}e_1^2 \tag{6-5}$$

則 V_1 的導數為：

$$\dot{V}_1=e_1(\dot{\phi}_d-e_2-v_1) \tag{6-6}$$

選取虛擬控制量為：

$$v_1=\dot{\phi}_d+\alpha_x e_1 \tag{6-7}$$

式中，α_x 為常數。將式(6-7) 代入到式(6-6) 中得到：

$$\dot{V}_1=-\alpha_x e_1^2-e_1e_2 \tag{6-8}$$

由此可知，當 $e_2=0$ 時，$\dot{V}_1=-\alpha_x e_1^2\leqslant 0$，即滾轉角 ϕ 最終收斂到期望滾轉角 ϕ_d。

(2) 第二步

由於 $\dot{e}_1=\dot{\phi}_d-p$ 和 $e_2=p-v_1=p-\dot{\phi}_d-\alpha_x e_1$，可以得到：

$$\dot{e}_1=-e_2-\alpha_x e_1 \tag{6-9}$$

則角速度跟蹤誤差的時間導數可表示為：

$$\dot{e}_2=\dot{p}-\dot{v}_1=M_x/I_x+D_x-\ddot{\phi}_d+\alpha_x(e_2+\alpha_x e_1) \tag{6-10}$$

選取第二步的李雅普諾夫（Lyapunov）函數為：

$$V_2=V_1+\frac{1}{2}s_x^2 \tag{6-11}$$

定義滾轉通道的滑模切換面為 s_x，選取為：

$$s_x=k_x e_1+e_2 \tag{6-12}$$

式中，k_x 為常數。將式(6-8)、式(6-10) 和式(6-12) 代入 V_2 的導數中，可以得到

$$\begin{aligned}\dot{V}_2&=\dot{V}_1+s_x\dot{s}_x=-e_1e_2-\alpha_x e_1^2+s_x(k_x\dot{e}_1+\dot{e}_2)\\&=-e_1e_2-\alpha_x e_1^2+s_x[(k_x-\alpha_x)\dot{e}_1+M_x/I_x+D_x-\ddot{\phi}_d]\end{aligned} \tag{6-13}$$

(3) 第三步

滾轉通道上未知的總不確定性 D_x 會影響實際飛行，而其界限又很難確定。設計自適應 RBFNN 觀測器對不確定性進行有效的逼近和估計，其中 RBFNN 的參數與估計誤差通過自適應算法在線更新，把 RBFNN 估計值以及估計誤差均補償到反步滑模控制器中。RBFNN 是一種具有單隱層的三層前饋網絡，結構簡單，只需要調整輸出層的權值，具有強非線性逼近能力。如圖 6-2 所示，

RBFNN 由三層網絡組成：輸入層把網絡與外界連接起來；非線性的隱含層實現從輸入空間到隱含空間的非線性變換；線性輸出層是隱含層輸出的加權和。

在滾轉通道上，RBFNN 的輸入矢量選擇滾轉姿態角誤差與其導數，表示為 $\boldsymbol{Z}=[e_1,\dot{e}_1]^{\mathrm{T}}$。選取常用的高斯函數 $\boldsymbol{\Phi}=[\phi_1,\phi_2,\cdots,\phi_N]^{\mathrm{T}}$ 作為徑向基函數。通過加權和方法得到輸出 $\hat{D}_x$ 為

$$\boldsymbol{\phi}_j(\boldsymbol{Z})=\exp[-(\boldsymbol{Z}-\boldsymbol{M}_j)^{\mathrm{T}}\sum_{\mathrm{j}}(\boldsymbol{Z}-\boldsymbol{M}_j)] \tag{6-14}$$

$$\hat{D}_x=\sum_{j=1}^{N}\boldsymbol{W}_j\boldsymbol{\phi}_j(\boldsymbol{Z}) \quad \mathrm{j}=1,2,\cdots,N \tag{6-15}$$

式中，N 為隱含層個數；$\boldsymbol{M}_j=[m_{1j},m_{2j}]^{\mathrm{T}}$ 為第 j 個隱含層的中心矢量；$\sum_j=\mathrm{diag}[1/\sigma_{1j}^2,1/\sigma_{2j}^2]^{\mathrm{T}}$ 為第 j 個隱含層的基寬矢量；$\boldsymbol{W}_j$ 為連接第 j 個隱含層與輸出層的權值，權矢量表示為 $\boldsymbol{W}=[W_1,W_2,\cdots,W_N]^{\mathrm{T}}$。則 RBFNN 的輸出可以簡化為

$$\hat{D}_x=\boldsymbol{W}^{\mathrm{T}}\boldsymbol{\Phi}(\boldsymbol{Z}) \tag{6-16}$$

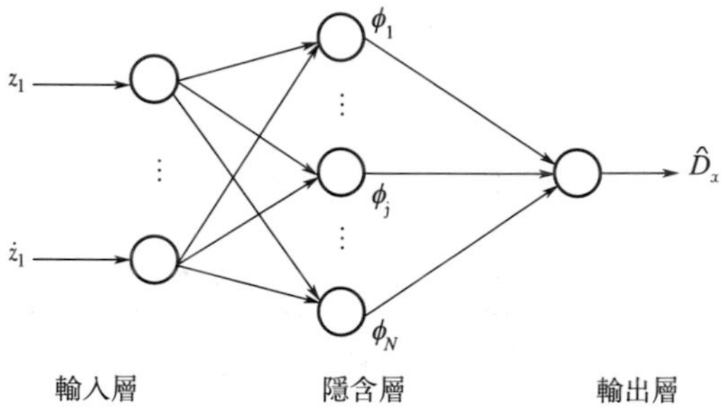

圖 6-2 滾轉通道的 RBFNN 網絡結構圖

為了更為精確地逼近實際不確定性，根據滾轉通道上總的不確定性與 RBFNN 的估計值，定義最小重構誤差 δ_x：

$$\delta_x=D_x-\hat{D}_x(\boldsymbol{W}^*) \tag{6-17}$$

式中，$\boldsymbol{W}^*$ 為最優權矢量。最小重構誤差實現了對 RBFNN 觀測器估計的補償，保證十二旋翼無人機的姿態控制的穩定性和準確性。

[定理 6-1] 當反步滑模控制器參數滿足如下條件：

$$\gamma_x(\alpha_x-k_x)-\frac{1}{4}>0 \tag{6-18}$$

設計十二旋翼無人機的滾轉姿態穩定控制力矩為

$$M_x = I_x[-(k_x-\alpha_x)\dot{e}_1+\ddot{\phi}_d-\gamma_x s_x-h_x \text{sign}(s)-U_{Hx}-U_{Rx}] \tag{6-19}$$

式中，γ_x 為常數；h_x 為常數。設定魯棒控制器 U_{Hx} 與補償器 U_{Rx} 分別為

$$U_{Hx} = \hat{D}_x(\boldsymbol{W}) \tag{6-20}$$

$$U_{Rx} = \hat{\delta}_x \tag{6-21}$$

依據自適應算法，設計 $\dot{\boldsymbol{W}}$ 和 $\dot{\hat{\delta}}_x$ 的自適應更新律為

$$\dot{\boldsymbol{W}} = s_x\eta_1\phi(\boldsymbol{Z}) \tag{6-22}$$

$$\dot{\hat{\delta}}_x = s_x\eta_2 \tag{6-23}$$

則在控制力矩[式(6-19)]的作用下，滾轉角在［−20°,20°］範圍內變化時，十二旋翼無人機的滾轉姿態上的跟蹤誤差最終收斂為 0，即滾轉通道上在具有內部和外部干擾的情況下，子系統最終漸近穩定。

［證明］ 選擇第三步的李雅普諾夫（Lyapunov）函數 V_3：

$$V_3 = V_2+\frac{1}{2\eta_1}(\boldsymbol{W}^*-\boldsymbol{W})^{\mathrm{T}}(\boldsymbol{W}^*-\boldsymbol{W})+\frac{1}{2\eta_2}(\delta_x-\hat{\delta}_x)^2 \tag{6-24}$$

式中，η_1 為常數；η_2 為常數；$\hat{\delta}_x$ 為最小重構誤差的估計值。那麼，V_3 對時間的導數為

$$\begin{aligned}\dot{V}_3 &= \dot{V}_2-\frac{1}{\eta_1}(\boldsymbol{W}^*-\boldsymbol{W})^{\mathrm{T}}\dot{\boldsymbol{W}}-\frac{1}{\eta_2}(\delta_x-\hat{\delta}_x)\dot{\hat{\delta}}_x \\ &= -e_1e_2-\alpha_x e_1^2+s_x[(k_x-\alpha_x)\dot{e}_1+M_x/I_x+D_x-\ddot{\phi}_d]- \\ &\quad \frac{1}{\eta_1}(\boldsymbol{W}^*-\boldsymbol{W})^{\mathrm{T}}\dot{\boldsymbol{W}}-\frac{1}{\eta_2}(\delta_x-\hat{\delta}_x)\dot{\hat{\delta}}_x\end{aligned} \tag{6-25}$$

由於滾轉姿態穩定控制力矩 M_x 滿足式(6-19)，則 V_3 對時間的導數重新寫為

$$\begin{aligned}\dot{V}_3 &= -e_1e_2-\alpha_x e_1^2-\gamma_x s_x^2-h_x|s_x|+s_x(D_x-\hat{D}_x(\boldsymbol{W}^*)-\hat{\delta}_x)- \\ &\quad \frac{1}{\eta_2}(\delta_x-\hat{\delta}_x)\dot{\hat{\delta}}_x+s_x(\hat{D}_x(\boldsymbol{W}^*)-\hat{D}_x(\boldsymbol{W}))-\frac{1}{\eta_1}(\boldsymbol{W}^*-\boldsymbol{W})^{\mathrm{T}}\dot{\boldsymbol{W}} \\ &= -e_1e_2-\alpha_x e_1^2-\gamma_x s_x^2-h_x|s_x|+s_x(\delta_x-\hat{\delta}_x)-\frac{1}{\eta_2}(\delta_x-\hat{\delta}_x)\dot{\hat{\delta}}_x+ \\ &\quad s_x[(\boldsymbol{W}^*-\boldsymbol{W})^{\mathrm{T}}\boldsymbol{\Phi}]-\frac{1}{\eta_1}(\boldsymbol{W}^*-\boldsymbol{W})^{\mathrm{T}}\boldsymbol{W}\end{aligned} \tag{6-26}$$

根據 $\dot{\boldsymbol{W}}$ 和 $\dot{\hat{\delta}}_x$ 的自適應更新算法，把式(6-22) 與式(6-23) 代入式(6-26) 可

以得到：

$$\begin{aligned}\dot{V}_3 &= -e_1 e_2 - \alpha_x e_1^2 - \gamma_x s_x^2 - h_x |s_x| \\ &= -\boldsymbol{E}^{\mathrm{T}} \boldsymbol{\Lambda}_x \boldsymbol{E} - h_x |s_x|\end{aligned} \tag{6-27}$$

式中，$\boldsymbol{E}=[e_1,e_2]^{\mathrm{T}}$，對稱矩陣 $\boldsymbol{\Lambda}_x$ 表示為

$$\boldsymbol{\Lambda}_x = \begin{bmatrix} \alpha_x + \gamma_x k_x^2 & \gamma_x k_x + \dfrac{1}{2} \\ \gamma_x k_x + \dfrac{1}{2} & \gamma_x \end{bmatrix} \tag{6-28}$$

由於控制器參數滿足式(6-28)，則對稱矩陣 $\boldsymbol{\Lambda}_x$ 是正定矩陣。根據 Barbalat 引理，當 $t\to\infty$ 時，$\dot{V}_3\to 0$。換言之，當 $t\to\infty$ 時，滾轉角誤差與滾轉角速度誤差均收斂於 0。因此，基於 RBFNN 的反步滑模滾轉姿態控制器在滿足上述條件下，可以保證滾轉子系統漸近穩定。同時，由於保證了 $s_x\dot{s}_x\leqslant 0$，則滿足滾轉通道上的滑動模態可達性條件。

十二旋翼無人機的俯仰通道與偏航通道的控制器設計步驟與滾轉通道相似，這裡就不具體一一介紹了，其他兩個姿態的控制器設計結果參見定理 6-2 與定理 6-3，證明過程同定理 6-1 相似，省略了證明步驟。

［**定理 6-2**］ 當反步滑模控制器參數滿足如下條件：

$$\gamma_y(\alpha_y - k_y) - \frac{1}{4} > 0 \tag{6-29}$$

設計十二旋翼無人機的俯仰姿態穩定控制力矩為

$$M_y = I_y[-(k_y - \alpha_y)\dot{e}_1 + \ddot{\theta}_{\mathrm{d}} - \gamma_y s_y - h_y \operatorname{sign}(s_y) - U_{Hy} - U_{Ry}] \tag{6-30}$$

式中，γ_y 為常數；h_y 為常數。設定魯棒控制器 U_{Hy} 與補償器 U_{Ry} 分別為

$$U_{Hy} = \hat{D}_y(\boldsymbol{W}) \tag{6-31}$$

$$U_{Ry} = \hat{\delta}_y \tag{6-32}$$

依據自適應算法，設計 $\dot{\boldsymbol{W}}$ 和 $\dot{\hat{\delta}}_y$ 的自適應更新律為

$$\dot{\boldsymbol{W}} = s_y \eta_1 \phi(\boldsymbol{Z}) \tag{6-33}$$

$$\dot{\hat{\delta}}_y = s_y \eta_2 \tag{6-34}$$

則在控制力矩式(6-30) 的作用下，俯仰角在 $[-20°,20°]$ 範圍內變化時，十二旋翼無人機的俯仰姿態上的跟蹤誤差最終收斂為 0，即俯仰通道上在具有內部和外部干擾的情況下，子系統最終漸近穩定。

［**定理 6-3**］ 當反步滑模控制器參數滿足如下條件：

$$\gamma_z(\alpha_z - k_z) - \frac{1}{4} > 0 \tag{6-35}$$

設計十二旋翼無人機的偏航姿態穩定控制力矩為

$$M_z = I_z[-(k_z-\alpha_z)\dot{e}_1+\ddot{\psi}_d-\gamma_z s_z-h_z\operatorname{sign}(s_z)-U_{Hz}-U_{Rz}] \quad (6\text{-}36)$$

式中，γ_z 為常數；h_z 為常數。設定魯棒控制器 U_{Hz} 與補償器 U_{Rz} 分別為

$$U_{Hz}=\hat{D}_z(\boldsymbol{W}) \quad (6\text{-}37)$$

$$U_{Rz}=\hat{\delta}_z \quad (6\text{-}38)$$

依據自適應算法，設計 $\dot{\boldsymbol{W}}$ 和 $\dot{\hat{\delta}}_z$ 的自適應更新律為

$$\dot{\boldsymbol{W}}=s_z\eta_1\phi(\boldsymbol{Z}) \quad (6\text{-}39)$$

$$\dot{\hat{\delta}}_z=s_z\eta_2 \quad (6\text{-}40)$$

則在控制力矩式(6-36) 的作用下，十二旋翼無人機的偏航姿態上的跟蹤誤差最終收斂為 0，即偏航通道上在具有內部和外部干擾的情況下，子系統最終全局漸近穩定。

通過三個姿態通道的獨立控制可知，面對系統未建模動態與外界干擾，基於自適應徑向基神經網絡的反步滑模控制器可以最終保證十二旋翼無人機系統的姿態穩定。

6.2.3 自適應徑向基神經網絡的反步滑模姿態穩定控制仿真驗證

在三個姿態通道中分別引入了轉動慣量不確定性、外界常值干擾與時變干擾，進行自適應 RBFNN 的反步滑模控制器與傳統的反步滑模控制器的比較仿真實驗。仿真模型參數採用十二旋翼原型機實際的測量值，如表 6-1 所示。假設無人機轉動慣量不確定性為 $\Delta\boldsymbol{I}=[-0.3I_x,-0.3I_y,-0.3I_z]^{\mathrm{T}}$，常值干擾為 $\tau_{d1}=0.4$，時變干擾為 $\tau_{d2}=0.2\sin(0.5t)$，分別作用到俯仰、滾轉與偏航通道，進行了跟蹤不同期望姿態角的兩類仿真實驗。首先，兩類實驗的初始姿態角相同，均選取為 $\boldsymbol{\eta}_0=[0,0,0]^{\mathrm{T}}\mathrm{rad}$，實驗一的期望姿態角為 $\boldsymbol{\eta}_d=[0.2,0.2,0.5]^{\mathrm{T}}\mathrm{rad}$，實驗二的期望姿態角為 $\boldsymbol{\eta}_d=[0.2\cos(t),0.2\cos(t),0.5\cos(t)]^{\mathrm{T}}\mathrm{rad}$。

表 6-1 十二旋翼無人機仿真模型參數

參數	數值	參數	數值
質量 m/kg	4.5	對應 z 軸的轉動慣量 I_z/N·m·s^2	5.1×10^{-2}
旋翼距機體中心距離 l/m	0.5	旋翼升力係數 k_1/N·s^2	6.2×10^{-5}
對應 x 軸的轉動慣量 I_x/N·m·s^2	2.6×10^{-2}	旋翼反扭力矩係數 k_2/N·s^2	1.3×10^{-6}
對應 y 軸的轉動慣量 I_y/N·m·s^2	2.6×10^{-2}	旋翼軸與機體平面的夾角 γ/(°)	20

在兩類仿真實驗中，反步滑模控制器的各個參數的選取會影響控制性能。其中，α 影響系統的響應速度，參數 α 選取過小會使系統響應過慢，而選取過大又會降低系統的穩定性。參數 k 的過小將導致穩態誤差的增加，而過大會使系統產生振盪。γ 決定趨近滑模切換面的收斂速度，參數過小會導致收斂過慢，而太大會降低系統的穩定性。適當增加 h 可以保證快速到達滑模切換面，但若選取過大將引起抖振。因此，通過反覆試驗調試，同時考慮系統的瞬態控制特性和穩態性能，在滿足式(6-18)、式(6-29) 以及式(6-35) 的要求下，反步滑模控制器的控制參數選定為：滾轉姿態通道中 $\alpha_x=10$，$k_x=0.5$，$\gamma_x=15$，$h_x=1$；俯仰姿態通道中 $\alpha_y=10$，$k_y=0.5$，$\gamma_y=15$，$h_y=1$；偏航姿態通道中 $\alpha_z=12$，$k_z=0.5$，$\gamma_z=20$，$h_z=1$。為了達到更佳的估計性能，通過反覆調試，設定自適應 RBFNN 觀測器的隱含層個數 $N=6$，每個隱含層的中心矢量均為 $[1,1]^{\mathrm{T}}$，基寬矢量均為 $\mathrm{diag}\ [1/7^2,1/7^2]^{\mathrm{T}}$。自適應參數 $\eta_1=10$，$\eta_2=3$。

（1）實驗一

實驗一的飛行器姿態跟蹤信號為 $\boldsymbol{\eta}_{\mathrm{d}}=[0.2,0.2,0.5]^{\mathrm{T}}\mathrm{rad}$，分別加入了模型轉動慣量的不確定性、常值外界干擾和時變外界干擾，圖 6-3～圖 6-5 分別顯示了滾轉姿態、俯仰姿態和偏航姿態的跟蹤比較結果。在圖 6-3 中，比較了本章設計的自適應 RBFNN 的反步滑模算法以及未加入自適應 RBFNN 的傳統反步滑模算法之間的滾轉跟蹤效果。同樣地，圖 6-4 描述了兩種算法的俯仰姿態跟蹤的比較結果，圖 6-5 表示基於兩種算法的偏航姿態跟蹤比較結果。

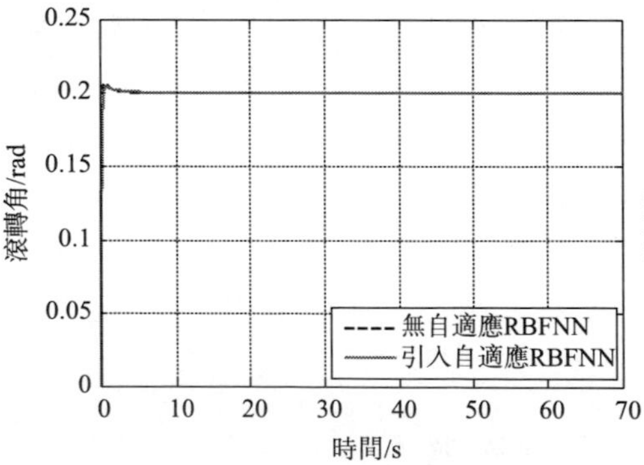

(a) 加入轉動慣量不確定性

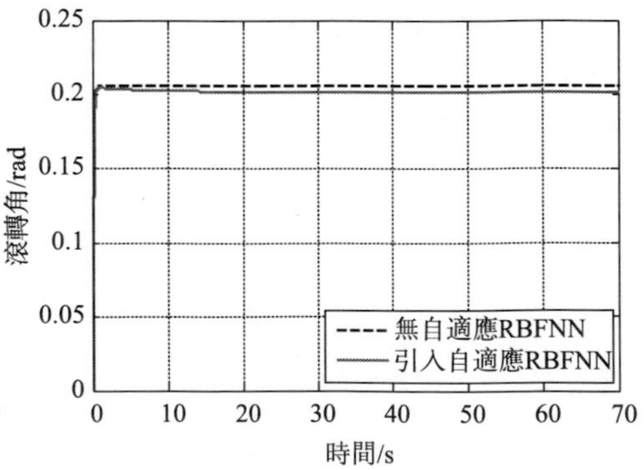

(b) 加入常值外界干擾

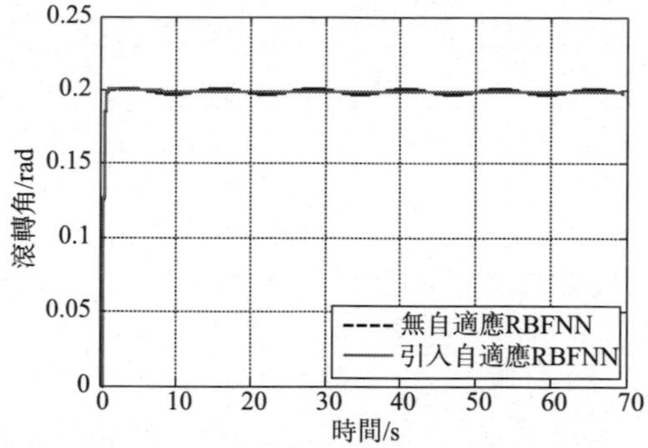

(c) 加入時變外界干擾

圖 6-3　實驗一的滾轉姿態比較實驗結果（電子版）

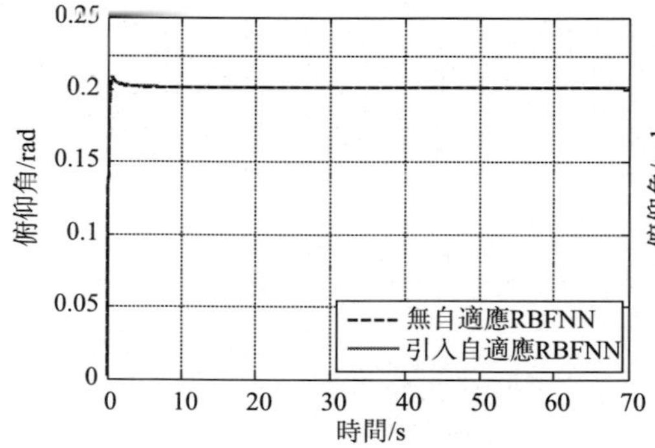

(a) 加入轉動慣量不確定性

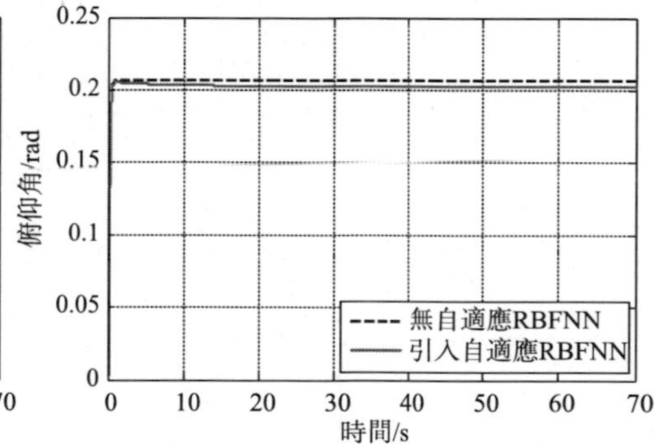

(b) 加入常值外界干擾

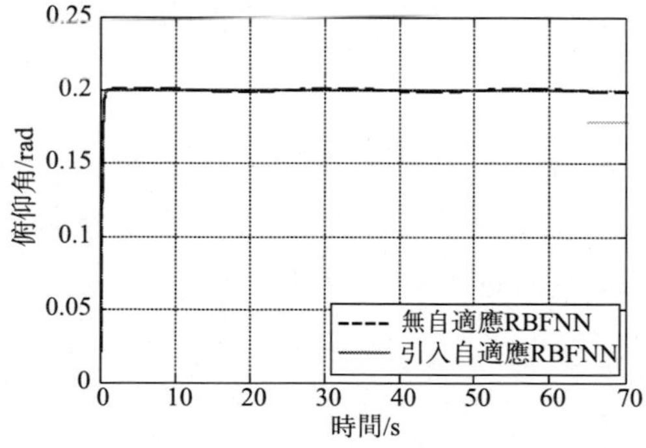

(c) 加入時變外界干擾

圖 6-4　實驗一的俯仰姿態比較實驗結果（電子版）

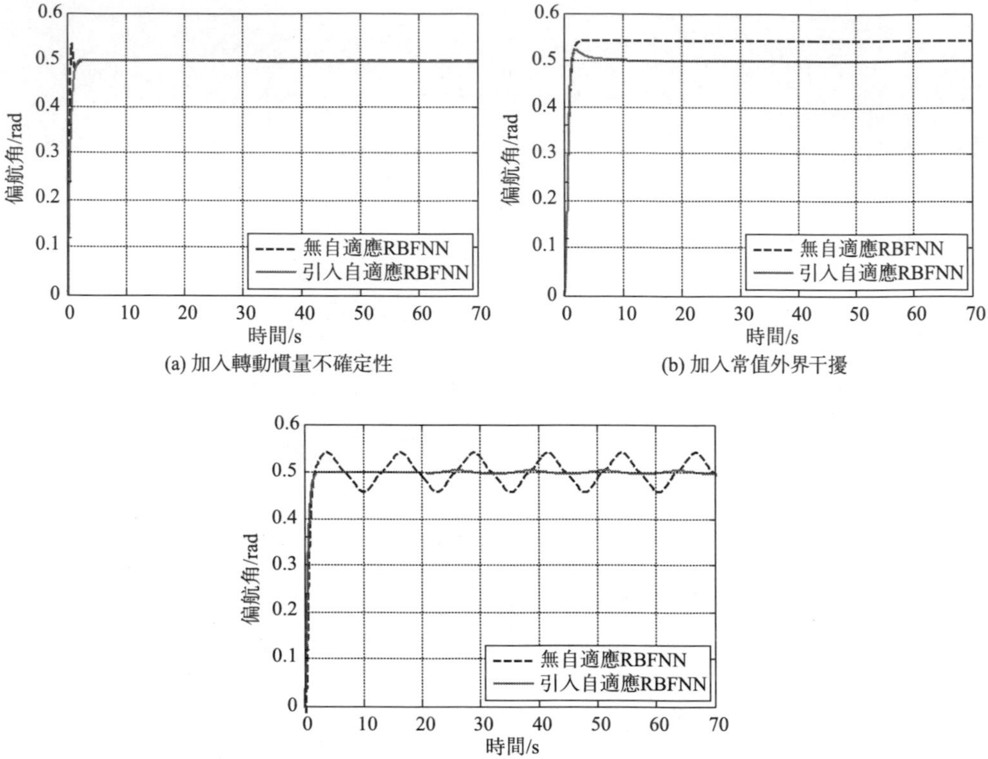

(c) 加入時變外界干擾

圖 6-5　實驗一的偏航姿態比較實驗結果(電子版)

在傳統反步滑模算法中，常值外擾會導致三個姿態控制出現明顯的靜差，而基於本節設計的姿態穩定控制器，面對常值外擾，靜差為零，自適應 RBFNN 觀測器對常值外擾進行了估計和補償，具有良好的跟蹤效果。面對時變干擾，傳統反步滑模姿態控制具有較大的幅值振盪，姿態控制性能有明顯的退化，而由於自適應 RBFNN 對干擾具有實時補償能力，故基於自適應 RBFNN 的反步滑模姿態控制具有較強的魯棒性。當模型的轉動慣量存在不確定性時，本章算法比傳統反步滑模算法具有更快的調節時間和更小的超調。

(2) 實驗二

期望姿態角設為 $\boldsymbol{\eta}_{\mathrm{d}}=[0.2\cos(t),0.2\cos(t),0.5\cos(t)]^{\mathrm{T}}$ rad，引入時變干擾 $\boldsymbol{\tau}_{\mathrm{d2}}=0.2\sin(0.5t)$ 進行仿真實驗二。圖 6-6～圖 6-8 分別描述了在時變干擾情況下的三個姿態角的跟蹤誤差以及自適應 RBFNN 對時變干擾的估計結果。面對外界的時變干擾，基於自適應 RBFNN 的反步滑模算法比傳統的反步滑模算法的控制效果具有更顯著的優越性、更強的抗干擾能力、更精確的姿態控制性能及良好的估計性能。

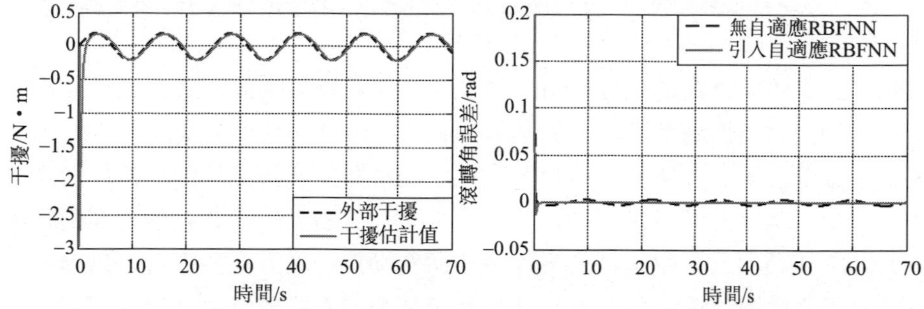

(a) 時變干擾與干擾估計值　(b) 時變干擾下的滾轉姿態角誤差

圖 6-6　實驗二的滾轉姿態角誤差與時變干擾估計結果（電子版）

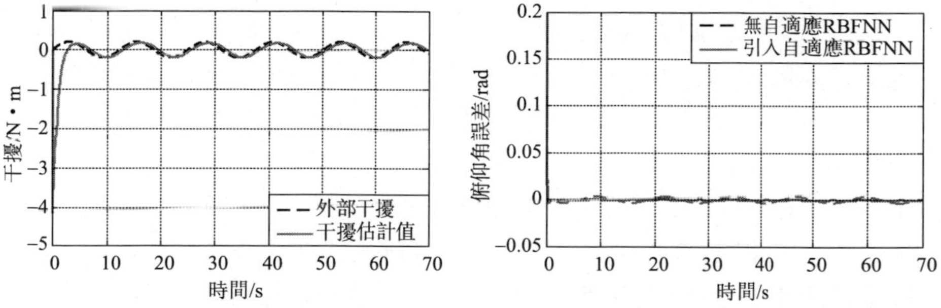

(a) 時變干擾與干擾估計值　(b) 時變干擾下的俯仰姿態角誤差

圖 6-7　實驗二的俯仰姿態角誤差與時變干擾估計結果（電子版）

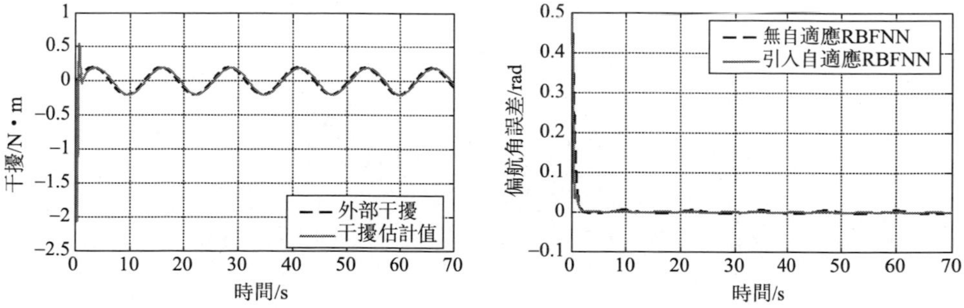

(a) 時變干擾與干擾估計值　(b) 時變干擾下的偏航姿態角誤差

圖 6-8　實驗二的偏航姿態角誤差與時變干擾估計結果（電子版）

6.3 多旋翼無人機航跡跟蹤控制器設計與實驗

具有自主的航跡跟蹤飛行能力，是保證多旋翼無人機能夠獨立執行實際任務的基本要求。對於傳統平面四旋翼無人機來說，姿態與平動之間都存在較強的耦合關係，通過改變無人機的姿態角實現在空間沿期望航跡飛行的目的。通過本書第 2 章的動力學分析可知，十二旋翼無人機可以通過合理配置各個旋翼的轉速直接提供側向的驅動力，使其具備更加靈活的機動飛行能力，甚至可以實現姿態與平動間的完全解耦，使得無人機在執行實際任務時有更廣泛的適用性，能夠完成某些一般的多旋翼無人機無法實現的任務。

6.3.1 自抗擾航跡跟蹤控制器

（1）自抗擾航跡跟蹤控制器設計

由十二旋翼無人機動力學模型可知，其姿態控制可視為獨立的子系統，平動控制受到姿態因素的耦合影響。為實現無人機姿態與平動的獨立控制，構建如圖 6-9 所示的雙環並行閉環飛行控制系統。整個控制系統由並行的航跡跟蹤控制器與姿態穩定控制器組成。其中，姿態穩定控制器利用無人機的姿態信息與期望的姿態指令確定控制力矩；航跡跟蹤控制器利用位置與速度的信號並結合姿態信息計算旋翼需要提供的直接力與升力。姿態穩定控制器採用上一小節設計的控制算法，本節設計了自抗擾航跡跟蹤控制器，結構示意圖如圖 6-10 所示。航跡跟蹤控制系統包括三部分：跟蹤微分器（TD）、擴張的狀態觀測器（ESO）以及非線性狀態誤差反饋控制算法（NLSEF）。

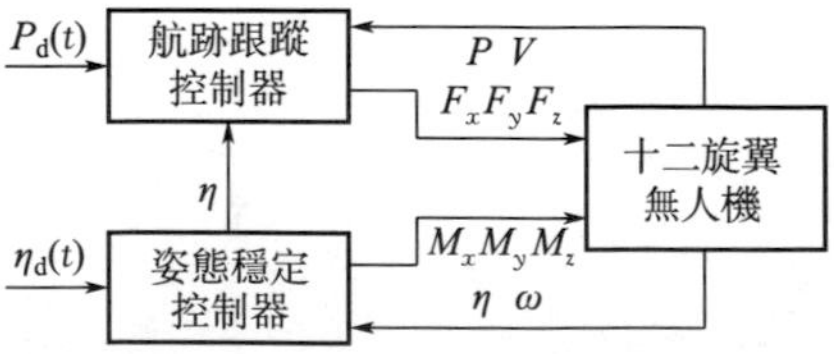

圖 6-9 具有雙環並行結構的閉環飛行控制系統示意圖

首先引入一個跟蹤微分器單元，跟蹤參考航跡信號 $\boldsymbol{P}_d$，並安排預期的動態跟蹤特性，其主要作用在於柔化 $\boldsymbol{P}_d$ 的變化，以減少系統輸出的超調，增強控制器的魯棒性。在這裡基於二階最速開關系統，可以得到如下二階跟蹤微分器：

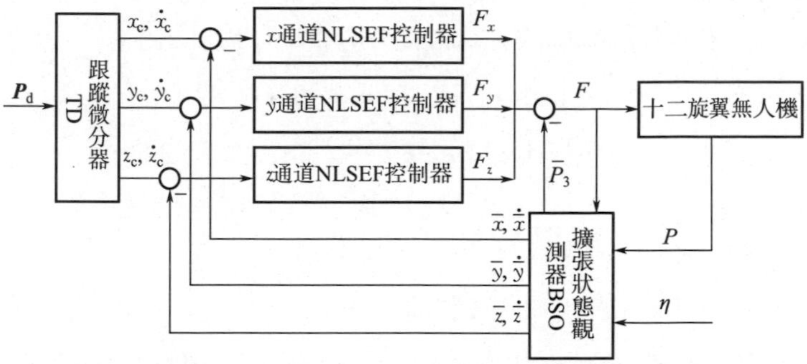

圖 6-10　航跡跟蹤控制系統結構示意圖

$$\begin{cases}\dot{\boldsymbol{P}}_c^1=\boldsymbol{P}_c^2\\ \dot{\boldsymbol{P}}_c^2=-\boldsymbol{R}\,\mathrm{sat}\left(\boldsymbol{P}_c^1-\boldsymbol{P}_d(t)+\dfrac{\|\boldsymbol{P}_c^2\|^2}{2}\boldsymbol{R}^{-1},\delta\right)\end{cases}\tag{6-41}$$

式中，$\boldsymbol{P}_c^1=[x_c,y_c,z_c]^T$ 為對參考航跡 $\boldsymbol{P}_d$ 的逼近；$\boldsymbol{P}_c^2=[\dot{x}_c,\dot{y}_c,\dot{z}_c]^T$ 為對參考航跡微分 $\dot{\boldsymbol{P}}_d$ 的逼近；$\boldsymbol{R}$ 為逼近收斂的速度，線性飽和函數 $\mathrm{sat}(A,\delta)$ 可表示為：

$$\mathrm{sat}(A,\delta)=\begin{cases}\mathrm{sign}(A),|A|>\delta\\ \dfrac{A}{\delta},|A|\leqslant\delta,\delta>0\end{cases}\tag{6-42}$$

設計擴張的狀態觀測器環節表示如下：

$$\begin{cases}\boldsymbol{\varepsilon}=\overline{\boldsymbol{P}}_1-\boldsymbol{P}\\ \dot{\overline{\boldsymbol{P}}}_1=\overline{\boldsymbol{P}}_2-\boldsymbol{\beta}_1\cdot\boldsymbol{\varepsilon}\\ \dot{\overline{\boldsymbol{P}}}_2=\overline{\boldsymbol{P}}_3-\boldsymbol{\beta}_2\mathrm{fal}(\varepsilon,\alpha_1,\delta)+\boldsymbol{RF}+\boldsymbol{G}\\ \dot{\overline{\boldsymbol{P}}}_3=-\boldsymbol{\beta}_3\mathrm{fal}(\varepsilon,\alpha_2,\delta)\end{cases}\tag{6-43}$$

式中，$\boldsymbol{\beta}_1$、$\boldsymbol{\beta}_2$ 與 $\boldsymbol{\beta}_3$ 為正定的對角矩陣，fal(•) 函數為

$$\mathrm{fal}(\varepsilon,\alpha,\delta)=\begin{cases}|\varepsilon|^{\alpha}\mathrm{sign}(\varepsilon),|\varepsilon|>\delta\\ \dfrac{\varepsilon}{\delta^{1-\alpha}},|\varepsilon|\leqslant\delta\end{cases}\tag{6-44}$$

且有 $0<\alpha<1$。$\overline{\boldsymbol{P}}_1=[\bar{x},\bar{y},\bar{z}]^T$ 為對無人機位置的估計值；$\overline{\boldsymbol{P}}_2=[\dot{\bar{x}},\dot{\bar{y}},\dot{\bar{z}}]^T$ 為對無人機速度的估計值，並利用 $\overline{\boldsymbol{P}}_3$ 估計與補償耦合因素以及外界擾動組成的「總擾動」，將整個平動子系統分為三個方向上相互獨立的通道。

為每一個通道單獨設計非線性狀態反饋控制器，並與擴張的狀態觀測器對

「總擾動」的補償量一起組成無人機平動控制量：

$$\begin{cases} F_x = k_x^1 \mathrm{fal}(e_x^1, \alpha_1, \delta) + k_x^2 \mathrm{fal}(e_x^2, \alpha_2, \delta) \\ F_y = k_y^1 \mathrm{fal}(e_y^1, \alpha_1, \delta) + k_y^2 \mathrm{fal}(e_y^2, \alpha_2, \delta) \\ F_z = k_z^1 \mathrm{fal}(e_z^1, \alpha_1, \delta) + k_z^2 \mathrm{fal}(e_z^2, \alpha_2, \delta) \end{cases} \tag{6-45}$$

式中，e_i^1、e_i^2（$i=x$，y，z）為 i 方向上位置與速度的跟蹤誤差；k_i^1、k_i^2 為相對應的控制係數。

(2) 自抗擾航跡跟蹤控制仿真驗證

在本小節中，通過 matlab 仿真驗證十二旋翼無人機在自抗擾航跡跟蹤控制下的飛行效果。無人機的初始位置為 $\boldsymbol{P}_0=[0,0,0]^{\mathrm{T}}\mathrm{m}$，初始姿態角為 $\boldsymbol{\eta}_0=[0,0,0.2]^{\mathrm{T}}\mathrm{rad}$，期望航跡為的水平矩形航跡，表示如下：

$$\begin{cases} x_{\mathrm{d}} = \dfrac{4(t-5)}{5}\mathrm{fsg}(t,5,10) + 4\mathrm{fsg}(t,10,15) + \dfrac{4(20-t)}{5}\mathrm{fsg}(t,15,20) \\ y_{\mathrm{d}} = \dfrac{3(t-10)}{5}\mathrm{fsg}(t,10,15) + 3\mathrm{fsg}(t,15,20) + \dfrac{3(25-t)}{5}\mathrm{fsg}(t,20,25) \\ z_{\mathrm{d}} = \dfrac{3t}{5}\mathrm{fsg}(t,0,5) + 3\mathrm{fsg}(t,5,30) \end{cases} \tag{6-46}$$

函數 fsg(・) 表示為

$$\mathrm{fsg}(x,a,b) = \frac{\mathrm{sign}(x-a) + \mathrm{sign}(b-x)}{2} \tag{6-47}$$

期望滾轉角與期望俯仰角跟蹤正弦信號，分別為 $\phi_{\mathrm{d}}=0.3\sin\left(\frac{\pi}{5}t+\frac{5\pi}{4}\right)\mathrm{rad}$，$\theta_{\mathrm{d}}=0.4\sin\left(\frac{\pi}{4}t+\frac{\pi}{3}\right)\mathrm{rad}$，期望偏航角為 $\psi_{\mathrm{d}}=0$。

十二旋翼自抗擾航跡跟蹤仿真結果如圖 6-11 所示，其中，圖 6-11(a) 表示無人機準確地實現了沿期望矩形航跡飛行；圖 6-11(c) ～ (d) 表明了十二旋翼無人機在保證對矩形航跡跟蹤的同時也實現了對於期望姿態角的跟蹤。為進一步驗證航跡跟蹤與姿態跟蹤的相互獨立性，給出了另一個仿真驗證實例。仍然選取初始狀態為 $\boldsymbol{P}_0=[0,0,0]^{\mathrm{T}}\mathrm{m}$ 與 $\boldsymbol{\eta}_0=[0,0,0.2]^{\mathrm{T}}\mathrm{rad}$，並繼續要求跟蹤矩形航跡如式(6-46) 及式(6-47)，同時控制姿態角跟蹤信號：$\phi_{\mathrm{d}}=0.3\mathrm{rad}$，$\theta_{\mathrm{d}}=0.4\mathrm{rad}$，$\psi_{\mathrm{d}}=0$。

仿真結果如圖 6-12 所示，圖 6-12(a) 表明無人機仍然保持了對於空間水平矩形航跡的跟蹤；圖 6-12(c)～(d)則表明當期望姿態角信號改為階躍形式之後，無人機在保證航跡跟蹤飛行的同時也實現了對姿態信號的準確跟蹤。對比前一次仿真實例（圖 6-11）可以看出，在跟蹤同樣航跡的同時十二旋翼無人機有能力跟蹤完全不同的期望姿態信號。接下來，給出第三個仿真實例，控制無人機的姿態航跡與第一次仿真相同，而控制無人機跟蹤一個在空間傾斜的矩形航跡：

$$
\begin{aligned}
x_{\mathrm{d}} &= \frac{4(t-5)}{5}\mathrm{fsg}(t,5,10)+4\mathrm{fsg}(t,10,15)+\frac{4(20-t)}{5}\mathrm{fsg}(t,15,20) \\
y_{\mathrm{d}} &= \frac{3(t-10)}{5}\mathrm{fsg}(t,10,15)+3\mathrm{fsg}(t,15,20)+\frac{3(25-t)}{5}\mathrm{fsg}(t,20,25) \\
z_{\mathrm{d}} &= 2+\frac{3(t-5)}{5}\mathrm{fsg}(t,5,10)+3\mathrm{fsg}(t,10,15)+\frac{3(20-t)}{5}\mathrm{fsg}(t,15,20)
\end{aligned}
\tag{6-48}
$$

式中，函數 fsg(•) 如式(6-47) 所示。

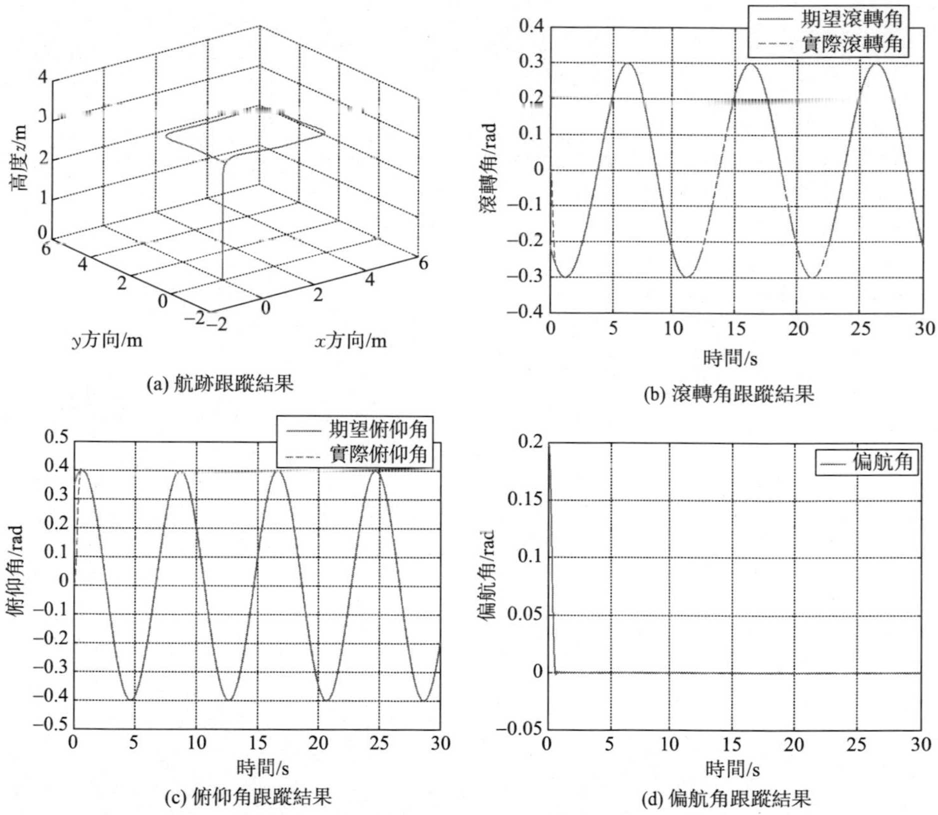

踪全部改成
滾全部改成

圖 6-11 十二旋翼航跡跟蹤仿真 1 結果（電子版）

航跡跟蹤飛行的仿真結果如圖 6-13 所示，無人機同時準確地跟蹤了期望的空間矩形航跡以及姿態角的輸入信號。在設計的並行雙環飛行控制系統的控制作用下，改變跟蹤的期望航跡對於姿態的跟蹤也不會産生影響。

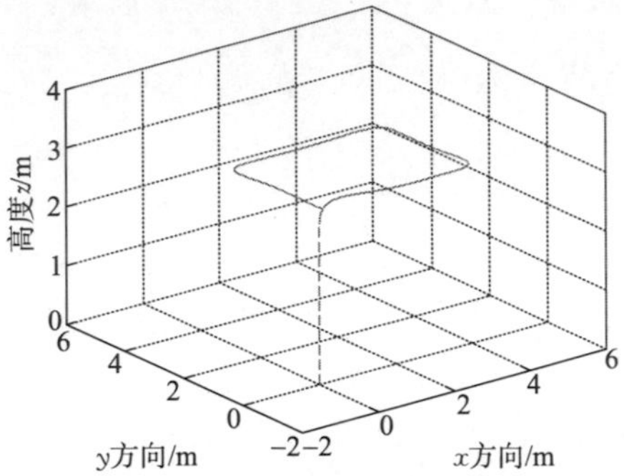

(a) 航跡跟蹤結果

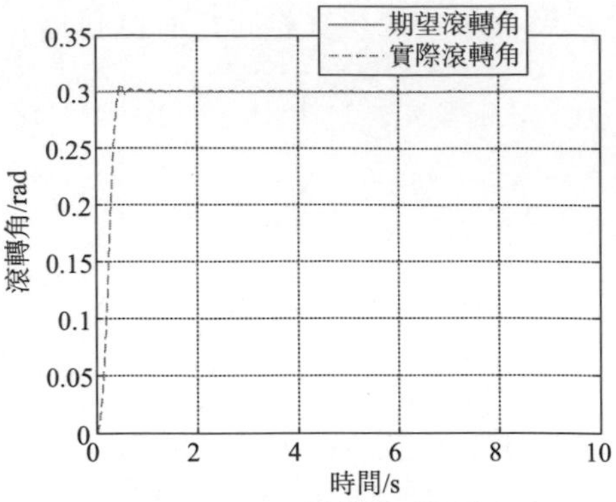

(b) 滾轉角跟蹤結果

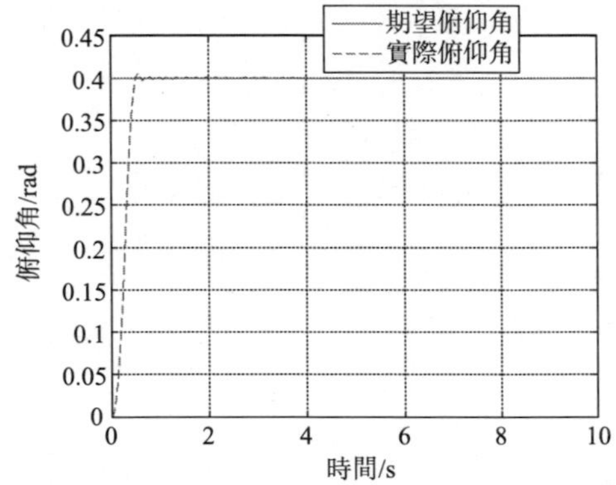

(c) 俯仰角跟蹤結果

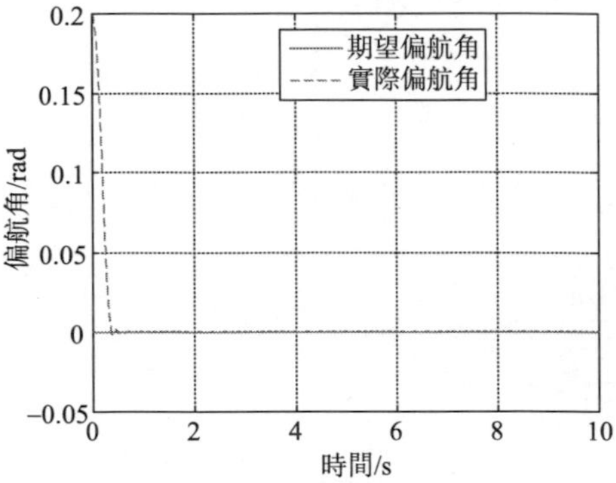

(d) 偏航角跟蹤結果

圖 6-12　十二旋翼航跡跟蹤仿真 2 結果（電子版）

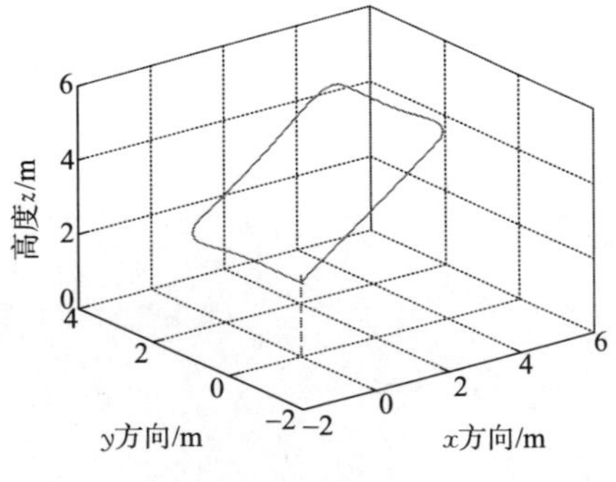

(a) 航跡跟蹤結果

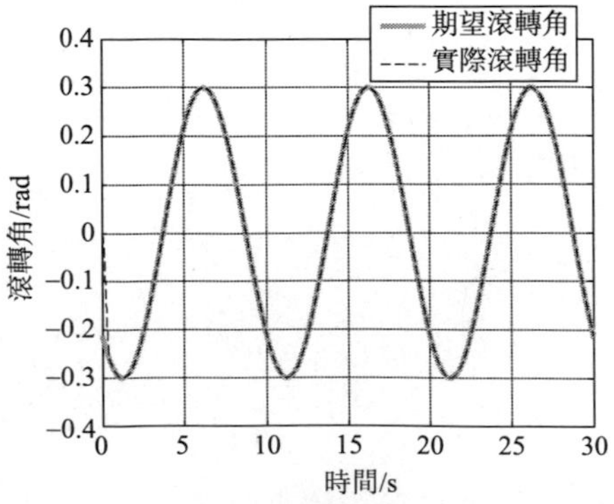

(b) 滾轉角跟蹤結果

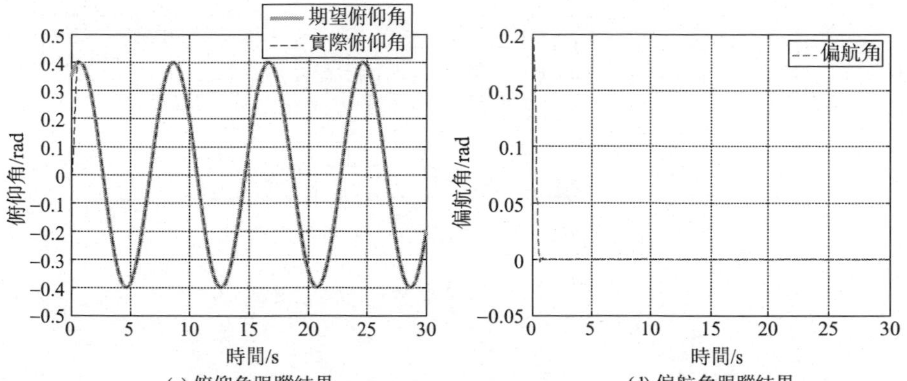

(c) 俯仰角跟蹤結果 (d) 偏航角跟蹤結果

圖 6-13 十二旋翼航跡跟蹤仿真 3 結果（電子版）

通過對比三次仿真飛行的結果可以證明在設計的並行式飛行器控制系統的控制下十二旋翼無人機真正實現了姿態與平飛間的獨立控制，相比於傳統的四旋翼無人機具有更加靈活的機動能力，可以更好地完成任務要求，甚至可以實現一些四旋翼無人機無法執行的任務。

6.3.2 線性自抗擾航跡跟蹤控制器

(1) 線性自抗擾航跡跟蹤控制器設計

自抗擾算法中的擴展狀態觀測器為非線性的，非線性機制雖然具有更高精度與反饋效率等，但會帶來穩態高增益，容易在小信號時引起抖動，並且非線性控制器難以在工程上使用常用的頻率分析以確定穩定性邊界。自抗擾控制參數繁多，為工程調節增加了難度。本節設計線性自抗擾控制器（LADRC）。線性自抗擾控制器由高志強等人於 2006 年提出，該算法是基於自抗擾控制器的思想，實現擴展狀態觀測器的線性化，線性 ESO 同樣具有實時估計與及時補償的特性。另外，線性自抗擾的控制參數降到 4 個，均具有明確的物理意義，十分有益於工程應用。

本節依然採用四入通道的線性自抗擾航跡跟蹤獨立控制，即水平 y-ϕ 通道、水平 x-θ 通道、高度 z 通道以及偏航 ψ 通道。在水平 y-ϕ 通道與水平 x-θ 通道，採用內、外環結構的控制策略，外環採用 PD 算法得到期望的姿態角，內環採用 LADRC 進行姿態跟蹤，從而控制水平方向的航跡飛行。同樣地，以水平 y-ϕ 通道為例，航跡跟蹤控制框圖如圖 6-14 所示。

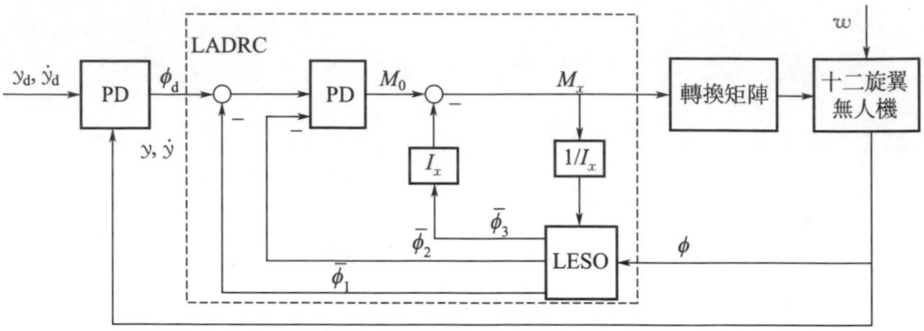

圖 6-14 y-ϕ 通道的航跡跟蹤控制框圖

線性自抗擾算法中，認為線性擴張狀態觀測器（LESO）觀測準確，因此略去了自抗擾算法中的跟蹤微分器部分，簡化了線性自抗擾結構，易於工程實現。y-ϕ 通道內環的 LESO 將誤差代替 ESO 中的非線性函數 $fal(\cdot)$，表示如下：

$$\begin{cases}\varepsilon_1=\bar{\phi}_1-\phi\\ \dot{\bar{\phi}}_1=\bar{\phi}_2-\beta_{y01}\varepsilon_1\\ \dot{\bar{\phi}}_2=\bar{\phi}_3-\beta_{y02}\varepsilon_1+M_x/I_x\\ \dot{\bar{\phi}}_3=-\beta_{y03}\varepsilon_1\end{cases} \tag{6-49}$$

式中，$\bar{\phi}_1$ 為滾轉姿態角的估計值；$\bar{\phi}_2$ 為滾轉角微分估計值，即滾轉角速度的估計值；$\bar{\phi}_3$ 為 y-ϕ 通道的總的不確定性 w 的估計值。定義 $\boldsymbol{L}_y=[\beta_{y01},\beta_{y02},\beta_{y03}]^{\mathrm{T}}$ 為 y-ϕ 通道的 LESO 的控制增益，那麼特徵方程為 $s^3+\beta_{y01}s^2+\beta_{y02}s+\beta_{y03}$，由此可以配置控制增益 $\boldsymbol{L}_y=[3\omega_{y0},3\omega_{y0}^2,\omega_{y0}^3]^{\mathrm{T}}$，$\omega_{y0}$ 為觀測器的帶寬，使得特徵方程改寫為 $(s+\omega_{y0})^3$，從而系統更易達到穩定，調節更快，同時 LESO 的參數只需調節 ω_{y0} 即可，大大簡化了 LADRC 的控制參數。由此可見，雖然 LESO 是線性結構，但是 LESO 能夠有效補償含有非線性動態、未建模動態以及未知外部擾動等系統總的不確定性。

y-ϕ 通道內環的線性化 NLSEF 採用 PD 控制器，表示如下：

$$\begin{cases}M_0=k_{yp}(\phi_d-\bar{\phi}_1)-k_{yd}\bar{\phi}_2\\ M_x=M_0-I_x\bar{\phi}_3\end{cases} \tag{6-50}$$

式中，k_{yp}、k_{yd} 為線性化 NLSEF 的參數；$\phi_d(k)$ 為期望的滾轉角度，為了避免對期望滾轉角度進行微分，只引入了 $-k_{yd}\bar{\phi}_2(k+1)$ 項的處理方法。一般地，線性 NLSEF 的參數根據如下原則分配：$k_{yp}=\omega_{yc}^2$，$k_{yd}=2\xi_y\omega_{yc}$，其中 ω_{yc} 與 ξ_y 表示閉環自然振盪頻率和阻尼比，並有 $\omega_{y0}=5-10\omega_{yc}$，故在求取 M_0

的基礎上加入擾動估計值的補償，最終得到滾轉力矩 M_x。

其他三路通道的線性自抗擾控制設計過程與上述相同，可分別求得 M_x、M_z 以及高度方向提供的升力 F，從而完成十二旋翼無人機的航跡控制飛行。

(2) 線性自抗擾的十二旋翼無人機穩定性分析

由於線性自抗擾控制器的穩定性主要取決於線性擴張狀態觀測器的穩定分析，因此，本節首先分析 LESO 的穩定性。對於一個被控對象為

$$\begin{cases}\dot{x}_1=x_2\\ \dot{x}_2=bu+w\\ \dot{x}_3=h\\ \phi=x_1\end{cases} \tag{6-51}$$

式中，u 為控制量；w 為干擾，假設 w 可微分，$h=\dot{w}$，h 有界，定義 $\boldsymbol{x}=[x_1,x_2,x_3]^{\mathrm{T}}$，將系統化為狀態空間形式：

$$\begin{cases}\dot{\boldsymbol{x}}=\boldsymbol{A}\boldsymbol{x}+\boldsymbol{B}u+\boldsymbol{H}h\\ \boldsymbol{y}=\boldsymbol{C}\boldsymbol{x}\end{cases} \tag{6-52}$$

式中，$\boldsymbol{A}=\begin{bmatrix}0&1&0\\0&0&1\\0&0&0\end{bmatrix}$，$\boldsymbol{B}=\begin{bmatrix}0\\b\\0\end{bmatrix}$，$\boldsymbol{C}=[1\quad 0\quad 0]$，$\boldsymbol{H}=\begin{bmatrix}0\\0\\1\end{bmatrix}$，構造 LESO 如下：

$$\begin{cases}\dot{\boldsymbol{z}}=\boldsymbol{A}\boldsymbol{z}+\boldsymbol{B}u+\boldsymbol{L}(\boldsymbol{f}-\boldsymbol{z}_1)\\ \bar{\phi}=\boldsymbol{C}\boldsymbol{z}\end{cases} \tag{6-53}$$

式中，$\boldsymbol{z}=[z_1,z_2,z_3]^{\mathrm{T}}$ 為 x_1、x_2、x_3 的觀測值，控制增益 $\boldsymbol{L}=[\beta_{01},\beta_{02},\beta_{03}]^{\mathrm{T}}$。定義觀測誤差矢量 $\boldsymbol{E}=[x_1-z_1,x_2-z_2,x_3-z_3]^{\mathrm{T}}$，則觀測誤差狀態方程表示為

$$\dot{\boldsymbol{E}}=\boldsymbol{A}_E\boldsymbol{E}+\boldsymbol{H}h \tag{6-54}$$

由於配置 $\boldsymbol{L}=[3\omega_0,3\omega_0^2,\omega_0^3]^{\mathrm{T}}$，則有

$$\boldsymbol{A}_E=\boldsymbol{A}-\boldsymbol{L}\boldsymbol{C}=\begin{bmatrix}-3\omega_0&1&0\\-3\omega_0^2&0&1\\-\omega_0^3&0&0\end{bmatrix} \tag{6-55}$$

因此，$\boldsymbol{A}_E$ 的特徵多項式為 $s^3+3\omega_0 s^2+3\omega_0^2 s+\omega_0^3=(s+\omega_0)^3$，那麼，只要滿足 $\omega_0>0$，即可使得 $\boldsymbol{A}_E$ 的特徵根全部位於 s 平面的左半平面，並且 h 有界，則可得到 LESO 為有界輸入有界輸出（BIBO）穩定。

接下來，對基於線性自抗擾的十二旋翼無人機系統的穩定性進行分析。由於十二旋翼無人機分為四路通道進行獨立的航跡跟蹤控制研究，因此，四個子系統的穩定性也單獨進行分析。

[定理 6-4] 基於線性自抗擾算法控制的十二旋翼無人機 y-ϕ 通道內環的滾轉子系統，若控制器參數滿足式(6-61)，則 y-ϕ 通道內環滾轉子系統[式(6-56)]在控制律[式(6-50)]的作用下為有界輸入有界輸出（BIBO）穩定。

[證明] 假設干擾 w 與 $h=\dot{w}$ 有界，y-ϕ 通道內環滾轉子系統的狀態方程表示為

$$\begin{cases}\dot{\boldsymbol{x}}=\boldsymbol{A}\boldsymbol{x}+\boldsymbol{B}\mathrm{M}_{\mathrm{x}}+\boldsymbol{H}h\\ y=\boldsymbol{C}\boldsymbol{x}\end{cases}\tag{6-56}$$

式中，$\boldsymbol{x}=[x_1,x_2,x_3]^{\mathrm{T}}$，$x_1=\phi$，$\boldsymbol{A}=\begin{bmatrix}0&1&0\\0&0&1\\0&0&0\end{bmatrix}$，$\boldsymbol{B}=\begin{bmatrix}0\\1/I_x\\0\end{bmatrix}$，$\boldsymbol{C}=[1\quad 0\quad 0]$，$\boldsymbol{H}=\begin{bmatrix}0\\0\\1\end{bmatrix}$，則有

$$M_x=M_0-I_x\bar{\phi}_3=k_{yp}(\phi_{\mathrm{d}}-\bar{\phi}_1)-k_{yd}\bar{\phi}_2-I_x\bar{\phi}_3\tag{6-57}$$

在 y-ϕ 通道中，觀測矢量為 $\boldsymbol{z}=[\bar{\phi}_1,\bar{\phi}_2,\bar{\phi}_3]^{\mathrm{T}}$，因此式(6-57)可以化成

$$M_x=\boldsymbol{F}\boldsymbol{z}+R\tag{6-58}$$

式中，$\boldsymbol{F}=[-k_{yp},-k_{yd},-I_x]$，$R=k_{yp}\phi_{\mathrm{d}}$。那麼，基於線性自抗擾的滾轉子系統寫成狀態空間形式如下：

$$\begin{bmatrix}\dot{\boldsymbol{x}}\\ \dot{\boldsymbol{z}}\end{bmatrix}=\begin{bmatrix}\boldsymbol{A}&\boldsymbol{BF}\\ \boldsymbol{LC}&\boldsymbol{A}-\boldsymbol{LC}+\boldsymbol{BF}\end{bmatrix}\begin{bmatrix}\boldsymbol{x}\\ \boldsymbol{z}\end{bmatrix}+\begin{bmatrix}\boldsymbol{BR}+\boldsymbol{H}h\\ \boldsymbol{BR}\end{bmatrix}\tag{6-59}$$

式中，控制增益為 $\boldsymbol{L}=[\beta_{y01},\beta_{y02},\beta_{y03}]^{\mathrm{T}}=[3\omega_{y0},3\omega_{y0}^2,\omega_{y0}^3]^{\mathrm{T}}$。則基於線性自抗擾的滾轉子系統的特徵值表示為

$$\mathrm{eig}\left(\begin{bmatrix}\boldsymbol{A}&\boldsymbol{BF}\\ \boldsymbol{LC}&\boldsymbol{A}-\boldsymbol{LC}+\boldsymbol{BF}\end{bmatrix}\right)=\mathrm{eig}\left(\begin{bmatrix}\boldsymbol{A}+\boldsymbol{BF}&\boldsymbol{BF}\\ 0&\boldsymbol{A}-\boldsymbol{LC}\end{bmatrix}\right)=\mathrm{eig}(\boldsymbol{A}+\boldsymbol{BF})\cup\mathrm{eig}(\boldsymbol{A}-\boldsymbol{LC})\tag{6-60}$$

式中，$\boldsymbol{A}+\boldsymbol{BF}$ 的特徵方程為 $s^2+k_{yd}s+k_{yp}=0$，$\boldsymbol{A}-\boldsymbol{LC}$ 的特徵方程為 $s^3+3\omega_{y0}s^2+3\omega_{y0}^2s+\omega_{y0}^3=(s+\omega_{y0})^3$。那麼，只要滿足

$$\begin{cases}\omega_{y0}>0\\ k_{yp}>0\\ k_{yd}>0\end{cases}\tag{6-61}$$

$s^2+k_{yd}s+k_{yp}=0$ 與 $s^3+3\omega_{y0}s^2+3\omega_{y0}^2 s+\omega_{y0}^3=(s+\omega_{y0})^3$ 的特徵根全部位於 s 平面的左半平面，也就是說，基於線性自抗擾的滾轉子系統的特徵根全部小於 0。又因為 ϕ_d 與 h 有界，因此，y-ϕ 通道內環滾轉子系統在控制律式(6-50) 的作用下為 BIBO 穩定。

同樣地，根據定理 6-4 可以證明：只要分別滿足 $\omega_{z0}>0$，$k_{zp}>0$，$k_{zd}>0$，$\omega_{x0}>0$，$k_{xp}>0$，$k_{xd}>0$ 與 $\omega_{yaw0}>0$，$k_{yawp}>0$，$k_{yawd}>0$ 條件（ω_{yaw0} 為偏航通道上觀測器的帶寬，k_{yawp}、k_{yawd} 為偏航通道上線性化 NLSEF 的參數），則分別有高度通道、x-θ 通道的內環以及偏航通道為 BIBO 穩定。

[命題 6-1]　雙環嵌套結構的十二旋翼無人機 y-ϕ 通道，基於線性自抗擾控制器的內環通路在滿足式(6-61) 條件下達到 BIBO 穩定，因此在外環 PD 控制器作用下，只要選擇合適的比例控制參數 K_{py} 與微分控制參數 K_{dy}，就可使十二旋翼無人機的雙環 y-ϕ 通道為 BIBO 穩定。

相似地，十二旋翼無人機的雙環嵌套 x-θ 通道也能夠證明為 BIBO 穩定子系統。綜上可知，基於線性自抗擾的十二旋翼無人機系統為 BIBO 穩定。

(3) 線性自抗擾航跡跟蹤控制仿真驗證

本節進行了基於線性自抗擾的十二旋翼無人機的航跡跟蹤仿真實驗。依據以往經驗與反覆調試，四路通道的自抗擾控制器中的參數分別選取如下：$\omega_0=5\omega_c$，$\xi=1$，$\omega_{zc}=70$，$\omega_{yc}=15$，$\omega_{xc}=10$，$\omega_{yawc}=10$（ω_{yawc} 為偏航通道閉環自然振盪頻率）。y-ϕ 通道與 x-θ 通道的外環 PD 參數分別選取為 $K_{py}=20$，$K_{dy}=12$；$K_{px}=16$，$K_{dx}=7$。假設十二旋翼無人機初始狀態為 $\boldsymbol{P}_0=[0,0,0]^{\mathrm{T}}\mathrm{m}$，$\boldsymbol{\eta}_0=[0,0,0.36]^{\mathrm{T}}\mathrm{rad}$，期望偏航角為 0rad，跟蹤一個空間橢圓軌跡為 $x_d=12\sin\frac{t}{2}$，$y_d=6\cos\frac{t}{2}$，$z_d=20$。那麼，無人機的航跡跟蹤仿真結果如圖 6-15 所示。圖 6-15(a) 表明十二旋翼無人機在線性自抗擾的控制下具有較好的光滑飛行航跡。相應的滾轉角與俯仰角跟蹤結果如圖 6-15(b)、(c) 所示，姿態角度跟蹤誤差很小，能夠準確地跟蹤期望姿態角。圖 6-15(d) 證明了偏航角具有良好的跟蹤結果。最終表明，基於線性自抗擾航跡跟蹤算法具有良好的控制性能。

為了進一步驗證基於線性自抗擾的十二旋翼無人機系統的魯棒性，在四路控制通道分別加入外界時變干擾 $w=0.1\sin(0.5t)$，進行仿真實驗。線性自抗擾的控制參數與橢圓仿真實驗相同。十二旋翼無人機的初始狀態為 $\boldsymbol{P}_0=[0,0,0]^{\mathrm{T}}\mathrm{m}$，$\boldsymbol{\eta}_0=[0,0,1.8]^{\mathrm{T}}\mathrm{rad}$，期望的到達的航點為 $\boldsymbol{P}=[2,3,3]^{\mathrm{T}}\mathrm{m}$，期望偏航角為 0rad。實驗結果分別如圖 6-16、圖 6-17 所示。在時變干擾情況下，四路通道均具有一定的超調，分別為 4.5%、2.3%、2.0%、9.1%，但是在 LESO 有效地補償擾動後，飛行器能很快準確地跟蹤到期望航點，x、y、z 方向的穩態誤差基本為

0，基於 LADRC 的系統具有良好的控制性能。相應的內環滾轉角與俯仰角的跟蹤曲線見圖 6-16(e)、(f)，隨著水平 x、y 方向的航跡趨於期望航點，內環期望俯仰角與期望滾轉角也趨於 0rad，俯仰角和滾轉角的穩態誤差約為 0，因此表明即使在時變干擾下，也具有較為準確的姿態跟蹤性能。

圖 6-17 描述了每路控制通道上的 LESO 對外界時變干擾的估計結果。從圖 6-17 中可以看出，雖然 LESO 進行了線性化，具有更簡單的結構，但是依然輸出較好的估計效果。

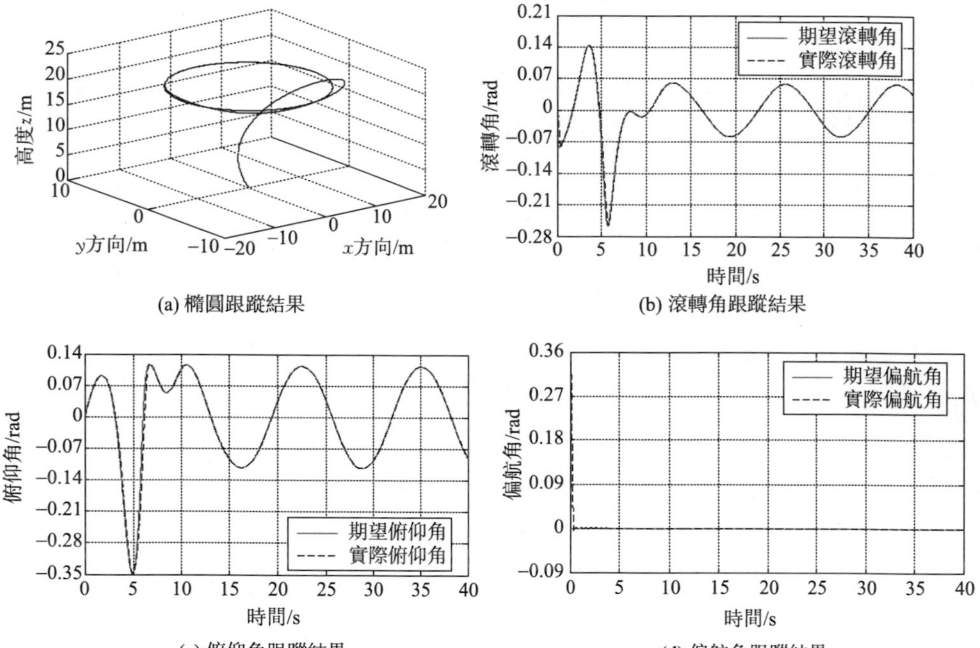

(a) 橢圓跟蹤結果 (b) 滾轉角跟蹤結果

(c) 俯仰角跟蹤結果 (d) 偏航角跟蹤結果

圖 6-15 基於 LADRC 的十二旋翼無人機橢圓航跡跟蹤曲線（電子版）

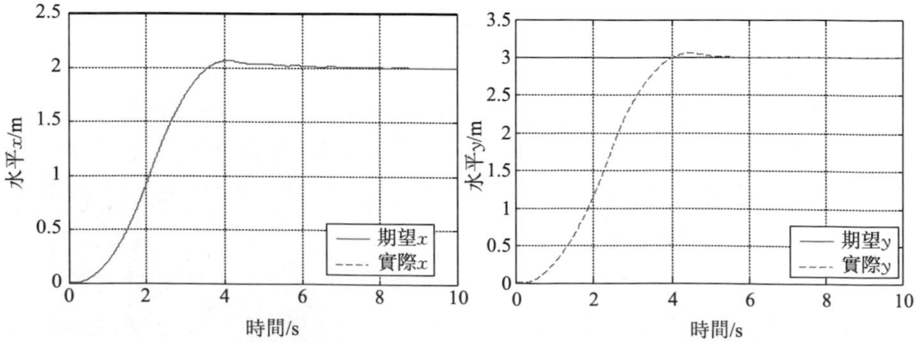

(a) 水平x跟蹤結果 (b) 水平y跟蹤結果

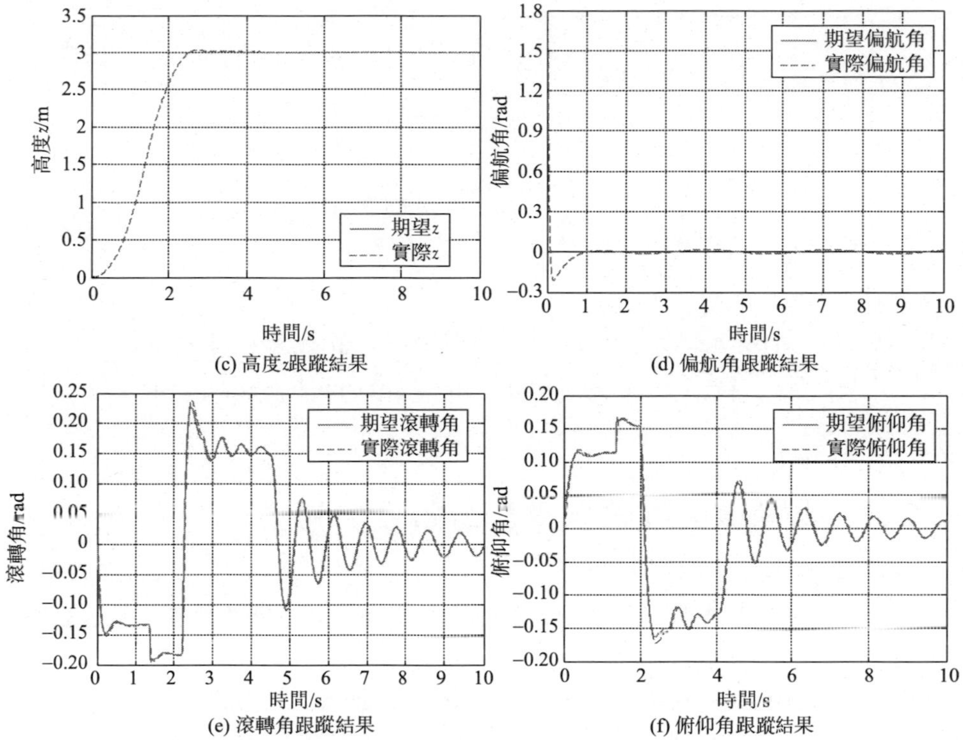

(c) 高度z跟蹤結果

(d) 偏航角跟蹤結果

(e) 滾轉角跟蹤結果

(f) 俯仰角跟蹤結果

圖 6-16　十二旋翼無人機時變干擾下的 LADRC 航跡跟蹤控制曲線（電子版）

從兩次仿真的結果可以得出，採用線性自抗擾算法進行十二旋翼無人機的航跡跟蹤工作是可行並且有效的。

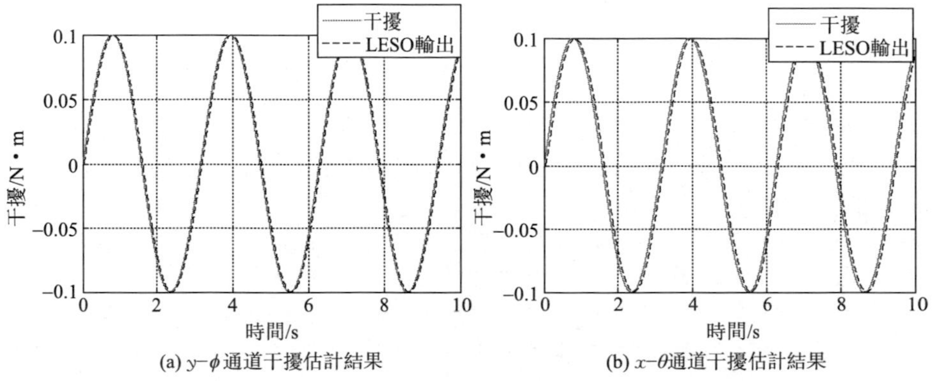

(a) y–ϕ通道干擾估計結果

(b) x–θ通道干擾估計結果

圖 6-17

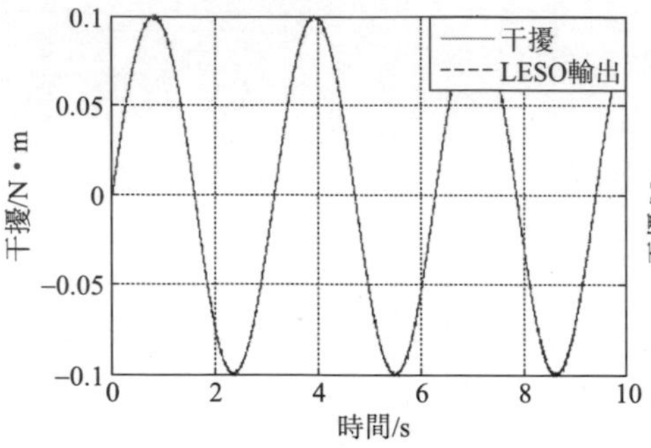

(c) 高度通道干擾估計結果

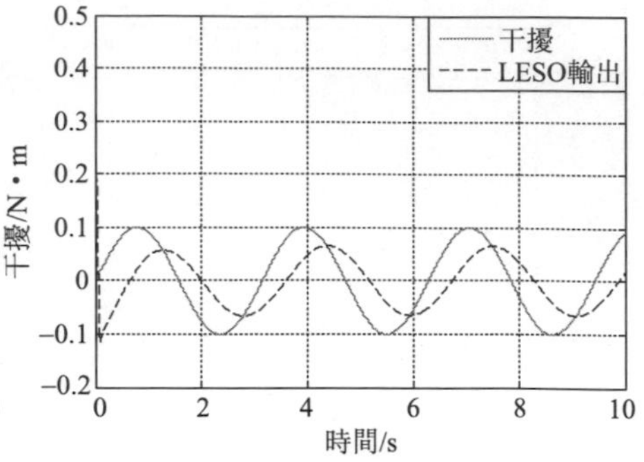

(d) 偏航通道干擾估計結果

圖 6-17 十二旋翼無人機時變干擾下的 LADRC 估計曲線（電子版）

6.3.3 傾斜轉彎模式自主軌跡跟蹤控制器

（1）自主軌跡跟蹤控制器設計

具有自主的軌跡跟蹤飛行能力是保證多旋翼無人飛行器能夠獨立執行實際任務的基本要求，也是飛行器與航模的本質區別之一。軌跡跟蹤控制算法是通過改變多旋翼無人飛行器的姿態角，將飛行器的旋翼總升力在期望的方向上產生分量，進而實現飛行器沿期望的軌跡飛行。本節將研究這種傾斜轉彎模式實現對期望軌跡的跟蹤飛行。

本小節設計一種基於十二旋翼傾斜轉彎機動飛行模式下的軌跡跟蹤控制器。傾斜轉彎機動飛行模式是依靠姿態角與平動間的耦合關係實現軌跡跟蹤飛行。傾斜轉彎機動飛行模式也被稱為傾斜轉彎模式。在這種機動飛行模式下，十二旋翼無人機保持執行單元提供的側向驅動力為零，即

$$\begin{cases} F_x = 0 \\ F_y = 0 \end{cases} \tag{6-62}$$

十二旋翼無人機僅產生機體座標系的 $O_b z_b$ 軸方向的升力 F_z，其在機體座標上產生的升力為$[0, 0, F_z]^T$，該升力與慣性座標系 $O_e x_e y_e z_e$ 三個軸方向的加速度的關係如下：

$$\begin{cases} a_{ex} = \dfrac{1}{m} F_z (\cos\psi \sin\theta \cos\phi + \sin\psi \sin\phi) \\ a_{ey} = \dfrac{1}{m} F_z (\sin\psi \sin\theta \cos\phi + \cos\psi \sin\phi) \\ a_{ez} = \dfrac{1}{m} F_z \cos\theta \cos\phi - g \end{cases} \tag{6-63}$$

由上式可以看出，在傾斜轉彎機動模式下，多旋翼無人機通過改變姿態角使得旋翼總升力在期望方向上產生水平分量，進而控制無人機質心在三維空間內的平移運動。另外，由於十二旋翼無人機可以在不改變偏航的情況下，向任意方向飛行，因此在無人機軌跡跟蹤飛行的過程中，控制器不會自主改變偏航通道的期望給定。對期望軌跡的自主跟蹤飛行將通過對滾轉角、俯仰角以及高度方向的控制實現。依據以上分析需要設計三個雙閉環嵌套的多旋翼無人機軌跡跟蹤控制器，其結構框圖如 6-18 所示。其中，位置環控制器依據期望位置與反饋位置之間的誤差計算期望速度給定，並將解算結果傳遞給速度環控制器；而速度環控制器根據期望速度與反饋速度之間的誤差計算 u_x、u_y、u_z，再經過解算得到滾轉角、俯仰角的期望角度與高度方向的控制量。

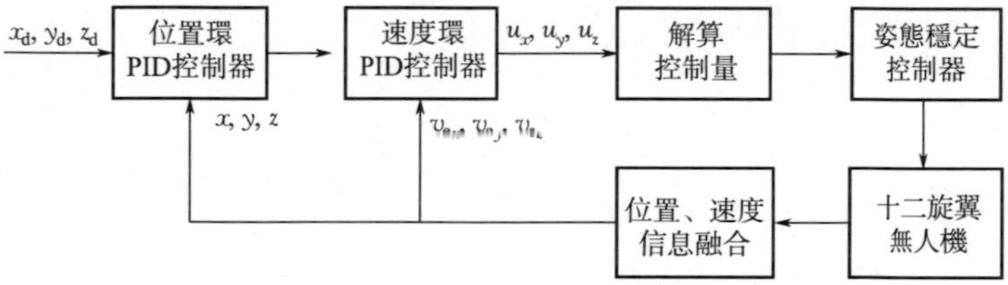

圖 6-18　雙閉環嵌套結構飛行控制系統結構示意圖

定義期望位置為$[x_d, y_d, z_d]^T$，十二旋翼無人機當前位置為$[x, y, z]^T$，位置偏差可表示為

$$\begin{bmatrix}\delta x\\ \delta y\\ \delta z\end{bmatrix}=\begin{bmatrix}x_d\\ y_d\\ z_d\end{bmatrix}-\begin{bmatrix}x\\ y\\ z\end{bmatrix} \tag{6-64}$$

為保證偏差的穩定收斂，採用雙閉環嵌套結構 PID 控制器，定義位置環的輸出為$[u_{sx}, u_{sy}, u_{sz}]^T$，則其開環動態方程有

$$\begin{bmatrix}u_{sx}(s)/\delta x\\ u_{sy}(s)/\delta y\\ u_{sz}(s)/\delta z\end{bmatrix}=\begin{bmatrix}k_{x.p}+k_{x.i}/s+k_{x.d}s/(1+k_{x.p}/s)\\ k_{y.p}+k_{y.i}/s+k_{y.d}s/(1+k_{y.p}/s)\\ k_{z.p}+k_{z.i}/s+k_{z.d}s/(1+k_{z.p}/s)\end{bmatrix} \tag{6-65}$$

同理，十二旋翼無人機慣性座標系下線速度為$[v_{ex}, v_{ey}, v_{ez}]^T$。定義速度環偏差如下：

$$\begin{bmatrix}\delta v_x\\ \delta v_y\\ \delta v_z\end{bmatrix}=\begin{bmatrix}u_{sx}\\ u_{sy}\\ u_{sz}\end{bmatrix}-\begin{bmatrix}v_{ex}\\ v_{ey}\\ v_{ez}\end{bmatrix} \tag{6-66}$$

定義速度環輸出的虛擬控制量為$[u_x, u_y, u_z]^T$，有速度開環動態方程為

$$\begin{bmatrix} u_x(s)/\delta v_x \\ u_y(s)/\delta v_y \\ u_z(s)/\delta v_z \end{bmatrix} = \begin{bmatrix} k_{vx.\mathrm{p}} + k_{vx.\mathrm{i}}/s + k_{vx.\mathrm{d}}s/(1+k_{vx.\mathrm{p}}/s) \\ k_{vy.\mathrm{p}} + k_{vy.\mathrm{i}}/s + k_{vy.\mathrm{d}}s/(1+k_{vy.\mathrm{p}}/s) \\ k_{vz.\mathrm{p}} + k_{vz.\mathrm{i}}/s + k_{vz.\mathrm{d}}s/(1+k_{vz.\mathrm{p}}/s) \end{bmatrix} \tag{6-67}$$

結合傾斜轉彎模式下無人機質心平動的動力學方程以及虛擬控制量，可以得到：

$$\begin{cases} u_x = \dfrac{1}{m}F_z(\cos\psi\sin\theta\cos\phi + \sin\psi\sin\phi) \\ u_y = \dfrac{1}{m}F_z(\sin\psi\sin\theta\cos\phi + \cos\psi\sin\phi) \\ u_z = \dfrac{1}{m}F_z\cos\theta\cos\phi - g \end{cases} \tag{6-68}$$

對式(6-68) 進行數學變換，有

$$\begin{bmatrix} 0 \\ 0 \\ F_z/m \end{bmatrix} = \boldsymbol{R}_{\mathrm{g-b}} \begin{bmatrix} u_x \\ u_y \\ u_z + g \end{bmatrix} \tag{6-69}$$

將式(6-69) 詳細展開，進一步可以得到

$$u_x\cos\theta\cos\psi + u_y\cos\theta\sin\psi - (u_z+g)\sin\theta = 0 \tag{6-70}$$

$$u_x(\sin\theta\cos\psi\sin\phi - \sin\psi\cos\phi) + u_y(\sin\theta\sin\psi\sin\phi + \cos\psi\cos\phi) + (u_z+g)\cos\theta\sin\phi = 0 \tag{6-71}$$

$$u_x(\sin\theta\cos\psi\cos\phi + \sin\psi\sin\phi) + u_y(\sin\theta\sin\psi\cos\phi - \cos\psi\sin\phi) + (u_z+g)\cos\theta\cos\phi = F_z/m \tag{6-72}$$

在十二旋翼無人機正常工作情況下 $\cos\theta$ 不會為零，因此在式(6-70) 的兩端除以 $\cos\theta$ 就可以得到俯仰角 θ 的計算公式：

$$\theta = \arctan\left(\frac{u_x\cos\psi + u_y\sin\psi}{u_z + g}\right) \tag{6-73}$$

將式 (6-68) 的兩端進行平方和處理，得到旋翼合升力 F_z 的表達式：

$$F_z = m\sqrt{u_x^2 + u_y^2 + (u_z+g)^2} \tag{6-74}$$

將式(6-72) 等式兩側同乘 $\sin\phi$，式(6-71) 等式兩側同乘 $\cos\phi$，將前式減去後式則可以得到：

$$\frac{F_z}{m}\sin\phi = u_x\sin\psi - u_y\cos\psi \tag{6-75}$$

由此得到滾轉角 ϕ 的計算公式：

$$\phi = \arcsin\left(\frac{u_x\sin\psi - u_y\cos\psi}{\sqrt{u_x^2 + u_y^2 + (u_z+g)^2}}\right) \tag{6-76}$$

綜上所述，這種雙閉環嵌套軌跡跟蹤控制器的各個環節均已設計完畢，將位置環控制器、速度環控制器、解算控制量依次組合起來就成為了基於傾斜轉彎機動模式的十二旋翼無人機自主軌跡跟蹤控制算法。

(2) 軌跡規劃方法

相對於固定翼無人機軌跡規劃的諸多約束條件，多旋翼無人機的約束條件很少，基礎的軌跡規劃只需存儲一些航點，就能實現無人機跟蹤軌跡飛行的功能。在自主飛行過程中，軌跡跟蹤控制器將根據軌跡上的誤差動態調節控制量逐漸到達期望航點。然而磁力計所處位置的局部地磁場很容易受到各種鐵磁、電磁的影響而產生畸變，導致偏航角存在誤差。雖然在第 5 章磁力計經過校正補償了環境中的鐵磁干擾，但是飛行狀態下各執行單元會產生新的電磁干擾。如果無人機進行遠距離的機動，這種誤差將導致十二旋翼無人機平動過程中的實際運動軌跡與期望軌跡出現明顯偏差，如圖 6-19 所示。依據上述分析，本節主要設計平動方向（慣性座標系下 O_ex_e 軸與 O_ey_e 軸方向）的軌跡規劃算法。

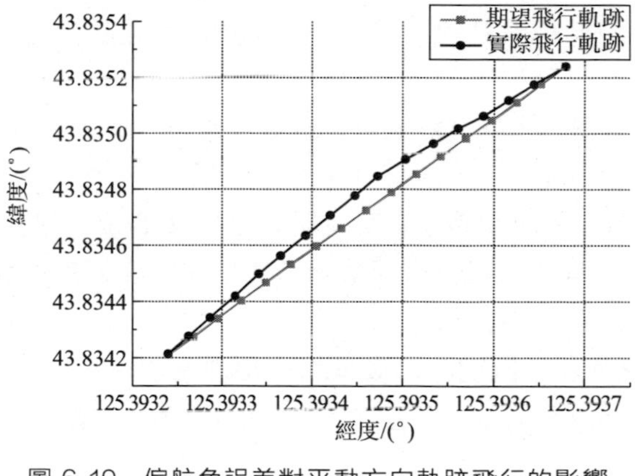

圖 6-19　偏航角誤差對平動方向軌跡飛行的影響

針對上述問題，本書將採用在平動期望軌跡上插入虛擬目標點（Virtual Target Point，VTP）的方法，在自主飛行過程中軌跡跟蹤控制器將根據自身的飛行位置不斷更新虛擬目標點，保持無人機實際飛行路徑與期望路徑的一致性，減小偏航角誤差帶來的跟蹤軌跡誤差。該方法具體步驟如下。

① 設目標點水平位置座標為 $[x_d, y_d]^T$，十二旋翼無人機當前水平位置座標為 $[x, y]^T$，得到兩點間距離如下：

$$L_d = \sqrt{(x_d - x)^2 + (y_d - y)^2} \tag{6-77}$$

② 假設理論虛擬目標點之間距離為 $\overline{L}$，可得到實際的虛擬目標點間距離為

$$L_s=\frac{L_d}{\text{int}(L_d/\overline{L})} \tag{6-78}$$

③ 虛擬目標點之間的位置增量可表示為

$$\begin{cases}\Delta x=\text{sign}(x_d-x)\sin\left(\arctan\left|\dfrac{x_d-x}{y_d-y}\right|\right)L_s\\ \Delta y=\text{sign}(y_d-y)\cos\left(\arctan\left|\dfrac{x_d-x}{y_d-y}\right|\right)L_s\end{cases} \tag{6-79}$$

④ 第一個虛擬目標如下：

$$[x_1,y_1]^T=[x+\Delta x,y+\Delta y] \tag{6-80}$$

⑤ 十二旋翼無人機通過軌跡跟蹤控制器到達虛擬目標點 n，有：

$$\begin{cases}[x_{n+1},y_{n+1}]=[x_n+\Delta x,y_n+\Delta y] & n<\text{int}(L_d/\overline{L})\\ [x_{n+1},y_{n+1}]=[x_d,y_d] & n=\text{int}(L_d/\overline{L})\end{cases} \tag{6-81}$$

虛擬目標點的方法解決了實際飛行軌跡與期望軌跡偏差較大的問題。但是位置環控制器將依據無人機所處位置與目標點之間的偏差給出期望平動速度，這種方法使無人機在跟蹤期望軌跡的過程中一直處於加減速的狀態，無法保持恆定的平動速度。為了解決這個問題，自主軌跡跟蹤算法的平動外環控制器採用切換控制的方法。在飛行器懸停時，採用懸停外環控制器；在跟蹤軌跡保持運動狀態時，採用恆速外環控制器。

① 懸停外環控制器　懸停外環控制器就是前文的位置環控制器，根據期望位置與反饋位置的誤差計算期望速度信號，需要在實際系統中反覆調試控制器參數才能取得滿意的系統性能。

② 恆速外環控制器　假設十二旋翼無人機的期望水平運動速度為 v_{ref}。外環恆速控制器將依據慣性座標軸下 $O_e x_e$ 軸、$O_e y_e$ 軸的位置誤差分配對應的期望速度，表示如下：

$$\begin{cases}u_{sx}(s)=\dfrac{x_d-x}{\sqrt{(x_d-x)^2+(y_d-y)^2}}v_{ref}\\ u_{sy}(s)=\dfrac{y_d-y}{\sqrt{(x_d-x)^2+(y_d-y)^2}}v_{ref}\end{cases} \tag{6-82}$$

式中，x_d、y_d 為當前虛擬目標點或者目標點；x、y 為當前無人機位置。

(3) 十二旋翼原型機自主軌跡跟蹤實驗

本節通過十二旋翼原型機自主飛行實驗測試雙閉環嵌套控制器的軌跡跟蹤效果。將十二旋翼原型機升高至 15m 後，原型機開始沿三角軌跡自主飛行，全程保持高度不變，並記錄自主飛行階段的位置信息。軌跡飛行實驗場地如圖 6-20

所示，通過風速計測量當時風速約為 4m/s。

圖 6-21 描述了在軌跡跟蹤過程中採用軌跡規劃算法（即加入虛擬目標點）的實驗結果，與圖 6-19 相比，採用軌跡規劃算法明顯降低了偏航角誤差對水平位置控制的影響，提升了水平面位置控制的精度，有效地降低了遠距離直線運動中跟蹤軌跡的偏差。圖 6-21(a) 表明水平位移跟蹤誤差不超過 ±2m，而圖 6-21(b) 的高度誤差不超過 ±2.5m，可見該軌跡跟蹤控制算法具有較好的控制精度。

圖 6-20　軌跡飛行實驗場地

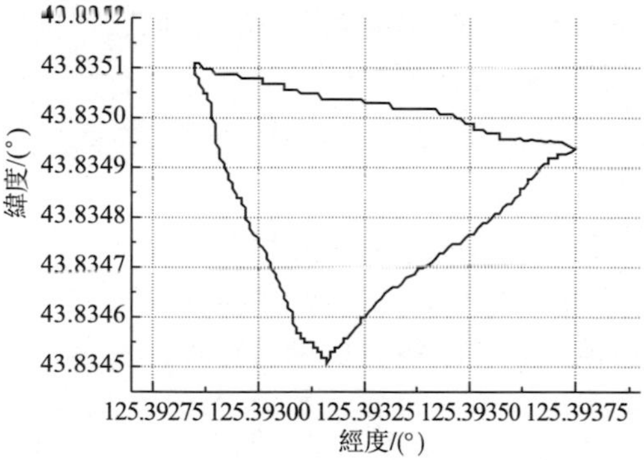

(a) 慣性座標系水平面飛行軌跡

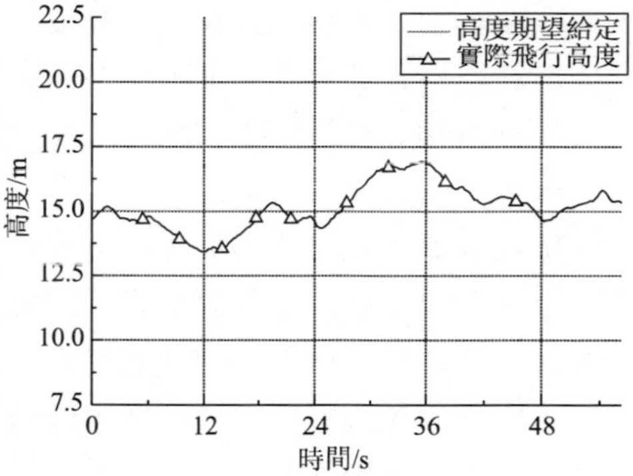

(b) 高度飛行軌跡

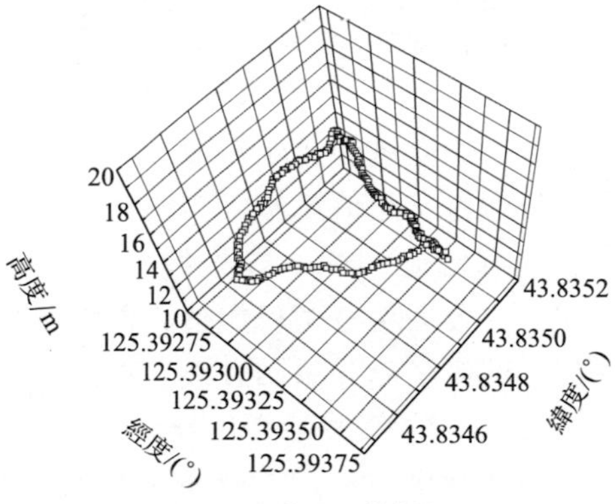

(c) 三維軌跡跟蹤曲綫

圖 6-21　軌跡飛行實驗

6.4 多旋翼無人機姿態抗飽和控制器設計與實驗

多旋翼無人機的運動是依靠電機帶動旋翼進行驅動的，眾所周知，電機在物理上的限制只能達到有限轉速，因此，多旋翼無人機存在執行器飽和問題。執行器飽和對系統的控制性能影響很大，通常導致系統的調節時間延長，超調增大，甚至系統失穩。平面多旋翼無人機的旋翼與機身相互垂直，如傳統四旋翼無人機、共軸八旋翼無人機等，它們的偏航運動是由旋翼的反扭力矩驅動的，俯仰姿態與滾轉姿態上的運動是由旋翼產生的升力力矩驅動的，反扭力矩比升力力矩小很多，因此，平面多旋翼無人機的偏航運動能力比俯仰、滾轉運動能力差。所以在實際飛行中，特別是存在外界擾動的環境下，平面多旋翼無人機的偏航運動容易出現執行器飽和現象，導致運動性能下降，魯棒性較差。

執行器飽和控制設計方法主要分為：直接設計方法和抗飽和補償器設計方法。其中，抗飽和補償器設計方法得到了廣泛的應用，其在未出現執行器飽和時不作用，當執行器發生飽和時執行抗飽和補償，進而弱化飽和影響，避免系統的性能損失。最早的抗飽和控制法是針對 PI 或 PID 控制器的飽和問題提出的，當系統輸入達到極限值時，積分器仍未停止積分，導致積分值繼續增加，使得作用到系統的控制量與控制器實際輸出控制量不同，最終導致系統超調增大，調節時間延長，甚至系統失穩。為了克服積分飽和現象，Huang 等人及 Mehdi 等人採用了非線性結構算法抑制積分飽和，但控制器設計非常複雜，不易工程實現。線性結構抗積分飽和算法更適合於實際應用，其中，條件積分抗飽和策略的思想是當控制量出現飽和時，積分作用被限制或停止，當退出飽和後，積分項再作用，這樣保證了穩態誤差為零，但退飽和速度較慢。反饋抑制抗飽和法是將飽和控制量與未飽和控制量的差值作為反饋信號輸入到積分項中，從而消除積分飽和，其中反饋增益的選取影響控制性能。Shin 等人提出了一種預測積分項的抗飽和策略，在執行器飽和情況下，預測積分項穩態值，當控制器進入線性區間後，該穩態值作為積分項的初值，減弱了積分飽和現象，提高了控制性能。

本節以自主研發的共軸八旋翼無人機為例，設計了基於 LMI 的靜態抗飽和補償器，靜態抗飽和補償器結構簡單，不會增加系統的階次，通過偏航靜態抗飽和仿真實驗證實了靜態抗飽和補償器能夠保證執行器發生飽和時偏航姿態的良好控制性能，並且具有響應速度快、實時性高等優點。

6.4.1 無人機偏航靜態抗飽和控制

(1) 基於 LMI 的靜態抗飽和補償器

靜態抗飽和補償器屬於直接線性抗飽和補償器（DLAW），是一種線性補償器，其結構框圖如圖 6-22 所示。

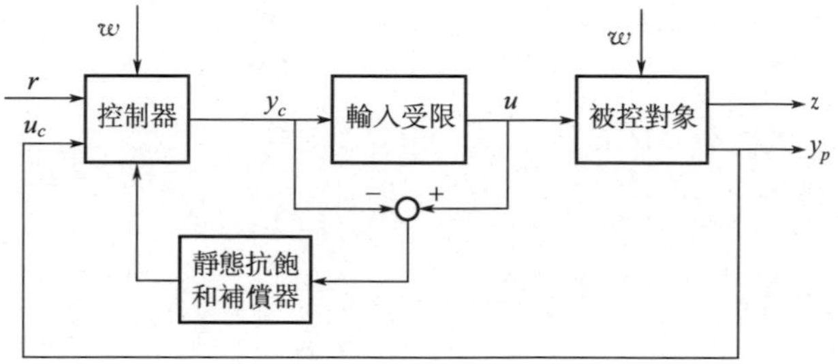

圖 6-22 靜態抗飽和補償器結構圖

被控對象狀態空間形式表示如下：

$$
\begin{aligned}
\dot{\boldsymbol{x}}_p &= \boldsymbol{A}_p \boldsymbol{x}_p + \boldsymbol{B}_{pu}\boldsymbol{u} + \boldsymbol{B}_{pw}\boldsymbol{w} \\
\boldsymbol{y}_p &= \boldsymbol{C}_p \boldsymbol{x}_p + \boldsymbol{D}_{pu}\boldsymbol{u} + \boldsymbol{D}_{pw}\boldsymbol{w} \\
\boldsymbol{z} &= \boldsymbol{C}_z \boldsymbol{x}_p + \boldsymbol{D}_{zu}\boldsymbol{u} + \boldsymbol{D}_{zw}\boldsymbol{w}
\end{aligned}
\tag{6-83}
$$

式中，$\boldsymbol{x}_p \in \boldsymbol{R}^{n_p}$，為系統的狀態矢量；$\boldsymbol{u} \in \boldsymbol{R}^m$，為控制輸入矢量；$\boldsymbol{w} \in \boldsymbol{R}^q$，為干擾輸入矢量；$\boldsymbol{y}_p \in \boldsymbol{R}^p$，為系統輸出矢量；$\boldsymbol{z} \in \boldsymbol{R}^l$，為被調輸出矢量。

具有靜態抗飽和補償的控制器表示如下：

$$
\begin{aligned}
\dot{\boldsymbol{x}}_c &= \boldsymbol{A}_c \boldsymbol{x}_c + \boldsymbol{B}_c \boldsymbol{u}_c + \boldsymbol{B}_{cw}\boldsymbol{w} + \boldsymbol{u}_{aw} \\
\boldsymbol{y}_c &= \boldsymbol{C}_c \boldsymbol{x}_c + \boldsymbol{D}_c \boldsymbol{u}_c + \boldsymbol{D}_{cw}\boldsymbol{w} \\
\boldsymbol{u}_{aw} &= \boldsymbol{D}_{aw}[sat(\boldsymbol{y}_c) - \boldsymbol{y}_c]
\end{aligned}
\tag{6-84}
$$

式中，$\boldsymbol{x}_c \in \boldsymbol{R}^{n_c}$，為控制器的狀態矢量；$\boldsymbol{u}_c \in \boldsymbol{R}^p$，為輸入矢量；$\boldsymbol{y}_c \in \boldsymbol{R}^m$，為輸出矢量；$\boldsymbol{u}_{aw}$ 為靜態抗飽和補償器；$\boldsymbol{D}_{aw}$ 為靜態抗飽和增益。在不考慮執行器發生飽和時，即 $\boldsymbol{u}_{aw}=0$ 時，具有以下無約束連接關係：

$$
\boldsymbol{u} = \boldsymbol{y}_c, \boldsymbol{u}_c = \boldsymbol{y}_p \tag{6-85}
$$

假設控制量受到對稱幅值限制：

$$
-u_{0(i)} \leqslant u_{(i)} \leqslant u_{0(i)}, u_{0(i)} > 0, i = 1, \cdots, m \tag{6-86}
$$

因此，輸入到被控對象中的控制矢量是一個受限的非線性控制量 $\boldsymbol{u} = \mathrm{sat}(\boldsymbol{y}_c)$，定義為

$$
\mathrm{sat}(y_{c(i)}) = \mathrm{sign}(y_{c(i)}) \min(|y_{c(i)}|, u_{0(i)}) \tag{6-87}
$$

定義 $\phi(\boldsymbol{y}_c)=\mathrm{sat}(\boldsymbol{y}_c)-\boldsymbol{y}_c$，那麼基於靜態抗飽和控制的閉環系統可以描述為

$$\boldsymbol{x}=\begin{bmatrix}\boldsymbol{x}_p\\ \boldsymbol{x}_c\end{bmatrix}\in\boldsymbol{R}^{n_p+n_c}$$

$$\begin{aligned}\dot{\boldsymbol{x}}&=\boldsymbol{A}\boldsymbol{x}+\boldsymbol{B}_1\phi(\boldsymbol{y}_c)+\boldsymbol{B}_2\boldsymbol{w}\\ \boldsymbol{y}_c&=\boldsymbol{C}_1\boldsymbol{x}+\boldsymbol{D}_{11}\phi(\boldsymbol{y}_c)+\boldsymbol{D}_{12}\boldsymbol{w}\\ \boldsymbol{z}&=\boldsymbol{C}_2\boldsymbol{x}+\boldsymbol{D}_{21}\phi(\boldsymbol{y}_c)+\boldsymbol{D}_{22}\boldsymbol{w}\end{aligned}\tag{6-88}$$

其中，

$$\boldsymbol{A}=\begin{bmatrix}\boldsymbol{A}_p+\boldsymbol{B}_{pu}\boldsymbol{\Delta}^{-1}\boldsymbol{D}_c\boldsymbol{C}_p & \boldsymbol{B}_{pu}\boldsymbol{\Delta}^{-1}\boldsymbol{C}_c\\ \boldsymbol{B}_c(\boldsymbol{I}_p+\boldsymbol{D}_{pu}\boldsymbol{\Delta}^{-1}\boldsymbol{D}_c)\boldsymbol{C}_p & \boldsymbol{A}_c+\boldsymbol{B}_c\boldsymbol{D}_{pu}\boldsymbol{\Delta}^{-1}\boldsymbol{C}_c\end{bmatrix},\boldsymbol{B}_1=\boldsymbol{B}_f+\boldsymbol{B}_v\boldsymbol{D}_{aw},$$

$$\boldsymbol{B}_2=\begin{bmatrix}\boldsymbol{B}_{pu}\boldsymbol{\Delta}^{-1}(\boldsymbol{D}_{cw}+\boldsymbol{D}_c\boldsymbol{D}_{pw})+\boldsymbol{B}_{pw}\\ \boldsymbol{B}_c\boldsymbol{D}_{pu}\boldsymbol{\Delta}^{-1}(\boldsymbol{D}_{cw}+\boldsymbol{D}_c\boldsymbol{D}_{pw})+\boldsymbol{B}_{cw}+\boldsymbol{B}_c\boldsymbol{D}_{pw}\end{bmatrix},\boldsymbol{C}_1=[\boldsymbol{\Delta}^{-1}\boldsymbol{D}_c\boldsymbol{C}_p\boldsymbol{\Delta}^{-1}\boldsymbol{C}_c],$$

$$\boldsymbol{C}_2=[\boldsymbol{C}_z+\boldsymbol{D}_{zu}\boldsymbol{\Delta}^{-1}\boldsymbol{D}_c\boldsymbol{C}_p\boldsymbol{D}_{zu}\boldsymbol{\Delta}^{-1}\boldsymbol{C}_c],\boldsymbol{D}_{11}=\boldsymbol{D}_1+\boldsymbol{C}_{v1}\boldsymbol{D}_{aw},\boldsymbol{D}_{12}=\boldsymbol{\Delta}^{-1}(\boldsymbol{D}_{aw}+\boldsymbol{D}_c\boldsymbol{D}_{pw})$$

$$\boldsymbol{D}_{22}=\boldsymbol{D}_{zw}+\boldsymbol{D}_{zu}\boldsymbol{\Delta}^{-1}(\boldsymbol{D}_{cw}+\boldsymbol{D}_c\boldsymbol{D}_{pw}),\boldsymbol{D}_{21}=\boldsymbol{D}_2+\boldsymbol{C}_{v2}\boldsymbol{D}_{aw}\tag{6-89}$$

$$\boldsymbol{\Delta}=\boldsymbol{I}_m-\boldsymbol{D}_c\boldsymbol{D}_{pu},\boldsymbol{B}_v=\begin{bmatrix}\boldsymbol{B}_{pu}\boldsymbol{\Delta}^{-1}[\boldsymbol{0},\boldsymbol{I}_m]\\ \boldsymbol{B}_c\boldsymbol{D}_{pu}\boldsymbol{\Delta}^{-1}[\boldsymbol{0},\boldsymbol{I}_m]+[\boldsymbol{I}_{nc},\boldsymbol{0}]\end{bmatrix},\boldsymbol{B}_f=\begin{bmatrix}\boldsymbol{B}_{pu}(\boldsymbol{I}_m+\boldsymbol{\Delta}^{-1}\boldsymbol{D}_c\boldsymbol{D}_{pu})\\ \boldsymbol{B}_c\boldsymbol{D}_{pu}(\boldsymbol{I}_m+\boldsymbol{\Delta}^{-1}\boldsymbol{D}_c\boldsymbol{D}_{pu})\end{bmatrix},$$

$$\boldsymbol{D}_1=\boldsymbol{\Delta}^{-1}\boldsymbol{D}_c\boldsymbol{D}_{pu},\boldsymbol{D}_2=\boldsymbol{D}_{zu}(\boldsymbol{I}_m+\boldsymbol{\Delta}^{-1}\boldsymbol{D}_c\boldsymbol{D}_{pu}),\boldsymbol{C}_{v1}=\boldsymbol{\Delta}^{-1}[\boldsymbol{0},\boldsymbol{I}_m],\boldsymbol{C}_{v2}=\boldsymbol{D}_{zu}\boldsymbol{\Delta}^{-1}[\boldsymbol{0},\boldsymbol{I}_m]\tag{6-90}$$

若 $\boldsymbol{A}$ 為赫爾維茨（Hurwitz）矩陣，則未受約束下的閉環系統式(6-88)為全局漸近穩定。

[引理 6-1] 如果 $\boldsymbol{y}_c$ 和 $\boldsymbol{w}$ 屬於集合 $S(u_0)=\{y_c\in\boldsymbol{R}^m,\boldsymbol{w}\in\boldsymbol{R}^m;-u_0\leqslant\boldsymbol{y}_c-\boldsymbol{w}\leqslant u_0\}$，那麼非線性 $\phi(\boldsymbol{y}_c)$ 滿足如下不等式：

$$\phi(\boldsymbol{y}_c)'\boldsymbol{S}^{-1}(\phi(\boldsymbol{y}_c)+\boldsymbol{w})\leqslant 0\tag{6-91}$$

式中，$\boldsymbol{S}\in\boldsymbol{R}^{m\times m}$，為正定對角矩陣。

[定理 6-5] 若存在對稱正定矩陣 $\boldsymbol{Q}\in R^{(n_p+n_c)\times(n_p+n_c)}$、對稱矩陣 $\boldsymbol{S}\in\boldsymbol{R}^{m\times m}$、矩陣 $\boldsymbol{E}\in\boldsymbol{R}^{(n_c+m)\times m}$ 和正實數 γ，滿足以下條件：

$$\begin{bmatrix}He[\boldsymbol{AQ}] & \boldsymbol{B}_f\boldsymbol{S}+\boldsymbol{B}_v\boldsymbol{E}-\boldsymbol{Q}\boldsymbol{C}_1^{\mathrm{T}} & \boldsymbol{B}_2 & \boldsymbol{Q}\boldsymbol{C}_2^{\mathrm{T}}\\ * & He[-\boldsymbol{S}+\boldsymbol{D}_1\boldsymbol{S}-\boldsymbol{C}_{v1}\boldsymbol{E}] & -\boldsymbol{D}_{12} & \boldsymbol{S}\boldsymbol{D}_2^{\mathrm{T}}+\boldsymbol{E}^{\mathrm{T}}\boldsymbol{C}_{v2}^{\mathrm{T}}\\ * & * & -\boldsymbol{I} & \boldsymbol{D}_{22}^{\mathrm{T}}\\ * & * & * & -\gamma\boldsymbol{I}\end{bmatrix}<\boldsymbol{0}\tag{6-92}$$

則靜態抗飽和增益 $\boldsymbol{D}_{aw}=\boldsymbol{E}\boldsymbol{S}^{-1}$。並且，當 $\boldsymbol{w}=0$ 時，系統式(6-88) 全局漸

近穩定；當 $\boldsymbol{w}\neq 0$ 時，對於任意有界干擾 $\boldsymbol{w}(t)\in L_2[0,\infty)$，閉環系統式(6-88)為 L_2 增益穩定，即滿足

$$\int_0^T \boldsymbol{z}^{\mathrm{T}}(t)\boldsymbol{z}(t)\mathrm{d}t \leqslant \gamma\int_0^{\mathrm{T}} \boldsymbol{w}^{\mathrm{T}}(t)\boldsymbol{w}(t)\mathrm{d}t + \gamma\boldsymbol{x}^{\mathrm{T}}(0)\boldsymbol{Q}^{-1}\boldsymbol{x}(0), \forall T \geqslant 0 \quad (6\text{-}93)$$

［證明］ 選取李雅普諾夫（Lyapunov）函數為 $V(x)=\boldsymbol{x}^{\mathrm{T}}\boldsymbol{P}\boldsymbol{x}$，$\boldsymbol{P}=\boldsymbol{P}^{\mathrm{T}}=\boldsymbol{Q}^{-1}>0$。根據引理 6-1 可以得到，$\phi(\boldsymbol{y}_c)^{\mathrm{T}}\boldsymbol{S}^{-1}(\phi(\boldsymbol{y}_c)+\boldsymbol{y}_c)\leqslant 0$，其中 $\boldsymbol{w}=\boldsymbol{y}_c$，$\boldsymbol{S}\in\boldsymbol{R}^{m\times m}$ 為任意正定對角矩陣。依據 Schur 補定理，式(6-92) 可以改寫成

$$\dot{V}(x)+\frac{1}{\gamma}\boldsymbol{z}^{\mathrm{T}}\boldsymbol{z}-\boldsymbol{w}^{\mathrm{T}}\boldsymbol{w}-2\phi(\boldsymbol{y}_c)^{\mathrm{T}}\boldsymbol{S}^{-1}(\phi(\boldsymbol{y}_c)+\boldsymbol{y}_c)<0 \quad (6\text{-}94)$$

因此，當 $\boldsymbol{w}=0$ 時，顯然有 $\dot{V}(x)<0$，那麼系統式(6-88) 全局漸近穩定。由式(6-94) 可知：$\dot{V}(x)+\frac{1}{\gamma}\boldsymbol{z}^{\mathrm{T}}\boldsymbol{z}-\boldsymbol{w}^{\mathrm{T}}\boldsymbol{w}<0$，不等式兩邊積分可得

$$\begin{aligned}\int_0^T \boldsymbol{z}^{\mathrm{T}}(t)\boldsymbol{z}(t)\mathrm{d}t &\leqslant \gamma\int_0^T \boldsymbol{w}^{\mathrm{T}}(t)\boldsymbol{w}(t)\mathrm{d}t + \gamma(V(\boldsymbol{x}(0))-V(\boldsymbol{x}(T)))\\ &\leqslant \gamma\int_0^T \boldsymbol{w}^{\mathrm{T}}(t)\boldsymbol{w}(t)\mathrm{d}t + \gamma V(\boldsymbol{x}(0))\end{aligned} \quad (6\text{-}95)$$

因此式(6-93) 得證。

依據定理 6-5，可以把求解靜態抗飽和補償器問題轉化成如下基於 LMI 約束下的凸優化問題：

$$\begin{aligned}&\min_{Q>0,\gamma>0} \gamma\\ &\text{s.t. 式(6-92)}\end{aligned} \quad (6\text{-}96)$$

從而可以使用 matlab 的 LMI 工具箱求得靜態抗飽和補償器。

(2) 基於 LADRC 的共軸八旋翼無人機偏航靜態抗飽和設計

本節在基於線性自抗擾的八旋翼無人機偏航姿態跟蹤控制基礎上，引入靜態抗飽和補償器，從而保證在偏航姿態出現執行器飽和時，依然具有較好的偏航控制性能，有效避免偏航控制系統損失。

根據共軸八旋翼無人機的對稱特性可知，$I_x=I_y$，偏航系統的狀態方程可以表示為

$$\begin{aligned}\dot{x}_1&=x_2\\ \dot{x}_2&=M_z/I_z+w\end{aligned} \quad (6\text{-}97)$$

式中，狀態 x_1、x_2 為偏航角與偏航角速度；w 為干擾。假設期望偏航角微分 $\dot{\psi}_d=0$，那麼偏航系統作為被控對象表示如下：

$$\dot{\boldsymbol{x}}_p=\boldsymbol{A}_p\boldsymbol{x}_p+\boldsymbol{B}_{pu}\boldsymbol{u}+\boldsymbol{B}_{pw}\boldsymbol{w}$$

$$\boldsymbol{y}_p=\boldsymbol{C}_p\boldsymbol{x}_p+\boldsymbol{D}_{pu}\boldsymbol{u}+\boldsymbol{D}_{pw}\boldsymbol{w}$$
$$\boldsymbol{z}=\boldsymbol{C}_z\boldsymbol{x}_p+\boldsymbol{D}_{zu}\boldsymbol{u}+\boldsymbol{D}_{zw}\boldsymbol{w} \tag{6-98}$$

式中，狀態矢量 $\boldsymbol{x}_p=[e \quad \dot{e}]^{\mathrm{T}}$；$e=\psi_d-\psi$ 為偏航角誤差；$\boldsymbol{A}_p=\begin{bmatrix}0 & 1\\0 & 0\end{bmatrix}$；$\boldsymbol{B}_{pu}=\begin{bmatrix}0\\-1/I_z\end{bmatrix}$；$\boldsymbol{B}_{pw}=\begin{bmatrix}0\\1\end{bmatrix}$；$\boldsymbol{C}_p=[1 \quad 0]$；$\boldsymbol{D}_{pu}=0$；$\boldsymbol{D}_{pw}=0$；$\boldsymbol{C}_z=[1 \quad 0]$；$\boldsymbol{D}_{zu}=0$；$\boldsymbol{D}_{zw}=0$；未受約束的控制量 $u=M_z$。

線性自抗擾 LADRC 的狀態空間表達形式描述如下：

$$\dot{\boldsymbol{x}}_c=\boldsymbol{A}_c\boldsymbol{x}_c+\boldsymbol{B}_c\boldsymbol{u}_c+\boldsymbol{B}_{cw}\boldsymbol{w}$$
$$\boldsymbol{y}_c=\boldsymbol{C}_c\boldsymbol{x}_c+\boldsymbol{D}_c\boldsymbol{u}_c+\boldsymbol{D}_{cw}\boldsymbol{w} \tag{6-99}$$

式中，$\boldsymbol{x}_c=[z_1,z_2,z_3]^{\mathrm{T}}$ 為狀態矢量；z_1、z_2、z_3 為偏航角誤差、偏航角誤差的微分以及干擾的觀測值；$y_c=M_z$，為無約束下的 LADRC 輸出矢量；$\boldsymbol{A}_c=\begin{bmatrix}-\beta_{yaw01} & 1 & 0\\-\beta_{yaw02}-\dfrac{k_{yawp}}{I_z} & -\dfrac{k_{yawd}}{I_z} & 0\\-\beta_{yaw03} & 0 & 0\end{bmatrix}$；$\boldsymbol{B}_c=\begin{bmatrix}\beta_{yaw01}\\\beta_{yaw02}\\\beta_{yaw03}\end{bmatrix}$；$\boldsymbol{C}_c=[k_{yawp} \quad k_{yawd} \quad I_z]$；$\boldsymbol{B}_{cw}=\boldsymbol{D}_c=\boldsymbol{D}_{cw}=0$。

那麼引入靜態抗飽和補償器 $\boldsymbol{u}_{aw}=\boldsymbol{D}_{aw}(\mathrm{sat}(\boldsymbol{y}_c)-\boldsymbol{y}_c)$後，共軸八旋翼無人機的偏航閉環系統描述如下：

$$\boldsymbol{x}=\begin{bmatrix}\boldsymbol{x}_p\\\boldsymbol{x}_c\end{bmatrix}\in\boldsymbol{R}^5$$
$$\dot{\boldsymbol{x}}=\boldsymbol{A}\boldsymbol{x}+\boldsymbol{B}_1\phi(\boldsymbol{y}_c)+\boldsymbol{B}_2\boldsymbol{w}$$
$$\boldsymbol{y}_c=\boldsymbol{C}_1\boldsymbol{x}+\boldsymbol{D}_{11}\phi(\boldsymbol{y}_c)+\boldsymbol{D}_{12}\boldsymbol{w}$$
$$\boldsymbol{z}=\boldsymbol{C}_2\boldsymbol{x}+\boldsymbol{D}_{21}\phi(\boldsymbol{y}_c)+\boldsymbol{D}_{22}\boldsymbol{w} \tag{6-100}$$

對應的參數矩陣可以代入式(6-89)、式(6-90) 依次求得。因此，依據定理 6-5，求取基於 LMI 約束下的凸優化問題式(6-96)，即可求解靜態抗飽和補償增益 D_{aw}。

(3) 基於 LADRC 的共軸八旋翼無人機偏航靜態抗飽和仿真實驗

本小節針對上一小節提出的偏航靜態抗飽和控制進行了數值仿真實驗工作。為了驗證偏航靜態抗飽和補償器的有效性，進行了三種不同實驗條件下的 LADRC 偏航跟蹤控制與引入靜態抗飽和補償器的 LADRC 偏航跟蹤控制的仿真比較實驗。由於八旋翼無人機的電機轉速限制在 $132\mathrm{rad/s}\leqslant\Omega_i\leqslant250\mathrm{rad/s}$，$i=1, 2, \cdots, 8$，因此，反扭力矩 $|M_z|\leqslant0.55\mathrm{N\cdot m}$。偏航的 LADRC 參數分別為 $\omega_{yawc}=10$，$\omega_{yaw0}=5\omega_{yawc}$。由此根據 matlab 的 LMI 工具箱求解得到靜態抗飽

和補償增益 $\boldsymbol{D}_{aw}=[1.8, 0.2, 0.7]^{\mathrm{T}}$，系統的 L_2 增益 $\gamma=1.7476$。三個實驗的初始偏航角均為 $\psi_0=0\mathrm{rad}$，實驗一與實驗二的期望偏航角為 $\psi_d=0.6\mathrm{rad}$，實驗三的期望偏航角為方波，幅值為 0.5rad。實驗一與實驗三沒有加入外界干擾，實驗二加入了幅值為 0.15N・m 的白噪聲干擾。

三個實驗的仿真結果分別如圖 6-23 與圖 6-24 所示，由於偏航控制量在執行器的飽和下受到約束，三個實驗的 LADRC 偏航控制結果均出現較大的超調，調節時間延長。尤其加入白噪聲干擾後，偏航控制性能再次下降。然而，當引入靜態抗飽和補償器後，無擾動的偏航角跟蹤超調非常小。在白噪聲干擾情況下，靜態抗飽和偏航控制的超調明顯減小，較快跟蹤到期望偏航角，提高了偏航系統的抗干擾能力。具體的偏航控制性能指標參見表 6-2。由此可見，偏航的靜態抗飽和控制有效地弱化了執行器飽和對偏航系統帶來的惡劣影響，保證了偏航角的精確跟蹤，提高了系統的魯棒性。

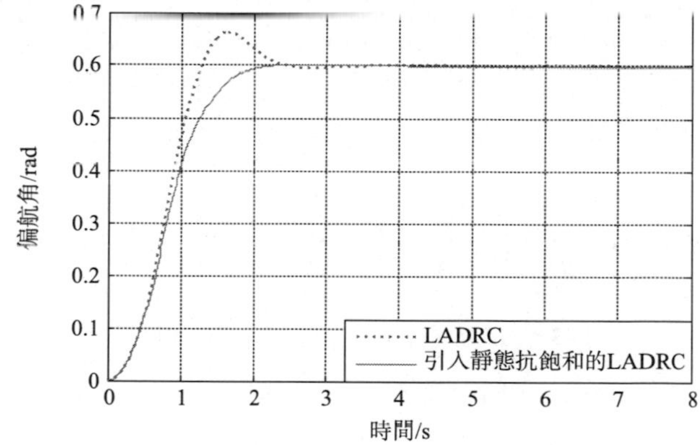

(a) 實驗一的偏航角跟蹤比較結果

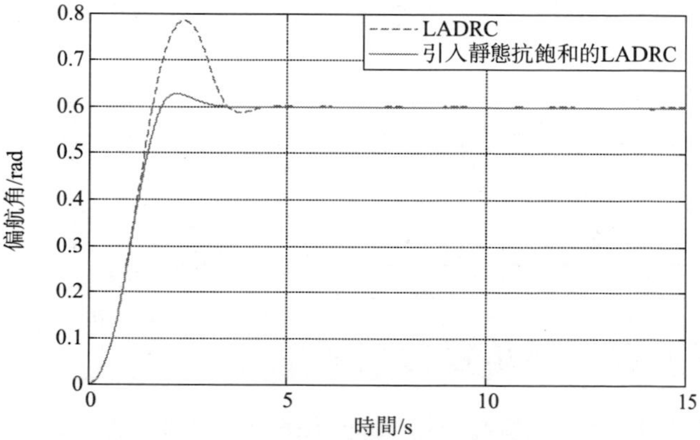

(b) 實驗二的偏航角跟蹤比較結果

圖 6-23　實驗一與實驗二的偏航角跟蹤控制實驗比較結果

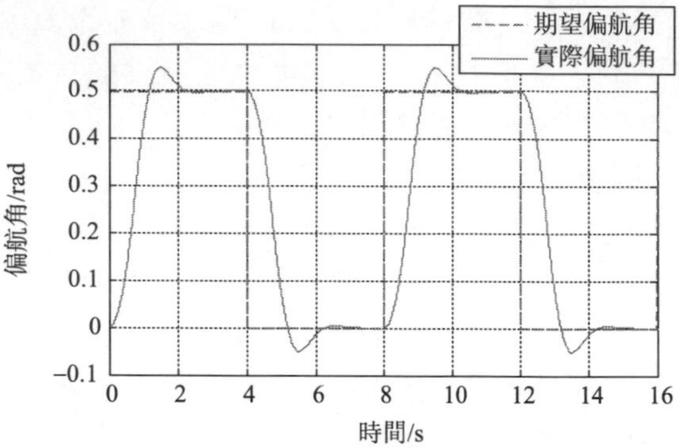

(a) LADRC偏航角跟蹤結果

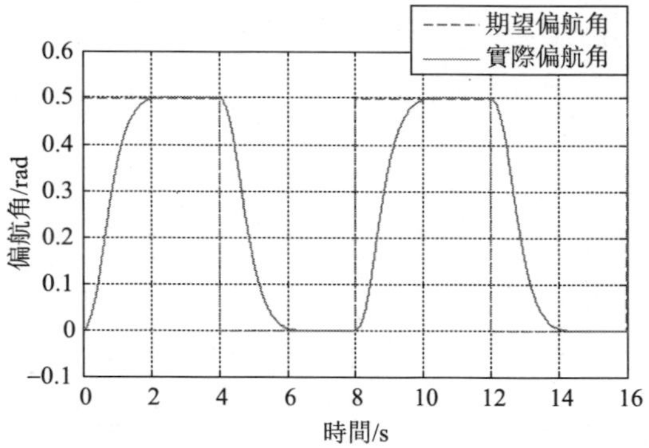

(b) 引入靜態抗飽和補償器的LADRC偏航角跟蹤結果

圖 6-24 實驗三的偏航角跟蹤控制實驗比較結果

表 6-2 實驗一與實驗二的偏航控制性能指標

性能指標 / 控制器	調節時間/s	超調量/%
實驗一 LADRC	3.7	9.65
實驗一 LADRC+靜態抗飽和	2.8	1.12
實驗二 LADRC	5.1	25.76
實驗二 LADRC+靜態抗飽和	3.9	9.02

6.4.2 無人機偏航抗積分飽和控制

本節從實際工程應用角度出發，圍繞共軸八旋翼無人機偏航運動出現執行器積分飽和的實際問題進行介紹，提出了一種變結構變參數 PI（VSVCPI）抗積分飽和控制器，闡述其工作機理、設計方法及穩定性分析，並輔以原型機飛行實例。同樣地，該抗飽和算法也適用於滾轉姿態及俯仰姿態抗飽和控制。

(1) 偏航抗積分飽和控制器設計

① 基於 PD-VSVCPI 的偏航抗積分飽和控制器設計　工程上的共軸八旋翼無人機偏航跟蹤控制選擇了易於調節、容易實現的 PID 控制器。當執行器發生飽和時，PID 會出現積分飽和現象，該現象容易導致大超調、振盪甚至失穩，造成控制性能嚴重惡化。本節設計雙閉環結構的 PD 算法與變結構變參數 PI（VS-VCPI）算法相結合的控制策略以改善積分飽和對系統的影響，提高偏航姿態的跟蹤性能。

雙閉環 PD-VSVCPI 的偏航控制結構框圖如圖 6-25 所示。外環採用 PD 算法控制偏航角度，輸出為期望的偏航角速度信號：

$$r_d = k_{p\psi} e_\psi + k_{d\psi} \dot{e}_\psi \tag{6-101}$$

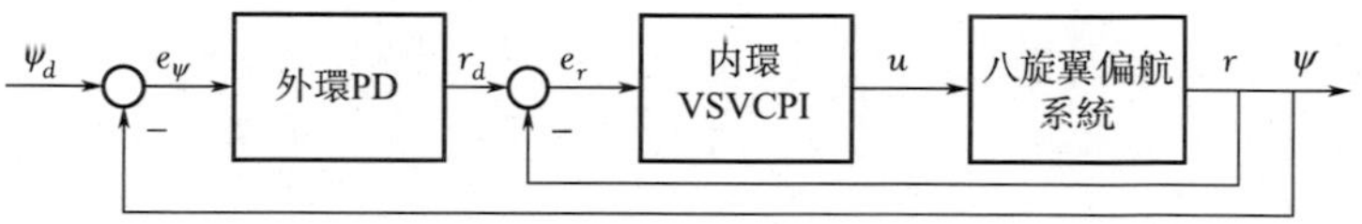

圖 6-25　PD-VSVCPI 雙閉環偏航控制結構框圖

內環採用 VSVCPI 抗積分飽和算法控制偏航角速度。VSVCPI 算法結構如圖 6-26 所示，其中輸出為名義控制量 u_n，由於電機轉速在實際工程中有一定的範圍限制，故導致偏航控制量存在限制。而當出現積分飽和現象時，u_n 處於飽和狀態，即 $u_n \notin [u_{min}, u_{max}]$，定義 u_s 為飽和控制量：

$$u_s = \max(u_{min}, \min(u, u_{max})) \qquad (6\ 102)$$

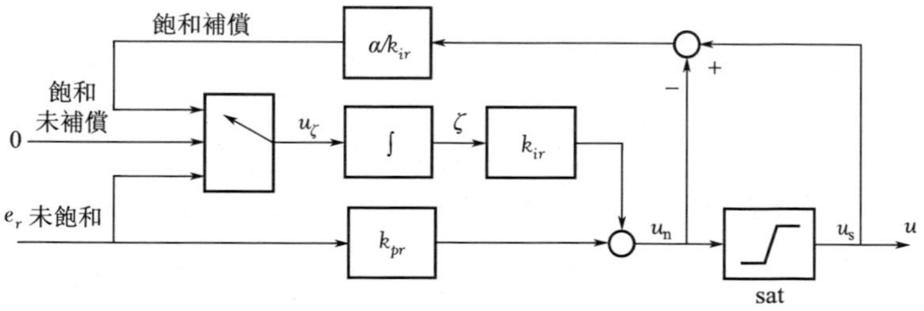

圖 6-26　VSVCPI 偏航抗積分飽和控制器

VSVCPI 控制輸出表示為

$$u_n = k_{pr} e_r + k_{ir} \zeta \tag{6-103}$$

式中，$e_r=r_d-r$，為偏航角速度誤差；ζ 為內環積分值。

定義 u_ζ 為虛擬積分控制量，表示如下：

$$u_\zeta=\dot{\zeta}=\begin{cases}-\alpha(u_n-u_s)/k_{ir}, & if u_n\neq u_s, |e_r|\leqslant thres \\ & (k_{ir}>0) \\ 0, & if u_n\neq u_s, |e_r|>thres \\ e_r, & if u_n=u_s\end{cases} \tag{6-104}$$

$$\alpha=a_1+a_2|u_n-u_s| \tag{6-105}$$

由於共軸八旋翼無人機偏航控制量的上下界是對稱的，故定義控制量限定值為 $u_{lim}=|u_{min}|=|u_{max}|$。為了表達方便，設定 $u_s>0$，那麼 VSVCPI 抗飽和控制律分為三種結構，即飽和補償、飽和未補償、未飽和，描述為

$$\begin{bmatrix}u\\u_\zeta\end{bmatrix}=\begin{cases}\begin{bmatrix}u_s\mathrm{sign}(u_n)\\-\alpha(u_n-u_s\mathrm{sign}(u_n))/k_{ir}\end{bmatrix}, & \mathrm{if} u_n\neq u_s\mathrm{sign}(u_n), \\ & |e_r|\leqslant thres \\ \begin{bmatrix}u_s\mathrm{sign}(u_n)\\0\end{bmatrix}, & \mathrm{if} u_n\neq u_s\mathrm{sign}(u_n), \\ & |e_r|>thres \\ \begin{bmatrix}u_n\\e_r\end{bmatrix}, & \mathrm{if} u_n=u_s\mathrm{sign}(u_n)\end{cases} \tag{6-106}$$

式中，α 為抗飽和係數，見式(6-105)；a_1、a_2 為常數。α 依據執行器飽和程度的不同而發生變化，當執行器處於過分飽和時，α 變大從而加快退飽和速度；當飽和程度較小，處於臨界飽和附近時，α 變小，避免控制量過量減小導致偏航的不精確控制。因此，α 決定退出飽和的強度。這種變參數特性提高了抗飽和控制的準確度。*thres* 為退飽和閾值，當偏航處於未飽和時，採用傳統 PI 控制器；當偏航處於飽和時，且偏航角速度誤差絕對值在 *thres* 範圍內，則視為滿足退飽和條件，此時採取抗飽和策略；反之，若角速度誤差絕對值大於 *thres*，積分停止，偏航控制量設為限定值 $u_s\mathrm{sign}(u_n)$，快速減小誤差，從而達到偏航期望值。此時若存在外界干擾，該變結構特性使偏航系統在滿足退飽和條件時才進行抗飽和動作，否則以抵抗外擾、減小偏航角速度誤差為主。

② 基於 PD-VSVCPI 的共軸八旋翼無人機偏航系統穩定性分析　本小節首先分析偏航內環子系統 S_r 的穩定性，內環採取 VSVCPI 控制策略。S_r 的狀態方程描述如下：

$$\begin{aligned}\dot{\boldsymbol{x}}&=\boldsymbol{B}u+\boldsymbol{B}_\zeta u_\zeta\\ \boldsymbol{y}(t)&=\boldsymbol{C}\boldsymbol{x}(t)\end{aligned} \tag{6-107}$$

式中，$\boldsymbol{x}=[x_1,x_2]^T=[e_r,\zeta]^T$；$\boldsymbol{B}=[-1/I_z,\ 0]^T$；$\boldsymbol{B}_\zeta=[0,\ 1]^T$；$\boldsymbol{C}=[1,\ 0]$；$u_n=\boldsymbol{K}\boldsymbol{x}(t)$，為名義控制量；$\boldsymbol{K}=[k_{pr},\ k_{ir}]$。

[定理 6-6]　若滿足式（6-108）條件，則共軸八旋翼無人機偏航內環子系統

S_r 在控制律式(6-106) 作用下全局漸近穩定。

$$a_1>0$$
$$a_2>0 \tag{6-108}$$

[證明] 當 S_r 處於執行器飽和補償狀態時，選取李雅普諾夫（Lyapunov）函數為

$$V_1(x)=(k_{pr}x_1+k_{ir}x_2)^2 \tag{6-109}$$

那麼

$$\begin{aligned}\dot{V}_1(x)&=2u_n[-k_{pr}u_s\operatorname{sign}(u_n)/I_z-\alpha(|u_n|-u_s)\operatorname{sign}(u_n)]\\&=-2|u_n|[k_{pr}u_s/I_z+a_1(|u_n|-u_s)+a_2(|u_n|-u_s)^2]\end{aligned} \tag{6-110}$$

由於 $k_{pr}>0$，若滿足式(6-108) 條件，有 $\dot{V}_1(x)<0$，即偏航内環子系統 S_r 處於飽和補償模式時全局漸近穩定。

當 S_r 處於飽和未補償狀態時，選取李雅普諾夫（Lyapunov）函數為

$$V_2(x)=(k_{pr}x_1+k_{ir}x_2)^2 \tag{6-111}$$

則

$$\begin{aligned}\dot{V}_2(x)&=2u_n[-k_{pr}u_s\operatorname{sign}(u_n)/I_z]\\&=-2|u_n|k_{pr}u_s/I_z<0\end{aligned} \tag{6-112}$$

顯然，在飽和未補償模式下，S_r 全局漸近穩定。

當處於未飽和狀態，S_r 狀態方程描述為

$$\dot{\boldsymbol{x}}(t)=(\boldsymbol{BK}+\boldsymbol{B}_\zeta\boldsymbol{C})\boldsymbol{x}(t) \tag{6-113}$$

定義李雅普諾夫（Lyapunov）函數為

$$V_3(x)=\boldsymbol{x}^{\mathrm{T}}\boldsymbol{Px} \tag{6-114}$$

式中，$\boldsymbol{P}$ 為正定對稱矩陣，得到

$$\begin{aligned}\dot{V}_3(\boldsymbol{x})&=(\boldsymbol{x}^{\mathrm{T}}\boldsymbol{K}^{\mathrm{T}}\boldsymbol{B}^{\mathrm{T}}+\boldsymbol{X}^{\mathrm{T}}\boldsymbol{C}^{\mathrm{T}}\boldsymbol{B}_\zeta^{\mathrm{T}})\boldsymbol{Px}+\boldsymbol{x}^{\mathrm{T}}\boldsymbol{P}(\boldsymbol{BKx}+\boldsymbol{B}_\zeta\boldsymbol{Cx})\\&=\boldsymbol{x}^{\mathrm{T}}[(\boldsymbol{BK}+\boldsymbol{B}_\zeta\boldsymbol{C})^{\mathrm{T}}\boldsymbol{P}+\boldsymbol{P}(\boldsymbol{BK}+\boldsymbol{B}_\zeta\boldsymbol{C})]\boldsymbol{x}\end{aligned} \tag{6-115}$$

定義矩陣 $\boldsymbol{Q}=(\boldsymbol{BK}+\boldsymbol{B}_\zeta\boldsymbol{C})^{\mathrm{T}}\boldsymbol{P}+\boldsymbol{P}(\boldsymbol{BK}+\boldsymbol{B}_\zeta\boldsymbol{C})$，有

$$\dot{V}_3(\boldsymbol{x})=x^{\mathrm{T}}\boldsymbol{Qx} \tag{6-116}$$

當選定參數 k_{pr}、k_{ir} 後，必能找到矩陣 P 使矩陣 Q 負定，那麼有 $\dot{V}_3(x)<0$。因此 S_r 漸近穩定。綜上可見，在滿足式(6-108) 條件下，偏航内環子系統可達到全局漸近穩定。

由於偏航外環子系統 S_ψ 採用 PD 控制，那麼在選取合適的控制參數 $k_{p\psi}$、$k_{d\psi}$ 條件下，必能保證外環子系統 S_ψ 的漸近穩定。由此可見，在合適的控制參數條件下，基於 PD-VSVCPI 的共軸八旋翼無人機偏航系統可達到全局漸近穩定。

(2) 共軸八旋翼無人機偏航抗積分飽和仿真實驗

為了驗證上一小節提出的 PD-VSVCPI 偏航控制器的有效性，本小節進行了不同環境下的共軸八旋翼無人機偏航抗積分飽和仿真實驗。採用雙閉環結構的 PD-VSVCPI 算法進行偏航姿態的跟蹤控制，採用傳統的雙閉環 PID 控制滾轉姿態以及俯仰姿態保持 0rad，同樣採用傳統雙閉環 PID 控制八旋翼無人機保持在懸停狀態，即初始狀態為 $\boldsymbol{P}_0=[0,0,0]^{\mathrm{T}}$m，$\boldsymbol{\eta}_0=[0,0,0]^{\mathrm{T}}$rad，期望狀態為 $\boldsymbol{P}_{\mathrm{d}}=[0,0,2]^{\mathrm{T}}$m，$\boldsymbol{\eta}_{\mathrm{d}}=[0, 0, 0.6]^{\mathrm{T}}$rad。由於八旋翼無人機的電機轉速限制在 $132\mathrm{rad/s}\leqslant\Omega_i\leqslant250\mathrm{rad/s}$，$i=1, 2, \cdots, 8$，因此，反扭力矩 $|M_z|\leqslant 0.55\mathrm{N\cdot m}$，即 $u_{\mathrm{lim}}=0.55$。另外，仿真實驗中，PD-VSVCPI 偏航控制器分別與傳統 PD-PI 控制器、PD-VSPI 控制器進行了實驗對比，其中，控制器的參數分別如下：VSVCPI 中，考慮同時保證退飽和的速度和精度，設定參數 $a_1=0.07$，$a_2=0.01$，通過反覆調試，退飽和閾值 $thres=0.07\mathrm{rad/s}$。為了與 VSVCPI 具有相同的實驗條件，由於 VSPI 中的抗飽和參數 α 與 VSVCPI 中的 a_1 作用相同，因此 $\alpha=0.07$。VSVCPI 與 VSPI 的其他參數與 PI 參數相同，即 $k_{\mathrm{pr}}=2$，$k_{\mathrm{ir}}=0.2$。通過反覆調試，外環 PD 參數設定為 $k_{p\psi}=0.5$，$k_{d\psi}=0.01$。

首先，在沒有加入干擾情況下，進行了無擾動的八旋翼無人機偏航跟蹤比較實驗，如圖 6-27 所示，給出了 PD-VSVCPI、PD-VSPI 以及 PD-PI 控制下的仿真比較結果圖。由於執行器存在限制，傳統雙閉環 PD-PI 算法具有明顯的超調與穩態靜差，然而 PD-VSVCPI 算法與 PD-VSPI 算法由於採用退飽和控制策略，兩個算法均沒有超調和穩態靜差，但 PD-VSVCPI 算法具有更短的調節時間，偏航控制性能更佳。

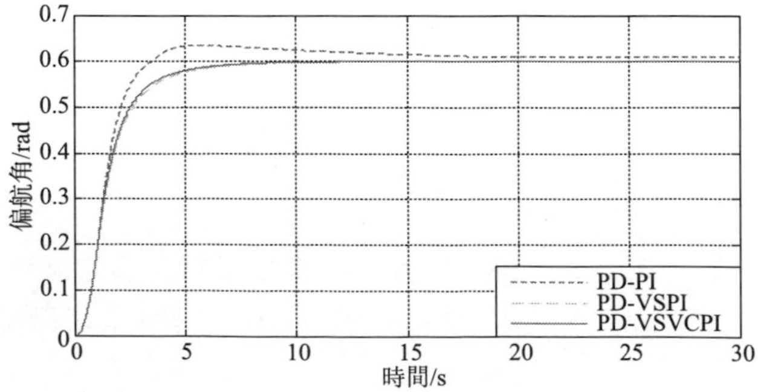

圖 6-27 無擾動下的偏航角跟蹤控制實驗比較結果（電子版）

接下來，為了驗證 PD-VSVCPI 算法的魯棒性，在仿真實驗中加入幅值為 0.15N·m 的白噪聲干擾。實驗比較結果如圖 6-28 所示，基於 PD-VSVCPI 的偏航控制器比 PD-VSPI 控制器具有更小的超調與穩態誤差。因此，在干擾情況下，PD-VSVCPI 算法在成功抗積分飽和的同時保證了偏航角的精確跟蹤，提高了偏航系統的魯棒性。

(3) 共軸八旋翼無人機偏航抗積分飽和控制的原型機實現

① 共軸八旋翼原型機電機轉速的計算　多旋翼無人機依靠改變各個旋翼的轉速實現空中姿態的變化以及水平位置的移動。但由於存在強耦合特性，共軸八旋翼原型機任一個旋翼轉速的變化會同時影響多個狀態量，而且每一個狀態量的變化又受到多個旋翼轉速的影響。在八旋翼原型機的控制系統中，主控芯片將輸出期望的各個電機的轉速到相應電機的驅動電路中，因此需要通過控制算法得到的力與力矩來求取各個電機的期望轉速。

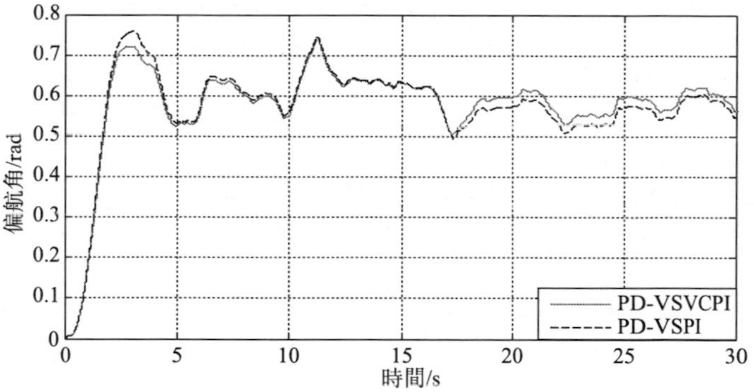

圖 6-28　擾動下的偏航角跟蹤控制實驗比較結果（電子版）

首先，定義四個虛擬控制量分別代表八旋翼原型機所受到的力與力矩（空氣阻力與陀螺效應等忽略），表示如下：

$$\begin{bmatrix} U_1 \\ U_2 \\ U_3 \\ U_4 \end{bmatrix} = \begin{bmatrix} k_1(\Omega_1^2+\Omega_2^2+\Omega_3^2+\Omega_4^2+\Omega_5^2+\Omega_6^2+\Omega_7^2+\Omega_8^2) \\ k_1 l(\Omega_3^2+\Omega_4^2-\Omega_7^2-\Omega_8^2) \\ k_1 l(\Omega_1^2+\Omega_2^2-\Omega_5^2-\Omega_6^2) \\ k_2(\Omega_1^2+\Omega_4^2+\Omega_5^2+\Omega_8^2-\Omega_2^2-\Omega_3^2-\Omega_6^2-\Omega_7^2) \end{bmatrix} \tag{6-117}$$

換言之，U_1 為八旋翼原型機在機體座標系下的升力；U_2 為提供滾轉姿態的力矩；U_3 為提供俯仰姿態的力矩；U_4 為提供偏航姿態的反扭力矩。那麼根據式(6-117) 可得虛擬控制量與電機轉速的平方的映射關係：

$$\begin{bmatrix} U_1 \\ U_2 \\ U_3 \\ U_4 \end{bmatrix} = \boldsymbol{R}_{\Omega-U} \begin{bmatrix} \Omega_1^2 \\ \Omega_2^2 \\ \Omega_3^2 \\ \Omega_4^2 \\ \Omega_5^2 \\ \Omega_6^2 \\ \Omega_7^2 \\ \Omega_8^2 \end{bmatrix} \tag{6-118}$$

其中：

$$\boldsymbol{R}_{\Omega-U} = \begin{bmatrix} k_1 & k_1 & k_1 & k_1 & k_1 & k_1 & k_1 & k_1 \\ 0 & 0 & k_1 l & k_1 l & 0 & 0 & -k_1 l & -k_1 l \\ k_1 l & k_1 l & 0 & 0 & -k_1 l & -k_1 l & 0 & 0 \\ k_2 & -k_2 & -k_2 & k_2 & k_2 & -k_2 & -k_2 & k_2 \end{bmatrix} \tag{6-119}$$

顯然，從矩陣 $\boldsymbol{R}_{\Omega-U}$ 的結構可知，$\boldsymbol{R}_{\Omega-U}$ 存在僞逆矩陣。因此，基於僞逆矩陣的思想計算各個電機的轉速，描述如下：

$$\begin{bmatrix} \Omega_1 \\ \Omega_2 \\ \Omega_3 \\ \Omega_4 \\ \Omega_5 \\ \Omega_6 \\ \Omega_7 \\ \Omega_8 \end{bmatrix} = \sqrt{\boldsymbol{R}_{\Omega-U}^{\mathrm{T}} (\boldsymbol{R}_{\Omega-U} \boldsymbol{R}_{\Omega-U}^{\mathrm{T}})^{-1} \begin{bmatrix} U_1 \\ U_2 \\ U_3 \\ U_4 \end{bmatrix}} \tag{6-120}$$

因此，把計算得到的電機轉速輸入到相應電機驅動電路中，控制電機驅動八個旋翼轉動，從而實現共軸八旋翼原型機的飛行。

② 共軸八旋翼原型機實驗裝置　共軸八旋翼原型機的外形如圖 6-29 所示。原型機採用碳纖維材料十字形結構，具有重量輕、強度高等優點。四組無刷直流電機（BLDC）驅動四組槳葉對分別安裝在原型機等長的連桿末端。原型機空載質量為 1.6kg，可帶負載 0.5kg，空載飛行時間約 25min。

圖 6-30 為共軸八旋翼無人機的飛行控制平臺示意圖。飛行控制主芯片選擇 TI 公司的 TMS320F28335（DSP），具有 150MHz 頻率，512KB 閃存，包括 16

路可編程通道，12 位模擬輸入，12 路 PWM 輸出，支持浮點運算，可以完成各種控制算法的實時計算。原型機安裝了慣性測量單元（IMU），包括三軸陀螺儀、三軸加速度計、三軸磁強計，此外還安裝了採樣頻率為 7Hz、精度可達 ±1.5mm 的激光測距模塊，因此可準確地獲得原型機的運動信息。原型機和上位機通過無線收發模塊實現信息的雙向傳輸，可利用上位機發送指令，控制原型機完成多種實驗。同時，原型機的狀態信息也可以回傳至上位機內，由上位機記錄實驗數據並可自動生成直觀的狀態變化曲線。

圖 6-29　共軸八旋翼原型機外形圖

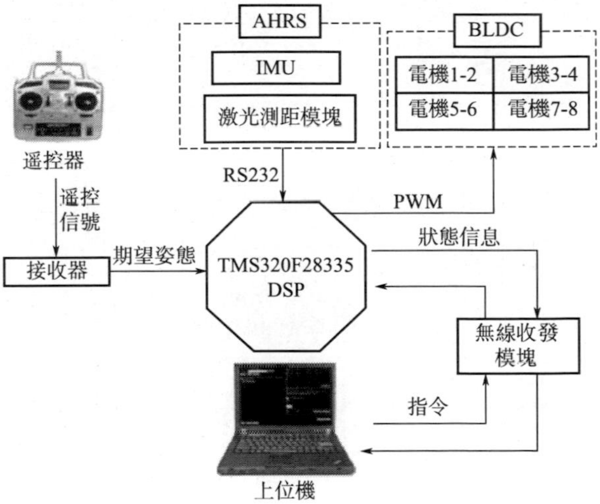

圖 6-30　共軸八旋翼無人機控制平臺示意圖

③ 共軸八旋翼無人機偏航抗積分飽和原型機實驗　為了驗證上一節提出的 PD-VSVCPI 抗積分飽和控制器的實用性與魯棒性，本小節進行了不同工況下的 PD-VSVCPI 算法與 PD-VSPI 算法的八旋翼原型機偏航抗飽和比較實驗。控制器參數的選取與上一節仿真實驗參數相同，無人機的初始狀態為 $\boldsymbol{P}_0=[0,0,0]^{\mathrm{T}}\mathrm{m}$，$\boldsymbol{\eta}_0=[0,0,0]^{\mathrm{T}}\mathrm{rad}$，期望狀態為 $\boldsymbol{P}_{\mathrm{d}}=[0,0,2]^{\mathrm{T}}\mathrm{m}$，$\boldsymbol{\eta}_{\mathrm{d}}=[0,0,\pm 0.88]^{\mathrm{T}}\mathrm{rad}$，期望無人機保持懸停狀態，期望偏航角由操作員使用遥控器手動給定，可能存在偏差。本小節分別進行了以下三種不同工況的原型機飛行實驗：

實驗 1：在室内，無干擾；

實驗 2：在室内，由電風扇提供水平風擾；

實驗 3：在室外，存在變化風擾。

a. 實驗 1。首先，在室内密閉空間進行了 PD-VSVCPI 算法與 PD-VSPI 算法的偏航比較實驗，不外加任何干擾。從圖 6-31 和圖 6-32 中可見，採用 PD-VSVCPI 抗積分飽和算法和 PD-VSPI 算法，共軸八旋翼無人機均達到了期望偏航角。由於在無外擾的密閉空間，八旋翼無人機的執行器出現飽和的次數較少，基於 PD-VSVCPI 的偏航控制沒有進入飽和未補償狀態，因此條件變結構策略未發揮明顯作用，故與 PD-VSPI 控制效果基本相同，均具有較好的偏航控制性能。

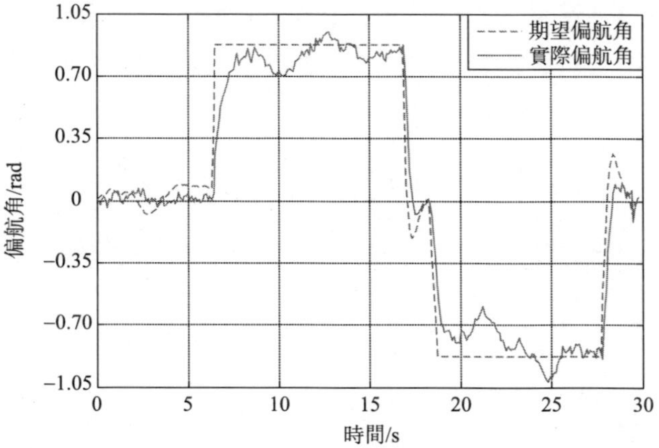

(a) 偏航角跟蹤結果

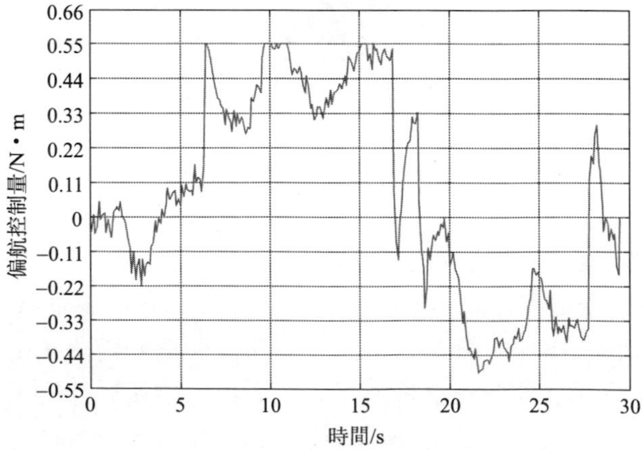

(b) 偏航控制量

圖 6-31　實驗 1 下 PD-VSPI 偏航抗積分飽和控制效果圖（電子版）

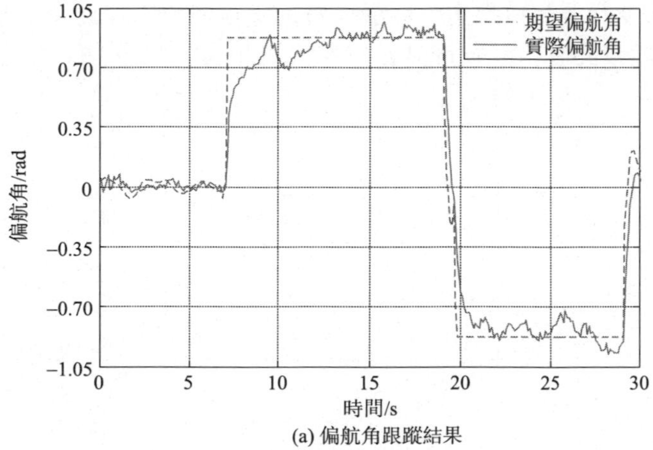

(a) 偏航角跟蹤結果

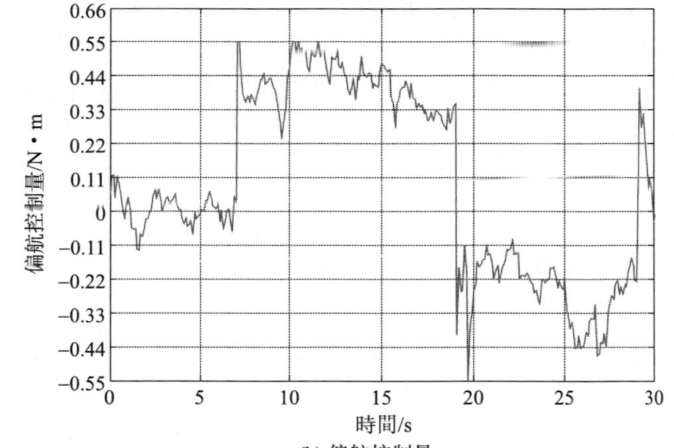

(b) 偏航控制量

圖 6-32 實驗 1 下 PD-VSVCPI 偏航抗積分飽和控制效果圖(電子版)

b. 實驗 2。為了驗證 PD-VSVCPI 抗積分飽和算法的魯棒性,室內加入電風扇提供的固定方向、速度為 4m/s 的風作為外界干擾,進行偏航比較實驗。電風扇的高度與飛行器的高度相同,故視為水平風擾,風擾的固定方向使得八旋翼無人機偏航向期望偏航角 $\psi_d = 0.88$rad 運動為逆風運動,向期望偏航角 $\psi_d = -0.88$rad 運動為順風運動,進而能夠分析偏航姿態在順風與逆風下的抗擾動能力。從圖 6-33(a) 中可以看出,基於 PD-VSPI 控制的八旋翼無人機在順風情況下,偏航能夠順利達到期望值。然而,在逆風情況下偏航出現較大的靜差與振盪,這主要由於 VSPI 算法無論任何情況都優先執行退飽和動作,忽略了逆風運動導致的較大偏航角誤差。如圖 6-33(b) 所示,只要出現執行器飽和,VSPI 便進行退飽和動作,降低偏航控制量,然而此時偏航角由於風擾影響離期望值相差甚遠，偏航控制又將增加以減小偏航角誤差，導致偏航控制量再次飽和，進而 VSPI 算法再次執行退飽和動作，這種反覆的退飽和導致偏航角振盪，最終在逆風擾動下偏航跟蹤失敗。由此可見，面對外界干擾，基於 PD-VSPI 的偏航抗飽和控制性能下降，魯棒性較差。

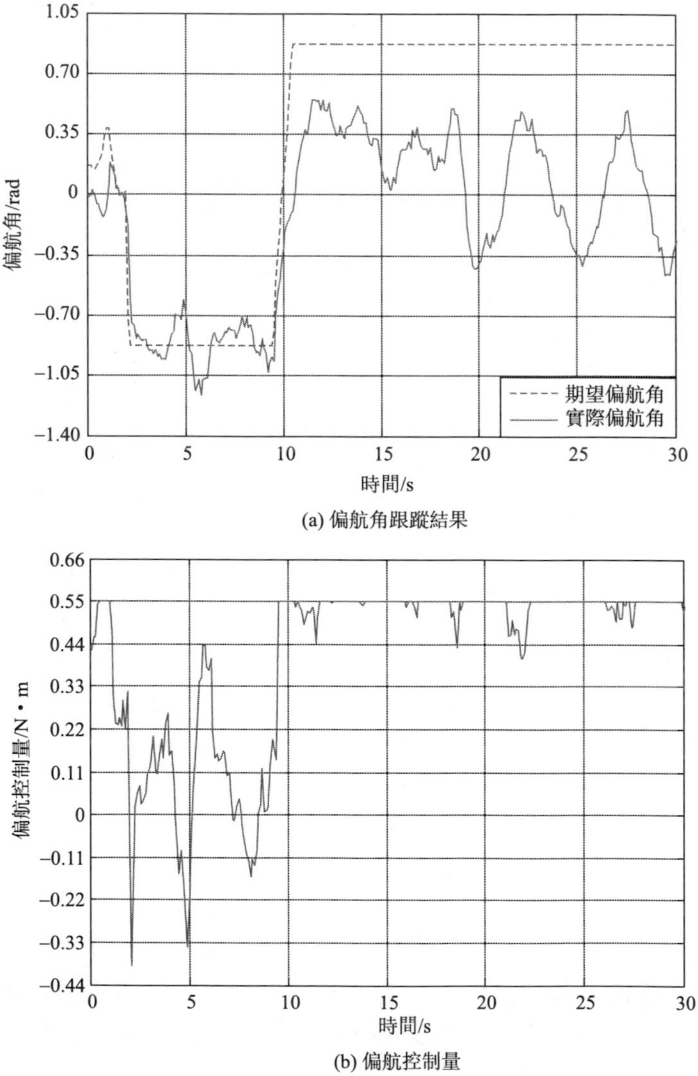

(a) 偏航角跟蹤結果

(b) 偏航控制量

圖 6-33 實驗 2 下 PD-VSPI 偏航抗積分飽和控制效果圖（電子版）

圖 6-34(a) 描述了基於 PD-VSVCPI 算法的偏航抗飽和控制結果，在順風情況下，偏航角很容易地達到了期望偏航角 $\psi_d=-0.88$rad。當逆風運動時，在 15～

20s 內執行器一直處於飽和狀態，但 VSVCPI 首先沒有立即執行退飽和動作，由於偏航角速度誤差大於退飽和閾值 *thres*，因此進入了飽和未補償狀態，偏航控制量設為最大限定值，以此減小偏航角誤差，並以最大能力抵抗風擾。當偏航角速度誤差進入 *thres* 範圍內，VSVCPI 開始執行退飽和動作，變參數特性保證了退飽和的準確性與快速性，最終使得八旋翼無人機偏航姿態準確地達到期望偏航角 $\psi_d=0.88$rad。由此可見，面對外界的順風和逆風擾動，基於 PD-VSVCPI 算法的偏航抗飽和控制具有良好的控制性能，準確的抗飽和特性以及較強的魯棒性。

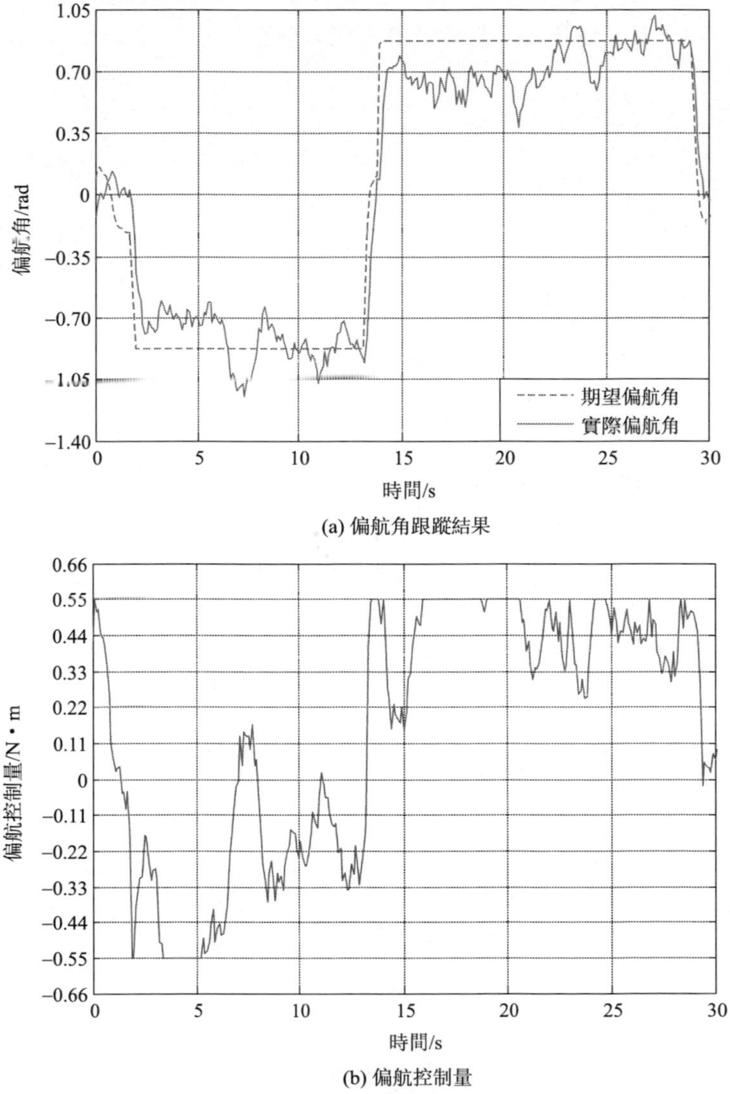

圖 6-34 實驗 2 下 PD-VSVCPI 偏航抗積分飽和控制效果圖（電子版）

c. 實驗 3。接下來，為了進一步驗證 PD-VSVCPI 抗飽和算法的工程實用性，進行了室外更為惡劣工況下的偏航抗積分飽和比較實驗。室外環境存在變化無規則的風擾，有時出現陣風，有時出現長時間的風擾，通過風速計測量可知瞬間最大風速達到 5m/s。與實驗 2 實驗結果相似，由圖 6-35 可以看出，在逆風運動時，基於 PD-VSPI 算法的偏航控制性能嚴重惡化，出現較大超調、靜差以及明顯的振盪，抗干擾能力較弱。然而，如圖 6-36 所示，基於 PD-VSVCPI 抗飽和算法即使在逆風情況下依然具有滿意的偏航控制性能，並且成功退出飽和。VSVCPI 算法的變參數特性提高了抗積分飽和的精確度，條件變結構策略增強了偏航系統的魯棒性，因此 PD-VSVCPI 算法有效地解決了八旋翼無人機偏航積分飽和問題。

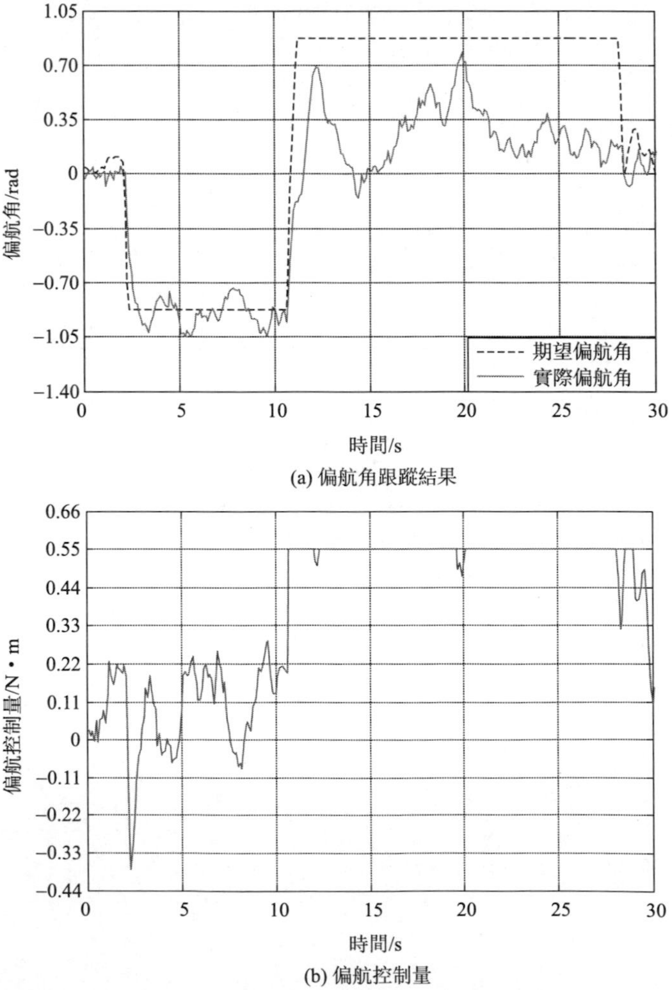

(a) 偏航角跟蹤結果

(b) 偏航控制量

圖 6-35 實驗 3 下 PD-VSPI 偏航抗積分飽和控制效果圖（電子版）

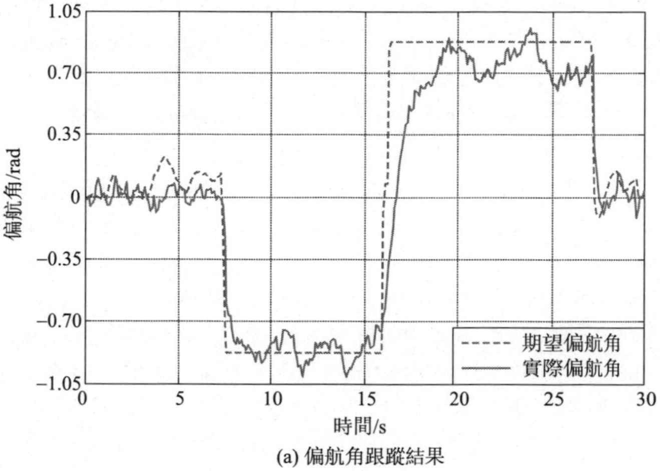

(a) 偏航角跟蹤結果

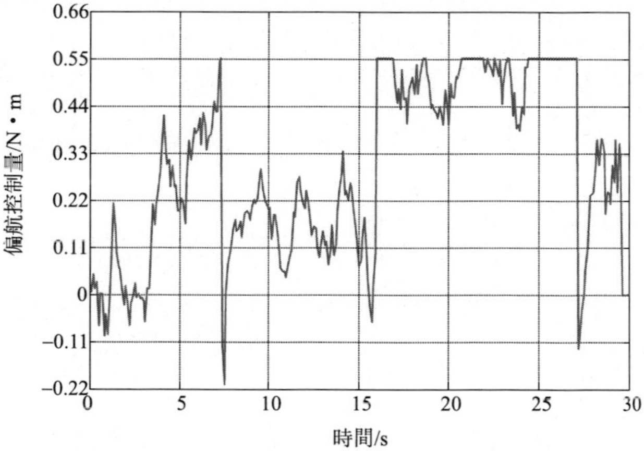

(b) 偏航控制量

圖 6-36　實驗 3 下 PD-VSVCPI 偏航抗積分飽和控制效果圖（電子版）

參考文獻

[1] ZHENG E，XIONG J. Quad-rotor unmanned helicopter control via novel robust terminal sliding mode controller and under-actuated system sliding

mode controller[J]. Optik-International Journal for Light and Electron Optics, 2014, 125 (12): 2817-2825.

[2] GOMEZ-BALDERAS J E, SALAZAR S, GUERRERO J A, et al. Vision-based autonomous hovering for a miniature quad-rotor [J]. Robotica, 2014, 32 (1): 43-61.

[3] González I, SALAZAR S, TORRES J, et al. Real-time attitude stabilization of a mini-UAV Quad-rotor using motor speed feedback[J]. Journal of Intelligent & Robotic Systems, 2013, 70 (1-4): 93-106.

[4] RAFFO G V, ORTEGA M G, RUBIO F R. An integral predictive/nonlinear control structure for a quadrotor helicopter [J]. Automatica, 2010.

[5] HUANG M, XIAN B, DIAO C, et al. Adaptive tracking control of underactuated quadrotor unmanned aerial vehicles via backstepping [J]. American Control Conference (ACC), 2010, 2010: 2076-2081.

[6] SATICI A C, POONAWALA H, SPONGM W. Robust optimal control of quadrotor UAVs [J]. Access, IEEE, 2013, 1: 79-93.

[7] 趙溫波．徑向基概率神經網絡研究[D]. 合肥：中國科學技術大學，2003.

[8] 韓京清．自抗擾控制器及其應用[J]. 控制與決策，1998：19-23.

[9] 韓京清．非線性狀態誤差反饋控制律——NLSEF[J]. 控制與決策，1995：221-225.

[10] 韓京清. 從 PID 技術到「自抗擾控制」技術[J]. 控制工程，2002，9：13-18.

[11] HUANG, C Q, PENG X F, WANG J P. Robust nonlinear PID controllers for anti-windup design of robot manipulators with an uncertain jacobian matrix[J]. Acta Automatica Sinica, 2009, 34 (08): 1113-1121.

[12] MEHDI M, REHAN M, MALIK F M. A novel anti-windup framework for cascade control systems: an application to underactuated mechanical systems [J]. ISA Trans, 2014, 53 (3): 802-815.

[13] CHOI J W, LEE S C. Antiwindup strategy for PI-type speed controller[J]. IEEE Transactions on Industrial Electronics, 2009, 56 (6): 2039-2046.

[14] 曲濤，郝彬彬. 具有積分限制的單神經元 PID 控制算法[J]. 航空動力學報，2013，28：1415-1419.

[15] OHISHI K, SATO Y, HAYASAKA E. High performance speed servo system considering voltage saturation of vector controlled induction motor[J]. Industrial Electronics Society, IEEE 2002 28th Annual Conference, 2002: 804-809.

[16] IZADBAKHSH A, KALAT A A, FATEH M M, et al. A robust anti-windup control design for electrically driven robots-theory and experiment [J]. International Journal of Control, Automation and Systems, 2011, 9 (5): 1005-1012.

[17] SHIN H B, PARK J G. Anti-windup PID controller with integral state predictor for variable-speed motor drives[J]. IEEE Transactions on Industrial Electronics. 2012, 59 (3): 1509-1516.

[18] 彭艷，劉梅，羅均，等. 無人旋翼機線性自抗擾航向控制[J]. 儀器儀表學報，2013，34：1894-1900.

[19] 蘇位峰. 異步電機自抗擾矢量控制調速系統[D]. 北京：清華大學，2004.

[20] TARBOURIECH S, TURNER M. Anti-windup design: an overview of some recent advances and open problems[J]. IET Control Theory & Applications, 2007, 3 (1): 1-19.

[21] GALEANI S, TARBOURIECH S, TURN-

ER M, et al. A tutorial on modern anti-windup design [J]. European Journal of Control, 2009, 15: 418-440.

[22] TARBOURIECH S, GARCIA G, DA SILVA JR J M G, et al. Stability and stabilization of linear systems with saturating actuators[M]. Springer Science & Business Media, 2011.

第7章

多旋翼無人機的故障容錯控制

7.1 概述

旋翼式無人機在飛行過程中受到外部因素或者自身設計裝配工藝的影響，無人機某些關鍵部件會出現故障。這些故障如果不能在發生之後迅速地得到檢測並進行相應的處理，受到無人機自身強耦合、非線性等因素影響，其對飛行狀態的影響作用將被迅速地放大，無人機將無法繼續保持穩定甚至會出現失事等嚴重事故，不僅造成財產損失，有時還會危害地面人員的安全。容錯控制技術是近年來發展起來的提高系統可靠性的有效手段之一，其利用控制系統的機構冗餘能力克服某些部件發生故障後給系統帶來的影響。應用容錯控制技術提高無人機的可靠性已成為無人機設計中一個十分重要的內容。

容錯控制系統按其設計的方法特點一般可被分為兩類：被動容錯控制系統以及主動容錯控制系統。其中，主動容錯控制是指在系統的某個部件發生故障之後，需要重新調整控制器參數或者改變控制器結構，從而達到容錯控制的目的。通常情況下，主動容錯控制的實現需要解決故障的檢測以及控制器容錯自重構兩個問題。其中故障檢測環節的任務是在故障發生之後迅速地發出故障信號激活控制器的自重構算法，並為容錯重構提供故障特性信息。而控制器自重構技術就是利用故障檢測環節提供的信息自主地調整控制器參數與結構，保證無人機系統的安全性和維持適當的操縱品質。

故障按發生的位置一般可以分為執行器故障以及傳感器故障。對於無人機來說，執行器故障比較常見，據文獻報導，飛機系統中 20%左右的故障是由執行器引起的。因此在無人機的設計中，一般都提供一定的執行機構的冗餘能力，以保證某些機構出現故障之後，剩餘的正常機構可以代替其部分機能，繼續維持平穩的飛行。

本章針對多旋翼無人機執行機構故障主動容錯控制展開闡述。首先對於多旋翼無人機可能出現的執行單元故障給出分類，建立執行單元的故障模型。然後針對不同的故障類型分別對自主研製的十二旋翼無人機及六旋翼無人機設計專門的故障檢測與控制律重構算法。最後特別引入了十二旋翼無人機與常見四旋翼無人機的容錯控制能力比較分析，且輔以容錯控制數值仿真實例。

7.2 多旋翼無人機執行單元的故障模型

由於執行單元在多旋翼無人機系統中的關鍵作用，其發生故障之後將直接影響飛行性能甚至導致無人機的失事，屬於一種非常嚴重的故障類型。多旋翼無人機在飛行過程中 98％以上的電能都是經過執行單元消耗的，由於負荷大、工作溫度高、機械振動大，其電子元器件易老化、機械連接件易磨損變形，導致執行單元相對於無人機的其他單元更加容易發生故障。另外多旋翼無人機中執行單元的數量較多，從客觀上增加了發生故障的概率。多旋翼無人機的每個執行單元均由三相無刷直流電動機、旋翼、驅動電路板構成，如圖 7-1 所示。本節將從電動機故障、驅動電路板故障、旋翼故障入手，分析執行單元的故障模型。

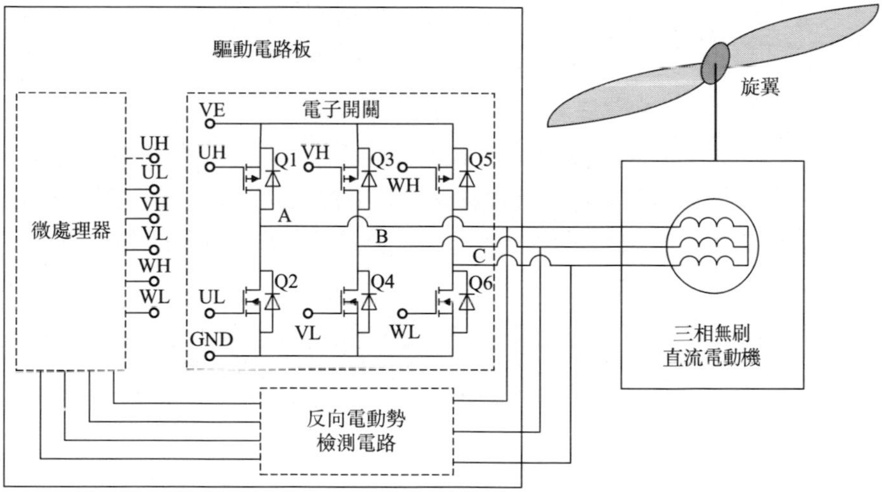

圖 7-1 執行單元結構框圖

7.2.1 直流電動機的數學模型

三相無刷直流電動機具有結構簡單、運行可靠、工作效率高、調速性能好等優點，非常適合多旋翼無人機。本文採用的是方波無刷直流電動機（Brushless DC Motor，BLDCM），直流供電，三相繞組，星形連接，依靠反向電動勢的無位置傳感方式換相。

(1) 電動機數學模型的建立

首先介紹三相無刷直流電動機在拉普拉斯域的數學模型。永磁同步電動機的定子產生的磁場由永久磁鋼提供，電樞繞組在轉子上，通電產生的反應磁場在電刷的作用下，始終與定子磁場保持垂直關係，從而產生最大輸出轉矩使電動機旋轉。而無刷直流電動機的結構與永磁同步電動機結構相反，永久磁鋼固定在轉子上，電樞繞組放在定子上，並且沒有電刷，其依靠三相全控電橋和反向電動勢檢測電路使繞組產生反應磁場並與永磁磁場保持垂直關係。電動機等效電路圖如圖 7-2 所示。

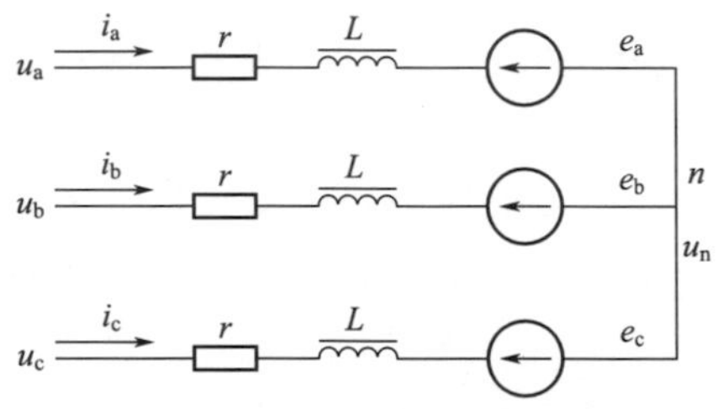

圖 7-2 電動機等效電路圖

為了簡便計算，假定各相的電樞繞組對稱，並且磁路不飽和，不計磁滯損耗，則三相繞組的電壓平衡方程可以表示為

$$\begin{bmatrix} u_a \\ u_b \\ u_c \end{bmatrix} = \begin{bmatrix} r & 0 & 0 \\ 0 & r & 0 \\ 0 & 0 & r \end{bmatrix} \begin{bmatrix} i_a \\ i_b \\ i_c \end{bmatrix} + \begin{bmatrix} L & M & M \\ M & L & M \\ M & M & L \end{bmatrix} \begin{bmatrix} \mathrm{d}i_a/\mathrm{d}t \\ \mathrm{d}i_b/\mathrm{d}t \\ \mathrm{d}i_c/\mathrm{d}t \end{bmatrix} + \begin{bmatrix} e_a \\ e_b \\ e_c \end{bmatrix} + \begin{bmatrix} u_n \\ u_n \\ u_n \end{bmatrix} \tag{7-1}$$

式中，u_a、u_b、u_c 為三相繞組的端電壓；i_a、i_b、i_c 為三相繞組的相電流；e_a、e_b、e_c 為三相繞組的反向電動勢；u_n 為中性點電壓；r 為相繞組電阻；L 為相繞組電感；M 為每兩相繞組間的互感。根據基爾霍夫電流定律，有

$$i_a + i_b + i_c = 0 \tag{7-2}$$

將式(7-2) 代入式(7-1) 中，進一步得到：

$$\begin{bmatrix} u_a \\ u_b \\ u_c \end{bmatrix} = \begin{bmatrix} r & 0 & 0 \\ 0 & r & 0 \\ 0 & 0 & r \end{bmatrix} \begin{bmatrix} i_a \\ i_b \\ i_c \end{bmatrix} + \begin{bmatrix} L-M & 0 & 0 \\ 0 & L-M & 0 \\ 0 & 0 & L-M \end{bmatrix} \begin{bmatrix} \mathrm{d}i_a/\mathrm{d}t \\ \mathrm{d}i_b/\mathrm{d}t \\ \mathrm{d}i_c/\mathrm{d}t \end{bmatrix} + \begin{bmatrix} e_a \\ e_b \\ e_c \end{bmatrix} + \begin{bmatrix} u_n \\ u_n \\ u_n \end{bmatrix} \tag{7-3}$$

依據電動機原理可以得到其轉矩方程和電動勢方程：

$$\begin{aligned} T_a &= \frac{e_a \mathrm{d}i_a/\mathrm{d}t + e_b \mathrm{d}i_b/\mathrm{d}t + e_c \mathrm{d}i_c/\mathrm{d}t}{\omega_e} \\ &= K_T I_a \end{aligned} \tag{7-4}$$

$$\begin{aligned} E &= C_e \Phi_\delta n \\ &= K_e n \end{aligned} \tag{7-5}$$

式中，ω_e 為電角度；K_T 為轉矩係數；K_e 為電動勢係數；I_a 為電樞電流；E 為線電動勢。若採用三相全控電路，忽略相應的時間常數，並假設繞組對稱，在式(7-3) 的基礎上可得到電動機的電壓平衡方程：

$$U-2\Delta U=E+2I_{a}r \tag{7-6}$$

式中，U 為電源電壓，最大可達 25V；ΔU 為 MOSFET 的管壓降。將式(7-4) 以及式(7-5) 代入式(7-6) 中，經過整理可以得到電動機的機械特性方程為

$$n=\frac{U-2\Delta U}{K_e}-\frac{2r}{K_e K_T}T_{a} \tag{7-7}$$

式(7-7) 為電動機的靜態方程。進一步得到電動機的動態特性：

$$\begin{cases} U-2\Delta U=E+2I_{a}r \\ T_{a}=K_T I_{a} \\ E=K_e n \\ T_{a}-T_{L}=\dfrac{J}{C_{r}}\times\dfrac{dn}{dt} \end{cases} \tag{7-8}$$

式中，T_L 為負載阻轉矩，該負載阻轉矩與反扭力矩大小一致方向相反；J 為系統轉動慣量；C_r 為電機極對數。式(7-8) 經過拉式變換有：

$$\begin{cases} U(s)-2\Delta U(s)=E(s)+2rI_{a}(s) \\ T_{a}(s)=K_T I_{a}(s) \\ E(s)=K_e n(s) \\ T_{a}(s)-T_{L}(s)=\dfrac{J}{C_{r}}sn(s) \end{cases} \tag{7-9}$$

將式(7-9) 整理得到無刷直流電動機的傳遞函數為

$$n(s)=\frac{K_1 U(s)-K_2 T_{L}(s)}{1+T_e s} \tag{7-10}$$

式中，s 為拉普拉斯算子；T_e 為電磁時間常數（由電動機與旋翼的參數決定)；$K_1=1/K_e$，為電動勢傳遞係數；$K_2=2r/(K_e K_T)$，為轉矩傳遞係數。T_e 約為 0.06s，K_1 為 320r/(min・V)。T_L 與反扭力矩大小一致，由於反扭力矩與轉速平方相關，因此 T_L 並不是一個恆負載阻轉矩，這無疑會影響執行單元穩速控制的精度。對同種材料製造的旋翼來說，時間常數 T_e 的大小與反扭力矩的大小往往成反比。故電磁時間常數 T_e 小有利於執行單元的動態響應，但不利於偏航通道的控制力矩。採用自主研製的非平面、具有傾斜結構的多旋翼無人機結構便能較好地解決兩者之間的矛盾——選擇電磁時間常數 T_e 小的旋翼保證執行單元的動態響應；又利用傾斜結構彌補反扭力矩的不足，保持充裕的偏航控制力矩。

無刷直流電動機由於沒有位置傳感器，需要依靠反向電動勢的過零點換相。反向電動勢是指無刷直流電動機啓動後，轉子磁鋼產生永磁磁場的磁通切割定子繞組產生反向電動勢。其大小正比於無刷直流電動機的轉速及其氣隙中的磁感應強度。取電動機工作狀態，將轉子位置變化的過程細化，並增加轉子位置在 T0

時的狀態，得到如圖 7-3 所示的轉子位置與反相電動勢的相互關係。

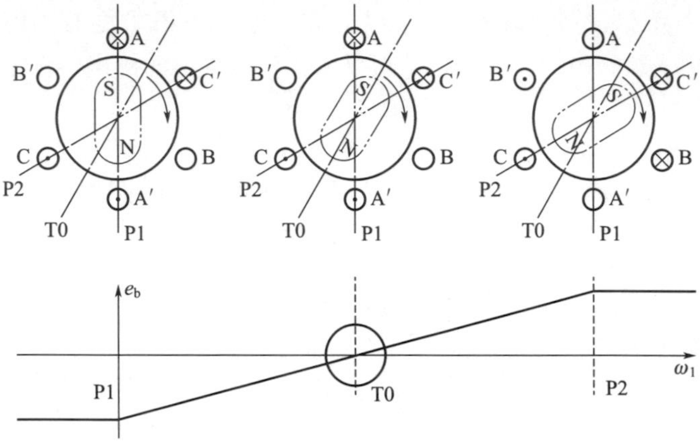

圖 7-3 無位置傳感換相的原理

在 P1 時刻，電流從 A 相繞組流入，C 相繞組流出，此時根據左手定則線圈 AA′受到一個逆時針方向的電磁力。由於線圈繞組固定在定子上，依據作用力與反作用力原理，轉子會受到順時針方向的作用力。與 AA′的情況類似，CC′也會對轉子產生順時針的作用力，同時 B 相繞組切割磁力線，產生負的反向電動勢。當轉子順時針轉過 30°電角度後，在 T0 時刻，B 相繞組運動方向與磁力線平行，反向電動勢為零，產生過零信號。當轉子繼續轉過 30°電角度後的 P2 時刻便是換相時刻，控制電流由從 B 相繞組流入，C 相繞組流出，如此循環。可見從反電勢過零時刻開始經過 30°電角度的時間為下一個換相時刻。檢測反向電動勢的過零點，並延遲 30°電角度換相就是無位置傳感換相的原理。

(2) 基於擴張狀態觀測器估計負載阻轉矩

環境的風速、風向、溼度及空氣密度等參量將影響旋翼的氣動性能，繼而影響電動機的負載阻轉矩。電動機恆定輸入電壓的情況下，由於負載阻轉矩會受到外擾的影響，將導致電動機的轉速隨之變化。本書將負載阻轉矩擴張為新的狀態，用特殊的反饋機制來建立能夠觀測被擴張的狀態（即擴張狀態觀測器），這個擴張狀態觀測器是通用的擾動觀測器，能夠實時估計負載阻轉矩。定義狀態量 $x_1=\Omega(t)$、$w=K_2T_{\mathrm{L}}(t)/T_e$，該系統可以表示為

$$\begin{cases} y=x_1 \\ \dot{x}_1=\alpha(t)+bU(t) \end{cases} \tag{7-11}$$

式中，$\alpha(t)=f(x_1)+w(t)$，$w(t)$ 滿足有界條件 $\|w(t)\|\leqslant W$，W 為上確界。可以建立如下擴張狀態觀測器：

$$\begin{cases}\dot{z}_1=-\beta_1(z_1-x_1)+z_2+bU(t)\\ \dot{z}_2=-\beta_2(z_1-x_1)\end{cases} \tag{7-12}$$

式中，z_2 為 $\alpha(t)$ 的估計值；β_1、β_2 為待調整係數。設 $e_1=z_1-x_1$，$e_2=z_2-\alpha(t)$，將式(7-12) 減去式(7-11)，有

$$\begin{bmatrix}\dot{e}_1\\ \dot{e}_2\end{bmatrix}=\begin{bmatrix}-\beta_1 & 1\\ -\beta_2 & 0\end{bmatrix}\begin{bmatrix}e_1\\ e_2\end{bmatrix}-\begin{bmatrix}0\\ 1\end{bmatrix}\dot{\alpha}(t) \tag{7-13}$$

式中，$\dot{\alpha}(t)$ 為 $\alpha(t)$ 的導數。顯然通過選取 β_1、β_2 的參數可以保證擴張狀態觀測器漸進穩定。採用減小採樣步長，適當增大 β_1、β_2 參數的方法可提高擴展狀態觀測器的跟蹤效果。接下來，得到估計負載阻轉矩的表達式為

$$\hat{T}_{\mathrm{L}}=(-T_e z_2-\Omega)/K_2 \tag{7-14}$$

由於負載阻轉矩與反扭力矩方向相反、大小一致，可以得到估計的反扭力矩標量的表達式如下：

$$\hat{L}_{\mathrm{a}}=|(-T_e z_2-\Omega)/K_2| \tag{7-15}$$

進一步得到反扭力矩因子的表達式，有

$$\hat{k}_{\mathrm{L}}=\hat{L}_{\mathrm{a}}/\Omega^2 \tag{7-16}$$

正常情況下，電動機轉子產生的磁場由永久磁鋼提供，電樞繞組在定子上，通電產生的反應磁場受控於三相全控電橋，與轉子磁場保持垂直關係，從而產生最大輸出轉矩使電動機旋轉。如果無刷直流電動機發生故障（如相間短路、某相繞組斷路等），此時驅動電路板很難保證通電產生的反應磁場與定子磁場垂直，降低電動機工作效率及輸出轉矩，導致發熱嚴重甚至燒毀電動機。另外故障後相繞組的對稱性會受到影響，式(7-10) 的電動機模型將不再成立。此時估計負載阻轉矩 $\hat{T}_{\mathrm{L}}$ 將離開正常範圍，依據上述分析 $\hat{T}_{\mathrm{L}}$ 將在一定程度上與電動機故障相關。

7.2.2 驅動電路板故障

在飛行過程中執行單元驅動電路板的負荷大、工作溫度高、元器件老化快(98%以上的電能被執行單元消耗)，導致其故障率偏高，對多旋翼無人機的安全飛行有重大隱患。因此本節將詳細分析驅動電路板故障的類型，為電路板的可靠性設計提供依據，另外還將分析與驅動電路板故障相關的狀態量，為後續的故障檢測與診斷系統提供基礎。

(1) 正常運行狀態下的直流電動機端電壓

執行單元的三相全控電橋電路採用兩兩導通方式驅動電動機。電動機旋轉一

周有 11 個電週期（轉子由 11 對永久磁鋼組成），每個電週期有六個扇區，每個扇區各占 60°，每 60°電角度換相一次，每次一個 MOSFET 換相。全控電橋電路的調制方式為：上橋臂的 MOSFET 進行 PWM 調制，下橋臂的 MOSFET 恆通。

電動機正常運行時，電動機 A 相端電壓的實測波形如圖 7-4 所示。以圖 7-4（a）為例，0.47～2.65ms 為一個完整的電週期，在此週期內三相全控電橋電路需要換相 6 次。0.47～0.83ms 為電週期的第一扇區，上橋臂 C 相 PWM 調制，下橋臂 B 相恆通；0.83～1.56ms 為電週期的第二、第三扇區，這兩個扇區上橋臂 A 相一直 PWM 調制，第二扇區下橋臂 B 相恆通，第三扇區下橋臂 C 相恆通；1.56～1.92ms 為電週期的第四扇區，上橋臂 B 相 PWM 調制，下橋臂 C 相恆通；1.92～2.63ms 為電週期的第五、第六扇區，這兩個扇區下橋臂 A 相一直恆通，第五扇區上橋臂 B 相 PWM 調制，第六扇區上橋臂 C 相 PWM 調制。可見端電壓不僅與調制信號保持一致，而且一個電週期內六個扇區的時間間隔均勻。結合圖 7-4(b) 以及圖 7-4(c) 表明驅動電路板在無故障的情況下隨著占空比增大，電週期減小，轉速增大，同時每個電週期內六個扇區的時間間隔均勻，端電壓輸出波形受控於全控電橋電路的調制信號。

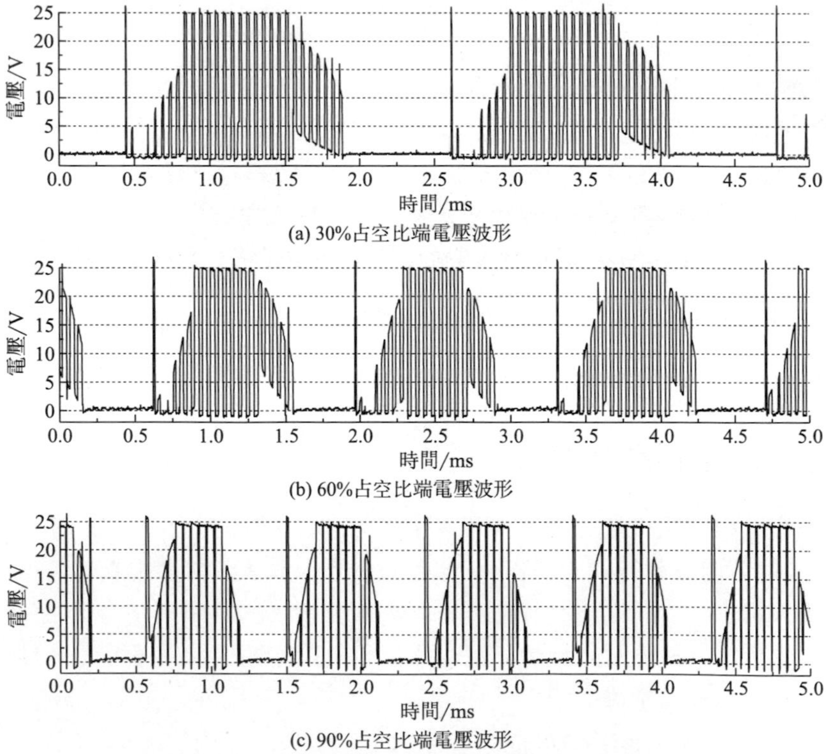

(a) 30%占空比端電壓波形

(b) 60%占空比端電壓波形

(c) 90%占空比端電壓波形

圖 7-4　正常運行狀態下不同占空比端電壓波形

(2) 三相全控電橋斷路故障

環境惡劣增加了其故障的概率。根據前面的分析，執行單元無故障運行時端電壓輸出波形受控於全控電橋電路的調制信號，反之，如果發生斷路故障端電壓波形無法與調制信號一致。

圖 7-5 表明一旦發生 MOSFET 斷路故障或者驅動電路故障，故障相的端電壓將發生明顯畸變。圖 7-5(a) 中驅動電路板 A 相的下橋臂 MOSFET 故障，無法保證該相與功率地的導通，可知該相與功率地導通扇區的端電壓明顯異常並且執行單元轉速下降。圖 7-5(b) 中驅動電路板 A 相的上橋臂 MOSFET 故障，無法保證該相與電源的導通，故而該相與電源導通扇區的端電壓也明顯異常。根據上述分析，發生 MOSFET 斷路故障時端電壓將會發生畸變同時轉速下降，但各扇區換相間隔不受影響。另外，發生斷路故障後驅動電路板無法保證通電産生的反應磁場與定子磁場垂直，導致電動機輸出轉矩降低。此時系統處於低效率運行狀態、發熱嚴重，可能發展為更嚴重的故障（MOSFET 擊穿短路故障）。

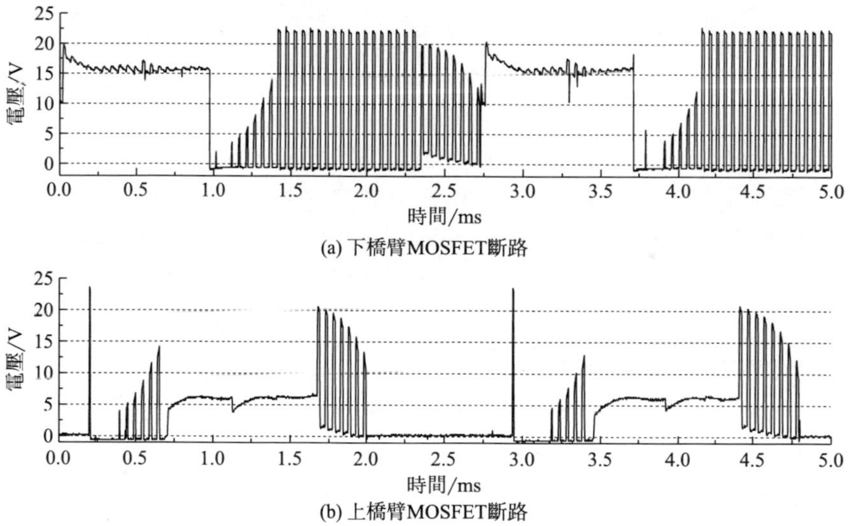

(a) 下橋臂MOSFET斷路

(b) 上橋臂MOSFET斷路

圖 7-5　MOSFET 故障端電壓波形

(3) 換相故障

當發生換相故障時，驅動電路板無法獲取準確的換相信號導致換相錯誤，換相錯誤一般有兩種情況——滯後換相與超前換相，兩種故障都會導致六個扇區的時間間隔不均勻。圖 7-6(a) 給出了滯後換相端電壓波形，0.2～3.2ms 為一個電週期，第一扇區為 0.2～1.0ms，而第四扇區為 1.8～2.1ms，僅 0.3ms，顯然換相間隔不均勻；圖 7-6(b) 給出了超前換相端電壓波形，各扇區的換相間隔也不均勻。因此反向電動勢檢測電路發生故障時，各個扇區的換相間隔不均勻。

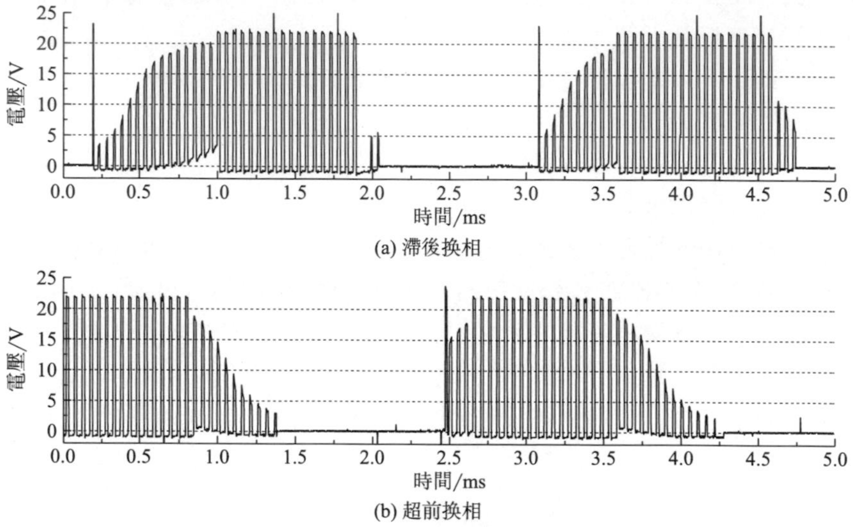

圖 7-6 換相故障狀態端電壓波形

換相錯誤通常是多種原因的綜合，例如由於三相全控電橋開關噪聲大，電動機換相時繞組電感的續流過程，都可能導致微控制器誤判換相信號，所以需要在微控制器換相算法中加入判斷過程。另外，發生換相故障後驅動電路板無法保證通電產生的反應磁場與定子磁場垂直，運行效率低，有可能發展為更嚴重的故障(MOSFET 擊穿短路故障)。

(4) MOSFET 擊穿短路故障

反向電動勢在無刷直流電動機的電壓平衡方程式(7-6) 中扮演著非常重要的作用。執行單元的驅動電路板故障、電動機故障都可能導致感生電動勢減小甚至消失。依據式(7-6)，在感生電動勢 E 減小後，電樞電流 I_a 必然增大，此時運行效率下降、發熱嚴重使得情況進一步惡化，甚至會導致感生電動勢 E 接近於零，等於電源電壓直接加在線圈繞組等效電阻上，由於線圈繞組等效電阻非常小(125mΩ)，將會導致巨大的電樞電流 $\hat{I}_a$。

受限於 MOSFET 封裝和安裝位置，在上述情況下 MOSFET 溫度將會迅速升高導致其離開安全工作區 (Safe Operating Area，SOA)，最終 MOSFET 過流擊穿進入短路狀態，在電池輸出功率有限的情況下，該情況可能導致非常嚴重的總線電壓下降故障，從而使無人機徹底失控而墜落。電動機的反向電動勢消失後，此時電樞電流 $\hat{I}_a$ 高達百安培以上，極有可能擊穿 MOSFET 燒毀電動機，嚴重危害系統安全（如圖 7-7 所示）。綜上所述，驅動板故障與電動機故障後執行單元處於低效率運行狀態，進一步惡化將發生擊穿短路故障。對系統而言最為安全的做法是在檢測到驅動板故障與電動機故障後，使故障的執行單元停止工作，同時將故障信息上傳到運算層中激活自重構控制器。

(a) 擊穿MOSFET

(b) 燒毀電動機

圖 7-7　執行單元短路故障

7.2.3 旋翼的升力模型

(1) 旋翼升力模型

多旋翼無人機上安裝的小型旋翼會產生升力 f 和反扭力矩 L_a，並且當無人機具有前飛速度時，同時還會受到側傾力矩 L_r 和旋翼阻力 F_a 的作用。升力 f、反扭力矩 L_a、旋翼阻力 f_a 和側傾力矩 L_r 與執行單元轉速 Ω 有以下關係：

$$f=\rho AC_1R^2\Omega^2/2 \tag{7-17}$$

$$L_a=\rho AC_2R^2\Omega^2/2 \tag{7-18}$$

$$f_a=\rho AC_3R^2\Omega^2/2 \tag{7-19}$$

$$L_r=\rho AC_4R^2\Omega^2/2 \tag{7-20}$$

式中，A 為旋翼特徵面積；ρ 為空氣密度；R 為旋翼半徑；C_1 為升力係數；C_2 為力矩係數；C_3 為阻力係數；C_4 為側傾力矩係數。C_1、C_2、C_3、C_4 與旋翼翼型雷諾數、馬赫數相關。多旋翼無人機在懸停或低速飛行時，旋翼的誘導速度遠小於 ΩR，因此阻力係數 C_3 以及側傾力矩係數 C_4 均為零，可認為旋翼只產生升力 f 以及反扭力矩 L_a。在旋翼座標系下，沿電動機轉軸 Oz，向上為正方向，反扭力矩逆時針為正。根據式(7-17) 和式(7-18)，有

$$f=k(\rho,C_1,t)\Omega^2 \tag{7-21}$$

$$L_a=(-1)^{i-1}k_L(\rho,C_2,t)\Omega^2 \tag{7-22}$$

式中，$k(\rho,C_1,t)=\rho AC_1R^2/2$ 為升力因子；$k_L(\rho,C_2,t)=\rho AC_2R^2/2$ 為反扭力矩因子。可見升力因子和反扭力矩因子會隨海拔高度、空氣黏性和風速大小方向等因素的變化有一定程度的波動。

接下來，研究反扭力矩與升力力矩對無人機姿態角各通道的作用力矩。在一個大氣壓的室內條件下，二號執行單元的反扭力矩與升力力矩在滾轉通道上提供的力矩大小之比為

$$\alpha_{\text{scale1}}=\frac{k_L(\rho,C_2,t)\sin\gamma}{k(\rho,C_1,t)l\cos\gamma} \tag{7-23}$$

式中，l 為 0.45m；γ 為 10°；$k(\rho,C_1,t)$ 為 1.91×10^{-3}；$k_L(\rho,C_2,t)$ 為 4.21×10^{-5}。將上述參數代入式(7-23)，計算得到 α_{scale1} 僅為 8.6‰，故在滾轉通道上可以忽略反扭力矩的作用，同理，俯仰通道上也可以忽略反扭力矩的作用。然後可得到二號執行單元的反扭力矩與升力力矩在偏航通道上提供的力矩大小之比為

$$\alpha_{\text{scale2}}=\frac{k_L(\rho,C_2,t)\cos\gamma}{k(\rho,C_1,t)l\sin\gamma} \tag{7-24}$$

將具體參數代入式(7-24)，計算得到 α_{scale2} 為 27.8%。上述分析表明反扭力矩在滾轉及俯仰通道上提供的力矩很小可以忽略不計，而在偏航通道上提供的力矩也沒有占主導地位。根據以上分析在後文的研究中主要以旋翼的升力因子為主。由於升力因子隨著環境氣壓降低而減小。然而，海拔高度、風速、風向、空氣密度等環境參量都會影響環境氣壓，故升力因子的數值不是一個常量。在實際飛行中，由於各地環境的差異與自然氣象條件的惡劣，這種變化幅度會進一步加大。

(2) 動不平衡對升力模型的影響

通常假設旋翼在轉速不變的情況下提供恆定升力，但實際研究表明旋翼產生的升力是在基值的基礎上附加一些頻率特性和旋翼轉速有關的高頻分量，本書將這種情況稱為升力波動。升力波動是在轉速不變的前提下由於旋翼旋轉的動不平衡引起的升力變化，而升力變動是因為轉速變化引起的升力變化。

為深入研究執行單元的升力波動特性，構建專用的升力測試實驗平臺（其原理如圖 7-8 所示），以避免地面效應對旋翼升力的影響。該實驗平臺具有布局緊湊、無支架干擾的特點。另外實驗平臺的輸出通過 TDS2014C 示波器實時顯示，可測得不同占空比下旋翼產生的升力，如圖 7-9 所示。

圖 7-9(a) 表明在 30%占空比時，旋翼提供升力平均值為 3.34N，升力波動範圍為 0.98N，可明顯觀測到有一定的高頻毛刺，這是脈寬調制時引起的力矩擾動；圖 7-9(b) 表明在 60%占空比時，旋翼提供升力平均值為 8.75N，波動範圍

增大到 3.92N；圖 7-9(c) 表明在 90% 占空比時，旋翼提供升力平均值為 18.6N，波動範圍更是達到了 7.84N。由圖 7-9 可知隨著旋翼產生的升力增大，動不平衡帶來的升力變化範圍也隨之增大。

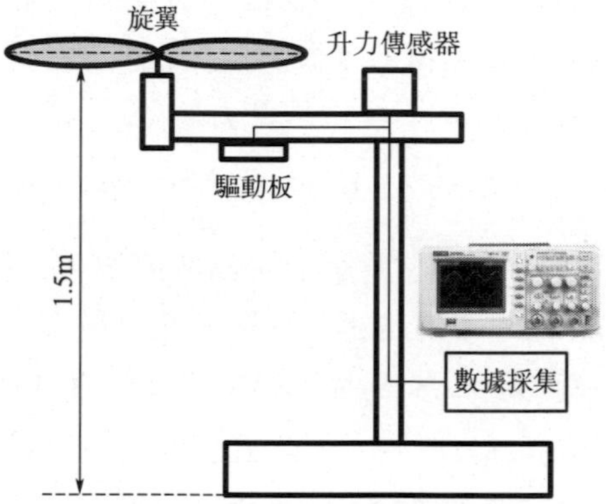

圖 7-8　升力測試原理圖

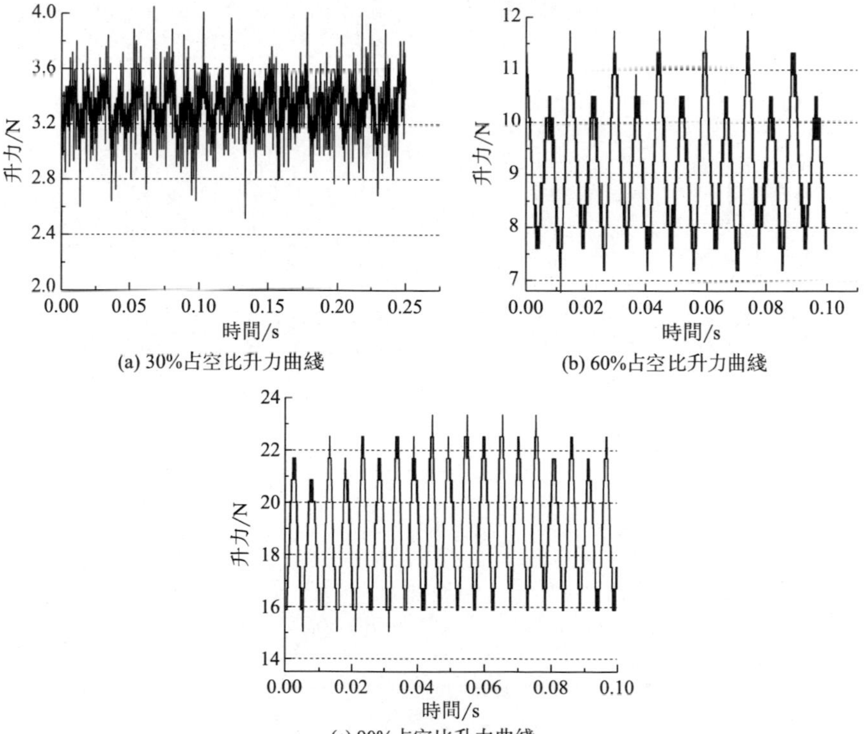

(a) 30%占空比升力曲綫

(b) 60%占空比升力曲綫

(c) 90%占空比升力曲綫

圖 7-9　不同占空比的旋翼升力曲線

接下來需要研究升力波動的頻率特點，將升力曲線數據（圖 7-9）進行頻譜分析得到圖 7-10 所示的頻譜分析結果。旋翼在 PWM 為 30％占空比、60％占空比以及 90％占空比所對應的轉速分別為 41.7r/s、67.5r/s 以及 98.3r/s（控制系統中轉換為弧度每秒）。圖 7-10 給出了 30％占空比、60％占空比以及 90％占空比的升力頻譜，分別在 42Hz、68Hz、98Hz 及其諧波處有較大的分量。依據上述分析，旋翼提供的升力是在基值的基礎上附加一些頻率特性和旋翼轉速相關的高頻分量，將旋翼在恆定轉速 Ω 下產生的升力模型近似等效為

$$\widetilde{f}=f+\sum_{k}A^{k}\sin(2\pi k\Omega t+\varphi^{k}) \tag{7-25}$$

式中，$f=k(\rho,C_1,t)\Omega^2$；A^k 為第 k 次諧波的幅值；φ^k 為第 k 次諧波的相角。對比式(7-21) 與式(7-25) 描述的執行單元升力模型，兩式在一段時間內對無人機作用的效果是一致的，但每一時刻產生的力矩與力是不同的。在實際的飛行中，升力波動 $\sum_{k}A^{k}\sin(2\pi k\Omega t+\varphi^{k})$ 帶來的擾動力矩與擾動力直接影響無人機的角加速度與加速度，由於系統積分作用，這種擾動對姿態角與空間位置的影響極小。但陀螺儀與加速度計會真實反映升力波動帶來的影響。懸停狀態下，機

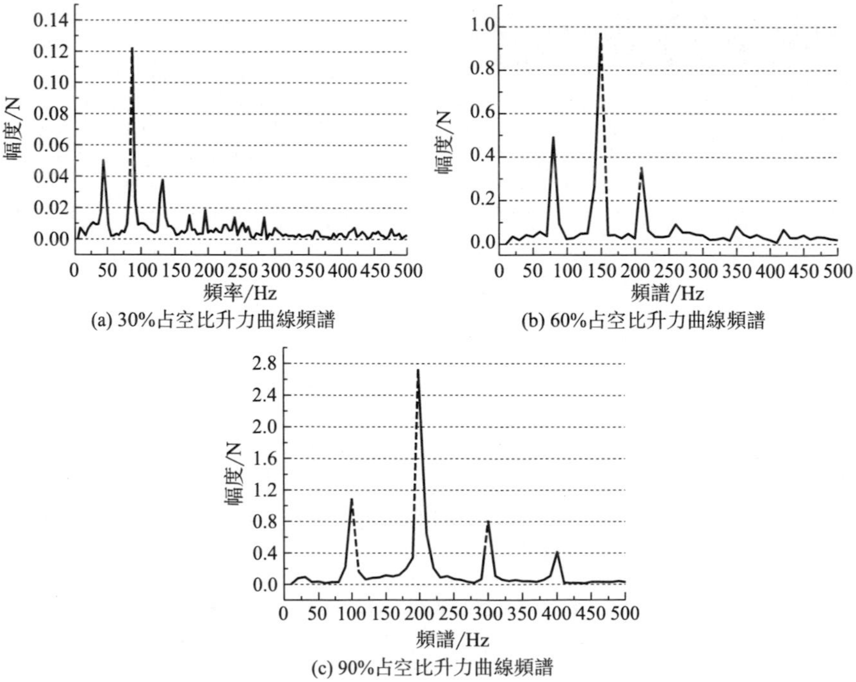

圖 7-10 不同占空比的執行單元升力曲線頻譜

體座標系下繞 $O_b y_b$ 軸旋轉方向角速度 q 與 $O_b y_b$ 軸方向加速度 $\tilde{a}_y$ 的測量值為

$$\tilde{q} = \int \frac{\sqrt{3}}{2I_y}\cos\gamma\left(\sum_{j=3,4} k_j(\rho, C_1, t)\Omega_j^2 - \sum_{j=1,6} k_j(\rho, C_1, t)\Omega_j^2\right) + \frac{\sqrt{3}}{2I_y}\sin\gamma\left(\sum_{j=3,4}\sum_k A_j^k \sin(2\pi k\Omega_j t + \varphi_j^k) - \sum_{j=1,6}\sum_k A_j^k \sin(2\pi k\Omega_j t + \varphi_j^k)\right)\mathrm{d}t \tag{7-26}$$

$$\tilde{a}_y = \frac{\sqrt{3}}{2m}\sin\gamma\left(\sum_{j=1,4} k_j(\rho, C_1, t)\Omega_j^2 - \sum_{j=3,6} k_j(\rho, C_1, t)\Omega_j^2\right) - \frac{G\cos\theta\sin\phi}{m} + \frac{\sqrt{3}}{2m}\sin\gamma\left(\sum_{j=1,4}\sum_k A_j^k \sin(2\pi k\Omega_j t + \varphi_j^k) - \sum_{j=3,6}\sum_k A_j^k \sin(2\pi k\Omega_j t + \varphi_j^k)\right) \tag{7-27}$$

角速度 q 以及加速度 a_y 的理論值表示為

$$q = \int \frac{\sqrt{3}}{2I_y}\cos\gamma\left(\sum_{j=3,4} k_j(\rho, C_1, t)\Omega_j^2 - \sum_{j=1,6} k_j(\rho, C_1, t)\Omega_j^2\right)\mathrm{d}t \tag{7-28}$$

$$a_y = \frac{\sqrt{3}}{2m}\sin\gamma\left(\sum_{j=1,4} k_j(\rho, C_1, t)\Omega_j^2 - \sum_{j=3,6} k_j(\rho, C_1, t)\Omega_j^2\right) - \frac{G\cos\theta\sin\phi}{m} \tag{7-29}$$

將式(7-26)、式(7-27) 與式(7-28)、式(7-29) 分別做差，得到

$$\Delta\tilde{q} = \int \frac{\sqrt{3}}{2I_y}\sin\gamma\left(\sum_{j=3,4}\sum_k A_j^k \sin(2\pi k\Omega_j t + \varphi_j^k) - \sum_{j=1,6}\sum_k A_j^k \sin(2\pi k\Omega_j t + \varphi_j^k)\right)\mathrm{d}t \tag{7-30}$$

$$\Delta\tilde{a}_y = \frac{\sqrt{3}}{2m}\sin\gamma\left(\sum_{j=1,4}\sum_k A_j^k \sin(2\pi k\Omega_j t + \varphi_j^k) - \sum_{j=3,6}\sum_k A_j^k \sin(2\pi k\Omega_j t + \varphi_j^k)\right) \tag{7-31}$$

顯然測量值含有色噪聲 $\Delta\tilde{q}$、$\Delta\tilde{a}_y$ [式(7-30)、式(7-31)]，而常用的卡爾曼濾波算法對含有色噪聲信號的濾波處理不收斂。因此含有色噪聲的陀螺儀與加速度計的測量數據無法直接參與基於卡爾曼濾波算法的數據融合，也無法直接參與基於擴展卡爾曼濾波算法的故障觀測器。式(7-30)、式(7-31) 表明 $\Delta\tilde{q}$、$\Delta\tilde{a}_y$ 僅含與旋翼轉速相關的高頻分量，多旋翼無人機的執行單元轉速在 40Hz 以上，而無人機空中機動的運動頻率在 10Hz 以下，根據此分析，在傳感器數據預處理中加入有限長單位衝激響應（Finite Impulse Response，FIR）低通濾波器，濾除有色噪聲。本節選定 Kaiser 窗作為設計 FIR 濾波器的窗函數。Kaiser 窗是一種最優化窗，具有很好的旁瓣抑制性能。設計完成後 FIR 濾波器的頻譜特性如圖 7-11 所示。

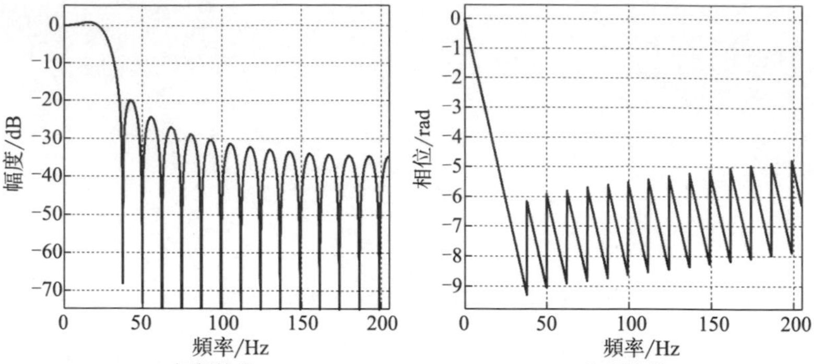

(a) 幅頻特性　(b) 相頻特性

圖 7-11　FIR 濾波器頻譜特性

在多旋翼無人機懸停時，測量相應的傳感器數據驗證升力波動對無人機的影響。考慮到無人機三個旋轉軸以及三個垂直方向的相似性，在本節中只以角速度 q 與加速度 a_y 為例。得到圖 7-12(a) 和圖 7-12(b) 所示懸停狀態下角速度曲線和加速度曲線。對圖 7-12(a) 和圖 7-12(b) 中的數據做頻譜分析，顯然除了低頻的運動信息外，傳感器測量值的頻譜大約在 60Hz、120Hz、180Hz 處有明顯的幅值。這是因為原型機懸停時旋翼的轉速在 60r/s 左右調整，所以角速度 q 以及加速度 a_y 帶有 60Hz 及其諧波的有色噪聲。測量數據經 FIR 濾波器處理後輸出波形，由圖 7-12(c) 和圖 7-12(d) 可知角速度 q 以及加速度 a_y 中含有的有色噪聲基本濾除。綜上所述，濾波後的陀螺與加速度數據可以應用於卡爾曼濾波算法中，同時式(7-21) 描述的升力模型也再次成立。

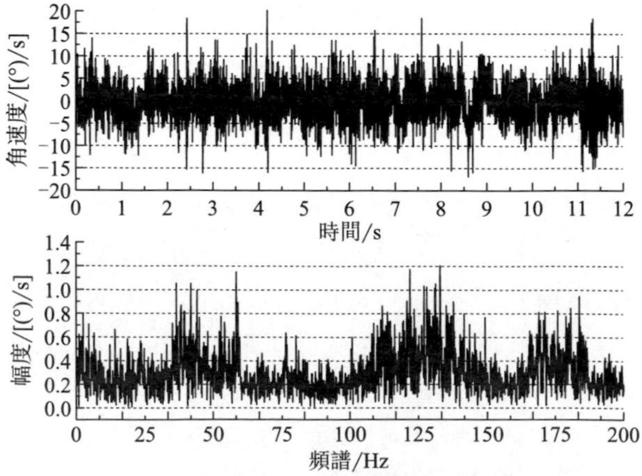

(a) 飛行狀態下角速度曲線及其頻譜

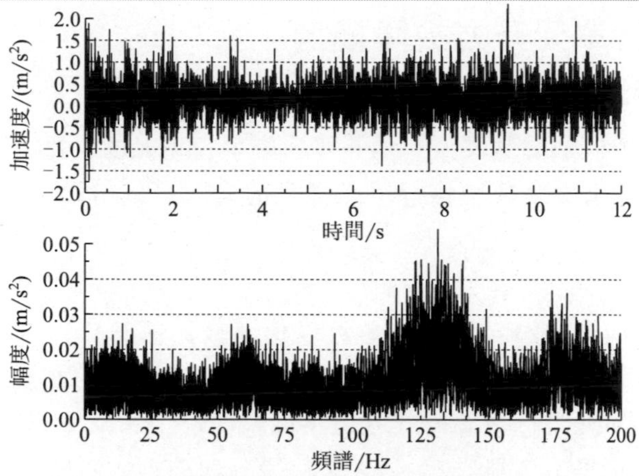

(b) 飛行狀態下加速度曲線及其頻譜

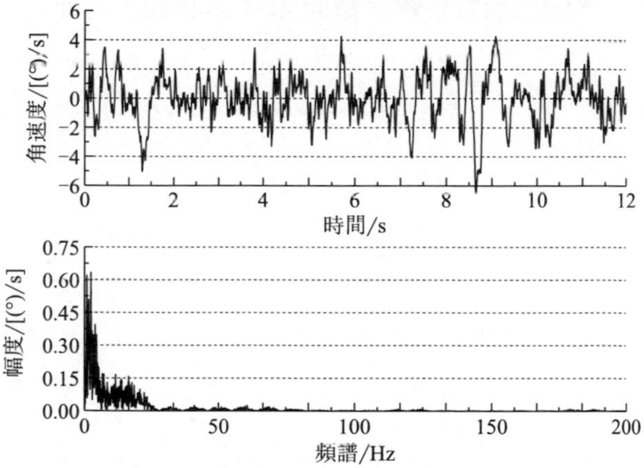

(c) 濾波後角速度曲線及其頻譜

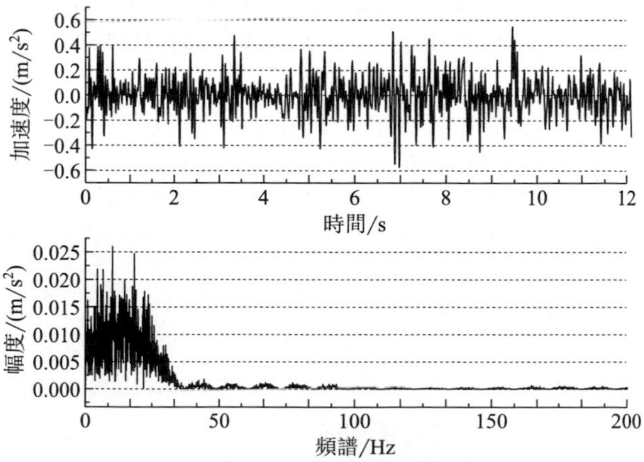

(d) 濾波後加速度曲線及其頻譜

圖 7-12 角速度及加速度曲線

7.2.4 執行單元升力故障模型

(1) 執行單元常見故障

本節將在升力模型的基礎上，進一步研究執行單元的常見故障對升力模型的影響。濾除掉有色噪聲之後，執行單元提供的升力可以用式(7-21) 的升力模型簡寫為

$$f=k\Omega^2 \tag{7-32}$$

式中，$k=k(\rho,C_1,t)$為隨環境參數變化的量，稱為升力因子；Ω 為旋翼當前轉速。當執行單元發生故障時，表現為旋翼提供升力的明顯減小甚至消失。根據式(7-32) 執行單元發生故障時存在以下兩種情況。

① 旋翼升力因子 k 正常，轉速 Ω 無法達到期望轉速。這種情況一般是發生了 MOSFET 斷路、MOSFET 短路、換相不準確等驅動電路板故障，也可能是無刷直流電動機發生相間短路、某相繞組斷路、磁鋼脫離等故障，還有可能是一種「卡死」故障，即運算層與執行單元數據交互的 CAN 總線通信失敗。

② 電動機轉速 Ω 正常，升力因子 k 明顯小於正常值。這種情況一般是翼面受損、旋翼鬆浮等故障導致的。

綜上所述，執行單元常見故障如表 7-1 所示。依據執行單元發生故障的位置將故障分為驅動電路板故障、電動機故障、旋翼故障。其中，驅動電路板故障與電動機故障通常導致執行單元無法達到期望轉速，旋翼故障往往導致執行單元升力因子的下降。

表 7-1 執行單元常見故障類型

故障位置	故障類型
驅動電路板故障	上橋臂 MOSFET 斷路、下橋臂 MOSFET 斷路、上橋臂 MOSFET 短路、下橋臂 MOSFET 短路、滯後換相、超前換相、CAN 總線通信失敗等
電動機故障	相間短路、某相繞組斷路、磁鋼脫離等
旋翼故障	旋翼鬆浮、翼面受損、連接件磨損等

(2) 升力故障模型的建立

本節將分析各種故障對執行單元升力模型的影響得到升力故障模型。首先定義增益型故障和失效性故障的含義。執行單元增益型故障是指：升力因子小於正常的範圍，在相同轉速下執行單元僅能提供部分升力。執行單元失效性故障是指：在工作狀態下，執行單元失去提供升力的能力。

① 執行單元發生電動機故障後，其轉速無法達到期望轉速甚至降為零。如果不及時處理還有風險誘發驅動板故障。因此在發生電動機故障後，故障的執行

單元將停止工作，可將電動機故障歸屬於執行單元失效型故障。

② 執行單元發生旋翼故障後，升力因子明顯小於正常值，雖然電動機與旋翼可以繼續維持工作，但執行單元僅能提供部分升力。可見旋翼故障屬於執行單元增益型故障。

③ 執行單元發生驅動電路板故障後，與電動機故障類似，其轉速無法達到期望轉速甚至降為零。驅動電路板故障屬於電學故障，短時間內極有可能惡化，存在嚴重的安全隱患。在發生驅動電路板故障後，為了規避風險故障的執行單元將停止工作，因此驅動電路板故障屬於執行單元失效型故障。

當多旋翼無人機第 i 個旋翼出現增益型故障時，故障模型可描述為

$$F_i^{\text{out}}(t)=(1-\beta_i)F_i^{\text{in}}(t)=(1-\beta_i)k\Omega_i^2 \tag{7-33}$$

式中，Ω_i 為旋翼的轉速，F_i^{out} 為第 i 個旋翼實際產生的升力；F_i^{in} 為第 i 個旋翼正常時會提供的升力；β_i 為損傷比例係數，且滿足 $0<\beta_i<1$。可以看出 β_i 越大，旋翼實際輸出的升力就越小，即可認為旋翼面受到的損失越大。

當多旋翼無人機第 i 個旋翼出現失效型故障時，故障模型可描述為

$$F_i^{\text{out}}(t)=0 \tag{7-34}$$

由此可以看出，多旋翼無人機系統的執行單元故障可被歸為兩大類，即執行單元的失效型故障與增益型故障，而故障的數學模型也可以統一寫為以下形式：

$$F_i^{\text{out}}(t)=(1-\beta_i)F_i^{\text{in}}(t)=(1-\beta_i)k\Omega_i^2 \tag{7-35}$$

式中，當 $0<\beta_i<1$ 時，無人機的故障類型為執行單元的增益型故障；而 $\beta_i=1$ 時，認為無人機發生了執行機構的失效型故障。

7.3 十二旋翼無人機增益型故障容錯控制

當系統的某一個執行單元出現故障使其輸出只能達到正常情況下輸出的一部分時，則稱這一執行單元發生了增益型故障。對於多旋翼無人機來說，除了旋翼面受損會引發這類故障之外，電機的控制電路或電源電路等部分出現問題時，也可能導致某一執行單元出現增益型故障。因此本節建立一個統一的增益型故障情況下無人機系統的動力學模型，並為其設計故障檢測算法以及自重構容錯控制系統，以便有效地克服這類問題。

7.3.1 增益型故障情況下十二旋翼無人機的數學模型

十二旋翼無人機執行單元增益型故障的數學模型可重新改寫為

$$F_i = k\alpha_i \Omega_i^2, i=1,2,\cdots,6 \tag{7-36}$$

其中利用 $\alpha_i = 1-\beta_i$ 表示故障程度，即當 $\alpha_i = 1$ 時無故障發生，而當 $0<\alpha_i<1$ 時則認為第 i 個執行單元發生了增益型故障。進一步地，在無人機的動力學模型中可以引入一個故障矩陣函數 $\boldsymbol{f}(t)$ 來表示每一組執行單元的故障情況，其可以表示為

$$\boldsymbol{f}(t) = \begin{cases} \mathrm{diag}(1,1,1,1,1,1) & ,t<T_0 \\ \mathrm{diag}(\alpha_1,\alpha_2,\alpha_3,\alpha_4,\alpha_5,\alpha_6) & ,t\geqslant T_0 \end{cases} \tag{7-37}$$

式中，T_0 為故障的發生時間。選取 $\boldsymbol{\eta}_1 = [x,y,z,\phi,\theta,\psi]^{\mathrm{T}}$ 作為無人機故障條件下動力學方程的狀態變量，則可以得到：

$$\begin{bmatrix} \dot{\boldsymbol{\eta}}_1 \\ \dot{\boldsymbol{\eta}}_2 \end{bmatrix} = \begin{bmatrix} \boldsymbol{\eta}_2 \\ \boldsymbol{A}(\boldsymbol{\eta}_1,\boldsymbol{\eta}_2) + \boldsymbol{B}(\boldsymbol{\eta}_1)\boldsymbol{f}(t)\Omega_{\mathrm{c}} + \Delta\boldsymbol{d} \end{bmatrix} \tag{7-38}$$

式中，矩陣 $\boldsymbol{A}(\boldsymbol{\eta}_1,\boldsymbol{\eta}_2)$ 與 $\boldsymbol{B}(\boldsymbol{\eta}_1)$ 可由第 2 章中的研究內容直接得到；變量 $\Delta\boldsymbol{d} = [\Delta\boldsymbol{F},\Delta\boldsymbol{M}]^{\mathrm{T}}$ 為整合後的未建模動態量與未知外部擾動，且認為其滿足有界條件 $|\Delta d_i| \leqslant \rho_i$。

7.3.2 十二旋翼無人機增益型故障檢測算法設計

故障檢測算法是主動容錯控制系統研究的主要內容，能夠對控制系統中執行單元、傳感器和被檢對象進行故障檢測，並根據故障特徵值進行故障的動態補償或切換故障源。隨著科學技術的發展，故障檢測技術在不斷地發展，從硬件餘度，到解析餘度，再到智能診斷方法，目前常用的故障檢測是利用觀測器/濾波器法、等價空間關係方程以及參數估計和辨識等方法產生殘差，然後基於某種統計準則或閾值對殘差進行評價和決策，從而對系統的故障進行判定與隔離。其中基於觀測器/濾波器的方法由於其具有閉環結構使得生成的殘差具有很強的魯棒性，而對於無人機動力學特性的研究也保證了可為設計觀測器/濾波器提供可靠的無人機數學模型，因此基於觀測器/濾波器方法成為了目前故障檢測算法研究中應用最多的算法。

為了能夠快速地對執行單元故障做出響應以及所設計的故障檢測算法能夠方便應用於十二旋翼無人機，在這一小節中將利用基於模型的狀態觀測器技術設計執行單元故障檢測算法。由故障條件下的無人機動力學模型式(7-38) 可知，旋翼單元的增益型故障直接影響無人機的姿態控制，即可通過觀察無人機的姿態變化判斷故障的發生。考慮到無人機的姿態角速度變量 $\boldsymbol{\omega} = [p,q,r]^{\mathrm{T}}$ 的測量精度較高，更新的速度也比較快，因此在本小節中選擇其作為重構的狀態觀測器的狀態信號。定義變量 $\boldsymbol{\varpi}$ 作為對 $\boldsymbol{\omega}$ 的估計變量，則由動力學模型式(7-38) 可以得到

故障檢測觀測器為

$$\dot{\overline{\boldsymbol{\omega}}}=-\boldsymbol{G}(\overline{\boldsymbol{\omega}}-\boldsymbol{\omega})+\boldsymbol{A}_{\omega}(\boldsymbol{\eta}_1,\boldsymbol{\eta}_2)+\boldsymbol{B}_{\omega}(\boldsymbol{\eta}_1)\boldsymbol{\Omega}_{\mathrm{c}} \tag{7-39}$$

式中，$\boldsymbol{A}_{\omega}$ 與 $\boldsymbol{B}_{\omega}$ 為式(7-38) 中對應角速度的部分，$\boldsymbol{G}=\mathrm{diag}(g_1,g_2,\cdots,g_6)$為一個 6 維正定對角矩陣，其中每一個元素都滿足 $g_i>0$，表示對變量 $\boldsymbol{\eta}_2$ 中第 i 個元素的逼近速度。定義 $\boldsymbol{\varepsilon}=\boldsymbol{\omega}-\overline{\boldsymbol{\omega}}$ 為狀態估計誤差，則由式(7-38) 與式(7-39) 可以得到：

$$\dot{\boldsymbol{\varepsilon}}=-\boldsymbol{G}\boldsymbol{\varepsilon}+\boldsymbol{B}(\boldsymbol{f}(t)\boldsymbol{\Omega}_{\mathrm{c}}-\boldsymbol{\Omega}_{\mathrm{c}})+\Delta\boldsymbol{d} \tag{7-40}$$

這個狀態估計誤差視為故障檢測算法中的殘差信號，通過分析其大小來辨別是否有故障發生。由於無人機系統中未知動態特性變量 $\Delta\boldsymbol{d}$ 的存在，使得即使無人機執行單元沒有出現故障殘差，信號 $\boldsymbol{\varepsilon}$ 也不能保證收斂到零，因此一個死區環節，將被引入到殘差決策環節，保證在沒有故障的情況下檢測算法不會發出故障信號，也不會出現誤報情況。由此可知故障檢測的殘差決策環節可以表示為

$$\begin{cases}|\varepsilon_i|\leqslant\overline{\varepsilon}_i,\forall i\in[1,2,\cdots,6], & \text{無故障}\\ |\varepsilon_i|>\overline{\varepsilon}_i,\exists i\in[1,2,\cdots,6], & \text{故障發生}\end{cases} \tag{7-41}$$

式中，$\overline{\varepsilon}_i$ 為對應第 i 個元素的死區區間範圍。這裡需要注意的是由於無人機的直接平動控制力（包括升力）與姿態控制力矩相比數值不在一個數量級之上，因此這裡需要加入一個歸一化處理，即利用無人機的質量與轉動慣量對殘差信號進行補償，使其利用一個帶有死區的故障判定算法就可實現故障的檢測。

下面對以上故障檢測算法的魯棒性進行分析，首先定義故障被檢測到的時間 T_d 滿足：

$$T_d\triangleq\inf\bigcup_{i=1}^{4}\{t>T_0:|\varepsilon_i(t)|>\overline{\varepsilon}_i(t)\} \tag{7-42}$$

在故障發生之前即 $t<T_0$ 時，故障函數矩陣 $\boldsymbol{f}(t)=\boldsymbol{I}$。進一步可以得到狀態誤差 ε_i 滿足：

$$\dot{\varepsilon}_i=-g_i\varepsilon_i+\Delta d_i \tag{7-43}$$

由於未建模動態變量 Δd 滿足有界條件 $|\Delta d_i|\leqslant\rho_i$，則由式(7-43) 可以得到 ε_i 在故障發生前關於時間 t 的函數為

$$|\varepsilon_i(t)|\leqslant\rho_i\int_0^t \mathrm{e}^{-g_i(t-\tau)}\mathrm{d}\tau=\frac{\rho_i}{g_i}(1-\mathrm{e}^{-g_it}) \tag{7-44}$$

因此可設計一個時變的殘差決策死區區間滿足下式：

$$\overline{\varepsilon}_i(t)=\frac{\rho_i}{g_i}(1-\mathrm{e}^{-g_it}) \tag{7-45}$$

可以滿足故障檢測算法對於魯棒性的要求，保證未有誤報信號的產生。

7.3.3 多旋翼無人機增益型故障重構容錯控制器設計

由十二旋翼無人機的故障動力學模型可知，在執行單元增益型故障的影響下無人機動態特性沒有本質上的變化，只是由於驅動單元輸出能力上的變化使得模型中的輸入矩陣參數產生了變化，可以通過自適應逼近故障函數矩陣 $\boldsymbol{f}(t)$ 並利用其補償故障對飛行控制效果的影響。因此本小節中設計的自重構容錯控制器將包含兩個部分：針對無故障情況的標稱控制器以及一個輔助的自適應逼近環節。當沒有故障被檢測到時，利用標稱控制器實現無人機的穩定控制。而當故障檢測信號產生後，輔助自適應函數被激活用以逼近故障係數，容錯控制器利用逼近信號重構控制算法補償執行單元故障對於飛行控制性能的影響。

標稱控制器的設計可基於反步控制理論，首先定義一個輔助變量 $\boldsymbol{z}=[\boldsymbol{z}_1,\boldsymbol{z}_2]^{\mathrm{T}}$，滿足 $\boldsymbol{z}_1=\boldsymbol{\eta}_1-\boldsymbol{\eta}_{\mathrm{d}}$，$\boldsymbol{z}_2=\boldsymbol{\eta}_2-\dot{\boldsymbol{\eta}}_{\mathrm{d}}+\boldsymbol{K}_1\boldsymbol{z}_1$。矢量 $\boldsymbol{\eta}_{\mathrm{d}}$ 代表期望姿態與軌跡信號。那麼在無故障條件下各個電機的期望轉速就可以表示為

$$\boldsymbol{\Omega}_{\mathrm{c}}=(\boldsymbol{B})^{-1}\left(\dot{\boldsymbol{\eta}}_{\mathrm{d}}-\boldsymbol{K}_1\dot{\boldsymbol{z}}_1-\boldsymbol{K}_2\boldsymbol{z}_2-\boldsymbol{z}_1-\boldsymbol{A}-\gamma^2\mathrm{con}(\boldsymbol{z}_2)\sum_{j=1}^{6}\rho_j^2\right) \tag{7-46}$$

式中，$\boldsymbol{K}_1=\mathrm{diag}(k_1^1,k_2^1,\cdots,k_6^1)$及 $\boldsymbol{K}_2=\mathrm{diag}(k_1^2,k_2^2,\cdots,k_6^2)$為預先設計的控制參數，而函數 $\mathrm{con}(\boldsymbol{z}_2)$ 滿足

$$\mathrm{con}(\boldsymbol{z}_2)=\begin{cases}\boldsymbol{z}_2/\|\boldsymbol{z}_2\|^2 & ,\|\boldsymbol{z}_2\|>\nu\\ 0 & ,\|\boldsymbol{z}_2\|\leqslant\nu\end{cases} \tag{7-47}$$

式中，ν 為判別閾值。

故障發生前，無人機在控制算法式(7-46) 控制下的穩定性很容易得到證明。而故障信號產生之後，容錯控制器重構其結構並激活故障參數矩陣的自適應估計函數以補償故障對飛行性能的影響。首先設計一個以 $\boldsymbol{q}=[\boldsymbol{q}_1,\boldsymbol{q}_2]^{\mathrm{T}}$ 為狀態變量的輔助函數：

$$\begin{bmatrix}\dot{\boldsymbol{q}}_1\\ \dot{\boldsymbol{q}}_2\end{bmatrix}=\begin{bmatrix}\boldsymbol{q}_2\\ \boldsymbol{\Gamma}\bar{\boldsymbol{e}}_2+\boldsymbol{A}+\boldsymbol{B}\bar{\boldsymbol{f}}(t)\boldsymbol{\Omega}_{\mathrm{c}}+\boldsymbol{\gamma}^2\mathrm{con}(\bar{\boldsymbol{e}}_2)\sum_{j=1}^{6}\rho_j^2\end{bmatrix} \tag{7-48}$$

式中，誤差變量 $\bar{\boldsymbol{e}}_2=\boldsymbol{\eta}_2-\boldsymbol{q}_2+\bar{\boldsymbol{e}}_1$，$\bar{\boldsymbol{e}}_1=\boldsymbol{\eta}_1-\boldsymbol{q}_1$；$\boldsymbol{\Gamma}$ 為正定對角係數矩陣。函數 $\bar{\boldsymbol{f}}(t)=\mathrm{diag}(\bar{\alpha}_1,\bar{\alpha}_2,\cdots,\bar{\alpha}_6)$為對於故障係數矩陣的自適應逼近函數，且其隨時間更新的公式為

$$\frac{\mathrm{d}\bar{f}_i}{\mathrm{d}t}=\lambda_i\Omega_i^2\sum_{j=1}^{6}\bar{e}_2^j b_{ji},i=1,2,\cdots,6 \tag{7-49}$$

式中，$\lambda_i>0$，$i=1$，2，…，6，為式(7-49) 的逼近速率；b_{ji} 為輸入矩陣

$\boldsymbol{B}$ 中的對應元素；$\bar{\boldsymbol{e}}_2^j$ 為誤差變量 $\bar{e}_2$ 的第 j 個元素。由此可以得到，各個旋翼的期望轉速信號被重構為

$$\boldsymbol{\Omega}_{\mathrm{c}}=(\boldsymbol{B}\bar{\boldsymbol{f}})^{-1}\left(-\boldsymbol{\Gamma}\bar{\boldsymbol{e}}_2-\boldsymbol{A}(\boldsymbol{\eta}_1,\boldsymbol{\eta}_2)+\ddot{\boldsymbol{\eta}}_{\mathrm{d}}-\boldsymbol{K}_3\bar{\boldsymbol{z}}_2-\gamma^2\operatorname{con}(\bar{\boldsymbol{e}}_2)\sum_{j=1}^{6}\rho_j^2\right) \tag{7-50}$$

式中，$\bar{\boldsymbol{z}}_2=\boldsymbol{q}_2-\dot{\boldsymbol{\eta}}_{\mathrm{d}}+\bar{\boldsymbol{z}}_1$，$\bar{\boldsymbol{z}}_1=\boldsymbol{q}_1-\boldsymbol{\eta}_{\mathrm{d}}$。

下面證明在十二旋翼無人機的執行單元出現了增益型故障之後，在重構控制算法式(7-50) 以及相關的輔助函數式(7-47) 與故障係數逼近函數式(7-49) 的作用下，無人機仍然可以保持穩定飛行狀態。首先引入李雅普諾夫函數：

$$V=\frac{1}{2}\bar{\boldsymbol{e}}_1{}^{\mathrm{T}}\bar{\boldsymbol{e}}+\frac{1}{2}\bar{\boldsymbol{e}}_2{}^{\mathrm{T}}\bar{\boldsymbol{e}}_2+\frac{1}{2}\bar{\boldsymbol{z}}_1{}^{\mathrm{T}}\bar{\boldsymbol{z}}_1+\frac{1}{2}\bar{\boldsymbol{z}}_2{}^{\mathrm{T}}\bar{\boldsymbol{z}}+\sum_{i=1}^{6}\frac{1}{2\lambda_i}\tilde{f}_{\mathrm{i}}^2 \tag{7-51}$$

式中，$\tilde{\boldsymbol{f}}(t)=\boldsymbol{f}_F-\bar{\boldsymbol{f}}$ 為故障逼近的誤差；$\boldsymbol{f}_F$ 為實際故障，則計算式(7-51) 關於時間的導數可以得到

$$\begin{aligned}\dot{V}=&\bar{\boldsymbol{z}}_1^{\mathrm{T}}\dot{\bar{\boldsymbol{z}}}_1+\bar{\boldsymbol{z}}_2^{\mathrm{T}}\dot{\bar{\boldsymbol{z}}}_2+\bar{\boldsymbol{e}}_1^{\mathrm{T}}\dot{\bar{\boldsymbol{e}}}_1+\bar{\boldsymbol{e}}_2{}^{\mathrm{T}}\dot{\bar{\boldsymbol{e}}}_2-\sum_{i=1}^{6}\frac{1}{\lambda_i}\tilde{f}_i\dot{\bar{f}}_i\\
=&\bar{\boldsymbol{z}}_1^{\mathrm{T}}(\bar{\boldsymbol{z}}_2-\bar{\boldsymbol{z}}_1)+\bar{\boldsymbol{z}}_2^{\mathrm{T}}\left(\boldsymbol{\Gamma}\bar{\boldsymbol{e}}_2+\boldsymbol{A}+\gamma^2\operatorname{con}(\bar{\boldsymbol{e}}_2)\sum_{j=1}^{6}\rho_j^2+\boldsymbol{B}\bar{\boldsymbol{f}}\boldsymbol{\Omega}_{\mathrm{c}}-\ddot{\boldsymbol{\eta}}_{\mathrm{d}}+\bar{\boldsymbol{z}}_2-\bar{\boldsymbol{z}}_1\right)\\
&+\bar{\boldsymbol{e}}_1^{\mathrm{T}}(\bar{\boldsymbol{e}}_2-\bar{\boldsymbol{e}}_1)+\bar{\boldsymbol{e}}_2^{\mathrm{T}}\left(-\boldsymbol{\Gamma}\bar{\boldsymbol{e}}_2+\boldsymbol{B}\tilde{\boldsymbol{f}}(t)\boldsymbol{\Omega}_{\mathrm{c}}+\bar{\boldsymbol{e}}_2-\bar{\boldsymbol{e}}_1-\gamma^2\operatorname{con}(\bar{\boldsymbol{e}}_2)\sum_{j=1}^{6}\rho_j^2+\Delta\boldsymbol{d}\right)\\
&-\sum_{i=1}^{6}\tilde{\boldsymbol{f}}_i\left(\sum_{j=1}^{6}e_2^j b_{ji}\boldsymbol{\Omega}_j^2\right)\leqslant-\bar{\boldsymbol{z}}_1^{\mathrm{T}}\bar{\boldsymbol{z}}_1-\bar{\boldsymbol{z}}_2^{\mathrm{T}}(\boldsymbol{K}_3-\boldsymbol{I})\bar{\boldsymbol{z}}_2-\bar{\boldsymbol{e}}_1^{\mathrm{T}}\bar{\boldsymbol{e}}_1-\bar{\boldsymbol{e}}_2^{\mathrm{T}}(\boldsymbol{\Gamma}-\boldsymbol{I})\bar{\boldsymbol{e}}_2-\\
&\gamma^2\sum_{j=1}^{6}\rho_j^2+\bar{\boldsymbol{e}}_2^{\mathrm{T}}\Delta\boldsymbol{d}\leqslant-\bar{\boldsymbol{z}}_1^{\mathrm{T}}\bar{\boldsymbol{z}}_1-\bar{\boldsymbol{z}}_2^{\mathrm{T}}(\boldsymbol{K}_3-\boldsymbol{I})\bar{\boldsymbol{z}}_2-\bar{\boldsymbol{e}}_1^{\mathrm{T}}\bar{\boldsymbol{e}}_1-\bar{\boldsymbol{e}}_2^{T}\left(\boldsymbol{\Gamma}-\boldsymbol{I}-\frac{1}{4\gamma^2}\right)\bar{\boldsymbol{e}}_2\end{aligned} \tag{7-52}$$

由以上的分析可知，在重構的控制算法式(7-50) 的作用下，設計的輔助函數式(7-48) 的狀態量 $\boldsymbol{q}$ 將漸進收斂於期望的軌跡信號 $\boldsymbol{\eta}_{\mathrm{d}}$，而且同時狀態變量 $\boldsymbol{\eta}$ 也將收斂到輔助變量 $\boldsymbol{q}$。因此可以得到狀態變量 $\boldsymbol{\eta}$ 將漸進收斂到軌跡信號 $\boldsymbol{\eta}_{\mathrm{d}}$，即在執行單元的故障條件下，十二旋翼無人機依然能夠保證對於期望軌跡信號的跟蹤。另外由式(7-52) 也可看出，雖然 $\bar{\boldsymbol{f}}_i$ 被設計成對執行單元故障係數的自適應逼近函數，但在控制算法式(7-50) 以及自適應重新算法式(7-49) 的作用下並不能保證其精確地收斂到故障係數 α_i。對比容錯重構控制算法中自適應函數式(7-48) 與故障檢測觀測器式(7-39) 可以得到，故障檢測到之前只有三維函數式(7-39) 進行計算，而只有故障檢測到之後六維函數式(7-39) 才被激活，這種

容錯結構可以有效地減少計算量。

在主動容錯控制系統設計中，要求故障檢測算法既具有魯棒性同時還要具有快速性。在前一小節中，通過引入殘差決策的死區環節保證了故障檢測的魯棒性。在這裡要對檢測算法的快速性進行分析，保證在執行單元出現故障而故障信號尚未產生之前飛行狀態依然保持在有界的範圍之內。首先，執行單元出現故障時，由式(7-38)～式(7-40)可以得到狀態估計誤差 $\boldsymbol{\varepsilon}$ 的第 i 個元素，滿足下式：

$$\dot{\varepsilon}_i=-g_i\varepsilon_i+b_i(f(t)\Omega_c-\Omega_c)+\Delta d_i \tag{7-53}$$

進一步解得

$$\varepsilon_i(t)=\varepsilon_i(T_0)e^{-g_it}+\int_{T_0}^{t}e^{-g_i(t-\tau)}(b_i(f-I)\Omega_c(\tau)+\Delta d_i(\tau))d\tau \tag{7-54}$$

由於目前故障還沒有被檢測到，則由式(7-45)與式(7-53)可以得到：

$$\begin{aligned}&\left|\int_{T_0}^{t}e^{-g_i(t-\tau)}b_i(f-I)\Omega_c(\tau)d\tau\right|\\&\leqslant|\varepsilon_i(t)|+|\varepsilon_i(T_0)e^{-g_it}|+\left|\int_{T_0}^{t}e^{-g_i(t-\tau)}\Delta d_i(\tau)d\tau\right|\\&\leqslant\varepsilon_i(T_0)e^{-g_i(t-T_0)}+\frac{\rho_i}{g_i}(1-e^{-g_it})+\left|\int_{T_0}^{t}e^{-g_i(t-\tau)}\Delta d_i(\tau)d\tau\right|\\&\leqslant 2\frac{\rho_i}{g_i}(1-e^{-g_it})\end{aligned} \tag{7-55}$$

設計李雅普諾夫函數為

$$\bar{V}=\frac{1}{2}\boldsymbol{z}_1^T\boldsymbol{z}_1+\frac{1}{2}\boldsymbol{z}_2^T\boldsymbol{z}_2 \tag{7-56}$$

則可以得到在執行單元出現增益型故障的情況下，$\bar{V}$ 關於時間的導數為

$$\begin{aligned}\dot{\bar{V}}&=\boldsymbol{z}_1^T\dot{\boldsymbol{z}}_1+\boldsymbol{z}_2^T\dot{\boldsymbol{z}}_2\leqslant-\boldsymbol{z}_1^T\boldsymbol{K}_1\boldsymbol{z}_1-\boldsymbol{z}_2^T\left(\boldsymbol{K}_2-\frac{1}{4\gamma^2}\right)\boldsymbol{z}_2+\boldsymbol{B}(\boldsymbol{f}-\boldsymbol{I})\boldsymbol{\Omega}_c\\&\leqslant-v_T\bar{V}+\boldsymbol{B}(\boldsymbol{f}-\boldsymbol{I})\boldsymbol{\Omega}_c\end{aligned} \tag{7-57}$$

式中，$v_T=\min\{k_i^1,(k_i^2-1/4\gamma^2)\}$。對式(7-57)的兩端進行積分可以得到：

$$\begin{aligned}|\bar{V}|&\leqslant|\bar{V}(T_0)|e^{-v_Tt}+\left|\int_{T_0}^{t}e^{-g_i(t-\tau)}b_i\Delta f_F\Omega_c(\tau)d\tau\right|\\&\leqslant|\bar{V}(T_0)|e^{-v_Tt}+2\frac{\rho_i}{g_i}(1-e^{-g_it})\end{aligned} \tag{7-58}$$

由以上的分析可以得出，當無人機的執行單元出現故障之後，標稱控制系統可以保證無人機的飛行姿態保持在一定範圍之內，直到故障檢測環節發出故障信

號激活自重構控制器。同時這也從另外一方面表明了所設計故障檢測算法具有充分的快速性，能保證無人機系統在徹底失控之前檢測到故障的發生。

7.3.4 十二旋翼無人機增益型故障容錯控制仿真實驗

本小節將通過計算機仿真對本章中設計的十二旋翼無人機主動容錯控制系統的效果進行驗證。首先為驗證故障檢測算法的魯棒性，在仿真實驗 1 中不引入執行單元的故障並控制無人機從初始狀態 $\boldsymbol{\eta}_0=[0,0,0,0.2,0.3,0]^{\mathrm{T}}$ 運動到 $\boldsymbol{\eta}_{\mathrm{d}}=[4,4,6,0,0,0.5]^{\mathrm{T}}$。故障檢測算法中觀測器收斂係數矩陣 $\boldsymbol{G}$ 的參數選取為 $g_i=5,i=1,2,\cdots,6$，未知擾動的上界被認為 $\rho_i=0.2$。

圖 7-13 顯示了在沒有執行單元故障的條件下標稱控制器能精確地控制無人機跟蹤期望姿態信號（其中的藍、紅、綠色曲線分別代表滾轉角、俯仰角與偏航角）。圖 7-14 則顯示了在無人機軌跡跟蹤飛行過程中故障觀測器產生的殘差信號曲線以及故障判定門限值的變化曲線（藍色虛線）。從圖 7-14 中可以看出，儘管受到未知擾動的影響使得故障觀測器的逼近誤差無法收斂到零，但仍然一直保持在故障檢測死區區間之內，因此不會有故障信號產生。這就證明了設計的故障檢測算法對於未知的外部擾動具有良好的魯棒性，可以有效地避免誤報故障信號的產生。

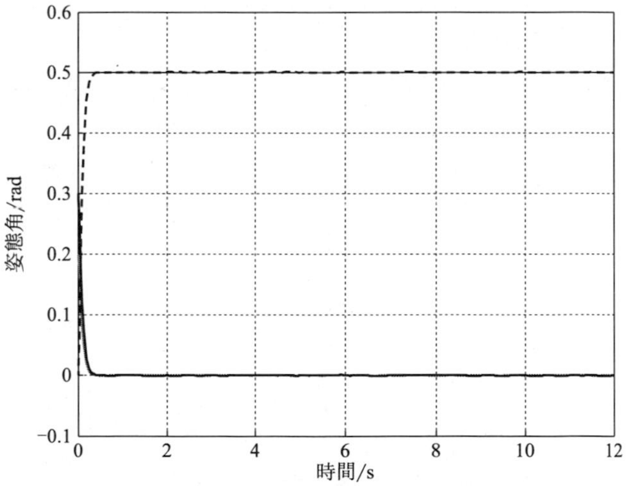

圖 7-13 無故障情況下姿態跟蹤曲線（電子版）

接下來，仿真實驗 2 中將在 $T_0=5\mathrm{s}$ 的時刻在第一個執行單元處引入增益型故障且故障係數矩陣選取為 $\boldsymbol{f}_{\mathrm{H}}=\mathrm{diag}(0.7,1,1,1,1,1)$。在這一故障情況下，故障觀測器的殘差信號與判定門限信號的曲線如圖 7-15 所示，圖 7-15(a) 為整個無人機時間區間內的故障檢測曲線，圖 7-15(b) 則是對殘差信號超出檢測門限時刻（即故障信號產生時刻）附近的局部放大。由此可見，在 $T_0=5\text{s}$ 時刻引入故障之後，在約為 $T_d=5.003\text{s}$ 時刻殘差信號就超出了故障判定的門限值即故障即被檢測到。這證明了設計的故障檢測算法對於故障的發生比較敏感，故障信號的產生十分地迅速。

十二旋翼無人機的軌跡與姿態的跟蹤信號曲線如圖 7-16 所示，其中，圖 7-16(a) 表示軌跡信號（其中的藍、紅、綠色曲線分別代表沿 x 軸、y 軸與 z 軸的位

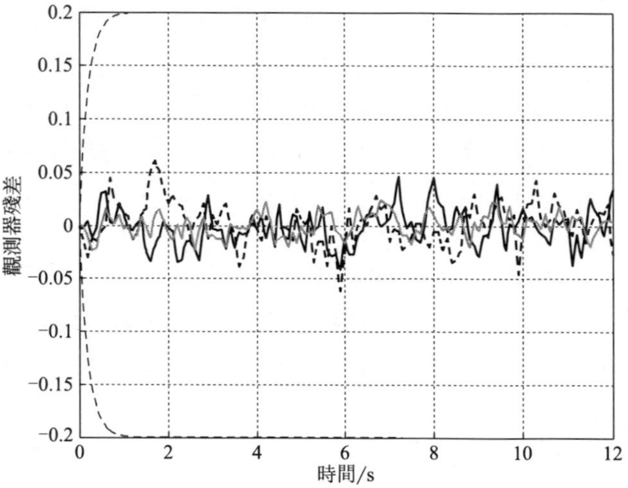

圖 7-14 觀測器殘差信號曲線以及故障判定門限值的變化曲線（電子版）

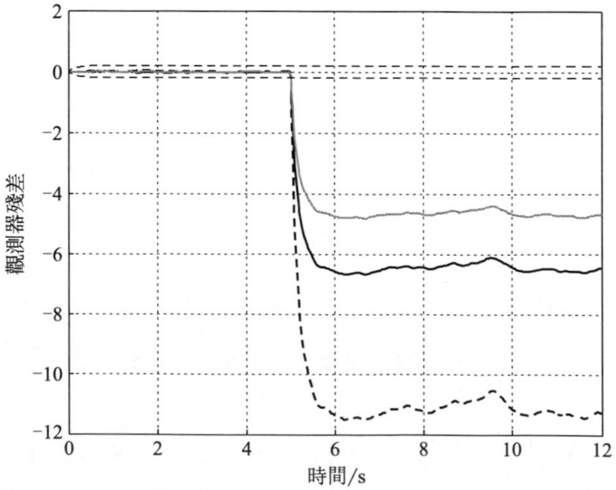

(a)

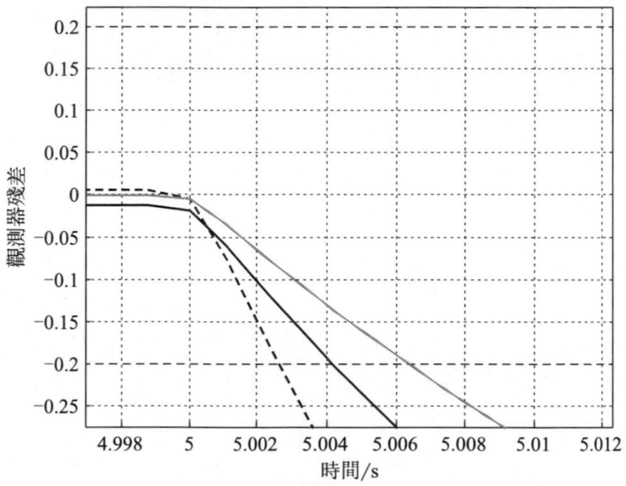

(b)

圖 7-15 引入增益故障後觀測器殘差信號曲線（電子版）

置），圖 7-16(b) 表示姿態角信號（其中的藍、紅、綠色曲線分別代表滾轉角、俯仰角與偏航角）。從圖 7-16 中可以看出，在故障發生之前無人機準確地沿著期望的軌跡與姿態信號飛行。當第一個執行單元發生故障之後，無人機的姿態受到明顯影響。而在故障被檢測到之後，在重構控制器的控制下無人機重新保持姿態的穩定性，其充分地驗證了容錯飛行控制器的自重構算法設計的合理性。同時，仿真結果也表明了在故障發生之後而故障信號尚未產生的時間區間內，無人機在標稱控制器的作用下依然保證了不會出現完全的失控現象，這證明了故障檢測算法設計滿足了快速性要求。

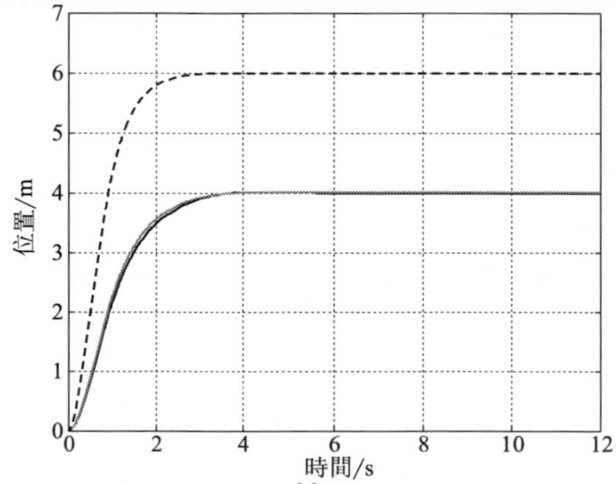

(a)

圖 7-16

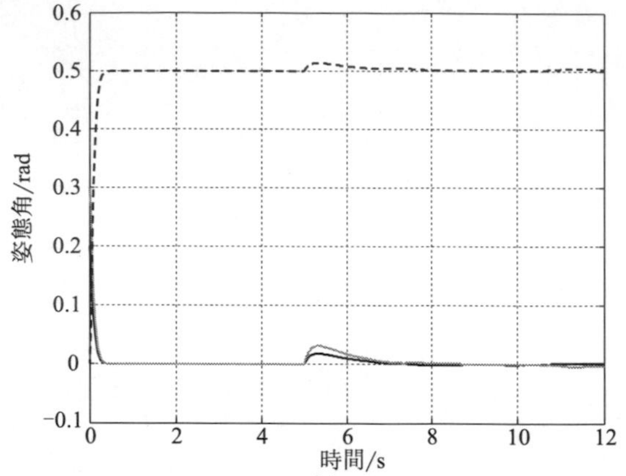

(b)

圖 7-16 無人機容錯飛行軌跡與姿態的跟蹤信號曲線（電子版）

為進一步驗證主動容錯飛行控制系統的性能進行了仿真實驗 3。同樣設計在 $T_0=5\mathrm{s}$ 的時刻引入增益型故障，不同的是將在兩個執行單元上加入故障，故障的係數矩陣則選取為 $\boldsymbol{f}_{\mathrm{H}}=\mathrm{diag}(0.7,0.8,1,1,1,1)$。仿真結果如圖 7-17 與圖 7-18 所示，其中，圖 7-17 顯示了期望姿態信號的跟蹤曲線，而圖 7-18 則表示故障檢測的情況。從圖 7-17、圖 7-18 中可以得出，對於多個執行單元同時發生故障的情況，所設計的主動容錯飛行控制系統依然能夠保證故障的快速檢測以及重構控制器後無人機重新跟蹤期望信號，進一步證明設計的主動容錯飛行控制系統可以有效地克服旋翼單元增益型故障對飛行性能的影響。

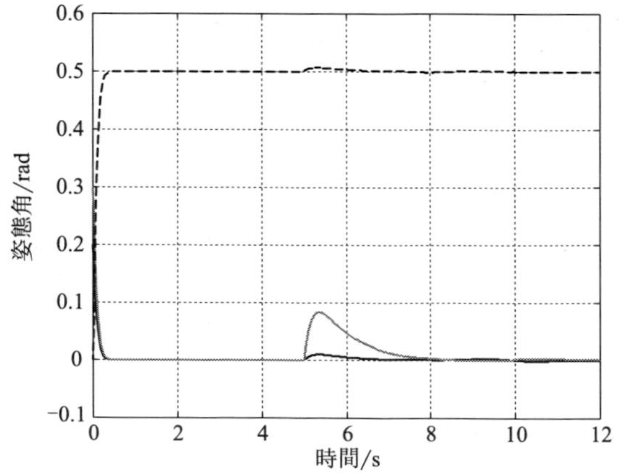

圖 7-17 無人機姿態變化曲線（電子版）

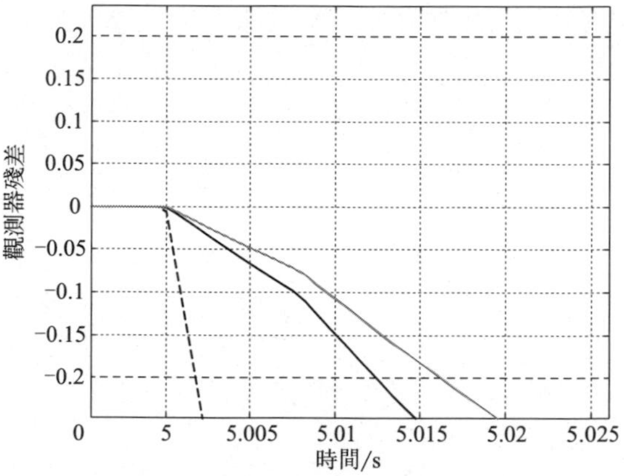

圖 7-18 故障檢測殘差信號(電子版)

7.3.5 對比四旋翼無人機增益型故障容錯控制

為實現四旋翼無人機與十二旋翼無人機在容錯飛行能力上的對比，本小節將首先對四旋翼無人機在執行單元增益型故障情況下的容錯控制問題進行研究。結合已有的四旋翼無人機的動力學模型（可見參考文獻［8］），並考慮到四旋翼無人機只有四個旋翼驅動單元，只需選取高度信號與姿態角信號組成的四維變量 $\boldsymbol{\eta}=[z,\phi,\theta,\psi]^{\mathrm{T}}$ 作為狀態量建立四旋翼無人機的故障動力學模型：

$$\begin{bmatrix}\dot{\boldsymbol{\eta}}_1\\ \dot{\boldsymbol{\eta}}_2\end{bmatrix}=\begin{bmatrix}\overline{\boldsymbol{\eta}}_2\\ \overline{\boldsymbol{A}}(\overline{\boldsymbol{\eta}}_1,\overline{\boldsymbol{\eta}}_2)+\boldsymbol{B}(\overline{\boldsymbol{\eta}}_1)\overline{\boldsymbol{f}}(t)\boldsymbol{\Omega}_{\mathrm{c}}+\Delta\boldsymbol{d}\end{bmatrix}\tag{7-59}$$

式中，函數 $\overline{\boldsymbol{A}}(\overline{\boldsymbol{\eta}}_1,\overline{\boldsymbol{\eta}}_2)$ 與 $\boldsymbol{B}(\overline{\boldsymbol{\eta}}_1)$ 定義詳見文獻［8］；$\overline{\boldsymbol{f}}(t)=\begin{cases}\mathrm{diag}(1,1,1,1),t<T_0\\ \mathrm{diag}(\overline{\alpha}_1,\overline{\alpha}_2,\overline{\alpha}_3,\overline{\alpha}_4),t\geqslant T_0\end{cases}$ 為四維的故障係數矩陣函數；T_0 為故障的發生時間。對比十二旋翼無人機的故障動力學模型式(7-38) 可知，兩者除維數不同外具有完全相同的形式，因此為十二旋翼無人機設計的主動容錯控制系統可改變維數後直接應用於四旋翼無人機。

為驗證四旋翼無人機容錯飛行控制效果，進行了兩次仿真實驗並對比結果。在第一次仿真中不加入執行單元故障，控制無人機從初始狀態 $\boldsymbol{\eta}_0=[0,0.2,0.3,0]^{\mathrm{T}}$ 運動到期望狀態 $\boldsymbol{\eta}_{\mathrm{d}}=[5,0,0,0.5]^{\mathrm{T}}$，仿真結果如圖 7-19 與圖 7-20 所示，其中，圖 7-19 顯示了無故障情況下，四旋翼無人機準確地跟蹤了期望信號；而圖 7-20 則表明故障觀測器產生的殘差信號始終保持在故障判定門限之內，即不會有故障誤報信號產生。仿真結果既證明了標稱控制器在無故障發生的情況下具有良好的效果，也證明了故障檢測算法對於未知的外部擾動具有良好的魯棒性。

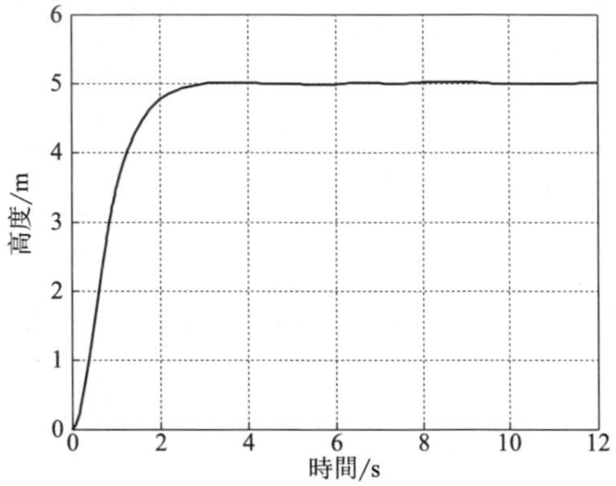

(a)

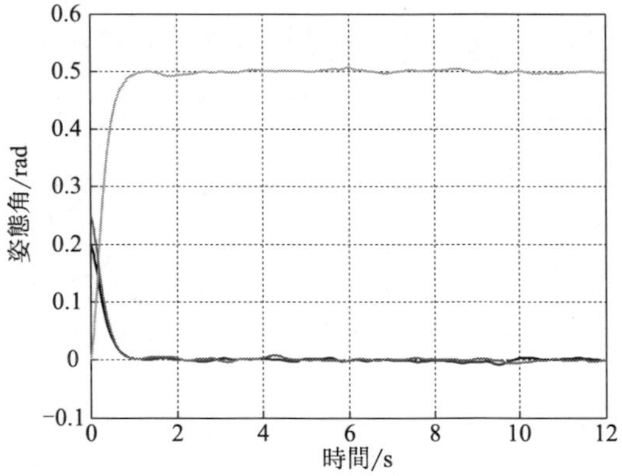

(b)

圖 7-19　無故障情況下四旋翼無人機跟蹤飛行軌跡（電子版）

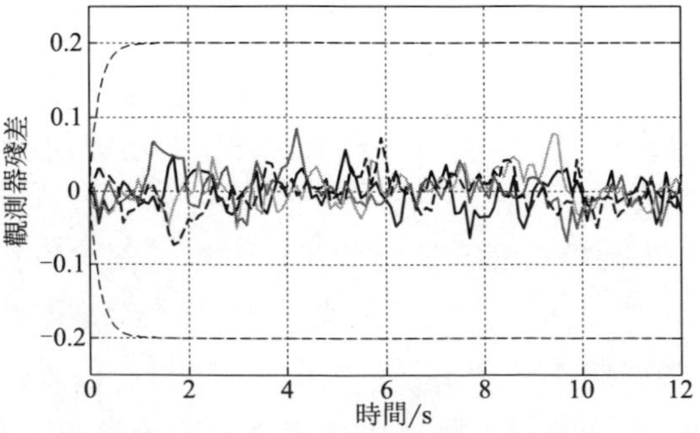

圖 7-20　觀測器殘差信號曲線（電子版）

第二次仿真實驗控制無人機沿相同期望軌跡運動，並在 $T_0=5\text{s}$ 時刻引入執行單元失效型故障且故障係數矩陣為 $\boldsymbol{f}_{\text{H}}=\text{diag}(0.7,0.8,1,1)$。無人機的仿真飛行軌跡、故障觀測器的殘差信號曲線以及故障係數逼近曲線分別如圖 7-21～圖 7-23 所示。對比之前針對十二旋翼無人機在增益型故障情況下飛行的仿真結果可以看出：四旋翼無人機無論在故障後的狀態變化特性、故障殘差信號變化曲線以及對於故障係數的估計都與十二旋翼無人機相近。唯一不同的是，對於十二旋翼無人機的故障觀測，需要建立六維觀測器，而四旋翼無人機只需一個四維觀測器即可。這從表面上看，十二旋翼無人機的獨特設計反而使其在容錯飛行控制上更加複雜。但實際上這種設計使得十二旋翼無人機具有了克服執行單元失效故障的能力，從本質上提升了多旋翼類型無人機的容錯性能。

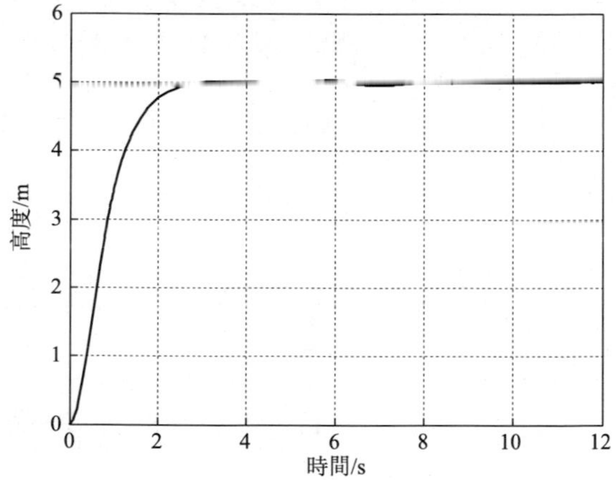

(a)

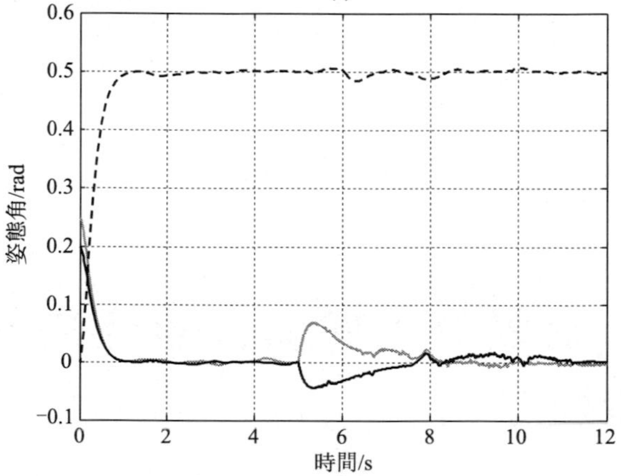

(b)

圖 7-21 故障情況下無人機飛行狀態（電子版）

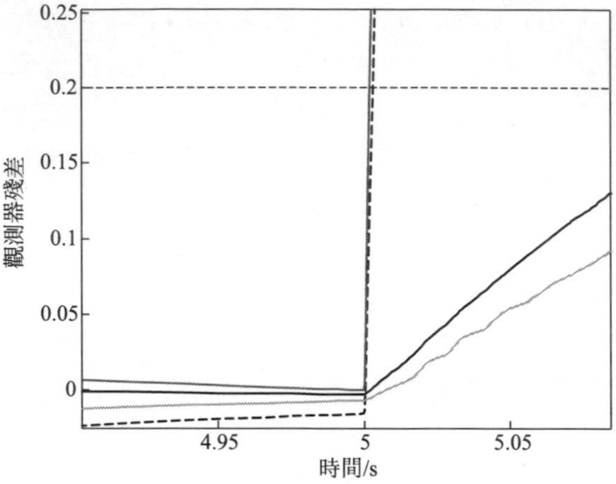

圖 7-22　殘差信號的局部放大（電子版）

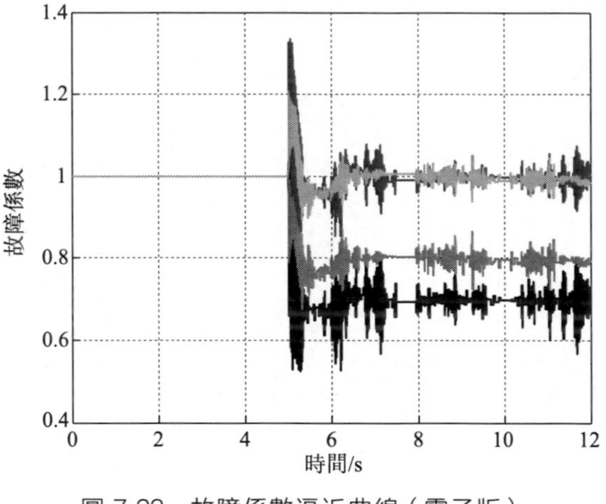

圖 7-23　故障係數逼近曲線（電子版）

7.4 十二旋翼無人機執行單元失效型故障容錯控制

由前一節的研究可知，對於一定範圍内的恆增益型執行機構故障，十二旋翼無人機與四旋翼無人機都可以通過設計快速準確的故障檢測算法以及合理安排控制算法進行重構，達到容錯軌跡跟蹤飛行的目的。但由以往研究與實踐經驗得知多旋翼無人機的執行單元出現增益型故障的情況比較罕見，而更為常見的故障類型是失效型故障，特別是某一個執行單元完全失效的情況最為常見。執行單元的失效型故障是一類非常嚴重的故障，失效的執行機構將完全不再具有任何的驅動能力，這時無人機的動力學特性將發生本質上的改變。此時，容錯飛行控制的目的不再是繼續實現軌跡跟蹤飛行，而是將保證無人機的安全作為首要目標。

7.4.1 四旋翼無人機故障下的動力學特性

對於四旋翼無人機而言，旋翼面的鬆浮以及電機的停轉都會導致執行單元的失效型故障，在這種情況下故障單元將不再有驅動能力，由式(7-3) 以及四旋翼無人機的動力學模型可以得到當第 i 個執行單元出現失效型故障之後，四旋翼無人機的姿態控制動力學模型為

$$\boldsymbol{J}\dot{\boldsymbol{\omega}} = \boldsymbol{\omega}\times\boldsymbol{H} + \boldsymbol{B}\overline{\boldsymbol{f}}_i\boldsymbol{\Omega}_c + \Delta\boldsymbol{M} \tag{7-60}$$

式中，$\boldsymbol{J}$ 為四旋翼無人機的慣性張量；$\boldsymbol{\omega}=[p,q,r]^{\mathrm{T}}$ 為無人機的姿態角速度；$\boldsymbol{H}$ 為無人機相對於質心的動量矩矢量。$\overline{\boldsymbol{f}}_i$ 為第 i 個元素為零其餘元素為 1 的四維對角矩陣；$\boldsymbol{\Omega}_c$ 為期望的旋翼轉速。輸入矩陣 $\boldsymbol{B}\in\boldsymbol{R}^{3\times 4}$ 則可表示為

$$\boldsymbol{B}=\begin{bmatrix} 0 & -lk_1 & 0 & lk_1 \\ -lk_1 & 0 & lk_1 & 0 \\ -k_2 & k_2 & -k_2 & k_2 \end{bmatrix} \tag{7-61}$$

式中，k_1 為升力係數；k_2 為反扭力矩係數；l 為電機距無人機中心的距離。則由式(7-60) 與式(7-61) 可以看出，儘管四旋翼無人機的姿態控制系統利用四個控制量控制三個狀態屬於一種冗餘控制，但由於輸入矩陣 $\boldsymbol{B}$ 的獨特結構以及輸入控制量 Ω_c 中的每個元素均為正數，使得滾轉角速度 $\boldsymbol{p}$ 或俯仰角速度 $\boldsymbol{q}$ 無法實現任意的配置。例如當第 1 個驅動單元出現失效型故障時，則有

$$\dot{\boldsymbol{q}} = lk_1\boldsymbol{\Omega}_3^2 \tag{7-62}$$

即不論第 3 號旋翼輸出多少，俯仰角 $\boldsymbol{q}$ 的加速度 $\dot{\boldsymbol{q}}$ 將恆大於零，即無人機將對狀態量 $\boldsymbol{q}$ 失去控制。

由以上的分析可知，當某一個驅動單元出現失效型故障之後，無論如何改變剩餘正常旋翼的轉速，四旋翼無人機的姿態都將不再穩定。進一步由四旋翼無人機平動與姿態角之間的運動學關係可知，當姿態失去穩定後，無人機將無法實現期望軌跡的跟蹤飛行甚至將會墜毀。正由於四旋翼無人機在克服執行單元失效型故障的能力上存在著本質的不足，自主研發的十二旋翼無人機在設計之初便考慮到克服這類失效型故障的問題而預留了一定的冗餘控制能力，在下一小節中針對這一內容進行陳述。

7.4.2 十二旋翼無人機的失效型故障下的動力學分析

考慮到十二旋翼無人機的中心對稱特性，可假設旋翼單元 1 出現失效型故障。則依據十二旋翼無人機的動力學模型以及執行單元失效型故障模型式(7-34)，得到故障後無人機的姿態控制模型為

$$\begin{cases}\dot{\boldsymbol{\eta}}=\boldsymbol{T\omega}\\ \boldsymbol{J}\dot{\boldsymbol{\omega}}=-\mathbf{sk}(\boldsymbol{\omega})\boldsymbol{J\omega}+\boldsymbol{\Gamma B}_1\boldsymbol{\Omega}_{1c}+\Delta\boldsymbol{M}\end{cases} \tag{7-63}$$

式中，$\boldsymbol{\eta}=[\phi,\theta,\psi]^{\mathrm{T}}$ 為無人機姿態角；$\boldsymbol{\omega}=[p,q,r]^{\mathrm{T}}$ 為飛行轉動速度在機體座標上的投影；$\boldsymbol{\Omega}_{1c}=[\Omega_2^2,\Omega_3^2,\Omega_4^2,\Omega_5^2,\Omega_6^2]^{\mathrm{T}}$ 為正常執行單元的旋翼轉速。另外為了保持無人機安全還應該考慮對高度的控制，則可將式(7-63) 輸入矩陣擴展為

$$\begin{bmatrix}\boldsymbol{M}\\ F_z\end{bmatrix}=\overline{\boldsymbol{\Gamma}}\overline{\boldsymbol{B}}_1\boldsymbol{\Omega}_{1c} \tag{7-64}$$

式中，F_z 為飛行控制系統輸出的升力；$\boldsymbol{M}=[M_x,M_y,M_z]^{\mathrm{T}}$ 為由姿態穩定控制算法得到的姿態控制力矩；擴展的輸入矩陣 $\overline{\boldsymbol{\Gamma}}=\mathrm{diag}\left(\dfrac{k_1 l\sin\gamma-k_2\cos\gamma}{2},\ \sqrt{3}\dfrac{-k_1 l\sin\gamma+k_2\cos\gamma}{2},\ -k_1 l\cos\gamma-k_2\sin\gamma,\ k_1\sin\gamma\right)$；$\gamma$ 為電機的轉軸與十二旋翼無人機機體平面間的夾角；$\overline{\boldsymbol{B}}_1=\begin{bmatrix}1&2&1&-1&-2\\1&0&-1&-1&0\\-1&1&-1&1&-1\\1&1&1&1&1\end{bmatrix}$。由此可見，儘管旋翼單元 1 不再提供輸出，十二旋翼無人機仍有五個正常工作的旋翼，具有足夠的控制能力來控制系統輸出的升力姿態控制力矩。通過式 (7-64) 求解剩餘旋翼的轉速一般會基於僞逆算法：

$$\boldsymbol{\Omega}_{1c}=(\overline{\boldsymbol{\Gamma}}\overline{\boldsymbol{B}}_1)^{\mathrm{T}}(\overline{\boldsymbol{\Gamma}}\overline{\boldsymbol{B}}_1\overline{\boldsymbol{B}}_1^{\mathrm{T}}\overline{\boldsymbol{\Gamma}}^{\mathrm{T}})^{-1}\begin{bmatrix}\boldsymbol{M}\\ F_z\end{bmatrix} \tag{7-65}$$

引入十二旋翼原型機相關參數可得：

$$(\overline{\boldsymbol{\Gamma}}\overline{\boldsymbol{B}}_1)^{\mathrm{T}}(\overline{\boldsymbol{\Gamma}}\overline{\boldsymbol{B}}_1\overline{\boldsymbol{B}}_1^{\mathrm{T}}\overline{\boldsymbol{\Gamma}}^{\mathrm{T}})^{-1}=\begin{bmatrix}0.36&-1.89&0.6&0.53\\1.09&-0.63&-1.79&0.53\\1.45&2.52&2.38&0\\-1.09&0.63&-1.79&0.53\\-1.82&-0.63&0.6&0.53\end{bmatrix}\times10^4 \tag{7-66}$$

上式是剩餘各個旋翼的期望轉速，值得注意的是，4 號旋翼的轉速與升力無關。通過分析升力信號與姿態控制力矩信號的數量級可知，4 號旋翼的轉速將是一個十分小的量，而在實際情況下旋翼無法實現這一小轉速。由此可以得出，根據姿態力矩 $\boldsymbol{M}$ 與升力 F_z 並直接利用僞逆算法求取剩餘旋翼轉速的方法不符合實際。這是由於十二旋翼無人機的旋翼轉軸傾斜於無人機的機體平面，旋翼升力會直接提供大部分的偏航力矩，當旋翼單元 1 無法工作之後，與其相對的旋翼單元 4 產生的偏航力矩依靠其餘四個旋翼無法進行補償，這樣就使得在採用僞逆算法計算旋翼轉速時出現不符合實際的情況。由此可知，要解決這一問題只能放棄對於偏航姿態的控制，儘管放棄控制姿態角對以後研究故障後無人機繼續進行軌跡跟蹤的容錯控制算法有很大影響，但在此時保證無人機的整體安全應該是首先考慮的內容。這樣就得到旋翼單元 1 失效後放棄對偏航姿態進行控制的輸入函數：

$$\begin{bmatrix} \boldsymbol{M}' \\ F_z \end{bmatrix} = \boldsymbol{\Gamma}' \boldsymbol{B}_1' \boldsymbol{\Omega}_{1c} \tag{7-67}$$

式中，$\boldsymbol{M}' = [M_x, M_y]^{\mathrm{T}}$；輸入矩陣 $\overline{\boldsymbol{\Gamma}} = \operatorname{diag}\left(\dfrac{k_1 l\sin\gamma - k_2\cos\gamma}{2},\ \sqrt{3}\dfrac{-k_1 l\sin\gamma + k_2\cos\gamma}{2},\ k_1\sin\gamma\right)$；$\boldsymbol{B}_1' = \begin{bmatrix} 1 & 2 & 1 & -1 & -2 \\ 1 & 0 & -1 & -1 & 0 \\ 1 & 1 & 1 & 1 & 1 \end{bmatrix}$。

則進一步求取剩餘旋翼的轉速為

$$\boldsymbol{\Omega}_{1c} = (\boldsymbol{\Gamma}' \boldsymbol{B}_1')^{\mathrm{T}} (\boldsymbol{\Gamma}' \boldsymbol{B}_1' \boldsymbol{B}_1'^{\mathrm{T}} \boldsymbol{\Gamma}'^{\mathrm{T}})^{-1} \begin{bmatrix} \boldsymbol{M}' \\ F_z \end{bmatrix} \tag{7-68}$$

代入原型機參數就可以得到：

$$(\boldsymbol{\Gamma}' \boldsymbol{B}_1')^{\mathrm{T}} (\boldsymbol{\Gamma}' \boldsymbol{B}_1' \boldsymbol{B}_1'^{\mathrm{T}} \boldsymbol{\Gamma}'^{\mathrm{T}})^{-1} = \begin{bmatrix} 0.24 & -2.1 & 0.59 \\ 1.45 & 0 & 0.36 \\ 0.97 & 1.68 & 0.24 \\ -0.73 & 1.26 & 0.36 \\ -1.94 & -0.84 & 0.59 \end{bmatrix} \times 10^4 \tag{7-69}$$

由此得到當旋翼 1 單元出現失效型故障之後，利用剩餘的旋翼實現無人機俯仰角、滾轉角與高度穩定控制的方案。由十二旋翼無人機對稱性可知，當其他某個旋翼單元出現失效型故障之後，可採用同樣容錯重構控制策略，只需要根據故障的不同位置改變輸入矩陣 $\boldsymbol{B}_i$（i 表示故障旋翼單元編號）。

由以上的分析可知，當某一個旋翼單元出現失效型故障之後，可採用放棄無人機的偏航姿態控制，並基於僞逆算法將升力信號與姿態控制力矩信號重新分配給正常旋翼的容錯重構控制策略，以維持十二旋翼無人機的安全，其中重構解算矩陣的求取將依賴於故障的位置。將本小節的內容與上一小節進行對比，有效地證明了十二旋翼無人機在克服失效型故障的能力上相比於四旋翼無人機有了本質上的提高，也就證明了十二旋翼無人機具有更強的可靠性，更能適應某些特定環境。

另外，儘管本節中主要針對有一個旋翼單元出現失效型故障的情況進行研究，但對於十二旋翼無人機，由其獨特的對稱外形可知，當其對於機體中心相互對稱的兩個旋翼都出現失效型故障後，無人機仍有能力維持俯仰角與滾轉角的穩定並實現高度調節。可以取旋翼 1 單元與旋翼 4 單元同時出現失效故障的情況對此加以證明，此時同樣放棄對於偏航姿態的控制可以得到：

$$\begin{bmatrix} \boldsymbol{M}' \\ F_z \end{bmatrix} = \boldsymbol{\Gamma B}'_{14} \boldsymbol{\Omega}_{14c} \tag{7-70}$$

式中，輸入矩陣 $\boldsymbol{B}'_{14} = \begin{bmatrix} 1 & 2 & -1 & -2 \\ 1 & 0 & -1 & 0 \\ 1 & 1 & 1 & 1 \end{bmatrix}$。進一步就可以得到 4 個正常旋翼的期望轉速與飛行控制系統輸出的升力以及姿態控制力矩的關係：

$$\boldsymbol{\Omega}_{1c} = (\boldsymbol{\Gamma}' \boldsymbol{B}'_{14})^{\mathrm{T}} (\boldsymbol{\Gamma}' \boldsymbol{B}'_{14} \boldsymbol{B}'^{\mathrm{T}}_{14} \boldsymbol{\Gamma}'^{\mathrm{T}})^{-1} \begin{bmatrix} \boldsymbol{M}' \\ F_z \end{bmatrix} = \begin{bmatrix} 0 & -2.52 & 0.53 \\ 2.18 & 1.26 & 0.53 \\ 0 & 2.52 & 0.53 \\ -2.18 & -1.26 & 0.53 \end{bmatrix} \times 10^4 \begin{bmatrix} \boldsymbol{M}' \\ F_z \end{bmatrix} \tag{7-71}$$

由上式可以看出旋翼 1 單元與旋翼 4 單元同時失效後，無人機的整體對稱性沒有發生變化，升力信號將平均分配給剩餘旋翼，而姿態控制力矩將完全相反地加到互相對稱的旋翼單元上。

7.4.3 十二旋翼無人機失效型故障的故障檢測算法

考慮到執行單元的失效型故障是十分嚴重的故障，出現誤報、漏報或者檢測時間過長的情況都可能導致無人機發生事故，因此本書選擇精度較高且信號更新速度較快的角速度信號作為故障觀測器的狀態矢量。由於十二旋翼無人機具有六組旋翼單元而傳感器只能提供滾轉、俯仰與偏航三個方向上的角速度信息，因此這裡將基於多模型觀測器技術（詳見參考文獻［9,10］）設計故障檢測算法。

在沒有旋翼單元出現失效型故障的情況下，十二旋翼無人機的姿態動力學方程可表示為

$$\boldsymbol{J}\dot{\boldsymbol{\omega}} = -\boldsymbol{sk}(\boldsymbol{\omega})\boldsymbol{J\omega} + \boldsymbol{\Gamma B \Omega}_{\mathrm{c}} + \Delta \boldsymbol{M} \tag{7-72}$$

式中，$\boldsymbol{\Omega}_{\mathrm{c}} = [\Omega_1^2, \Omega_2^2, \cdots, \Omega_6^2]^{\mathrm{T}}$ 為六組旋翼的期望轉速；$\boldsymbol{B} = [b_1, b_2, \cdots, b_6]$ 為正常情況下的輸入矩陣。當旋翼 i 發生失效後，無人機的姿態數學模型轉化為

$$\boldsymbol{J}\dot{\boldsymbol{\omega}} = -\boldsymbol{sk}(\boldsymbol{\omega})\boldsymbol{J\omega} + \boldsymbol{\Gamma B}_i \boldsymbol{\Omega}_{\mathrm{c}} + \Delta \boldsymbol{M} \tag{7-73}$$

式中，$\boldsymbol{B}_i$ 為故障後的輸入矩陣，它由矩陣 $\boldsymbol{B}$ 的第 i 列元素全部變為零獲得。則由式(7-72) 與式(7-73) 就得到了針對正常情況以及失效型故障情況的狀態觀測器：

$$\boldsymbol{J}\dot{\widetilde{\boldsymbol{\omega}}} = -\boldsymbol{\Lambda}\boldsymbol{e}_{\omega} - \boldsymbol{s}\boldsymbol{k}(\boldsymbol{\omega})\boldsymbol{J}\boldsymbol{\omega} + \boldsymbol{\Gamma}\boldsymbol{B}\boldsymbol{\Omega}_{c} + \Delta\widetilde{\boldsymbol{M}}$$

$$\boldsymbol{J}\dot{\widetilde{\boldsymbol{\omega}}}_{i} = -\boldsymbol{\Lambda}\boldsymbol{e}_{i\omega} - \boldsymbol{s}\boldsymbol{k}(\boldsymbol{\omega})\boldsymbol{J}\boldsymbol{\omega} + \boldsymbol{\Gamma}\boldsymbol{B}_{i}\boldsymbol{\Omega}_{c} + \Delta\widetilde{\boldsymbol{M}}_{i} \tag{7-74}$$

式中，$\widetilde{\boldsymbol{\omega}}$ 為觀測器的狀態量；$\boldsymbol{e}_{i\omega} = \boldsymbol{\omega} - \widetilde{\boldsymbol{\omega}}_i$；$\boldsymbol{\Lambda}$ 為一個漸進收斂的係數矩陣；$\Delta\widetilde{\boldsymbol{M}}_i$ 表示對 $\Delta\boldsymbol{M}$ 的估計且有更新算法如下：

$$\Delta\dot{\widetilde{\boldsymbol{M}}}_{i} = -\sum(\widetilde{\boldsymbol{\omega}}_{i})\Delta\overline{\boldsymbol{M}} \tag{7-75}$$

式中，$\Delta\overline{\boldsymbol{M}}$ 代表擾動 $\Delta\boldsymbol{M}$ 的上確界。在以上多模型觀測器的基礎上，通過引入一個判定函數：

$$\boldsymbol{I}_{i}(t) = \widetilde{\boldsymbol{\omega}}_{i}^{\mathrm{T}}(t)\widetilde{\boldsymbol{\omega}}_{i}(t) + \alpha \mathrm{e}^{-\lambda(t-t_0)}\int_{t_0}^{t}\widetilde{\boldsymbol{\omega}}_{i}^{\mathrm{T}}(\tau)\widetilde{\boldsymbol{\omega}}_{i}(\tau)\mathrm{d}\tau \tag{7-76}$$

式中，α 與 λ 均大於零，表示觀測器以往狀態的權重係數。式(7-76) 可以判斷無人機是否發生失效型故障並確定故障位置。當 $I_i(t)$ 最小時，認為故障模型 i 最接近當前無人機的實際狀態，即旋翼單元 i 發生了失效型故障。

7.4.4 十二旋翼無人機失效型故障容錯控制仿真實驗

本小節通過一組仿真實例驗證十二旋翼無人機在旋翼單元失效型故障情況下的容錯控制能力。假設無人機的初始狀態為一直處於懸浮位置 $\boldsymbol{P}_0 = [0,0,8]^{\mathrm{T}}\mathrm{m}$，之後在 $T_{\mathrm{d}} = 5\mathrm{s}$ 時刻引入旋翼單元 1 的失效型故障，整個仿真過程中無人機的狀態變化如圖 7-24 所示。其中，圖 7-24(a) 表示高度變化，圖 7-24(b) 表示姿態變化（其中紅色曲線代表俯仰角，藍色曲線表示滾轉角）。由此可知，在故障發生之前無人機穩定地懸浮在指定位置，同時也保證了姿態角的穩定。而在旋翼單元 1 發生故障之後，無人機的姿態迅速失控直到故障被檢測到以及對應的控制量重構分配策略被激活。此後無人機就逐漸恢復到穩定狀態。對比圖 7-24(a) 與(b) 也可以發現，故障發生後無人機姿態角迅速偏離指定位置而高度幾乎沒有受到任何影響，這是由於故障對於無人機高度的作用相比其對姿態的影響是一個慢變過程，當故障檢測算法依據無人機姿態的變化判定故障已發生並重構了控制器結構之後，無人機的高度也不會發生明顯變化。這也充分證明了選取無人機的姿態角速度信息作為故障觀測器的狀態矢量保證了故障檢測的快速性。

整個仿真結果證明了前幾個小節中為十二旋翼無人機設計的失效型故障主動容錯控制系統的良好性能，既可以準確快速地定位故障位置又可以保證無人機系統在故障後的安全飛行。這也反過來證明了十二旋翼無人機具有克服旋翼單元失效性故障的能力，與四旋翼無人機相比，在飛行可靠性上有了本質的提升。

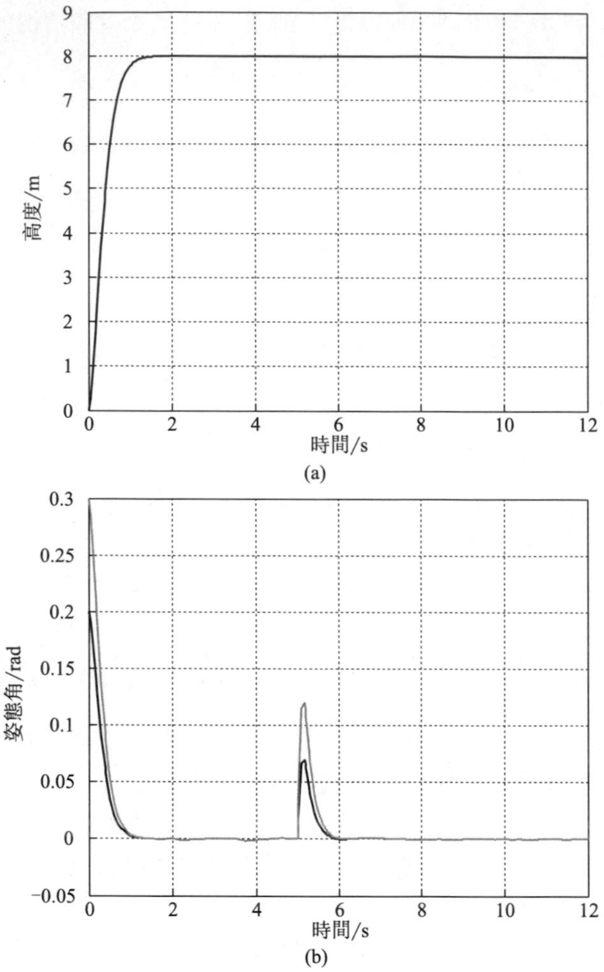

圖 7-24　故障前後十二旋翼無人機狀態變化曲線（電子版）

7.5 六旋翼無人機容錯控制

7.5.1 執行單元故障檢測與診斷系統

依據發生故障位置將執行單元故障分為驅動電路板故障、電動機故障及旋翼故障。執行單元發生驅動電路板故障或電動機故障後升力因子 k 正常，轉速 Ω

無法達到期望轉速，而發生旋翼故障後轉速 Ω 正常，升力因子 k 明顯小於正常值，本節基於自主研製的六旋翼無人機針對這兩種情況分別設計了故障診斷算法。因此，本節執行單元故障檢測與診斷系統由兩部分構成：基於最優分類面的故障診斷算法和基於擴展卡爾曼濾波算法的故障觀測器。基於最優分類面的故障診斷算法主要針對驅動電路板故障與電動機故障設計，在線監測驅動電路板與電動機的工作狀況；基於擴展卡爾曼濾波器的故障觀測器主要針對旋翼故障而設計，實時估計各個執行單元的升力因子。故障檢測與診斷系統的框圖如圖 7-25 所示。

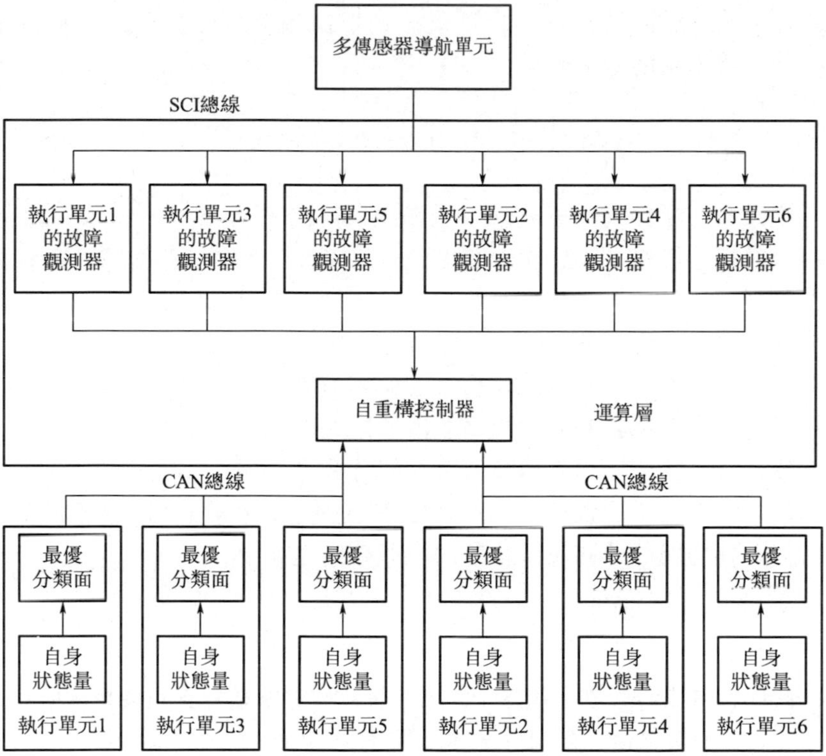

圖 7-25　六旋翼無人機執行單元故障檢測與診斷系統框圖

在每個執行單元中均有一套基於最優分類面的故障診斷算法，提取自身的狀態量，監控是否發生驅動電路板故障或電動機故障。根據執行單元故障模型的相關分析，將端電壓的幅值、六個扇區的換相間隔、估計的負載阻轉矩作為狀態量。最優分類超平面是一種學習分類算法，這種算法的學習策略是保持經驗風險值固定而最小化置信範圍，適合應用於本系統。驅動電路板故障與電動機故障在極短時間內將會惡化，對最優分類面的故障診斷算法的實時性提出很高的要求——應在故障發生後 15 個電週期内（30ms 内）檢測到故障，並且盡可能地不產生虛警。

在運算層中設計一組基於擴展卡爾曼濾波算法的故障觀測器，每個故障觀測器對應一個執行單元，監控執行單元是否發生旋翼故障（升力因子小於正常的範圍）。故障觀測器將多傳感器導航單元提供的無人機狀態量作為測量矩陣，並依據無人機的非線性動力學模型得到狀態轉移矩陣及控制輸入矩陣，在線估計對應旋翼的升力因子。

在執行單元無故障的情況下，控制器將根據故障檢測與診斷系統提供的觀測信息，修正控制輸入矩陣的相關參數以便更好地完成無人機姿態角的控制與軌跡跟蹤功能；在有故障的情況下，自重構控制器將依據故障信息重構控制輸入矩陣，保障無人機系統的穩定性。

7.5.2 基於最優分類面的故障診斷算法

執行單元發生驅動電路板故障或電動機故障後升力因子 k 正常，轉速 Ω 無法達到期望轉速，若進一步惡化，將導致 MOSFET 擊穿短路故障，危害無人機供電電壓的穩定。基於最優分類面的故障診斷算法主要針對這類故障而設計，通過執行單元狀態量監督各個驅動電路板與電動機的工作狀態，若某執行單元發生故障，則停止其工作，同時將故障信息上傳到運算層中激活自重構控制器。直接從執行單元中提取狀態量有利於提高故障診斷的準確性，將端電壓的幅值、六個扇區的換相間隔、觀測器估計的負載阻轉矩作為狀態量。這是因為 MOSFET 斷路故障將體現在端電壓的幅值上，MOSFET 短路或換相故障將影響六個扇區的換相均勻性，電動機故障將導致估計的負載阻轉矩畸變。

(1) 最優分類超平面

本節通過提取執行單元狀態量評估驅動板及電動機的工作狀態。接下來需要選擇一種合理、準確的學習分類算法。由於驅動電路板故障與電動機故障在極短時間内將會惡化，這對最優分類面的故障診斷算法的實時性與準確性提出了很高的要求——應在故障發生後 15 個電週期内檢測到故障（30ms 内），並且盡可能地不產生虛警。相應的學習分類算法應當在線運行速度快、可靠性高，本節採用最優分類超平面。首先假定有訓練數據［式(7-77)］可被一個超平面［式(7-78)］分開，有：

$$(\boldsymbol{x}_1, y_1), (\boldsymbol{x}_2, y_2), \cdots, (\boldsymbol{x}_l, y_l), \boldsymbol{x}_i \in \boldsymbol{R}^n, y_i \in \{+1, -1\} \tag{7-77}$$

$$(\boldsymbol{w} \cdot \boldsymbol{x}) - b = 0 \tag{7-78}$$

式中，$\boldsymbol{x}_i$ 為訓練樣本向量；l 為樣本數量；$\boldsymbol{w}$ 為權係數；b 為分類域值。如果超平面對訓練樣本向量集合的分類結果沒有錯誤，同時距離超平面最近的向量

與超平面之間的距離是最大的，則可認為訓練樣本向量集合成功被這個最優超平面分開。上述過程可以表示為

$$y_i[(\boldsymbol{w}\cdot\boldsymbol{x}_i)-b]\geqslant 1, i=1,\cdots,l \tag{7-79}$$

根據結構風險最小準則確定這個超平面，優化目標是求取式(7-80) 最小，約束條件為式(7-81)。

$$\Phi(\boldsymbol{w})=\frac{1}{2}(\boldsymbol{w}\boldsymbol{w}) \tag{7-80}$$

$$y_i((\boldsymbol{w}\boldsymbol{x}_i)+b)\geqslant 1 \tag{7-81}$$

上面這個優化問題的解是由式(7-82) 表示的拉格朗日函數的鞍點給出的：

$$L(\boldsymbol{w},b,\alpha)=\frac{1}{2}(\boldsymbol{w}\boldsymbol{w})-\sum_{i=1}^{l}\alpha_i\{[(\boldsymbol{x}_i\boldsymbol{w})-b]y_i-1\} \tag{7-82}$$

式中，α_i 為拉格朗日乘子。需要對式(7-82) 關於 $\boldsymbol{w}$、b 求其最小值及關於 $\alpha_i>0$ 求其最大值。約束條件為

$$\begin{cases}\dfrac{\partial L(\boldsymbol{w}_0,b_0,\alpha^0)}{\partial b}=0\\ \dfrac{\partial L(\boldsymbol{w}_0,b_0,\alpha^0)}{\partial \boldsymbol{w}}=0\\ \sum\limits_{i=1}^{l}\alpha_i^0 y_i=0 \quad \alpha_i^0\geqslant 0(i=1,\cdots,l)\end{cases} \tag{7-83}$$

式中，b_0 為初始域值；$\boldsymbol{w}_0$ 為訓練樣本向量的線性組合，表示為

$$\boldsymbol{w}_0=\sum_{i=1}^{l}y_i\alpha_i^0\boldsymbol{x}_i, \alpha_i^0>0, i=1,\cdots,l \tag{7-84}$$

因此支持向量就是可以在 $\boldsymbol{w}_0$ 的展開中具有非零係數 α_i^0。依據庫恩-塔克 (Kuhn-Tucker) 條件可知，最優超平面的充分必要條件是分類超平面滿足以下條件：

$$\alpha_i^0\{[(\boldsymbol{w}_0\boldsymbol{x}_i)-b_0]y_i-1\}=0, i=1,\cdots,l \tag{7-85}$$

把 $\boldsymbol{w}_0$ 的表達式代入式(7-72) 中，並考慮式(7-74)，最後得到：

$$\begin{cases}\max J(\alpha)=\sum\limits_{i=1}^{l}\alpha_i-\dfrac{1}{2}\sum\limits_{i,j=1}^{l}\alpha_i\alpha_j y_i y_j(x_i x_j)\\ \sum\limits_{i=1}^{l}\alpha_i y_i=0 \quad \alpha_i\geqslant 0(i=1,\cdots,l)\end{cases} \tag{7-86}$$

由式(7-86) 求解 α_i，並代入式(7-77) 和式(7-78) 中，完成最優分類面的求解。

$$w = \sum_{i=1}^{n} \alpha_i y_i \boldsymbol{x}_i \tag{7-87}$$

$$b = -\frac{1}{2}(\boldsymbol{w}(\boldsymbol{x}^{+} + \boldsymbol{x}^{-})) \tag{7-88}$$

式中，$\boldsymbol{x}^{+}$ 為屬於 $y=+1$ 的某個（任意一個）支持向量；$\boldsymbol{x}^{-}$ 為屬於 $y=-1$ 的某個（任意一個）支持向量。最優分類面的缺點是可能會引起維數災難，尤其是在向量階數高和訓練數據大的情況下。為此有學者提出了支持向量機的算法，這種算法的核心思想是：通過某種事先選擇的非線性映射將輸入向量映射到一個高維的特徵空間，在這個空間中構造最優分類面。支持向量機利用核函數（內積迴旋）將輸入向量映射到高維的特徵空間，但是核函數的選擇並不容易，目前學術界並沒有給出易於實現的選擇核函數參數的統一方法。考慮到在本系統中訓練向量的階數不高、訓練數據不多並且可以離線完成學習的情況，最後採用最優分類面的故障診斷算法。

(2) 基於最優分類面的學習機設計

學習問題是利用有限數量的觀測來尋找待求解的依賴關係的問題。如圖 7-26 所示，三個部分構成了樣本學習的一般模型：①產生器（G），產生輸入向量 $\boldsymbol{x} \in \boldsymbol{R}^n$，由執行單元產生；②訓練器（S），對每個輸入向量 $\boldsymbol{x}$ 返回一個輸出值 y；③學習機器（LM），能夠實現一定的函數集，逼近訓練器輸出值 y。學習問題就是從給定的函數集中選擇出能夠最好逼近訓練器響應的函數。

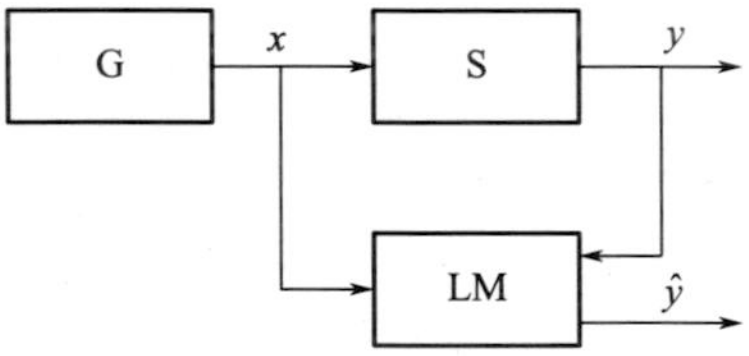

圖 7-26　學習機訓練模型

在旋翼旋轉時，假設最近完成的電週期內六個扇區的時間向量為 $\boldsymbol{T}=[t_{ab}, t_{ac}, t_{bc}, t_{ba}, t_{ca}, t_{cb}]^{T}$。其中，$t_{ab}$ 為上橋臂 A 相 MOSFET 與下橋臂 B 相 MOSFET 的導通的時間，以此類推。對時間向量歸一化，有：

$$\overline{\boldsymbol{T}} = \frac{[t_{ab}, t_{ac}, t_{bc}, t_{ba}, t_{ca}, t_{cb}]^{T}}{\sqrt{t_{ab}^2 + t_{ac}^2 + t_{bc}^2 + t_{ba}^2 + t_{ca}^2 + t_{cb}^2}} \tag{7-89}$$

需要注意的是，發生某些故障（例如電動機相間短路故障）可能直接導致電動機換相立即停止。這種情況下時間向量 $\overline{\boldsymbol{T}}$ 的值將得不到更新，學習機也無法提取相應狀態量完成對執行單元的故障診斷。故發生這種情況後，微控制器將足夠大的數值賦給向量 $\overline{\boldsymbol{T}}$ 裡的相應值，保證故障診斷算法的運行。

執行單元的微控制器（C8051F500）片內擁有一個 12bit 逐次漸進模數轉換器（Analog-to-Digital Converter，ADC），採樣速率最高可達 200ksps。在驅動電路板上橋臂 A 相 MOSFET 與下橋臂 B 相 MOSFET 導通時，A 相的端電壓作為 u_h，C 相的端電壓作為 u_l；經過換相進入下一階段，驅動電路板上橋臂 A 相 MOSFET 與下橋臂 C 相 MOSFET 導通，此刻 A 相的端電壓作為 u_h、C 相的端電壓作為 u_l。依次類推，保證每個扇區 u_h 對應導通迴路上橋臂的端電壓，u_l 對應導通迴路下橋臂的端電壓。得到最優分類面學習機的訓練數據向量（表 7-2）：

$$\boldsymbol{x}=[\bar{t}_{ab},\bar{t}_{ac},\bar{t}_{bc},\bar{t}_{ba},\bar{t}_{ca},\bar{t}_{cb},u_h,u_l,\hat{T}_L]^T \tag{7-90}$$

表 7-2　最優分類面學習機的訓練數據向量

樣本名稱	樣本數量	樣本名稱	樣本數量
MOSFET 斷路故障	10	無故障 30% 占空比	5
MOSFET 短路故障	10	無故障 60% 占空比	5
換相故障	10	無故障 90% 占空比	5
相間短路故障	5	無故障加速	5
某相繞組斷路故障	5	無故障減速	5

將上述的訓練數據向量代入式(7-86)～式(7-88) 中，完成了最優分類面學習機的求取。在實際運行中最優分類面的故障診斷算法可在每個電週期結束後得到一個診斷結果。為了提高診斷結果的準確性，統計一段時間內（11 個電週期）最多的診斷結果作為執行單元最終診斷結果。這種做法以算法實時性為代價，但是能夠有效避免虛警。通過選型及電路設計保證各橋臂的 MOSFET 在 50ms 內不會因反向電動勢消失被電樞電流擊穿，同時故障診斷算法的反應時間理論上在 30ms 內。根據上述分析，基於最優分類面的故障診斷算法可以及時準確地完成故障分離，保證系統的安全。

7.5.3 基於擴展卡爾曼濾波算法的故障觀測器

執行單元發生旋翼故障後轉速 Ω 正常，升力因子 k 明顯小於正常值。基於擴展卡爾曼濾波器的故障觀測器主要針對這類故障設計，利用六旋翼無人機的飛行狀態量估計升力因子。為了避免使用期望轉速帶來的升力變動誤差，本節利用換相信號完成了旋翼轉速精確測量，並使用 CAN 總線將實時轉速上傳到運算層中，這樣故障觀測器中可直接採用各旋翼的實時轉速提高估計的準確性。另外，無人機的控制力矩全部由旋翼提供，所以旋翼的氣動干擾是無人機擾動的主要成因。根據旋翼升力模型的相關分析，升力因子會隨海拔高度、空氣黏性和風速的大小方向等因素的變化而有一定程度的波動，所以通過故障觀測器提供的觀測信息修正控制器中相關參數可以顯著提高無人機的控制效果。

本節採用一組並行的觀測器，每一個觀測器估計一個執行單元的升力因子，依據每個觀測器輸出的殘差判斷當前升力因子是否可信，如圖 7-27 所示。這種方法是對參數變化的直接響應，可以更快地檢測出故障。但是由於六旋翼無人機的非線性動力學模型不能直接使用卡爾曼濾波算法構建觀測器，因此需要採用擴展卡爾曼濾波算法。擴展卡爾曼濾波算法其實是對非線性函數的泰勒展開式進行一階線性化截斷，忽略其餘高階項，從而將非線性問題轉化為線性問題求解。

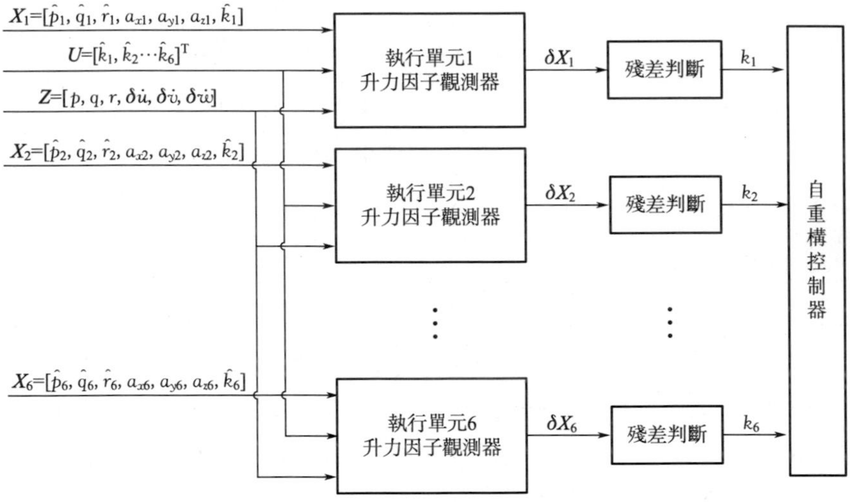

圖 7-27　升力因子故障診斷系統框圖

（1）六旋翼無人機非線性動力學模型簡化

為了構建基於擴展卡爾曼濾波器的故障觀測器，首先需要得到六旋翼無人機的非線性動力學模型。考慮到六旋翼無人機設計特性和工作情況，可以進行如下簡化假設。

① 由於執行單元產生的反扭力矩比升力力矩要小一個量級，故在滾轉與俯仰的控制力矩中可以將反扭力矩的影響忽略，但是在偏航的控制力矩中需要考慮反扭力矩（詳見 7.2.3 節）。

② 六旋翼原型機採用碳纖維材料製造，它是一種含碳量在 95％以上的高強

度新型纖維材料，碳纖維質量很輕，由此忽略旋翼的轉動慣量矩。

③ 考慮到由電動機與旋翼組成的執行單元相對於六旋翼無人機自身具有更快速的響應特性，因此在研究無人機控制算法時不考慮驅動部分動力學特性的影響，即直接將各個旋翼轉速當作無人機動力學模型的輸入。

根據以上假設，可以得到簡化後的六旋翼無人機姿態轉動及線運動特性的動力學模型如下：

$$\begin{cases}\dot{\boldsymbol{\eta}}=\boldsymbol{T}\boldsymbol{\omega}\\ \boldsymbol{J}\dot{\boldsymbol{\omega}}=-S(\boldsymbol{\omega})\boldsymbol{J}\boldsymbol{\omega}+\boldsymbol{M}\end{cases} \tag{7-91}$$

$$\begin{cases}\dot{\boldsymbol{P}}=\boldsymbol{R}_{b-g}\boldsymbol{V}\\ \dot{\boldsymbol{V}}=-S(\boldsymbol{\omega})\boldsymbol{V}+\mathrm{diag}\left(\frac{1}{m},\frac{1}{m},\frac{1}{m}\right)\boldsymbol{F}\end{cases} \tag{7-92}$$

式中，$\boldsymbol{\omega}=[p,q,r]^{\mathrm{T}}$ 為六旋翼無人機相對於機體座標系繞各軸旋轉的角速度；$\boldsymbol{P}=[x,y,z]^{\mathrm{T}}$ 為六旋翼無人機在慣性座標系下的位置；$\boldsymbol{V}=[u,v,w]^{\mathrm{T}}$ 為飛行速度在機體座標系上的投影；$\boldsymbol{M}=[M_x,M_y,M_z]^{\mathrm{T}}$ 為無人機控制姿態力矩；$\boldsymbol{F}=[F_x,F_y,F_z]^{\mathrm{T}}$ 為無人機受到的合力。具體表達式為：

$$\begin{bmatrix}M_x\\M_y\\M_z\end{bmatrix}=\begin{bmatrix}\frac{1}{2}L\cos\gamma(-k_1\Omega_1^2-2k_2\Omega_2^2-k_3\Omega_3^2+k_4\Omega_4^2+2k_5\Omega_5^2+k_6\Omega_6^2)\\ \frac{\sqrt{3}}{2}L\cos\gamma(-k_1\Omega_1^2+k_3\Omega_3^2+k_4\Omega_4^2-k_6\Omega_6^2)\\ L\sin\gamma(k_1\Omega_1^2-k_2\Omega_2^2+k_3\Omega_3^2-k_4\Omega_4^2+k_5\Omega_5^2-k_6\Omega_6^2)\end{bmatrix}+\begin{bmatrix}0\\0\\ \cos\gamma(L_{a1}-L_{a2}+L_{a3}-L_{a4}+L_{a5}-L_{a6})\end{bmatrix} \tag{7-93}$$

$$\begin{bmatrix}F_x\\F_y\\F_z\end{bmatrix}=\begin{bmatrix}1/2\sin\gamma(k_1\Omega_1^2-2k_2\Omega_2^2+k_3\Omega_3^2+k_4\Omega_4^2-2k_5\Omega_5^2+k_6\Omega_6^2)+G\sin\theta\\ \sqrt{3}/2\sin\gamma(k_1\Omega_1^2-k_3\Omega_3^2+k_4\Omega_4^2-k_6\Omega_6^2)-G\cos\theta\sin\phi\\ \cos\gamma(k_1\Omega_1^2+k_2\Omega_2^2+k_3\Omega_3^2+k_4\Omega_4^2+k_5\Omega_5^2+k_6\Omega_6^2)-G\cos\theta\cos\phi\end{bmatrix} \tag{7-94}$$

式中，$\Omega_1\sim\Omega_6$ 為無人機六個旋翼的轉速；$L_{a1}\sim L_{a6}$ 為六個執行單元的反扭力矩；M_x 為滾裝角的控制力矩；M_y 為俯仰角控制力矩；M_z 為偏航角控制力矩。

(2) 擴展卡爾曼濾波算法

經過簡化後，六旋翼無人機的非線性動力學模型如式(7-93) 及式(7-94) 所示。由於其存在非線性，線性的卡爾曼濾波算法會遇到本質上的困難。疊加原理也不再成立；系統的狀態和輸出不再是高斯分布；難以使用簡單的遞推關係表達狀態量。故對於非線性系統通常採用近似線性化的方法來研究非線性濾波問題。擴展卡爾曼濾波算法採用的近似方法是對非線性函數的泰勒展開式進行一階線性化截斷，實現線性化目的。首先，得到六旋翼無人機的狀態方程和觀測方程，表示為

$$\dot{\boldsymbol{X}}=f(\boldsymbol{X},\boldsymbol{U})+\boldsymbol{W} \tag{7-95}$$

$$\boldsymbol{Z}=h(\boldsymbol{X})+\boldsymbol{V} \tag{7-96}$$

式中，$f(\boldsymbol{X},\boldsymbol{U})$為狀態矢量和控制輸入矢量的非線性函數集；$\boldsymbol{W}$ 為零均值隨機噪聲矢量；$\boldsymbol{V}$ 為觀測噪聲矢量；$\boldsymbol{U}=[\hat{k}_1,\hat{k}_2,\cdots,\hat{k}_6]^{\mathrm{T}}$ 為輸入矢量；$\boldsymbol{X}=[\hat{p},\hat{q},\hat{r},\hat{a}_x,\hat{a}_y,\hat{a}_z]^{\mathrm{T}}$ 為狀態矢量；$\boldsymbol{Z}=[p,q,r,a_x,a_y,a_z]^{\mathrm{T}}$ 為觀測矢量。$[a_x,a_y,a_z]^{\mathrm{T}}$ 具體表示如下：

$$\begin{cases}a_x=(\dot{u}-rv+qw)-G\sin\theta/m\\ a_y=(\dot{v}-pw+ru)+G\cos\theta\sin\phi/m\\ a_z=(\dot{w}-qu+pv)+G\cos\theta\cos\phi/m\end{cases} \tag{7-97}$$

將式(7-95) 和式(7-96) 進行離散化，並利用泰勒展開式線性化可以得到：

$$\boldsymbol{X}_k=\boldsymbol{\Phi}_{k,k-1}\boldsymbol{X}_{k-1}+\boldsymbol{\Gamma}_{k,k-1}(\boldsymbol{U}_{k-1}+\boldsymbol{W}_{k-1}) \tag{7-98}$$

$$\boldsymbol{Z}_k=\boldsymbol{H}_k\boldsymbol{X}_k+\boldsymbol{V}_k \tag{7-99}$$

式中，$\boldsymbol{H}_k=\mathrm{diag}(1,1,\cdots,1)$、$\boldsymbol{Z}_k$ 為陀螺儀和加速度計的測量值，其噪聲由傳感器自身性能決定；$\boldsymbol{\Phi}_{k,k-1}=\boldsymbol{\kappa}_{6\times6}+\boldsymbol{F}_k\boldsymbol{T}_{\mathrm{s}}$ 為離散轉移矩陣，其中 $\boldsymbol{\kappa}_{6\times6}=\mathrm{diag}(1,1,1,0,0,0)$，$\boldsymbol{T}_{\mathrm{s}}$ 為採樣時間間隔；$\boldsymbol{F}_k$ 的具體表達式為

$$\boldsymbol{F}_{k,k-1}=\begin{bmatrix}0 & (I_y-I_z)r(k)/I_x & (I_y-I_z)q(k)/I_x & \\ (I_z-I_x)r(k)/I_y & 0 & (I_z-I_x)p(k)/I_y & \boldsymbol{O}_{3\times3}\\ (I_x-I_y)q(k)/I_z & (I_x-I_y)p(k)/I_z & 0 & \\ & \boldsymbol{O}_{3\times3} & & \boldsymbol{O}_{3\times3}\end{bmatrix} \tag{7-100}$$

在 7.2.1 小節中採用相應的方法增加了擴張狀態觀測器對負載阻轉矩的跟蹤效果，故而能得到準確的反扭力矩，表示如下：

$$\chi_i=\hat{k}_{Li}/k_i \tag{7-101}$$

結合式(7-93) 與式(7-94)，可以得到 $\boldsymbol{\Gamma}_{k,k-1}$ 的表達式如下：

$$
\boldsymbol{\Gamma}_{k,k-1}=\begin{bmatrix}
-\frac{L\Omega_1^2 T_s\cos\gamma}{2I_x} & -\frac{L\Omega_2^2 T_s\cos\gamma}{I_x} & -\frac{L\Omega_3^2 T_s\cos\gamma}{2I_x} & \frac{L\Omega_4^2 T_s\cos\gamma}{2I_x} & \frac{L\Omega_5^2 T_s\cos\gamma}{I_x} & \frac{L\Omega_6^2 T_s\cos\gamma}{2I_x} \\
-\frac{\sqrt{3}L\Omega_1^2 T_s\cos\gamma}{2I_y} & 0 & \frac{\sqrt{3}L\Omega_3^2 T_s\cos\gamma}{2I_y} & \frac{\sqrt{3}L\Omega_4^2 T_s\cos\gamma}{2I_y} & 0 & -\frac{\sqrt{3}L\Omega_6^2 T_s\cos\gamma}{2I_y} \\
\frac{\Omega_1^2 T_s(L\sin\gamma+\chi_1\cos\gamma)}{I_z} & -\frac{\Omega_2^2 T_s(L\sin\gamma+\chi_2\cos\gamma)}{I_z} & \frac{\Omega_3^2 T_s(L\sin\gamma+\chi_3\cos\gamma)}{I_z} & -\frac{\Omega_4^2 T_s(L\sin\gamma+\chi_4\cos\gamma)}{I_z} & \frac{\Omega_5^2 T_s(L\sin\gamma+\chi_5\cos\gamma)}{I_z} & -\frac{\Omega_6^2 T_s(L\sin\gamma+\chi_6\cos\gamma)}{I_z} \\
\frac{\Omega_1^2\sin\gamma}{2m} & -\frac{\Omega_2^2\sin\gamma}{m} & \frac{\Omega_3^2\sin\gamma}{2m} & -\frac{\Omega_4^2\sin\gamma}{2m} & \frac{\Omega_5^2\sin\gamma}{m} & -\frac{\Omega_6^2\sin\gamma}{2m} \\
\frac{\sqrt{3}\Omega_1^2\sin\gamma}{2m} & 0 & -\frac{\sqrt{3}\Omega_3^2\sin\gamma}{2m} & \frac{\sqrt{3}\Omega_4^2\sin\gamma}{2m} & 0 & -\frac{\sqrt{3}\Omega_6^2\sin\gamma}{2m} \\
\frac{\Omega_1^2\cos\gamma}{m} & \frac{\Omega_2^2\cos\gamma}{m} & \frac{\Omega_3^2\cos\gamma}{m} & \frac{\Omega_4^2\cos\gamma}{m} & \frac{\Omega_5^2\cos\gamma}{m} & \frac{\Omega_6^2\cos\gamma}{m}
\end{bmatrix}
\tag{7-102}
$$

(3) 故障觀測器設計

在上一小節得到離散轉移矩陣 $\boldsymbol{\Phi}_{k,k-1}$ 和離散控制輸入矩陣 $\boldsymbol{\Gamma}_{k,k-1}$ 的基礎上，設計對升力因子 k_1、k_2、…、k_6 的故障觀測器。設計增廣故障觀測器的狀態矢量表示如下，將升力因子 $\hat{k}_i$ 包含在狀態矢量中：

$$\overline{\boldsymbol{X}}_i = \begin{bmatrix} \boldsymbol{X}_i \\ \hat{\boldsymbol{k}}_i \end{bmatrix} \tag{7-103}$$

增廣的狀態矢量 $\overline{\boldsymbol{X}}_i$ 的狀態方程如下：

$$\overline{\boldsymbol{X}}_{i.k} = \overline{\boldsymbol{\Phi}}_{i.k,k-1}\overline{\boldsymbol{X}}_{i.k-1} + \overline{\boldsymbol{\Gamma}}_{i.k,k-1}(\boldsymbol{U}_k + \overline{\boldsymbol{W}}_{k-1}) \tag{7-104}$$

$$\boldsymbol{Z}_{i.k} = \overline{\boldsymbol{H}}_{i.k}\overline{\boldsymbol{X}}_{i.k} + \boldsymbol{V}_k \tag{7-105}$$

對應增廣的狀態矢量，需要修改式(7-98) 中的離散轉移矩陣。結合式(7-103)，得到增廣的離散轉移矩陣為

$$\overline{\boldsymbol{\Phi}}_{i.k,k-1} = \begin{bmatrix} \boldsymbol{\Phi}_{k,k-1} & \boldsymbol{\Gamma}_{k,k-1}^{(j)} \\ 0 & 1 \end{bmatrix} \tag{7-106}$$

式中，$\boldsymbol{\Gamma}_{k,k-1}^{(j)}$ 為控制輸入矩陣 $\boldsymbol{\Gamma}_{k,k-1}$ 的第 j 列。進一步，得到增廣後的控制輸入矩陣為

$$\overline{\boldsymbol{\Gamma}}_{i.k,k-1} = \begin{bmatrix} \boldsymbol{\Gamma}_{k,k-1}^{(0,j)} \\ 0 \end{bmatrix} \tag{7-107}$$

式中，$\boldsymbol{\Gamma}_{k,k-1}^{(0,j)}$ 為控制輸入矩陣 $\boldsymbol{\Gamma}_{k,k-1}$ 的第 j 列清零後的矩陣。最後有增廣的測量矩陣為

$$\overline{\boldsymbol{H}}_{i,k} = [\boldsymbol{H}_k \quad 0] \tag{7-108}$$

依據式(7-106)～式(7-108)，可以得到執行單元 $i(i \in \{1,2,\cdots,6\})$ 的增廣後的離散轉移矩陣和控制輸入矩陣。卡爾曼濾波的計算過程是一個不斷進行的「預測-修正過程」，但是為了避免卡爾曼濾波發散，以降低濾波的最優性為代價來抑制發散，加快濾波器收斂。本文的基本思路是加大觀測值在濾波方程中的權重，同時降低陳舊數據對濾波結果的影響，採用 S 加權衰減記憶卡爾曼濾波算法。將前文求得的離散轉移矩陣和控制輸入矩陣依序代入濾波迭代方程式[式(7-109)]，可以得到執行單元 i 的故障觀測器為

$$\begin{cases} \hat{\boldsymbol{X}}_{k/k-1} = \boldsymbol{\Phi}_{k/k-1}\hat{\boldsymbol{X}}_{k-1} + \boldsymbol{\Gamma}_{k,k-1}\dot{\boldsymbol{X}}_{k-1} \\ \hat{\boldsymbol{X}}_k = \hat{\boldsymbol{X}}_{k/k-1} + \boldsymbol{K}_k(\boldsymbol{Z}_k - \boldsymbol{H}_k\hat{\boldsymbol{X}}_{k/k-1}) \\ \boldsymbol{K}_k = \boldsymbol{P}_k\boldsymbol{H}_k^{\mathrm{T}}[\boldsymbol{H}_k\boldsymbol{P}_{k/k-1}\boldsymbol{H}_k^{\mathrm{T}} + \boldsymbol{R}_k]^{-1} \end{cases}$$

$$\begin{cases} \boldsymbol{P}_{k/k-1}=\boldsymbol{S}\boldsymbol{\Phi}_{k/k-1}\boldsymbol{P}_{k-1}\boldsymbol{\Phi}_{k/k-1}^{\mathrm{T}}+\boldsymbol{\Gamma}_{k,k-1}\boldsymbol{Q}_{k-1}\boldsymbol{\Gamma}_{k,k-1}^{\mathrm{T}} \\ \boldsymbol{P}_{k}=(\boldsymbol{I}-\boldsymbol{K}_{k}\boldsymbol{H}_{k})\boldsymbol{P}_{k/k-1}(\boldsymbol{I}-\boldsymbol{K}_{k}\boldsymbol{H}_{k})^{\mathrm{T}}+\boldsymbol{K}_{k}\boldsymbol{R}_{k}\boldsymbol{K}_{k}^{\mathrm{T}} \end{cases} \tag{7-109}$$

接下來，根據殘差判斷各個執行單元的故障觀測器估計的升力因子 $\hat{k}_i$ 是否準確。基本思路是看根據故障觀測器殘差矢量的二階範數表徵當前觀測值 $\hat{k}_i$ 是否準確，如果在一段時間內殘差矢量的二階範數都小於某個常數，可認為當前估計的升力因子 $\hat{k}_i$ 是準確的。依據 $\hat{k}_i$ 求得執行單元損傷比例係數β_i 表示為

$$\beta_i=1-\hat{k}_i/\bar{k}_i \tag{7-110}$$

式中，$\bar{k}_i$ 為室內標準大氣壓下測得的升力因子。β_i 越大，旋翼實際輸出的升力越小，$\beta_i<0.15$ 認為是環境干擾所引起的；$1>\beta_i>0.15$ 則認為發生了增益性故障；$\beta_i=1$ 可確認發生了失效型故障。最後自重構控制器將根據 β_i 的值判斷當前執行單元是否發生故障，並做相應處理，即在有故障時進行容錯重構，在無故障時修正控制器中的相關參數。

（4）仿真驗證與分析

在本小節中，通過數值仿真實驗驗證基於擴展卡爾曼濾波算法的故障觀測器有效性。本文為了加快觀測器的收斂速度，引入了 S 加權衰減記憶參數，該參數增大表明需要增加觀測值在濾波方程中的權重，反之則減小觀測值在濾波方程中的權重。但是 S 加權衰減記憶參數過大將導致觀測值毛刺較多，故而需要綜合考慮合理選擇 S 參數的數值。

假設六旋翼無人機中設定的升力因子（紅色、藍色以及綠色曲線）與設定的升力因子（室內標準大氣壓下的升力因子，為黑色曲線）有一定誤差，故障觀測器從 0.06s 開始估計升力因子。圖 7-28 表明在遺忘因子 $S=1.0$ 時，升力因子跟蹤曲線平滑，但是收斂速度慢（0.2s 以上）；在遺忘因子 $S=1.08$ 時，升力因子跟蹤曲線毛刺多但是收斂速度快（0.05s 左右）；在遺忘因子 $S=1.04$ 時，升力因子跟蹤曲線的毛刺較少並且收斂速度較快（0.08s 左右）。雖然 $S=1.08$ 時跟蹤速度快，但是在實際系統中由於傳感器噪聲等因素的影響，它的毛刺也很大，測量精度較低。根據上述分析，採用 $S=1.04$ 的加權衰減記憶參數。

接下來，通過數值仿真驗證升力因子觀測器組能否同時對所有執行單元進行升力因子的估計。仿真實驗中，六旋翼無人機處於飛行狀態，控制器中的升力因子有 15%左右的誤差。由圖 7-29 可見故障觀測器在 0.03s 啓動，經過 0.08s 後故障觀測器估計的各執行單元升力因子均接近設定值，由此證明設計的故障觀測器組能夠同時準確跟蹤各執行單元的升力因子。

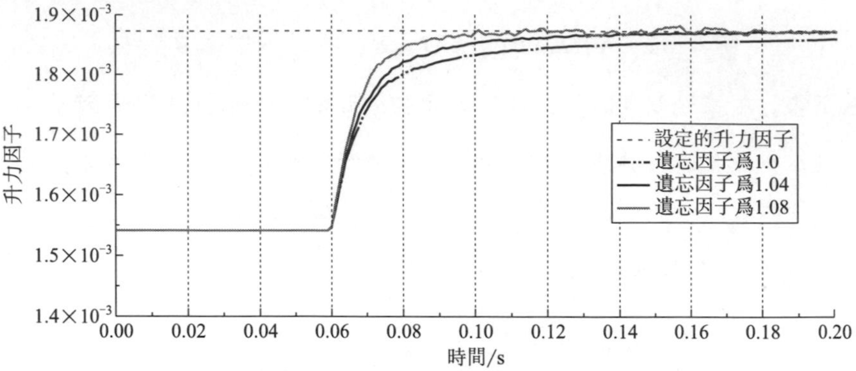

圖 7-28 加權衰減記憶參數對故障觀測器的影響（電子版）

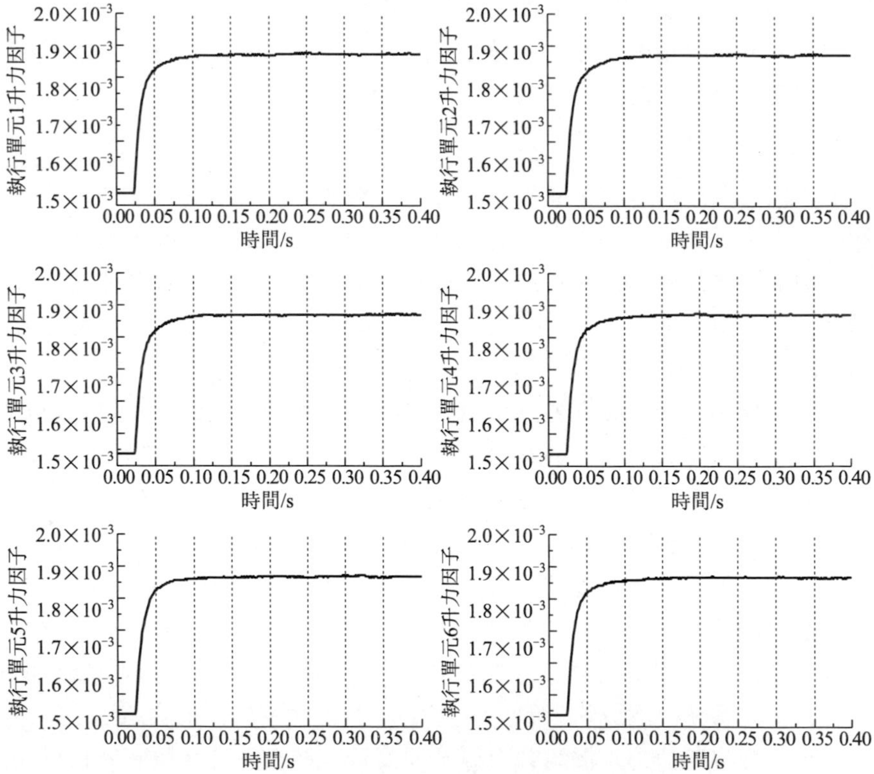

圖 7-29 故障觀測器組對各執行單元升力因子的估計

最後，仿真驗證故障觀測器在執行單元發生突發性故障與漸變性故障時的有效性。由圖 7-30 可知執行單元 2 在 0.1s 左右發生突發性故障，其升力因子下降

25%左右，故障觀測器準確定位故障執行單元位置得到故障後升力因子的值；同時執行單元 5 在 0.22s 左右發生漸變故障，設定升力因子以一定的速率下降，故障觀測器確定故障執行單元位置並準確跟蹤設定的升力因子。綜上所述，基於擴展卡爾曼濾波算法的觀測器組能夠很好地完成故障分離（確認故障位置）與故障識別（測定故障大小），實現在線監控六旋翼無人機執行單元的健康狀況。

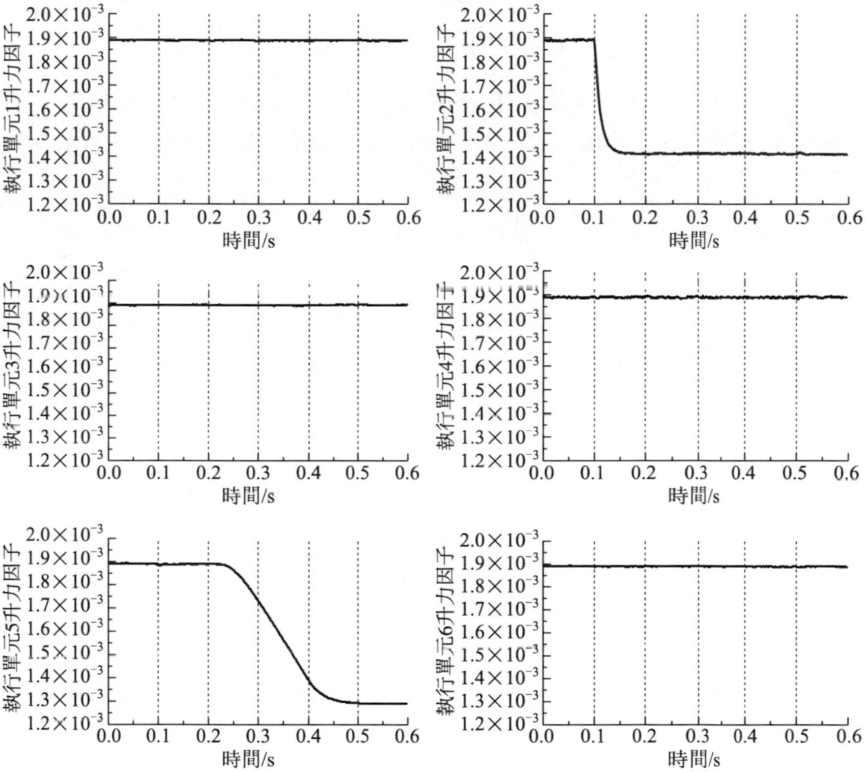

圖 7-30 故障觀測器組對突發性故障與漸變性故障的估計效果

7.5.4 自重構控制算法

依據定義的升力故障模型，損傷比例係數 $1>\beta_i>0.15$ 為增益型故障，損傷比例係數 $\beta_i=1$ 為失效型故障。此時，自重構控制器將根據前面介紹的故障檢測與診斷系統（FDD）系統提供的損傷比例係數 β_i 進行參數修正與結構調整。

（1）自重構控制器的設計

首先，研究執行單元發生故障後六旋翼無人機的動力學特性。由故障檢測與診斷系統提供的觀測信息可知各旋翼的損傷比例係數 β_i，得到損傷比例係數矩陣 $\boldsymbol{\beta}$，表示如下：

$$\boldsymbol{\beta}=\mathrm{diag}(1-\beta_1,1-\beta_2,\cdots,1-\beta_6) \tag{7-111}$$

係數矩陣 $\boldsymbol{\beta}$ 表示故障觀測器組估計的升力因子 $\hat{k}_i$ 與室內標準大氣壓下測得的升力因子 $\bar{k}_i$ 偏差的程度。根據簡化後的六旋翼無人機轉動動力學方程式以及執行單元升力故障模型可以得到故障後無人機的姿態控制模型，表示為

$$\ddot{\boldsymbol{\eta}}=\boldsymbol{F}(\dot{\boldsymbol{\eta}},t)+\boldsymbol{B}\boldsymbol{K}_\beta\boldsymbol{\Omega}^2 \tag{7-112}$$

式中，矩陣 $\boldsymbol{F}(\dot{\boldsymbol{\eta}},t)$ 與矩陣 $\boldsymbol{B}$ 詳見文獻［8］，可結合大旋翼無人機轉動動力學方程轉換得到；$\boldsymbol{K}_\beta=\boldsymbol{\beta}\bar{\boldsymbol{K}}$，$\bar{\boldsymbol{K}}=\mathrm{diag}(\bar{k}_1,\cdots,\bar{k}_6)^{\mathrm{T}}$ 為各旋翼在室內標準大氣壓下測得的升力因子組成的矩陣；$\boldsymbol{\eta}=[\phi,\theta,\psi]^{\mathrm{T}}$ 為姿態角；$\boldsymbol{\Omega}^2=[\Omega_1^2,\Omega_2^2,\Omega_3^2,\Omega_4^2,\Omega_5^2,\Omega_6^2]^{\mathrm{T}}$ 為旋翼轉速矢量。

① 執行單元增益型故障　執行單元發生增益型故障後，需要保證無人機姿態穩定及慣性座標系下 $O_e z_e$ 軸的可控性，可將式(7-112) 的控制輸入矩陣 $\boldsymbol{B}$ 增廣為一個 4×6 的矩陣 $\boldsymbol{B}_{4\times 6}$。假設執行單元 1 發生增益型故障（即 $1>\beta_1>0.15$），求解無人機各旋翼的期望轉速可採用僞逆算法，有：

$$\boldsymbol{\Omega}_{\mathrm{d}}^2=\hat{\boldsymbol{K}}^{-1}(\boldsymbol{B}_{4\times 6})^{-1}\begin{bmatrix}\boldsymbol{M}_{\mathrm{d}}\\ F_z\end{bmatrix} \tag{7-113}$$

式中，$\boldsymbol{M}_{\mathrm{d}}=[M_x,M_y,M_z]^{\mathrm{T}}$ 為由姿態穩定控制算法得到的期望控制力矩；F_z 為高度控制器期望的升力或者由操作人員遙控給出。將六旋翼原型機的相關參數代入矩陣 $\hat{\boldsymbol{K}}^{-1}(\boldsymbol{B}_{4\times 6})^{-1}$ 中可以得到：

$$\hat{\boldsymbol{K}}^{-1}(\boldsymbol{B}_{4\times 6})^{-1}=\begin{bmatrix}-0.0715/(1-\beta_1) & -0.124/(1-\beta_1) & 0.569/(1-\beta_1) & 0.584/(1-\beta_1)\\ -0.143 & 0 & -0.569 & 0.584\\ -0.0715 & 0.124 & 0.569 & 0.584\\ 0.0715 & 0.124 & -0.569 & 0.584\\ 0.143 & 0 & 0.569 & 0.584\\ 0.0715 & -0.124 & -0.569 & 0.584\end{bmatrix}\times 10^3 \tag{7-114}$$

依據上式可求得各旋翼的期望轉速 $\boldsymbol{\Omega}_{\mathrm{d}}^2=[\Omega_{1.\mathrm{d}}^2,\cdots,\Omega_{6.\mathrm{d}}^2]^{\mathrm{T}}$。理論上即使損傷比例係數 β_1 接近 1，只要旋翼轉速足夠大便可提供足夠的控制力矩，實際上旋翼的轉速受限於許多因素，在上述情況下無法輸出足夠的控制力矩。在旋翼 1 無法達到期望轉速 $\Omega_{1.\mathrm{d}}^2$ 只能保持自身最高轉速 $\widehat{\Omega}_1$ 的情況下，其表現為提供升力下降，等效於原型機中旋翼 1 的升力因子 k_1 等比例減小，此刻旋翼等效的升力因子 $\tilde{k}_1$ 表示為

$$\widetilde{k}_1=\widehat{\Omega}_1^2 k_i/\Omega_{1.\mathrm{d}}^2 \tag{7-115}$$

當損傷比例係數β_1增大時，旋翼等效的升力因子$\widetilde{k}_1$將會減小，使得控制器的升力因子矩陣$\hat{\boldsymbol{K}}$與旋翼的升力因子矩陣$\widetilde{\boldsymbol{K}}=\mathrm{diag}(\widetilde{k}_1,\widetilde{k}_2,\cdots,\widetilde{k}_6)$偏差增大，影響系統的穩定性。可給出判據如下：

$$\dot{V}_2=-\|\sigma^{\mathrm{T}}\|\left(\|\boldsymbol{H}\alpha\|-\hat{\rho}\cdot\hat{\xi}\breve{\rho}\left\|\begin{matrix}A(z_2-\boldsymbol{C}z_1)+\\F(\dot{\eta},t)-\ddot{\eta}_{\mathrm{d}}+C\dot{z}_1\end{matrix}\right\|\right)-\boldsymbol{Z}^{\mathrm{T}}\boldsymbol{QZ}\leqslant 0 \tag{7-116}$$

式中，$\hat{\xi}=\|\boldsymbol{I}-\widetilde{\boldsymbol{K}}\hat{\boldsymbol{K}}^{-1}\|$；$\hat{\rho}=\sqrt{\lambda_{\max}(\boldsymbol{B}^{\mathrm{T}}\boldsymbol{B})}$；$\breve{\rho}=\sqrt{\lambda_{\min}(\boldsymbol{B}^{\mathrm{T}}\boldsymbol{B})}$；$\boldsymbol{B}$為控制輸入矩陣；$\lambda_{\max}$為$\boldsymbol{B}^{\mathrm{T}}\boldsymbol{B}$的最大特徵值；$\lambda_{\min}$為$\boldsymbol{B}^{\mathrm{T}}\boldsymbol{B}$的最小特徵值。如果發生增益型故障的自重構控制器不滿足判據式(7-116)，則認為無人機姿態角控制可能失穩，將停止故障執行單元工作，採用執行單元失效型故障的處理方式。

② 執行單元失效型故障　假設執行單元1發生失效型故障，這時將不產生任何升力（$\beta_1=1$）。這種情況下控制輸入矩陣$\boldsymbol{B}_{4\times6}$明顯奇異，詳見式(7-114)，將其降階為一個4×5的矩陣$\boldsymbol{B}_{4\times5}$，並求得其僞逆矩陣$(\boldsymbol{B}_{4\times5})^{-1}$。代入六旋翼原型機的相關參數可以得到：

$$\hat{\boldsymbol{K}}^{-1}(\boldsymbol{B}_{4\times5})^{-1}=\begin{bmatrix}-0.179 & -0.0619 & -0.285 & 0.877\\-0.107 & 0.0619 & 0.853 & 0.877\\0.143 & 0.248 & -1.138 & 0\\0.107 & -0.0619 & 0.853 & 0.877\\0.0357 & -0.1857 & -0.285 & 0.877\end{bmatrix}\times10^3 \tag{7-117}$$

上式表明執行單元4的期望轉速非常小並且可能為負。由於電動機換相必須依靠反向電動勢，在實際情況中旋翼無法實現這一要求。故利用僞逆算法求取剩餘旋翼轉速的方法在執行單元失效型故障的情況下並不適用。這是由六旋翼無人機的結構決定的——發生失效型故障後與其相對的執行單元產生的偏航力矩無法依靠其餘四個執行單元補償。解決這一問題只能放棄對於偏航通道的控制，儘管放棄控制偏航角將對完成軌跡跟蹤飛行有很大影響，但在此時保證無人機的整體安全應該是首先考慮的內容。假設執行單元1發生失效型故障，將控制輸入矩陣$\boldsymbol{B}_{4\times6}$修改為一個3×5的矩陣$\boldsymbol{B}_{3\times5}$，其僞逆矩陣為$(\boldsymbol{B}_{3\times5})^{-1}$表示為

$$\boldsymbol{\Omega}_{(1).\mathrm{d}}^2=\hat{\boldsymbol{K}}_{(1)}^{-1}(\boldsymbol{B}_{3\times5})^{-1}\begin{bmatrix}M_x\\M_y\\F_z\end{bmatrix} \tag{7-118}$$

式中，$\boldsymbol{\Omega}_{(1).\mathrm{d}}^2=[\Omega_2^2,\Omega_3^2,\Omega_4^2,\Omega_5^2,\Omega_6^2]^{\mathrm{T}}$，$\hat{\boldsymbol{K}}_{(1)}=[\hat{k}_2,\cdots,\hat{k}_6]^{\mathrm{T}}$，控制輸入矩

陣為

$$\boldsymbol{B}_{3\times5}=\begin{bmatrix}\dfrac{l\cos\gamma}{I_x} & \dfrac{l\cos\gamma}{2I_x} & \dfrac{l\cos\gamma}{2I_x} & \dfrac{l\cos\gamma}{I_x} & \dfrac{l\cos\gamma}{2I_x}\\ 0 & \dfrac{\sqrt{3}l\cos\gamma}{2I_y} & \dfrac{\sqrt{3}l\cos\gamma}{2I_y} & 0 & -\dfrac{\sqrt{3}l\cos\gamma}{2I_y}\\ \cos\gamma & \cos\gamma & \cos\gamma & \cos\gamma & \cos\gamma\end{bmatrix} \tag{7-119}$$

由此表明 $\boldsymbol{B}_{3\times5}$ 在俯仰通道與滾轉通道均不對稱將導致控制器發散。因此需要對此時的六旋翼無人機進行座標轉換重新定義機體座標系，假設執行單元 1 發生失效型故障座標轉換方法為：$O_b x_b$ 軸與執行單元 1 的連桿重合，指向外為正；$O_b z_b$ 軸不變；$O_b y_b$ 軸與其餘兩軸成右手直角座標系，得到座標轉換後的控制輸入矩陣為

$$\overline{\boldsymbol{B}}_{3\times5}=\begin{bmatrix}\dfrac{-\sqrt{3}l\cos\gamma}{2I_x} & \dfrac{-\sqrt{3}l\cos\gamma}{2I_x} & 0 & \dfrac{\sqrt{3}l\cos\gamma}{2I_x} & \dfrac{\sqrt{3}l\cos\gamma}{2I_x}\\ \dfrac{-l\cos\gamma}{2I_y} & \dfrac{l\cos\gamma}{2I_y} & \dfrac{l\cos\gamma}{I_y} & \dfrac{l\cos\gamma}{2I_y} & \dfrac{-l\cos\gamma}{2I_y}\\ \cos\gamma & \cos\gamma & \cos\gamma & \cos\gamma & \cos\gamma\end{bmatrix} \tag{7-120}$$

若設計反步滑模控制器如下：

$$U=(\hat{\boldsymbol{K}}_{(1).d})^{-1}(\overline{\boldsymbol{B}}_{3\times5})^{-1}\begin{pmatrix}-\boldsymbol{A}_{(1)}(\boldsymbol{z}_{(1).2}-\boldsymbol{C}_{(1)}\boldsymbol{z}_{(1).1})-\boldsymbol{F}_{(1)}(\dot{\boldsymbol{\eta}}_{(1)},t)+\ddot{\boldsymbol{\eta}}_{(1).d}\\ -\boldsymbol{C}_{(1)}\dot{\boldsymbol{z}}_{(1).1}-\boldsymbol{H}_{(1)}(\sigma_{(1)}+\alpha_{(1)}\mathrm{sign}(\sigma_{(1)}))\end{pmatrix} \tag{7-121}$$

式中，$\boldsymbol{A}_{(1)}$、$\boldsymbol{C}_{(1)}$、$\boldsymbol{H}_{(1)}$、$\boldsymbol{z}_{(1).2}$、$\boldsymbol{z}_{(1).1}$、$\boldsymbol{F}_{(1)}$（$\dot{\boldsymbol{\eta}}_{(1)}$，$t$）為降階後的矩陣和矢量（放棄偏航通道的控制）；$\alpha_{(1)}$、$\sigma_{(1)}$ 為降價後的反演滑模控制器參數；$\dot{\boldsymbol{\eta}}_{(1)}$、$\ddot{\boldsymbol{\eta}}_{(1).d}$ 為座標轉換後並降階的反饋量。定義狀態變量 $\boldsymbol{Z}_{(1)}=[z_{(1).2}，z_{(1).1}]^{\mathrm{T}}$，則可得到：

$$\dot{V}_2\leqslant-\|\sigma_{(1)}^{\mathrm{T}}\|\begin{pmatrix}\|\boldsymbol{H}_{(1)}\alpha_{(1)}\|-\|\overline{\boldsymbol{B}}_{3\times5}\boldsymbol{K}_{(1)}\hat{\boldsymbol{K}}_{(1)}^{-1}(\overline{\boldsymbol{B}}_{3\times5})^{-1}\boldsymbol{H}_{(1)}\|\\ \left\|\begin{matrix}\boldsymbol{A}_{(1)}(z_{(1).2}-\boldsymbol{C}_{(1)}z_{(1).1})-\ddot{\boldsymbol{\eta}}_{(1).d}\\ +\boldsymbol{F}_{(1)}(\dot{\boldsymbol{\eta}}_{(1)},t)+\boldsymbol{C}_{(1)}\dot{z}_{(1).1}\end{matrix}\right\|\end{pmatrix}-\boldsymbol{Z}_{(1)}^{\mathrm{T}}\boldsymbol{Q}_{4\times4}\boldsymbol{Z}_{(1)} \tag{7-122}$$

首先構造矩陣 $\boldsymbol{H}_{(1)}$ 使得 $\overline{\boldsymbol{B}}_{3\times5}\boldsymbol{K}_{(1)}\hat{\boldsymbol{K}}_{(1)}^{-1}(\overline{\boldsymbol{B}}_{3\times5})^{-1}\boldsymbol{H}_{(1)}$ 為一個對稱陣，$R_i(i=1,2)$是 $\overline{\boldsymbol{B}}_{3\times5}\boldsymbol{K}_{(1)}\hat{\boldsymbol{K}}_{(1)}^{-1}(\overline{\boldsymbol{B}}_{3\times5})^{-1}\boldsymbol{H}_{(1)}$ 所有的主子式，表示為

$$R_1 = \sum_{i \neq 1,4}^{6} 0.25 \Delta k_i > 0 \tag{7-123}$$

$$R_2 = \sum_{i=2}^{5} \left(\sum_{j>i, j \neq i+3}^{6} 0.125 \Delta k_i \Delta k_j \right) > 0 \tag{7-124}$$

經由式(7-123)與式(7-124)證明 $\overline{\boldsymbol{B}}_{3\times5}\boldsymbol{K}_{(1)}\ \hat{\boldsymbol{K}}_{(1)}^{-1}\ (\overline{\boldsymbol{B}}_{3\times5})^{-1}\boldsymbol{H}_{(1)}$ 必為正定陣，進一步得到：

$$\dot{V}_2 \leqslant -\|\sigma_{(1)}^T\| \left(\|\boldsymbol{H}_{(1)}\alpha_{(1)}\| - \hat{\rho}\hat{\zeta}\breve{\rho} \left\| \begin{matrix} \boldsymbol{A}_{(1)}(\boldsymbol{z}_{(1).2} - \boldsymbol{C}_{(1)}\boldsymbol{z}_{(1).1}) + \\ \boldsymbol{F}_{(1)}(\dot{\boldsymbol{\eta}}_{(1).d}, t) - \ddot{\boldsymbol{\eta}}_{(1).d} + \boldsymbol{C}_{(1)}\dot{z}_{(1).1} \end{matrix} \right\| \right) \\ -\boldsymbol{Z}_{(1)}^{\mathrm{T}}\boldsymbol{Q}_{4\times4}\boldsymbol{Z}_{(1)} \leqslant 0 \tag{7-125}$$

最後，調節參數 $\alpha_{(1)}$ 可保證跟蹤誤差 $\boldsymbol{z}_{(1).1}$ 與 $\boldsymbol{z}_{(1).2}$ 最終有界收斂，完成執行單元失效後控制器的重構過程。此處僅舉執行單元 1 為例，其他執行單元處理方法與之類似，不再贅述。

(2) 六旋翼無人機容錯控制實驗

本節將在六旋翼原型機實際的飛行情況下測試自重構控制器的穩定性和控制效果。首先進行執行單元發生增益型故障的飛行實驗。實驗環境為室外，風速 3.2～4m/s，東南風。發生增益型故障後，雖然執行單元升力因子下降，但是通過增加無刷直流電機的轉速可以在一定程度上補償升力因子下降的影響。圖 7-31 表明無人機執行單元 6 在 1.9s 左右發生增益型故障（升力因子大約為正常狀況下的 70%）。圖中紅色曲線為期望給定，黑色曲線為實際跟蹤曲線，自重構控制器經過 0.4s 完成控制器重構並重新將姿態角穩定控制，並具備一定的機動能力和控制品質。根據上述分析，自重構控制器保證了增益型故障後六旋翼無人機姿態控制的穩定性以及良好的控制品質，提高了無人機的可靠性。

接下來，進行執行單元發生失效型故障的飛行實驗，實驗環境與前面相同。發生失效故障後，執行單元完全失去驅動力，控制輸入矩陣將發生改變。為了保證無人機的安全，需要放棄對偏航角的控制，僅控制俯仰角、滾轉角和飛行高度。圖 7-32(a) 表示執行單元 5 在 3.5s 左右發生失效（圖中紅色曲線為期望給定，黑色曲線為實際跟蹤曲線）完全喪失驅動力，導致原型機在滾轉通道產生一個高達 12°的尖峰，此時系統有失穩的危險，依靠自重構控制器最終穩定控制滾轉角；圖 7-32(b) 表明雖然執行單元 5 不參與俯仰角的控制，但是由於非線性系統的耦合關係，俯仰角控制效果下降。實驗證明在執行單元發生失效型故障時通過自重構控制器可保障無人機的整體安全。

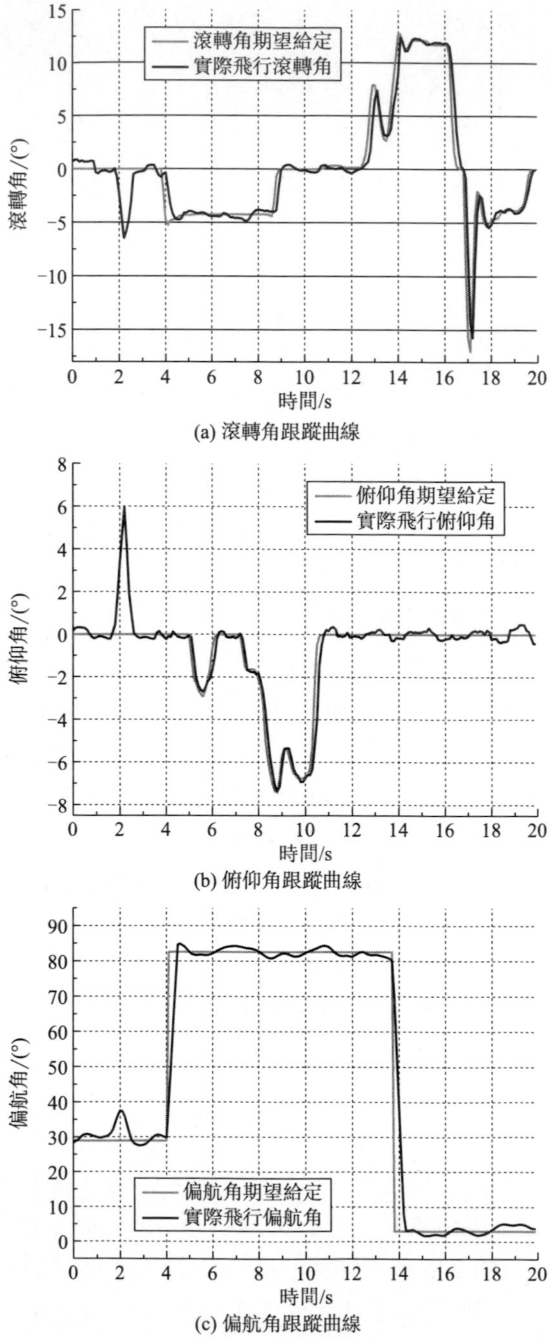

圖 7-31　執行單元增益型故障姿態角跟蹤曲線（電子版）

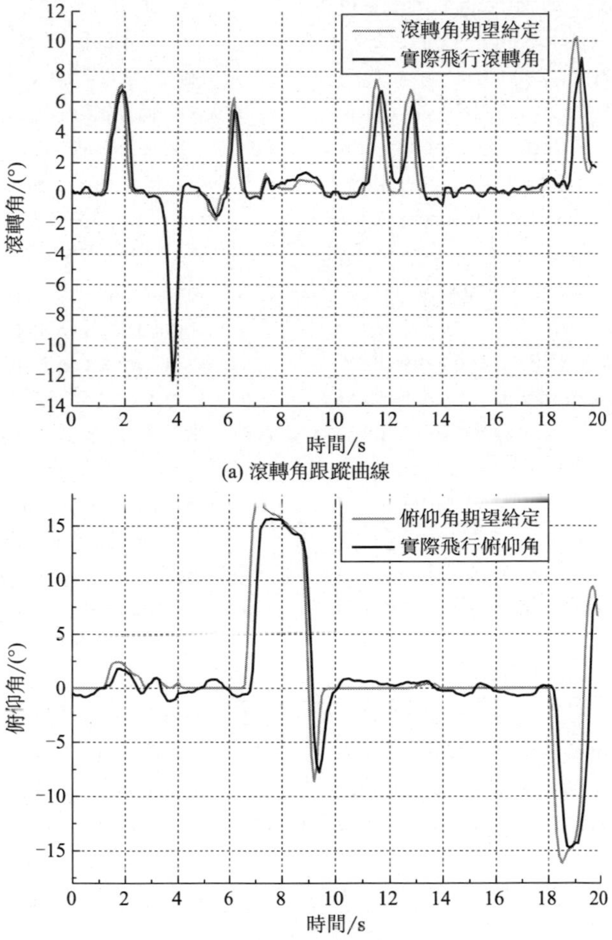

(a) 滾轉角跟蹤曲線

(b) 俯仰角跟蹤曲線

圖 7-32　執行單元失效型故障姿態角跟蹤曲線（電子版）

參考文獻

[1] ZHANG R，WANG X，CAI K. Quadrotor aircraft control without velocity measure-

ments[C]. Proceedings of the 48th IEEE Conference on Decision and Control and the 28th Chinese Control Conference, Shanghai, China, 2009.

[2] ZHOU Q, ZHANG Y, RABBATH C A, et al. Design of feedback linearization control and reconfigurable control allocation with application to a quadrotor UAV [C]. Proceeding of the 2010 Conference on Control and Fault Tolerant Systems, Nice, France, 2010.

[3] KHORASANI R M. Fault recovery of an under-actuated quadrotor aerial vehicle [C]. Proceeding of the 49th IEEE Conference on Decision and Control, Atlanta, GA, USA, 2010.

[4] FREDDI A, LONGHI S, Monteriù A. Actuator fault detection system for a mini-quadrotor [C]. Proceeding of the 2010 IEEE International Symposium on Industrial Electronics, 2010.

[5] BATEMAN F, NOURA H, OULADSINE M. Fault diagnosis and fault-tolerant control strategy for the aerosonde UAV[J]. IEEE Transactions on Aerospace and Electronic Systems, 2011, 47 (3): 2119-2137.

[6] BOSKOVIC J D, MEHRA R K. A decentralized fault-tolerant control system for accommod-ation of failures in higher-order flight control actuators [J]. IEEE Transactions on Control System Technology, 2010, 18 (5): 1103-1115.

[7] CIESLAK J, HENRY D, ZOLGHADRI A. Fault tolerant flight control: from theory to piloted flight simulator experiments[J]. IET Control Theory and Applications, 2010, 4 (8): 1451-1464.

[8] CASTILLO P, LOAZANO R, DZUL A. Stabilization of a mini rotorcraft with four rotors[J]. IEEE Control Systems Magazine, 2005, 25 (6): 45-55.

[9] MAYBECK P S. Application of multiple model adaptive algorithms to reconfigurable flight control[J]. Control Dynamic System, 1992, 52: 291-320.

[10] RU J, LI X R. Variable-structure multiple-model approach to fault detection, identification, and estimation[J]. IEEE Transactions on Control Systems Technology, 2008, 16 (5): 1029-1038.

[11] VAPNIK V N, VAPNIK V. Statistical learning theory [M]. New York: Wiley, 1998.

[12] 付夢印，鄧志紅，張繼偉. Kalman 濾波理論及其在導航系統中的應用[M]. 北京：科學出版社，2003.

[13] OHNSON B W. Design & analysis of fault tolerant digital systems[M]. Addison-Wesley Longman Publishing Co, Inc, 1988.

[14] YIN S, LUO H, DING S X. Real-time implementation of fault-tolerant control systems with performance optimization [J]. Industrial Electronics, IEEE Transactions on, 2014, 61 (5): 2402-2411.

第8章

多旋翼無人機載荷系統

8.1 光電載荷雲臺設計

8.1.1 光電載荷雲臺

多旋翼無人機所使用的光電載荷雲臺具有以下兩方面的功能：其一，接受地面遙控調整其末端載荷姿態；其二，對無人機的振動做出補償，實現穩像。

雲臺需要一套機械結構來實現其諸多功能。通常一個雲臺主要由以下幾個部件與系統構成。

① 動力系統：為雲臺提供動力，接受主控板的控制以實現姿態控制與穩像功能。

② 電路控制系統：接收地面控制站的指令，實現雲臺的姿態控制，利用加速度傳感器通過控制算法實現穩像。

③ 減振系統：通過帶阻尼的減振器，為雲臺初步吸收無人機傳來的振動。

④ 支撐結構：為雲臺其他部件提供安裝平面。

傳統的多旋翼無人機雲臺常見結構有兩軸雲臺與三軸雲臺兩種形式。兩軸雲臺包括橫滾軸與俯仰軸，三軸雲臺在兩軸雲臺的基礎上增加了方位軸。其中，俯仰軸與橫滾軸可以用來補償無人機的振動，而方位軸主要負責目標的瞄準。對於多旋翼無人機而言，無人機可以沿任何方向平動，也可以迅速改變其方位角。通過改變無人機的方位角可以不必使用第三軸方位軸。因此，本書以兩軸雲臺為方案進行設計。設計結構如圖 8-1 所示，整個雲臺系統質量小於 500g，俯仰軸最大轉動角度為 360°，橫滾軸最大轉動角度為±45°，滿足多旋翼無人機航拍任務需要。

8.1.2 光電載荷雲臺靜力學分析

本章利用 ANSYS 軟件對其機械結構進行靜力學分析。靜力學分析用於確定最佳結構的位移、應力、應變或反力等。忽略阻尼和慣性影響，假設結構加載及響應隨時間變化緩慢。線性材料的靜力學分析是最基本但又是應用最為廣泛的一類分析類型。靜力學分析方程表示為

$$[\boldsymbol{K}]\{\boldsymbol{x}\}=[\boldsymbol{F}] \tag{8-1}$$

式中，$[\boldsymbol{K}]$ 為剛度矩陣；$\{\boldsymbol{x}\}$ 為位移矢量；$[\boldsymbol{F}]$ 為靜力載荷。假設材料為線彈性，結構變形小，則 $[\boldsymbol{K}]$ 為常量矩陣，並且是連續的，$[\boldsymbol{F}]$ 為靜態加載到模型上的力，該力不隨時間變化，不包括慣性影響因素。對於雲臺結構，首先要效驗其剛度和強度是否合理，以對零件做出優化。

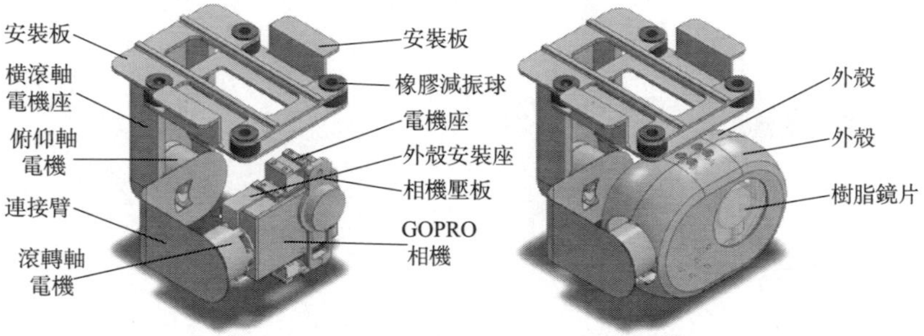

(a) (b)

圖 8-1 雲臺裝配體結構圖

靜力學分析結果如圖 8-2 所示，最大應力發生於連接臂的轉折處，這些區域主要受到載荷帶來的轉矩作用，其最大應力為 1.006×10^{8} Pa。框架採用的材料為鋁合金 2A12，屈服強度極限為 3.25×10^{8} Pa。很明顯，應力的最大值仍然遠遠小於材料的屈服強度極限。同時，由於受到的轉矩較大，使得零件產生了微小形變。這些形變累積起來，最終導致電機安裝平面發生偏移。對於整個系統，其位移最大處其位移為 $\Delta x=9.9091$mm。其對該二軸光電雲臺的正常使用產生了不良影響。

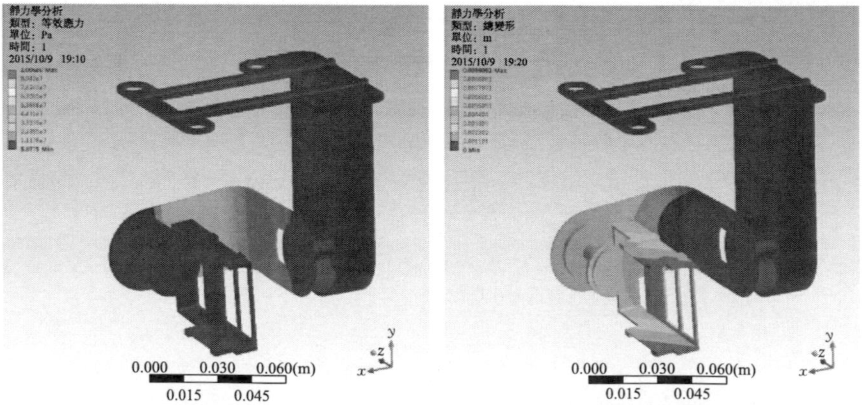

(a) 雲臺應力雲圖 (b) 雲臺形變雲圖

圖 8-2 雲臺靜力學分析結果（電子版）

8.1.3 光電載荷雲臺振動分析

這裡針對多旋翼無人機的振動情況進行了分析，利用加速度計對多旋翼無人機飛行時的振動數據進行了採樣，得出了無人機飛行時的振動加速度頻譜，如圖 8-3 所示，工作時振動頻率集中於 60Hz、120Hz、140Hz、180Hz。

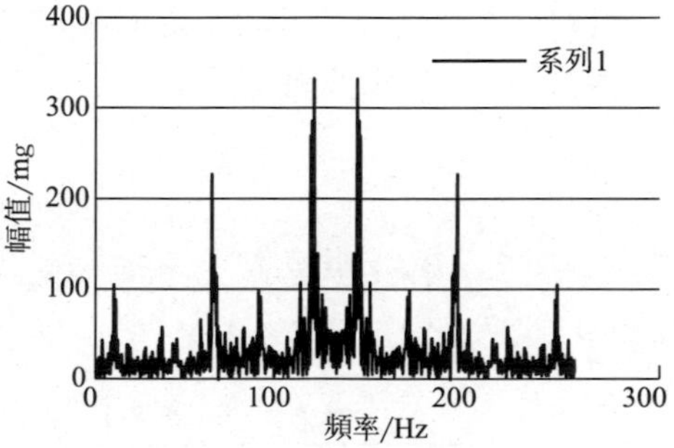

圖 8-3 多旋翼無人機振動頻譜

在多旋翼無人機飛行時的振動環境下，通過安裝減振球對雲臺進行減振設計。減振球通常以橡膠或硅膠為材料，這類材料的物理化學性質穩定、工作可靠性高、價格低廉，橡膠的變形能力強，通常能伸長五到十倍，撤銷外力後又能恢復至原形。橡膠的楊氏彈性模量並不固定，隨橡膠的伸長量而變化，除此之外，橡膠的楊氏彈性模量和阻尼也會隨其振動的頻率和環境溫度而變化。

圖 8-4 描述了雲臺主體結構模態分析振型固有頻率分布。表 8-1 為減振系統各振型分析。第一階到第六階模態中，減振球與雲臺的其他部分都參與到了振動中，振動主要包括以 x 軸、y 軸、z 軸為中心的角振動和雲臺的平動。第七階振

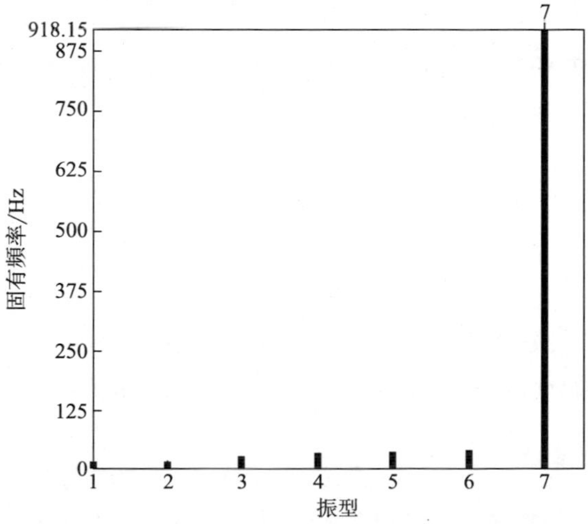

圖 8-4 雲臺主體結構模態分析振型固有頻率分布圖

型的固有頻率突然增大，達到 918.15Hz，此時只有減振球參與振動，雲臺的穩定性良好，並且在這個振型的固有頻率遠超過無人機工作時產生的振動頻率，這個範圍的頻率對雲臺的影響十分微小。因此可以忽略第七階及其以後的振型。在線振動與角振動中，角振動對雲臺成像效果影響較大。從振型上來看對雲臺運動較大的為第一階、第二階、第三階振型，以角振動為主，這三階振型的運動對雲臺成像效果影響最大。然而，同時這三階振型的固有頻率較小。以第三階振型為例，將其代入振動傳遞率公式：

$$T=\frac{1}{\sqrt{[1-(f/f_0)^2]^2+(2\xi f/f_0)^2}} \tag{8-2}$$

式中，f 為多旋翼無人機振動頻率；f_0 為雲臺的固有頻率；ξ 為減振球的阻尼比。取 $\xi=0$、$f=60$Hz、$f_0=25.843$Hz 對傳遞率進行估算，得 $T=0.228$。

表 8-1 減振系統各振型分析

模態振型	固有頻率/Hz	振型
第一階	13.753	雲臺以 z 軸為中心進行振動
第二階	14.239	雲臺以 x 軸為中心進行振動
第三階	25.843	雲臺以 y 軸為中心進行振動
第四階	32.378	雲臺的前端向下傾斜
第五階	34.594	雲臺右後方向上傾斜
第六階	38.258	雲臺左側向上傾斜
第七階	918.15	雲臺保持不變,減振球被壓縮膨脹

為進一步確定雲臺減振系統在無人機工作環境下的減振性能，此處對其做進一步的響應譜分析。輸入的無人機振動頻譜如圖 8-3 所示。振動方向為 y 方向。作用點為減振球的固定點，即減振球與無人機連接處。得出其在 x、y、z 三個方向的位移雲圖，如圖 8-5 所示，其 x 方向上的位移為 1.9708mm，y 方向上的位移為 7.682mm，z 方向上位移為 1.7906mm。三個方向上的最大位移都發生在載荷處。

為了對減振球的減振效果進行驗證，對未經過減振的雲臺進行響應譜分析。同樣輸入振動頻譜與經過減振的雲臺對比，圖 8-6 為未經減振的雲臺的響應譜分析圖。

未經減振的雲臺在 x、y、z 三個方向上振動幅度都比較大。其 x 方向上的位移為 2.901mm，y 方向上的位移為 14.026mm，z 方向上位移為 2.069mm。三個方向上的最大位移都發生在載荷處。

與之前結果對比，經過減振後的雲臺在 x、y、z 方向上的振幅為減振前的

67.9％、54.8％、86.47％。這說明對減振系統在減振方面起到了作用。

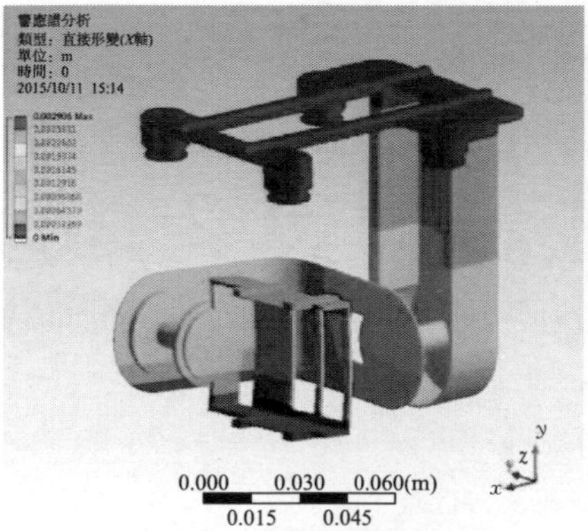

(a) X軸方向上位移雲圖

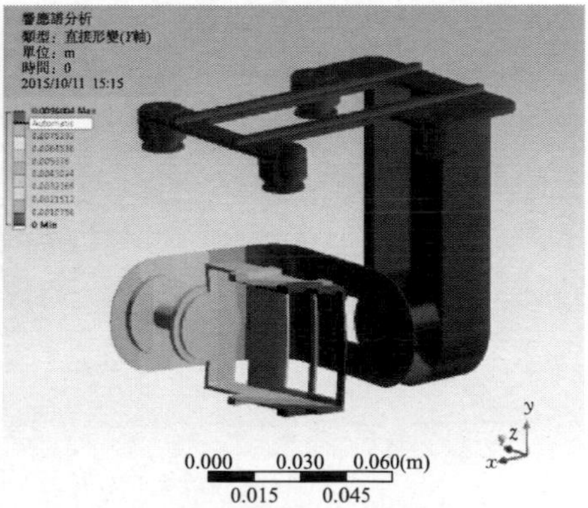

(b) Y軸方向上位移雲圖

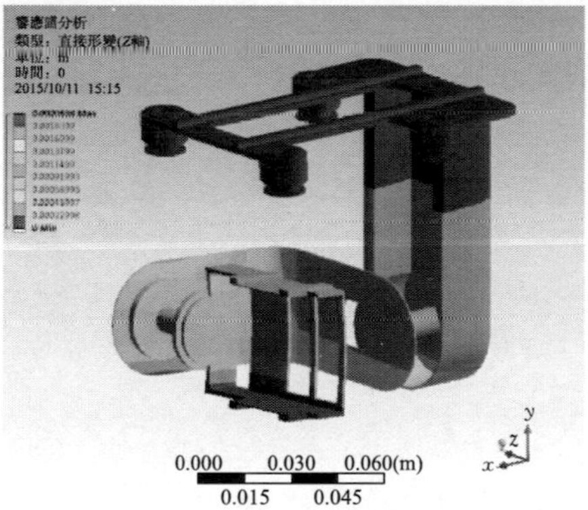

(c) Z軸方向上位移雲圖

圖 8-5　經減振的雲臺的響應譜分析圖（電子版）

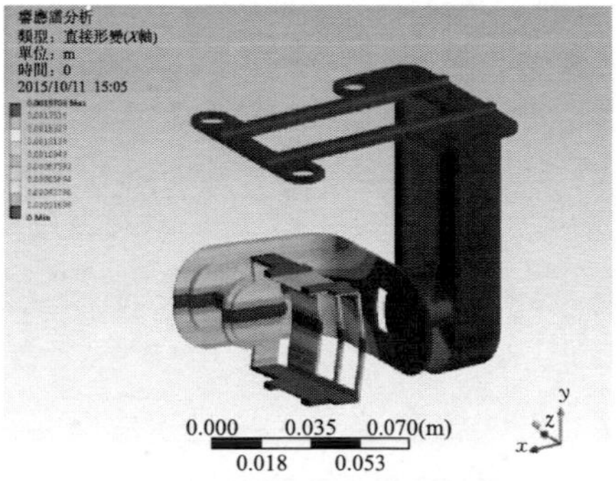

(a) X軸方向上位移雲圖

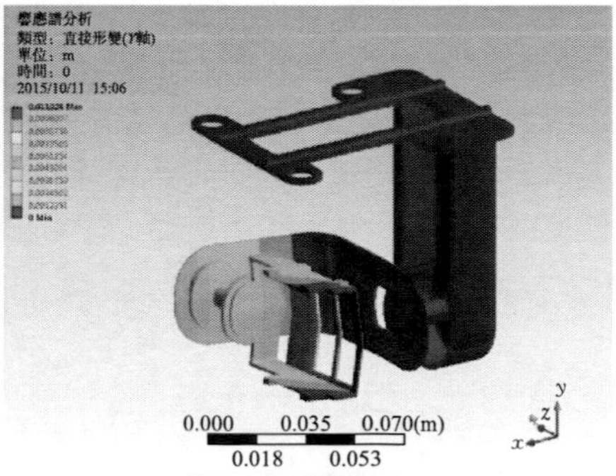

(b) Y軸方向上位移雲圖

圖 8-6

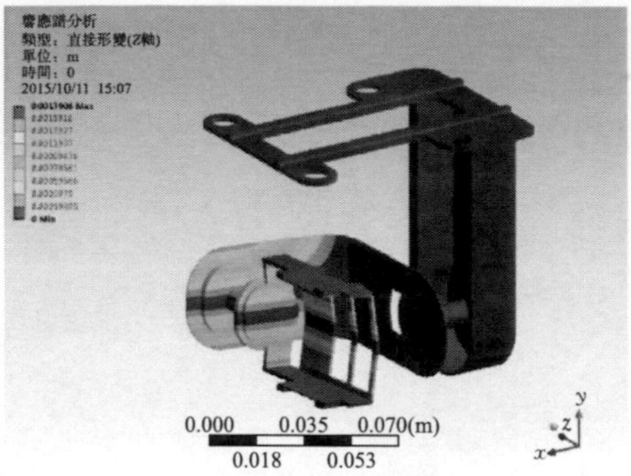

(c) Z軸方向上位移雲圖

圖 8-6　未經減振的雲臺的響應譜分析圖（電子版）

8.1.4　光電載荷雲臺結構優化

本章對光電載荷雲臺系統進行了結構優化。首先對電機結構參數進行優化，電機軸承的安裝位置對軸的抗彎曲性能有很大的影響，仿真得到電機軸承位置與電機軸最大形變關係，如圖 8-7 所示。電機軸承位置與電機軸最大應力關係如圖 8-8 所示。由此可知，當電機的剛度不滿足設計要求時，可以通過增加軸承間的跨度來增強電機剛度。

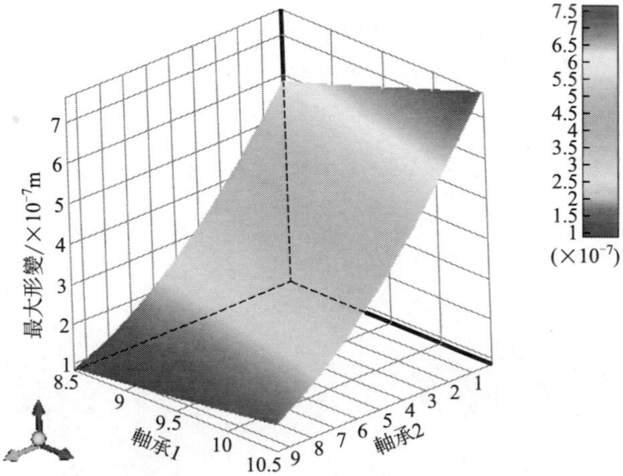

圖 8-7　電機軸承位置與電機軸最大形變關係（電子版）

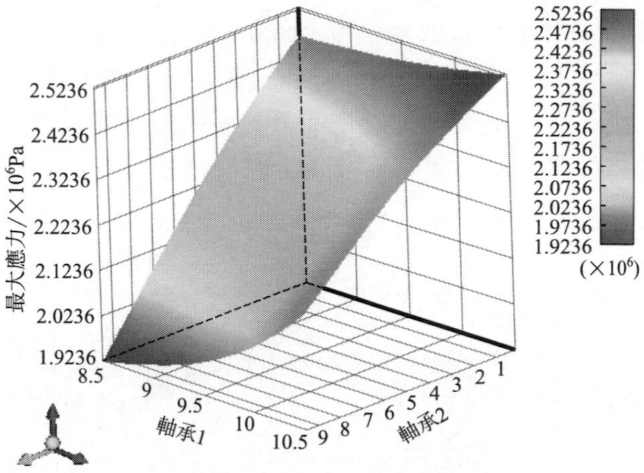

圖 8-8 電機軸承位置與電機軸最大應力關係（電子版）

在對雲臺靜力學分析中，連接臂是在靜力學分析中形變最大的零件，其變形主要是抗扭強度不足引起的，故本章以加強筋的厚度和寬度為自變量對連接臂進行了優化，其優化結果如圖 8-9 所示。圖 8-10 為優化後的零件圖。初期連接臂的形變隨加強筋的寬度和厚度的增加急劇減少，當寬度超過 2mm、厚度超過 3mm 時，其形變曲線也隨之平緩。因而，採用寬為 2mm、厚為 3mm 的加強筋可以有效地增強抗扭能力又不造成過大的重量。

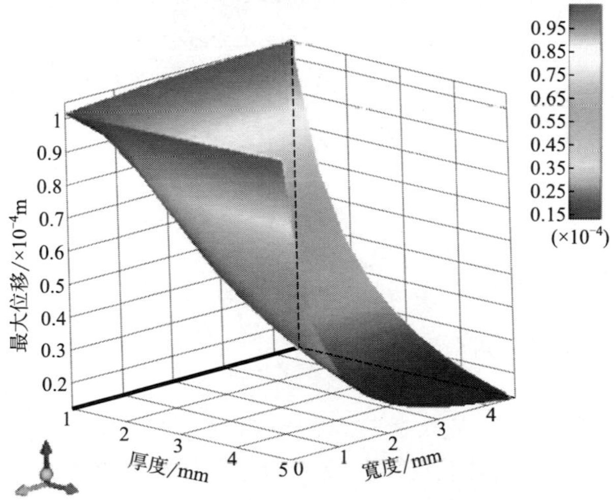

圖 8-9 連接臂加強筋厚度、寬度與其最大位移的關係圖（電子版）

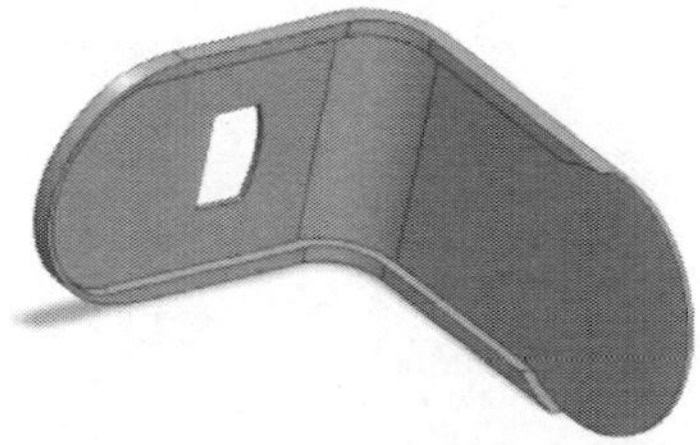

圖 8-10 優化後的連接臂零件

對優化後的零件進行組裝，進行靜力學分析，見圖 8-11。優化後的最大位移為 0.9818mm，優化前的最大位移為 9.9091mm；優化後的最大應力為 6.5281×10^{7} Pa，優化前的最大應力為 1.006×10^{8} Pa。優化後，雖然增加了整個零件的工藝複雜度，但同時整個結構的抗扭強度得到了提升，總質量得到了控制。在適當增加零件的加工難度的同時，提升了雲臺在多旋翼無人機這個特殊環境下的適用性。

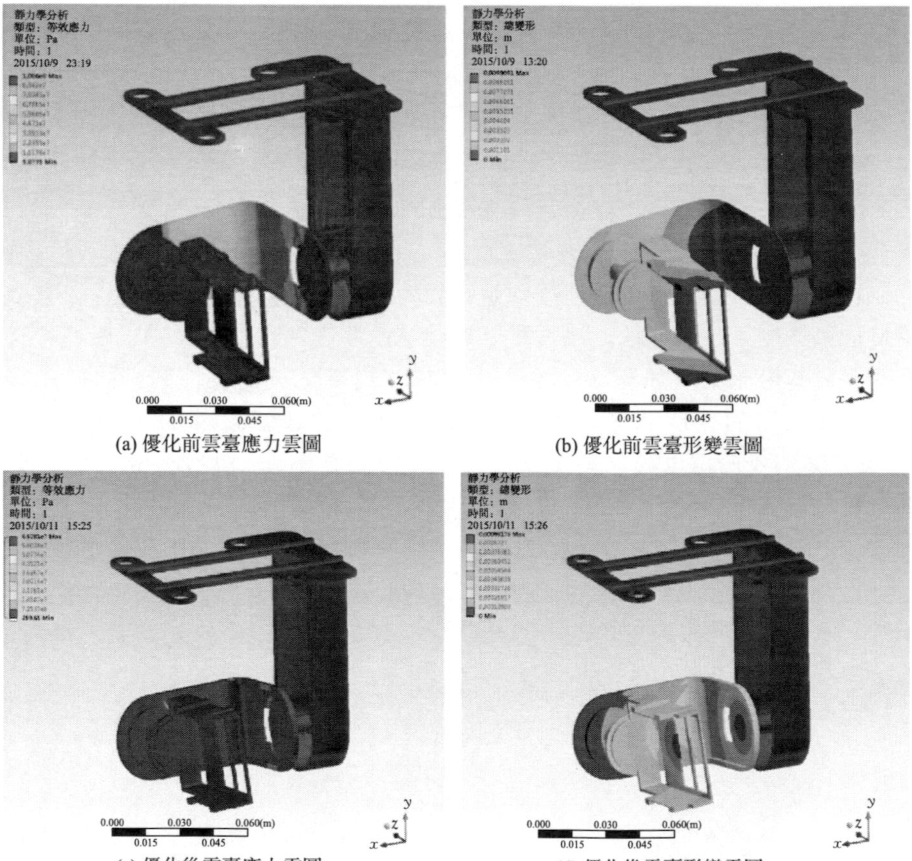

(a) 優化前雲臺應力雲圖

(b) 優化前雲臺形變雲圖

(c) 優化後雲臺應力雲圖

(d) 優化後雲臺形變雲圖

圖 8-11 雲臺靜力學分析結果對比（電子版）

動力學分析以多旋翼無人機振動頻譜為輸入對其進行響應譜分析。結果如圖 8-12 所示，與之前對比差異不大。說明優化後的零件沒有對雲臺減振性能造成不良影響，其依然具備良好的減振性能。

通過對比可知，優化後的雲臺在靜止不動重力環境下發生的最大位移為 0.9818mm，較之前減小了 8.9273mm；在無人機振動環境下最大位移為 7.9127×

10^6 Pa。較之前減少了 2.222×10^6 Pa。這說明優化後，雲臺剛度得到了增強，雲臺的靜態與動態特性有較好的提升。

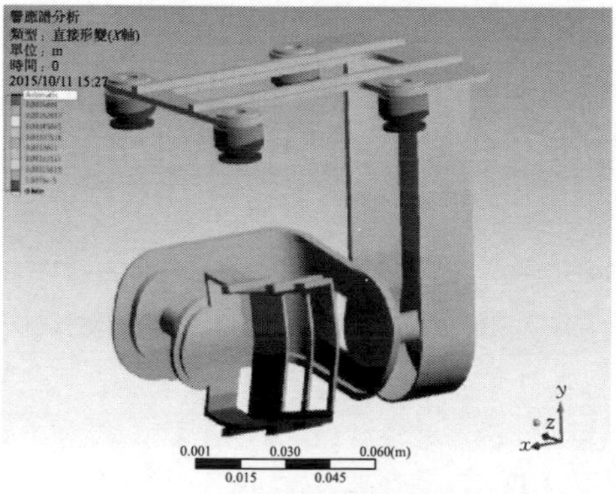

(a) x軸方向上位移雲圖

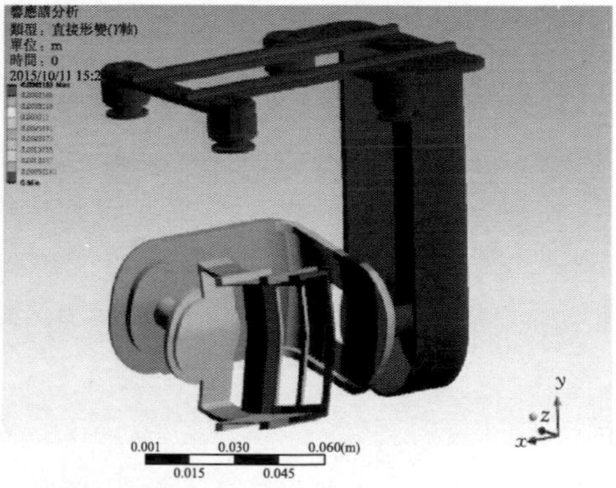

(b) y軸方向上位移雲圖

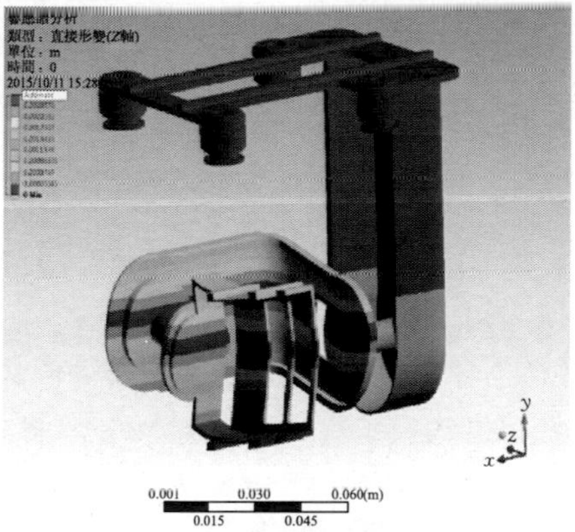

(c) z軸方向上位移雲圖

圖 8-12　優化後雲臺的響應譜分析圖（電子版）

8.1.5 光電載荷雲臺控制系統設計

由於多旋翼無人機具有重量輕、體積小以及在低空環境飛行等特點，使得其搭載的機載雲臺極易受到姿態變化、氣流擾動、摩擦以及其他未知擾動等因素干擾，造成載荷的視軸穩定精度下降，導致視頻圖像顫抖、模糊，特別是在採用長焦距對目標區域的敏感目標進行實時跟蹤時，上述干擾對系統跟蹤穩定性的影響將更為明顯。本章針對多旋翼無人機機載雲臺的擾動補償和穩定控制要求，提出一種基於改進擾動觀測器（IVDOB）的模糊自適應補償控制方法。該方法通過改進擾動觀測器對擾動進行實時估計和補償，同時，利用模糊系統來在線估計機載雲臺的其他非線性未知擾動，進一步提升機載雲臺的穩定精度，保證系統的穩定性能，實現對機載雲臺的擾動補償和穩定控制，保證獲得的機載視頻圖像穩定且清晰，為飛行任務的成功執行提供有力保障。

（1）執行機構動力學模型

根據多旋翼無人機機載雲臺轉速低和轉矩大的驅動要求，該系統選用直流力矩電機。整個執行機構由驅動器和各個轉動軸上的直流力矩電機構成。結合力矩電機在電學上的電樞電壓平衡原理和電磁作用原理以及動力學原理有：

$$u_m = K_e \dot{\theta}_m + R_a i + L_a \frac{di}{dt} \tag{8-3}$$

$$T_m = K_t i \tag{8-4}$$

$$J_m \ddot{\theta}_m + B_m \dot{\theta}_m + T_l = T_m \tag{8-5}$$

$$T_l = K_s(\theta_m - \theta_l) \tag{8-6}$$

$$J_l \ddot{\theta}_l + B_l \dot{\theta}_l = T_l - T_d \tag{8-7}$$

式中，u_m 為電樞電壓；R_a 為電樞電阻；i 為電樞電流；L_a 為電樞電感；K_e 為反電動勢係數；θ_m 為轉子角位置；T_m 為電機的輸出轉矩；K_t 為電磁轉矩係數；J_m 為電機的慣性矩；B_m 為電機的黏滯摩擦係數；T_l 為載荷的轉矩；K_s 為轉動軸的機械強度；θ_l 為載荷角位置；J_l 為載荷的慣性矩；B_l 為載荷的黏滯摩擦係數；T_d 為干擾力矩。

為了能夠更容易地獲得對象的動力學模型，假設每個轉動軸均為剛體，則轉動軸的機械強度值 $K_s=\infty$，由式(8-6)可知：$\theta_l=\theta_m$。將式(8-5)與式(8-7)相加後得到：

$$J_a \ddot{\theta}_m + B_a \dot{\theta}_m = T_m - T_d \tag{8-8}$$

式中，$J_a=J_m+J_l$，$B_a=B_m+B_l$。

同時，考慮到電樞電感值較小，我們將其忽略，即 $L_a \approx 0$。於是動力學方程表示為：

$$\frac{R_a J_a}{K_t} \times \frac{\mathrm{d}^2\theta_m}{\mathrm{d}t^2} + \left(K_e + \frac{R_a B_a}{K_t}\right)\frac{\mathrm{d}\theta_m}{\mathrm{d}t} = u \tag{8-9}$$

令 $a_1=\frac{R_a J_a}{K_t}$，$a_2=K_e+\frac{R_a B_a}{K_t}$，且 $\theta=\theta_m$，則動力學方程化簡為：

$$a_1 \ddot{\theta} + a_2 \dot{\theta} = u \tag{8-10}$$

然而，實際工作時執行機構通常存在著多種的未知擾動，定義未知擾動為 u_d。在考慮未知擾動的情形下，其動力學方程為：

$$a_1 \ddot{\theta} + a_2 \dot{\theta} + u_d = u \tag{8-11}$$

式中，θ 為電機的位置角度；u_d 為未知擾動；u 為控制輸出的電壓。

在實際應用中，$a_1=\hat{a}_1+\delta a_1$，$a_2=\hat{a}_2+\delta a_2$，其中 $\hat{a}_1$ 和 $\hat{a}_2$ 是變量 a_1 和 a_2 實際的測量值，δa_1，δa_2 是擾動引起變量 a_1 和 a_2 發生的變化量。此時：

$$\hat{a}_1\ddot{\theta}+\delta a_1\ddot{\theta}+\hat{a}_2\dot{\theta}+\delta a_2\dot{\theta}+u_d=u \tag{8-12}$$

定義非線性未知擾動函數 $f(\cdot)=\delta a_1\ddot{\theta}+\delta a_2\dot{\theta}+u_d$，$f(\cdot)$ 包括模型誤差、參數波動、u_d 以及其他非線性未知擾動等。於是實際工作時執行機構的動力學模型為：

$$\hat{a}_1\ddot{\theta}+\hat{a}_2\dot{\theta}+f(\cdot)=u \tag{8-13}$$

(2) 系統控制律設計

基於 IVDOB 的模糊自適應控制採用位置環與速度環的雙閉環控制結構，如圖 8-13 所示。其中位置環由 PD 控制器、前饋控制器、模糊自適應控制器以及魯棒控制器四部分構成，速度環由 IVDOB 和模糊自適應控制器來控制實現。

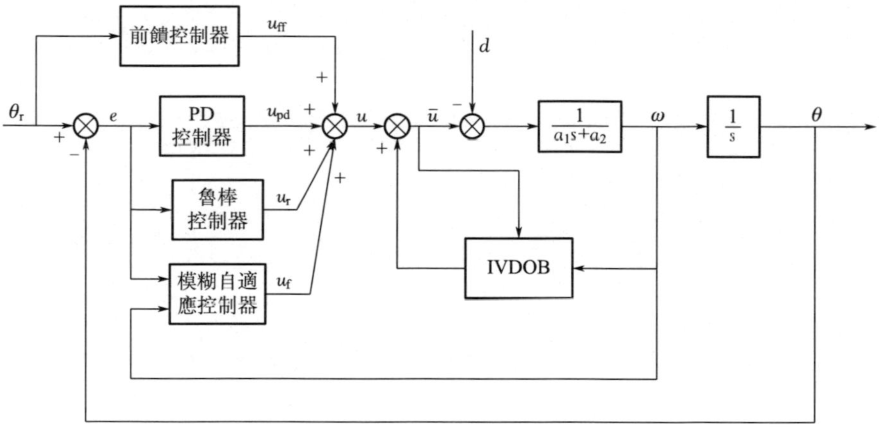

圖 8-13 基於 IVDOB 的模糊自適應控制結構圖

由圖 8-13 可知，控制系統的位置跟蹤誤差為

$$e=\theta_r-\theta \tag{8-14}$$

式中，θ_r 為期望雲臺位置角度。設計系統的控制律為

$$u=u_{ff}+u_{pd}+u_r+u_f \tag{8-15}$$

式中，u_{ff} 為前饋控制器的輸出；u_{pd} 為 PD 控制的輸出；u_r 為魯棒控制器的輸出；u_f 為模糊自適應控制器的輸出。

前饋控制器的輸出表示為

$$u_{ff}=\hat{a}_1\ddot{\theta}_r+\hat{a}_2\dot{\theta}_r \tag{8-16}$$

PD 控制器的輸出表示為

$$u_{pd}=k_p e+k_d \dot{e} \tag{8-17}$$

利用模糊萬能逼近特性來進一步對系統的非線性未知擾動進行補償，模糊自適應控制器的輸出為

$$u_f=f(\cdot) \tag{8-18}$$

模糊系統是一個從模糊集 $U\in\boldsymbol{R}^2$ 到 $\boldsymbol{R}$ 的映射。定義模糊規則如下：

$\boldsymbol{R}^{(j)}$：if$\theta_1$is$A_1^j$and$\theta_2$isA_2^j，then$u_f$isB^j。

其中，模糊系統的輸入 $\boldsymbol{\theta}=(\theta_1,\theta_2)=(\theta,\dot{\theta})\in U$，模糊系統輸出 $u_f\in\boldsymbol{R}$，A_1^j、A_2^j 為集合 $U_i(i=1,2)$上的模糊集，$B^j(j=1,2,\cdots,N)$為集合 $\boldsymbol{R}$ 上的模糊集。模糊系統根據上述模糊規則實現了從 U 到 $\boldsymbol{R}$ 的映射。

［**引理 8-1**］ 若模糊推理系統中，採用乘積推理機、單值模糊器及平均解模糊器，則其中包含了以下形式的所有函數：

$$u_f(\boldsymbol{\theta})=\frac{\sum_{j=1}^{N}\overline{u}_f^j\left[\prod_{i=1}^{2}\mu_{A_i^j}(\theta_i)\right]}{\sum_{j=1}^{N}\left[\prod_{i=1}^{2}\mu_{A_i^j}(\theta_i)\right]} \tag{8-19}$$

式中，$\overline{u}_f^j$ 為隸屬函數；$\mu_{A_z^j}(\theta_i)$ 為最大值對應的橫座標函數值。

令 $\zeta_j(\boldsymbol{\theta})=\frac{\left[\prod_{i=1}^{2}\mu_{A_i^j}(\theta_i)\right]}{\sum_{j=1}^{N}\left[\prod_{i=1}^{2}\mu_{A_i^j}(\theta_i)\right]}$，$\boldsymbol{\psi}=[\overline{u}_f^1,\ \overline{u}_f^2,\ \cdots,\ \overline{u}_f^M]^T$，且 $\boldsymbol{\psi}$ 未知，其估計值為 $\hat{\boldsymbol{\psi}}$，並引入模糊基矢量 $\boldsymbol{\zeta}(\boldsymbol{\theta})=[\zeta_1(\theta_1),\cdots,\zeta_N(\theta_N)]^T$，則有：

$$u_f=u_f(\boldsymbol{\theta})=\boldsymbol{\psi}^T\boldsymbol{\zeta}(\boldsymbol{\theta}) \tag{8-20}$$

將式(8-16)、式(8-17) 和式(8-20) 代入式(8-15)，則有：

$$u=\hat{a}_1\ddot{\theta}_r+\hat{a}_2\dot{\theta}_r+k_p e+k_d\dot{e}+\hat{\boldsymbol{\psi}}^T\zeta(\theta)+u_r \tag{8-21}$$

利用模糊系統來逼近系統的非線性未知干擾 $f(\cdot)$，則根據式(8-18) 一定有：

$$f(\cdot)=\boldsymbol{\psi}^{*T}\boldsymbol{\zeta}(\boldsymbol{\theta})+\delta \tag{8-22}$$

式中，$\psi^*=\min\limits_{\psi\in\Omega_\psi}[\sup\limits_{\theta\in\Omega_\theta}\|f(\cdot)-\boldsymbol{\psi}^T\boldsymbol{\zeta}(\boldsymbol{\theta})\|]$為參數 $\boldsymbol{\psi}$ 的最優估計值；δ 為逼近誤差，$|\delta|<\varphi$，$\varphi>0$。且存在參數 $\boldsymbol{\psi}$ 和 φ 的估計值 $\hat{\boldsymbol{\psi}}$、$\hat{\varphi}$，使得其估計誤差 $\tilde{\boldsymbol{\psi}}=\boldsymbol{\psi}^*-\hat{\boldsymbol{\psi}}$，$\tilde{\varphi}=\varphi-\hat{\varphi}$。進而有：

$$\hat{a}_1\ddot{\theta}+\hat{a}_2\dot{\theta}+f(\cdot)=\hat{a}_1\ddot{\theta}_r+\hat{a}_2\dot{\theta}_r+k_p e+k_d\dot{e}+\hat{\underline{\boldsymbol{\psi}}}^T\underline{\boldsymbol{\zeta}}(\underline{\boldsymbol{\theta}})+u_r \tag{8-23}$$

則得到：

$$\hat{a}_1\ddot{e}+(\hat{a}_2+k_d)\dot{e}+k_p e=\tilde{\underline{\boldsymbol{\psi}}}^T\underline{\boldsymbol{\zeta}}(\underline{\boldsymbol{\theta}})+\delta-u_r \tag{8-24}$$

令 $\boldsymbol{X}=\begin{bmatrix}e\\ \dot{e}\end{bmatrix}$，$\boldsymbol{A}=\begin{bmatrix}0 & 1\\ -\dfrac{k_p}{\hat{a}_1} & -\dfrac{\hat{a}_2+k_d}{\hat{a}_1}\end{bmatrix}$，$\boldsymbol{B}=\begin{bmatrix}0\\ \dfrac{1}{\hat{a}_1}\end{bmatrix}$，$\boldsymbol{\Delta}=\tilde{\underline{\boldsymbol{\psi}}}^T\underline{\boldsymbol{\zeta}}(\underline{\boldsymbol{\theta}})+\delta-u_r$，則得到系統控制律的狀態空間形式為

$$\dot{X}=\boldsymbol{AX}+\boldsymbol{B\Delta} \tag{8-25}$$

(3) 系統魯棒穩定性分析

對於矩陣 $\boldsymbol{A}=\begin{bmatrix}0 & 1\\ -\dfrac{k_p}{\hat{a}_1} & -\dfrac{\hat{a}_2+k_d}{\hat{a}_1}\end{bmatrix}$ 而言，由於其是漸進穩定的，因此對於任意給定的正定對稱矩陣 $\boldsymbol{Q}$，則存在唯一正定對稱矩陣 $\boldsymbol{P}$，使得李雅普諾夫方程

$$\boldsymbol{A}^T\boldsymbol{P}+\boldsymbol{PA}=-\boldsymbol{Q} \tag{8-26}$$

成立。

因此，可定義李雅普諾夫函數如下：

$$V=\frac{1}{2}\boldsymbol{X}^T\boldsymbol{PX}+\frac{1}{2\gamma_1}\mathrm{tr}(\tilde{\underline{\psi}}^T\tilde{\underline{\psi}})+\frac{1}{2\gamma_2}\tilde{\varphi}^2 \tag{8-27}$$

式中，γ_1 和 γ_2 為學習係數，且 $\gamma_1>0$，$\gamma_2>0$。將式 (8-27) 對時間求導，有：

$$\dot{V}=\frac{1}{2}\boldsymbol{X}^T(\boldsymbol{A}^T\boldsymbol{P}+\boldsymbol{PA})\boldsymbol{X}+\boldsymbol{\Delta}^T\boldsymbol{B}^T\boldsymbol{PX}+\frac{1}{\gamma_1}\mathrm{tr}(\tilde{\underline{\psi}}^T\dot{\tilde{\underline{\psi}}})+\frac{1}{\gamma_2}\tilde{\varphi}\dot{\tilde{\varphi}} \tag{8-28}$$

式中，$\boldsymbol{A}^T\boldsymbol{P}+\boldsymbol{PA}=-\boldsymbol{Q}$，$\boldsymbol{P}$、$\boldsymbol{Q}$ 均為正定對稱矩陣，取正定對稱矩陣 $\boldsymbol{P}=\begin{bmatrix}p_{11} & p_{12}\\ p_{21} & p_{22}\end{bmatrix}$，$\lambda=\dfrac{p_{22}}{\hat{a}_1}\dot{e}+\dfrac{p_{21}}{\hat{a}_1}e$，則 $\boldsymbol{\Delta}^T\boldsymbol{B}^T\boldsymbol{PX}=\boldsymbol{\Delta}\lambda$，式(8-28) 可簡化為

$$\dot{V}=-\frac{1}{2}\boldsymbol{X}^T\boldsymbol{QX}+\tilde{\underline{\boldsymbol{\psi}}}^T\underline{\boldsymbol{\zeta}}(\underline{\boldsymbol{\theta}})\lambda+\delta\lambda-u_r\lambda-\frac{1}{\gamma_1}\tilde{\underline{\boldsymbol{\psi}}}^T\dot{\hat{\underline{\boldsymbol{\psi}}}}+\frac{1}{\gamma_2}\hat{\varphi}\dot{\hat{\varphi}}-\frac{1}{\gamma_2}\varphi\dot{\hat{\varphi}} \tag{8-29}$$

令參數自適應律為

$$\dot{\hat{\underline{\boldsymbol{\psi}}}}=\gamma_1\lambda\underline{\boldsymbol{\zeta}}(\underline{\boldsymbol{\theta}}) \tag{8-30}$$

$$\dot{\hat{\varphi}}=\gamma_2\lambda\,\mathrm{sign}(\lambda) \tag{8-31}$$

魯棒控制器的輸出為

$$u_r=\hat{\varphi}\,\mathrm{sign}(\lambda) \tag{8-32}$$

將式(8-30)～式(8-32) 代入式(8-29) 有：

$$\dot{V}=-\frac{1}{2}\boldsymbol{X}^{\mathrm{T}}\boldsymbol{Q}\boldsymbol{X}+\delta\lambda-\varphi|\lambda|\leqslant-\frac{1}{2}\boldsymbol{X}^{\mathrm{T}}\boldsymbol{Q}\boldsymbol{X}+|\lambda|(|\delta|-\varphi) \tag{8-33}$$

由於有 $|\delta|<\varphi$，且 $\boldsymbol{Q}$ 為正定對稱矩陣，則得到

$$\dot{V}\leqslant-\frac{1}{2}\boldsymbol{X}^{\mathrm{T}}\boldsymbol{Q}\boldsymbol{X}<0 \tag{8-34}$$

根據李雅普諾夫直接法，結合所定義李雅普諾夫函數和 $\dot{V}<0$ 的結論，對跟蹤誤差 e、參數估計誤差 $\underline{\tilde{\boldsymbol{\psi}}}$ 和 $\tilde{\varphi}$ 而言，是全局一致有界的。由於參數 $\underline{\boldsymbol{\psi}}>0$，$\varphi>0$ 且有 $\underline{\tilde{\boldsymbol{\psi}}}=\underline{\boldsymbol{\psi}}^{*}-\underline{\hat{\boldsymbol{\psi}}}$，$\tilde{\varphi}=\varphi-\hat{\varphi}$，其估計值 $\underline{\hat{\boldsymbol{\psi}}}$、$\hat{\varphi}$ 也是全局一致有界的。此外，位置給定 θ_{r} 有界，根據系統的位置跟蹤誤差可知，系統輸出 θ 全局一致有界，那麼，系統的速度輸出 ω 也有界。

綜合上述分析，對於式(8-13) 代表的系統模型，在系統存在模型誤差、參數波動、外界擾動以及其他非線性未知擾動的情況下，當系統採用分別為 $u_{\mathrm{ff}}=\hat{a}_1\ddot{\theta}_{\mathrm{r}}+\hat{a}_2\dot{\theta}_{\mathrm{r}}$、$u_{\mathrm{pd}}=k_{\mathrm{p}}e+k_{\mathrm{d}}\dot{e}$、$u_{\mathrm{r}}=\hat{\varphi}\operatorname{sign}(\lambda)$、$u_{\mathrm{f}}(\underline{\boldsymbol{\theta}})=\underline{\hat{\boldsymbol{\psi}}}^{\mathrm{T}}\underline{\boldsymbol{\zeta}}(\underline{\boldsymbol{\theta}})$、$u=u_{\mathrm{ff}}+u_{\mathrm{pd}}+u_{\mathrm{r}}+u_{\mathrm{f}}$ 的控制律以及參數自適應律 $\dot{\underline{\hat{\boldsymbol{\psi}}}}=\gamma_1\lambda\underline{\boldsymbol{\zeta}}(\underline{\boldsymbol{\theta}})$、$\dot{\hat{\varphi}}=\gamma_2\lambda\operatorname{sign}(\lambda)$ 時，跟蹤誤差 e 有界，且系統漸進穩定。

8.1.6 光電載荷雲臺複合補償控制方法

多旋翼無人機在俯仰、滾轉和偏航方向上的運動和振動會通過連接機構耦合到機載雲臺系統上，造成機載雲臺的振動，從而引起光電載荷的抖動，嚴重影響到成像的質量，使得地面站獲取的機載視頻圖像變得模糊。因此必須採用必要的穩定控制技術，補償引起抖動的擾動，保持機載雲臺穩定在一定的精度範圍內。機載雲臺的穩定控制通常採用陀螺慣性平臺結構，實質上是一種速度伺服控制系統。

針對目前常用的基於陀螺速度的單速度環控制結構難以在低速運動時有效地抑制擾動和機載雲臺複雜非線性特性對控制性能的影響、難以同時抑制雲臺系統外部的耦合擾動和雲臺系統內部的力矩擾動、難以抑制機載雲臺系統的高頻擾動，本節提出一種採用陀螺儀為速度內環，光電編碼器微分後構成速度外環的雙速度環閉環控制結構，並引入加速度信號進一步估計和補償系統的擾動，以提升控制結構的抗擾動性能、動態響應性能及魯棒性能。

在穩定控制方法上，根據機載穩定雲臺系統的特點和多旋翼無人機的應用需求，提出一種模糊自適應 PID 複合控制方法。模糊自適應控制提高系統的自適應能力和動態響應性能；變速積分 PID 控制保證系統更高的穩定精度；在切換方式上採用一種基於「模糊切換規則」的模糊切換方式，實現了複合控制的平穩

切換。最後，為了抑制機載雲臺的振動，根據多旋翼無人機的振動特點和隔振理論確定了減振裝置的參數和安裝布局。將伺服控制系統與隔振系統相結合，構成了機載雲臺的複合補償控制系統，實現機載雲臺的擾動補償和穩定控制。

(1) 機載雲臺複合補償控制系統結構

本節提出的機載雲臺的複合補償控制系統結構如圖 8-14 所示。該複合補償控制結構由伺服控制系統和隔振系統構成。在伺服控制系統隔離載體擾動、提升控制結構的抗擾動性能的基礎上，利用隔振系統對機載雲臺振動做進一步的抑制，提高系統的補償擾動能力和穩定精度。同時隔振系統對高頻振動的平滑作用改善了伺服控制系統的時延。整個複合補償控制系統結構簡單、易於工程實現。

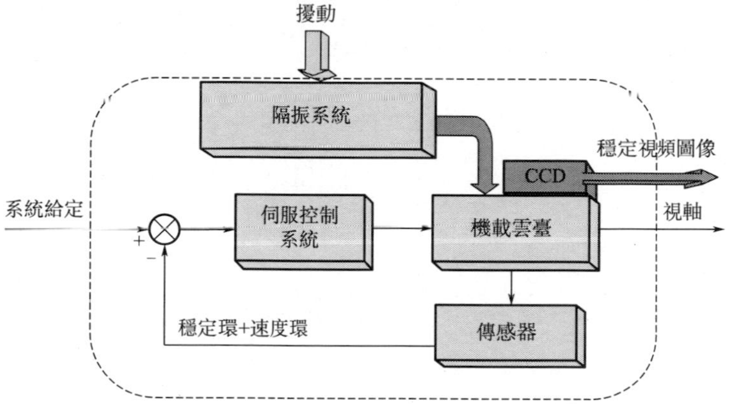

圖 8-14　機載雲臺的複合補償控制系統結構

(2) 基於擾動補償的伺服控制結構分析

為實現機載光電平臺的擾動補償和穩定控制，並達到要求的穩定精度，將速度環的抗干擾力矩功能和穩定環的隔離載體運動功能分開設計，提出採用雙速度環穩定的方法，即以 MEMS 陀螺儀進行數字測速組成速度內環，而利用角度編碼器得到的角度微分後組成速度外環。

① 基於單速度環的伺服控制結構　首先，採用單速度環控制方式實現機載雲臺的穩定控制。其結構框圖和數學模型如圖 8-15 所示。其中，$G_1(s)$ 為速度迴路校正環節，$G_2(s)$ 為電機及負載傳遞函數，ω_r 為速度給定，ω_1 為外界載體力矩干擾引起的干擾速度，ω_2 為電機的轉速輸出，ω_o 為負載速度輸出，u_d 為內部干擾引起的速度，K_{pwm} 為功率放大器的放大係數，K_{gyro} 為陀螺標度係數。該模型中將電機與負載之間的由於彈性形變引起的振盪環節忽略，認為電機和負載為一個剛體的單質量伺服系統。

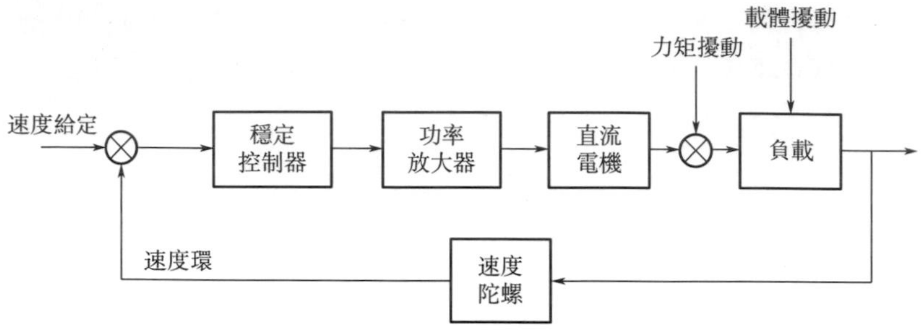

(a) 單速度環控制結構框圖

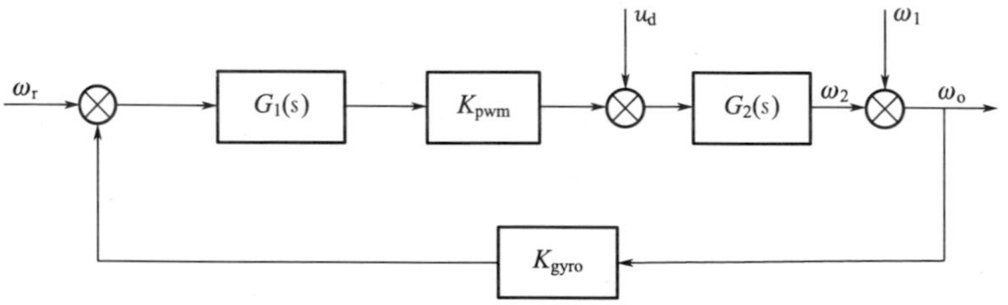

(b) 單速度環控制結構的數學模型

圖 8-15　基於單速度環的伺服控制結構

在圖 8-15 中，將 ω_r、u_d、ω_1 均視為系統的輸入，得到負載速度輸出 ω_o 相對於 u_d、ω_1 和 ω_r 的拉氏變換，表示如下：

$$\omega_o=\frac{G_2(s)u_d+K_{pwm}G_1(s)G_2(s)}{1+K_{pwm}K_{gyro}G_1(s)G_2(s)} \tag{8-35}$$

在設計速度控制器 $G_1(s)$ 時應滿足：

$$|K_{pwm}K_{gyro}G_1(s)G_2(s)|\gg 1 \tag{8-36}$$

則式(8-35) 可以簡化為

$$\omega_o=\frac{u_d}{K_{pwm}K_{gyro}G_1(s)}+\frac{\omega_1}{K_{pwm}K_{gyro}G_1(s)G_2(s)}+\frac{\omega_r}{K_{gyro}} \tag{8-37}$$

從式(8-37) 中可知，在單速度環控制中，u_d 和 ω_1 對 ω_o 的影響均由校正環節完成，且各種擾動間相互影響，這必然造成穩定控制器 $G_1(s)$ 難以協調實現。此外，抑制載體干擾速度 ω_1 還與電機及負載傳遞函數 $G_2(s)$ 有關。因此視軸的穩定效果會受到系統特性參數變化的影響，僅僅靠調節速度校正很難達到穩定隔離的目的。

② 基於雙速度環的伺服控制結構　結合基於串級控制的優點，伺服控制系統的結構採用以速度陀螺獲取的速率組成速度環，以光電編碼器微分構成穩定環的雙速度環伺服控制結構。速度環抑制力矩干擾，消除被控對象非線性特性對系

統的影響；穩定環抑制外部載體擾動的影響，實現載荷的穩定控制。

圖 8-16(a) 為基於雙速度環的伺服控制結構框圖，圖 8-16(b) 為其數學模型。

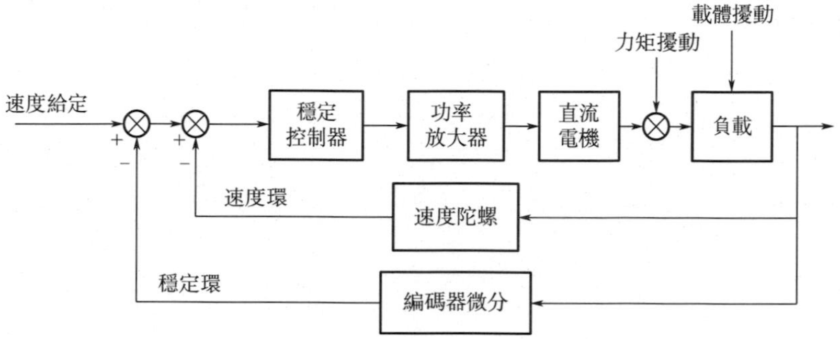

(a) 雙速度環控制結構框圖

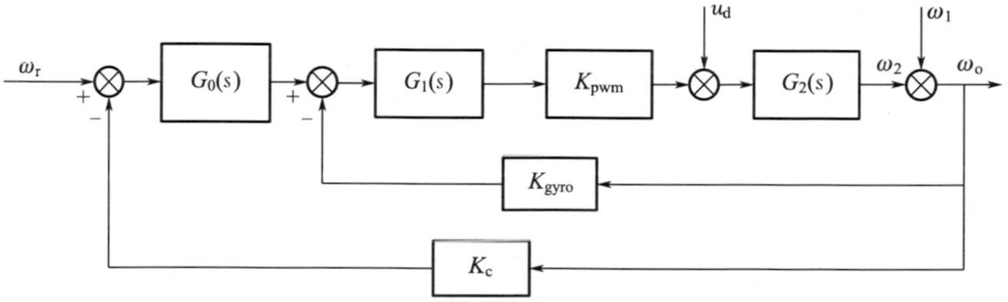

(b) 雙速度環控制結構的數學模型

圖 8-16 基於雙速度環的伺服控制結構

③ 雙速度環性能分析　本節從抑制擾動性能、魯棒性能和動態響應性能三個方面出發，對雙速度環伺服控制結構的性能進行討論。

a. 抑制擾動性能分析。將系統的各種擾動速度看作系統的輸入，依據圖 8-16 可以得到雙速度控制系統輸出對於系統輸入和系統干擾的傳遞函數為

$$\omega_o=\frac{G_2(s)u_d+[1+K_{pwm}K_{gyro}G_1(s)G_2(s)]\omega_1+K_{pwm}G_0(s)G_1(s)G_2(s)\omega_r}{1+K_{pwm}G_1(s)G_2(s)[K_{gyro}+K_cG_0(s)]} \tag{8-38}$$

在設計速度調節器 $G_1(s)$ 和穩定控制器 $G_0(s)$ 時應滿足：

$$|K_{gyro}K_{pwm}G_1(s)G_2(s)|\gg 1 \tag{8-39}$$

$$|K_{pwm}G_1(s)G_2(s)[K_{gyro}+K_cG_0(s)]|\gg 1 \tag{8-40}$$

則式(8-38) 可以簡化為

$$\omega_o=\frac{u_d}{K_{pwm}G_1(s)[K_{gyro}+K_cG_0(s)]}+\frac{K_{gyro}\omega_1}{K_{gyro}+K_cG_0(s)}+\frac{G_0(s)\omega_r}{K_{gyro}+K_cG_0(s)} \tag{8-41}$$

由式(8-41) 可知，在基於雙速度環的伺服結構中，$G_1(s)$ 在穩定控制器 $G_0(s)$ 的輔助調節下對力矩干擾 u_d 進行抑制；而速度調節器 $G_1(s)$ 起到了隔離載體擾動、穩定視軸的作用，且與機載雲臺系統的特性參數的變化無關。

一般情況下，系統抑制擾動的能力可以通過系統的信噪比進行衡量。為此引入信噪比的概念，通過計算雙速度環控制結構的信噪比，來分析其對擾動的抑制能力。假定某一給定值 r 與擾動 d 作用下，控制系統的輸出為 y，其信噪比 D 可表示為

$$D=\frac{y/r}{y/d} \tag{8-42}$$

若 y/r 越接近常值，y/d 越趨近零，則其抗擾動能力越強。

在單速度環控制結構中，對於 u_d 和 ω_1 的信噪比分別表示為

$$D_{1u}=\frac{\omega_o/\omega_r}{\omega_o/u_d}=K_{pwm}G_1(s) \tag{8-43}$$

$$D_{1\omega}=\frac{\omega_o/\omega_r}{\omega_o/\omega_d}=K_{pwm}G_1(s)G_2(s) \tag{8-44}$$

在雙速度環控制結構中，對於 u_d 和 ω_1 的信噪比分別表示為

$$D_{2u}=\frac{\omega_o/\omega_r}{\omega_o/u_d}=K_{pwm}G_0(s)G_1(s) \tag{8-45}$$

$$D_{2\omega}=\frac{\omega_o/\omega_r}{\omega_o/\omega_d}=\frac{K_{pwm}G_0(s)G_1(s)G_2(s)}{1+K_{gyro}K_{pwm}G_1(s)G_2(s)} \tag{8-46}$$

在設計過程中，內環的階次一般較低，因此 $G_1(s)$ 可以取較大的增益係數。對比式(8-43) 和式(8-45)，為不失一般性，當控制器採用比例控制時，可以使得 $|D_{2u}|\gg|D_{1u}|$，使得雙速度環控制結構的抗擾動能力遠遠大於單速度環控制結構的抗擾動能力，對干擾力矩 u_d 具有更強的抑制能力；而對於外部機體干擾 ω_1，內迴路的存在使得被控對象的動態特性也得到改善，相位裕度提高，開環增益增大。相比之下，其抗擾動能力也有一定改善。

b. 魯棒性分析。隨著速度內環的引入，系統的魯棒性能也發生了改變。通過霍洛維茨（Horowitz）定義的靈敏度來求解雙速度環結構的靈敏度，進而分析系統的魯棒性能。假設通過分析和測試得到，機載雲臺特性變化前後的傳遞函數分別為 $Q_m(s)$ 和 $Q'_m(s)$。當系統變化前，單速度環和雙速度環的開環傳遞函數分別表示為

$$P_1(s)=K_{pwm}G_1(s)Q_m(s) \tag{8-47}$$

$$P_2(s)=\frac{K_{pwm}G_1(s)G_0(s)Q_m(s)}{1+K_{gyro}K_{pwm}G_1(s)Q_m(s)} \tag{8-48}$$

當系統變化後，單速度環和雙速度環的開環傳遞函數分別表示為

$$P_1'(s)=K_{pwm}G_1(s)Q_m'(s) \tag{8-49}$$

$$P_2'(s)=\frac{K_{pwm}G_1(s)G_0(s)Q_m'(s)}{1+K_{gyro}K_{pwm}G_1(s)Q_m'(s)} \tag{8-50}$$

由霍洛維茨定義的 k 變化引起 $\varphi(s)$ 變化的靈敏度函數表達式為

$$S_k^{\varphi}=\frac{d\varphi(s)/\varphi(s)}{dk/k} \tag{8-51}$$

式中，k 為發生變化的對象；$\varphi(s)$ 為由於 k 變化而引起變化的傳遞函數。

得到單速度環和雙速度環系統的靈敏度分別表示為

$$S_{Q_m}^{P_1}=\frac{\Delta P_1(s)/P_1(s)}{\Delta Q_m(s)/Q_m(s)}=\frac{[P_1(s)-P_1'(s)]/P_1(s)}{[Q_m(s)-Q_m'(s)]/Q_m(s)}=1 \tag{8-52}$$

$$\begin{aligned}S_{Q_m}^{P_2}&=\frac{\Delta P_2(s)/P_2(s)}{\Delta Q_m(s)/Q_m(s)}=\frac{[P_2(s)-P_2'(s)]/P_2(s)}{[Q_m(s)-Q_m'(s)]/Q_m(s)}\\&=\frac{1}{1+K_{gyro}K_{pwm}G_1(s)Q_m'(s)}<1\end{aligned} \tag{8-53}$$

由上式可知，在雙速度環控制結構中，當設計速度調節器 $|G_1(s)|\gg 1$ 時，可以使得系統靈敏度值 $S_{Q_m}^{P_2}\ll 1$，表明有效地抑制了機載雲臺特性、參數變化對控制系統性能的影響，系統的魯棒性能得到了提高。

c. 動態響應分析。電機的電磁時間常數 $T_e=L_a/R_a$，可分析得到控制對象傳遞函數描述為

$$G_2(s)=\frac{1/K_e}{(T_e s+1)(T_m s+1)} \tag{8-54}$$

引入速度內環後，外環的控制對象傳遞函數變為內環的閉環傳遞函數，其表達式為

$$G_2'(s)=\frac{G_1(s)G_2(s)}{1+k_{gyro}G_1(s)G_2(s)} \tag{8-55}$$

令 $k_1=K_{pwm}/K_e$，考慮電機負載傳遞函數與功率放大係數，則式 (8-55) 可表述為

$$\begin{aligned}G_2'(s)&=\frac{k_1G_1(s)}{(T_e s+1)(T_m s+1)+k_1k_{gyro}G_1(s)}\\&=\frac{k_1G_1(s)}{1+k_1k_{gyro}G_1(s)}\frac{1}{\dfrac{T_eT_m}{1+k_1k_{gyro}G_1(s)}s^2+\dfrac{T_e+T_m}{1+k_1k_{gyro}G_1(s)}+1}\end{aligned} \tag{8-56}$$

由式(8-56) 可知，在雙速度環控制結構中，當設計速度調節器$|G_1(s)|\gg 1$時，控制對象的等效時間常數減小為原來的$1/[1+k_1 k_{gyro} G_1(s)]$。因此，引入速度內環後，被控對象的階次得以降低，時間常數減小，系統的工作頻率提高，從而使得被控對象響應和調節時間減小，改善了系統的動態響應性能。

綜合上述分析，雙速度環控制結構提高了系統的抗擾動性能和魯棒性，並且系統的響應性能也得以改善，這非常有利於提高機載雲臺的穩定精度。

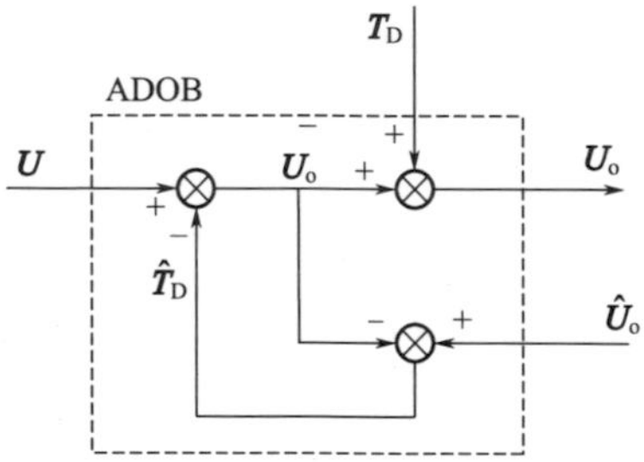

圖 8-17 ADOB 結構原理圖

④ 基於加速度信號的擾動補償 利用加速度信息與力矩直接相互關聯的特點，從機載雲臺系統可測的加速度信息出發對不可直接測量的擾動信息進行估計，提出一種基於加速度信號的擾動觀測器(Acceleration Disturbance Observer，ADOB) 結構，並將其引入到伺服系統控制迴路中，進一步補償機載雲臺的擾動，提高其穩定精度。ADOB 的結構原理圖如圖 8-17 所示。

圖 8-17 中，$\boldsymbol{T}_D$ 代表不可測的擾動因素，$\hat{\boldsymbol{T}}_D$ 是擾動 $\boldsymbol{T}_D$ 的估計值，$\boldsymbol{U}$ 是經過控制器後的觀測器輸入，$\boldsymbol{U}_o$ 是經過觀測器的輸出，也是直流電機的控制輸入，$\hat{\boldsymbol{U}}_o$ 是對控制輸出 $\boldsymbol{U}_o$ 的估計。控制輸出的估計值表示為

$$\hat{\boldsymbol{U}}_o=c\hat{\boldsymbol{M}}\boldsymbol{\xi} \tag{8-57}$$

式中，c 為常數；$\hat{\boldsymbol{U}}_o\in\boldsymbol{R}^{3\times1}$；$\boldsymbol{\xi}=[\ddot{\theta}_p, \ddot{\theta}_q, \ddot{\theta}_r]^T$ 為由加速度計得到的值；$\hat{\boldsymbol{M}}$ 為由被控對象慣性矩 I_{xx}、I_{yy}、I_{zz} 構成的矩陣；$\hat{\boldsymbol{M}}=\begin{bmatrix}\hat{I}_{xx} & 0 & 0\\ 0 & \hat{I}_{yy} & 0\\ 0 & 0 & \hat{I}_{zz}\end{bmatrix}$。

從圖 8-17 中可知，擾動估計值 $\hat{\boldsymbol{T}}_D$ 為

$$\hat{\boldsymbol{T}}_D=\hat{\boldsymbol{U}}_o-\overline{\boldsymbol{U}}_o \tag{8-58}$$

而 $\overline{\boldsymbol{U}}_o=\boldsymbol{U}_o-\boldsymbol{T}_D$，則有

$$\hat{\boldsymbol{T}}_D=\hat{\boldsymbol{U}}_o-\boldsymbol{U}_o+\boldsymbol{T}_D \tag{8-59}$$

同樣，可以推出未引入 ADOB 的系統控制輸出為

$$\boldsymbol{U}_{\mathrm{o}}=\boldsymbol{U}+\boldsymbol{T}_{\mathrm{D}} \tag{8-60}$$

若對控制輸出的估計能夠做到完全準確，即 $\hat{\boldsymbol{U}}_{\mathrm{o}}=\boldsymbol{U}_{\mathrm{o}}$，根據式(8-59)可知，便能夠做到對系統中不可測擾動因素的精確估計，即 $\hat{\boldsymbol{T}}_{\mathrm{D}}=\boldsymbol{T}_{\mathrm{D}}$。這將使得系統得到一個無其他因素干擾的控制輸入，即 $\boldsymbol{U}=\boldsymbol{U}_{\mathrm{o}}$，擾動 $\boldsymbol{T}_{\mathrm{D}}$ 得以完全消除。其從理論上驗證了 ADOB 對系統擾動的補償能力。

(3) 基於模糊自適應 PID 的複合控制策略

由於機載雲臺的伺服控制系統在外部受到機體擾動、氣流擾動、機載振動等載體的隨機擾動因素干擾，在內部存在摩擦等力矩擾動，俯仰、滾轉和偏航通道之間強的擾動耦合以及模型誤差等干擾因素，且這些擾動大多存在非線性函數，無法實現精確的建模補償，這就決定了機載雲臺系統是難以精確建模的、具有很強非線性和不確定性的伺服控制系統。此外，系統的隨機擾動因素眾多，工作環境較為惡劣。因此，對機載雲臺的控制策略提出了更高的要求。首先，算法要具有自適應能力和魯棒性，以適應機載雲臺系統特性參數的變化。其次，整個系統的控制響應時間通常很短，就要求算法具有快速動態響應性能和高質量的穩定性能，而且算法簡單有效，易於工程實現。

根據上述分析，為了滿足機載雲臺穩定控制在響應速度和穩定精度上的要求，從工程易實現的角度出發，將模糊自適應控制與變速積分 PID 控制相結合，提出一種模糊自適應 PID 的複合控制方法。在系統的暫態過程中，利用模糊自適應控制保證系統的快速響應能力；在系統的穩態過程中，利用變速積分 PID 控制保證系統的高穩定精度；在控制方法的切換方式上提出了一種具有基於「模糊切換規則」的模糊切換方式。複合控制結構如圖 8-18 所示。

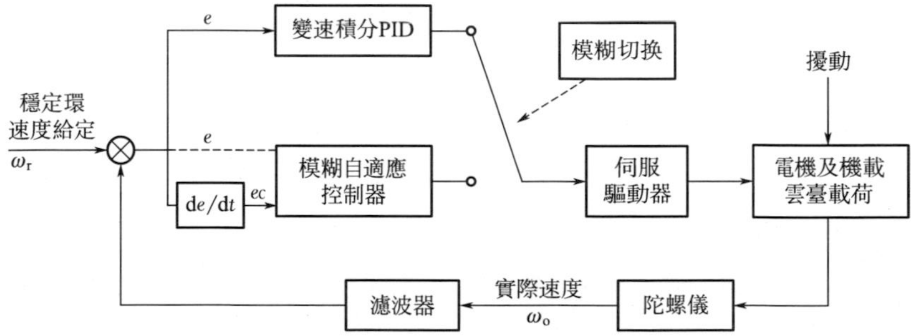

圖 8-18　模糊自適應 PID 複合控制結構圖

① 變速積分 PID 控制　傳統的 PID 控制方法在進行穩定環的控制時，由於積分環節的存在，容易導致速度偏差的累加，造成積分飽和，引起系統出現大的

超調甚至是振盪現象，使得過渡時間增大，動態性能變差。為了避免傳統 PID 控制方法存在的問題，提高系統的品質，提出採用變速積分 PID 控制方法。該方法的基本思想是使積分值累加速度和偏差大小相對應。也就是說，根據速度偏差的大小改變積分的累加速度。

設變速積分比例因子為 $f[e(k)]$，它是偏差 $e(k)$ 的函數，可以表述為

$$f[e(k)]=\begin{cases}1 & |e(k)\leqslant b| \\ \dfrac{a-|e(k)|+b}{a} & b<|e(k)|\leqslant a+b \\ 0 & |e(k)|>a+b\end{cases} \tag{8-61}$$

變速積分比例因子 $f[e(k)]$ 應滿足：$f[e(k)]$ 的值在區間 $[0,1]$ 之間變化，且當 $|e(k)|$ 增大時，$f[e(k)]$ 減小；當 $|e(k)|$ 減小時，$f[e(k)]$ 增大。參數 a、b 無須精確，易整定。

變積分 PID 控制方法中的積分項為

$$u_{\mathrm{i}}=k_{\mathrm{i}}\{\sum_{i=1}^{k-1}e(i)+f[e(k)]e(k)\}T \tag{8-62}$$

當 $|e(k)|>a+b$ 時，$f[e(k)]$ 的值為 0，積分項 u_i 對當前的速度偏差 $e(k)$ 不進行累加；當 $|e(k)\leqslant b|$ 時，積分項 u_{i} 對當前的速度偏差 $e(k)$ 進行累加，此時積分項 u_{i} 與傳統 PID 的積分項相同，即積分速度達到最大：

$$u_{\mathrm{i}}=k_{\mathrm{i}}\sum_{i=1}^{k}e(i)T \tag{8-63}$$

當 $b<|e(k)|\leqslant a+b$ 時，積分項 u_{i} 僅對部分當前的 $e(k)$ 進行累加，它的值在 $0\sim|e(k)|$ 之間，隨著 $|e(k)|$ 的變化而變化。因此，它的積分速度在 $k_{\mathrm{i}}\sum_{i=1}^{k-1}e(i)T$ 和 $k_{\mathrm{i}}\sum_{i=1}^{k}e(i)T$ 之間。

變速積分 PID 控制算法表示為

$$u(k)=k_{\mathrm{p}}e(k)+k_{\mathrm{i}}\{\sum_{i=1}^{k-1}e(i)+f[e(k)]e(k)\}T+k_{\mathrm{d}}[e(k)-e(k-1)]/T \tag{8-64}$$

② 模糊自適應控制器　通常情況下，常規模糊控制中的控制規則是根據數量有限的專家經驗來確定的，而且假設被控對象特性參數的變化不會超出操作者的經驗範圍，這在一定程度上限制了控制規則的數量，造成了控制規則的不完善。由於控制規則的數量有限、控制參數以及固定隸屬度函數的限制，使得模糊控制適應被控對象參數變化的能力較差，在有些必要的情況下不會產生必要的動作。

針對上述問題，為了提高模糊控制的品質，將自適應調整方法引入到模糊控

制中，在保持其優點的基礎上，同時具備了對外界擾動、參數變化等情況的魯棒適應能力。因此，本節提出了一種模糊自適應控制器，控制結構框圖如圖 8-19 所示。該控制器在常規模糊控制的基礎上，引入一種自適應調整因子對輸出比例因子在線修正，改善其動態性能和穩態性能；在先驗知識有限的情況下，提出一種基於系統誤差和誤差變化的自適應交互學習算法，實現控制規則的調整和自學習，滿足機載雲臺系統不同狀態下的控制要求。

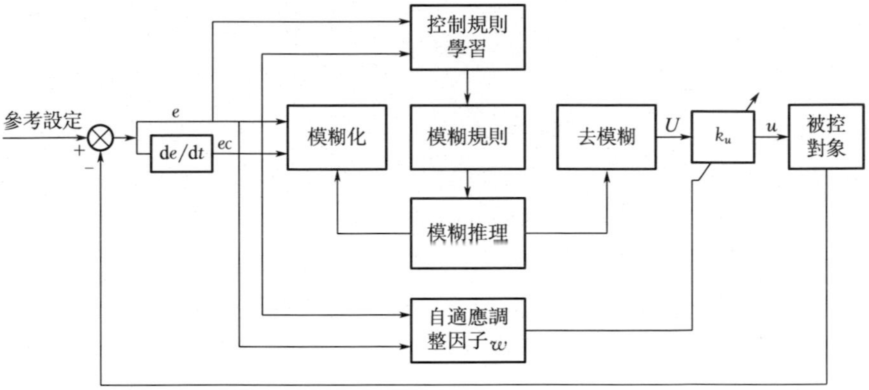

圖 8-19　模糊自適應控制結構框圖

a. 模糊控制器設計。採用雙輸入、單輸出的形式來設計模糊控制器。兩個輸入分別為誤差 E 和誤差變化 EC，分別是實際速度跟蹤誤差 e 及其變化 ec 的模糊語言變量，輸出 U 為控制輸出電壓 u 的模糊語言變量。E、EC 和 U 的模糊子集均為 {NB，NM，NS，Z，PS，PM，PB}，其隸屬度函數採用對稱、均勻分布、全交迭的三角形形式，如圖 8-20 所示。

實際變量分別表示為

$$e(k)=\omega_r(k)-\omega_o(k) \tag{8-65}$$

$$ec(k)=e(k)-e(k-1) \tag{8-66}$$

$$u(k)=f[e(k),ec(k)] \tag{8-67}$$

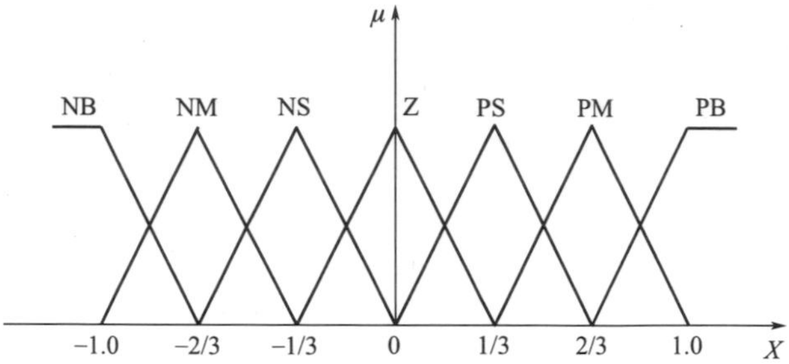

圖 8-20　隸屬度函數

由於在實際系統中，考慮變量 $e(k)$、$ec(k)$ 和 $u(k)$ 存在不對稱的情況，設其基本論域分別為$[e_{\min}, e_{\max}]$、$[ec_{\min}, ec_{\max}]$和$[u_{\min}, u_{\max}]$，歸一化模糊論域為 $[-1,1]$，論域正規化變換公式為

$$\begin{cases} E = k_e\left(e - \dfrac{e_{\min} + e_{\max}}{2}\right), k_e = \dfrac{2}{e_{\max} - e_{\min}} \\ EC = k_{ec}\left(ec - \dfrac{ec_{\min} + ec_{\max}}{2}\right), k_{ec} = \dfrac{2}{ec_{\max} - ec_{\min}} \\ U = \left(u - \dfrac{u_{\min} + u_{\max}}{2}\right)/k_u, k_u = \dfrac{u_{\max} - u_{\min}}{2} \end{cases} \tag{8-68}$$

式中，k_u 為輸出變量的比例因子；k_e、k_{ec} 為輸入變量的量化因子。應用常規模糊關係和模糊條件建立「IF A_i and B_i THEN C_i」形式的模糊規則，如表 8-2 所示。

表 8-2　模糊控制規則

U / EC	E						
	NB	NM	NS	Z	PS	PM	PB
NB	NB	NB	NM	NM	NS	NS	Z
NM	NB	NM	NM	NS	NS	Z	PS
NS	NM	NM	NS	NS	Z	PS	PM
Z	NM	NS	NS	Z	PS	PS	PM
PS	NM	NS	Z	PS	PS	PM	PM
PM	NS	Z	PS	PS	PM	PM	PB
PB	Z	PS	PS	PM	PM	PB	PB

根據 Mamdani 的 min-max 模糊推理法則有：

$$\begin{cases} R=\bigcup_{i=1}^{n} R_i=\bigcup_{i=1}^{n}(A_i\times B_i)\times C_i \\ \mu_{R_i}=\min\{\mu_{A_i}(E),\mu_{B_i}(EC),\mu_{C_i}(U)\} \\ \mu_C(U)=\max_{E,EC}\{\mu_{A\times B}(E,EC),\mu_R(E,EC,U)\} \end{cases} \tag{8-69}$$

採用加權平均去模糊化得到輸出為

$$U=\frac{\sum_i \mu_{C_i}(U_i)C_i}{\sum_i \mu_{C_i}(U_i)} \tag{8-70}$$

最終得到實際控制輸出為

$$u(k)=k_u(k)U+\frac{u_{\max}+u_{\min}}{2} \tag{8-71}$$

b. 自適應調整因子的引入。模糊控制的動態性能和靜態性能之間存在著一定的矛盾，這就要求系統能在不同的工作階段對控制器的比例因子進行調整，改善控制器性能，通過參數的修正獲得滿意的控制效果。即當系統接近穩態時，誤差 E、誤差變化 EC 較小，細微調節控制輸出，保證系統的控制精度，減小 k_u，使得控制量減小；當系統處於暫態時，E 和 EC 較大，應增大 k_u，使得控制量增加，提高系統的動態響應性。為此，本節引入一個在線自適應調整因子來實現比例因子，可以根據速度偏差及偏差變化進行自修正，從而保證系統超調小，且快速響應，具有優良的動、靜態性能和抗擾動性。

在線自適應調整因子 $w(e,ec)$ 是速度偏差 e 和速度偏差變化 ec 的函數，即

$$w(e,ec)=1-\gamma\exp(-(\alpha e^2+\beta ec^2)),0\leqslant w\leqslant 1 \tag{8-72}$$

式中，γ 為積分常數，且 $0<\gamma<1$；α 為 e 的加權係數，$\alpha>0$；β 為 ec 的加權係數，$\beta>0$。假設比例因子的初始值為 $k_u(0)$，由式(8-72) 得到 k_u 表達式為

$$k_u(k)=k_u(0)w(e(k),ec(k)) \tag{8-73}$$

式(8-72) 分別對速度偏差、偏差變化求偏導有

$$\frac{\partial w}{\partial e}=2\gamma\alpha e\exp(-(\alpha e^2+\beta ec^2)) \tag{8-74}$$

$$\frac{\partial w}{\partial ec}=2\gamma\beta ec\exp(-(\alpha e^2+\beta ec^2)) \tag{8-75}$$

下面分別討論加權係數 α、β 及積分常數 γ 對 $w(e,ec)$ 的影響。

當 e 和 ec 趨近於 0 時，有

$$\frac{\partial w}{\partial e}\Big|_{e\to 0}\approx 2\gamma\alpha e\exp(-\beta ec^2) \tag{8-76}$$

$$\frac{\partial w}{\partial ec}\Big|_{ec\to 0}\approx 2\gamma\beta ec\exp(-\alpha e^2) \tag{8-77}$$

由式(8-76)可以看出，α 越大，$\left|\frac{\partial w}{\partial e}\right|$ 就越大，說明相對於速度偏差而言，w 的變化較快，k_u 在這個區域內的變化很快；相反地，α 越小，$\left|\frac{\partial w}{\partial e}\right|$ 就越小，k_u 的變化越慢。同理，由式(8-77)可知，β 越大，$\left|\frac{\partial w}{\partial ec}\right|$ 就越大，說明相對於速度偏差變化而言，k_u 在這個區域內的變化也很快；反之亦然。

當 e 和 ec 趨近於 1 時，有：

$$\frac{\partial w}{\partial e}\Big|_{e\to 1} \approx 2\gamma\alpha\exp(-\beta ec^2)/\exp(\alpha) \tag{8-78}$$

$$\frac{\partial w}{\partial ec}\Big|_{ec\to 1} \approx 2\gamma\beta\exp(-\alpha e^2)/\exp(\beta) \tag{8-79}$$

由式（8-78）可以看出，α 越大，$\left|\frac{\partial w}{\partial e}\right|$ 就越小，說明相對於速度偏差而言，w 的變化較小，k_u 在這個區域內的變化很小；相反地，α 越小，函數 w 的變化相對於 e 在區間 $[-1,1]$ 的任何點處都很小。同理，由式(8-79)可知，β 越大，$\left|\frac{\partial w}{\partial ec}\right|$ 就越小，說明相對於速度偏差變化而言，k_u 在這個區域內的變化也很小。

當 $e=ec=0$ 時，系統處於平衡狀態，由式(8-72)有 $w(e,ec)=1-\gamma$。若 $\gamma=1$，則 $w(e,ec)=0$，此時 $k_u(k)=0$，系統的輸出控制量為零，則系統穩定在平衡狀態；若 $\gamma=0$，則 $w(e,ec)=1$，此時 k_u 始終保持不變。此外，對於同一個點根據式(8-74)和式(8-75)可以看出，γ 越小，$w(e,ec)$的偏導數就越小，這就意味著自適應調整因子的變化不大。

通過 $w(e,ec)$的引入，k_u 也得到調整，使得系統的輸出控制量能夠根據 e 和 ec 的變化自適應地調節，改善了控制品質。在 e 和 ec 的變化都較大時，增大 k_u，加強控制作用來快速減小誤差、加快動態響應；隨著 e 和 ec 的減小，減小 k_u，減弱控制作用對輸出進行細微調節，保證穩態精度。因此自適應調整因子的引入有效地提高了機載雲臺系統的動態性能和穩態性能。

c. 控制規則自學習。控制規則的確定和自學習能力對於機載雲臺伺服控制系統的性能具有決定性的作用。由於本系統的先驗知識缺乏，操作經驗較少，被控對象的非線性和時變性，再加上多種干擾的影響，必然造成所得控制規則的不完善。為了實現控制規則的可調整性，本節引入一種基於負梯度下降的交互學習算法實現控制規則的在線調整，實現機載雲臺系統的自適應控制。定義如下性能指標函數：

$$J=\sum_{k=1}^{n}\sqrt{e^2(k)+\rho ec^2(k)} \tag{8-80}$$

式中，k 為採樣時間；ρ 為加權係數且 $\rho>0$。上式分別對速度偏差、偏差變化求偏導有

$$\frac{\partial J}{\partial e}=\frac{e(k)}{\sqrt{e^2(k)+\rho ec^2(k)}} \tag{8-81}$$

$$\frac{\partial J}{\partial ec}=\frac{\rho ec(k)}{\sqrt{e^2(k)+\rho ec^2(k)}} \tag{8-82}$$

則性能優化的負梯度為

$$-|\nabla J|=-\left|\frac{e(k)}{\sqrt{e^2(k)+\rho ec^2(k)}}\right|-\rho\left|\frac{ec(k)}{\sqrt{e^2(k)+\rho ec^2(k)}}\right| \tag{8-83}$$

根據優化控制對控制信號進行調整，則得到

$$\Delta U(k)=\eta(-|\nabla J|)\begin{bmatrix}e(k)\\ ec(k)\end{bmatrix} \tag{8-84}$$

式中，η 為學習速率，且 $0<\eta<1$。則控制規則算法表示為

$$\Delta C_i=\Delta U\frac{\mu_{C_i}(U_i)}{\sum_i \mu_{C_i}(U_i)},C_i=C_i+\Delta C_i \tag{8-85}$$

式中，ΔC_i 為第 i 條控制規則的修改量；$\mu_{C_i}(U_i)$ 為第 i 條控制規則的激活度。

控制規則通過上述依據系統性能的自適應學習算法來實現在線自動調整。

③ 複合控制切換條件　模糊自適應 PID 複合控制結合了模糊自適應控制和變速積分 PID 控制各自的優點，根據誤差的變化範圍切換不同的控制器來實現複合控制。當系統處於暫態時利用模糊自適應控制器良好的動態性能，穩態時利用變速積分 PID 控制器的理想穩態性能，從而保證了系統的控制品質。

通常兩種控制的切換採用的是事先設定切換閾值 e_m 的切換方法，其基本原理如圖 8-21 所示。

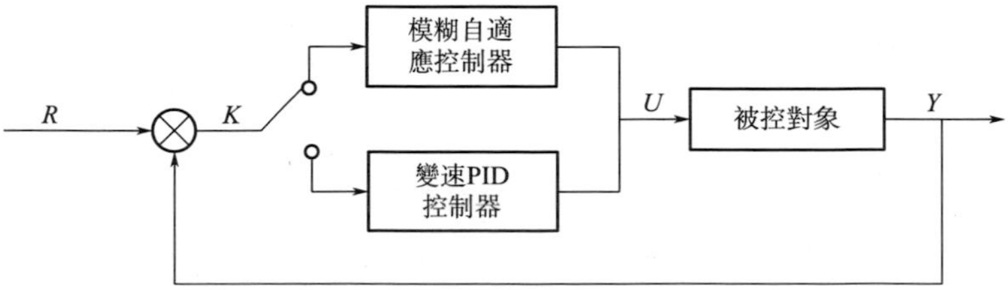

圖 8-21　閾值切換方法原理圖

這種切換方法存在著缺陷：第一，切換閾值的選取是影響系統性能的關鍵。當閾值 e_m 較大時，影響系統的動態響應，延長動態過程；當閾值 e_m 較小時，容易造成切換抖動。當過早切換時，超調增大，無法發揮模糊自適應控制的優點；當過遲切換時，在模糊自適應控制器存在大的靜差的情況下，可能無法進入變速積分 PID 控制模式。第二，兩種控制模式切換時，為了使輸出控制量連續輸出，防止輸出控制量的躍變，在該切換點處，兩種控制模式的輸出量必須保證相等。而在實際工作中，當閉環控制系統進行模式切換時，保證系統控制量輸出連續且相等是很困難的，因此在採用閾值切換時不可避免地存在著切換擾動，這樣會使得系統的超調量增大，動態性能下降。

針對上述問題，本節提出採用一種「基於模糊規則」的模糊切換方式，其切換原理如圖 8-22 所示。

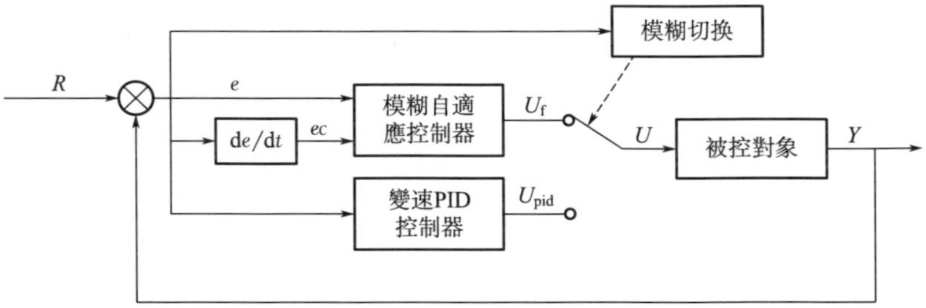

圖 8-22 基於模糊切換的原理圖

「模糊切換控制規則」為：IF e is Z then U is U_{pid}，ELSE U is U_f。其中，U_{pid} 和 U_f 分別表示變速積分 PID 控制輸出和模糊自適應控制輸出，其輸出強度係數分別為 λ_{pid} 和 λ_f，Z 表示模糊切換的隸屬度函數，如圖 8-23 所示。當輸入偏差為 e_0 時，$m=Z(e_0)$，則 $\lambda_{pid}=m$，而 $\lambda_f=1-\lambda_{pid}$，採用加權平均法得到混合輸出為

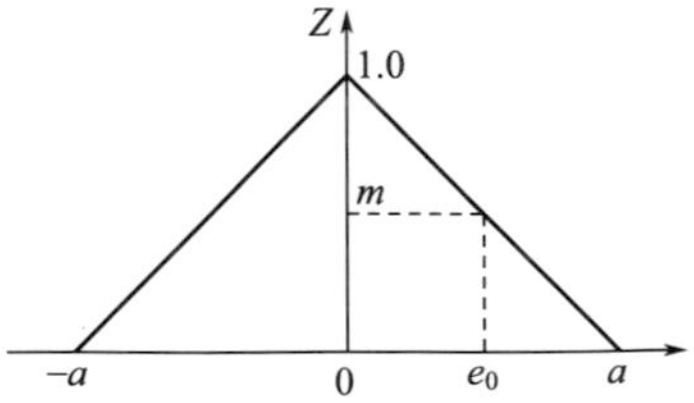

圖 8-23 切換規則的隸屬度函數

$$U=\frac{\lambda_{pid}U_{pid}+\lambda_f U_f}{\lambda_{pid}+\lambda_f}=\lambda_{pid}U_{pid}+\lambda_f U_f \tag{8-86}$$

由上式可知，當偏差 e 較大，系統處於暫態過渡過程時，λ_f 值較大，輸出控制量主要由模糊自適應控制器提供。當由暫態進入穩態，偏差 e 較小時，λ_{pid} 值較大，系統由變速 PID 控制實現穩態控制。由此實現了複合控制的平穩切換，避免了閾值切換方式中閾值選取和切換擾動的問題。

(4) 隔振系統的設計

① 振動對機載視頻圖像的影響

a. 振動產生像移的機理。振動均可分解成各階的簡諧振動，通過研究在簡諧振動下的響應來討論振動產生像移的一般規律。通常，簡諧振動可表述為

$$S=S_0\sin(\omega t+\phi) \tag{8-87}$$

$$V=\omega_0 S_0\sin(\omega t+\phi) \tag{8-88}$$

式中，S 為振動的位移；V 為振動的速度；ω_0 為振動的角頻率；S_0 為振幅；ϕ 為相位。

下面通過對由簡諧振動引起的線位移、角位移的像移計算來分析振動產生像移的一般規律。

首先，進行線位移的像移計算。沿 OX 軸方向由線位移引起的像移如圖 8-24 所示。設曝光時間為 T，則 OX 方向相機振動位移 ΔD 為

$$\Delta D=D'-D=VT \tag{8-89}$$

將式(8-88) 代入式(8-89)，得到 OX 軸方向上的像移為

$$\Delta x=\frac{f}{h}\omega_0 TS_{ox}\cos(\omega t+\phi_x) \tag{8-90}$$

進而得到 OZ 軸方向上的像移為

$$\Delta z=\frac{r_1}{h}\omega_0 TS_{oz}\cos(\omega t+\phi_z) \tag{8-91}$$

式中，r_1 為物點與中心像點的距離。

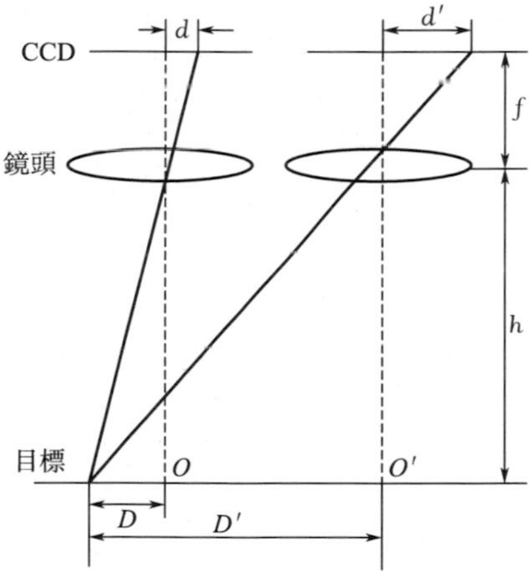

圖 8-24 沿 OX 軸線位移引起的像移

在實際工程設計中，取 Δx 和 Δz 的最大值作為 OX 和 OZ 方向上的像移，即

$$\Delta x=\frac{f}{h}\omega_0 TS_{ox} \tag{8-92}$$

$$\Delta z=\frac{r_1}{h}\omega_0 TS_{oz} \tag{8-93}$$

接下來，進行角位移的像移計算。多旋翼無人機在姿態變化或受到外界擾動時，需調整各個旋翼電機的轉速來維持無人機的穩定飛行，這勢必會引起振動的相位和振幅在載荷的各固定點上的不一致，造成載荷的角位移。角位移可以分解成繞 OX 軸的轉動、繞 OY 軸的轉動和 OZ 軸的轉動。由於無人機在結構上的對稱性，可以認為在 OX 和 OY 方向上是對稱的。

繞 OX 方向（OY 方向）的轉動如圖 8-25 所示。在繞 OX 軸發生轉動時，

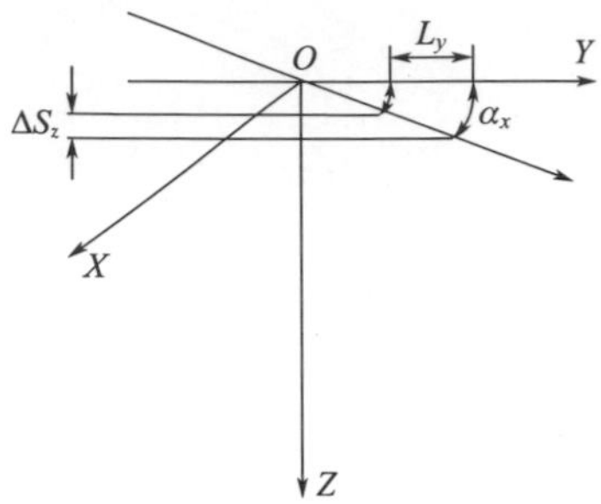

圖 8-25 繞 OX 軸轉動示意圖

視軸轉過的角度 α_x 表示為

$$\alpha_x = \frac{\Delta S_z}{L_y} \tag{8-94}$$

式中，ΔS_z、L_y 為 Y 軸上的兩固定點在 Z 方向上和在 Y 方向上的距離差。

假設在這兩固定點上的振幅相同，代入簡諧振動的形式有

$$\alpha_x = \frac{S_z \sin(\omega t + \phi_1) - S_z \sin(\omega t + \phi_2)}{L_y} \tag{8-95}$$

在 $|\phi_1 - \phi_2| = 180°$時，α_x 取得最大值：

$$\alpha_{x\max} = \frac{2S_z \sin(\omega t + \phi_x)}{L_y} \tag{8-96}$$

同理，得到在簡諧振動下，繞 OZ 方向的角振動為

$$\alpha_{z\max} = \frac{2S_z \sin(\omega t + \phi_z)}{L_x} \tag{8-97}$$

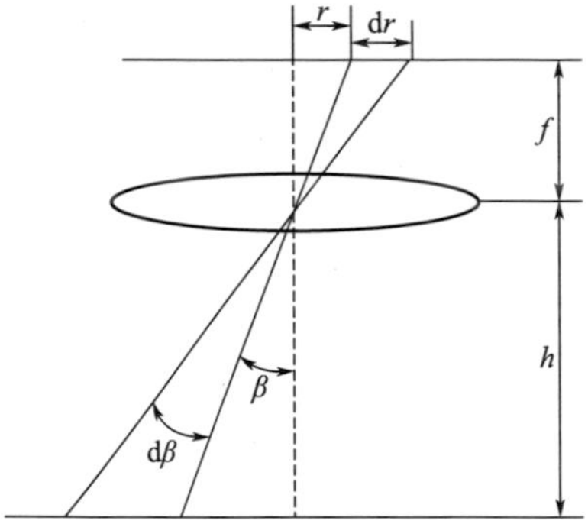

圖 8-26 繞 OX 軸小角度轉動示意圖

如圖 8-26 所示，轉動前與 OZ 軸成 β 角度的目標在距離中心 r 處成像，即

$$r = f\tan\beta \tag{8-98}$$

在 OX 方向上振動產生微小的角轉動後，成像點的變化量為

$$\mathrm{d}r = (f\cos^2\beta)\mathrm{d}\beta \tag{8-99}$$

式中，$\mathrm{d}\beta$ 為載荷轉動產生的小角度變化，且 $\mathrm{d}\beta = \alpha_x$，那麼，由繞 OX 軸發生轉動時引起的像移可以表示為

$$\Delta x = VT = \frac{f}{\cos^2\beta} \times \frac{\mathrm{d}\alpha_x}{\mathrm{d}t} T \tag{8-100}$$

將式(8-94) 和式(8-98) 代入式(8-100) 中，得到在簡諧振動條件下，繞 OX 軸轉動時引起的像移表示式為

$$\Delta x = \frac{f^2 + r^2}{f} \frac{2T\omega S_z \cos(\omega t + \phi_x)}{L_y} \tag{8-101}$$

同理，由繞 OZ 軸發生轉動引起的像移可以表示為

$$\Delta z = \frac{r\,\mathrm{d}\alpha_z}{\mathrm{d}t} T \tag{8-102}$$

將式(8-97) 代入式(8-102) 中，得到在簡諧振動條件下，繞 OZ 軸轉動時引起的像移表示式為

$$\Delta x=\frac{2Tr\omega S_z\cos(\omega t+\phi_z)}{L_y} \tag{8-103}$$

b. 像移造成機載視頻圖像模糊的分析。一般來說，像移量 $S_{像移}$ 的大小決定著焦平面上產生的像移對成像質量的影響大小，而像移量的大小又與像移的速度 $V_{像}$ 和積分時間有關，即

$$S_{像移}=\int_t V_{像}\,\mathrm{d}t \tag{8-104}$$

式中，t 為快門時間。由式(8-104) 可知，減小像移速度 $V_{像}$ 或使得 $V_{像}=0$，或減小快門時間 t，均可減小或消除像移。

目標或者光學成像系統的運動都會導致動態圖像調制傳遞函數（MTF）發生衰減，在運動時，動態圖像的前後幀重疊，使得其對比度變壞，引起 MTF 的下降。因此，利用 MTF 作為分析工具來對像移引起的機載視頻圖像模糊進行分析，為抑制振動和減小像移提供理論依據。

運動會使圖像產生模糊，特別是在運動比積分時間更快時，圖像的細節都會變得模糊。即便是在每幀圖像清晰存在運動的情況下，由於人眼積分時間的限制，圖像的邊緣仍然會變得模糊。下面分析隨機振動和線性運動引起的像移對圖像模糊的影響。

Ⅰ. 隨機振動對圖像模糊的影響。對於高頻運動來說，積分時間內圖像的高頻運動滿足中心限制理論。根據中心限制理論可知，隨機振動滿足高斯分布，因此，MTF 與隨機振動的關係可以表述為

$$\mathrm{MTF}(N)=\mathrm{e}^{-2\pi^2\delta_r^2N^2} \tag{8-105}$$

式中，N 為空間頻率；δ_r 為積分時間內由隨機振動引起像移的均方根值。隨機振動引起的像移對圖像的影響如圖 8-27 所示。

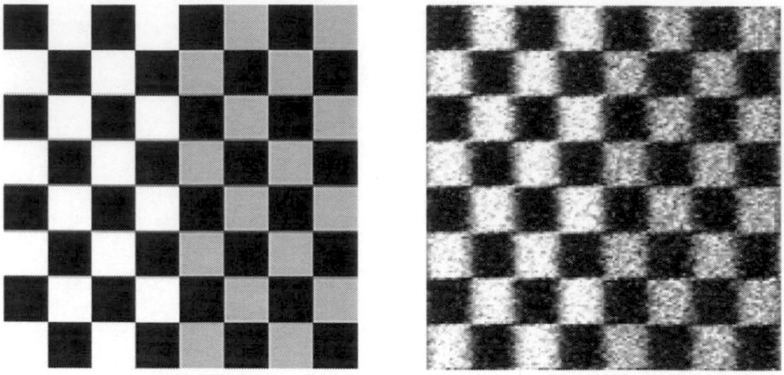

(a) 原始圖像　　(b) 模糊圖像

圖 8-27　隨機振動對圖像的影響

Ⅱ. 線性運動對圖像模糊的影響。MTF 與目標像移的關係可以表述為

$$MFT=\frac{\sin(\pi\delta_p N)}{\pi\delta_p N} \tag{8-106}$$

式中，N 為空間頻率；δ_p 為像移量。線性運動產生的像移對圖像的影響如圖 8-28 所示。

② 被動隔振技術在載荷穩像中的應用　機載雲臺系統在使用過程中是建立在無人機這個「動基座」的基礎上的，載機的振動、姿態變化和相對目標的位移都將對成像質量造成影響，使得機載視頻圖像變得抖動、模糊。目前，機械穩像、電子穩像、光學穩像、被動隔振穩像等是減小或消除由振動引起圖像模糊的有效方法。

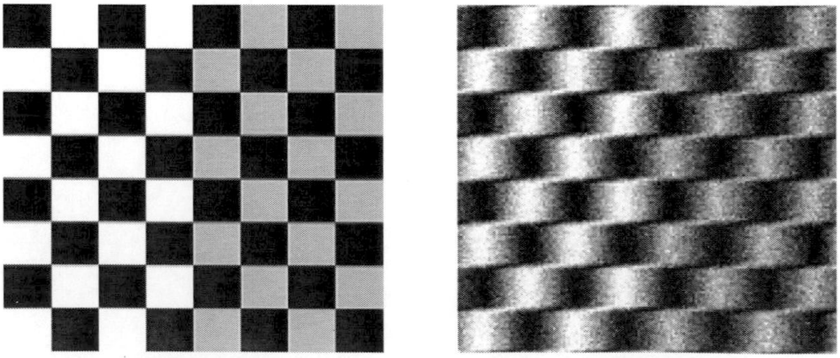

(a) 原始圖像　　(b) 模糊圖像

圖 8-28　線性運動對圖像的影響

a. 穩像方法及被動減振特點。

ⓐ 機械穩像方法。機械穩像方法是利用伺服控制系統及傳感器兩者構成的機載穩定雲臺，通過補償機載雲臺的相對運動，從而達到穩像的效果。其穩像的基本原理如圖 8-29 所示。這種機械穩像方式實質上是通過慣性測量單元來測量得到其姿態的變化，通過放大其輸出信號，用來驅動執行結構從維持視軸的穩定，從而保證輸出機載視頻圖像序列的穩定、清晰。

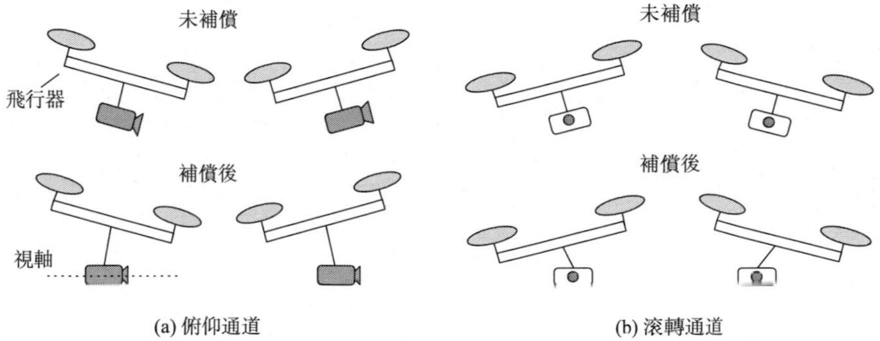

圖 8-29　機械穩像原理

ⓑ 光學穩像方法。光學穩像方法主要是通過在光學載荷中增加鏡頭組或者 CCD 等感光元件的特殊的結構，利用這些結構來最大限度地降低由於振動造成所拍攝視頻或圖像的不穩定性，其基本原理如圖 8-30 所示。圖 8-30(a) 中，當振動造成鏡頭前部向下時，由於光線不能通過鏡頭的中央到達像方焦平面，因此像方焦平面上的圖像中心也會向下移動；當光學補償元件工作時，如發生振動，光軸補償光學元件移動，以保證得到沒有抖動的圖像，如圖 8-30(b) 所示。但是，光學穩像方法所用的光學設備價格昂貴、維護複雜且壽命短。這些都在很大程度上限制了其在穩像領域中應用。

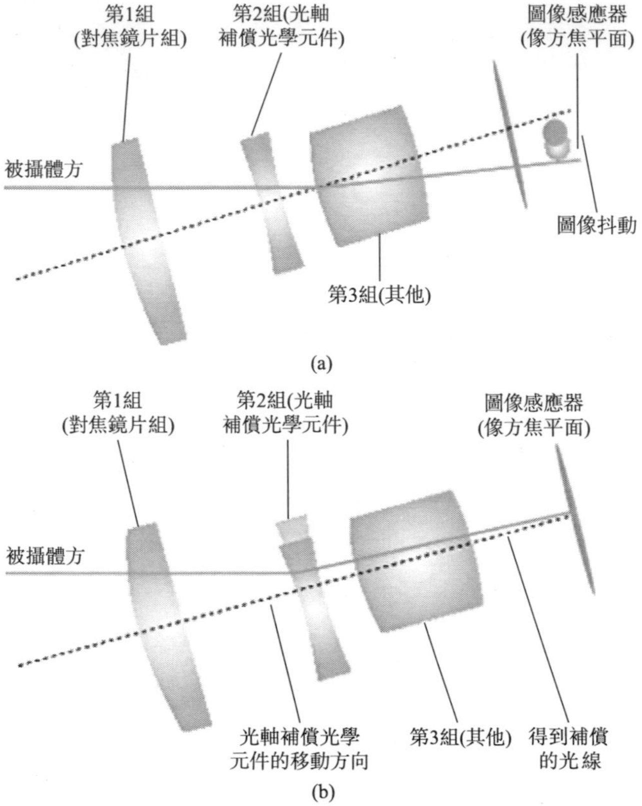

圖 8-30 光學穩像基本原理

ⓒ 電子穩像方法。隨著半導體技術的快速發展和高速運算處理芯片的出現，電子穩像技術近幾年才達到實用化程度，使得利用圖像處理算法實現穩像成為可能。電子穩像技術的原理是利用圖像處理的方法處理模糊的圖像，通過補償計算圖像的像素偏移量來實現穩像的目的。其基本原理如圖 8-31 所示。

理論上講，在機載視頻圖像完全穩定的條件下，參考幀和當前幀的圖像是完全重合的，即大小為 $m \times n$ 的任意圖像塊 Block1 和 Block2 是完全重合的。但由於擾動的存在，使得光學載荷發生了抖動，此時，圖像塊 Block1 和 Block2 將不再完全重合，產生了相對運動。為了能夠找到與圖像塊 Block1 相匹配的圖像塊 Block2，電子穩像方法將按照如菱形搜索、全搜索等算法，最終找到匹配的圖像塊 Block2。然後依據圖像塊 Block1 和 Block2 的初始座標差 $(x_1 - x_2, y_1 - y_2)$ 表示當前幀相對於參考幀的運動位移矢量，利用運動估計算法求解出運動位移矢量後，對圖像塊 Block2 進行運動補償，直至兩幀圖像重合，從而得到清晰的圖像。

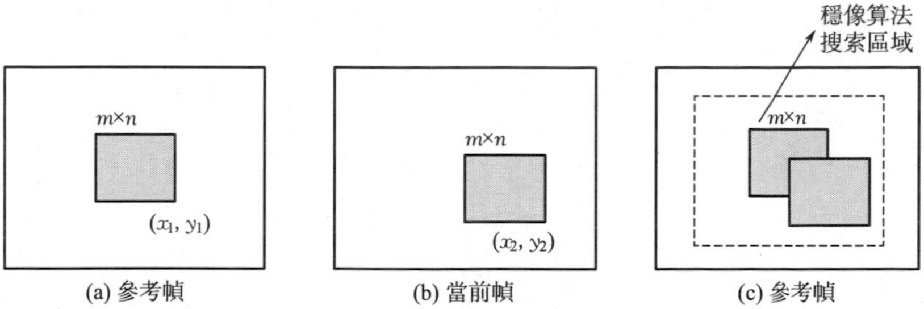

圖 8-31　電子穩像基本原理圖

ⓓ 被動隔振穩像方法。機載雲臺與無人機載體相連接，各點振動的振幅與相位不一致時，載荷的視軸發生線位移和角位移，均會引起機載視頻圖像的抖動、模糊。被動隔振技術穩像的基本原理就是通過在機載雲臺與無人機載體的連接處增加合理的隔振系統，來削弱由於氣流擾動、電機振動等因素引起無人機載體擾動對光學載荷視軸的影響，從而達到穩像的目的。

在進行隔振系統設計時盡可能地控制無人機載體傳遞到機載雲臺上的角位移，並且應排除機載雲臺內部的線振動轉為角位移的可能性。一般來講，被動隔振穩像方法通過合理採取隔振措施，可以消除載體 10Hz 以上高頻振動擾動，而且無能源、可靠、結構簡單、經濟實用。

b. 隔振系統的數學模型。通常情況下，考慮隔振系統質心偏離其平衡位置的 3 個主軸方向上的平動位移 x_0、y_0、z_0 和分解為 3 個主軸方向上轉角的繞質心的轉動角 α、β、γ 來描述機載雲臺的隔振系統模型。那麼，對於機載雲臺上任意一點的位置座標(x_i, y_i, z_i)的位移$(\mathrm{d}x_i, \mathrm{d}y_i, \mathrm{d}z_i)$和速度$(\dot{x}_i, \dot{y}_i, \dot{z}_i)$，可分別表示為

$$\begin{cases} \mathrm{d}x_i = x_0 - y_i\gamma + z_i\beta \\ \mathrm{d}y_i = y_0 - z_i\alpha + x_i\gamma \\ \mathrm{d}z_i = z_0 - x_i\beta + y_i\alpha \end{cases} \tag{8-107}$$

$$\begin{cases} \dot{x} = \dot{x}_0 - y_i\dot{\gamma} + z_i\dot{\beta} \\ \dot{y} = \dot{y}_0 - z_i\dot{\alpha} + x_i\dot{\gamma} \\ \dot{z} = \dot{z}_0 - x_i\dot{\beta} + y_i\dot{\alpha} \end{cases} \tag{8-108}$$

式中，(x, y, z)為載機固定座標系下的座標值；(x_0, y_0, z_0)為機載雲臺的動座標系下的座標值。

隔振系統的剛體動能為

$$E=\frac{1}{2}m(\dot{x}_0^2+\dot{y}_0^2+\dot{z}_0^2)+\frac{1}{2}(J_x\dot{\alpha}^2+J_y\dot{\beta}^2+J_z\dot{\gamma}^2) \tag{8-109}$$

式中，m 為總質量；J_x、J_y、J_z 為沿 x、y、z 軸方向上的轉動慣量。

設減振器在 x、y、z 軸方向上的剛度分別為 k_{xi}、k_{yi}、k_{zi}，則隔振系統的應變勢能可表述為

$$U=\frac{1}{2}\sum_i\{k_{xi}\mathrm{d}x_i^2+k_{yi}\mathrm{d}y_i^2+k_{zi}\mathrm{d}z_i^2\} \tag{8-110}$$

將式(8-109) 和式(8-110) 代入拉格朗日方程中，得到無阻尼時機載雲臺發生自由振動的動力學方程組為

$$\boldsymbol{M}\ddot{\boldsymbol{q}}(t)+\boldsymbol{K}\boldsymbol{q}(t)=\boldsymbol{0} \tag{8-111}$$

式中，$\ddot{\boldsymbol{q}}(t)$為加速度，$\boldsymbol{q}(t)=[x_0,y_0,z_0,\alpha,\beta,\gamma]^{\mathrm{T}}$，

$$\boldsymbol{M}=\begin{bmatrix} m & & & & & \\ & m & & & & \\ & & m & & & \\ & & & J_x & & \\ & & & & J_y & \\ & & & & & J_z \end{bmatrix},\ \boldsymbol{K}=\begin{bmatrix} K_{xx} & & & & K_{x\beta} & K_{x\gamma} \\ & K_{yy} & & K_{y\alpha} & & K_{y\gamma} \\ & & K_{zz} & K_{z\alpha} & K_{z\beta} & \\ & K_{\alpha y} & K_{\alpha z} & K_{\alpha\alpha} & K_{\alpha\beta} & K_{\alpha\gamma} \\ K_{\beta x} & & K_{\beta z} & K_{\beta\alpha} & K_{\beta\beta} & K_{\beta\gamma} \\ K_{\gamma x} & K_{\gamma y} & & K_{\gamma\alpha} & K_{\gamma\beta} & K_{\gamma\gamma} \end{bmatrix}。$$

由隔振系統的動力學模型可知，線振動和角振動構成了機載雲臺的位移動力響應，而模型的剛度矩陣 $\boldsymbol{K}$ 中的 1～3 行和列、4～6 行和列的元素表明，角振動的響應不只是來自機載雲臺系統外部，如旋翼電機等擾動源，線振動也會在一定程度上耦合産生。

c. 應用於機載雲臺的關鍵問題。機載雲臺系統是多自由度耦合的，在對其分析時，為了各個自由度上的運動能夠實現部分解耦或者是完全解耦，需注意隔振裝置位置的合理安排和隔振系統參數。因此，在設計應用機載雲臺的隔振裝置時應考慮到：盡量保持隔振裝置的剛度中心與機載雲臺的重心重合；保證隔振裝置的彈性軸對稱且相互平行，保持好的線性度；保證機載雲臺的振動主頻率與隔振系統的頻率匹配，消除振動頻率對視軸穩定的影響；通過合理的布局，最大限度地限制振動環境中的角振動和線角耦合；多旋翼無人機帶載能力有限，減振裝置的增加勢必會增大機載雲臺的總質量，因此，在應用減振裝置時其重量也是需要考慮的因素之一。

③ 隔振系統的設計　對於機載雲臺而言，由於其工作環境的複雜性引起的振動通過剛性連接結構傳遞到機載雲臺的框架，從而引起機載相機等光學載荷的振動，降低機載視頻圖像的質量。通常可以將無人機機架底部-減振裝置-光學載荷近似簡化為一個單自由度的彈簧-質量-阻尼系統。假設機載雲臺的振動為

$$S_a = A\sin\omega_j t \tag{8-112}$$

式中，A 為振幅；ω_j 為振動角頻率。

根據力學定律得到減振裝置的力學模型為

$$\frac{d^2 s}{dt^2} + 2\beta\omega_0 \frac{d(s-s_a)}{dx} + \omega_0^2(s-s_a) = S_a \tag{8-113}$$

式中，β 為阻尼比，$\beta = c/(2m\omega_0)$；c 為阻尼係數；ω_0 為機載雲臺系統的固有頻率，且 $\omega_0 = \sqrt{K/m}$；K 為減振裝置剛度。由此可得

$$s = s_1 + s_2$$

$$= B e^{-\beta\omega_0 t}\sin(\sqrt{1-\beta^2}\,\omega_0 t + \theta) + A\sqrt{\frac{1+4\beta^2\left(\frac{\omega_j}{\omega_0}\right)^2}{\left(1-\left(\frac{\omega_j}{\omega_0}\right)^2\right)^2 + 4\beta^2\left(\frac{\omega_j}{\omega_0}\right)^2}}\sin(\omega_j t - \theta_0) \tag{8-114}$$

式中，B 為自由振動振幅。

由此分析可見，振動由兩部分構成，一部分是振幅隨時間增加而減小的自由振動 s_1，即當 $t \to \infty$ 時，$e^{-\beta\omega_0 t} \to 0$，$s_1 \to 0$；另一部分是振幅不衰減的強迫振動 s_2。自由振動對系統的影響會很快消失，而強迫振動則不容忽視。因此振動規律可表示為

$$s = A\sqrt{\frac{1+4\beta^2\left(\frac{\omega_j}{\omega_0}\right)^2}{\left(1-\left(\frac{\omega_j}{\omega_0}\right)^2\right)^2 + 4\beta^2\left(\frac{\omega_j}{\omega_0}\right)^2}}\sin(\omega_j t - \theta_0) \tag{8-115}$$

$$= TRA\sin(\omega_j t - \theta_0)$$

減振裝置的性能主要由 ω_j/ω_0 和剛度係數 K 決定。圖 8-32 所示為隔振係數隨頻率比和阻尼比的變化曲線，根據隔振係數 TR 與 ω_j/ω_0 以及阻尼比 β 三者之間的關係，為達到減振的目的，$\omega_j/\omega_0 > \sqrt{2}$，$\beta$ 要適當小些，這裡選取 $\beta = 0.5$。

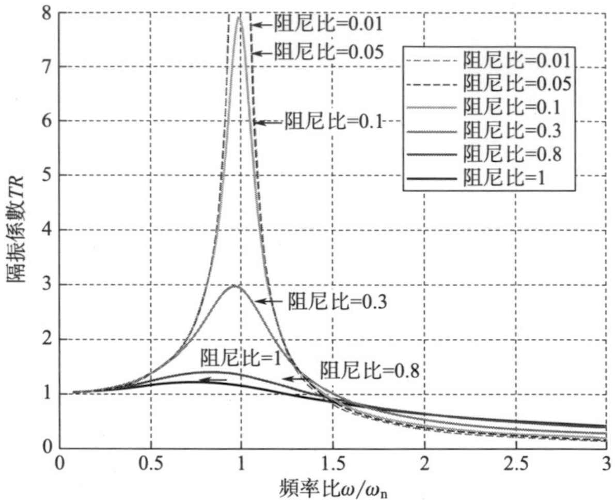

圖 8-32 隔振係數隨頻率比和阻尼比的變化曲線（電子版）

機載雲臺系統總質量為 1.2kg，機載雲臺的三個轉動自由度嚴重地影響機載視頻圖像的質量，因此，採取對稱布置性能參數相同的四個減振裝置，則每個減振裝置承受的力 $F=mg/4=3\text{N}$。為了得到機載雲臺系統振動的固有頻率，對加速度值進行採樣，加速度計的採樣頻率為 165Hz，對得到的加速度信息進行 FFT 頻域分析，得到機載雲臺系統振動的頻率分布如圖 8-33 所示。

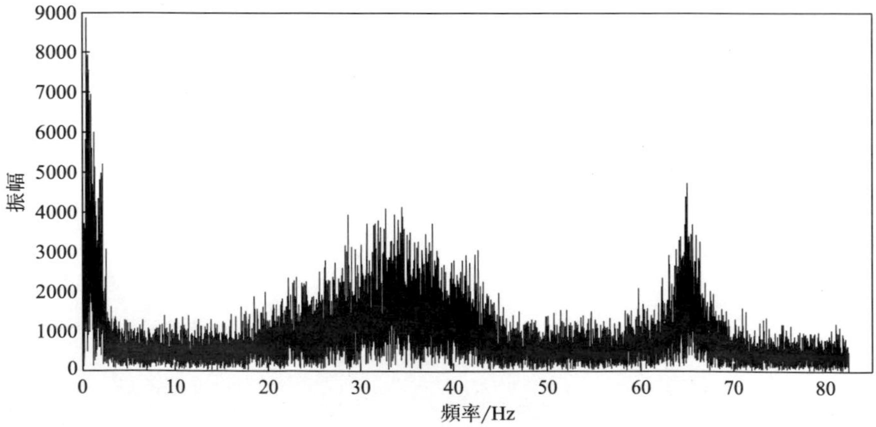

圖 8-33 機載雲臺的振動頻率

由圖 8-33 可知，機載雲臺系統振動的固有頻率約為 35Hz 左右，則機載雲臺系統振動的角頻率為 $\omega_j=2\pi f\approx 219.91\text{rad/s}$。多旋翼無人機的振動幅度一般在毫米級，可假設其振動幅度為 0.2mm，機載圖像要求振幅不超過 0.04mm，可以得到 $\omega_j/\omega_0 \approx 2.94$，則剛度係數 $K=\omega_0^2 m \approx 1.65\text{N/mm}$。根據剛度係數 K 和阻尼比 β 就能夠確定減振裝置的結構和材料，如圖 8-34 所示。

機載雲臺的質心盡量落在由四個減振裝置支點所決定的平面內，最大限度地限制雲臺內部組件的振動響應線角耦合，保證隔振裝置在各個自由度間的線性非耦合關係。圖 8-34 中 A、B、C、D 是相對於質心 O 對稱分布的安裝點。

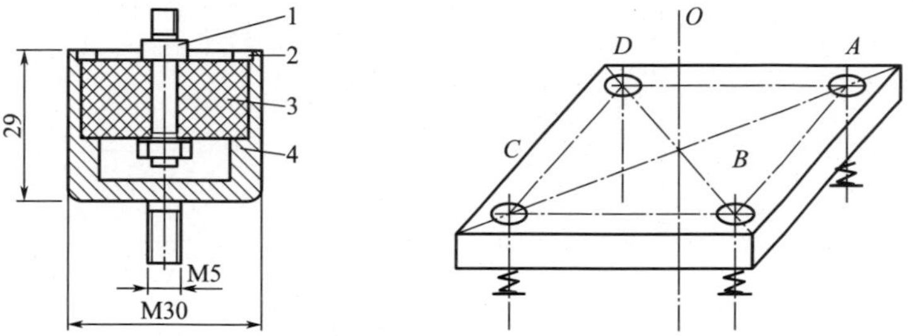

圖 8-34 減振裝置的結構與安裝圖

1—支桿；2—底座；3—橡膠墊；4—外殼

綜上所述，在設計隔振裝置剛度係數 K 時，應保證隔振系統與原系統的頻率項匹配，在不增加 x、y、z 軸方向上的振動的前提下，盡可能地降低角振動方向上的傳遞率。增大阻尼可以有效地減小發生共振時的最大振幅，但是大阻尼又會使得振動傳遞率增大。所以要結合工程實際經驗對阻尼的參數進行合理選取。

8.1.7 系統設計與實驗分析

(1) 伺服控制系統結構

伺服控制系統主要通過主控制器對機體擾動的隔離和對其他擾動的補償或抑制來保持光學載荷在慣性空間上的穩定性，從而使得地面站獲取到的機載視頻圖像穩定且清晰。其結構框圖如圖 8-35 所示。

系統的結構主要包括：主控單元、慣性測量單元、電機驅動單元、光電編碼器反饋單元、圖像傳輸單元、遙控器控制單元、飛控通信單元、地面站通信單元以及主控制器與上位機通信單元和人機交互界面。各主要部分的功能如下。

① 主控單元：是整個控制系統的核心，利用高性能微處理器 STM32F103RCT6 實現如對擾動的估計與補償、機載雲臺系統的穩定控制以及與飛控、地面站等的通信等控制系統的各項功能。

② 慣性測量單元：利用 MEMS 測量元件獲取主控單元所需的角速率信息和

加速度信息。角速率信息構成了基於雙速度環的伺服控制結構中的速率環反饋，加速度信息為 ADOB 提供反饋輸入，完成對不可直接測量的擾動信息的估計，實現機載雲臺擾動的進一步補償。

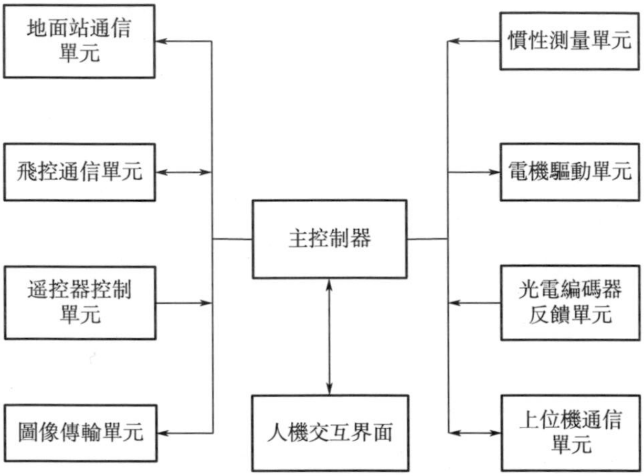

圖 8-35 伺服控制結構框圖

③ 電機驅動單元：由光電隔離和功率放大構成。光電隔離部分將模擬與數字信號隔離，防止模擬部分對數字部分的干擾。功率放大部分用於放大驅動信號，驅動直流電機的執行動作。

④ 光電編碼器反饋單元：利用光電編碼器獲取主控單元所需的角度信息。角位置信息微分後得到的角速度信息構成了基於雙速度環的伺服控制結構中的穩定環反饋。

⑤ 圖像傳輸單元：實現機載視頻圖像的無線傳輸，由發射機和接收機構成。機載視頻信息連接到發射機上，以 2.4GHz 頻率無線發送到安裝於地面站系統中的接收機上，經過視頻採集卡的轉換，最終機載視頻在地面站監控界面中實時顯示。

⑥ 遙控器控制單元：分為兩種控制模式，速度控制模式下，油門的大小直接反映機載雲臺調整的快慢；位置控制模式下，油門的位置直接反映機載雲臺在俯仰、滾轉自由度上的慣性空間位置。同時，將無人機的 RC 操作與雲臺的 RC 操作分離，降低了飛控操作者的難度，可更快速有效地獲取有價值的機載視頻圖像信息。

⑦ 飛控通信單元：實現與飛控系統的數據通信。飛控系統可隨時讀取機載雲臺的姿態信息，通過對飛行姿態的調整，對地面目標進行更加全面的監測和跟蹤。

⑧ 上位機通信單元：實現與 PC 計算機的數據通信。上位機通過 USB 連接讀取 MEMS 傳感器的即時數據，獲取當前機載雲臺的姿態數據。也可以實現主

控單元的控制程序進行讀寫操作，實現 RC 控制模式的選擇及模式下各參數的選擇，實現傳感器的校正，以及控制參數的讀寫等。

⑨ 人機交互界面：更為直觀地實現對機載雲臺伺服控制系統進行參數的讀取和修改。主要包括控制參數修改、電機配置、MEMS 傳感器校正等；陀螺儀和加速計的補償、低通濾波器的設置以及 RC 遥控模式的選擇、RC 控制範圍的設定等高級設置；以及 MEMS 傳感器實時數據的顯示等。

伺服系統工作的流程大致可以描述為機載雲臺系統上電之後，對 MEMS 傳感器的初始姿態信息進行自校準，進行初始姿態信息的解算，驅動力矩電機將機載雲臺調整到初始姿態位置，完成機載雲臺的初始化過程。在無人機的飛行過程中，根據傳感器的實時信息不斷對姿態信息進行更新，主控單元依據更新後的姿態信息不斷地調整機載雲臺在慣性空間中的位置，保持光學載荷視軸的穩定性。光學載荷通過圖像傳輸鏈路和視頻採集卡實時地將機載視頻圖像傳輸到地面監控系統，並在監視設備中顯示。RC 遥控器依據設定的工作模式，通過操作手的實時操作和 RC 控制鏈路對機載雲臺進行控制，從不同角度對地面目標進行實時監測。其工作流程圖見圖 8-36。

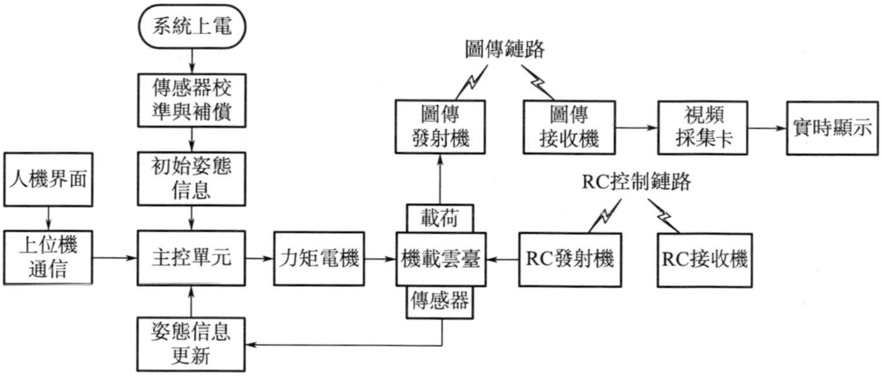

圖 8-36　機載雲臺控制系統工作流程圖

(2) 伺服控制系統軟件設計

伺服控制系統軟件用以實現機載雲臺系統的補償控制算法和功能，因此它設計的質量直接影響到整個系統的控制性能。由於伺服控制部分採用了 STM32F103RCT6 作為主控處理器，因此本書基於德國 KEIL 軟件公司開發的 Keil MDK 開發環境，採用 C 語言進行程序的模塊化設計。C 語言具有生成目標代碼質量高、程序執行效率高、可以直接對硬件進行操作等優點，同時程序的模塊化設計使程序結構清晰，便於系統的調試和維護。

① 主控程序結構　主程序完成的主要功能有：對主控處理器 I/O 口、定時器、串行通信、IIC 協議、MPU6050 內存儲器、位置參數、速度參數、控制參數以及中斷向量和優先級進行初始化；確定機載雲臺在慣性空間內的座標位置，輸出 PWM 信號驅動電機達到預先設定位置等。主控程序流程見圖 8-37。

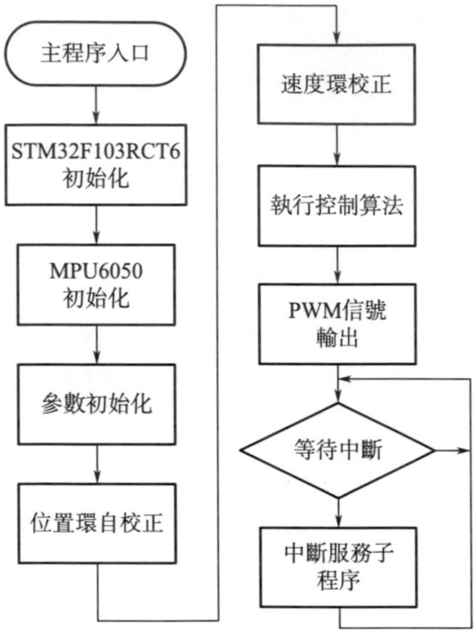

圖 8-37　主控程序流程圖

② 中斷子程序　中斷子程序包括與飛控系統的串口通信中斷子程序和外部定時中斷子程序。串口通信中斷子程序主要用於接收飛控系統發送的工作指令和傳送機載雲臺姿態信息。在該子程序中還要完成幀校驗、接收飛控單元的姿態發送指令及向飛控系統發送姿態信息等功能。其流程圖見圖 8-38。

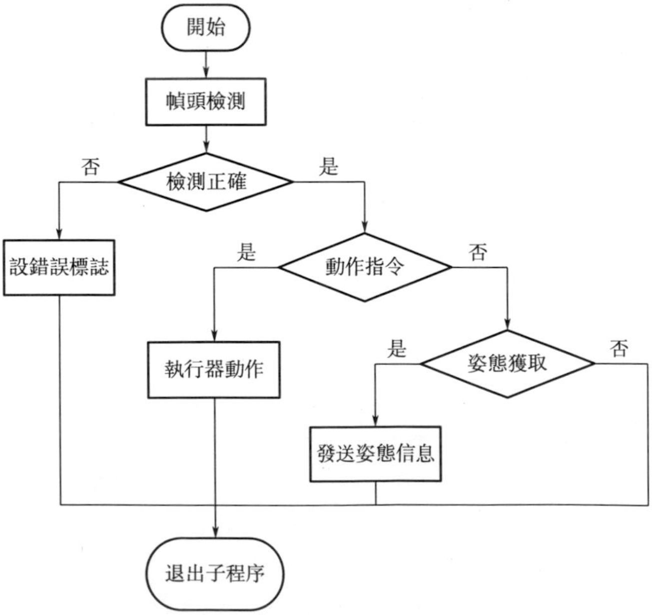

圖 8-38　串口通信中斷子程序流程圖

在每個控制週期內，外部定時中斷子程序需要完成以下幾部分工作：獲取MEMS傳感器的速率和加速度值；獲取光電編碼器數據，完成微分運算；根據RC指令，完成相應校正位置環的運算；根據飛控系統指令，完成相應位置環的校正運算；完成速度環、穩定環的校正運算，執行補償控制算法；生成PWM信號驅動直流電機。因此，外部定時中斷子程序流程如圖 8-39 所示。

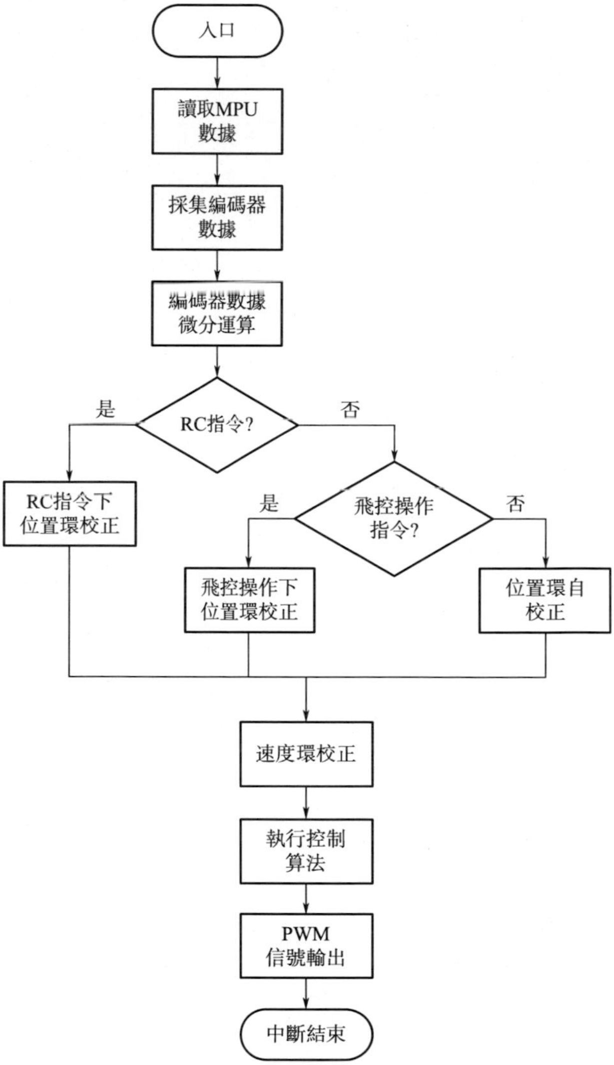

圖 8-39 外部定時中斷子程序流程圖

③ 模糊自適應補償控制算法 模糊自適應補償控制算法可分為三個過程。

首先，對算法的參數進行初始設置，包括標稱模型參數 $\hat{a}_1$ 和 $\hat{a}_2$、PD 控制參數 k_p 和 k_d、模糊系統的隸屬度函數 $\mu_{A_i^j}(\theta_i)(i=1,2;j=1,2,\cdots,5)$、自學習係數 γ_1 和 γ_2 以及給定的對稱正定矩陣 $\boldsymbol{Q}$。而後根據模糊推理系統得到模糊控制器輸出 u_f，進而得到自適應律 $\dot{\hat{\underline{\boldsymbol{\psi}}}}$、$\dot{\hat{\varphi}}$ 和魯棒控制器的輸出 u_r。最後得到系統的控制輸出。模糊自適應補償控制算法流程見圖 8-40。

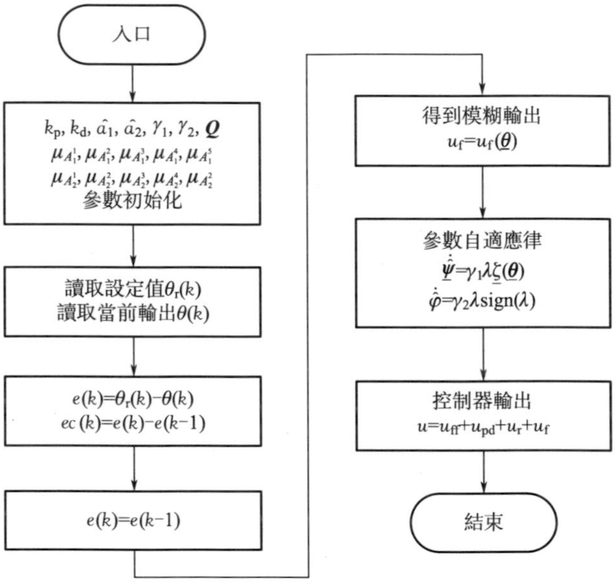

圖 8-40 模糊自適應補償控制算法流程圖

④ 複合補償控制算法的實現　複合補償控制算法由變速積分 PID 控制和基於自調整比例因子的模糊自適應控制組成，並通過模糊切換方式，在當偏差 e 較大時，輸出控制量主要由模糊自適應控制器提供。偏差 e 較小時，系統主要由變速 PID 控制實現穩態控制。因此，算法的設計可以分為變速積分 PID 控制的設計、模糊自適應控制的設計以及模糊切換的設計共三大部分。

變速積分 PID 控制器是根據偏差 $|e(k)|$ 的大小，來相應地改變積分項的大小，避免了積分飽和、大超調甚至是振盪現象的發生，提高了控制的品質。其流程圖如圖 8-41 所示。

模糊自適應控制方法中，通過引入一個在線自適應調整因子來實現比例因子根據速度偏差及偏差變化的自修正，保證了系統超調小，且響應快速；引入一種基於負梯度下降的控制規則交互學習算法實現在線調整，實現系統的自適應控制。其流程圖如圖 8-42 所示。

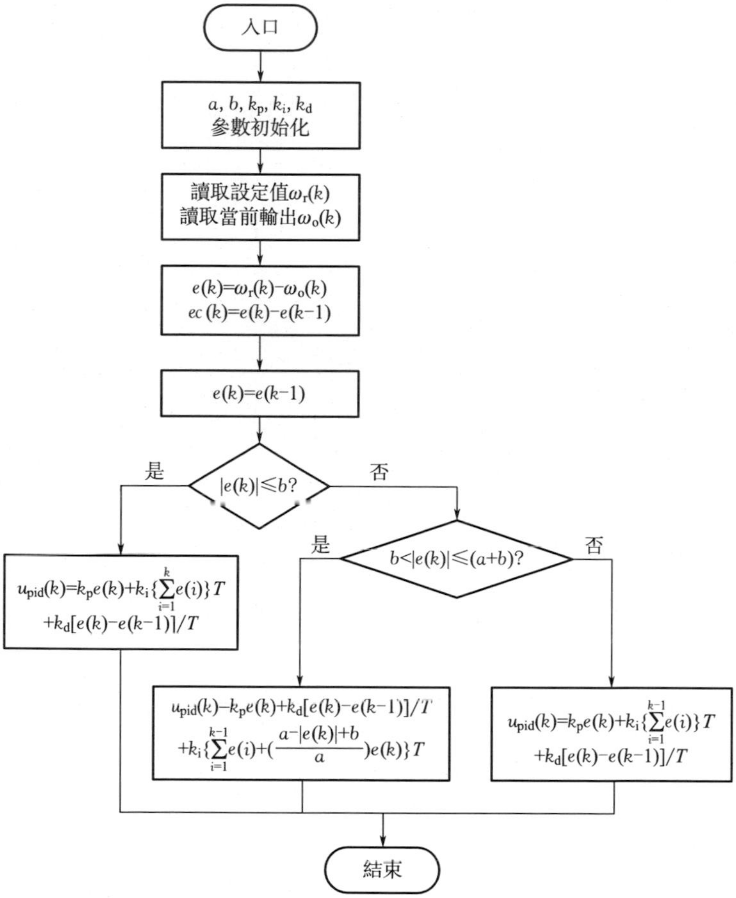

圖 8-41　變速積分 PID 控制流程圖

模糊切換方式是依據「模糊切換規則」獲取兩種控制方式的控制強度分量，使得當偏差 e 較大、系統處於暫態過渡過程時，輸出控制量主要由模糊自適應控制器提供。當由暫態進入穩態，偏差 e 較小時，系統主要由變速 PID 控制實現穩態控制。模糊切換方式的流程見圖 8-43。

(3) 實驗及結果分析

① 基於 IVDOB 的模糊自適應控制實驗及結果分析　本章對基於 IVDOB 的模糊自適應控制進行了實驗，系統採用 STM32F103RCT6 作為處理器，整個控制週期約為 30ms；採用光電編碼器作為位置傳感器；採用某 MEMS 陀螺儀和加速度計作為速率傳感器和加速度傳感器。

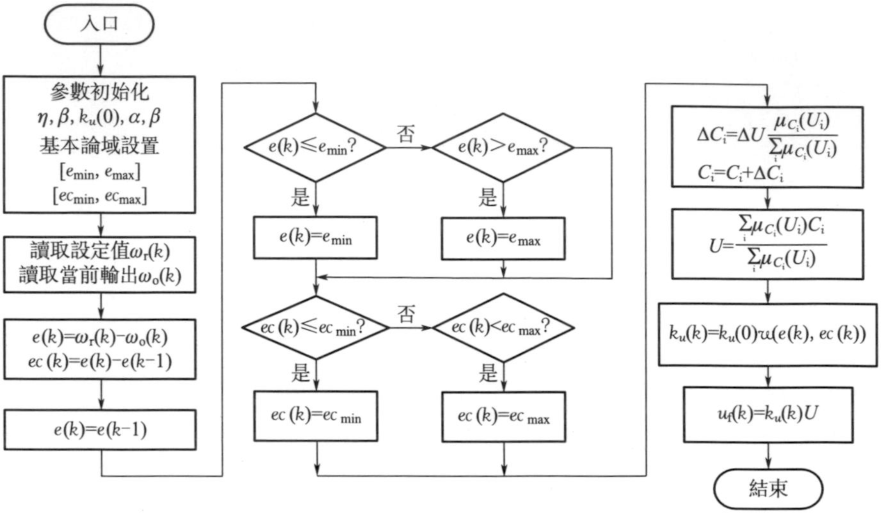

圖 8-42 模糊自適應控制流程圖

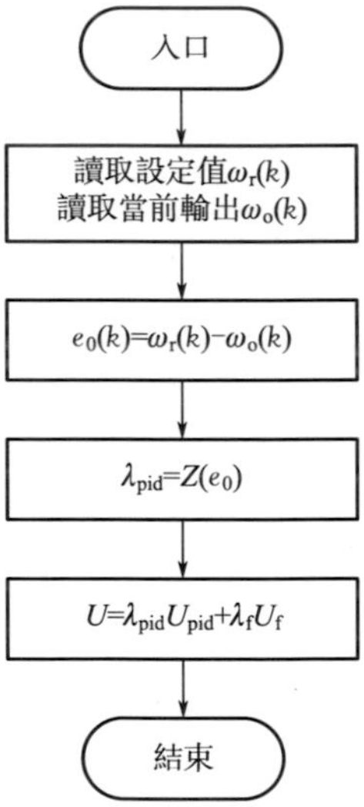

圖 8-43 模糊切換方式流程圖

圖 8-44 為光電載荷雲臺抑制力矩擾動的對比結果。由力矩擾動引起的雲臺速度響應均方值從 0.139(°)/s 下降到 0.055(°)/s。圖 8-45 為雲臺對機體速度擾動補償能力的對比結果。在引入 VDOB 後，速度響應曲線還存在一定的偏差，其速度響應均方值約 0.015(°)/s，引入 IVDOB 後，其速度響應均方值約為 0.003(°)/s。可見，IVDOB 補償力矩和速度擾動的能力均明顯提高。

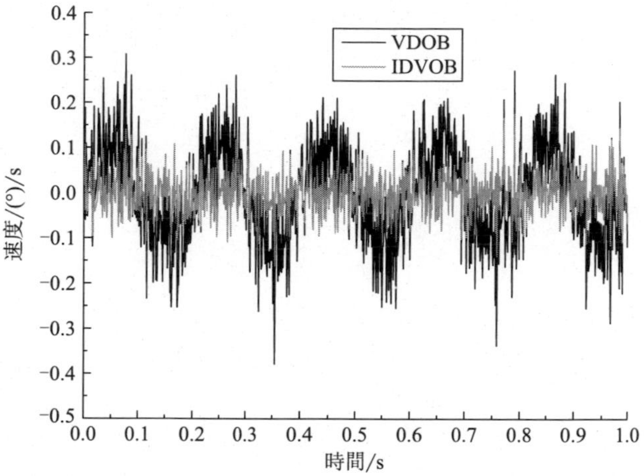

圖 8-44 抑制力矩擾動的對比結果（電子版）

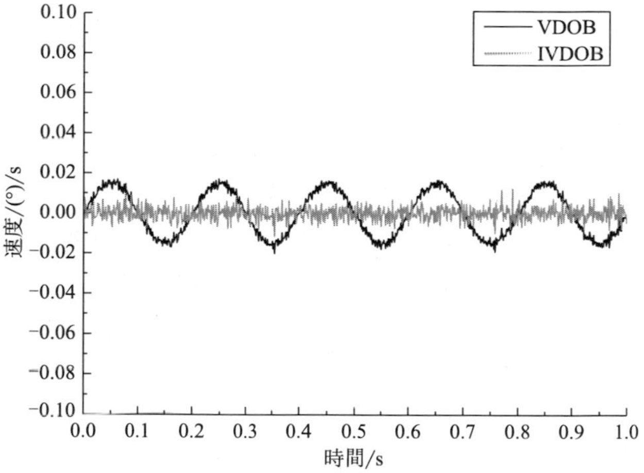

圖 8-45 抑制速度擾動的對比結果（電子版）

圖 8-46(a) 描述採用 VDOB 後視軸的角度誤差曲線，其角度誤差最大值不超過 0.8°，誤差均方值小於 0.25°。圖 8-46(b) 描述採用 IVDOB 後視軸的角度誤差曲線，其誤差均方值小於 0.02°。顯然 IVDOB 結構相對 VDOB 具有更好的抑制載體擾動能力和更高的穩定精度。圖 8-47(a) 為未知干擾，模糊自適應控制補償力矩擾動 T_D 的結果見圖 8-47(b)。模糊自適應控制的輸出與擾動曲線基本一致，說明了其對力矩擾動良好的補償能力。

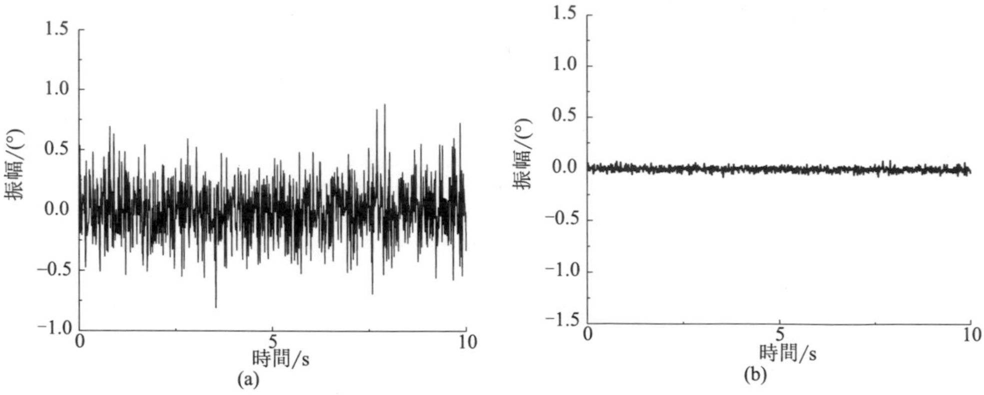

圖 8-46 視軸穩定誤差對比結果

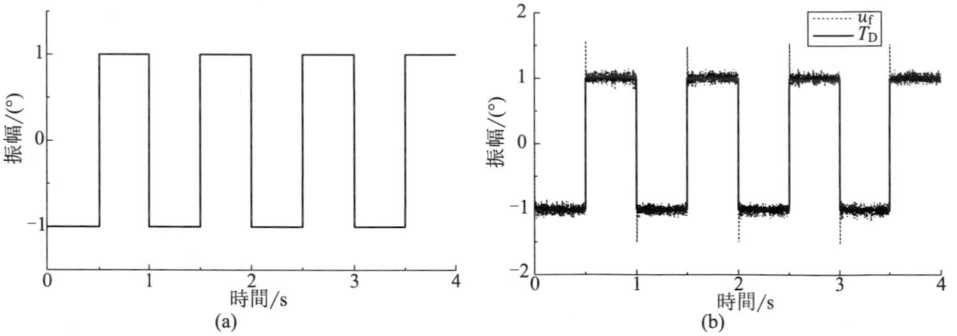

圖 8-47 引入的力矩擾動 T_D 與模糊自適應控制器補償效果

圖 8-48 所示為未引入模糊自適應控制器的跟蹤曲線及跟蹤誤差。可以看出，其跟蹤誤差達到了 0.2°，難以實現機載雲臺對給定信號的精確跟蹤。圖 8-49(a) 所示為採用本章設計的補償控制方法對正弦信號的跟蹤曲線，其跟蹤誤差最大值不超過 0.08°，且跟蹤誤差有界，如圖 8-49(b) 所示。顯然，本章設計的控制方法跟蹤效果較為理想，能夠精確跟蹤給定位置信號。

圖 8-50 所示為採用模糊自適應補償控制方法，在外界風速約為 3.2m/s 時對給定信號的跟蹤效果和跟蹤誤差曲線。從圖 8-50 中可以看出，在外界有風干擾時能夠精確跟蹤給定位置信號，在給定切換點處存在的誤差不超過 0.8°，且基本不存在振盪。在非切換處的誤差不超過 0.1°。

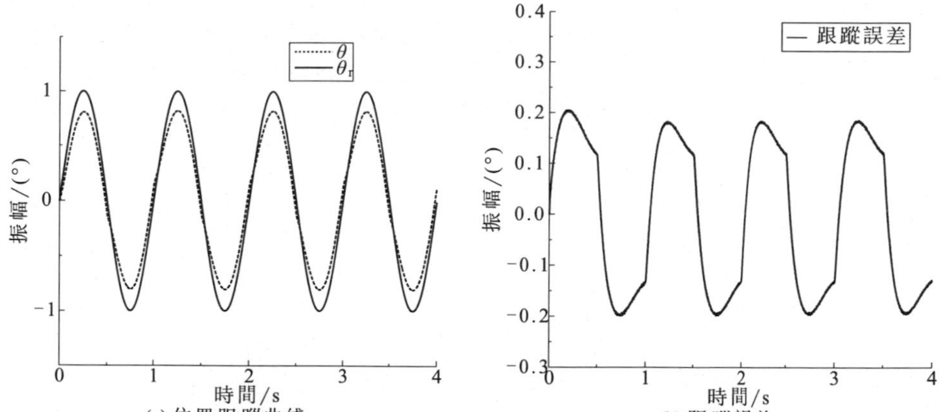

(a) 位置跟蹤曲綫　(b) 跟蹤誤差

圖 8-48　未引入模糊自適應控制的跟蹤曲線和跟蹤誤差

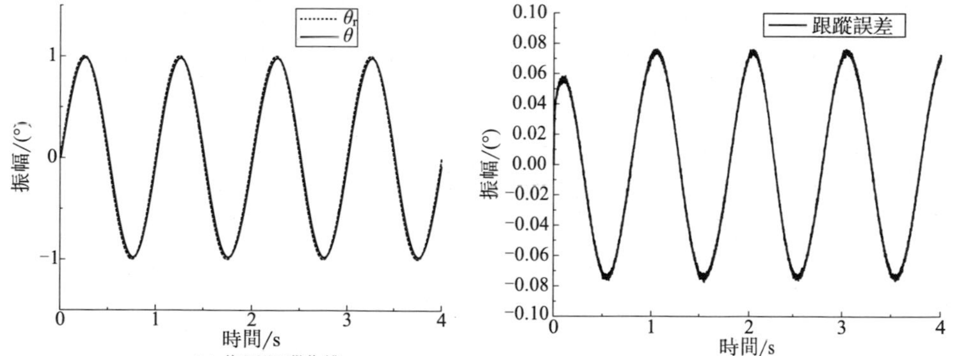

(a) 位置跟蹤曲綫　(b) 跟蹤誤差

圖 8 49　引入模糊自適應控制器的跟蹤曲線和跟蹤誤差

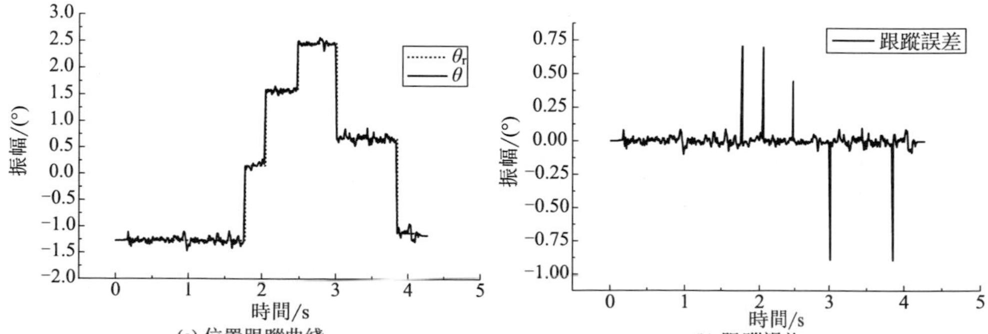

(a) 位置跟蹤曲綫　(b) 跟蹤誤差

圖 8-50　在外界有風時的跟蹤曲線和跟蹤誤差

② 複合補償控制實驗及結果　在同種穩定控制器作用下，分別採用單速度環結構和雙速度環結構來驗證這兩種控制結構對擾動的抑制能力。其視軸穩定結果如圖 8-51 所示。可以看出，採用單速度環結構時視軸穩定誤差最大值為 0.10°，採用雙速度環結構時視軸穩定誤差值最大值約為 0.06°。結果表明，雙速度環結構具有更好的抑制擾動的能力。

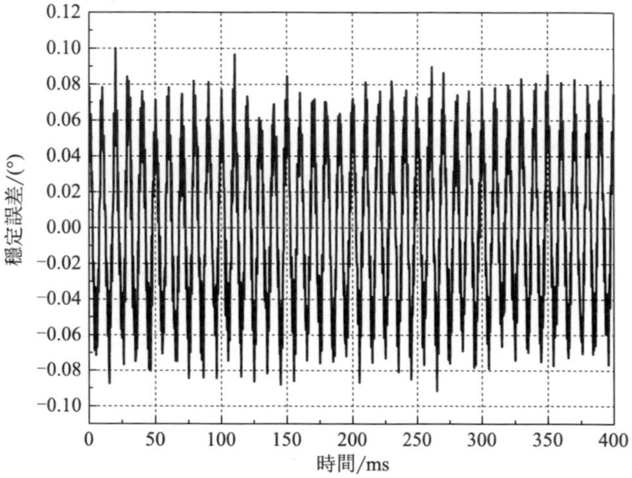

(a) 單速度環

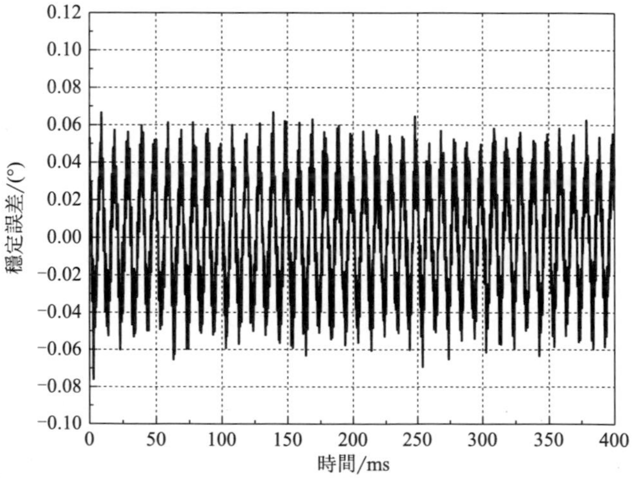

(b) 雙速度環

圖 8-51　控制結構的視軸穩定對比實驗

通過伺服控制系統的動態響應和穩態精度的對比實驗來對模糊自適應 PID 複合控制方法進行驗證。其中速度跟蹤誤差 e、誤差變化 ec 以及控制輸出量的

基本論域分別為 [−50, 50] [(°)/s]、[−500, 500] [(°)/s^2] 和 [−12.5, 12.5] (V)；模糊系統輸入模糊化的量化因子 $k_e=1/50$，$k_{ec}=1/500$，自調整比例因子初始值 $k_u(0)=8$，自適應調整因子的參數初始值分別取 $\alpha=3$，$\beta=1.5$，$\gamma=0.75$，則自適應調整因子為：$w(e,ec)=1-0.75\exp[-(3e^2+1.5ec^2)]$，控制規則的自學習的參數分別取 $\rho=3$ 和 $\eta=0.2$。實際運行過程中，利用自適應機構的自學習功能來在線修正 $w(e,ec)$ 和控制規則。採用臨界比例度法對變速積分 PID 控制器參數進行初步整定，再依據控制結果進行修正。

a. 伺服控制系統的動態響應實驗。通過分別採用常規模糊控制器和模糊自適應 PID 複合控制器時系統的階躍響應曲線來對比分析系統的動態性能。在給定速度為 20 [(°)/s] 時系統的階躍響應曲線對比結果如圖 8-52 所示。

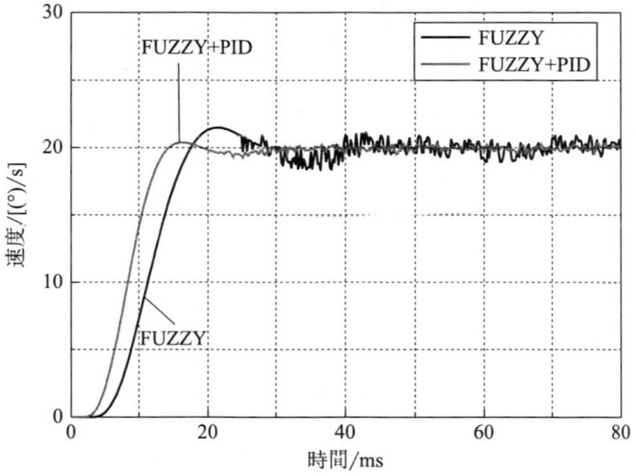

圖 8-52 與常規模糊控制方法的穩定控制階躍響應對比（電子版）

由圖 8-52 可見，模糊自適應 PID 控制的超調量約為 5.2%，調節時間約為 20ms；常規模糊控制的超調量約為 10.5%，調節時間約為 40ms。複合控制的設計以及自適應機構的引入對抑制超調、提高系統響應速度起到了有效作用，提高了其穩態精度。同時，由於採用了模糊切換方式，複合控制的切換抖動也得到了抑制。

b. 伺服控制系統的穩態精度實驗。其穩態性能通過視軸穩定誤差對比實驗來驗證。在機載雲臺給定速度為 0 時，採用常規模糊控制器和本文提出的複合控制器的穩定誤差曲線如圖 8-53 所示。

圖 8-53(a) 為採用常規模糊控制的穩定誤差結果，其穩定誤差在 ±0.02°之間，穩定精度約為 0.26mrad；圖 8-53(b) 為採用模糊自適應 PID 複合控制器的穩定誤差曲線，其穩定誤差均小於 0.01°，穩定精度約為 0.13mrad，其穩定精度

和運動平穩性均優於常規模糊控制，表明模糊自適應 PID 複合控制克服了由非線性擾動因素產生的偏差，具有良好的控制性能和魯棒性。

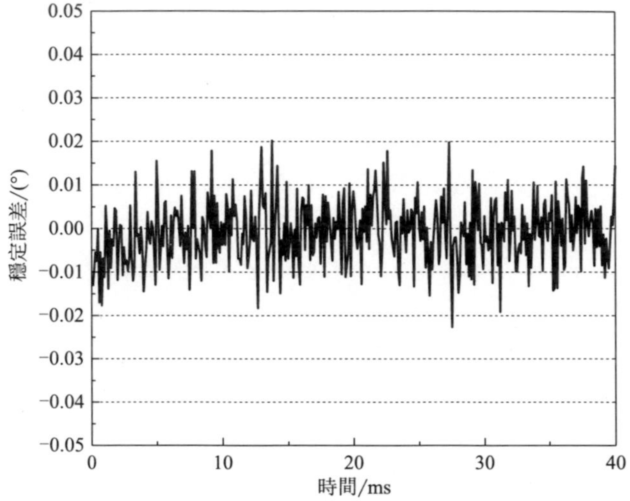

(a) 常規模糊控制方法

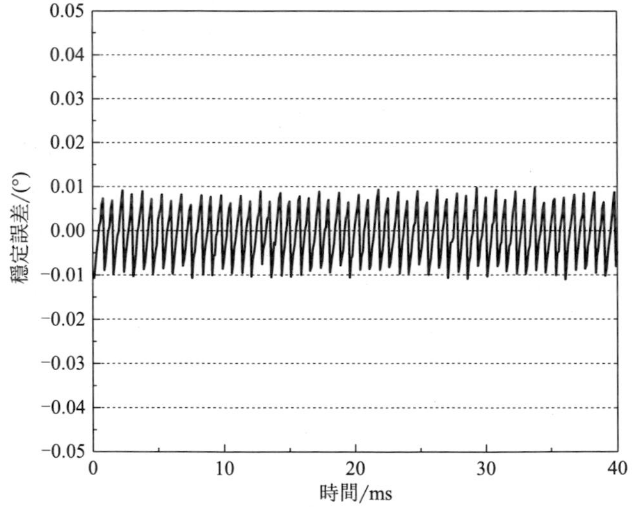

(b) 模糊自適應PID複合控制方法

圖 8-53 視軸穩定誤差曲線對比

通過對機載雲臺振動的頻域分析來驗證隔振系統與基於模糊自適應 PID 複合控制相結合的複合補償控制方法的有效性。以俯仰通道為例，加速度計採樣頻率是 330Hz，對加速度信息進行 FFT 振動分析，實驗結果如圖 8-54 所示。圖 8-54(a) 是未引入隔振系統前，機載環境中振動範圍廣、幅度大。圖 8-54(b) 是引入隔振系統後，振動幅值約下降至引入前的 1/5，振動隔離度提高了約 15dB，尤其振動高頻部分顯著減小。

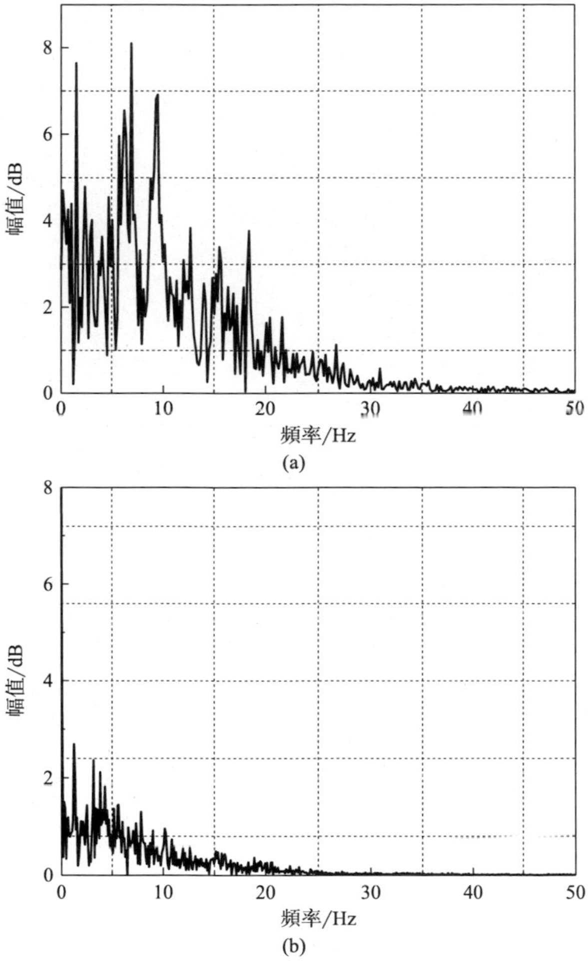

圖 8-54　隔振系統抑制振動對比結果

8.2 生物製劑投放裝置設計

多旋翼無人機在生物防治上具有良好的應用價值。為了更好地進行農作物病蟲害防治，作者所在團隊設計了一種適用於防治旱地及水田作物害蟲的赤眼蜂智能投放系統。投放桶（如圖 8-55 所示）由纖維一體化制成，置於多旋翼無人機的正下方，通過桶邊的支架固定在起落架上，其中充滿了裝有赤眼蜂蟲卵的小球，投放桶底裝有舵機和投放閥門，控制器通過通信總線從無人機獲取飛行信息，傳輸 PWM 信號控制舵機的開關，使閥門開啓、閉合，從而控制赤眼蜂的投放速率和投放時機。赤眼蜂投放裝置結構示意圖如圖 8-56 所示。

圖 8-55　赤眼蜂投放桶

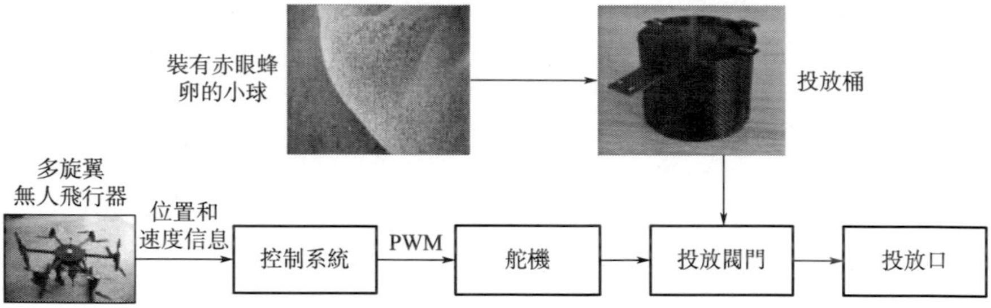

圖 8-56　赤眼蜂投放裝置結構示意圖

多旋翼無人機自主飛行過程中，根據預設投放間距給齣目標動作點位置，實際作業中考慮平動速度導致赤眼蜂呈拋物線軌跡的情況，根據飛行高度、當前位置、飛行速度，解算得到提前投放動作位置，保證赤眼蜂著陸點為預設間距對應位置。同時對動作點位置信息進行存儲，作業完成後可根據實際著陸點檢驗精準投放技術的有效性。

8.3 農藥噴灑裝置設計

目前，相對於成熟發達的歐美、日本無人機噴灑系統，國內機載農藥噴灑專用裝置，尤其是具備變量噴灑功能的機載噴灑裝置還存在較大的空白。德國

VARIO公司多用途無人機研製了機載噴霧系統，並設計了專用於無人機噴霧的遠程控制系統，通過地面遠程遙控控制噴霧系統的施藥工作，但其研製的是定量噴灑系統，無法根據無人機飛行速度調整其噴灑速率，以達到均勻噴灑的效果。

本項目基於可調速流量泵，設計了一種PWM調速變流量噴灑技術，首先給出整機掛載農藥桶的整機結構如圖8-57所示。

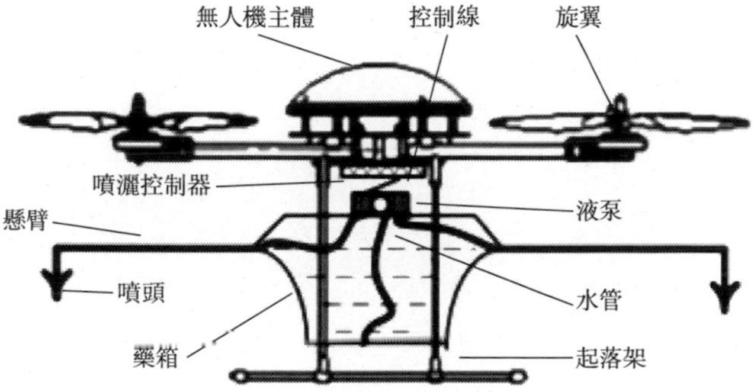

圖8-57 農藥桶整機結構圖

圖8-58描述了農藥噴灑裝置的控制框圖，其中無人機控制系統導航模塊給出當前飛行速度，通過飛行速度計算對應流量泵電機的PWM占空比，即驅動電機的轉速。噴頭旋轉微調控制器控制各噴頭旋轉速度，可對農藥噴灑面的大小進行調整。同時無人機控制系統根據流量的積分時間，推算滿載運行後農藥桶的農藥餘量，餘量不足時提示控制臺進行返航。根據變量控制原理，具體設計方法描述如下。

① 驅動電機PWM值範圍為0～100。

② 飛行速度每增加1m/s，PWM值線性增加10%，飛行速度超過10m/s，PWM最大。

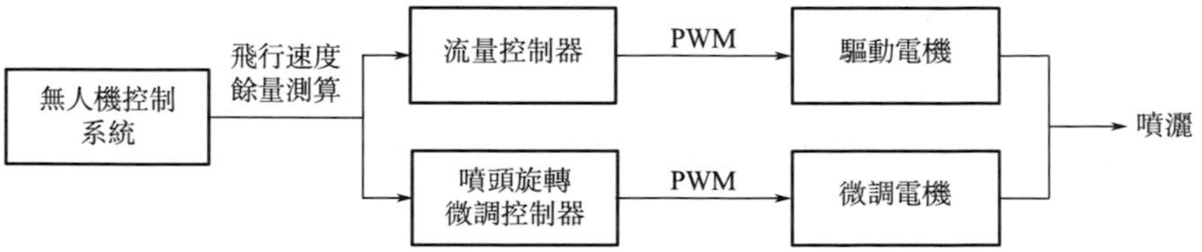

圖8-58 農藥噴灑裝置控制框圖

③ 飛行速度達到1m/s時，開啓流量泵，否則關斷。

④ 噴頭旋轉微調PWM值範圍為0～90，占空比0%時不進行旋轉，農藥以

水龍頭形式進行噴灑；占空比 90％時，以近似平面狀態進行離心噴霧。

多旋翼無人機帶載噴灑裝置進行農田作業情況如圖 8-59 所示。藥箱容積為 10L，噴桿上排列四個壓力離心噴頭，噴幅寬度為 6m，流量可調，流量範圍為 0～4.5L。經實驗，噴灑系統噴灑均勻，噴灑效果良好。

圖 8-59 農藥噴灑裝置作業情況

參考文獻

[1] 劉瑞，蔣蓁，雷小光．小型機載雲臺結構設計和分析[J]. 機電工程，2010，2：5-7.

[2] 范大鵬，張智永，范世珣，等．光電穩定跟蹤裝置的穩定機理分析研究[J]. 光學精密工程，2006，14（8）：673-680.

[3] 王曉軍，賈繼強，王俊善．機載三軸穩定平臺跟蹤方法研究與仿真[J]. 計算機仿真，2008，25（5）：51-54.

[4] 王合龍，朱培申，姜世發. 陀螺穩定平臺框架伺服系統變結構控制器的設計和仿真[J]. 電光與控制，1998，70（2）：24-29.

[5] MARATHE R，KRISHNA M. H∞ Control law for line-of sight stabilization for mobile land vehicles [J]. Optical Engineering，2002，41（11）：2935-2944.

[6] 安源，許暉，金光，等．動載體光電平臺角振動隔振設計[J]. 半導體光電，2006，5：614-617.

[7] 董岩．基於神經網絡的機載三軸穩定平臺控制系統算法應用研究 [D]. 長春：中國科學院長春光學精密機械與物理研究所，2011.

[8] 盧廣山，姜長生，張宏．機載光電跟蹤系統模糊控制的優化與仿真 [J]. 航空學報，2002，23（1）：85-87.

[9] 扈宏杰，王元哲．機載光電平臺的複合補償方法 [J]. 光學精密工程，2012，20（6）：1272-1281.

[10] WANG L X. Fuzzy basis functions, universal approximation, and orthogonal least-squares learning [J]. IEEE Transactions on Neural Networks, 1992, 3 (2): 807-814.

[11] PARK S, KIM B K, YOUM Y. Single Mode Vibration Suppression for a Beam-Mass-Cart System Using Input Preshaping with a Robust Internal-Loop Compensator [J]. Sound vib, 2001, 241 (4): 693-716.

[12] ZHOU H R, KUMAR K S P. A「current」statistical model and adaptive algorithm for estimating maneuvering target [J]. AIAA Journal, Guidance, Control and Dynamics, 1984, 7 (5): 596-602

[13] 黃永梅，馬佳光，傅承毓．預測濾波技術在光電經緯儀中的應用仿真 [J]. 光電工程，2002，29 (4): 5-9.

[14] KALATA P R. The tracking index: a generalized parameter for α-β, α-β-γ target trackers [J]. IEEE Transaction on Aerospace and Electronic Systems, 1984, 20 (2): 174-182.

[15] VERHAEGEN M, DOOREN P. V. Numerical aspects of different Kalman filter [J]. IEEE Transaction on Automatic Control, 1986, 31 (10): 907-917.

[16] 胡祐德，馬東升，張莉松．伺服系統原理與設計[M]. 北京: 北京理工大學出版社，1999.

第9章

多旋翼無人機應用示範

9.1 生物防治應用

生物防治技術的大面積推廣與應用，是實現環境友好安全、持續有效控制害蟲的有效措施。中國生物防治產業的發展雖然已經取得顯著成效，然而還存在技術瓶頸。如赤眼蜂的應用面積大，只靠人工淹沒式釋放，勞動力成本高，時效性差，漏防面積大，降低防治效果。目前，基於多旋翼無人機的智能投放系統具有機動靈活、效率高、成本低、可操作性強等多優點，對促進傳統生物防控產業發展和技術提升具有重要意義。

作者所在團隊使用自主研製的多旋翼無人機智能投放系統在遼寧、黑龍江、內蒙古、吉林等地共作業 10 萬餘畝次，測產結果顯示：使用生物防治相比於化學農藥防治玉米每畝增產 130 元、油菜每畝增產 110 元，減施增效明顯。其中，玉米生物防治平均駐穗率減低 76.8%、增產 9.31%、機收掉棒率減低 82.6%，每畝增加直接經濟效益約 120 元（玉米按 0.8 元/斤計算）。

9.1.1 基於多旋翼無人機的智能投放系統應用示範

將需要作業田塊的四個角點 GPS 座標進行高斯-克呂格（Gauss-Kruger）投影變換至平面座標，在地圖上標記出田塊邊界，進行多旋翼無人機的自主飛行軌跡規劃，如圖 9-1 所示。假設赤眼蜂孵化後的活動範圍為半徑為 r_1 的紅色圓形區域，試驗田塊為 $a \times b$ 的矩形。為保證完全覆蓋，則投放間隔和飛行的間距定為 s_1，且 $s_1 < \sqrt{2} r_1$，以「之」字形往返完成投放任務，其中第一個投放點距離田塊兩邊距離要小於 $\sqrt{2} r_1 / 2$，此時理論上可以對田塊進行全覆蓋。

在內蒙古自治區呼倫貝爾市海拉爾某農場約 106m×310m 近似菱形的油菜田給出示範驗證。飛行軌跡和期望規劃軌跡對比結果如圖 9-2 所示，圖中紅色曲線為期望飛行軌跡，由操作員在地面軟件系統的三維地圖中直接繪製；藍色曲線為實際飛行軌跡，是多旋翼無人機將飛行數據實時傳輸給上位機，由地面軟件系統自動描繪。可以看出實際飛行軌跡基本符合規劃。

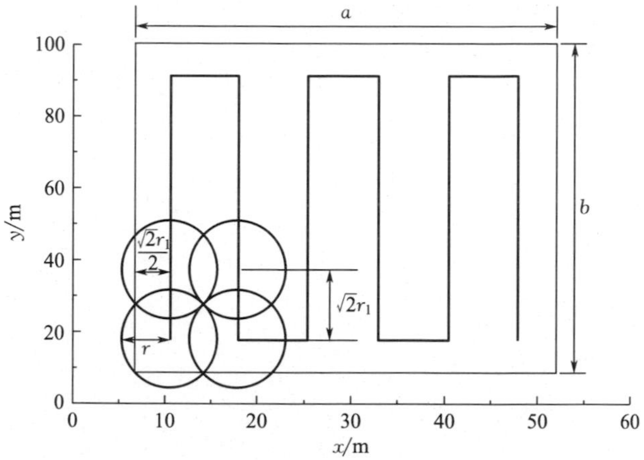

圖 9-1　軌跡規劃示意圖

圖 9-2　實際飛行軌跡和期望規劃軌跡對比圖（電子版）

不同農藝的作業質量評價指標也不同，對油菜的赤眼蜂投放系統而言，投放的覆蓋率和整個投放系統的單位時間作業面積，會直接影響到作業效果。為檢驗自主模式下的赤眼蜂智能投放系統的作業效果和質量，假設赤眼蜂卵質量均勻，孵化率理想，且不考慮氣流造成的投放偏差，赤眼蜂卵的實際投放地點滿足如下公式：

$$\begin{bmatrix} x_1 \\ y_1 \end{bmatrix} = \begin{bmatrix} x_2 \\ y_2 \end{bmatrix} + \begin{bmatrix} \sin\psi \\ \cos\psi \end{bmatrix} \sqrt{\frac{2h}{g}} vm^2 \tag{9-1}$$

式中，x_2、y_2 為多旋翼無人機投放赤眼蜂的位置；x_1、y_1 為赤眼蜂卵掉落的位置；ψ 為無人機航向；h 為飛行高度；g 為當地的大地加速度；v 為飛行速度；m 為單次投放的質量。

根據實際作業航線和傳回的實際飛行數據得到赤眼蜂投放點，如圖 9-3 所示。根據事先實驗，每次投放的赤眼蜂卵的有效範圍為半徑 12m 的圓形區域，面積約為 $452m^2$。投放赤眼蜂的有效覆蓋圖如圖 9-4 所示。

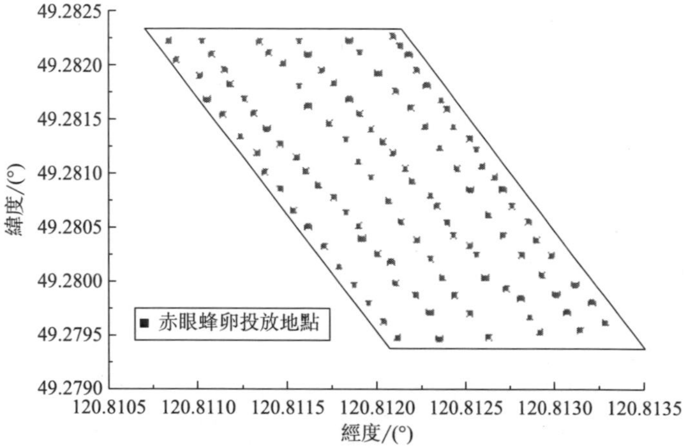

圖 9-3　赤眼蜂投放點

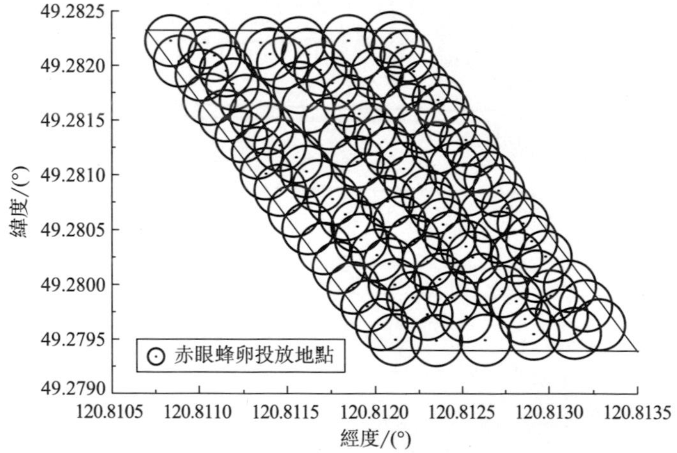

圖 9-4　赤眼蜂投放有效覆蓋範圍

後期進行了 3 次田間孵化率調查，結果分別為 87.57%、82.95%、86.92%，平均孵化率為 85.81%。對該次飛行作業的投放面積、覆蓋面積及單位時間投放面積等評價指標做簡單的估算，統計結果如表 9-1 所示。

表 9-1　赤眼蜂投放系統相關參數估計

参數	數值	参數	數值
實驗田總面積/m^2	31000	平均孵化率/%	85.81
投放覆蓋面積/m^2	接近 31000	投放時間/s	190
投放遺漏面積/m^2	0	單位時間投放面積/(m^2/min)	9700
覆蓋率/%	100		

由此可見，基於多旋翼無人機的智能投放系統可以穩定可靠地完成赤眼蜂的投放工作，投放效率和經濟效益方面表現良好，實現了多旋翼無人機的自主生物防治。

圖 9-5 描述了基於多旋翼無人機的智能投放系統在呼倫貝爾農墾、黑龍江農墾、遼寧兩家子農場、瀋陽軍區、松原市、公主嶺市等地進行生物防治應用示範。

(a) 呼倫貝爾農墾，油菜　(b) 吉林省公主嶺，水稻　(c) 吉林省松原，玉米

(d) 黑龍江農墾，玉米　(e) 瀋陽軍區老萊農場，玉米　(f) 遼寧兩家子農場，玉米

圖 9-5　生物防治應用示範

9.1.2 基於多旋翼無人機的智能投放系統標準化操作流程

基於多旋翼無人機智能投放赤眼蜂的智能投放系統的標準化操作流程如下。

實驗目的：採用多旋翼無人機智能投放系統投放赤眼蜂，生態防治玉米螟。

實驗設備：多旋翼無人機，赤眼蜂智能投放裝置，無人機地面站。

参試人員：無人機駕駛員，地面站操作人員。

實驗方法如下。

① 根據待作業田地的大小，將田地劃分為一個或多個區域。每個區域的形狀接近矩形，區域的長寬比不宜過大，區域面積要小於無人機單次飛行所能覆蓋的面積。在作業任務前，進行多旋翼無人機和赤眼蜂智能投放裝置的安裝及檢查。

② 在每個區域飛行前，將無人機放置在該區域附近並接通電源。地面站操作人員使用地面站編輯無人機在該區域內的飛行航線，設置合適的無人機飛行高度、飛行速度和航線間距，使赤眼蜂播撒範圍充分覆蓋該區域。

③ 飛行航線編輯完成後，如果地形開闊平坦，地面站操作人員可以直接使用地面站控制無人機在 GPS 模式下自主起飛，之後直接進入航線飛行。如果地形狹窄、地面起伏變化大，無人機駕駛員採用手動模式人工操縱起飛，待升到一定高度後，切換到 GPS 模式，進入航線自主飛行。無人機在 GPS 模式自主飛行中，無人機駕駛員一直手持遙控器，監視無人機的飛行狀況，在出現意外情況時迅速切換到手動模式進行迫降。同時地面站操作人員監視地面站上無人機的飛行軌跡和飛行參數，及時與無人機駕駛員進行溝通。在無人機升空以後，赤眼蜂投放裝置開始工作，每隔一定間距投放一定量的赤眼蜂。對於某些需要補充投放赤眼蜂的地方，可以再次編輯航線或者採用人工操縱進行補充飛行投放赤眼蜂。

④ 完成該區域的全部航線飛行任務後，無人機駕駛員將無人機切換到手動模式降落到指定地方，檢查電源電量和赤眼蜂存儲量，及時更換電池、添加赤眼蜂，進行下一個區域的飛行投放。

9.2 精準農業應用

在傳統農業生產方式下，農民無法得知病蟲害的詳細分布信息，僅僅依靠經驗用藥，會造成農藥的過量使用，既汙染了土壤、水體和大氣，又帶來了嚴重的食品安全問題。精準農業與傳統農業相比最大的優點是以高新技術和科學管理換取對資源的最大節約，是農業實現低耗、高效、優質、環保的根本途徑。由於實行了因土而異、因時而異、因作物而異的耕作方法，它在節約各種原料的投入、降低農業生產成本、提高土地收益率和環境保護等方面都明顯優於傳統農業。

當前多旋翼無人機具有成本低、起降靈活、操作便捷等特點，已經成為精準農業領域一個重要的使用工具。以多旋翼無人機為載體，結合傳感器與光譜儀等技術，在植保過程中同時收集農業蟲害、長勢等信息數據，以近於免費的方式高效、大規模地獲取高時效性、高置信度的農業信息，實現精準用肥用藥，解決制約中國農業現代化進程中最大的瓶頸問題。

9.2.1 多旋翼無人機光譜遙感系統

作者所在團隊結合自主研製的多旋翼無人機和機載光譜儀建立光譜遙感數據採集系統。其中，採用遙感載荷-飛行平臺-無人機的傳輸方式，能夠實時傳輸位置信息和遙感信息。系統在這 3 個工作節點，都對採集的遙感數據進行了實時存儲，實現多環節數據存儲和備份，如圖 9-6 所示，使用的美國 ASD（Analytical Spectral Device）FieldSpec HandHeld 便攜式光譜儀將採集的遙感數據進行本地存儲備份，同時回傳至飛行平臺。平臺對數據進行校驗和板載 SD 卡存儲。在飛行平臺與地面站的實時通信中，將遙感數據和位置信息組合成數據包，通過 900M 的無線數傳模塊上傳至地面站窗口顯示並保存。飛行平臺備份遙感載荷數據會產生極少量數據誤碼，地面站備份時由於無線傳輸會產生微量誤碼。然而多環節的備份可為實驗自由選擇數據源提供方便，選擇地面站數據時可以直接通過窗口觀測遙感數據，使用飛行平臺 SD 卡的遙感數據，可以在實驗結束後詳細分析多項參數。

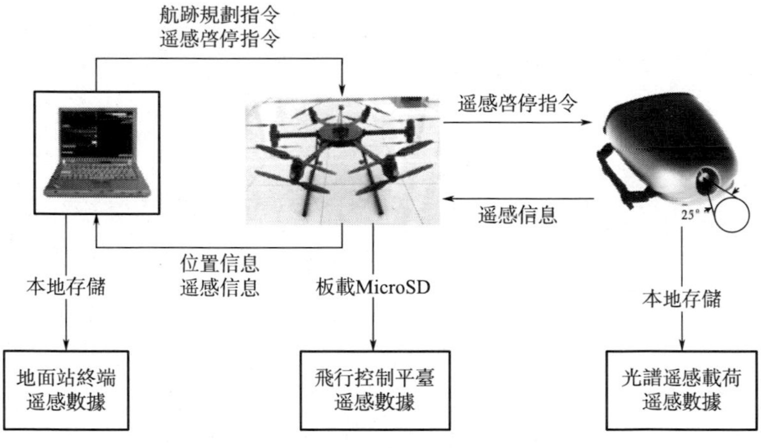

圖 9-6 遙感數據採集系統

ASD FieldSpec HandHeld 便攜式光譜儀適用於從遙感測量、農作物監測、森林研究到工業照明測量，海洋學研究和礦物勘察的各方面應用。其操作簡單，軟件包功能強大。此儀器可用於測量輻射、輻照度、CIE 顏色、反射和透射。其具體參數指標如表 9-2 所示。

表 9-2　ASD FieldSpec HandHeld 便攜式光譜儀參數

參數	數值	參數	數值
波長範圍/nm	350～1050	積分時間/ms	$2n$① ×17
波長精度/nm	0.5	掃描時間/ms	100
波長重複性/nm	優於 0.3	續航時間/h	2.5
光譜分辨率/nm	3	質量/kg	1.5

① $n \in \mathbf{N}$。

9.2.2 水稻氮元素光譜實驗分析

基於光譜遙感數據採集系統對水稻 4 個生長關鍵時期氮素含量進行了航空遙感測量。實驗地點位於吉林省公主嶺市水稻研究所實驗田（124°44′E，43°28′N），該地區為平原地區，土壤類型為水稻土。設計 4 個施氮水平實驗區域，分別為不施氮區（N_1）、施氮量 $50kg/hm^2$（N_2）、施氮量 $100kg/hm^2$（N_3）和施氮量 $200kg/hm^2$（N_4）四個區域。

選擇天氣條件良好、晴朗無風的上午 9:00～10:30，分別在水稻分蘖期、拔節期和抽穗期測定水稻冠層光譜反射率。實驗測試時多旋翼無人機遙感系統距離測試區上空 10m 並保持靜止，光譜儀視場通過三軸穩定雲臺保持垂直向下，每個測量區域在不同位置均進行 5 次測量，每次測量開始和結束都對採集位置的光譜進行白板校正，以 5 次實驗測量點平均值作為該區域光譜反射值。實驗時的數據源選擇飛行平臺存儲的遙感數據，實驗場景如圖 9-7 所示。

(a) 地面測試

(b) 空中測試

圖 9-7　旋翼無人機遙感系統實驗場景

（1）水稻冠層反射光譜特性

圖 9-8(a)～(c) 分別為分蘖期、拔節期、抽穗期不同氮素水平下水稻冠層光譜反射率曲線。可以看出，水稻冠層光譜反射率在分蘖期、拔節期和抽穗期隨氮

素水平呈現一定的規律性：在可見光區水稻冠層反射率隨氮素水平增加呈減小趨勢，其中區域 N_1 最高，區域 N_4 最低；在近紅外區，光譜反射率一開始隨氮素水平增加而增大，但氮素水平增大到一定程度後再增加氮素導致反射率降低，近紅外區光譜反射率順序為 $N_3>N_4>N_2>N_1$。同時高氮素水平下，水稻冠層在近紅外區的反射率較高，在可見光區的反射率較低，主要是由於高氮素水平對應著較高的葉綠素含量，而葉綠素在可見光區對藍、紅光具有強烈吸收特性而在近紅外區具有高度的反射、散射特性，葉綠素在可見區形成了一個可見光區的小反射峰，能看到對紅光與藍光波段的強吸收，使綠色波段的反射漸近突出。另外，近紅外區的光譜反射率 $N_3>N_4$ 表明，當施氮水平超過一定量時，過高的氮素供應反倒影響水稻葉綠素積累，而葉綠素含量是作物長勢的重要參數，因此，過高的氮素供應不但造成浪費，還會影響水稻生長。

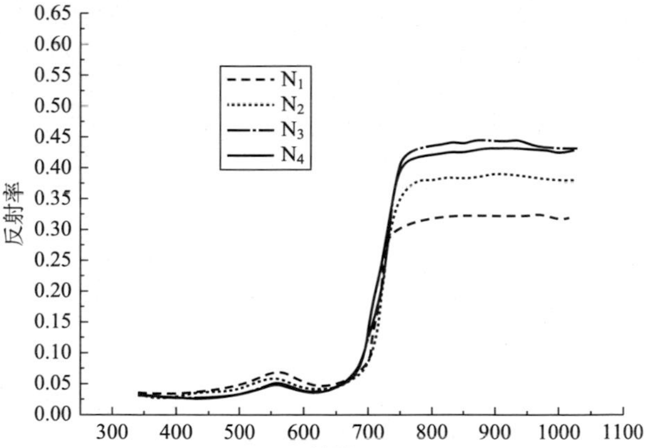

(a) 分蘗期

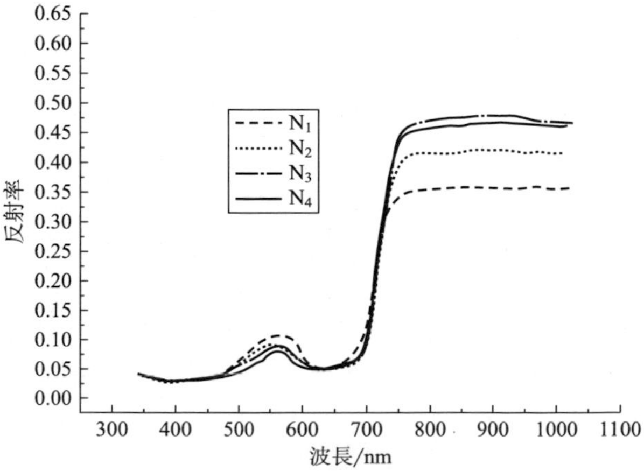

(b) 拔節期

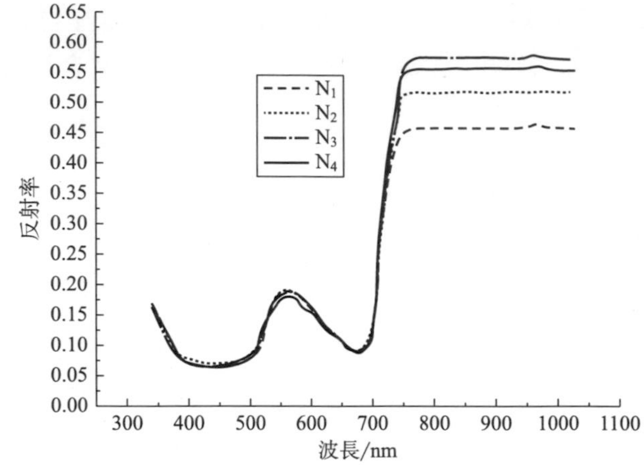

(c) 抽穗期

圖 9-8 不同時期、不同區域、不同氮素含量的水稻冠層光譜反射率曲線（電子版）

圖 9-9 為 N_3 施氮水平水稻冠層光譜反射率隨生長進程變化曲線，可以看出，隨著水稻生長進程的增加，水稻冠層光譜反射率增加，其原因是隨著生長進程增加，葉綠素的含量不斷提高，使得對藍、紅光的吸收效應和近紅外的反射效應增強。

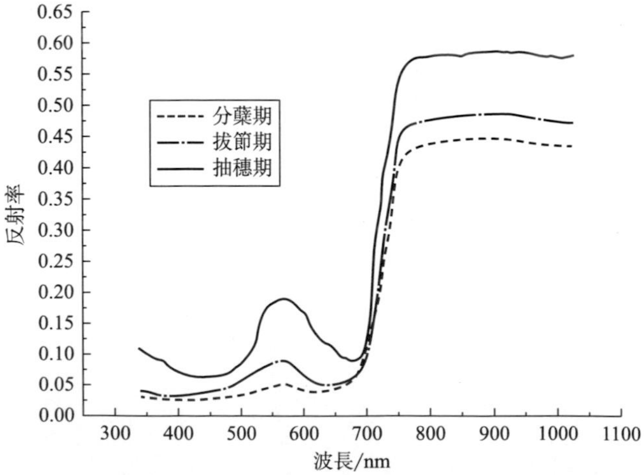

圖 9-9 N_3 施氮水平水稻冠層光譜反射率隨生長進程變化曲線

(2) 不同氮素下水稻植被指數分析

本節給出不同氮素水平下水稻植被指數的變化分析。植被指數用來表徵作物生長水平，本節採用比值植被指數（*RVI*）和歸一化植被指數（*NDVI*）來分析水稻氮素水平和植被指數的關係：

$$\begin{cases} RVI=\dfrac{NIR}{R} \\ NDVI=\dfrac{NIR-R}{NIR+R} \end{cases} \tag{9-2}$$

式中，*NIR* 為紅外波段光譜反射率；*R* 為紅光光譜反射率。圖 9-10 描述由光譜反射率計算得到的植被指數 *RVI* 和 *NDVI*，為減小單點光譜誤差影響，*NIR* 為紅外波段光譜，選擇 760～900nm，*R* 為紅光光譜，選擇 630～690nm，選擇範圍與美國陸衛 5 衛星上專題製圖儀波段 TM4（760～900nm）、TM3（630～690nm）相當。

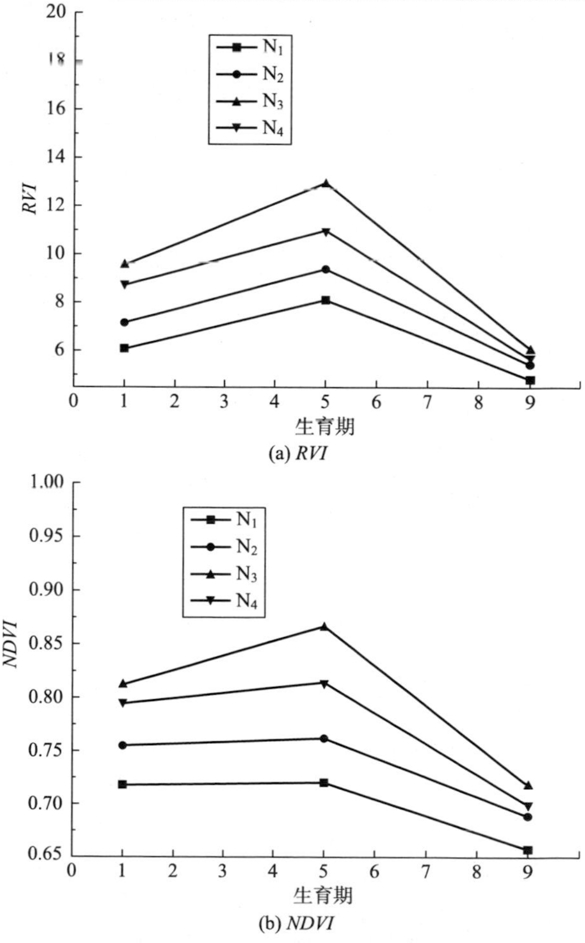

圖 9-10　不同氮素水平光譜植被指數 RVI 與 NDVI 變化

圖 9-10 中的水稻生育期劃分為九個階段，分別為發芽期（0-1）、幼苗期（0-1）、分蘖期（1-2）、拔節期（2-3）、孕穗期（3-4）、抽穗期（4-5）、揚花期（5-6）、乳熟期（6-7）、蠟熟期（7-8）、完熟期（8-9）。

從圖 9-10(a) 中可看出，水稻植被指數 *RVI* 隨生育期進程先增大再減小。四種氮素水平 $N_1 \sim N_4$ 條件下，分蘖期到拔節期之間 *RVI* 不斷增大，拔節期至抽穗期之間逐漸減小，且抽穗期 *RVI* 值小於其分蘖期 *RVI* 值。上述變化原因分析為：水稻生長進程中，植株不斷壯大，隨著葉面積不斷增加以及葉綠素含量的增高，對近紅外波段的反射率不斷增強，同時葉綠素含量的提升使作物對可見波段紅光的吸收增強，因此 *RVI* 值在分蘖期到拔節期隨生長進程顯著增加。從拔節期到抽穗期生長進程中 *RVI* 值顯著減小，分析其原因，隨著生長進程不斷趨於成熟，葉面積逐漸減小，水稻冠層對近紅外波段的反射強度逐漸減小，對可見光波段的紅光吸收效應減弱，導致 *RVI* 顯著減小。另外，隨著生長，水稻穗數逐漸增多，稻穗的反射光譜在近紅外波段和可見波段，和水稻冠層葉片的反射光譜之間的差異逐漸增大，直接體現為稻穗對水稻冠層光譜的影響不斷增強。同時隨著水稻成熟進程的增加，水稻葉片顏色逐漸由綠轉黃，葉綠素對紅光的吸收減弱，可見波段的紅光反射增強。因此，水稻 *RVI* 隨拔節期向抽穗期進程顯著減小。

歸一化植被指數 *NDVI* 在分蘖期至抽穗期的生育期內變化如圖 9-10(b) 所示，可以看出，*NDVI* 也呈明顯的規律性變化，四種氮素水平 $N_1 \sim N_4$ 條件下，從分蘖期到拔節期 *NDVI* 都逐漸增大，拔節期至抽穗期逐漸減小，且抽穗期 *NDVI* 值小於其分蘖期 *NDVI* 值。歸一化植被指數 *NDVI* 對簡單比值植被指數 *RVI* 進行了非線性歸一化處理並限制了 *RVI* 的無界增長，從圖 9-10(b) 中也可以看出 *NDVI* 的整體變化規律同 *RVI* 是一致的。

由此可見，相對 N_3 的施氮水平，N_4 施氮水平下水稻 *RVI* 和 *NDVI* 兩種植被指數均小於同生育期 N_3 施氮水平水稻的植被指數。因此，植被指數 *RVI* 和 *NDVI* 都可以反映和水稻長勢密切相關的葉綠素含量，兩種植被指數的大小與氮含量、葉綠素含量有直接對應關係，對過量施用氮素影響水稻生長的現象也可以直觀反映在植被指數 *RVI* 和 *NDVI* 上。

9.2.3 水稻葉片信息獲取與分析

在本次實驗中，光譜遥感系統使用的光譜儀為長春光機所自主研發的商品化微型高光譜儀 MNS2001，參數如表 9-3 所示，微型高光譜儀 MNS2001 實物圖如圖 9-11 所示。

表 9-3 微型高光譜儀 MNS2001 參數

參數	數值	參數	數值
光譜範圍	300～900nm	積分時間	2ms～1min
分辨率	1.4nm(FWHM)	信噪比	300：1
波長重複性	±0.3nm	體積	70mm×67mm×40mm
雜散光	<0.5%@600nm	質量	275g

圖 9-11 微型高光譜儀 MNS2001

為了驗證本章設計的無人機光譜遙感系統的穩定性，對水稻進行了田間實驗，實驗地點位於吉林省公主嶺市水稻研究所實驗田，時間為 2018 年 7 月 3 日，水稻處於拔節期。實驗前，考慮到積分時間對光譜穩定性對比有一定的影響，調節高光譜儀的積分時間為 10ms，實驗時將遙感系統飛至測試區上空 10m 並保持懸停狀態，光譜儀視場通過三軸雲臺保持垂直向下。本次實驗為驗證遙感系統的穩定性，直接測量值為波長一相對光強，而下一步水稻葉面的反射光譜分析人員需要用白板作為基底獲得反射譜，因此每次採集目標光譜前後均進行白板校正測量，消除隨時間變化太陽光的波動影響。遙感系統實驗時在相同測試區域重複測量五次，以驗證遙感平臺的有效性與穩定性。實驗測量時天氣晴朗無雲，測量時間為上午 10:30～11:30。

測試結果如圖 9-12 所示，圖 9-12(a) 為本章設計的光譜遙感系統五次測量水稻葉片的相對光強信息，圖 9-12(b) 為五次測量的相對誤差。

由圖 9-12(a) 可以看出，測試結果在 565nm（紅波段）相對光強較小，在 680nm（綠波段）相對光強最大。無人機搭載光譜遙感設備 5 次同位置採集所得的相對光強基本接近，驗證了該無人機遙感系統的穩定性。

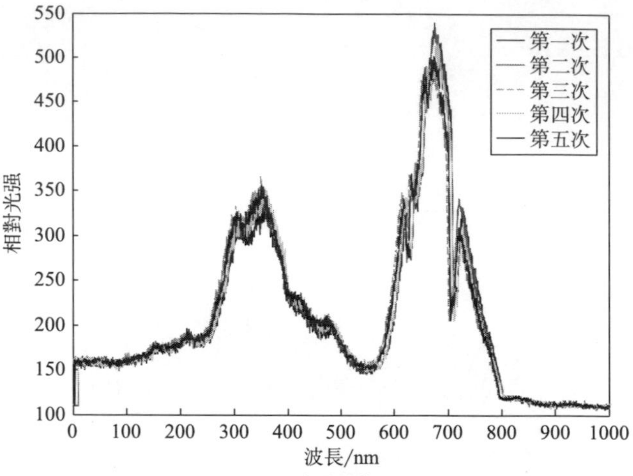

(a) 5次測量值

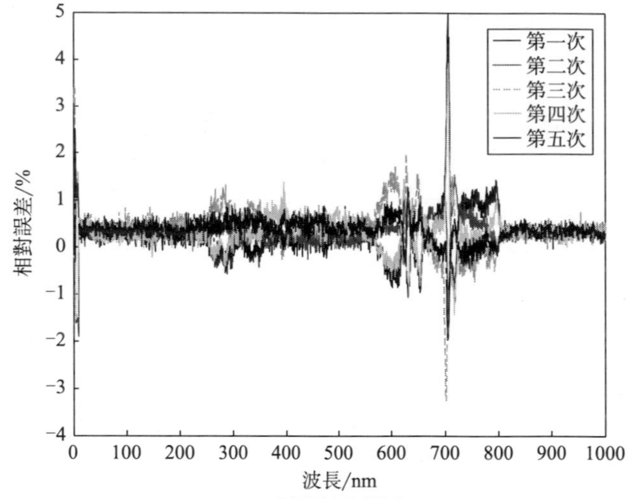

(b) 5次測量相對誤差

圖 9-12　遙感系統測試結果(電子版)

由圖 9-12(b) 可以看出，五次重複測量實驗的相對光強相對誤差小於 5%，光譜遙感平臺具有良好的跟蹤特性。遙感系統使用的商品化微型高光譜儀 MNS2001 同位置多次測試的精度優於 0.5%，光譜遙感系統五次測量的最大相對誤差約為 5%，超過高光譜儀本身的誤差，分析原因主要如下幾個方面：①實驗設計的五次測量針對同一片區域，無人機控制器的當前位置受 GPS 定位精度的限制，每次測量時會產生偏差；②五次測量時光照會有一定變化，導致每次測量結果有偏差；③風擾情況下搭載光譜儀的兩軸雲臺自穩會產生延遲，每次測量時光譜儀指向有偏差。但是小於 5%的相對誤差，充分驗證了該無人機遙感系統使用時，具有良好的跟蹤特性和實際使用價值。

9.2.4 基於多旋翼無人機的遥感數據采集系統標準化操作流程

基於多旋翼無人機的遥感采集氮元素的整套技術體系制定了標準化操作流程，介紹如下。

實驗目的：使用機載光譜儀對水稻或者玉米氮元素進行測量，為精準施肥提供參考數據。

實驗設備：多旋翼無人機，光譜儀，無人機地面站，數據采集與處理系統。

参試人員：無人機駕駛員 1 人，地面站操作人員 1 人，數據處理人員 1 人。

實驗方法如下。

① 根據待檢測玉米或水稻田地的大小，將玉米或水稻田地劃分為一個或多個區域。每個區域的形狀接近矩形，區域的長寬比不宜過大，區域面積要小於無人機單次飛行所能覆蓋的面積。在作業任務前，進行多旋翼無人機和光譜儀的安裝及檢查。

② 在每個區域飛行前，將無人機放置在該區域附近並接通電源。地面站操作人員使用地面站編輯無人機在該區域内的飛行航線，設置合適的無人機飛行高度、飛行速度和航線間距，使光譜儀檢測範圍充分覆蓋該區域。

③ 飛行航線編輯完成後，如果地形開闊平坦，地面站操作人員可以直接使用地面站控制無人機在 GPS 模式下自主起飛，之後直接進入航線飛行。如果地形狹窄、地面起伏變化大，無人機駕駛員采用手動模式人工操縱起飛，待升到一定高度後，切換到 GPS 模式，進入航線自主飛行。無人機在 GPS 模式自主飛行中，無人機駕駛員一直手持遥控器，監視無人機的飛行狀況，在出現意外情況時迅速切換到手動模式進行迫降。同時地面站操作人員監視地面站上無人機的飛行軌跡和飛行參數，及時與無人機駕駛員進行溝通。在無人機升空以後，機載光譜儀開始工作，採集並記錄飛行航線下方水稻的光譜數據，航線完成後數據處理人員檢測光譜數據，對於某些需要補充采集數據的地方，可以再次編輯航線或者采用人工控制進行補充飛行檢測。

④ 完成該區域的全部航線飛行任務後，無人機駕駛員將無人機切換到手動模式降落到指定地方，檢查電源電量，及時更換電池，進行下一個區域的飛行檢測。

參考文獻

[1] 任留成，楊曉梅．空間 Gauss-Kruger 投影研究[J]．測繪學院學報，2004，21（1）：73-78.

[2] 哈布熱，張寶忠，李思恩，等．基於冠層光譜特徵的冬小麥植株含水率診斷研究[J]．灌溉排水學報，2018，37（10）：9-15.

[3] 孫紅，李民贊，周志艷，等．基於光譜技術的水稻稻縱捲葉螟受害區域檢測[J]．光譜學與光譜分析，2010，30（4）：1080-1083.

[4] 葛明鋒，亓洪興，王義坤，等. 基於輕小型無人直升機平臺的高光譜遙感成像系統[J]. 紅外與激光工程，2015，44（11）：3402-3407.

[5] 李冰，劉鎔源，劉素紅，等．基於低空無人機遙感的冬小麥覆蓋度變化監測[J]．農業工程學報，2012，28（13）：160-165.

[6] 李繼宇，張鐵民，彭孝東，等. 四旋翼飛行器農田位置信息採集平臺設計與實驗[J]. 農業機械學報，2013，44（5）：202-206.

[7] 殷春淵，張慶，魏海燕，等. 不同產量類型水稻基因型氮素吸收、利用效率的差異[J]. 中國農業科學，2010，43（1）：39-50.

[8] 鞏盾．空間遙感測繪光學系統研究綜述[J]．中國光學，2015，8（5）：714-724.

[9] 吳龍國，王崧磊，何建國，等．基於高光譜成像技術的土壤水分機理研究及模型建立[J]．發光學報，2017，38（10）：1366-1376.

[10] 史舟，梁宗正，楊媛媛，等．農業遙感研究現狀與展望[J]. 農業機械學報，2015，46（2）：247-260.

多旋翼無人機系統與應用

作　　者：彭誠，白越，田彥濤
發 行 人：黃振庭
出 版 者：崧燁文化事業有限公司
發 行 者：崧燁文化事業有限公司
E-mail：sonbookservice@gmail.com
粉 絲 頁：https://www.facebook.com/sonbookss/
網　　址：https://sonbook.net/
地　　址：台北市中正區重慶南路一段六十一號八樓 815 室
Rm. 815, 8F., No.61, Sec. 1, Chongqing S. Rd., Zhongzheng Dist., Taipei City 100, Taiwan
電　　話：(02) 2370-3310
傳　　真：(02) 2388-1990
印　　刷：京峯彩色印刷有限公司（京峰數位）
律師顧問：廣華律師事務所 張珮琦律師

定　　價：760 元
發行日期：2022 年 03 月第一版
◎本書以 POD 印製

國家圖書館出版品預行編目資料

多旋翼無人機系統與應用 / 彭誠，白越，田彥濤著 . -- 第一版 . -- 臺北市：崧燁文化事業有限公司，2022.03
　面；　公分
POD 版
ISBN 978-626-332-106-9(平裝)
1.CST: 飛行器 2.CST: 遙控飛機
447.7　　111001424

電子書購買

臉書